卓越工程师培养计划

■嵌入式系统■

陈志旺 主 编
庞双杰 史小华 侯 英 吕宏诗 副主编

STM32
嵌入式微控制器快速上手（第3版）

電子工業出版社
Publishing House of Electronics Industry
北京·BEIJING

内 容 简 介

本书介绍了意法半导体（STMicroelectronics，ST）公司的 32 位基于 ARM CM3 内核的 STM32 单片机原理与实践。本书以培养学生的动手能力和增强学生的工程素养为目的，按照项目驱动的思路展开教学与实践学习，以 Nucleo 开发板上的程序为实例，将 STM32 单片机的外围引脚特性、内部结构与原理、片上外设资源、开发设计方法和应用软件编程、FreeRTOS 操作系统原理及应用等知识呈现给读者。

本书适合从事自动控制、智能仪表、电力电子、机电一体化等系统开发的工程技术人员阅读，也可作为高等学校相关专业的“嵌入式系统原理与应用”和“基于 ARM Cortex 内核的单片机系统开发”等课程的教学用书，还可作为 ARM 相关应用与培训课程的参考用书。

图书在版编目（CIP）数据

STM32 嵌入式微控制器快速上手 / 陈志旺主编．—3 版．—北京：电子工业出版社，2024.4
（卓越工程师培养计划）
ISBN 978-7-121-47609-9

Ⅰ．①S…　Ⅱ．①陈…　Ⅲ．①微控制器　Ⅳ．①TP332.3

中国国家版本馆 CIP 数据核字（2024）第 064688 号

责任编辑：张　剑（zhang@ phei. com. cn）　　特约编辑：田学清
印　　刷：固安县铭成印刷有限公司
装　　订：固安县铭成印刷有限公司
出版发行：电子工业出版社
　　　　　北京市海淀区万寿路 173 信箱　邮编 100036
开　　本：787×1092　1/16　印张：27　字数：691 千字
版　　次：2012 年 1 月第 1 版
　　　　　2024 年 4 月第 3 版
印　　次：2025 年 2 月第 4 次印刷
定　　价：99.00 元

凡所购买电子工业出版社图书有缺损问题，请向购买书店调换。若书店售缺，请与本社发行部联系，联系及邮购电话：（010）88254888，88258888。

质量投诉请发邮件至 zlts@ phei. com. cn，盗版侵权举报请发邮件至 dbqq@ phei. com. cn。

本书咨询联系方式：zhang@ phei. com. cn。

前　言

习近平总书记在党的二十大报告中指出："我们要坚持教育优先发展、科技自立自强、人才引领驱动，加快建设教育强国、科技强国、人才强国，坚持为党育人、为国育才，全面提高人才自主培养质量，着力造就拔尖创新人才，聚天下英才而用之。""深化教育领域综合改革，加强教材建设和管理，完善学校管理和教育评价体系，健全学校家庭社会育人机制。"

上述原则是本次修订秉持的重要指导原则。

STM32 单片机系列类型越来越多，资料卷帙浩繁。如何在高校课堂有限的学时内开展教学，如何给初学者编写入门参考书，为其指明学习方向和学习方法，使其熟练进行嵌入式系统开发，是值得我们深思的。

编写本书的目的是在有限的学时内基于 STM32 单片机培养学生的计算思维。北京大学李晓明教授在 2019 中国计算机教育大会上发表了《对计算思维的理解与教育实践》报告，其中对"计算思维是指利用包括网络在内的计算系统进行问题求解的思维方式"的论述如下图所示。

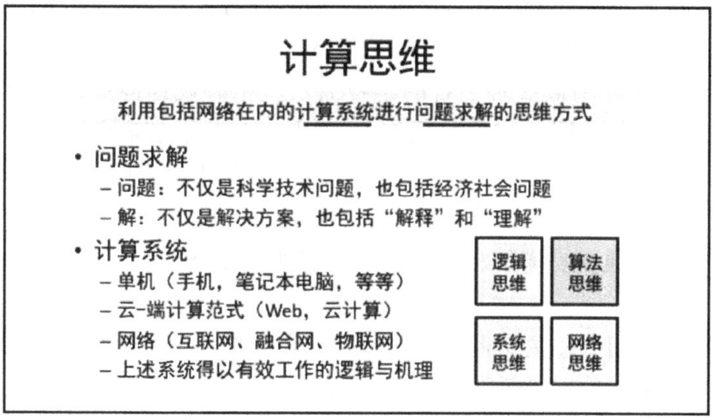

从李晓明教授的报告中可以看出，计算思维主要包含两点，即理解计算系统和应用解决问题，这两点也应该在 STM32 的教学中体现出来。这种计算思维与具体单片机无关。具体来说，本书以计算思维为导向，帮助读者把 STM32 作为一个工具来学习计算机学科的基础知识，充实实践内容。本书所有内容都是围绕"以 STM32 单片机为例来讲解微机原理"和"培养底层编程意识和思想"这两个核心目标进行的。本书对所有与这两个目标关系并不密切的内容进行了舍弃，使读者可以将注意力集中在那些具有普遍意义的计算机知识上。

有了目标，如何导航？导航需要"地图"和"指南针"。

"地图"可以使读者对嵌入式微控制器的知识体系有宏观的把握，居高临下，不会"不识庐山真面目，只缘身在此山中"。STM32 单片机的资源很丰富，工具很完善，这是其占领嵌入式市场的优势，但这也使得初学者不知从何入手。尽管 ST 公司写了厚厚的芯片手册，但并不适合初学者。如果把手册看作一幅真实的地图，那么初学者需要的是一幅"手绘地图”。大学课堂上的教材应是这样的“手绘地图”，它不必对所有细节都进行事无巨细的介绍（对于 STM32 的所有外设，不一定都进行介绍），但应给出学习的“导航路径”，提示读者需要重点关注的地方，用易于理解的方式进行解释；对于“比例尺”（详略），要根据读者的能力及应用来选择；知识体系要全面、完整。初学者学习完“手绘地图”，就有了初步的基础，更重要的是对单片机的全貌有了一定的认识。此时再看手册，就会形成良好的学习梯度，便于初学者拾级而上。

这里的“地图”也指 STM32 的整体结构，读者学习每部分的内容时，要明确各部分内容在整体结构中的位置及相互之间的关系。

“指南针”指示方向，使读者可以洞察重点，突破难点，注重典型性，避免随意性；注重迁移性，避免孤立性。

本书的特点如下所述。

（1）定位准确：为 STM32 初学者而写，做到有的放矢。

（2）内容先进：对 STM32 最新发布的产品有关注，能反映计算机科学技术的新成果、新趋势；有坚实的学术研究基础，是教与学切磋相长的荟萃。

（3）取舍合理：做到“该有的有，不该有的没有”，不包罗万象、贪多求全，不直接复制照抄手册；内容的基础性与先进性、经典与现代、理论与实践的关系处理得当；综合参考了多方面相关资料，包括 STM32 官方培训、STM32 配套开发板、嵌入式开发工程师公众号及博客，集多家之长，取长补短，可以更好地满足 STM32 初学者的学习需求。针对上述资料，编者并没有直接使用，教研团队对资料及课堂学习需求进行了充分的对比分析，有针对性地进行了深度二次开发，使本书内容更适合 STM32 初学者学习。

（4）体系得当：针对 STM32 初学者的学习需求，精心设计体系，符合科学发展规律和教育认知规律，在理论与实践、基础与新知、知识与技能等方面有恰当、合理的布局和设计，同时注意学科交叉和文理交融。这样，本书内容不仅体现了科学性和先进性，还做到了循序渐进、降低难度、分散难点，使读者易于理解。

（5）风格鲜明：用通俗易懂的方法和语言叙述复杂的概念，善于运用形象思维，深入浅出，引人入胜。

本书在第 2 版的基础上，主要将案例由标准外设库换成 HAL 库。本书由陈志旺任主编，庞双杰、史小华、侯英、吕宏诗任副主编。本书共 13 章和 3 个附录，其中：第 10～12 章由秦皇岛职业技术学院庞双杰编写，第 13 章由燕山大学史小华编写，第 1 章由燕山大学侯英编写，第 6 章由燕山大学吕宏诗编写，其余章节由燕山大学陈志旺编写；全书由陈志旺统稿。书中引用了一些电子文献，无法一一注明其出处，在此向原作者表示感谢。

由于编者水平有限，书中难免存在疏漏与不妥之处，欢迎广大读者朋友不吝赐教。来信发送至如下邮箱：czwaaron@ ysu. edu. cn。

编者

目　录

第 1 章　嵌入式系统概述

1.1　计算思维

1. 复杂问题

如图 1-1 和图 1-2 所示，平面上有 4 个点，其中，(0,0)、(1,1)为一类，(0,1)、(1,0)为另一类。

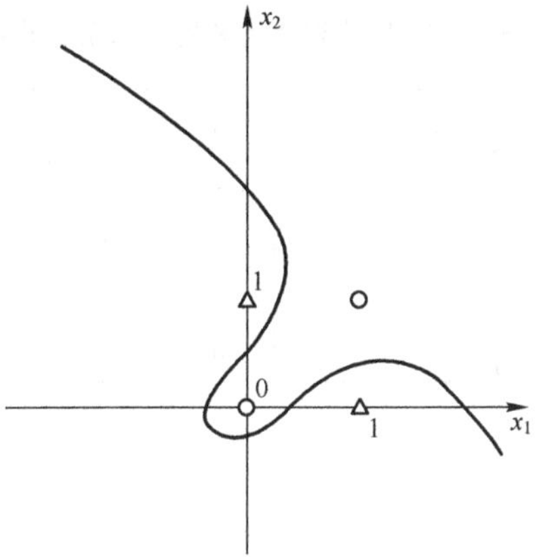

图 1-1　异或问题（非线性可分）

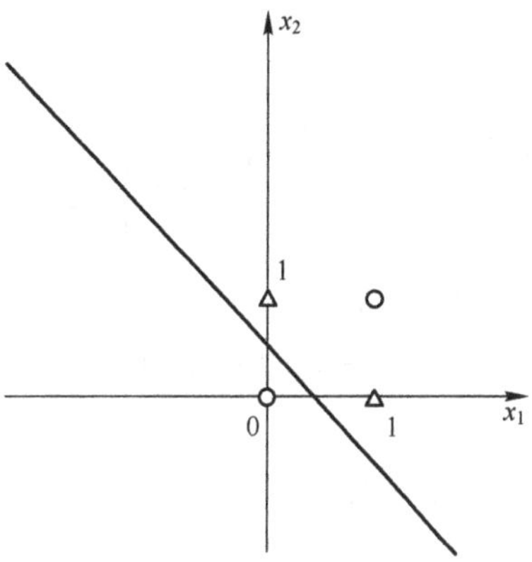

图 1-2　异或问题（线性可分）

线性可分就是指通过平面上的一条直线 $ax+by+c=0$，可以将这两类点划分到直线的两侧。假设存在这样的直线，(0,0)和(1,1)在直线的正侧，(0,1)和(1,0)在直线的负侧，将(0,0)和(1,1)代入直线方程，则有

$$c>0 \tag{1-1}$$

$$a+b+c>0 \tag{1-2}$$

将(0,1)和(1,0)代入直线方程，则有

$$b+c<0 \tag{1-3}$$

$$a+c<0 \tag{1-4}$$

将式（1-3）和式（1-4）相加并减去式（1-1），可得

$$a+b+c<0$$

这与式（1-2）矛盾，因此这样的直线不存在。由此可见，异或问题本质上是一种线性不可分问题。异或真值表如表 1-1 所示。

表 1-1 异或真值表

x_1	x_2	y
0	0	0
1	0	1
0	1	1
1	1	0

想要分割这个异或平面，需要两条直线，但是线性分割的内涵就是“一刀切”，这是“复杂问题不能用简单方法来解决”的含义。

2. 问题求解

假设计算机仅有简单的与、或、非逻辑电路，那么单独应用某种逻辑电路是无法求解异或问题的，因为单独的逻辑电路都是线性可分的。但将简单的逻辑电路组合起来，就能设计出解决异或问题的计算系统，如图 1-3 所示。该计算系统的真值表如表 1-2 所示。

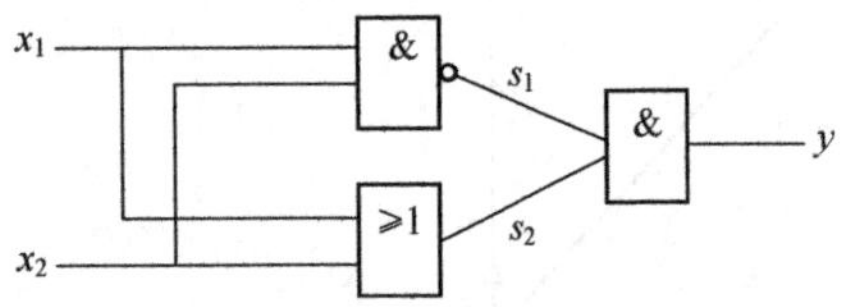

图 1-3 解决异或问题的计算系统

表 1-2 解决异或问题的计算系统的真值表

x_1	x_2	s_1	s_2	y
0	0	1	0	0
1	0	1	1	1
0	1	1	1	1
1	1	0	1	0

上述计算系统的 C 程序实现如下：

```
Xor(x1,x2)
{
    s1 = ~(x1&x2)
    s2 = x1|x2
    y = s1&s2
    return y
}
```

3. 解题（计算思维）分析

（1）“计算”是事物从一种信息状态转变为另一种信息状态的过程（不局限于数学中的运算），它本是一个自然的过程，但人们为了研究这个过程，定义了记录和描述信息状态与过程变化的符号，并用这些符号推导和模拟了实现转变的过程。虽然计算有多种形式，但它们都具有相同的特征。了解计算的特征有助于区分、辨别计算过程，认识计算的本质。根据计算的实现过程，可发现计算具有如下特征。

☺ 具有相应的符号系统：符号系统用于编码信息，也包括参与运算的操作符。计算是模拟自然信息状态变化的过程，必须精确、简单，用自然语言描述自然信息状态的变化过程会显得比较烦琐，因此各计算系统都有相应的符号系统。例如，数学中的数字与各种运算符，计算机中的 0、1 代码等。

☺ 具有相应的推理规则：符号是计算系统中表示信息的方式，当符号从一种表示方式变化成另一种表示方式时，意味着信息的转换，而实现这种转换需要有相应的推理规则，如数学中的各种运算规则与定理。

☺ 具有稳定的信息状态：稳定的信息状态包括符号系统的稳定和推理规则的稳定。例如，计算机中的数字信号、DNA 计算中的碱基对，这些符号状态必须是稳定的，不能随意变化，只能在推理规则下发生相应的改变；此外，运用同样的推理规则可以得到相同的结果。

☺ 具有输入与输出：输入是信息的初始状态，输出是信息的结果状态，从输入到输出的变化过程是由上述符号系统、推理规则共同完成的。

任何计算（包括四则运算）都可以转换为逻辑运算来实现，分类问题也可以计算求解。

（2）计算系统是执行程序的系统，图 1-3 用简单的逻辑电路搭建的异或门电路也是计算系统。计算系统不局限于计算机。

（3）如何进行计算？计算就是要寻找机器可以执行的程序，由机器来执行重复的、简单的“动作”以获得计算结果。程序是按事先设计好的功能和性能要求执行的指令序列，它是实现系统复杂功能的一种重要手段，即随使用者使用目的的不同，对机器基本动作的千变万化的组合。程序的基本特征是复合、抽象和构造。复合是指对简单元素进行各种组合；抽象是指对各种元素的组合进行命名并将其用于更为复杂的组合；构造的基本手段是迭代和递归，用有限的语句来表达近乎无限的、重复的对象或动作。

程序不局限于软件，也可以用硬件来编程，上述搭建异或门电路的过程就是编程，所用的指令集就是与门电路、或门电路和与非门电路。

上述编程过程概述为：首先对物理世界/语义信息进行抽象化、符号化，然后通过进位制和编码将其转换成 0 和 1，最后采用基于二进制的算术运算和逻辑运算进行数字计算，便可以用硬件与软件实现，即语义符号化→符号计算化→计算 0/1 化→0/1 自动化→分层构造化→构造集成化。

（4）硬件系统的含义是用正确的、低复杂度的芯片电路组合形成的高复杂度的电路，逐渐组合，功能越来越强，即层次化、构造化。这种思维是计算及其自动化的基本思维之一。例如，图 1-3 所示的电路就是基于逻辑门电路的硬件系统，中央处理单元（CPU）中的 ALU（算术逻辑单元）是基于全加器的硬件系统，而全加器也是由逻辑门电路组成的。

（5）由图 1-3 和上述 C 程序可知，软件编程与硬件编程可相互替代。硬件编程的实时性较好，但灵活性较差；软件编程的灵活性较好，但实时性较差。

（6）程序是“构造”出来的：由简单元素通过组合构造出复杂元素，进而通过抽象对其进行命名，复杂元素又被当作简单元素参与组合，如此逐层构造。注意：图 1-3 所示的计算系统有两层，由于异或问题是线性不可分的，而单层只能解决线性问题，因此要增加层数。可以说，层数的增加使计算系统有了质的飞越（使线性逻辑电路能解决非线性问题），而编程就是“增加层数”。

（7）“层”是神经网络中的重要概念。在神经网络中，单层感知机无法解决异或问题，这和单层与、或、非逻辑电路不能解决异或问题在本质上是相同的；但多层感知机可以解决异或问题。多层感知机的核心结构就是隐藏层，之所以被称为隐藏层，是因为这些神经元并不属于网络的输入或输出。在多层神经网络中，隐藏神经元的作用在于进行特征检测。随着学习过程的不断进行，隐藏神经元将训练数据变换到新的特征空间，并逐渐识别出训练数据的突出特征。

下面用多层感知机来求解异或问题，如图 1-4 所示。其中的符号与图 1-3 及上述 C 程序对应。

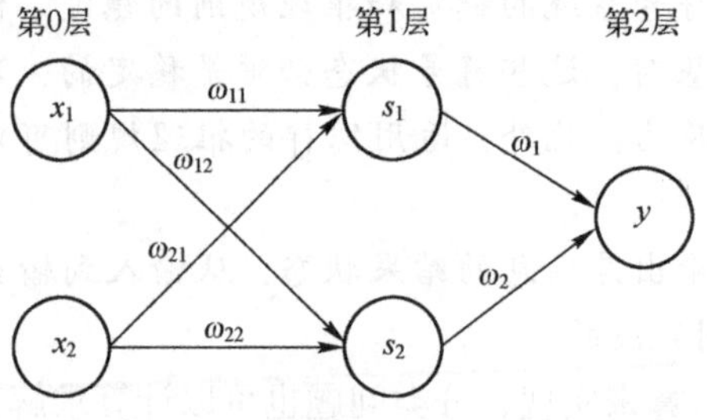

图 1-4　3 层感知机实现异或计算

图 1-4 和图 1-3 有什么区别呢？在图 1-4 中，可以为线赋予权重，并且该权重可调，这是智能算法能“学习”的本质，也是软件与硬件在灵活性上的差异的体现。

（8）支持向量机（Support Vector Machines，SVM）是一种二分类模型，它将实例的特征向量映射为空间中的一些点。支持向量机的出现是机器学习领域的另一大重要突破，其目的就是想要画出一条线，以便“最好地”区分不同类的点，以致后续有了新的点，这条线也能做出很好的分类，如图 1-5 所示。

但画线的标准是什么呢？如何判断这条线的效果是否好呢？如图 1-6 所示，可以区分两类点的线有无数条，每条线都可以成为一个划分超平面（因为样本的特征很可能是高维的，此时，能区分样本空间的就不是一条线了，所以称之为超平面）。我们希望找到的这条效果最好的线就是具有最大间隔的划分超平面。对于具有最大间隔的划分超平面，样本局部扰动对它的影响最小、产生的分类结果最好。

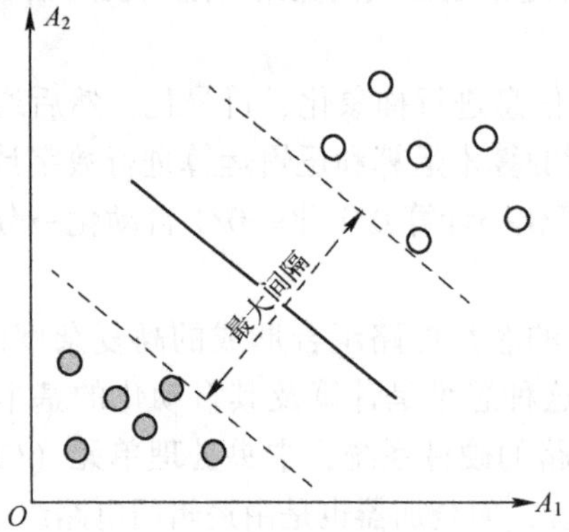

图 1-5　支持向量机图示

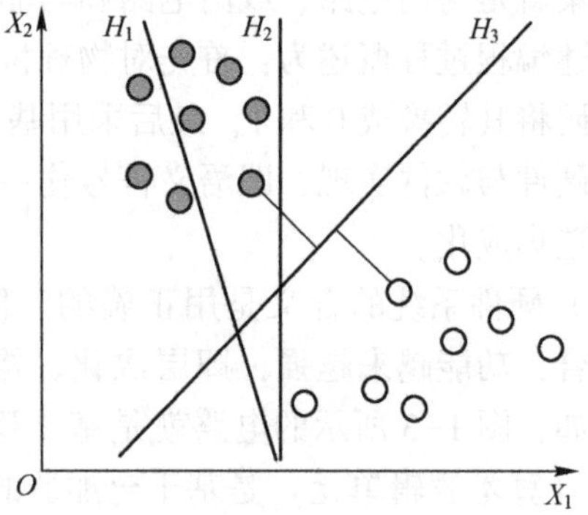

图 1-6　支持向量机分类标准

（9）隐藏层的增加将传统的简单神经网络进化到深度学习领域，解决分类问题的能力也产生了质的飞越。

人工智能神经网络（特别是其中的深度学习神经网络）并不是指物理上的结构，而是指那些从大脑的运作原理中获得灵感的算法。算法中的节点就如同神经元，互相之间由突触连接。对于深度学习算法，神经元分为不同的层。网络层的数量及其每层的神经元数量取决于神经网络所要完成的任务（如图像分析、文本分析和音频分析）。输入的信号经过第一层神经元的处理后传到下一层，依次类推。

对于每层神经元，由前一层传输而来的信号要乘上其对应突触的系数，并求和，即计算其加权和。这些系数定义了“突触函数”，神经网络在经历学习阶段时，就是在调整这些系数。在学习阶段，我们将输入数据提交给神经网络，神经网络执行运算，得到一定的结果，这个结果会与正确的结果进行对比。例如，让神经网络识别人脸图片，如果它认错了一张照片，那么突触的加权系数就会通过一种名为反向传播的数学方法来修正系数。应用了这种方法的统计学工具能够从第一层到最后一层逐一调整每个神经元的系数。

深度学习是利用包含多个隐藏层的人工神经网络来实现学习的。在多层感知机中，两个隐藏层足以解决任何类型的非线性分类问题，因而浅层神经网络最多包含两个隐藏层。与浅层神经网络相比，多个隐藏层会给深度学习带来无与伦比的优势，这些隐藏层逐层提取了大数据中复杂抽象的特点。

在深度学习中，每层都可以对数据进行不同水平的抽象，层与层之间相互连接；随着层数的增加，低层特征不断融合成为高层特征；层间的交互能够使较高层在较低层得到的特征基础上实现更加复杂的特征提取。不同层上特征的组合既能解决更加复杂的非线性问题，又能识别更加复杂的非线性模式。例如，一个深度学习系统从大量包含人脸的图片中通过叠加的隐藏层提取出了人脸的特征，计算机“掌握”了“人脸”这一概念。在深度学习中，这个过程可以利用多个隐藏层进行模拟。如图 1-7 所示，第一个隐藏层由像素学习到“边缘”特征，第二个隐藏层学习到由“边缘”组成的“轮廓”特征，最后的隐藏层学习到由“轮廓”组成的“目标”特征。当然，这样的识别思想不只适用于视觉信息的处理，对其他类型的信息同样适用。

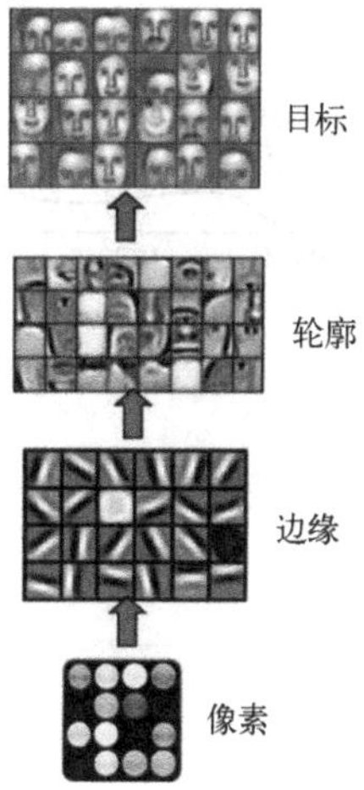

图 1-7　深度学习中的隐藏层

因此，隐藏层的概念对于我们理解概念的提取与创造过程有着重要的启发意义，这一过程在各学科中都是有普适性的，因此可以认为隐藏层本身就是最有用的概念。人工智能算法中的层和计算系统中的层是统一的，因为它们都是程序，智能的载体工具是思维。

图 1-8 所示为人工智能技术的发展。本节以异或问题为例，论述了其中的多层感知机、支持向量机、深度神经网络在解决分类问题上的特点，即随着隐藏层数的增多，网络结构变得更加复杂，可分类问题的复杂程度也随之增大。此外，深度神经网络的应用也需要大数据和具有超强计算能力的 GPU 硬件的支持。

计算系统是电子信息科学技术的核心，可以把电子信息科学技术的知识架构类比于生物系统，如图 1-9 所示。生物系统从基本的原子、分子，形成蛋白质、核酸、细胞器、细胞、组织、器官、系统到个体，在不同的层次上形成不同的生物（有低等生物和高等生物、植物和动物），每一层次各自独立又相互联系，有着从低到高的递进关系，低层次生物的进化决定了高层次生物的特性和发展。电子信息科学技术的知识架构与此类似。电子信息学科从基础物理学发展而来，从场与电荷载体的相互作用开始，到电势（电流、电压）与电路之间的关系；从电路里分化出逻辑电路，从电势与电路之间的关系，到比特与逻辑之间的相互关系（比特层）；在逻辑电路的基础上研制出 CPU，从位与逻辑之间的关系，到程序与 CPU 之间的关系；给 CPU 加上操作系统后，就有了计算机，在计算机这个层面上不再讨论具体的 CPU，而关注数据和算法；计算机互联形成网络，数据包与网络之间的关系又有质的飞跃；这样一直到人的大脑处理的各种媒体，形成认知与媒体之间的关系。这几个层次实际上构成了电子信息科学技术整个知识的脉络，而且每个层次对问题的描述都有质的、革命性的变化，整个架构从基本功能系统到多功能复杂系统，都与生物系统的变革非常类似。

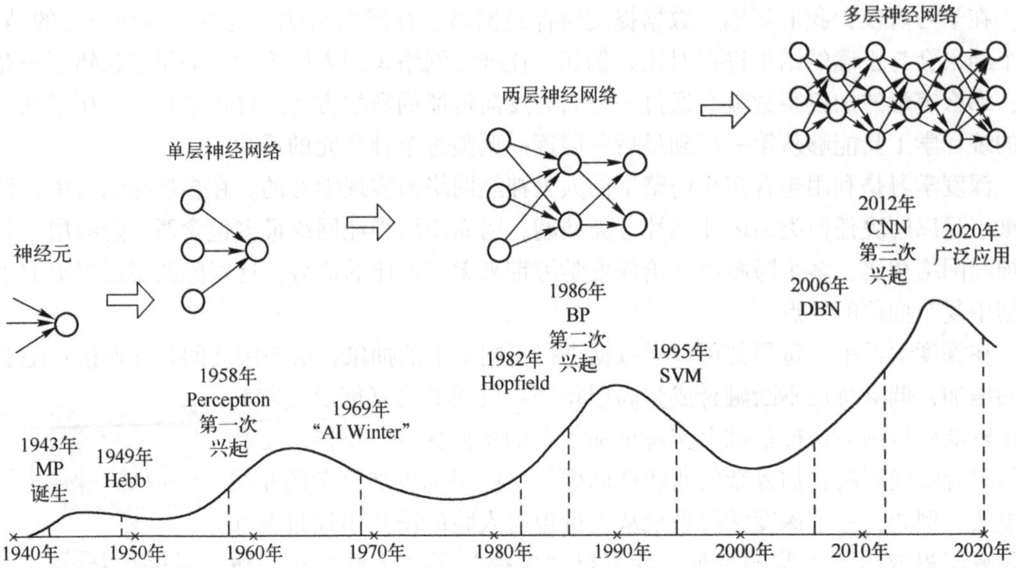

图1-8 人工智能技术的发展

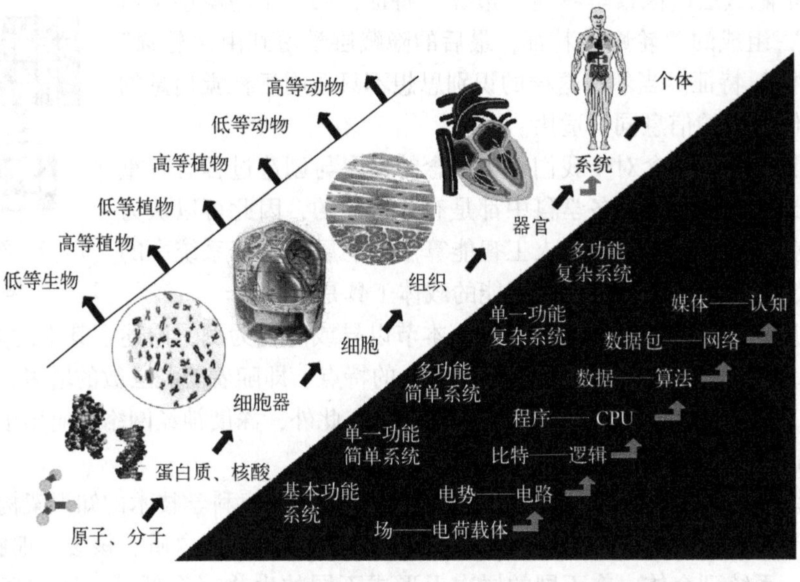

图1-9 电子信息科学技术的知识架构与生物系统的类比

电子信息科学技术的知识架构如图1-10所示，知识的核心概念可以归纳在“信息载体与系统的相互作用”这一整体脉络下。信息载体用于携带信息，信息不可能离开信息载体而存在。不同的信息载体有不同的系统与之相互作用。在每个层次上，都是不同的信息载体与相应的系统相互作用，各层次之间相互关联，逐次递进。本节所举的异或计算实例就是从比特层讲起，最终讲到认知层（深度学习）的，说明知识的底层是相通的。如果能深入洞察底层，就具有了计算思维的能力。

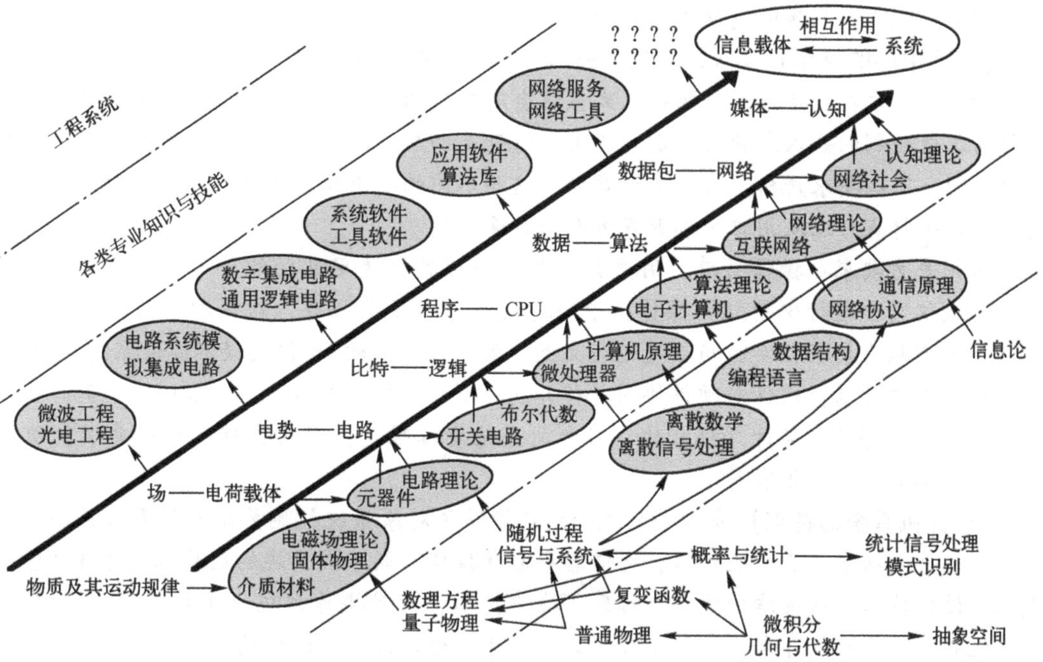

图 1-10　电子信息科学技术的知识架构

1.2 嵌入式系统简介

1.2.1 嵌入式系统的定义

嵌入式系统通常定义为以应用为中心，以计算机技术为基础，软/硬件可剪裁，对功能、可靠性、成本、体积、功耗有严格要求的专用计算机系统。嵌入式系统主要由嵌入式处理器、外围硬件设备、嵌入式操作系统及用户应用软件等部分组成，其分层结构如图 1-11 所示。嵌入式系统因其通常都嵌在主要设备之中而得名。

功能层	应用程序		
OS 层	文件系统	图形用户接口	任务管理
	实时操作系统 (RTOS)		
驱动层	BSP/HAL 板卡级支持包 / 硬件抽象层		
硬件层	模拟量输入通道	处理器	数字量输出通道
	模拟量输出通道		程序存储器
	数字量输入通道		数据存储器

图 1-11　嵌入式系统的分层结构

通常的嵌入式系统的定义中有 4 个基本特点。

【应用中心的特点】 嵌入式系统是嵌入一个设备或一个过程中的计算机系统，与外部环境密切相关。这些设备或过程对嵌入式系统会有不同的要求。例如，消费电子产品的嵌入式软件与工业控制的嵌入式软件差别非常大，特别是响应时间，它们有些要求时限长，有些要求时限短，有些要求严格，有些要求宽松，这些不同的要求体现了嵌入式系统面向应用的多样化。这个特点可以从用户方和开发方两个方面考虑。

☺ 用户方要求：操作简单，用户打开电源即可直接使用其功能，不需要进行二次开发或仅需要进行少量配置操作；专门完成一个或多个任务；对体积、功耗、价格和开发周期有要求；实时与环境进行交互；安全可靠，软/硬件错误不能使系统崩溃。

☺ 开发方要求：软件与硬件协同并行开发；多种多样的微处理器（MPU）；实时操作系统的多样性；与计算机相比，可利用系统资源很少；应用支持很少；要求特殊的开发工具；调试很容易。

【计算机系统的特点】 嵌入式系统必须是能满足对象系统控制要求的计算机系统，这里的计算机也包括运算器、控制器、存储器和 I/O 接口。嵌入式系统的最基本支撑技术包括集成电路设计技术、系统结构技术、传感与检测技术、实时操作系统（RTOS）技术、资源受限系统的高可靠软件开发技术、系统形式化规范与验证技术、通信技术、低功耗技术，以及特定应用领域的数据分析、信号处理和控制优化等技术。因此，嵌入式系统本质上也是各种计算机技术的集大成者。

【软/硬件可裁剪的特点】 嵌入式系统针对的应用场景很多，因此设计指标要求（功能、可靠性、成本、体积、功耗等）差异极大，实现上很难有一套方案满足所有的系统要求。因此，根据需求的不同，灵活裁剪软/硬件，组建符合要求的最终系统是嵌入式技术发展的必然趋势。

【专用性的特点】 嵌入式系统的应用场合对可靠性、实时性、低功耗要求较高。例如，它对实时多任务有很强的支持能力，能完成多个任务，并且有较短的中断响应时间，从而使内部的代码和实时内核的可执行时间减少到最低限度；它具有功能很强的存储区保护功能，这是由于嵌入式系统的软件结构已经模块化，而为了避免在软件模块之间出现错误的交叉作用，需要设计强大的存储区保护功能，有利于软件诊断；嵌入式微控制器的必需功耗很低，无线通信设备中靠电池供电的嵌入式系统更是如此。这些就决定了服务于特定应用的专用系统是嵌入式系统的主流模式。它并不强调系统通用性（20 世纪 80 年代的微型计算机技术的特性之一就是通用性）。这种专用性通常导致嵌入式系统是一个软件与硬件紧密耦合的系统，因为只有这样才能更有效地提高整个系统的可靠性并降低成本。

因此，可以说嵌入式系统是计算机技术、微电子技术与行业技术相结合的产物，是一个技术密集、不断创新的知识集成系统，也是一个面向特定应用的软/硬件综合体。

嵌入式系统的其他定义如下。

（1）IEEE（电气与电子工程师协会）对嵌入式系统的定义：嵌入式系统是“用于控制、监视或辅助操作机器和设备的装置”。

（2）中国计算机学会对嵌入式系统的定义：嵌入式系统是以嵌入式应用为目的的计算机系统，可以分为芯片级、板卡级、系统级。芯片级嵌入的是含程序或算法的微控制器；板卡级嵌入的是系统中的某个核心模块；系统级嵌入的是主计算机系统。

（3）国内有学者认为，将一套计算机控制系统嵌入已具有某种完整的特定功能的（或将会具备完整功能的）系统内（如各种机械设备），以实现对原有系统的计算机控制，这个新系统称为嵌入式系统。它通常由特定功能模块组成，主要由嵌入式微处理器、外围硬件设备、嵌入式操作系统及用户应用软件等部分组成。

上述定义（3）将计算机系统也囊括到嵌入式系统中，因为随着嵌入式微控制器性能的提高，它已可以取代台式计算机实现相应功能，这也是嵌入式系统的发展趋势。曾任施乐公司帕洛阿尔托研究中心主任的马克·维瑟（Mark Weiser）认为："从长远来看，台式计算机和计算机工作站将衰落，因为计算机变得无处不在，如在墙里、在手腕上、在手写电脑中等，随用随取、触手可及。"无处不在的计算机就是嵌入式系统。但本书嵌入式系统仅指以微控制器芯片为核心的系统。

1.2.2　嵌入式系统的特点

嵌入式系统的典型实例就是我们常见的智能手机。智能手机是"像计算机一样，具有独立的操作系统，可以由用户自行安装软件、游戏等第三方服务商提供的程序，通过此类程序来不断地对手机的功能进行扩充，并可以通过移动通信网络实现无线网络接入的一类手机的总称"。如今，智能手机对消费者的主要吸引力已经逐渐从绚丽的显示屏和时尚的外观设计转移到丰富多样的手机应用和服务上。

通用计算机系统（见图 1-12）与嵌入式系统（见图 1-13）的对比如表 1-3 所示。

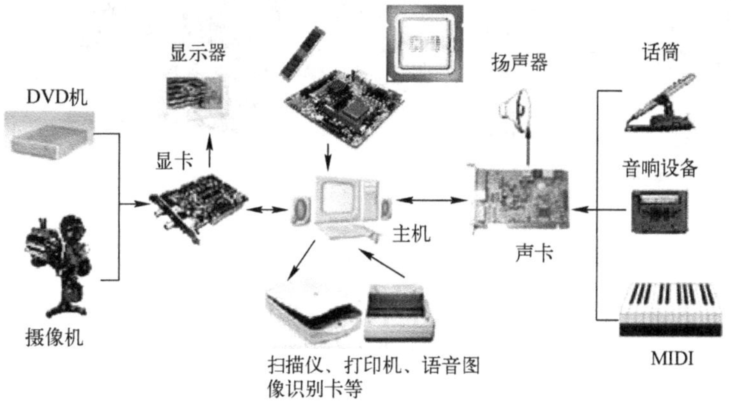

图 1-12　通用计算机系统

表 1-3　通用计算机系统与嵌入式系统的对比

特　征	通用计算机系统	嵌入式系统
形式和类型	按其体系结构、运算速度和结构规模等因素分为大/中/小型机和微型机	形式多样
组成	通用处理器、标准总线和外设，软件和硬件相对独立	面向应用的单片机，总线和外部接口多集成在芯片内部。软件与硬件是紧密集成在一起的
开发方式	开发平台和运行平台都是通用计算机	采用交叉开发方式，开发平台一般是通用计算机，运行平台是嵌入式系统
二次开发性	应用程序可重新编制	一般不能再编程
通用性	通用计算平台	专用系统，用特定设备完成特定任务

续表

特　征	通用计算机系统	嵌入式系统
资源	较多	与任务相关，一般较少
程序存储	内存	ROM 或 Flash
可封装性	看得见的计算机	隐藏于目标系统内部而不被操作者察觉
实时性	不要求实时性	与实际事件的发生频率相比，嵌入式系统能够在可预知的极短时间内对事件或用户的干预做出响应
可靠性	对可靠性要求不高	嵌入式计算机隐藏在系统或设备中，用户很难直接接触或控制，因此一旦工作就要求它可靠运行

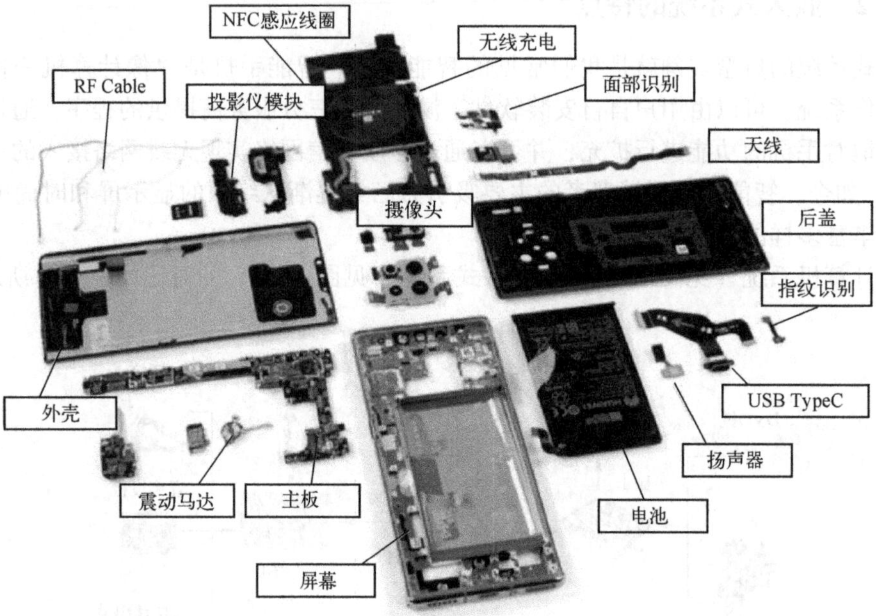

图 1-13　智能手机的组成部件

从表 1-3 中可以看出，通用计算机系统的技术要求是高速/海量的数值计算，主要用于信息处理，技术发展方向是总线速度的提升、存储容量的扩大。与通用计算机系统不同，嵌入式系统的硬件和软件都必须高效率地设计，量体裁衣、去除冗余，力争在同样的硅片面积上实现更高的性能，只有这样才能更具有竞争力。单片机内的处理器要根据用户的具体要求，对芯片配置进行裁剪或添加才能达到理想的性能，但同时受用户订货量的制约，因此不同的处理器面向的用户是不一样的，可能是一般用户、行业用户或特殊单一用户。嵌入式系统与具体用户有机地结合在一起，它的升级换代也是和具体产品同步进行的。嵌入式系统中的软件一般都固化在 ROM 中，很少以磁盘为载体，因此嵌入式系统的应用软件的生命周期也和嵌入式产品的生命周期一样。此外，应用于各行业的嵌入式软件各有其专用性的特点，与通用计算机系统的软件不同，嵌入式系统的软件更强调可继承性和技术衔接性。

1.2.3　嵌入式系统的分类

1. 普林斯顿结构和哈佛结构

普林斯顿结构也称冯·诺依曼结构，由一个中央处理单元（CPU）和单个存储空间组成，即这个存储空间存储了全部的数据和程序，它们内部使用单一的地址总线和数据总线，如图 1-14 所示，其中的 PC 为程序计数器。这种结构的取指令和取数据操作是通过一条总线分时进行的，因此要根据目标地址对其进行读/写操作。

当进行高速运算时，普林斯顿结构的计算机不能同时进行取指令和取数据操作，而且数据传输通道还会出现瓶颈现象，因此其工作速度较慢。常见的 ARM7 采用的就是普林斯顿结构。

哈佛结构的存储器分为数据存储器和程序存储器两个存储空间，有各自独立的程序总线和数据总线，可以进行独立编址和独立访问，如图 1-15 所示，其中的 PC 为程序计数器。独立的程序存储器和数据存储器为数据处理提供了较高的性能，使得哈佛结构的数据吞吐量大约是普林斯顿结构的数据吞吐量的 2 倍。

目前，大部分 DSP、ARM9 和 Cortex 系列微控制器都采用哈佛结构。

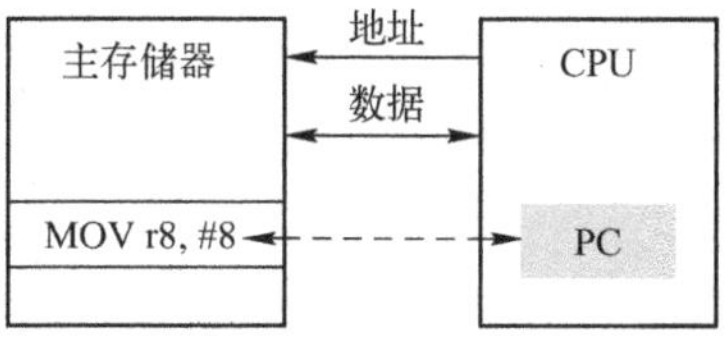

图 1-14　普林斯顿结构示意图

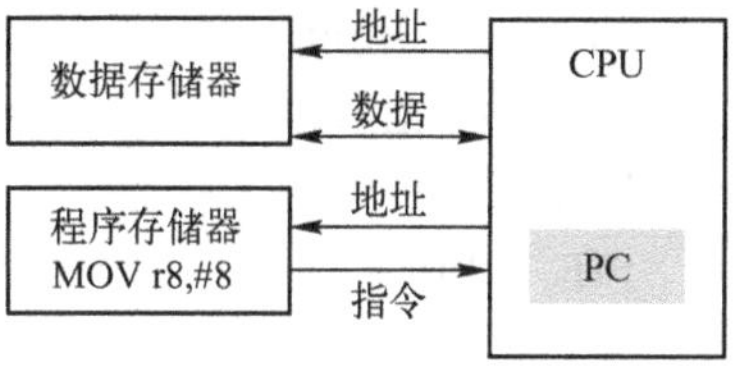

图 1-15　哈佛结构示意图

2. CISC 和 RISC

计算机的指令集分为 CISC（复杂指令集系统）和 RISC（精简指令集系统）两种。CISC 的主要特点是指令系统丰富，程序设计方便，代码量小，执行性能高。RISC 只包含使用频率很高的少量常用指令，以及一些必要的支持操作系统和高级语言的指令。CISC 和 RISC 的比较如表 1-4 所示。

表 1-4　CISC 和 RISC 的比较

比较内容	CISC	RISC
价格	由硬件完成部分软件功能，硬件复杂性增加，芯片成本高	由软件完成部分硬件功能，软件复杂性增加，芯片成本低
性能	减小代码量，增加指令执行周期数	使用流水线减少指令执行周期数，增大代码量
指令集	复杂、庞大	简单、精简
指令周期	不固定	一个周期
编码长度	编码长度可变，1～15B	编码长度固定，通常为 4B
高级语言支持	软件完成	硬件完成

续表

比较内容	CISC	RISC
寻址模式	复杂的寻址模式，支持内存到内存寻址	简单的寻址模式，仅允许 LOAD 和 STORE 指令存/取内存，其他的操作都基于寄存器到寄存器
寄存器数目	寄存器较少	寄存器较多
编译	难以用优化编译器生成高效的目标代码程序	采用优化编译技术，生成高效的目标代码程序
应用实例	MCS-51 系列微控制器中的处理器；计算机中的处理器	ARM 处理器系列

【例 1-1】 CISC 指令集程序：

```
MUL   ADDRA, ADDRB
```

分析：实现将 ADDRA 和 ADDRB 中的数据相乘，并将结果存储在 ADDRA 中的功能。操作依赖 CPU 中设计的逻辑来实现，增加了 CPU 的复杂性，但可以使代码更精简。目前，仅 Intel 及其兼容的 CPU 采用 CISC 指令集。

【例 1-2】 RISC 指令集程序：

```
MOV   A, ADDRA
MOV   B, ADDRB
MUL   A, B
STR   ADDRA, A
```

分析：本例实现的功能与例 1-1 相同。操作全部由软件来实现，降低了 CPU 的复杂性，但对编译器提出了更高的要求。嵌入式处理器大多采用 RISC 指令集。

CISC 技术的复杂性取决于硬件，在于微处理器中控制器部分的设计及实现；RISC 技术的复杂性取决于软件，在于编译程序的编写和优化。通常，较简单的消费类电子设备（如微波炉、洗衣机等）可以采用 RISC 单片机；较复杂的系统（如通信设备、工业控制系统等）应采用 CISC 的计算机。

随着微处理器技术的进一步发展，CISC 与 RISC 两种体系结构的界限已不再泾渭分明，在很多系统中有融合的趋势。一方面，RISC 设计正变得越来越复杂，如超长指令字的提出让一条 RISC 指令可以包含更多信息，同时完成多条传统指令的功能；早期 ARM 处理器含有普通 ARM 指令和 Thumb 指令两套指令集，以适应嵌入式系统对低功耗、小存储的要求。另一方面，CISC 也在吸收 RISC 的优点，如 Pentium II 以后的微处理器在内部实现时也采用 RISC 架构，把复杂的指令在其内部由微码通过执行多条精简指令来实现。

3. 嵌入式系统内核种类

嵌入式微处理器的基础是通用计算机中的微处理器（Microprocess，MPU）。在应用中，将微处理器装配在专门设计的 PCB 上，只保留与嵌入式应用相关的功能，这样可以大幅度减小系统体积和降低功耗。为了满足嵌入式应用的特殊要求，嵌入式微处理器虽然在功能上和标准微处理器基本是一样的，但在工作温度、抗电磁干扰、可靠性等方面都做了各种增强。与工业控制计算机相比，嵌入式微处理器具有体积小、质量小、成本低、可靠性高的优点，但是在 PCB 上必须包括 ROM、RAM、总线接口、各种外设等器件，从而降低了系统的可靠性，技术保密性也较差。将嵌入式微处理器及其存储器、总线、外设等安装在一个 PCB 上，就形成了单板机。

单片机一般以某种微处理器内核为核心，芯片内部集成存储器、I/O 接口等各种必要功能。它的片上外设资源一般比较丰富，适用于控制场合，因此又称微控制器（MCU）。广义地讲，MCU 产品的作用就是通过预先编制的程序，接收特定的环境参数或用户操作，按照一定的规则控制电信号的变化，并通过各种转换机制将电信号转换成诸如机械动作、光信号、声音信号、显示图像等形式，从而达到智能化控制的目的。为适应不同的应用需求，一般一个系列的 MCU 具有多种衍生产品，每种衍生产品的处理器内核都是一样的，不同的是存储器和外设的配置及封装。这样可以使 MCU 最大限度地与应用需求相匹配，对不同应用进行量体裁衣，从而降低功耗和成本。与嵌入式微处理器相比，MCU 的最大特点是单片化，体积大大减小，从而使功耗和成本下降，可靠性提高，但没有强大的计算能力，因此只能完成一些相对简单和单一的控制、逻辑运算等任务，多用于设备控制、传感器信号处理等领域。MCU 是目前嵌入式系统工业的主流产品。

数字信号处理器（DSP）对系统结构和指令进行了特殊设计，使其更适合执行 DSP 算法，编译效率较高，指令执行速度也较高。在数字滤波、谱分析等方面，DSP 算法正在大量进入嵌入式领域，DSP 应用正在从通用 MCU 中以普通指令实现 DSP 功能，过渡到采用嵌入式 DSP 处理器。推动嵌入式 DSP 处理器发展的一个因素是嵌入式系统的智能化，如各种带有智能逻辑的消费类产品、生物信息识别终端、带有加/解密算法的键盘、ADSL 接入、实时语音压缩/解压缩系统、虚拟现实显示等。这类智能化算法一般运算量较大，特别是向量运算、指针线性寻址等较多，而这正是 DSP 处理器的长处所在。嵌入式 DSP 处理器有两个来源，一是传统 DSP 处理器经过单片化和电磁兼容改造，增加片上外围接口成为嵌入式 DSP 处理器，TI 的 TMS320C2000/C5000 等属于此范畴；二是在通用 MCU 中增加 DSP 协处理器，如 Intel 的 MCS-296 和 Infineon（原 Siemens）的 TriCore 等属于此范畴。

微处理器、MCU 和 DSP 的比较如表 1-5 所示。

表 1-5　微处理器、MCU 和 DSP 的比较

	微处理器	MCU	DSP
定义	由运算器、控制器和寄存器构成的可编程化特殊集成电路	将微处理器和其他外设接口等集成到一个芯片中	专门用于信号处理方面的处理器，在系统结构和指令算法方面进行了特殊设计
优点	对实时多任务有很强的支持能力；具有很强的存储区保护功能；具有可扩展能力	单片化、体积小、功耗和成本低、可靠性高	在信号处理方面有得天独厚的优势
缺点	必须配备 ROM、RAM、总线接口和各种外设接口等	处理速度有限，很难进行一些复杂的应用	DSP 是运算密集处理器，一般用于快速执行算法，为了追求高执行效率，不适合运行操作系统。核心代码使用汇编语言
代表	AM186/88、PowerPC	MCS-51、STM32 等	TMS320 系列和 DSP56000 系列

随着 EDA 技术的推广和 VLSI 设计的普及化，以及半导体工艺的迅速发展，在一个硅片上实现一个复杂系统的时代已经来临，这就是所谓的“系统芯片”（System on Chip，SoC）。

SoC 技术是一种高度集成化、固件化的系统集成技术。SoC 的核心思想就是针对具体应用，把整个电子应用系统全部集成在一个芯片中，如图 1-16 所示。这些 SoC 是高度集成且没有冗余的，真正体现了量体裁衣。SoC 并不是将各个芯片功能简单叠加起来，而是从整个系统的功能和性能出发，用软硬结合的设计和验证方法，利用 IP 复用及深亚微米技术，在一个芯片上实现复杂的功能。各种通用处理器内核将作为 SoC 设计公司的标准库，与许多其他嵌入式系统外设一样，成为 VLSI 设计中的一种标准器件，用标准的 VHDL 等语言来描述，存储在器件库中。用户只需定义出其整个应用系统，仿真通过后，就可以将设计图交给半导体工厂制作样品。这样，除个别无法集成的外部电路或机械部分外，整个嵌入式系统的大部分均可集成到一个或几个芯片中，应用系统电路板将变得很简洁。

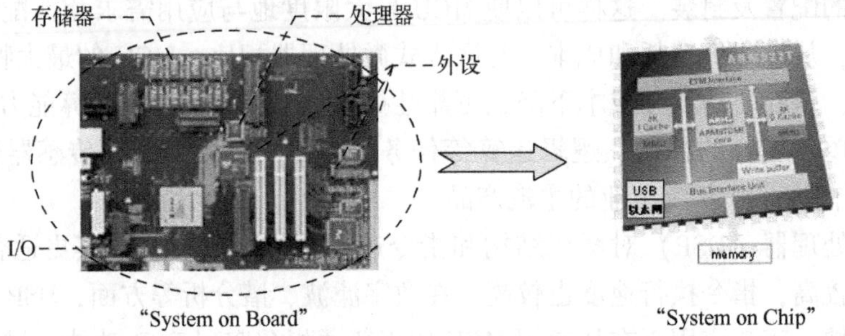

图 1-16　SoC 示意图

SoC 具有以下优点。

【降低耗电量】随着电子产品向小型化、便携化方向发展，对其省电需求将大幅提升。由于 SoC 产品多采用芯片内部信号传输机制，因此可以大幅度降低功耗。

【减小体积】数个芯片整合为一个 SoC 后，可有效缩小它在 PCB 上占用的面积，质量小、体积小。

【丰富系统功能】随着微电子技术的发展，在相同的内部空间上，SoC 可整合更多的功能元件和组件，丰富了系统功能。

【提高速度】随着芯片内部信号传递距离的缩短，信号的传输效率得到提升，使产品性能有所提高。

【节省成本】理论上，IP 模块的出现可以减少研发成本，缩短研发时间。不过，在实际应用中，由于芯片结构的复杂性提升，因此也有可能导致测试成本的增加，以及生产成品率的下降。

SoC 可以分为通用和专用两类。通用 SoC 包括 Infineon 的 TriCore、Motorola 的 M-Core、某些 ARM 系列器件，以及 Echelon 和 Motorola 联合研制的 Neuron 芯片等。专用 SoC 一般专用于某个或某类系统中，不为一般用户所知，其代表性产品是 Philips 的 Smart XA，它将 XA 单片机内核和支持超过 2048 位复杂 RSA 算法的 CCU 制作在一块硅片上，形成一个可加载 Java 或 C 语言的专用 SoC，可用于公众互联网（如 Internet）的安全方面。

SoC 使应用电子系统的设计技术从选择厂家提供的定制产品时代进入用户自行开发设计器件的时代。目前，SoC 的发展重点包括总线结构及互连技术、软/硬件的协同设计技术、IP 可重用技术、低功耗设计技术、可测性设计方法学、超深亚微米实现技术等。

专用集成电路（ASIC）是指专门为某一应用领域或特定用户需求而设计、制造的集成电路。当今最知名的 ASIC 当属 AI 芯片，如谷歌的 TPU、寒武纪的 DianNao 等，可以将 AI

芯片理解为一个快速计算乘法和加法的计算器。目前，在图像识别、语音识别、自然语言处理等领域，精度最高的算法就是基于深度学习的算法，因此通常会针对计算量特别大的深度学习来讨论 AI 芯片。

1.2.4　嵌入式系统的发展

计算机应用领域的划分如图 1-17 所示。嵌入式系统多属于小型专用型领域。

嵌入式系统的发展主要经历了如下 3 个阶段。

【20 世纪 70 年代】 以嵌入式微处理器为基础的初级嵌入式系统。嵌入式系统最初的应用是基于单片机的。汽车、工业机器、通信装置等成千上万种产品通过内嵌电子装置获得更好的性能。

【20 世纪 80 年代】 以嵌入式操作系统为标志的中级嵌入式系统。商业嵌入式实时内核包含传统操作系统的特征，开发周期缩短、成本降低、效率提高，促使嵌入式系统有了更为广阔的应用空间。

【20 世纪 90 年代】 以 Internet 和实时多任务操作系统为标志的高级嵌入式系统。软件规模的不断增大，对实时性要求的提高，使得实时内核逐步发展为实时多任务操作系统，并作为一种软件平台逐步成为国际嵌入式系统的主流。

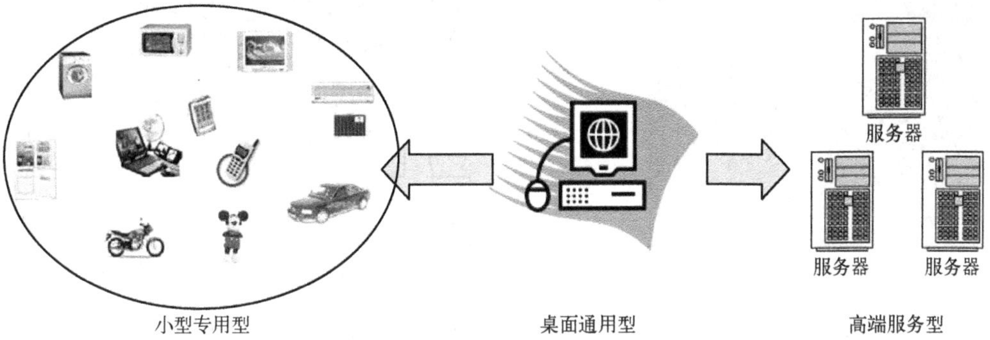

图 1-17　计算机应用领域的划分

1.3　ARM 体系结构及微处理器系列

1.3.1　ARM 公司简介

ARM（Advanced RISC Machines）既是一个公司的名字，又是一类处理器的统称，还是一种技术的名字，它有如下 4 层含义。

- ☺ ARM 是一种 RISC 微处理器的体系结构。
- ☺ ARM 是 Advanced RISC Machine Limited 公司的简称。
- ☺ ARM 是 Advanced RISC Machine Limited 公司的产品，该产品是以 IP 核（Intellectual Property Core，知识产权核）的形式提供的。
- ☺ ARM 还泛指许多半导体厂商基于 ARM IP 核生产出来的 ARM 处理器系列芯片及其衍生产品。

随着 IT 行业的迅猛发展，Intel、Motorola、TI 等上游厂商推出了基于不同架构的处理器芯片。架构不同，软件就不同，这对整个数字技术的发展非常不利。全球工业价值链基本是大公司的天下，像 Motorola 这样的公司在测试、制造、系统封装，甚至处理器设计等领域都处于垄断地位。20 世纪 80 年代末，产业链分工更加明确。

1990 年，一位名叫 Robin Saxby 的英国人离开了 Motorola 公司，与另外 12 名工程师一起开始了创业之旅，ARM 公司正式成立于 1991 年 11 月，公司标志如图 1-18 所示。

为了防止由于嵌入式处理器芯片层次及生产方式上的复杂性而造成名词上的混乱，通常将图 1-19 中的处理器部分称为处理器核；把处理器核与其通用功能模块的组合称为处理器；而把在处理器基础上经半导体芯片厂商二次开发，以芯片形式提供的用于嵌入式系统的产品称为嵌入式微控制器。也就是说，IP 核供应商提供的是处理器核和处理器的知识产权，而半导体芯片厂商生产的则是嵌入式控制器芯片。

图 1-18　ARM 公司标志

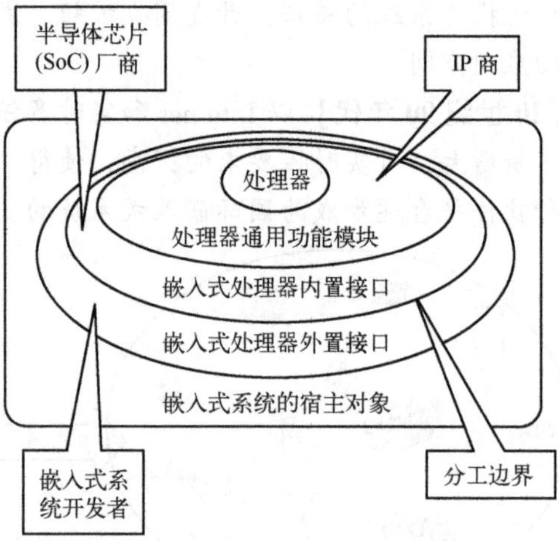

图 1-19　嵌入式产品的层次结构

ARM 公司是专门从事基于 RISC 技术芯片设计开发的公司。作为 IP 核供应商，ARM 公司并不直接从事芯片生产，而是设计出高效的 IP 核并授权给各半导体芯片厂商使用。世界各大半导体芯片生产厂商从 ARM 公司购买其设计的 ARM 处理器 IP 核，根据各自不同的应用领域，加入适当的外围电路，从而形成自己的 ARM 处理器芯片，如图 1-20 和图 1-21 所示。由 OEM 客户利用这些芯片来构建基于 ARM 技术的最终应用系统产品。

图 1-20　电子设备产业链

在集成电路产业链，大体可以分为 IP 设计、IC 设计、晶圆制造和封装测试四大环节。

ARM 是一家 IP 设计公司，每隔数年它就推出一代新的 CPU 指令集架构（如 ARMv8 和 Cortex-A73），并将这个指令集架构授权给 IC 芯片公司（如高通、联发科、三星、海思等）

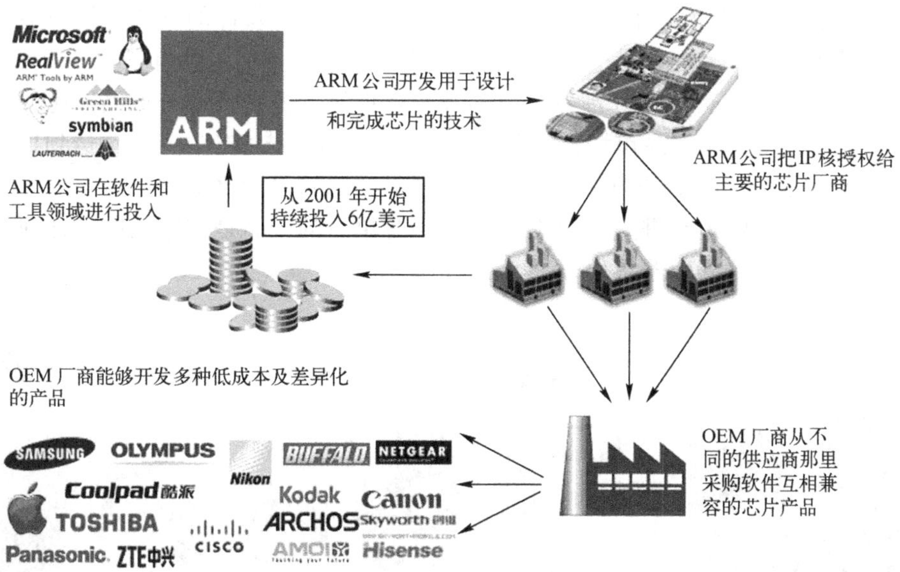

图 1-21　ARM 运作过程

使用；IC 芯片公司基于这些指令集架构进行芯片（如骁龙 820、Helio X20、麒麟 960 等）设计；IC 芯片公司将设计方案交给晶圆制造企业（如台积电、三星等），由其生产出包含很多芯片的圆片；封装测试企业（如日月光、长电科技等）将圆片切割成独立的芯片，并进行封装测试；终端设备生产商（如华为、小米）利用芯片进行电子产品的研发和生产。

由此可见，ARM 处理器一般是作为“内核”存在于专用 MPU 内部的，这也是它被称为“ARM 核”的原因。

IP 核有 5 个基本特征，即第三方使用、按照复用原则设计、可读性强、完备的可测性和端口定义标准化。

目前，全世界有数十家规模较大的 IC 芯片公司正在使用 ARM 公司的授权，如图 1-22 所示。

图 1-22　ARM 公司的合作伙伴

正因如此，ARM 技术获得了更多的第三方工具、制造、软件的支持，使得整个系统的成本进一步降低，使产品更容易进入市场并被消费者接受，因而更具有竞争力。目前，采用 ARM IP 核的微处理器（ARM 处理器）已遍及工业控制、消费类电子产品、通信系统、网络系统、无线系统等各类产品市场，如图 1-23 所示。ARM 技术正在逐步渗透到日常生活的各个方面。ARM 的成功是建立在一个简单而又强大的原始设计之上的，随着技术的不断进步，这个设计也在不断地改进。ARM 处理器并不是单一的，而是遵循相同设计理念，使用相似指令集架构的一个处理器系列。

图 1-23 ARM 微处理器的应用

1.3.2 ARM 体系结构简介

所谓“体系结构”，又称“系统结构”，是指程序员在为特定处理器编制程序时所“看到”，从而可以在程序中使用的资源及其相互之间的关系。体系结构定义了指令集（ISA）和基于该体系结构下处理器的编程模型。体系结构最为重要的就是处理器所提供的指令系统和寄存器组。基于同样体系结构的处理器可以有多种，每种处理器的性能不同，所面向的应用也就不同。但每种处理器的实现都要遵循这一体系结构。ARM 体系结构为嵌入式系统提供很高的系统性能和效率，同时保持较低的功耗和较小的面积。

目前流行的移动处理器几乎都采用 ARM 体系结构，这种 RISC 架构具有如下四大优势。

☺ 体积小、功耗低、成本低、性能强。

☺ 大量使用寄存器且大多数数据操作都在寄存器中完成，指令执行速度很快。

☺ 寻址方式灵活简单，执行效率高。

☺ 指令长度固定，可通过多流水线方式提高处理效率。

与体系结构直接相关的概念是“微架构”。微架构是指实现了一个指令集的 CPU。例如，ARMv8 是一个指令集，也是一个架构版本；而 ARM Cortex-A72 是一个具体实现 ARMv8 指令集的微处理器，是一个微架构。

1. ARM 体系结构

目前，ARM 体系结构共定义了 9 个版本，从版本 1 到版本 9，ARM 体系结构的指令集功能不断扩大。不同系列的 ARM 处理器的性能差别很大，应用范围和对象也不尽相同，如表 1-6 所示。但是基于相同 ARM 体系结构的应用软件是兼容的。

表 1-6 ARM 体系结构的发展

体系结构	内核实现范例	特色
ARMv1	ARM1	第一个 ARM 处理器；26 位寻址
ARMv2	ARM2	乘法和乘加指令；协处理器指令；快速中断模式中的两个以上的分组寄存器；原子性加载/存储指令
ARMv2a	ARM3	片上 Cache；原子交换指令
ARMv3	ARM6 和 ARM7DI	将寻址扩展到了 32 位；增加了程序状态保存寄存器（SPSR），以便在出现异常时保存 CPSR 中的内容；增加了两种处理器模式（未定义指令和中止模式），以便在操作系统代码中有效地使用中止异常；允许访问 SPSR 和 CPSR；MMU 支持，虚拟存储
ARMv3M	ARM7M	有符号和无符号长乘法指令
ARMv4	StrongARM	不再支持 26 位寻址模式；半字加载/存储指令；字节和半字的加载和符号扩展指令
ARMv4T	ARM7TDMI 和 ARM9T	Thumb
ARMv5TE	ARM9E 和 ARM10E	ARMv4T 的超集；增加 ARM 与 Thumb 状态之间的切换；额外指令；增强乘法指令；额外的 DSP 类型指令；快速乘累加
ARMv5TEJ	ARM7EJ 和 ARM926EJ	Java 加速
ARMv6	ARM11	改进的多处理器指令；边界不对齐和混合大小端数据的处理；新的多媒体指令
ARMv7	A 款式	Thumb/Thumb-2 指令集；不再支持 ARM 指令集
	R 款式	
	M 款式	
ARMv8	Cortex-A50 系列	64 位处理器；AArch64、AArch32 两种主要执行状态
ARMv9		继续使用 AArch64 作为基准指令集，增强了安全性、人工智能、DSP 性能

2. ARMv7 简介

ARMv7 是在 ARMv6 的基础上诞生的。它采用了 Thumb-2 技术，是在 ARM 的 Thumb 代码压缩技术的基础上发展起来的，并且保持了对现存 ARM 解决方案的代码兼容性。Thumb-2 技术比纯 32 位代码少使用 31%的内存，减少了系统开销，同时能够提供比已有的基于 Thumb 技术的解决方案高出 38%的性能。ARMv7 体系结构还采用了 NEON 技术，将 DSP 和媒体处理器能力提高了近 4 倍，并支持改良的浮点运算，满足下一代 3D 图形、游戏物理应用及传统嵌入式控制应用的需求。在 ARMv7 体系结构版本中，内核架构首次从单一款式变成如下 3 种款式。

☺ 款式 A：高性能的应用处理器（Application Processor）系列，主要面向移动计算、智能手机、服务器等高端应用领域。这类处理器运行在很高的时钟频率（超过 1GHz）下，可以支持像 Linux、Android、MS Windows 和移动操作系统等完整操作系统需要的内存管理单元（MMU）。

☺ 款式 R：实时控制处理器（Real Time Controller）系列，主要面向实时控制应用领域，如硬盘控制、汽车传动控制和无线通信基带控制等。多数实时控制处理器不支持 MMU，但通常具有存储器保护单元（Memory Production Unit，MPU）、Cache 和其他针对工业应用设计的存储功能。这类处理器运行在比较高的时钟频率（如 200MHz～1GHz）下，具有非常小的响应延迟。虽然实时控制处理器不能运行完整版本的 Linux 和 Windows 操作系统，但支持大多数实时操作系统（RTOS）。

☺ 款式 M：微控制器系列，主要用于深度嵌入的、具有单片机风格的系统中，它是为单片机应用量身定制的。微控制器通常具有面积很小但能效比很高的特点。通常这类处理器的流水线很短，最高时钟频率很低（但也有此类处理器可以运行在 200MHz 以上）。新的 Cortex-M 处理器非常易用，因此在单片机和深度嵌入式系统中的应用非常成功。

ARM 指令集体系结构和处理器型号命名规则如图 1-24 所示。

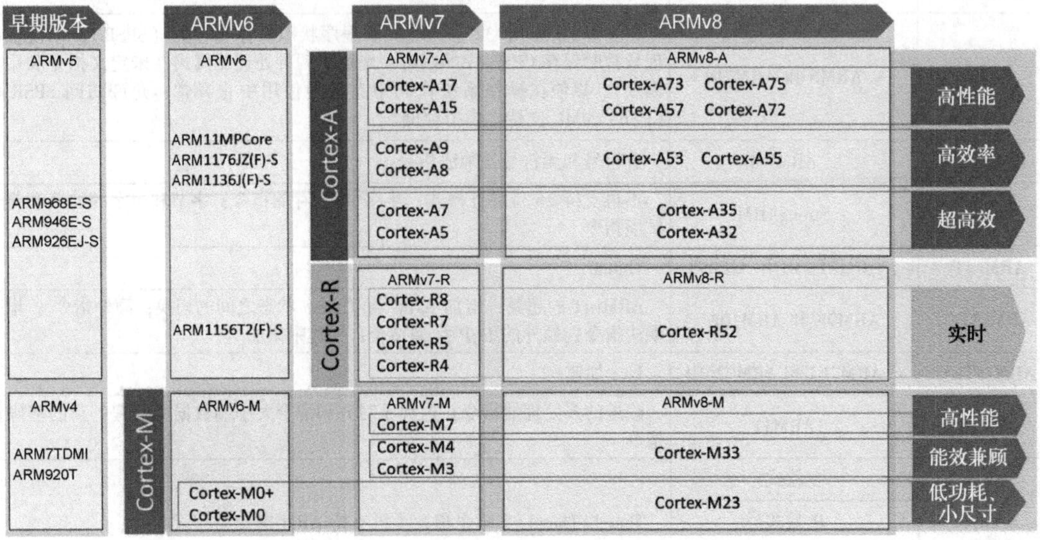

图 1-24　ARM 指令集体系结构和处理器型号命名规则

3. ARM 处理器的主要特征

☺ 采用 RISC 体系结构。
☺ 有大量的寄存器，可用于多种用途。
☺ Load/Store 体系结构。
☺ 每条指令均条件执行。
☺ 多寄存器的 Load/Store 指令，大多数数据操作都在寄存器中完成。
☺ 指令长度固定。
☺ 能够在单时钟周期执行的单条指令内完成一项普通的移位操作和一项普通的 ALU 操作。
☺ 通过协处理器指令集来扩展 ARM 指令集，包括在编程模式中增加新的寄存器和数据类型。
☺ 在 Thumb 体系结构中以高密度 16 位压缩形式表示指令集。

1.4　STM32 系列微控制器简介

1.4.1　STM32 芯片

1. STM32 芯片的命名

ST 将 MCU 和微处理器划分为不同层次，如表 1-7 所示。

表 1-7　ST 将 MCU 和微处理器划分为不同层次

类　型	8 位 MCU	32 位 MCU 和微处理器		
	STM8	STM32		SPC5
	8 位 MCU	32 位 MPU	32 位 MCU	32 位 MCU
微处理器	—	STM32MP1	—	—
高性能 MCU	—	—	STM32H7	—
			STM32F7	
			STM32F4	
			STM32F2	
主流 MCU	—	—	STM32G0	—
			STM32F0	
	STM8S		STM32F1	
	—		STM32G4	
			STM32F3	
超低功耗 MCU	—	—	STM32U5	—
			STM32L5	
	STM8L		STM32L4+	
			STM32L4	
	—		STM32L1	
			STM32L0	
无线 MCU	—	—	STM32WB	—
			STM32WL	
车用 MCU	STM8AF	—	—	SPC56
	—			SPC57
	STM8AL			SPC58

在 ST 公司的《STM32&STM8 选型手册》中，给出了 STM32 MCU/微处理器具体型号的详细资源。STM32 MCU/微处理器的命名规则如图 1-25 和图 1-26 所示。

【例 1-3】 某 MCU/微处理器芯片的型号：STM32 F 100 C 6 T 6 B ×××。

含义：ST 品牌 ARM Cortex-Mx 系列内核 32 位基础型 MCU，LQFP -48 封装，闪存容量为 32KB，温度范围为-40 ～+85℃。

STM32 型号众多，参数复杂，ST 提供了选型软件 ST MCU FINDER，它集成了 ST MCU/微处理器芯片的技术资料。

2. STM32 产品系列简介

STM32 MCU/微处理器是基于 ARM Cortex®-M 处理器设计的，如表 1-8 所示。

表 1-8　STM32 MCU/微处理器与 ARM Cortex®-M 处理器之间的对应关系

类　型	ARM Cortex®-M 处理器							
	M0	M0+	M3	M33	M4		M7	Dual-A7 和 M4
微处理器	—	—	—	—	—		—	STM32MP1
	—	—	—	—	—		—	4158/5 136 CoreMark 650/800Mhz Cortex-A7 209MHz Cortex-M4
高性能 MCU	—	—	STM32F2	—	STM32F4	STM32H7	STM32F7	—
	—	—	398 CoreMark 120MHz	—	608 CoreMark 180MHz	3224 CoreMark 240MHz Cortex-M4 480MHz Cortex-M7	1082 CoreMark 216MHz	—
主流 MCU	STM32F0	STM32G0	STM32F1	—	STM32F3	STM32G4	—	
	106 CoreMark 48MHz	142 CoreMark 64MHz	177 CoreMark 72MHz	—	245 CoreMark 72MHz	550 CoreMark 170MHz	—	—
超低功耗 MCU	—	STM32L0	STM32L1	STM32L5	STM32L4	STM32L4+	—	—
	—	75 CoreMark 32MHz	93 CoreMark 32MHz	424 CoreMark 110MHz	273 CoreMark 80MHz	409 CoreMark 120MHz	—	—
无线 MCU	—	—	—	—	STM32WL	STM32WB	—	—
	—	—	—	—	161 CoreMark 48MHz	216 CoreMark 64MHz	—	—

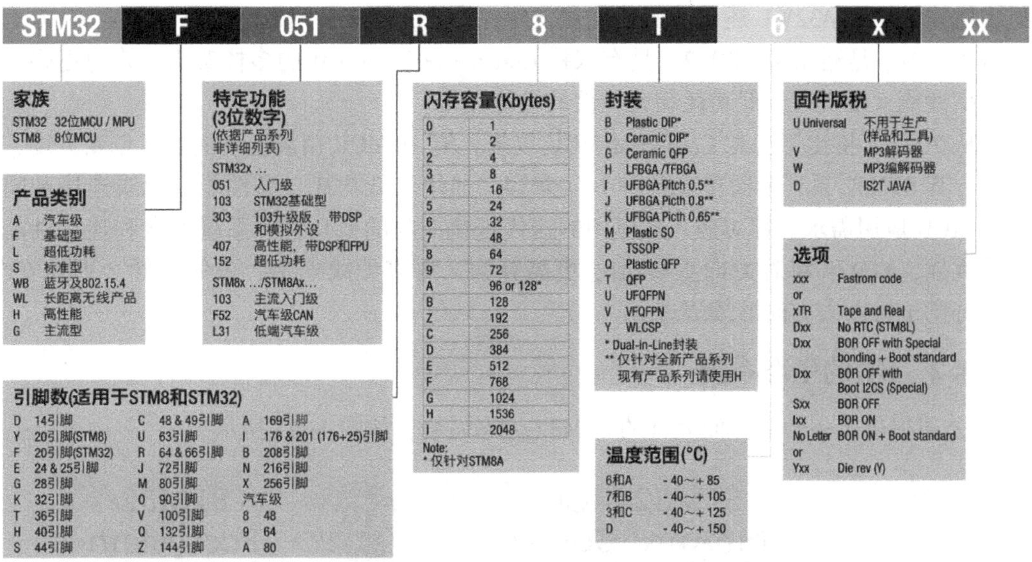

图 1-25　STM32 和 STM8 产品型号（仅适用于 MCU）

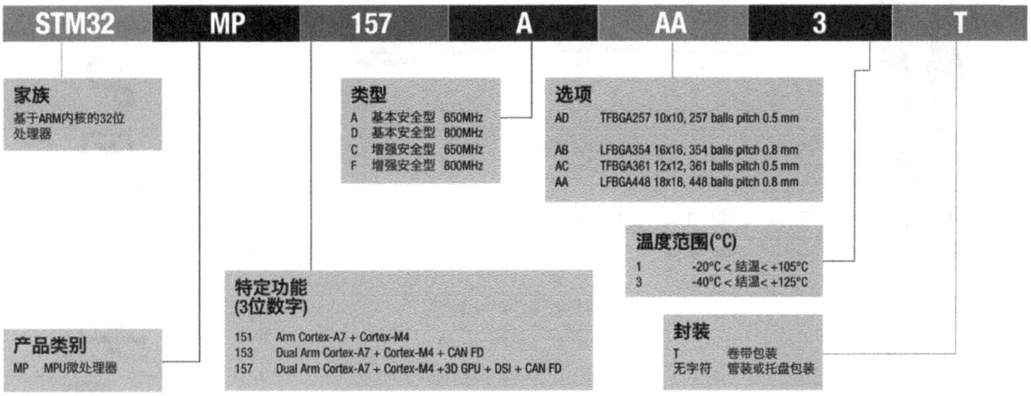

图 1-26　STM32 系列产品型号

用途最广泛的 STM32F1 是最早的 STM32 子系列，是面向通用应用的单片机系列。

STM32L 系列是 STM32 的超低功耗 MCU 产品系列，可以满足低功耗应用的需求。

STM32F4/F7/H7 系列定位为高性能 MCU，将主流型 MCU 进一步升级，以支持伺服、PLC 和人机界面等应用需求。其中，STM2F4 系列属于超值型 MCU，适用于价格敏感型应用产品。基于不同的外设资源、图像处理能力和运算能力，STM32H7 系列的不同产品可满足工业、医疗、消费类等不同的应用需求。

STM32WB 是新一代无线双核微控制器，支持主流 2.4GHz 的多种协议栈（如 BLE、ZigBee、Thread 等），还支持静态和动态并发的模式（可同时运行多个协议栈）。STM32WB 具有高集成度、高性能、低功耗等特点，非常适用于工业网关、电信设备、家庭自动化、家电产品、智能消费电子、AI 及各种 IEEE 802.15.4 的无线场景。STM32WB 具有优异的安全功能（如密码算法加速器和安全密钥存储等），可确保物联网（IoT）硬件数据安全。

STM32WL 是全球首个内置远程（LoRa）收发器的 SoC，它采用与超低功耗 STM32L4 中实现的同种技术进行开发，有丰富的利于通信的外设及特性，包括多达 43 个 GPIO、用于优化功耗的集成 SMPS，以及多种可最大限度延长电池使用寿命的低功耗模式。除了无线和超低功耗特性，STM32WL 还包括嵌入式安全硬件功能，兼具易用性和可靠性。

STM32MP1 是通用型 STM32，具有双核 Cortex-A+Cortex-M 的多核架构，算力更强，可以满足高性能、硬实时、低功耗和安全性的性能需求。

自从 2007 年推出第一款 Cortex-M MCU 以来，ST 在 MCU 市场上不断加大创新力度，持续出新，其 STM32 系列全面覆盖各种 I/O 兼容、通用、低功耗、高性能、无线连接和超高性价比 MCU 应用需求。针对嵌入式应用的迭代进化面临的低功耗、系统安全和连接性能三大设计挑战，STM32 将着力向更多 AI、更高算力、更多无线连接、更低功耗、更加安全、成本更有竞争力六大方向继续迈进。

1.4.2 ST 的生态系统

ST 公司提供了一套丰富而完善的 STM32 生态系统，如图 1-27 所示。

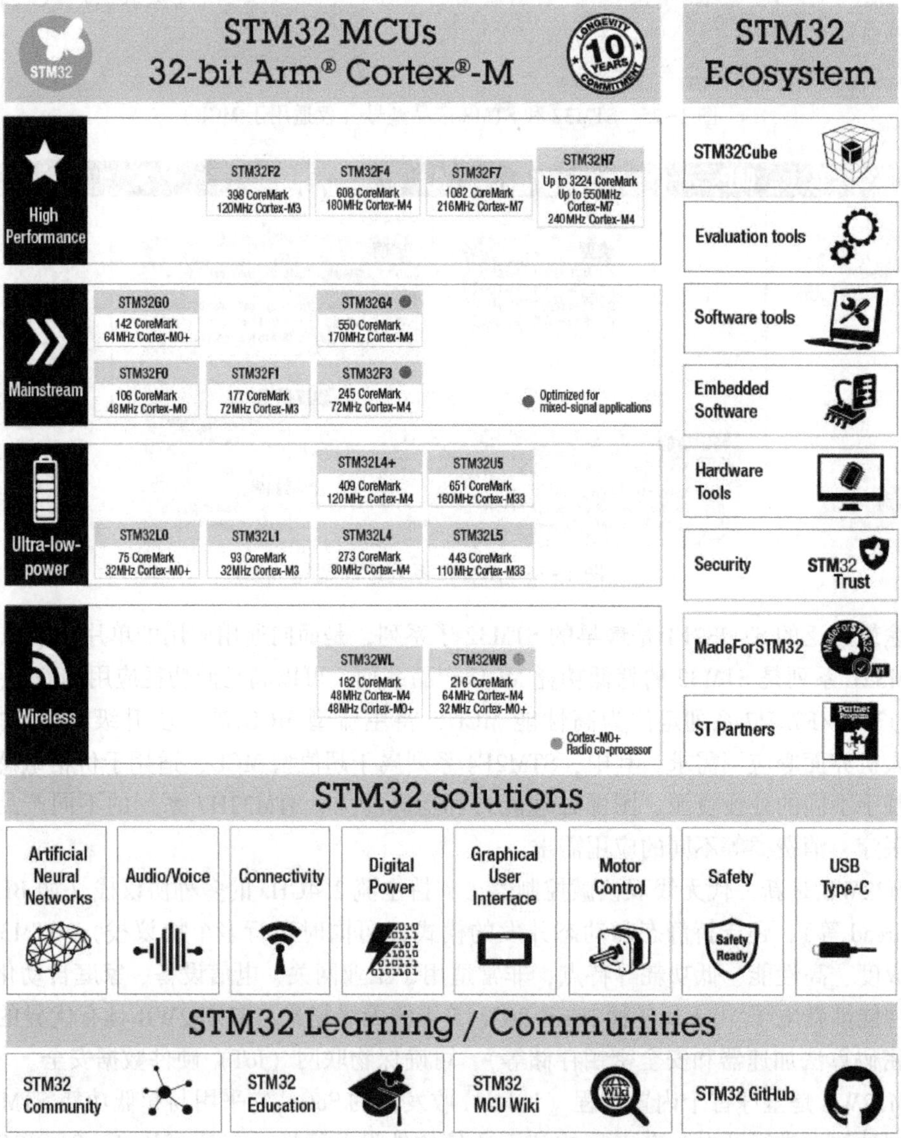

图 1-27　STM32 生态系统

STM32 生态系统软件工具如下所述。

☺ STM32CubeMX：用于生成 STM32 的 HAL 代码的软件。STM32CubeMX 利用可视化界面进行 STM32 配置，它集成了芯片选型、引脚分配和功能配置、中间件配置、时钟配置、初始化代码和项目创建的功能。

☺ STM32CubeIDE：集成了来自 STM32CubeMX 的 STM32 配置和项目创建功能，可选择空的 STM32 单片机或微处理器创建项目并生成初始化代码，在开发过程中，在不影响用户代码的情况下，可重新生成初始化代码。STM32CubeIDE 为用户提供关于项目状态和内存需求的有用信息。STM32CubeIDE 还包括标准和高级调试功能，包括 CPU 核心寄存器、存储器和外围寄存器的视图，以及实时可变表、串行单总线查看器接口或故障分析器。

☺ STM32Cube. AI：该软件工具扩展包可生成优化代码，在 STM32 MCU 上运行神经网络。开发人员可以用 STM32Cube. AI 将预先训练的神经网络转成在 STM32 MCU 上运行的 C 代码，调用经过优化的函数库，从而将 AI 引入基于 MCU 的智能边缘和节点设备，以及物联网、智能楼宇、工业和医疗应用中的深度嵌入式设备。STM32Cube. AI 附带即用型软件函数包，包含用于识别人类活动和音频场景分类的代码示例，可立即用于 ST 传感器板和移动应用程序。

☺ STM32CubeProgrammer（STM32CubeProg）：用于编程 STM32 产品的全合一多操作系统软件工具，为通过调试接口（JTAG 和 SWD）和引导加载器接口读取、写入及验证设备内存提供了一个易于使用和高效的环境，为 STM32 内部存储器（如 Flash、RAM 和 OTP）及外部存储器提供了广泛的功能。它还允许选项编程和上传、编程内容验证和脚本编程自动化。STM32CubeProgrammer 有图形用户界面（GUI）和命令行界面（CLI）两种版本。

STM32Cube 软件主要包括两部分：运行在芯片上的嵌入式软件和安装在计算机端用于开发的工具软件，如图 1-28 所示。

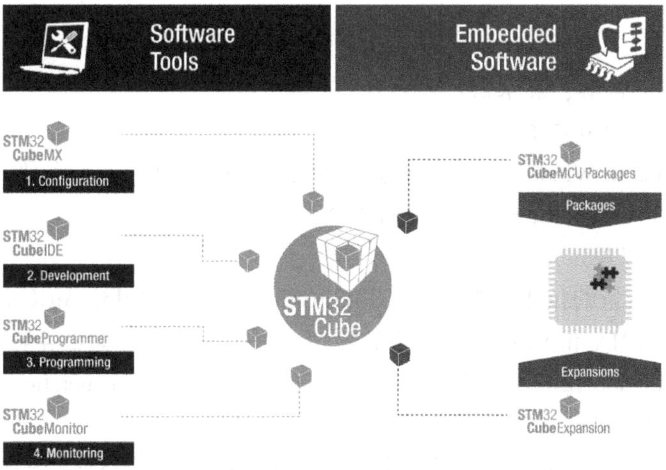

图 1-28　STM32Cube 软件

ST 官网详尽的开发资源也是 STM32 生态系统的重要组成部分，主要包括如下内容。

（1）文档。

☺ 参考手册（Reference Manual）：对芯片每个模块的具体描述和功能介绍。

☺ 数据手册（Data Sheet）：芯片引脚定义、电气特性、机械封装、料号定义。

☺ 勘误手册：描述了芯片某些功能的局限性，并给出解决方法。

☺ 闪存编程手册（Flash Programming Manual）：对芯片片上闪存的操作指南、读/写保护设置，选项字节信息。

☺ 内核编程手册（Cortex-M Programming Manual）：对内核的系统控制块寄存器的描述。

☺ 应用文档（Application Note）：针对不同应用主题的描述性文档，常有与其搭配的固件例程。

☺ 用户手册（User Manual）：一般是对某个软件库的说明文档。

（2）固件例程。

☺ 标准外设固件库（STM32Fx Standard Peripherals Library）。

☺ 基于 STM32Fxxx-EVAL 评估板。

☺ 一个项目模板。

☺ 众多例程代码。

☺ 探索套件固件包（STM32Fx Discovery Kit Firmware Package）。

☺ 基于 STM32Fxxx Discovery kit 套件板。

☺ 众多例程项目。

☺ 与应用文档搭配的固件例程。

☺ 特殊应用的固件库和例程，如 USB 固件库。

（3）与评估、开发工具相关的资料。

☺ 评估工具：评估板、探索套件。

  ◇ 预装演示 Demo 的项目例程。

  ◇ 预装演示 Demo 的用户手册。

  ◇ 用户手册。

  ◇ 原理图。

☺ 开发工具：调试器、烧录器。

  ◇ STLINK/V2 的用户手册。

  ◇ STLINK/V2 在 Windows 7、Windows XP 和 Windows Vista 上的 USB 驱动。

  ◇ STVP（ST Visual Programmer）的用户手册。

  ◇ STVP 安装程序。

ST 公司提供了大量的技术资料用于 STM32Cube 组件和 STM32 MCU 的学习。对于图形配置工具 STM32CubeMX 和 STM32CubeF1 软件包，可以重点参考如下 4 种资料。

☺ STM32CubeMX for STM32 configuration and initialization C code generation（STM32CubeMX 用户手册，UM1718）。

☺ Getting started with STM32CubeF1 firmware package for STM32F1 Series（STM32CubeF1 用户手册，UM1847）。

☺ Description of STM32F1xx HAL drivers（HAL 库用户手册，UM1850）。

☺ STM32Cube firmware examples for STM32F1 Series（STM32Cube 应用手册，AN4724）。

在众多 STM32 MCU 的参考资料中，下述学习资料适合初学者参考。

☺《ARM CM3 权威指南》（宋岩译）。
☺ The CM3 Technical Reference Manual（CM3 技术参考手册）。
☺ STM32F10xxx reference manual（STM32F10xxx 参考手册，RM0008）。
☺ STM32F10xxx CM3 programming manual（STM32F10xxx CM3 编程手册，PM0056）。
☺ STM32F10xxx Flash programming manual（STM32F10xxx Flash 编程手册，PM0075）。
☺ DS5319：STM32F103x8、STM32F103xB Datasheet（数据手册）。
☺ DS5792：STM32F103xC、STM32F103xD、STM32F103xD Datasheet（数据手册）。
☺ MDK-ARM 开发环境、例程及帮助文档。
☺ 其他相关器件数据手册及网络资料。

第 2 章　CM3 体系结构

2.1　CM3 内核结构

CM3（Cortex-M3）内核是嵌入式 MCU 的中央处理单元（CPU）。完整的基于 CM3 的 MCU 还需要很多其他组件，如图 2-1 所示。芯片制造商得到 CM3 的 IP 核的使用授权后，就可以把 CM3 内核用在自己的芯片设计中，添加存储器、外设、I/O 及其他功能模块。不同的芯片制造商设计出的 MCU 会有不同的配置，包括存储器容量、类型、外设等，都各具特色。

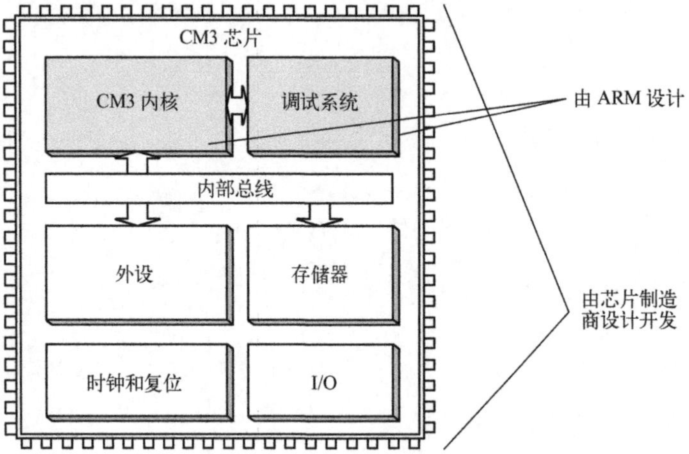

图 2-1　基于 CM3 内核的 MCU 结构

CM3 具有下列特点。

☺ 内核是 ARMv7-M 体系结构，如图 2-2 所示。

☺ 哈佛结构。哈佛结构的处理器采用独立的指令总线和数据总线，可以同时进行取指令和数据读/写操作，从而提高了处理器的运行性能。

☺ 内核支持低功耗模式。CM3 加入了类似 8 位单片机的内核低功耗模式，支持 3 种功耗管理模式，即睡眠模式、停止模式和待机模式。这使整个芯片的功耗控制更加有效。

☺ 引入分组堆栈指针机制，把系统程序使用的堆栈和用户程序使用的堆栈分开。如果再配上可选的存储器保护单元（MPU），处理器就能满足对软件健壮性和可靠性有严格要求的应用。

☺ 支持非对齐数据访问。CM3 的一个字为 32 位，但它可以访问存储在一个 32 位单元中的字节/半字类型数据，这样，4 个字节类型或 2 个半字类型数据可以被分配在一个 32 位单元中，提高了存储器的利用率。对一般的应用程序而言，这种技术可以节省

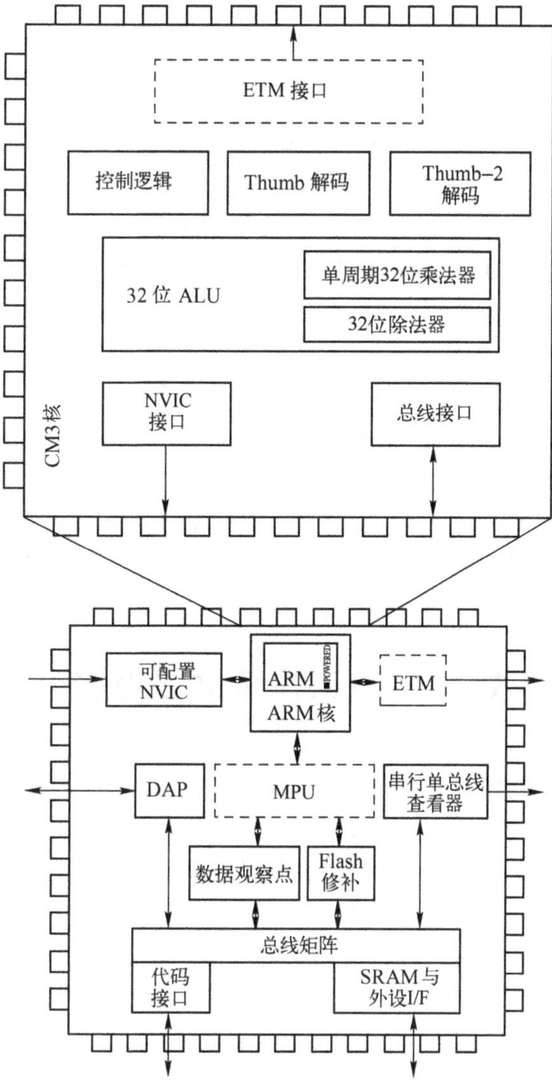

图 2-2　CM3 核结构

约 25%的 SRAM 使用量，从而在应用时可以选择 SRAM 较小、价格更低的 MCU。

☺ 定义了统一的存储器映射。各芯片制造商生产的基于 CM3 内核的 MCU 具有一致的存储器映射，这使得用户对 CM3 的 MCU 选型及代码在不同 MCU 上的移植非常便利。

☺ 位绑定操作。详见 2.5.5 节。

☺ 高效的 Thumb-2 指令集。CM3 使用的 Thumb-2 指令集是一种 16/32 位混合编码指令，兼容 Thumb 指令。由应用程序编译生成的 Thumb-2 代码大小接近 Thumb 编码程序存储器占用量，达到了接近 ARM 编码的运行性能。

☺ 32 位硬件除法和单周期乘法。CM3 加入了 32 位除法指令，弥补了以往 ARM 处理器没有除法指令的缺陷。改进了乘法运算部件，32 位的乘法操作只要 1 个时钟周期，使得 CM3 在进行乘加运算时，接近 DSP 的性能。

☺ 三级流水线和转移预测。现代处理器大多采用指令预取和流水线技术，以提高处理器的指令执行速度。高性能流水处理器中加入的转移预测部件，即在处理器从存储器预取指令时，如果遇到转移指令，则能自动预测转移是否会发生，并从预测的方向进行取指令操作，从而提供给流水线连续的指令流，流水线就可以不断地执行有效指令，保证了其性能的发挥。

☺ 内置嵌套向量中断控制器（NVIC）。CM3 首次在内核上集成了嵌套向量中断控制器。CM3 中断延迟只有 12 个时钟周期，还使用了尾链技术，使得背靠背（Back-to-Back）中断的响应只要 6 个时钟周期，而 ARM7 需要 24～42 个时钟周期。ARM7 内核不带中断控制器，具体 MCU 的中断控制器由各芯片制造商自己加入，这给用户使用及程序移植带来了很大的麻烦。基于 CM3 的 MCU 却具有统一的中断控制器，给中断编程带来了便利。

☺ 拥有先进的故障处理机制。支持多种类型的异常和故障诊断，使故障诊断容易。

☺ 支持串行调试。CM3 在保持 ARM7 的 JTAG（Join Test Action Group）调试接口的基础上，还支持串行单总线调试（Serial Wire Debug，SWD）。

☺ 极高性价比。基于 CM3 的 MCU 相比于 ARM7 MCU，在相同的工作频率下，其平均性能要高出约 30%，其代码尺寸比 ARM 编码小约 30%，价格更低。

2.2 CM3 处理器的工作模式及状态

不同的应用会有不同的模式，不同的模式解决不同的问题，模式代表着一组特定的应用或某类问题的解决方案。CM3 中引入模式是为了区别普通应用程序代码与异常程序代码。

CM3 中提供了一种存储器访问的保护机制，使得普通应用程序代码不能意外或恶意地执行涉及要害的操作，因此处理器为程序赋予了两种权限，分别为特权级和用户级。特权执行可以访问所有资源。非特权执行对有些资源的访问受到限制或不允许访问。

CM3 下的工作模式和权限如表 2-1 所示。工作模式转换图如图 2-3 所示。

表 2-1　CM3 下的工作模式和权限

程序代码类型	特 权 级	用 户 级
异常程序代码	处理（Handler）模式	错误的用法
主程序代码	线程模式	线程模式

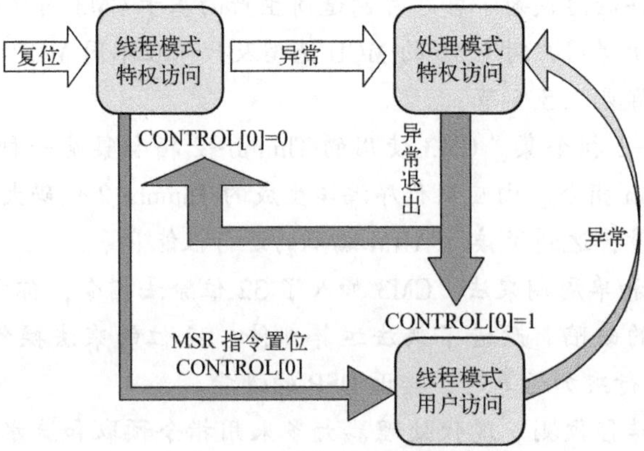

图 2-3　工作模式转换图

在 CM3 运行主程序代码（线程模式）时，既可以使用特权级，又可以使用用户级，但是异常程序代码必须在特权级下执行。复位后，处理器默认进入线程模式特权级访问。在特权级下，程序可以访问所有存储器，并且可以执行所有指令，但若有存储器保护单元（MPU），则 MPU 规定的“禁地”不能访问。特权级下的程序功能比用户级多一些。一旦进入用户级，用户级的程序不能简单地试图改写控制寄存器（详见 2.3 节）就返回特权级，它必须先执行一条系统调用指令（SVC），这会触发 SVC 异常（详见 2.8 节），然后由异常程序代码（通常是操作系统的一部分）接管，如果批准进入，则异常程序代码修改 CONTROL寄存器，只有这样才能在用户级的线程模式下重新返回特权级。

事实上，从用户级到特权级的唯一途径就是异常，如果在程序执行过程中触发了一个异常，则处理器先切换到特权级，并且在异常程序代码执行完毕退出时返回先前的状态，也可以手工指定返回的状态。

通过引入特权级和用户级，就能够在硬件上限制某些不受信任的或尚未调试好的程序，禁止它们随意配置重要的寄存器，因而系统的可靠性得到了提高。如果配置了 MPU，则它还可以作为特权机制的补充——保护关键的存储区域不被破坏，这些区域通常是操作系统所在区域。举例来说，操作系统的内核通常都是在特权级下执行的，所有未被 MPU 禁止的存储器都可以访问。在操作系统开启了一个应用程序后，通常都会让它在用户级下执行，从而使操作系统不会因某个程序的崩溃或恶意破坏而受损。

CM3 处理器还有 Thumb 和调试两种状态。Thumb 状态是 16 位和 32 位半字对齐的 Thumb 与 Thumb-2 指令的正常执行状态。进行调试时，处理器会进入调试状态。

CM3 处理器的工作模式、权限等的划分，使得它运行时更加安全，不会因为一些小的失误导致整个系统崩溃。此外，CM3 处理器还专门配置了 MPU，可以控制多片内存区域的读/写权限，从而有效地防止应用程序的非法访问。

2.3　CM3 寄存器

CM3 寄存器如图 2-4 所示。

1. 通用寄存器

通用寄存器包括 R0～R12。R0～R7 也称低组寄存器，它们的字长全为 32 位。所有指令（包括 16 位的和 32 位的）都能访问它们；复位后其初始值是随机的。

R8～R12 也称高组寄存器，它们的字长也为 32 位，16 位 Thumb 指令不能访问它们，而 32 位 Thumb-2 指令则不受限制；复位后其初始值也是随机的。

2. 堆栈指针 R13

CM3 内核中共有两种堆栈指针，支持两种堆栈，分别为进程堆栈和主堆栈，这两种堆栈都指向 R13，因此在任何时候，进程堆栈或主堆栈中只有一种是可见的。当引用 R13（或写为 SP）时，引用的是当前正在使用的那一种，另一种必须用特殊的指令来访问（MRS 或 MSR 指令）。这两种堆栈指针的基本特点如下。

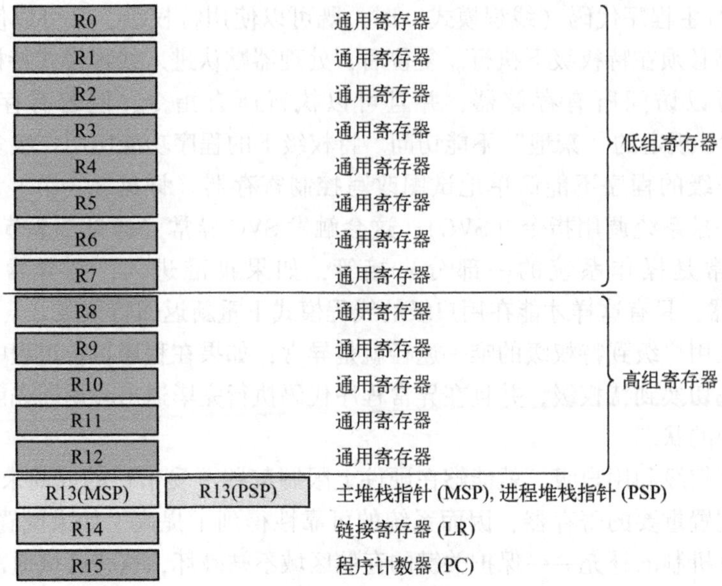

图 2-4 CM3 寄存器

☺ 主堆栈指针（MSP），或者写为 SP_main。这是默认的堆栈指针，它由操作系统内核、异常程序代码，以及所有需要特权访问的应用程序代码使用。

☺ 进程堆栈指针（PSP），或写为 SP_process。它用于常规应用程序代码（非异常程序代码）。

在处理模式和线程模式下，都可以使用 MSP，但只有在线程模式才可以使用 PSP。

堆栈与 CPU 工作模式的对应关系如图 2-5 所示。使用两种堆栈的目的是防止用户堆栈的溢出影响系统核心代码（如操作系统内核）的运行。

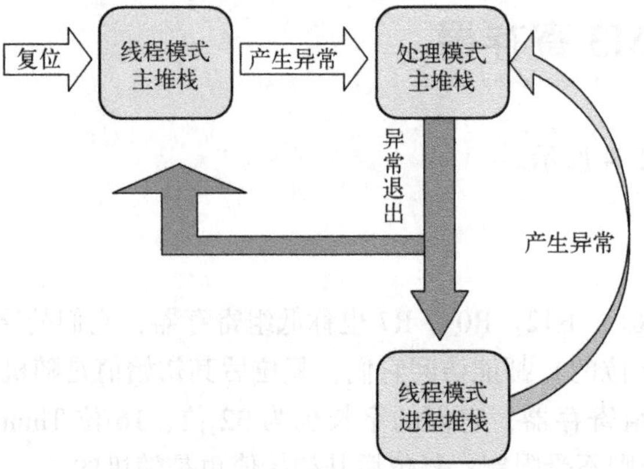

图 2-5 堆栈与 CPU 工作模式的对应关系

3. 链接寄存器 R14

R14 是链接寄存器（LR）。在一个汇编程序中，可以把它写为 LR 或 R14。LR 用于在调用子程序时存储返回地址，也用于异常返回。

LR 的最低有效位是可读/写的，这是历史遗留的产物。以前，由位 0 来指示 ARM/

Thumb 状态。因为有些 ARM 处理器支持 ARM 和 Thumb 状态并存，为了方便汇编程序移植，CM3 需要允许最低有效位可读/写。

4. 程序计数器 R15

R15 是程序计数器（Program Counter），在汇编代码中，一般将其称为 PC。因为 CM3 内部使用了指令流水线，所以读 PC 时返回的值是当前指令的地址+4。例如：

```
0x1000：MOV R0, PC ; R0 = 0x1004
```

如果向 PC 中写数据，就会引起一次程序的分支（但不更新 LR）。因为 CM3 中的指令至少是半字对齐的，所以 PC 的最低有效位总是读回 0。

5. 程序状态寄存器

程序状态寄存器（PSR）在其内部又被分为 3 个子状态寄存器，即应用程序状态寄存器（APSR）、中断程序状态寄存器（IPSR）和执行程序状态寄存器（EPSR），如图 2-6 所示。通过 MRS/MSR 指令，这 3 个程序状态寄存器既可以单独访问，又可以组合访问（2 个组合或 3 个组合都可以）。当使用三合一的方式访问时，应使用名字“xPSR”或“PSR”，如图 2-7 所示。程序状态寄存器各位域定义如表 2-2 所示。

	31	30	29	28	27	26:25	24	23:20	19:16	15:10	9	8	7	6	5	4:0
APSR	N	Z	C	V	Q											
IPSR												中断号				
EPSR						ICI/IT	T			ICI/IT						

图 2-6　CM3 中的程序状态寄存器

	31	30	29	28	27	26:25	24	23:20	19:16	15:10	9	8	7	6	5	4:0
xPSR	N	Z	C	V	Q	ICI/IT	T			ICI/IT		中断号				

图 2-7　合体后的程序状态寄存器（xPSR）

表 2-2　程序状态寄存器各位域定义

位　域	名　称	定　义
31	N	负数或小于标志。1：结果为负数或小于；0：结果为正数或大于
30	Z	零标志。1：结果为 0；0：结果为非 0
29	C	进位/借位标志。1：有进位或借位；0：无进位或借位
28	V	溢出标志。1：有溢出；0：无溢出
27	Q	Sticky Saturation 标志
26:25 15:10	IT	If-Then 位。它是 If-Then 指令的执行状态位，包含 If-Then 模块的指令数目和它的执行条件
	ICI	可中断/可继续指令位
24	T	T 位使用一条可相互作用的指令来清零，也可以使用异常出栈操作来清零。当 T 位为 0 时，执行指令会引起 INVSTATE 异常

续表

位　域	名　称	定　义
23:16	—	—
9	—	—
8:0	ISR NUMBER	中断号

6. 异常中断寄存器

异常中断寄存器的功能描述如表 2-3 所示。

表 2-3　异常中断寄存器的功能描述

名　字	功 能 描 述
PRIMASK	1 位寄存器。置位时，它允许 NMI 和硬件默认异常，所有其他的中断和异常将被屏蔽
FAULTMASK	1 位寄存器。置位时，它只允许 NMI，所有中断和默认异常处理被忽略
BASEPRI	9 位寄存器。它定义了屏蔽优先级。置位时，所有同级的或低级的中断被忽略

7. 控制寄存器

控制寄存器有两个用途，即定义权限和选择当前使用的堆栈指针，由两个位来行使这两个职能，如表 2-4 所示。

表 2-4　CM3 的控制寄存器

取　值	CONTROL[0]	CONTROL[1]
0	特权级的线程模式	选择 MSP（复位后的默认值）
1	用户级的线程模式	选择 PSP

因为处理模式永远都是特权级的，所以 CONTROL[0]位仅对线程模式有效。仅在特权级下操作时，才允许写 CONTROL[0]位。一旦进入用户级，唯一返回特权级的途径就是先触发一个（软）中断，再由服务例程改写该位。

在 CM3 的处理模式中，CONTROL[1]位总为 0；而在线程模式中则可以为 0 或 1。因此，仅当处于特权级的线程模式下时，此位才可写，其他场合下禁止写此位。

CPU 的工作模式、堆栈、控制寄存器之间的关系如表 2-5 所示。

表 2-5　CPU 的工作模式、堆栈、控制寄存器之间的关系

执行模式	进入方式	堆栈 SP	用　途
特权线程模式	（1）复位； （2）在特权处理模式下使用 MSR 指令清零 CONTROL[0]位	使用 MSP： （1）复位后默认； （2）在退出特权处理模式前； （3）清零 CONTROL[1]位。 使用 PSP： （1）在退出特权处理模式前； （2）置位 CONTROL[1]位	线程模式（特权或非特权）+PSP 多用于操作系统的任务状态
非特权线程模式	在特权线程模式或特权处理模式下使用 MSR 指令置位 CONTROL[0]位		
特权处理模式	出现异常	只能使用 MSP	特权处理模式+MSP 在前/后台和操作系统中用于中断状态

CM3 寄存器总结如表 2-6 所示。

表 2-6 CM3 寄存器总结

寄存器名称	功　能	寄存器名称	功　能
MSP	主堆栈指针	xPSR	APSR、EPSR 和 IPSR 的组合
PSP	进程堆栈指针	PRIMASK	中断屏蔽寄存器
LR	链接寄存器	BASEPRI	可屏蔽等于和低于某个优先级的中断
APSR	应用程序状态寄存器	FAULTMASK	错误屏蔽寄存器
IPSR	中断程序状态寄存器	CONTROL	控制寄存器
EPSR	执行程序状态寄存器	—	—

2.4 总线接口

片上总线标准繁多，而由 ARM 公司推出的 AMBA 片上总线受到广大开发商和 SoC 片上系统集成商的喜爱，已成为一种主流的工业片上结构。AMBA 规范主要包括 AHB（Advanced High performance Bus）和 APB（Advanced Peripheral Bus），二者分别适用于高速和相对低速设备的连接。

CM3 是 32 位 MCU，即它的数据总线宽度是 32 位。CM3 内部结构及总线连接示意图如图 2-8 所示。

由图 2-8 可以看出，CM3 包含 5 根总线，即 I-Code 总线、D-Code 总线、系统总线、外部专用外设总线和内部专用外设总线。

I-Code 总线是 32 位的 AHB，从程序存储器空间（0x00000000～0x1FFFFFFF）取指令和取向量在此总线上完成。所有取指令都是按字来操作的，每个字的取指令数目取决于运行的代码和存储器中代码的对齐情况。

D-Code 总线是 32 位的 AHB，从程序存储器空间（0x00000000～0x1FFFFFFF）取数据和调试访问在此总线上完成。数据访问的优先级比调试访问的优先级高，因此当总线上同时出现内核访问和调试访问时，必须在内核访问结束后才开始调试访问。

系统总线是 32 位的 AHB，对系统存储空间（0x20000000～0xDFFFFFFF，0xE0100000～0xFFFFFFFF）的取指令、取向量及数据和调试访问在此总线上完成。系统总线用于访问内存和外设，覆盖的区域包括 SRAM、片上外设、片外 RAM、片外扩展设备及系统级存储区的部分空间，详见 2.5.3 节。系统总线包含处理不对齐访问、FPB 重新映射访问、位绑定（Bit-Band）访问及流水线取指令的控制逻辑。

外部专用外设总线是 APB，对 CM3 处理器外部外设存储空间（0xE0040000～0xE00FFFFF）的取数据和调试访问在此总线上完成。该总线用于 CM3 外部的 APB 设备、嵌入式跟踪宏单元（ETM）、跟踪端口接口单元（TPIU）和 ROM 表，也用于片外外设。

内部专用外设总线是 AHB，对 CM3 处理器内部外设存储空间（0xE0000000～0xE003FFFF）的取数据和调试访问在此总线上完成。该总线用于访问嵌套向量中断控制器 NVIC、数据观察和触发（DWT）、Flash 修补和断点（FPB）、指令跟踪宏单元（ITM）及存储器保护单元（MPU）。

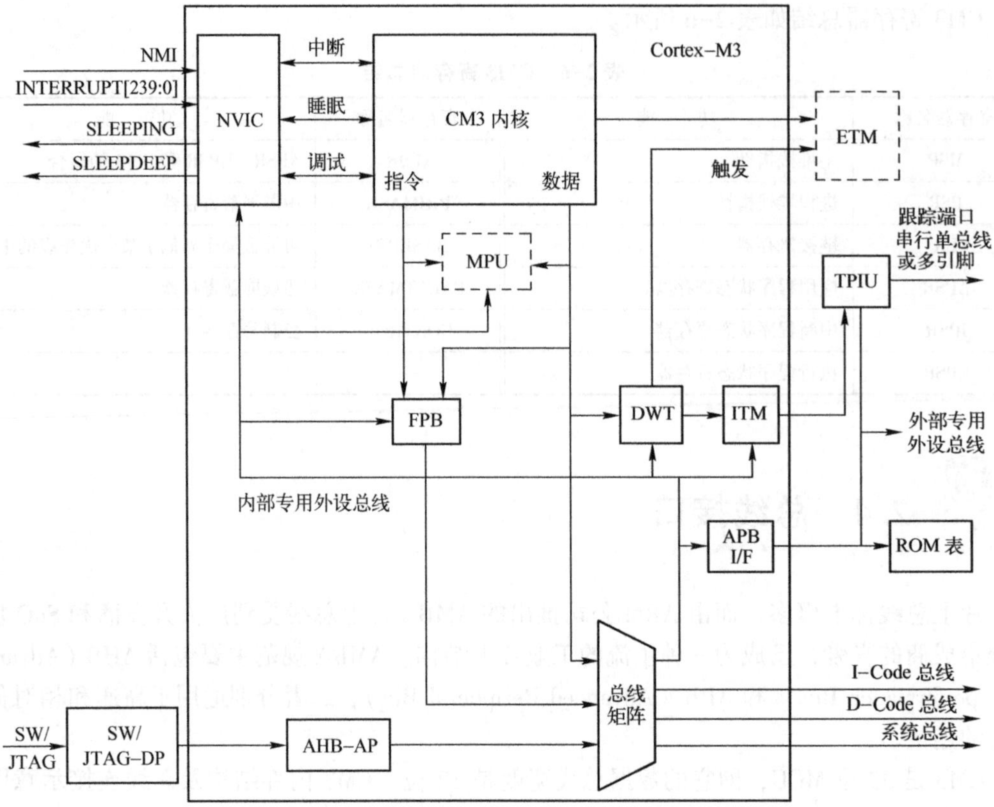

图 2-8　CM3 内部结构及总线连接示意图

CM3 处理器 5 类总线的总结如表 2-7 所示。

表 2-7　CM3 处理器 5 类总线的总结

总 线 名 称	类　型	范　围
I-Code	AHB	0x00000000～0x1FFFFFFF
D-Code	AHB	0x00000000～0x1FFFFFFF
系统总线	AHB	0x20000000～0xDFFFFFFF 0xE0100000～0xFFFFFFFF
外部专用外设总线	APB	0xE0040000～0xE00FFFFF
内部专用外设总线	AHB	0xE0000000～0xE003FFFF

2.5　存储器的组织与映射

2.5.1　存储器的格式

ARM 体系结构将存储器看作从地址 0 开始的字节的线性组合。在 0～3B 放置第 1 个存储的字数据，在 4～7B 放置第 2 个存储的字数据，依次排列。作为 32 位的微处理器，ARM 体系结构支持的最大寻址空间为 4GB（2^{32}B）。

内存中有两种存储字数据格式，即大端格式和小端格式，具体说明如下。

【大端格式】 在这种格式中，字数据的高字节存储在低位地址中，而字数据的低字节存储在高位地址中。

【小端格式】 与大端格式相反，在小端格式中，低位地址中存储的是字数据的低字节，高位地址中存储的是字数据的高字节。图 2-9 所示为存储 0x12345678 字数据的大端格式和小端格式。

图 2-9　存储 0x12345678 字数据的大端格式和小端格式

CM3 处理器支持的数据类型有 32 位字、16 位半字和 8 位字节。CM3 之前的 ARM 处理器只允许对齐数据的传送（以字为单位的传送），其地址的最低两位（4 字节）必须是 0；对于以半字为单位的传送，其地址最低位必须是 0；以字节为单位的传送中无所谓对齐。CM3 处理器支持非对齐的传送，数据存储器的访问无须对齐。

2.5.2　存储器的层次结构

存储器的层次结构如图 2-10 所示。

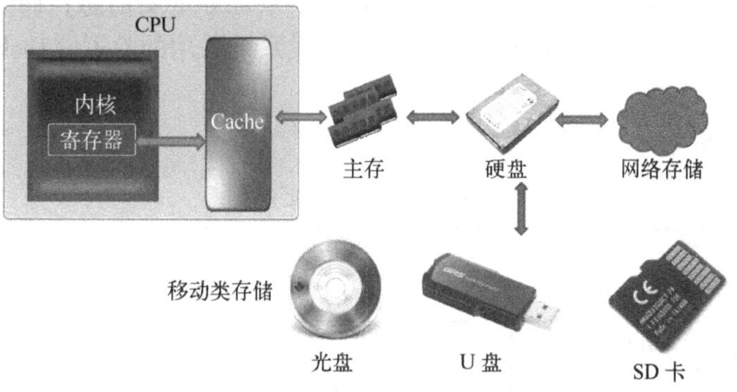

图 2-10　存储器的层次结构

ROM（Read Only Memory，只读存储器）和 RAM（Random Access Memory，随机存储器）指的都是半导体存储器。ROM 在系统停止供电时仍然可以保持数据不丢失，而 RAM 通常在掉电后就丢失数据。典型的 RAM 就是计算机的内存。ROM 和 RAM 的比较如表 2-8 所示。

表 2-8　ROM 和 RAM 的比较

类　型	读/写	访问顺序
ROM	只读	顺序
RAM	可读/可写	随机

RAM 有两大类，即静态 RAM（Static RAM，SRAM）和动态 RAM（Dynamic RAM，DRAM）。SRAM 的读/写速度非常快，是目前读/写速度最快的存储设备，但是它非常昂贵，因此只在要求很苛刻的地方使用，如 CPU 的一级缓存和二级缓存。DRAM 保留数据的时间很短，读/写速度也比 SRAM 慢，不过它还是比 ROM 的读速度快，从价格上来说，DRAM 比 SRAM 要便宜得多，通常计算机内存就是 DRAM。

ROM 也有很多种，如可编程 ROM（PROM）、可擦除可编程 ROM（EPROM）和电可擦除可编程 ROM（EEPROM）等。早期的 PROM 是一次性的；EPROM 可通过紫外线的照射擦除已保存的程序；EEPROM 具有电擦除功能，价格较高，写入时间较长，写入速度较慢。

手机软件和通话记录一般存储在 EEPROM 中（因此可以刷机），但最后一次通话记录在通话时并不存储在 EEPROM 中，而是暂时存储在 SRAM 中，因为当时有重要工作（如通话）要做，所以如果写入 EEPROM，则漫长的等待是让用户无法忍受的。

Flash 存储器又称闪存，它结合了 ROM 和 RAM 的长处，不仅具备电可擦除可编程的性能，还不会因断电而丢失数据，同时可以快速读取数据，U 盘和 MP3 里用的就是这种存储器。过去，嵌入式系统一直将 ROM（EPROM）作为其存储设备；近年来，Flash 存储器全面替代了 ROM（EPROM）在嵌入式系统中的地位。

目前，Flash 主要有两种，分别为 NOR Flash 和 NAND Flash。NOR Flash 的读取和常见的 SDRAM 的读取相同，用户可以直接运行装载在 NOR Flash 中的代码，这样可以减小 SRAM 的容量，从而节约成本。NAND Flash 没有采取内存随机读取技术，它的读取是以一次读取一块的形式来进行的，通常一次读取 512B，采用这种技术的 Flash 存储器比较廉价。用户不能直接运行装载在 NAND Flash 中的代码，因此许多使用 NAND Flash 的开发板除了使用 NAND Flash，还加上了一块小容量的 NOR Flash 来运行启动代码。一般小容量的存储器用 NOR Flash，因为其读取速度快，多用于存储操作系统等重要信息；而大容量的存储器则用 NAND Flash。最常见的 NAND Flash 应用是嵌入式系统采用的 DoC（Disk on Chip）和常用的 U 盘。

存储器举例如表 2-9 所示。

表 2-9 存储器举例

存储器		应用举例	掉电时存储数据是否丢失
RAM	SRAM	缓存	是
	DRAM	主存	是
ROM		BIOS	否
Flash	NOR Flash	内存	否
	NAND Flash	U 盘	否
SSD		硬盘	否

2.5.3 CM3 存储器

1. 存储单元和存储地址的相关概念

存储器本身没有地址信息，它的地址是由芯片制造商或用户分配的。给物理存储器分配逻辑地址的过程称为存储器映射，通过这些逻辑地址就可以访问相应存储器的物理存储单元。

在计算机中，最小的信息单位是二进制位（bit），8 位组成 1 字节（Byte，B）。一个存储单元可以存储 1B 的信息。存储器的容量是以 B 为最小单位来计算的，对于一个有 128 个存储单元的存储器，可以说它的容量为 128B。一个存储容量为 1KB 的存储器有 1024 个存储单元。

存储单元的逻辑地址称为存储地址，一般用十六进制数表示；在每个存储地址对应的存储单元中存储着一组用二进制或十六进制表示的数，通常称之为该存储地址中的内容。

【注意】存储地址与该存储地址中的内容并不等同。存储地址是存储单元的编号，而存储地址中的内容表示在这个存储单元中存储的数据。

存储一个机器字的存储单元称为字存储单元，与之相对应的存储单元地址称为字地址；而存储一个字节的存储单元称为字节存储单元，与之相对应的存储单元地址称为字节地址。

如果计算机中可以编址的最小单元是字存储单元，则该计算机称为按字寻址的计算机；如果计算机中可编址的最小单位是字节，则该计算机称为按字节寻址的计算机。

如果机器字长等于存储器单元的位数，一个机器字可以包含数个字节，那么一个存储单元也可以包含数个能够单独编址的字节地址。例如，一个 16bit 字存储单元可存储 2B，既可以按字寻址，又可以按字节寻址；当按字节寻址时，16bit 字存储单元将占用 2B 地址。

以 STM32 为例，STM32 是一个 32 位的微控制器（MPU），它是按字寻址的，它的每个寄存器都占用 4B，即 32bit。

2. CM3 存储器映射

CM3 的存储系统采用统一的编址方式，如图 2-11 所示。CM3 预先定义了“粗线条的”存储器映射，通过把片上外设寄存器映射到外设区，就可以简单地以访问内存的方式来访问这些外设寄存器，从而控制外设的工作。这种预定义的映射关系也可以对访问速度进行优化，而且使得片上系统的设计更易集成。

CM3 处理器为 4GB 的可寻址存储空间提供简单和固定的存储器映射。学习此部分要与 2.5.1 节介绍的内容对应起来。

CM3 的代码区的容量为 0.5GB，在存储区的起始端。

CM3 片上 SRAM 的容量是 0.5GB，这个区域通过系统总线来访问。如图 2-11 所示，在这个区的下部，有一个 1MB 的区间，称为位绑定区；与该位绑定区对应的有一个 32MB 的位绑定别名区，容纳了 8×2^{20} 个位变量。位绑定区对应的是最低的 1MB 地址范围，而位绑定别名区中的每个字与位绑定区的 1 位对应。通过位绑定功能，可以将一个布尔型数据打包在一个单一的字中，从位绑定别名区中像访问普通内存一样使用它们。位绑定别名区中的访问操作是原子的（不可分割），省去了传统的“读—改—写”3 个步骤。

与 SRAM 相邻的 0.5GB 范围由片上外设的寄存器来使用。在这个区域中也有一个 32MB 的位绑定别名区，便于快捷地访问外设寄存器，其用法与片上 SRAM 相同。

还有两个 1GB 的范围，分别用于连接片外 RAM 和片外外设。

最后还剩下 0.5GB 的区域，包括了系统及组件、内部专用外设总线、外部专用外设总线，以及由芯片制造商提供定义的系统外设（Vendor-Specific），数据字节以小端格式存储在存储器中。

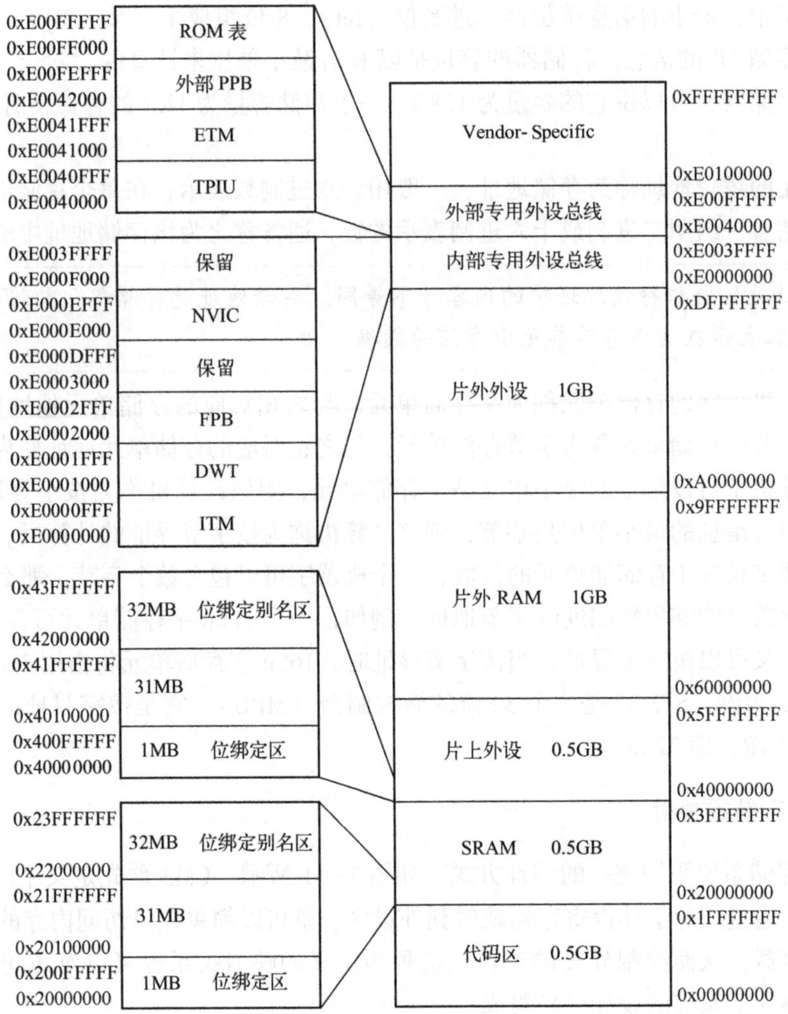

图 2-11 CM3 存储器组织

2.5.4 STM32 存储器

1. STM32 的总线结构

STM32 总线由以下两部分构成。

☺ 驱动单元：CM3 内核 D-Code 总线（D-Bus）、I-Code 总线（I-Bus）和系统总线（S-Bus）、DMA1 总线和 DMA2 总线。

☺ 被动单元：内部 SRAM、内部闪存（Flash）、FSMC、AHB 到 APB 的桥（AHB2APBx，连接所有的 APB 设备）。

这些都是通过一个多级的 AHB 相互连接的，如图 2-12 所示。

I-Code 总线将 CM3 内核的指令总线与闪存指令接口相连接。指令预取在此总线上完成。

D-Code 总线将 CM3 内核的 D-Code 总线与闪存的数据接口相连接（常量加载和调试访问），用于查表等操作。

系统总线将 CM3 内核的外设总线连接到总线矩阵。系统总线用于访问内存和外设，覆

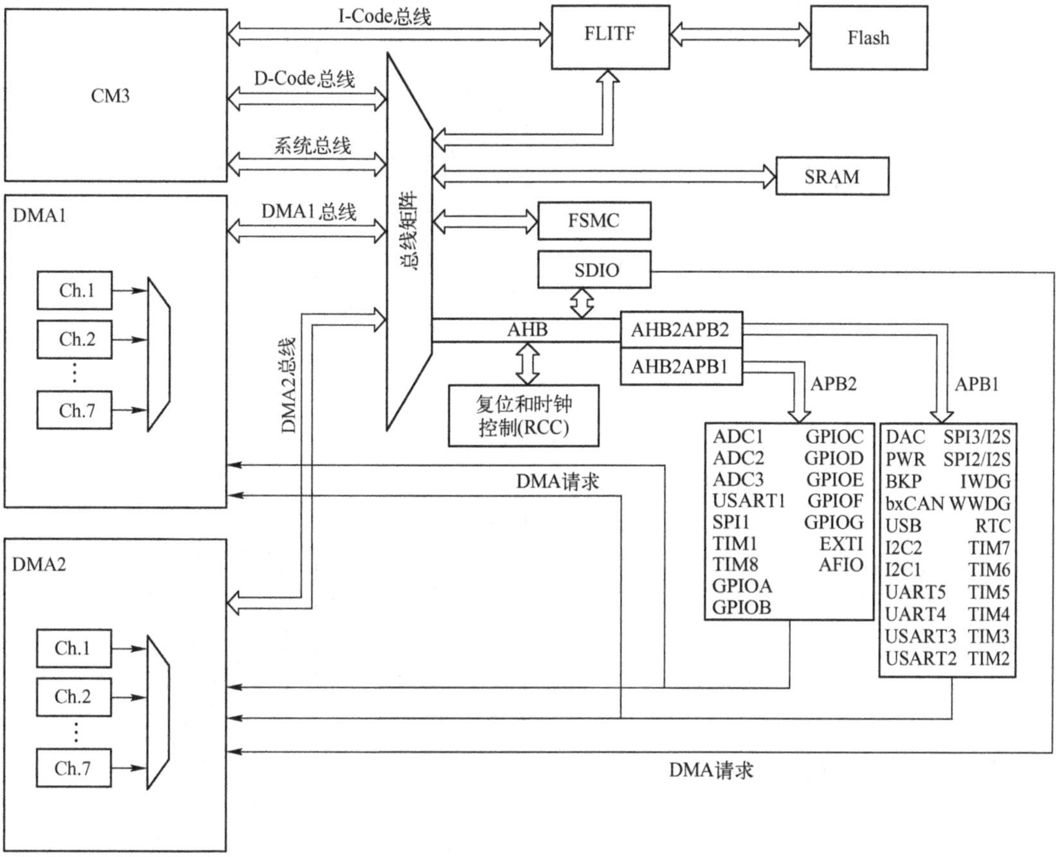

图 2-12　STM32 的总线结构

盖的区域包括 SRAM、片上外设、片外 RAM、片外扩展设备及系统级存储区的部分空间。

DMA 总线将 DMA 的 AHB 主控接口与总线矩阵相连，总线矩阵协调 CPU 的 D-Code 总线和 DMA 到 SRAM、闪存和外设的访问。

总线矩阵还协调内核系统总线和 DMA 主控总线之间的访问仲裁（利用轮换算法）。总线矩阵由 4 个驱动部件（D-Code 总线、系统总线、DMA1 总线和 DMA2 总线）和 4 个被动部件（FLITF、SRAM、FSMC 和 AHB2APBx 桥）构成。AHB 外设通过总线矩阵与系统总线相连，允许 DMA 访问。

AHB/APB 桥在 AHB 和两个 APB 之间提供同步连接。APB1 操作速度限于 36MHz，APB2 操作于全速（最高 72MHz）。当对 APB 寄存器进行 8 位或 16 位访问时，该访问会被自动转换成 32 位访问；桥会自动将 8 位或 16 位的数据进行扩展，以配合 32 位的向量。

2. STM32 存储器映射

STM32 将可访问的存储器空间分成 8 块，每块的容量为 0.5GB，其他未分配给片上存储器和外设的空间都是保留的地址空间，如图 2-13 所示。

☺ 代码区（0x00000000 ～ 0x1FFFFFFF）：可以存储程序代码。它又划分为如下 7 个功能块。

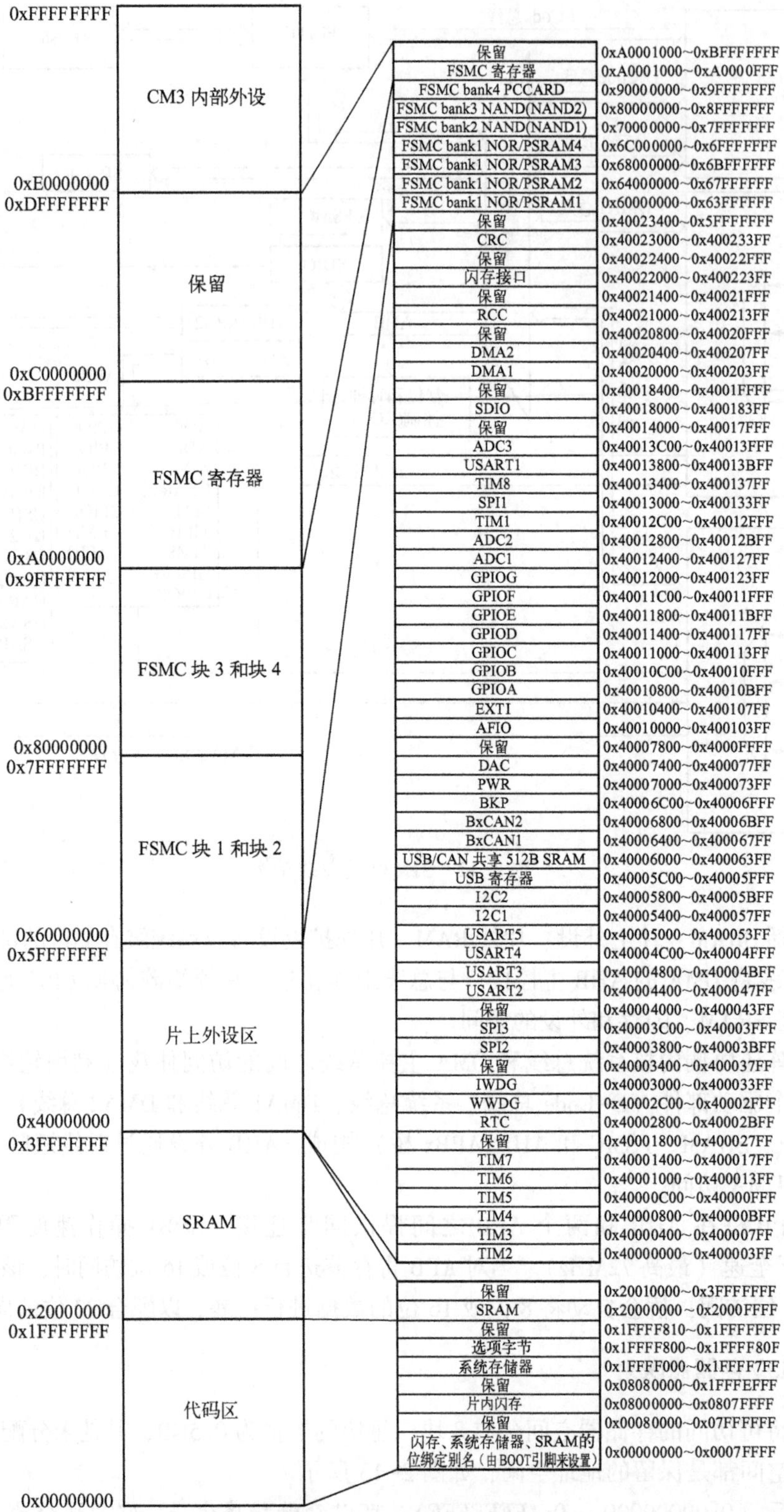

图 2-13　STM32 存储器映射

◇ 0x00000000～0x0007FFFF：取决于 BOOT 引脚，为闪存、系统存储器、SRAM 的位绑定别名区。

◇ 0x00080000～0x07FFFFFF：保留。

◇ 0x08000000～0x0807FFFF：片内闪存，编写的程序就存储在该区域（512KB）。

◇ 0x08080000～0x1FFFEFFF：保留。

◇ 0x1FFFF000～0x1FFFF7FF：系统存储器，用于存储 ST 出厂时写入的 ISP 自举程序，用户无法改动。使用串口下载时，需要用到这部分程序。

◇ 0x1FFFF800～0x1FFFF80F：选项字节，用于配置读/写保护 、BOR 级别、软/硬件看门狗，以及器件处于待机或停止模式下的复位。当芯片被锁住后，可以从 RAM 中启动来修改这部分相应的寄存器位。

◇ 0x1FFFF810～0x1FFFFFFF：保留。

☺ SRAM（0x20000000～0x3FFFFFFF）：用于片内 SRAM。此区也可以存储程序，用于固件升级等维护工作。

☺ 片上外设区（0x40000000～0x5FFFFFFF）：用于片上外设。STM32 分配给片上外设的地址空间分成 3 类，APB1 总线外设存储地址表如表 2-10 所示，APB2 总线外设存储地址表如表 2-11 所示，AHB 总线外设存储地址表如表 2-12 所示。如果某款 STM32 不带有某个片上外设，则该地址范围保留。

☺ 外部 RAM 区的前半段（0x60000000～0x7FFFFFFF）和后半段（0x80000000～0x9FFFFFFF）：该区地址指向片上 RAM 或片外 RAM。

☺ 外部外设区的前半段（0xA0000000～0xBFFFFFFF）和后半段（0xC0000000～0xDFFFFFFF）：用于片外外设的寄存器，也用于多核系统中的共享内存。

☺ 系统区（0xE0000000～0xFFFFFFFF）：此区是专用外设和供应商指定功能区。

表 2-10　APB1 总线外设存储地址表

地址范围	外　设	地址范围	外　设
0x40000000～0x400003FF	TIM2 定时器	0x40004000～0x400043FF	保留
0x40000400～0x400007FF	TIM3 定时器	0x40004400～0x400047FF	USART2
0x40000800～0x40000BFF	TIM4 定时器	0x40004800～0x40004BFF	USART3
0x40000C00～0x40000FFF	TIM5 定时器	0x40004C00～0x40004FFF	USART4
0x40001000～0x400013FF	TIM6 定时器	0x40005000～0x400053FF	USART5
0x40001400～0x400017FF	TIM7 定时器	0x40005400～0x400057FF	I2C1
0x40001800～0x40001BFF	保留	0x40005800～0x40005BFF	I2C2
0x40001C00～0x40001FFF	保留	0x40005C00～0x40005FFF	USB 寄存器
0x40002000～0x400023FF	保留	0x40006000～0x400063FF	USB/CAN 共享 512B SRAM
0x40002400～0x400027FF	保留	0x40006400～0x400067FF	BxCAN1
0x40002800～0x40002BFF	RTC	0x40006800～0x40006BFF	BxCAN2
0x40002C00～0x40002FFF	WWDG	0x40006C00～0x40006FFF	BKP
0x40003000～0x400033FF	IWDG	0x40007000～0x400073FF	PWR
0x40003400～0x400037FF	保留	0x40007400～0x400077FF	DAC
0x40003800～0x40003BFF	SPI2/I2S	0x40007800～0x4000FFFF	保留
0x40003C00～0x40003FFF	SPI3/I2S	—	—

表 2-11　APB2 总线外设存储地址表

地址范围	外　设	地址范围	外　设
0x40010000～0x400103FF	AFIO	0x40012C00～0x40012FFF	TIM1 定时器
0x40010400～0x400107FF	EXTI	0x40013000～0x400133FF	SPI1
0x40010800～0x40010BFF	GPIOA	0x40013400～0x400137FF	TIM8 定时器
0x40010C00～0x40010FFF	GPIOB	0x40013800～0x40013BFF	USART1
0x40011000～0x400113FF	GPIOC	0x40013C00～0x40013FFF	ADC3
0x40011400～0x400117FF	GPIOD	0x40014000～0x40014BFF	保留
0x40011800～0x40011BFF	GPIOE	0x40014C00～0x40014FFF	保留
0x40011C00～0x40011FFF	GPIOF	0x40015000～0x400153FF	保留
0x40012000～0x400123FF	GPIOG	0x40015400～0x400157FF	保留
0x40012400～0x400127FF	ADC1	0x40015800～0x40017FFF	保留
0x40012800～0x40012BFF	ADC2	—	—

表 2-12　AHB 总线外设存储地址表

地址范围	外　设	地址范围	外　设
0x40018000～0x400183FF	SDIO	0x40022000～0x400223FF	闪存接口
0x40018400～0x4001FFFF	保留	0x40022400～0x40022FFF	保留
0x40020000～0x400203FF	DMA1	0x40023000～0x400233FF	CRC
0x40020400～0x400207FF	DMA2	0x40023400～0x40027FFF	保留
0x40020800～0x40020FFF	保留	0x40028000～0x40029FFF	Ethernet
0x40021000～0x400213FF	RCC	0x40030000～0x4FFFFFFF	保留
0x40021400～0x40021FFF	保留	0x50000000～0x5003FFFF	保留

CM3 内核是通过 I-Code 总线、D-Code 总线、系统总线与 STM32 内部的闪存、SRAM 相连接的，它直接影响 STM32 存储器的结构组织。也就是说，CM3 的存储器结构决定了 STM32 的存储器结构。

CM3 是一个内核，其自身定义了一个存储器结构，ST 公司按照 CM3 的存储器定义设计出自己的存储器结构。

比较图 2-11 和图 2-13 可以发现，STM32 的存储器结构与 CM3 很相似，不同的是，STM32 中加入了很多实际的东西（如闪存、SRAM 等），正因如此，STM32 才成为一个实用的处理器。

将图 2-11 和图 2-13 与我们的 PC 存储器相比，单片机存储器是“平坦”（Flat）的、有限的；而 PC 存储器有虚拟内存（Virtual Memory），因此是可变的。从图 2-11 和图 2-13 中还可以看出，单片机存储器的代码存储在存储器中，变量可以从存储器访问，外设和存储器编址访问形式一样。

2.5.5 位绑定操作

1. C 指针基础

内存是一个线性的字节数组（平坦寻址）。每个字节均由 8 个二进制位组成，都有一个唯一的编号（编号从 0 开始）。C 指针是 C 语言访问内存单元的有效工具，下面举例说明。

【例 2-1】 C 指针应用举例。

编写如下 C 语言程序：

```
#include <stdio.h>
int main( )
{
    short c[2];                     //等价于申请两个连续的 2B 内存空间
    c[0] = 1;                       //将第 1 个 short 空间赋值为 1
    c[1] = 1;                       //将第 2 个 short 空间赋值为 1
    short *p1 = c;                  //p1 指向 c[]首地址
    int *p2 = (int *)p1;            //p2 指向 c[]首地址，并强制转换类型为 int

    printf("p1 指向:%p\np2 指向:%p\n",p1,p2);
    printf("p1 取出:%d\np2 取出:%d\n", *p1, *p2);
    return 0;
}

```

这段程序的运行结果为：

```
p1 指向:000000000062FE30
p2 指向:000000000062FE30
p1 取出:1
p2 取出:65537
```

与这段程序的运行结果相关的内存空间示意图如图 2-14 所示。

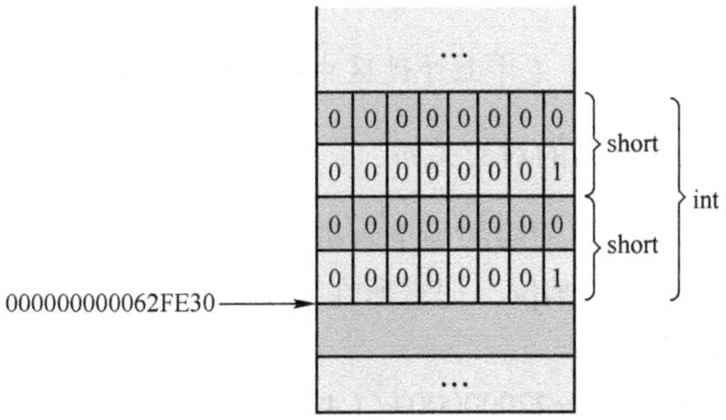

图 2-14 例 2-1 内存空间示意图

本例中，指针 p1 和 p2 的地址相同，但由于其存储空间类型分别为 short 和 int，因此存储的内容不同。

2. 位绑定操作的定义

与位操作类似，位绑定操作将一个地址单元的 32 位变量中的每一位通过一个简单的地址变换算法映射到另一个地址空间，每一位占用 1 个地址。对该地址空间的操作，只有数据的最低位是有效的。这样，在对某位进行操作时，就可以不用屏蔽操作，优化了 RAM 和 I/O 寄存器的读/写操作，提高了位操作的速度。

CM3 中支持位绑定操作的地址区称为位绑定区。在寻址空间还有一个位绑定别名区，从这个地址开始处，每个字（32 位）对应位绑定区中的一位，而在位绑定区中，每一位都映射到位绑定别名区中的一个字，对位绑定别名区的访问最终会变换成对位绑定区的访问。

位绑定操作可以使代码量更小，速度更快，效率更高，更安全。一般的操作方式是“读—改—写”的方式，而对位绑定别名区进行的是“写”操作，这种方式可以防止中断对“读—改—写”产生影响。

位绑定还能用于化简跳转程序。以前依据某个位跳转时，必须先读取整个寄存器，然后屏蔽不需要的位，最后比较并跳转。有了位绑定操作后，可以先从位绑定别名区读取状态位，然后比较并跳转。除此之外，其他总线活动不能中断位绑定操作。

3. 支持位绑定操作的两个内存区

支持位绑定操作的两个内存区的范围如下。

☺ 0x20000000～0x200FFFFF（SRAM 中的最低 1MB），如图 2-15 所示。

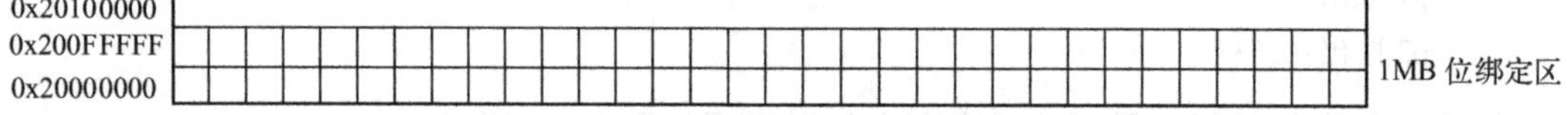

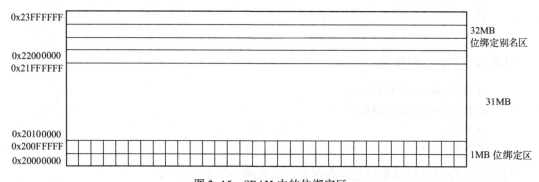

图 2-15 SRAM 中的位绑定区

☺ 0x40000000～0x400FFFFF（片上外设区中的最低 1MB），如图 2-16 所示。

4. 位绑定区与位绑定别名区的对应关系

说明：在以下论述中，有 0x 前缀的为十六进制数，没有前缀的为十进制数。

对于 SRAM 中的位绑定区的某位，记它所在字节地址为 A，位序号为 n（$0\leqslant n\leqslant 7$），则该位在位绑定别名区的地址为

$$\begin{aligned}\text{AliasAddr} &= \text{0x22000000}+((A-\text{0x20000000})\times 8+n)\times 4\\ &= \text{0x22000000}+(A-\text{0x20000000})\times 32+n\times 4\end{aligned} \tag{2-1}$$

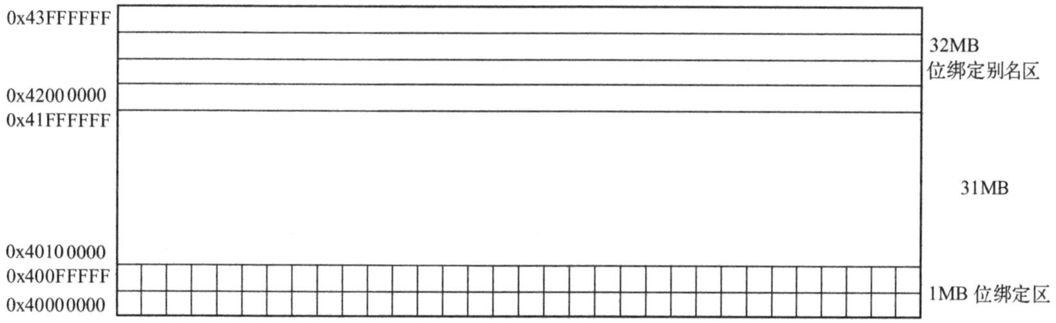

图 2-16　片上外设区中的位绑定区

对于片上外设区中的位绑定区的某位，记它所在字节的地址为 A，位序号为 $n(0\leqslant n\leqslant 7)$，则该位在位绑定别名区的地址为

$$\begin{aligned}\text{AliasAddr} &= \text{0x42000000}+((A-\text{0x40000000})\times 8+n)\times 4\\ &= \text{0x42000000}+(A-\text{0x40000000})\times 32+n\times 4\end{aligned}\tag{2-2}$$

在上述两式中，“×4” 表示 1W=4B，“×8” 表示 1B=8bit。

下面的映射公式统一给出了位绑定别名区中的每个字（W）与对应位绑定区的相应位（bit）的对应关系：

bit_word_addr=bit_band_base+(byte_offset×32)+(bit_number×4)

式中，bit_word_addr 是位绑定别名区中字的地址，它映射到某个目标位；bit_band_base 是位绑定别名区的起始地址（对于 SRAM 中的位绑定区，该地址为 0x22000000；对于片上外设区中的位绑定区，该地址为 0x42000000）；byte_offset 是包含目标位的字节在位段里的序号；bit_number 是目标位所在位置（0～7）。

【例 2-2】 写出图 2-17 中的位绑定区与位绑定别名区的对应关系。

（1）位绑定别名区地址 0x23FFFFE0 与位绑定区地址 0x200FFFFF 的字节中的第 0 位对应：

0x23FFFFE0=0x22000000+(0xFFFFF×32)+0×4

（2）位绑定别名区地址 0x23FFFFFC 与位绑定区地址 0x200FFFFF 的字节中的第 7 位对应：

0x23FFFFEC=0x22000000+(0xFFFFF×32)+7×4

（3）位绑定别名区地址 0x22000000 与位绑定区地址 0x20000000 的字节中的第 0 位对应：

0x22000000=0x22000000+(0×32)+0×4

（4）位绑定别名区地址 0x2200001C 与位绑定区地址 0x20000000 的字节中的第 7 位对应：

0x2200001C=0x22000000+(0×32)+7×4

【例 2-3】 SRAM 中地址为 0x20000300 的字节中的第 2 位，对应位绑定别名区中地址是多少？

0x22006008=0x22000000+(0x300×32)+(2×4)

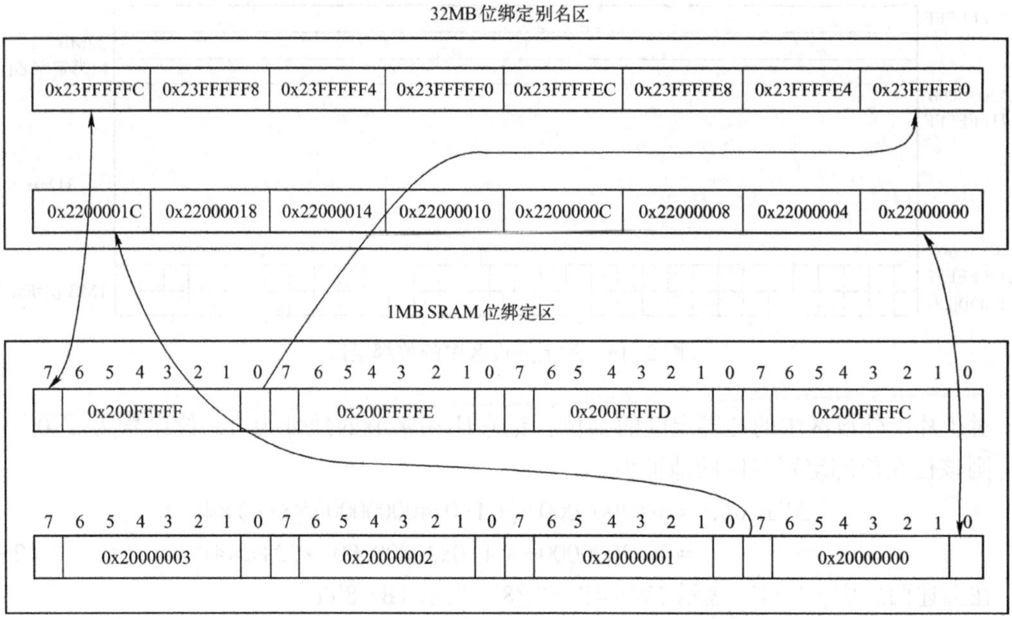

图 2-17　位绑定区与位绑定别名区的对应关系图

对 0x22006008 地址的写操作与对 SRAM 中地址 0x20000300 的字节中的第 2 位执行“读—改—写”操作有着相同的效果。读 0x22006008 地址返回 SRAM 中地址 0x20000300 的字节中的第 2 位的值（0x01 或 0x00）。

【例 2-4】 在 SRAM 的 0x20004000 地址中定义一个长度为 512B 的数组。

```
#pragma location = 0x20004000_root_no_init u8 Buffer [512];
```

该数组首字节的 bit0 对应的位绑定地址为

$$0x22000000+(0x4000\times 32)+(0\times 4)=0x22080000$$

【例 2-5】 将例 2-4 中定义的数组的每一位通过 GPIO A 输出。

GPIO A 的端口输出数据寄存器位于地址 0x4001080C，对 GPIO A 的 PIN 0 来说，控制其输出的位绑定地址为

$$0x42000000+(0x1080C\times 32)+(0\times 4)=0x42210180$$

将数组中的数据通过 GPIOA 的 PIN 0 口输出，若不使用位绑定功能，则其代码为：

```
U8 * pBuffer = (u8 * )0x20004000;
for(u16 cnt = 0; cnt<512; cnt++)
{
  for(u8 num = 0; num<8; num++)
{
if ((Buffer[cnt] >>num) & 0x01)
    GPIOA->BSRR = 1;
else
    GPIOA->BRR = 1;
```

```
    }
    pBuffer++;
  }
```

若使用位绑定功能，则其代码为：

```
u32 * pBuffer =(u32 * )0x22080000;
u16 cnt = 512 * 8;
While (cnt--)
{
  ( * ((u32 * )0x42210180)) = * pBuffer++;
}
```

由此可见，使用位绑定功能后，运算量和代码量均大为减小。

5. 位绑定编程应用

为了方便操作，可以将式（2-1）与式（2-2）合并成一个公式，将“位绑定区地址+位序号”转换成位绑定别名区地址的一个宏：

```
//将“位绑定区地址+位序号”转换成位绑定别名地址的宏

#define BITBAND(addr, bitnum) ((addr & 0xF0000000)+0x02000000+((addr &0x000FFFFF)<<5)
+(bitnum<<2))
```

addr & 0xF0000000 是为了区别 SRAM 和片上外设区，实际效果就是取出 4 或 2：若为片上外设区，则取出的是 4，加上 0x02000000 后就等于 0x42000000，这是片上外设区中的位绑定别名区的起始地址；若为 SRAM，则取出的是 2，加上 0x02000000 后就等于 0x22000000，这是 SRAM 中的位绑定别名区的起始地址。屏蔽 addr & 0x00FFFFFF 的高 3 位，相当于减去 0x20000000 或 0x40000000（因为片上外设区的最高地址是 0x20100000，与起始地址 0x20000000 相减，总是低 5 位有效，所以把高 3 位屏蔽掉，以达到减去起始地址的效果；具体屏蔽多少位与最高地址相关）。“<<5”相当于前面公式中的“×8×4”，而“<<2”相当于“×4”。

有了宏定义，就可以通过指针的形式操作这些位绑定别名区地址，最终实现位绑定区的位操作。例如：

```
//I/O 口操作宏定义
#define BITBAND(addr, bitnum) ((addr & 0xF0000000)+0x2000000+((addr &0xFFFFF)<<5)+
(bitnum<<2))
#define MEM_ADDR(addr)  *((volatile unsigned long  *)(addr))
#define BIT_ADDR(addr, bitnum)   MEM_ADDR(BITBAND(addr, bitnum))
//I/O 口地址映射
#define GPIOA_ODR_Addr    (GPIOA_BASE+12) //0x4001080C
#define GPIOB_ODR_Addr    (GPIOB_BASE+12) //0x40010C0C
#define GPIOC_ODR_Addr    (GPIOC_BASE+12) //0x4001100C
#define GPIOD_ODR_Addr    (GPIOD_BASE+12) //0x4001140C
#define GPIOE_ODR_Addr    (GPIOE_BASE+12) //0x4001180C
```

```
#define GPIOF_ODR_Addr     (GPIOF_BASE+12) //0x40011A0C
#define GPIOG_ODR_Addr     (GPIOG_BASE+12) //0x40011E0C

#define GPIOA_IDR_Addr     (GPIOA_BASE+8) //0x40010808
#define GPIOB_IDR_Addr     (GPIOB_BASE+8) //0x40010C08
#define GPIOC_IDR_Addr     (GPIOC_BASE+8) //0x40011008
#define GPIOD_IDR_Addr     (GPIOD_BASE+8) //0x40011408
#define GPIOE_IDR_Addr     (GPIOE_BASE+8) //0x40011808
#define GPIOF_IDR_Addr     (GPIOF_BASE+8) //0x40011A08
#define GPIOG_IDR_Addr     (GPIOG_BASE+8) //0x40011E08

//I/O 口操作,只对单一的 I/O 口
//确保 n 的值小于 16!
#define PAout(n)     BIT_ADDR(GPIOA_ODR_Addr,n)   //输出
#define PAin(n)      BIT_ADDR(GPIOA_IDR_Addr,n)   //输入

#define PBout(n)     BIT_ADDR(GPIOB_ODR_Addr,n)   //输出
#define PBin(n)      BIT_ADDR(GPIOB_IDR_Addr,n)   //输入

#define PCout(n)     BIT_ADDR(GPIOC_ODR_Addr,n)   //输出
#define PCin(n)      BIT_ADDR(GPIOC_IDR_Addr,n)   //输入

#define PDout(n)     BIT_ADDR(GPIOD_ODR_Addr,n)   //输出
#define PDin(n)      BIT_ADDR(GPIOD_IDR_Addr,n)   //输入

#define PEout(n)     BIT_ADDR(GPIOE_ODR_Addr,n)   //输出
#define PEin(n)      BIT_ADDR(GPIOE_IDR_Addr,n)   //输入

#define PFout(n)     BIT_ADDR(GPIOF_ODR_Addr,n)   //输出
#define PFin(n)      BIT_ADDR(GPIOF_IDR_Addr,n)   //输入

#define PGout(n)     BIT_ADDR(GPIOG_ODR_Addr,n)   //输出
#define PGin(n)      BIT_ADDR(GPIOG_IDR_Addr,n)   //输入
```

〖说明〗

- ☺ 1MB 的位绑定区对应 32MB 的位绑定别名区，容纳了 8×2^{20} 个位变量。
- ☺ 必须以字对齐的方式访问位绑定别名区，否则会产生不可预料的结果。
- ☺ 对位绑定区可进行字操作，也可进行位操作。
- ☺ 由于并无实际的物理存储器与位绑定别名区对应，因此对位绑定别名区不能进行字操作，只能配合位绑定区进行位操作。
- ☺ 在多任务中，位绑定操作可用于实现共享资源在任务间的互锁访问。多任务的共享资源必须满足一次只有一个任务访问它，即所谓的原子操作。之前的“读—改—写”需要 3 条指令来实现，这 3 条指令之间存在 2 个能被中断的“空当”。CM3 的位绑定操作将“读—改—写”变成一个硬件级别支持的原子操作，使之不能被中断。

☺ 虽然位绑定区的 1bit 经过“膨胀”后，变为 4B，但仍是最低位才有效，即实际定义 bool 类型变量都是用 int 来实现的。也就是说，定义一个 bool 变量 b1，编译器实际分配了 32bit 内存空间来存储这个 bool 变量 b1。按理说，仅需要 1bit 就够用了，编译器为什么要浪费 31bit 的内存空间呢？这涉及权衡节省内存空间与提高运行效率的问题：以前内存很贵，计算机上的内存空间较小，编写程序时主要考虑的是如何节省内存空间；如今内存变得很便宜了，因此编写程序时主要考虑如何提高运行效率。虽然位绑定操作浪费了 31bit 的内存空间，但其运行效率得到了提高。因为 STM32F103 的系统总线是 32bit 的，按照 4B 进行访问是最快的，所以 1bit “膨胀”成 4B，访问是最高效的。因此，可以通过指针的形式访问位绑定别名区地址，从而达到操作位绑定区 1bit 的效果。

2.6 指令集

与人类语言类似，计算机编程语言也包括字、词、句和段。例如，在 C 语言中，各种类型的变量、常量、运算符（如赋值符“=”、大于“>”等）、关键字（如 if、else 等）都是“字”，表达式即“词”，语句即“句”，函数、宏定义即“段”；运算符、关键字就是“动词”，变量、常量就是“名词”。ARM 汇编语言也是如此：操作数（寄存器、立即数）、操作码和条件描述是“字”，地址模式、带有条件描述的指令是表达式（“词”），每条汇编指令是“句”，函数及宏是“段”。计算机编程语言是软件的载体，而软件与硬件是通过指令集联系在一起的，即指令集是计算机硬件和软件的接口，如图 2-18 所示。

图 2-18　软件、硬件和指令集之间的关系

2.6.1 ARM 指令集

ARM 指令集是加载/存储（Load/Store）型的 32 位指令集，仅能处理寄存器中的数据，处理结果都要送回寄存器，对系统存储器的访问需要通过专门的加载/存储指令来完成。ARM 指令集可以分为跳转指令、数据处理指令、程序状态寄存器（PSR）处理指令、加载/存储指令、协处理器指令和异常产生指令六大类。ARM 指令集与 x86 指令集的对比如表 2-13 所示。

表 2-13 ARM 指令集与 x86 指令集的对比

类　别	ARM 指令集	x86 指令集
类型	RISC	CISC
指令长度	定长，4B	不定长，1～15B
传送指令可否访问程序计数器	可以	不可以
状态标志位更新	由指令的附加位决定	指令隐含决定
是否对齐访问	4B 对齐	可在任意字节处取指令
操作数个数	3 个	2 个
条件判断执行	每条指令	专用条件判断指令
堆栈操作指令	无，利用 LDM/STM 实现	有，PUSH/POP
DSP 处理的乘加指令	有	无
访问存储器指令	仅 Load/Store 指令	算术逻辑指令也能访问

在使用方面，ARM 指令的格式也要比 x86 复杂一些。通常一条 ARM 指令有如下形式：

<opcode>{<cond>}{S}　<Rd>，<Rn>{,<Operand2>}

其中，<opcode>是指令助记符，必有项，决定了指令的操作，如 ADD 表示算术加操作指令。{<cond>}是指令执行的条件，可选项。{S}决定指令的操作是否影响 CPSR 的值，可选项。<Rd>是目标寄存器，必有项。<Rn>是包含第 1 个操作数的寄存器，当仅需要一个源操作数时可省略，必有项。{Operand2}是第 2 个操作数，可选项。第 2 个操作数有两种格式，即#immed_8r 和 Rm{，Shift}。

〖说明〗Rm 可以在指令执行前进入桶形移位器进行移位操作，而 Rn 则会直接进入 ALU。

ARM 指令的寻址方式包括立即寻址、寄存器寻址、寄存器间接寻址、基址加变址寻址、堆栈寻址、块复制寻址和相对寻址。

ARM 指令系统是 RISC 指令集，指令系统优先选取使用频率高的指令，以及一些有用但不复杂的指令，指令长度固定，指令格式种类少，寻址方式少，只有存取指令可以访问存储器，其他指令都在寄存器之间操作，且大部分指令都在一个周期内完成，以硬布线控制逻辑为主，不用或少用代码控制。ARM 更容易实现流水线等操作。ARM 采用长乘法指令和增强的 DSP 指令等指令类型，使得 ARM 集合了 RISC 和 CISC 的优势。同时，ARM 采用了快速中断响应、虚拟存储系统支持、高级语言支持、定义不同的操作模式等，使得其功能更为强大。

2.6.2 Thumb 指令集

Thumb 指令集是 ARM 指令集的一个子集，其指令长度为 16 位。与等价的 32 位代码相比，Thumb 指令集在保留 32 位代码优势的同时，大大节省了系统的存储空间。

所有的 Thumb 指令都有对应的 ARM 指令，而且 Thumb 的编程模型与 ARM 的编程模型对应。在应用程序的编写过程中，只要遵循一定的调用规则，Thumb 子程序和 ARM 子程序就可以互相调用。当处理器执行 ARM 程序段时，称 ARM 处理器处于 ARM 工作状态；当处理器执行 Thumb 程序段时，称 ARM 处理器处于 Thumb 工作状态。

与 ARM 指令集相比较，Thumb 指令集中的数据处理指令的操作数仍然是 32 位，指令地址也是 32 位，但 Thumb 指令集为了实现 16 位的指令长度，舍弃了 ARM 指令集的一些特性，如大多数的 Thumb 指令都是无条件执行的，而几乎所有的 ARM 指令都是有条件执行的；大多数的 Thumb 数据处理指令的目的寄存器与其中一个源寄存器相同。Thumb 指令的条数较 ARM 指令多，为了完成相同的工作，ARM 可能只用一条指令，而 Thumb 需要用多条指令。在一般情况下，Thumb 指令与 ARM 指令的时间效率和空间效率如下。

☺ Thumb 代码所需的存储空间为 ARM 代码的 60%～70%。

☺ Thumb 代码使用的指令数比 ARM 代码多 30%～40%。

☺ 若使用 32 位存储器，则 ARM 代码比 Thumb 代码快约 40%。

☺ 若使用 16 位存储器，则 Thumb 代码比 ARM 代码快 40%～50%。

☺ 与 ARM 代码相比，若使用 Thumb 代码，则存储器的功耗会降低约 30%。

显然，ARM 指令集和 Thumb 指令集各有其优点：若对系统的性能有较高要求，则应使用 32 位存储系统和 ARM 指令集；若对系统的成本及功耗有较高要求，则应使用 16 位存储系统和 Thumb 指令集。当然，若二者结合使用，充分发挥其各自的优点，则会取得更好的效果。

2.6.3　Thumb-2 指令集

ARM 指令集的发展简图如图 2-19 所示。由图 2-19 可见，每一代体系结构都会增加新技术。为兼容数据总线宽度为 16 位的应用系统，ARM 体系结构除了支持执行效率很高的 32 位 ARM 指令集，还支持 16 位 Thumb 指令集，从而形成 Thumb-2 指令集。CM3 只使用 Thumb-2 指令集。这是个很大的突破，因为它允许 32 位指令和 16 位指令优势互补（体现 CISC 特点），代码密度与处理性能兼顾。

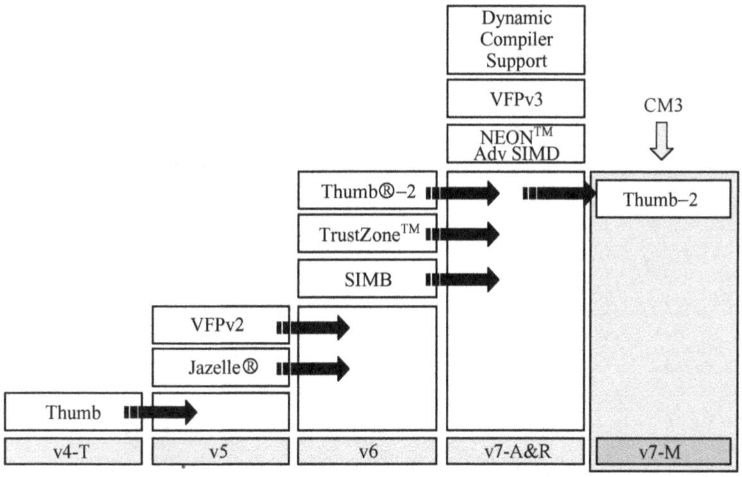

图 2-19　ARM 指令集的发展简图

Thumb-2 指令集是一个突破性的指令集，它强大、易用、高效。Thumb-2 指令集是 16 位 Thumb 指令集的一个超集，在 Thumb-2 指令集中，16 位指令首次与 32 位指令并存，结果在 Thumb 工作状态下指令集功能增强，同时指令周期数也明显减少。Thumb-2 指令集可以在单一的操作模式下完成所有处理，它使 CM3 在多方面都比传统的 ARM 处理器先进，既没有状态切换的额外开销（节省了执行时间和指令空间），又不需要把源代码文件分成按 ARM 编译和按 Thumb 编译（软件开发的管理工作大大减少），更无须反复地求证和测试究竟该在何时、何地切换到何种状态下程序才最有效率（开发软件更容易）。利用 Thumb-2 指令集编写的程序占用的存储空间较小，代码空间可以减少约 70%，而且功耗也下降很多。Thumb-2 指令集能够更有效地使用高速缓存，由于在嵌入式系统中，高速缓存资源是非常少的，因此会提高系统的整体性能，不仅提高了运行速度，还减少了代码的读取次数。

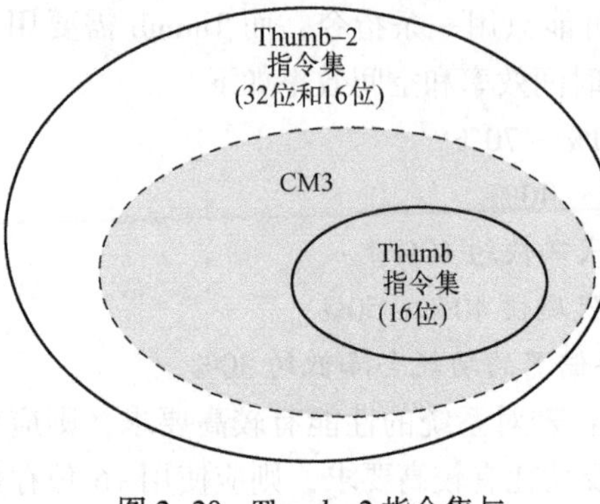

图 2-20　Thumb-2 指令集与 Thumb 指令集的关系

需要说明的是，CM3 并不支持所有的 Thumb-2 指令，ARMv7-M 的说明书只要求实现 Thumb-2 指令集的一个子集，如图 2-20 所示。举例来说，协处理器指令就被裁剪掉了（可以使用外部的数据处理引擎来替代）。CM3 也没有实现 SIMD 指令集。附录 B 给出了 CM3 指令清单。

对于 Thumb-2 指令集，建议初学者利用英文还原法记忆指令功能，当看到一段汇编代码时，查找相关的指令集，理解代码的意图和作用。

下面 3 段汇编程序是将同一段 C 语言代码分别编译成 ARM、Thumb 和 Thumb-2 指令得到的。

ARM 指令集汇编程序：

指令地址	机器码	汇编语言		
800e4	e24dd050	sub	sp, sp, #80	; 0x50
800e8	e3a00000	mov	r0, #0	
800ec	e58d004c	str	r0, [sp, #76]	; 0x4c
800f0	ea000005	b	8010c <main+0x28>	
800f4	e3a00000	mov	r0, #0	
800f8	e59d104c	ldr	r1, [sp, #76]	; 0x4c
800fc	e78d0101	str	r0, [sp, r1, lsl #2]	
80100	e59d004c	ldr	r0, [sp, #76]	; 0x4c
80104	e2800001	add	r0, r0, #1	
80108	e58d004c	str	r0, [sp, #76]	;0x4c
8010c	e59d004c	ldr	r0, [sp, #76]	;0x4c
80110	e3500014	cmp	r0, #20	
80114	3affffff6	bcc	800f4 <main+0x10>	
80118	e3a00000	mov	r0, #0	
8011c	e28dd050	add	sp, sp, #80	;0x50
80120	e12fff1e	bx	lr	

Thumb 指令集汇编程序：

指令地址	机器码	汇编语言		
800e4	b094	sub	sp, #80	; 0x50
800e6	2000	movs	r0, #0	
800e8	9013	str	r0, [sp, #76]	; 0x4c
800ea	e007	b. n	800fc <main+0x18>	
800ec	2000	movs	r0, #0	
800ee	9913	ldr	r1, [sp, #76]	; 0x4c
800f0	0089	lsls	r1, r1, #2	
800f2	466a	mov	r2,sp	
800f4	5050	str	r0, [r2, r1]	
800f6	9813	ldr	r0, [sp, #76]	; 0x4c
800f8	1c40	adds	r0, r0, #1	
800fa	9013	str	r0, [sp, #76]	; 0x4c
800fc	9813	ldr	r0, [sp, #76]	; 0x4c
800fe	2814	cmp	r0, #20	
80100	d3f4	bcc. n	800ec <main+0x8>	
80102	2000	movs	r0, #0	
80104	b014	add	sp, #80	; 0x50
80106	4770	bx	lr	

Thumb-2 指令集汇编程序：

指令地址	机器码	汇编语言		
80100	b094	sub	sp, #80	; 0x50
80102	f04f 0000	mov. w	r0, #0	
80106	9013	str	r0, [sp, #76]	; 0x4c
80108	e008	b. n	8011c <main+0x1c>	
8010a	f04f 0000	mov. w	r0, #0	
8010e	9913	ldr	r1, [sp, #76]	; 0x4c
80110	f84d 0021	str. w	r0, [sp, r1, lsl #2]	
80114	9813	ldr	r0, [sp, #76]	; 0x4c
80116	f100 0001	add. w	r0, r0, #1	
8011a	9013	str	r0, [sp, #76]	; 0x4c
8011c	9813	ldr	r0, [sp, #76]	; 0x4c
8011e	2814	cmp	r0, #20	
80120	d3f3	bcc. n	8010a <main+0xa>	
80122	2000	movs	r0, #0	
80124	b014	add	sp, #80	; 0x50
80126	4770	bx	lr	

从上面这 3 段功能相同的汇编代码可以大致看出 ARM、Thumb 和 Thumb-2 指令集的特点，如表 2-14 所示。

表 2-14　ARM、Thumb 和 Thumb-2 指令集对比

指　令　集	指令数/条	指令空间/B	指 令 特 点
ARM	16	64	全部指令均为 32 位
Thumb	18	36	全部指令均为 16 位
Thumb-2	16	40	由 16 位指令和 32 位指令混合组成

由表 2-14 可以看出，ARM 指令集的汇编代码全部为 32 位，每条指令能承载的信息较多，可以使用较少的指令完成相应的功能，在相同频率下运行速度较快，但因每条指令较长，所以占用的存储空间较大；Thumb 指令集的汇编代码全部为 16 位，每条指令能承载的信息较少，需要使用较多的指令才能完成相应的功能，在相同频率下运行速度较慢，但它占用的存储空间较小；Thumb-2 指令集在 ARM 指令集与 Thumb 指令集之间取了一个平衡，兼顾二者的优势，既加快了运行速度（尽可能用一条指令来完成每个操作），又节省了存储空间（尽可能用较短的指令来完成每个操作）。

2.7　流水线

指令是如何被执行的？微处理器的功能是什么？Tom Shanley 在其名著《奔腾 4 大全》的第 1 章中给出了这两个问题的答案：“微处理器就是一个从内存中取指令并解码（Decode）和执行（Execute）的引擎”。

在计算机中，一条指令的执行可分为若干阶段。由于每个阶段的操作都是相对独立的，因此可以采用流水线的重叠技术来提高系统的性能。在流水线填充满后，多条指令可以并行执行，这样可以充分利用现有的硬件资源，提高微处理器的运行效率。

指令流水线的思想类似现代化工厂的生产流水线，如图 2-21 所示。在工厂的生产流水线上，把生产某产品的过程分解成若干工序，每个工序用同样的时间单位，在不同工位上完成各自工序的工作。这样就可以使单位时间内的成品流出率大大提高。

CM3 处理器使用一个 3 级流水线，分别是取指令（Fetch）、解码（Decode）和执行（Execute），如图 2-22 所示。

当运行的指令大多是 16 位时，处理器会每隔一个周期进行一次取指令操作。这是因为 CM3 有时可以一次取出两条指令（一次能取 32 位），所以在取来第 1 条 16 位指令时，也把第 2 条 16 位指令取来了。此时，总线接口就可以先“歇”一个周期再取指令；如果缓冲区是满的，那么总线接口就空闲下来了。有些指令的执行需要多个周期，在此期间，流水线就会处于暂停状态。

当遇到分支指令时，译码阶段也包含取指令预测，这提高了执行的速度。处理器在译码阶段自行对分支目的地指令进行取指令操作。在稍后的执行过程中，处理完分支指令后，便知道下一条要执行的指令是什么。如果分支不跳转，那么紧跟着的下一条指令随时可供使用；如果分支跳转，那么在跳转的同时分支指令可供使用。空闲时间限制为一个周期。

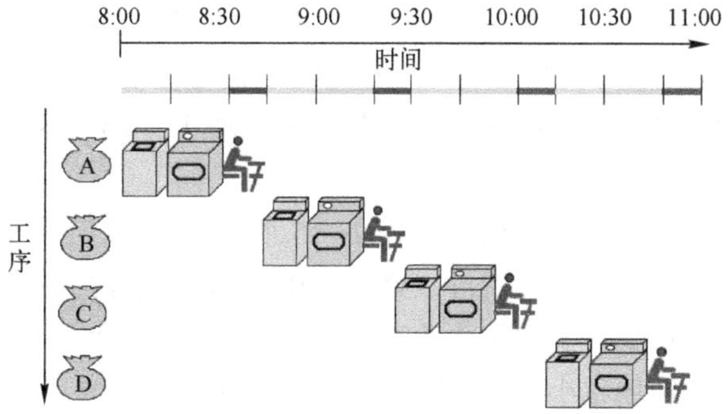

（a）流水线1

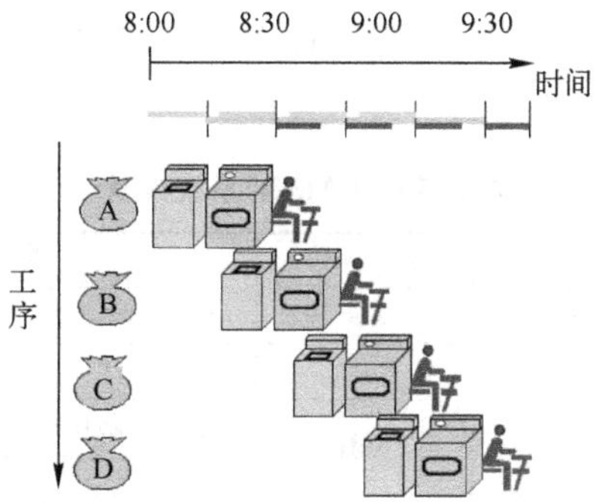

（b）流水线2

图 2-21 流水线示意图

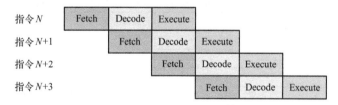

指令 N	Fetch	Decode	Execute			
指令 $N+1$		Fetch	Decode	Execute		
指令 $N+2$			Fetch	Decode	Execute	
指令 $N+3$				Fetch	Decode	Execute

图 2-22 CM3 的 3 级流水线

2.8 异常和中断

1. 异常和中断的概念

异常通常是指在正常的程序执行流程中发生暂时的停止并执行相应的处理操作，包括 ARM 内核产生复位、取指令或存储器访问失败、遇到未定义指令、执行软件中断指令或者出现外部中断等。大多数异常都有一个异常处理程序与之对应。在处理异常前，当前处理器的状态必须保留。这样，当异常处理完成后，可以继续执行当前程序。处理器允许多个异常同时发生，处理器会按固定的优先级处理它们。

在本书中，经常混用术语“中断”与“异常”。若不加说明，则强调的是它们对主程序所体现出来的“中断”性质，即指由于收到来自外围硬件（相对于 CPU 和内存）的异步信号或来自软件的同步信号，而进行相应的硬件/软件处理。但中断与异常的区别在于，中断对 CM3 核来说，都是“意外突发事件”，即该请求信号来自 CM3 内核之外，来自各种片上外设或外扩的外设；而异常则是由 CM3 内核活动产生，即在执行指令或访问存储器时产生。

CM3 有 15 种异常，编号为 1 ～ 15，如表 2-15 所示（注意：没有编号为 0 的异常）；CM3 有 240 个中断源。因为芯片设计者可以修改 CM3 的硬件描述源代码，实际的微处理器支持的中断源数目常常不到 240 个，并且优先级的位数也由芯片制造商最终决定。

在 CM3 中，优先级的数值越小，优先级越高。CM3 支持中断嵌套，使得高优先级异常会抢占（Preempt）低优先级异常。其中 3 种系统异常（Reset、NMI 和硬件失效）有固定的优先级，并且它们的优先级的数值是负数。所有其他异常的优先级都是可编程的，但其数值不能为负数。

表 2-15　CM3 的系统异常

编　号	优 先 级	优先级类型	名　称	说　明	地　址
—	—	—	—	保留	0x00000000
1	-3（最高）	固定	Reset	复位	0x00000004
2	-2	固定	NMI	不可屏蔽中断，RCC 时钟安全系统（CSS）连接到 NMI 向量	0x00000008
3	-1	固定	硬件失效	所有类型的失效	0x0000000C
4	0	可设置	存储管理	存储器管理	0x00000010
5	1	可设置	总线错误	预取指失败，存储器访问失败	0x00000014
6	2	可设置	错误应用	未定义的指令或非法状态	0x00000018
7	—	—	—	保留	0x0000001C
8	—	—	—	保留	0x00000020
9	—	—	—	保留	0x00000024
10	—	—	—	保留	0x00000028
11	3	可设置	SVC	通过 SWI 指令的系统服务调用	0x0000002C
12	4	可设置	调试监控	调试监控器	0x00000030
13	—	—	—	保留	0x00000034
14	5	可设置	PendSV	可挂起的系统服务	0x00000038
15	6	可设置	SysTick	系统嘀嗒定时器	0x0000003C

在表 2-15 中，有 3 种异常是专为操作系统设计的。

【SysTick】以前，大多操作系统都需要一个硬件定时器来产生操作系统需要的分时复用定时，以此作为整个系统的时基。有了 SysTick，操作系统就无须占用芯片的定时器外设，而且所有的 CM3 芯片都有同样的 SysTick，软件移植就更简便。

【系统服务调用（SVC）】多用在操作系统的软件开发中，用于产生系统函数的调用请求。通过它，用户程序无须在特权级下执行，且与硬件无关。SVC 相当于以前 ARM 中的软件中断指令（SWI）。

【PendSV】操作系统一般都不允许在中断处理过程中进行上下文切换，当 SysTick 异常不是最低优先级时，它可能会在中断服务期间触发上下文切换，这是无法完成的。引入 PendSV 后，可以直到其他重要任务完成后才执行上下文切换。

有了以上 3 种内核级的异常，使得 CM3 与实时嵌入式操作系统成了绝佳搭配。

2. 嵌套向量中断控制器

嵌套向量中断控制器（NVIC）的基本功能包括支持向量中断、可屏蔽中断、支持嵌套中断，以及支持动态优先级调整。动态优先级调整指的是软件可以在运行期间更改中断的优先级。

如果已发生的中断不能被立即响应，就称它被挂起（Pending）。如果某中断服务程序修改了自己所对应中断的优先级，则这个中断可被具有更高优先级的中断挂起，详见 6.3 节。

异常是一类特殊的中断，它与普通中断的相同之处在于都被 NVIC 管理，但特殊之处是它不能被屏蔽。少数故障异常是不允许被挂起的。异常被挂起的原因可能是系统正在执行一个具有更高优先级中断服务程序，或者因相关屏蔽位被置位而导致该异常被禁止。每个异常源在被挂起的情况下，都会有一个对应的“挂起状态寄存器”保存其异常请求。等到该异常能够被响应时，执行其服务程序，这与传统的 ARM 处理方式是完全不同的。传统的 ARM 中断系统是由产生中断的设备保持请求信号的，而 CM3 则是由 NVIC 的挂起状态寄存器来解决这个问题的，即使设备在后来已经释放了请求信号，曾经发生的中断请求也不会丢失。

CM3 处理器中有一个可以重复定位的向量表，表中包含了将要执行的函数地址，可供具体的中断使用。中断被响应后，处理器通过指令总线接口从向量表中获取地址。

为了提高系统灵活性，当异常发生时，程序计数器、程序状态寄存器、链接寄存器，以及 R0～R3、R12 等通用寄存器将被压栈。当数据总线对寄存器进行压栈时，指令总线从程序存储器中取出异常向量，并获取异常代码的第 1 条指令。一旦压栈和取指令完成，中断服务程序或故障处理程序就开始执行，随后寄存器自动恢复，被中断的程序也因此恢复执行。由于采用硬件处理堆栈操作，因此 CM3 处理器免去了在传统的 C 语言中断服务程序中完成堆栈处理所要编写的程序，使应用程序的开发变得简单。

另外，NVIC 还采用了支持内置睡眠模式的电源管理方案。

3. 中断、异常过程

当 CM3 进入相应的中断或异常时，会经历如下步骤。

（1）保存现场。压栈操作，处理器通过硬件自动把相关的寄存器 xPSR、PC、LR、R12 及 R0～R3 保存到当前使用的堆栈中。如果当前使用的是 PSP，则压入进程堆栈；否则压入主堆栈。进入中断服务程序（Interrupt Service Routines，ISR）后，就一直使用 MSP。

（2）取向量。CM3 处理器有专用的数据总线和指令总线。在 D-Bus（数据总线）保存处理器状态的同时，处理器通过 I-Bus（指令总线）从向量表中取出异常向量，并获取 ISR 函数的地址。也就是说，保护现场与取异常向量是并行处理的。

（3）更新寄存器。执行 ISR 前的最后一步就是更新通用寄存器。ISR 将使用 MSP 来访问堆栈，因此会将堆栈指针更新。xPSR 将会被写入中断编号。PC 指向 ISR 的入口地址，准备执行 ISR。此时，LR 会更新为一个特殊的值（又称 EXC_RETURN），发挥异常返回作用，该寄存器仅低 4 位有效。

中断返回时，通过向 PC 中写 EXC_RETURN 的值来识别返回动作。中断返回后，会依次恢复入栈的各个寄存器，并更新 NVIC 的值。CM3 支持嵌套中断，因此在响应中断时，若有高优先级的中断到来，则需要再次执行入栈操作。这里有一个问题需要考虑，就是每增加一级嵌套，就需要至少 8W（字）的堆栈空间。因为响应中断时使用的是主堆栈指针（MSP），所以对主堆栈的堆栈空间有一定的要求。

除了通用寄存器，NVIC 中的相关寄存器也会被更新。例如，新响应中断的挂起位将被清除，同时其活动位将被置位。

4. 占先

在 ISR 中，当一个新的中断比当前中断的优先级更高时，处理器将打断当前流程而响应优先级更高的中断，这就产生了中断嵌套。占先是一种对更高优先级中断的响应机制。CM3 中断占先的处理过程如图 2-23 所示。

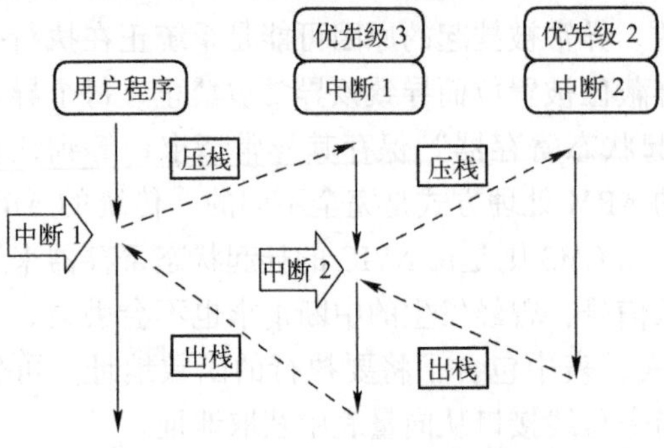

图 2-23　CM3 中断占先的处理过程

5. 尾链（Tail-Chaining）

当处理器响应某中断时，若又发生其他中断，但其他中断的优先级并不高，则它们会被挂起。在当前中断执行返回后，系统处理挂起中断的传统方法是先出栈，然后又把出栈的内容压栈，如图 2-24 所示。此时，压栈 2 与出栈 1 的内容完全相同，因此 CM3 不再出栈这些寄存器，而是继续使用上一个中断已经压栈的成果，看上去好像前后两个中断连接起来了，前后只执行了一次压栈/出栈操作，这被称为尾链，如图 2-25 所示。尾链是处理器用于加速中断响应的一种机制，其时序图如图 2-26 所示。

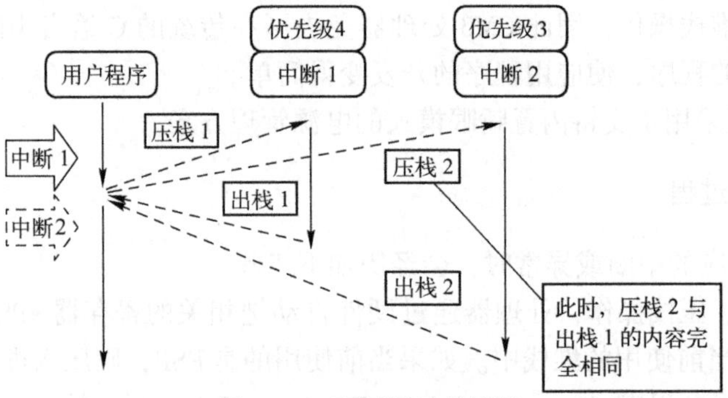

图 2-24　不用尾链的情况

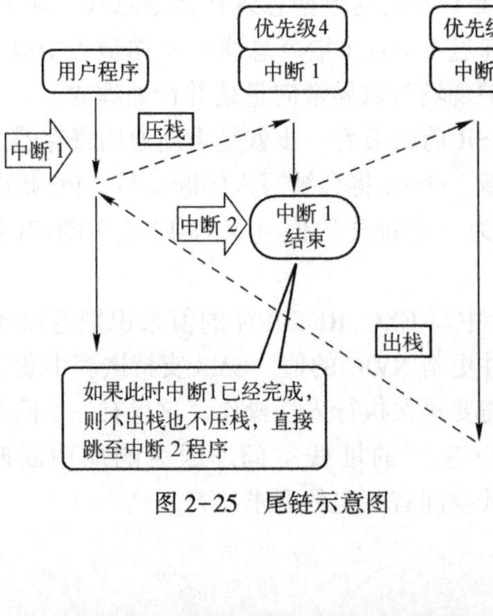

图 2-25　尾链示意图

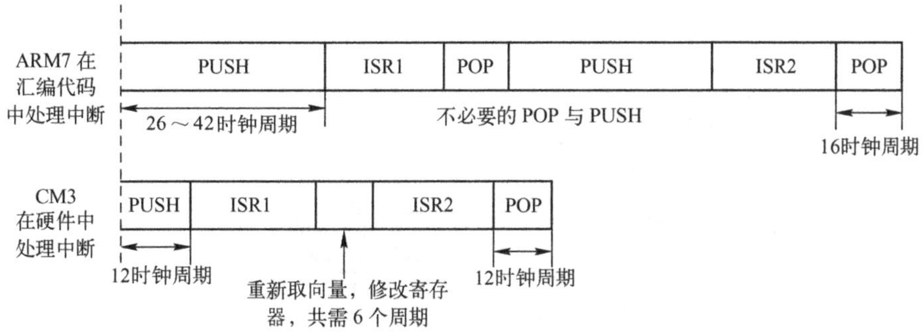

图 2-26　尾链时序图

6. 迟来（Late-arriving）

如果前一个 ISR 尚未进入执行阶段，并且后来中断的优先级比前一个中断的优先级高，则后来中断能够抢先得到服务，这种现象称为迟来。例如，在响应某低优先级中断 1（优先级为 3）的早期检测到高优先级中断 2（优先级为 2），系统就能以迟来的方式处理——在压栈完成后采用末尾连锁技术，执行 ISR 2，如图 2-27 所示。因此可以说，迟来是一种加速占先机制。

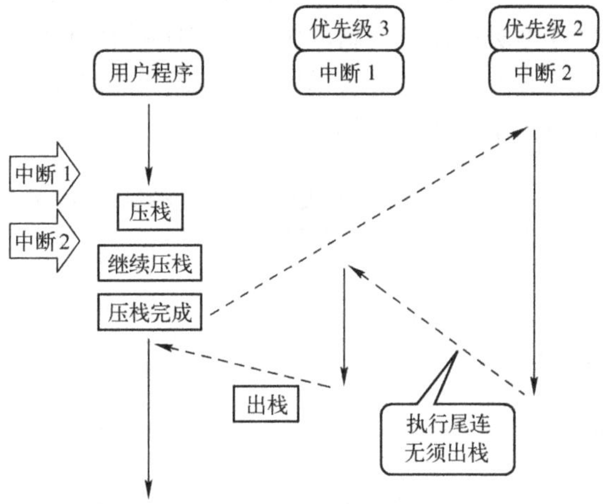

图 2-27　迟来示意图

7. 返回

CM3 中断返回流程如图 2-28 所示。中断返回时，处理器可能处于以下 3 种状态之一。

（1）尾链到一个已挂起的中断，该中断比栈中所有中断的优先级都高。

（2）如果没有挂起的中断，或者栈中最高优先级的中断比挂起的最高优先级中断具有更高的优先级，则返回最近一个已压栈的中断服务程序（ISR）。

（3）如果没有中断被挂起或位于栈中，则返回线程模式。

若没有挂起中断或没有比被压栈的中断优先级更高的中断，则处理器执行出栈操作，并返回被压栈的 ISR 或线程模式，即在响应 ISR 后，处理器通过出栈操作自动将处理器状态恢复为进入 ISR 前的状态。如果在状态恢复过程中出现一个新的中断，并且该中断的优先级比

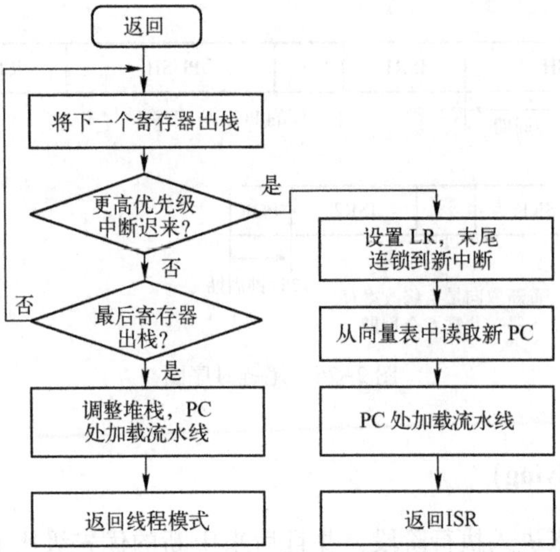

图 2-28　CM3 中断返回流程

正在返回的 ISR 或线程的优先级更高，则处理器放弃状态恢复操作，并将新的中断作为尾链处理。

寄存器出栈后，对于异常，它的活动位也被硬件清除；对于中断，若中断输入再次被置为有效状态，则挂起位也将再次被置位，新的中断响应序列也随之再次启动。

中断基于优先级而采取的占先、尾链、返回和迟来 4 种机制的区别如表 2-16 所示。这 4 种机制最大的区别在于中断出现的时刻不同。

表 2-16　中断基于优先级而采取的 4 种机制的区别

机　制	占　先	尾　链	返　回	迟　来
产生条件	新的中断的优先级比当前的 ISR 或线程的优先级更高	当前 ISR 返回时，有新的中断执行	没有新的中断或没有比被压栈的 ISR 的优先级更高的中断	新的中断比正在保存的中断占先优先级更高
发生时刻	ISR 或线程正在执行	当前 ISR 结束时	当前 ISR 结束时	当前 ISR 开始时
中断结果	若当前处于线程状态，则挂起中断；若当前处于 ISR 状态，则产生中断嵌套	跳过出栈操作，将控制权转向新的 ISR	执行出栈操作，并返回被压栈的 ISR 或线程模式	处理器转而处理优先级更高的中断
附加动作	处理器自动保存状态并压栈	—	自动将处理器状态恢复为进入 ISR 前的状态	—

2.9　存储器保护单元

存储器保护单元（Memory Production Unit，MPU）是 CM3 内核可选择的外设。如果内核集成了 MPU，则这个外设提供一个强制的存储器保护区，以及该区域的存取规则。MPU 最多支持 8 个不同区域的保护，并且每个区域又可分成 8 个大小相同的子区域。

MPU 通过将关键数据、OS 内核及向量表等重要区域的属性设置为只读状态来防止用户应用程序被破坏，保证系统安全性。

2.10 STM32 微控制器概述

STM32F103 系列微控制器模块框图如图 2-29 所示，其内部资源和性能指标如表 2-17 所示。

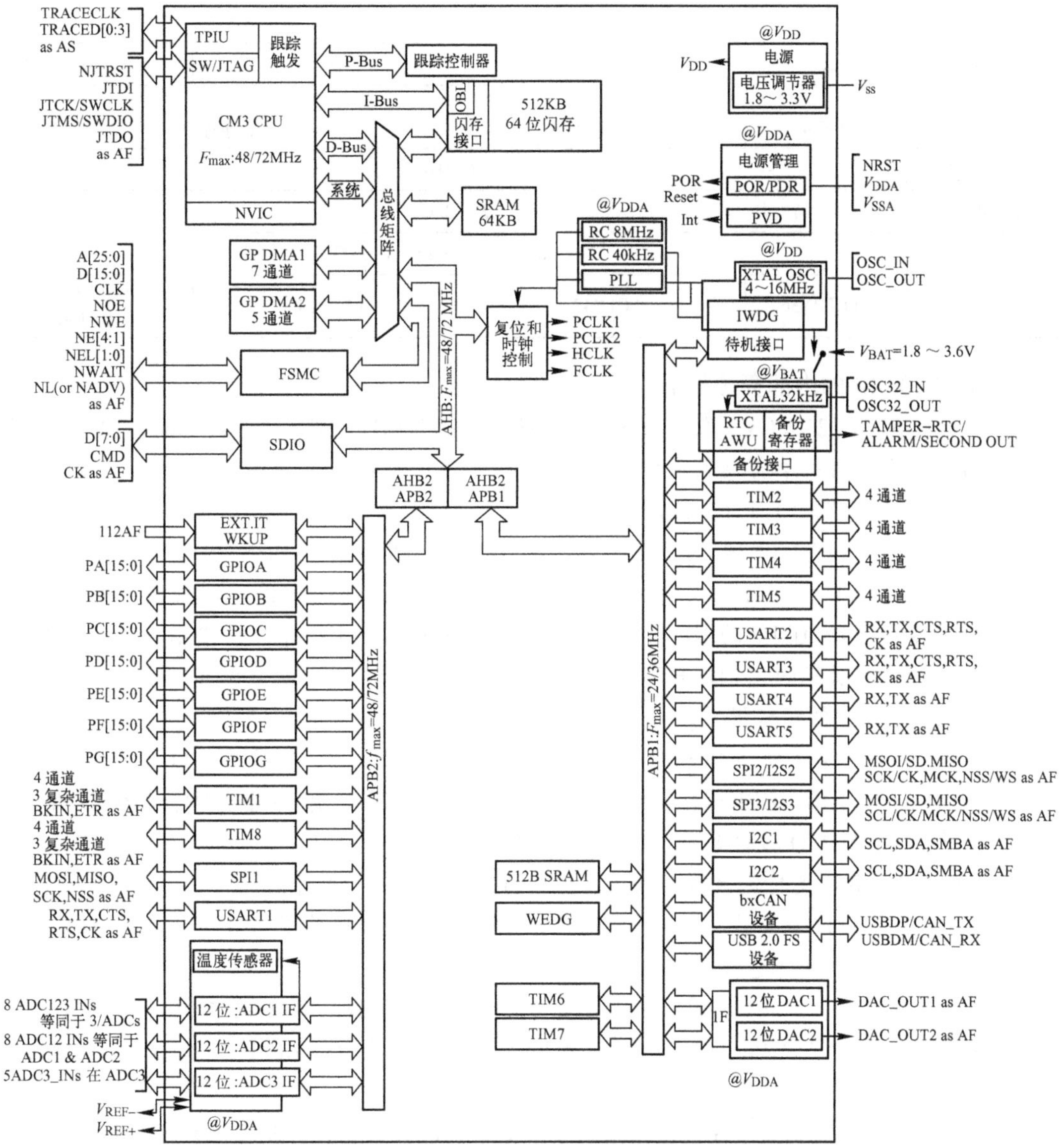

图 2-29 STM32F103 系列微控制器模块框图

表2-17　STM32F103系列微控制器的内部资源和性能指标

		STM32F103Tx		STM32F103Cx			STM32F103Rx			STM32F103Vx	
闪存/KB		32	64	32	64	128	32	64	128	64	128
RAM/KB		10	20	10	20	20	10	20		20	
定时器	通用	2	3	2	3	3	2	3		3	
	高级	1		1			1			1	
通信	SPI	1	1	1	2	2	1	2		2	
	I2C	1	1	1	2	2	1	2		2	
	USART	2	2	2	3	3	2	3		3	
	USB	1	1	1	1	1	1	1		1	
	CAN	1	1	1	1	1	1	1		1	
通用I/O接口		26		37			51			80	
12位同步ADC		2 10通道		2 10通道			2 16通道				
微处理器频率		72MHz									
工作电压		2～3.6V									
工作温度		-40～+85℃/-40～+105℃									
封装		VFQFPN36		LQFP48			LQFP64			LQFP100 BGA100	

STM32F103RB的内部资源如下。

☺ 内核：ARM 32位CM3微处理器；72MHz，1.25DMIPS/MHz（Dhrystone2.1），0等待周期的存储器；单周期乘法和硬件除法。

☺ 存储器：128KB的闪存；20KB的SRAM。

☺ 时钟、复位和电源管理：2～3.6V供电；上电/断电复位（POR/PDR）、可编程电压监测器（PVD）；内嵌4～16MHz高速晶体振荡器；内嵌经出厂调校的8MHz的RC振荡器；内嵌40kHz的RC振荡器；PLL（Phase Locked Loop，锁相环）供应CPU时钟；带校准功能的32kHz RTC振荡器。

☺ 低功耗：3种低功耗模式。

☺ 4组I/O接口：4组多功能双向5V兼容的I/O接口（51个通用I/O接口引脚分成GPIOA、GPIOB、GPIOC、GPIOD，共4组，前3组每组有16个引脚，GPIOD有3个引脚）；所有I/O接口都可以映像到外部中断。

☺ DMA控制器：支持定时器、ADC、SPI、I2C和USART等外设。

☺ 2个12位A/D转换器：1μs转换时间（16通道）；转换范围为0～3.6V；双采样和保持功能，温度传感器。

☺ 9个通信接口：3个USART接口，支持ISO 7816、LIN、IrDA接口和调制解调控制；2个I2C接口（SMBus/PMBus）；2个SPI同步串行接口（18Mbit/s）；1个CAN接口（2.0B主动）；1个USB 2.0全速接口。

☺ 1个高级控制定时器，3个通用定时器，1个实时时钟，2个看门狗定时器和1个系统嘀嗒定时器（SysTick）。

☺ 调试模式：串行线调试（SWD）和JTAG接口。

2.11　Nucleo-F103RB 开发板

图 2-30 所示的 Nucleo-F103RB 开发板是 ST 公司推出的一款针对高性能 STM32F103 系列设计的 CM3 开发板，选用的 STM32 芯片型号为 STM32F103RBT6，非常适用于快速原型设计，标准化的连接方式使得设计人员可以在整个 Nucleo 开发板系列中构建及复用附加硬件。Nucleo-F103RB 开发板原理图见附录 C。

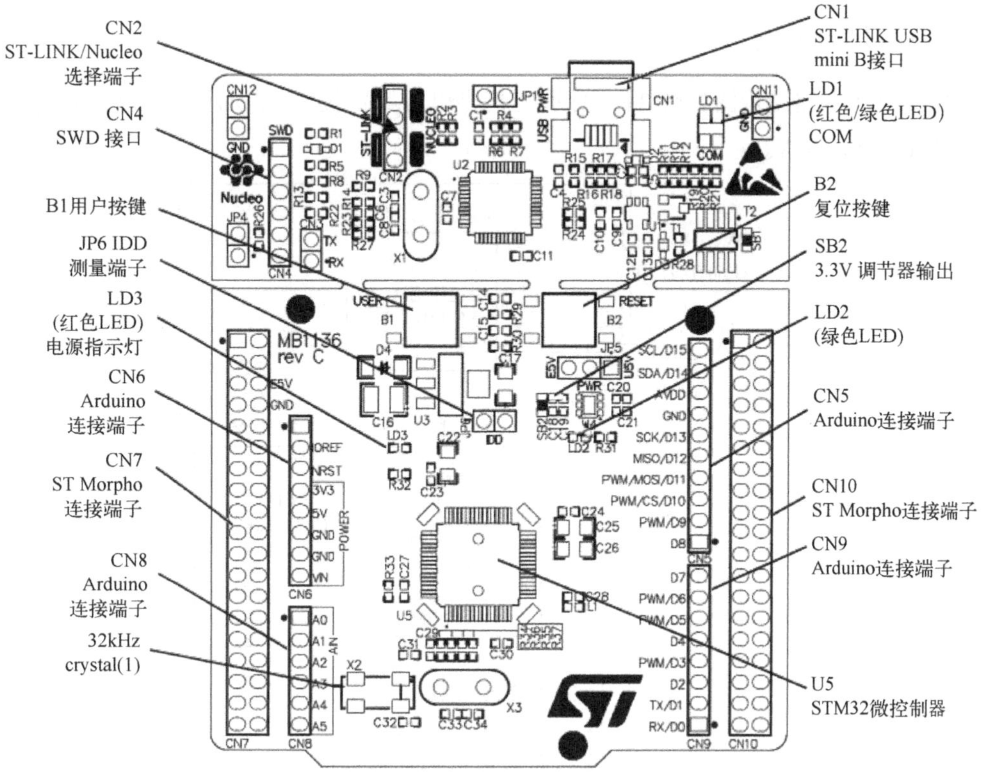

图 2-30　Nucleo-F103RB 开发板

Nucleo -F103RB 开发板的特点如下。

☺ 模块化设计：可分成 ST-Link 仿真器和 MCU 核心板两部分。

☺ 丰富的接口扩展：兼容 Arduino 开发板。

☺ 简洁的外设模块：指示灯、复位按键（RESET）和用户按键（USER）。

☺ 多功能的 USB 接口：虚拟串口、大容量存储接口、调试接口。

☺ 灵活的供电方式：USB 供电、外部供电。

☺ 支持多种开发环境：MDK-ARM、EWARM、Mbed 等。

☺ 引出 SWD 接口，支持更多的下载/调试方式，如 ST-LINK/V2（MINI）、J-LINK-ARM、ULINK V2。

☺ STMicroelectronics Morpho 扩展连接头：以便访问所用的 STM32 的 I/O 接口。

第 3 章　STM32 最小系统

3.1　电源电路

3.1.1　供电方案

STM32 电源电路结构图如图 3-1 所示，其供电方案如图 3-2 所示。注意：V_{DDA}和 V_{SSA}必须分别连接 V_{DD}与 V_{SS}。

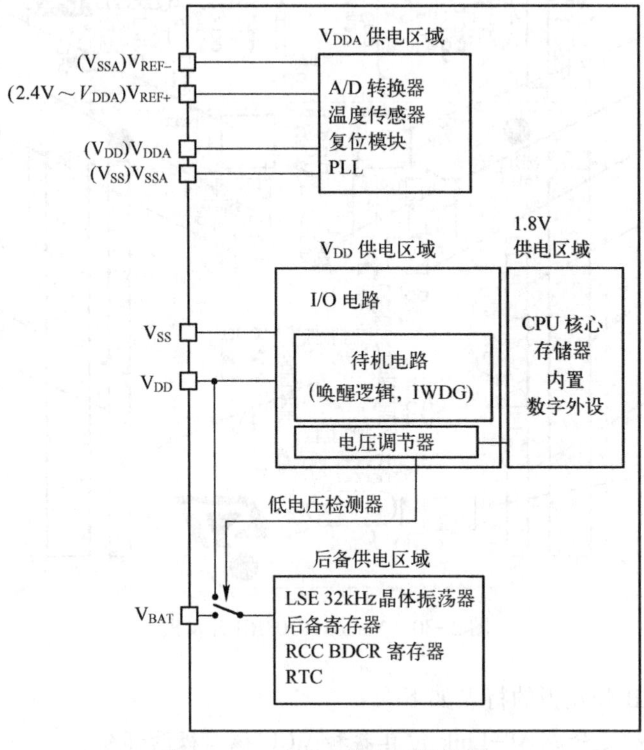

图 3-1　STM32 电源电路结构图

电源电路可分为如下 3 部分。

1. 数字部分

V_{DD}接 2～3.6V 的直流电源，通常接 3.3V 的直流电源，供 I/O 接口等接口使用。电压调节器提供 CM3 处理器所需的 1.8V 电源，即把外电源提供的 3.3V 转换成 1.8V。电压调节器主要有如下 3 种工作模式。

【运行模式】提供 1.8V 电源（CPU、内存和外设），此种模式也称主模式（MR）。在运行模式下，可以通过降低系统时钟，或者关闭 APB 和 AHB 上未使用的 CM3 处理器外的外设时钟来降低功耗。

【停止模式】 选择性地提供 1.8V 电源，即为某些模块提供电源，如为寄存器和 SRAM 供电以保存其中的内容。此种模式也称为电压调节器的低功耗模式（LPR）。

【待机模式】 切断 CPU 电路的供电，电压调节器的输出为高阻态，电压调节器处于零消耗关闭状态。除备用电路和备份域外，寄存器和 SRAM 中的内容全部丢失。此种模式也称关断模式。

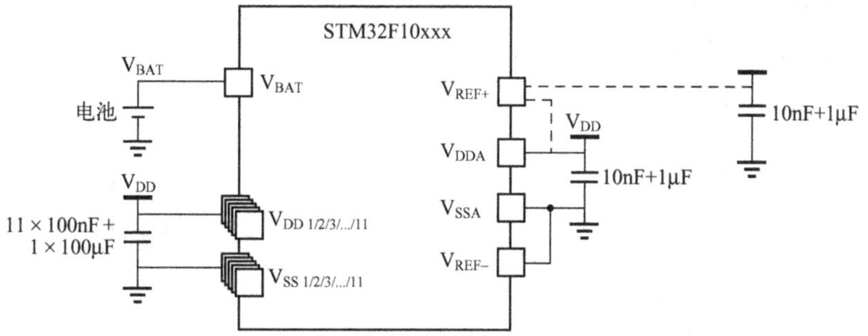

图 3-2　STM32 的供电方案

2. 模拟部分

为了提高转换精度，A/D 转换器（Analog-to-Digital Converter，ADC）使用一个独立的电源供电，过滤和屏蔽来自 PCB 上的毛刺干扰。V_{SSA}为独立电源地，V_{DDA}接 2～3.6V 的直流电源，为 ADC、复位模块、RC 振荡器和 PLL 的模拟部分供电。当 V_{DD}≥2.4V 时，ADC 工作；当 V_{DD}≥2.7V 时，USB 工作。

V_{REF+}的范围为 2.4V～V_{DDA}，可以连接到 V_{DDA}所连接的外部电源。如果在 V_{REF+}上使用单独的外部参考电压，就必须在这个引脚上连接一个过滤高频干扰的小电容。

〖**说明**〗 V_{REF+}引脚在 100 脚封装芯片和其他封装芯片中的情况是不同的，100 脚封装芯片中的 V_{REF+}引脚和 ADC 的供电电压是相互独立的；而在其他封装芯片中，它们是内部直接连接的。

3. 备份部分

备份电压指的是备份域使用的供电电源，即 V_{BAT}引脚的供电，使用电池或其他电源连接到 V_{BAT}引脚上。V_{BAT}为 1.8～3.6V，当主电源 V_{DD}断电时，V_{BAT}为 RTC、外部 32kHz 晶体振荡器和后备寄存器供电。如果没有外部电池，那么这个引脚必须和一个过滤高频干扰的小电容一起连接到 V_{DD}电源上。当使用 V_{DD}电源时，V_{BAT}引脚上无电流损失。

由图 3-2 可知，在干扰较小的情况下，V_{DD}和 V_{DDA}可以连接到同一个电源上；2.4V≤V_{REF+}≤V_{DDA}；V_{SS}、V_{SSA}、V_{REF-}必须连接地线。图 3-2 中的电容皆为电源的退耦电容，容抗为 $X_C=1/(2\pi fC)$。可见，同样容量的电容，频率越高，容抗越低。因此，为了达到一定的容抗，频率越高，所需的容量越小；反之就越大。

电源模块为系统其他模块提供其所需的电源。在电路设计中，除要考虑电压范围和电流容量等基本参数外，还要在电源转换效率、降低噪声、防止干扰和简化电路等方面进行优化。可靠的电源方案是整个硬件电路稳定、可靠运行的基础。

3.1.2 电源管理器

电源管理器的硬件组成包括两部分，即电源的上电复位（POR）和掉电复位（PDR）部分与可编程电压监测器（PVD）部分。电源的上电复位和掉电复位部分内容详见 3.3 节。

PVD 监视 V_{DD}供电并与 PVD 阈值（见图 3-3）进行比较，当 V_{DD}低于或高于 PVD 阈值时，都将产生中断，中断服务程序可以发出警告信息或将 MCU 转入安全模式。对 PVD 的控制可通过对电压与电源控制寄存器（PWR_CR）写相应控制值来完成。

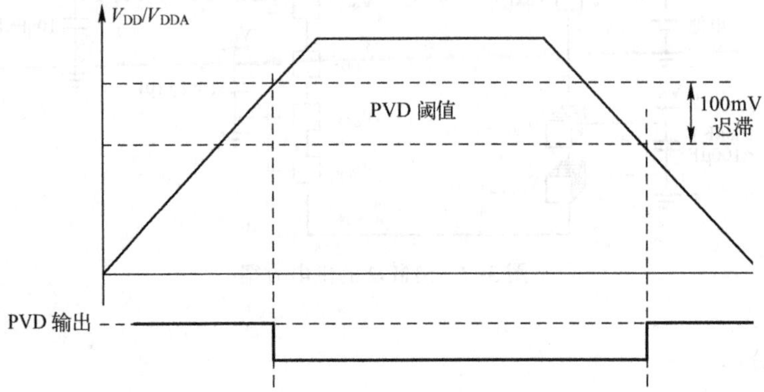

图 3-3 PVD 阈值

3.1.3 低功耗模式

1. 低功耗基础知识

功耗即功率的损耗，是指设备或器件等的输入功率与输出功率之间的差额（无用功）。对于独立工作的嵌入式系统，如果没有功率输出，则其消耗的电能最终都将转化为热量。过高的功耗会带来散热困难、能源浪费、电磁干扰、稳定性降低、安全隐患等一系列问题。

嵌入式系统低功耗设计的重要性如下。

☺ 可以延长电池供电系统的持续工作时间。

☺ 可以延长系统使用寿命，提高系统稳定性。

☺ 可以降低系统的散热要求。

☺ 有利于节约能源。

☺ 可以减少系统电磁辐射。

☺ 可以提高系统安全性。

影响 MCU 功耗的关键因素如下。

☺ MCU 芯片特性。

- ◇ 芯片工艺：一般来讲，工艺越先进，功耗越低。
- ◇ 晶体管数量：门数越大，功耗越高。
- ◇ 模拟外设与数字外设的使用：使用外设越多（特别是模拟外设），功耗越高。
- ◇ 片内 RAM 与闪存的容量：容量越大，功耗越高。

☺ 供电电压：当前使用的逻辑 CMOS 与电压成正比，供电电压越低，功耗越低。

☺ 时钟频率：时钟频率越低，功耗越低。

☺ 工作模式：功耗依赖不同的工作模式，因为在不同的工作模式下，CPU、时钟、外设等的工作情况不一样。

低功耗 MCU 提供了更丰富的低功耗模式，以供不同的应用场合调用。其实，低功耗模式仍属于一种运行模式，只是它的电能消耗较低。

2. STM32 低功耗模式

在系统或电源复位后，MCU 处于运行状态。当处理器不需要继续运行时（如等待某个外部事件），可以利用多种低功耗模式来降低功耗。用户需要根据最低电源消耗、最快速启动时间和可用的唤醒源等条件，选定一种最佳的低功耗模式。低功耗模式主要对处理器、外部外设、SRAM 和寄存器等供电的电源与时钟进行控制操作。

讨论 STM32 的功耗要从以下两个方面来理解：CM3 处理器内的功耗硬件，包括处理器内部外设（如 NVIC，通过内部专用外设总线访问）和 CM3 处理器外部外设（通过外部专用外设总线访问）。关于 CM3 处理器外部外设功耗的控制比较简单，只需控制相应的总线时钟开关，让外设在不使用时的时钟尽量处于关闭状态即可。此时的重点是 CM3 处理器内的功耗，而 STM32 低功耗模式的重点也是指 CM3 处理器内的功耗。STM32F103xx 增强型支持 3 种低功耗模式，即睡眠模式（Sleep Mode）、停止模式（Stop Mode）和待机模式（Standby Mode）。为便于读者比较，在下述介绍中，除按照功耗递减的顺序介绍低功耗模式外，还加入了对非低功耗模式的运行模式（Run Mode）的介绍。

【运行模式】 电压调节器工作在正常状态；CM3 处理器正常运行，CM3 处理器内部外设正常运行；STM32 的 PLL、HSE、HSI 正常运行。

【睡眠模式】 电压调节器工作在正常状态；CM3 处理器停止运行，但 CM3 处理器内部外设仍正常运行；STM32 的 PLL、HSE、HSI 也正常运行；所有的 SRAM 和寄存器中的内容都被保留；CM3 处理器外部外设继续运行（除非它们被关闭），所有的 I/O 引脚都保持它们在运行模式时的状态；功耗相对于正常模式得到降低。

【停止模式】 也称深度睡眠模式。电压调节器工作在停止状态，即选择性地为某些模块提供 1.8V 电源；CM3 处理器停止运行，CM3 处理器内部外设停止运行；STM32 的 PLL、HSE、HSI 被关断；所有的 SRAM 和寄存器中的内容都被保留。

【待机模式】 电压调节器工作在待机状态，整个 1.8V 区域断电；CM3 处理器停止运行，CM3 处理器内部外设停止运行；STM32 的 PLL、HSE、HSI 被关断；SRAM 和寄存器中的内容丢失；备份寄存器中的内容保留；待机电路维持供电。

低功耗模式的比较如表 3-1 所示。

表 3-1 低功耗模式的比较

<table>
<tr><th colspan="2"></th><th>运行模式</th><th>睡眠模式</th><th>停止模式</th><th>待机模式</th></tr>
<tr><td colspan="2">电压调节器</td><td>正常状态</td><td>正常状态</td><td>停止状态</td><td>待机状态</td></tr>
<tr><td rowspan="3">1.8V</td><td>CM3 处理器</td><td>正常运行</td><td>停止运行</td><td>停止运行</td><td>停止运行</td></tr>
<tr><td>CM3 处理器内部外设</td><td>正常运行</td><td>正常运行</td><td>停止运行</td><td>停止运行</td></tr>
<tr><td>SRAM 和寄存器</td><td>保留</td><td>保留</td><td>保留</td><td>丢失</td></tr>
<tr><td colspan="2">3.3V（PLL、HSE、HSI）</td><td>正常运行</td><td>正常运行（外设时钟可控）</td><td>停止运行</td><td>停止运行</td></tr>
<tr><td colspan="2">备份寄存器</td><td>保留</td><td>保留</td><td>保留</td><td>保留</td></tr>
<tr><td colspan="2">待机电路</td><td>维持供电</td><td>维持供电</td><td>维持供电</td><td>维持供电</td></tr>
</table>

STM32 从 3 种低功耗模式恢复后的处理如下。

☺ 当 STM32 处于睡眠模式时，只有 CM3 处理器停止运行，所有的 SRAM 和寄存器中的内容仍然保留，程序当前执行状态的信息并未丢失，因此，STM32 从睡眠模式恢复后，返回进入睡眠模式指令的后一条指令处开始执行。

☺ 当 STM32 处于停止模式时，所有的 SRAM 和寄存器中的内容仍然保留，因此 STM32 从停止模式恢复后，返回进入停止模式指令的后一条指令处开始执行。但不同于睡眠模式，进入停止模式后，STM32 时钟关断，因此从停止模式恢复后，STM32 将使用内部高速振荡器作为系统时钟（HSI，频率为不稳定的 8MHz）。

☺ 当 STM32 处于待机模式时，所有的 SRAM 和寄存器中的内容丢失（恢复默认值），因此，从待机模式恢复后，程序重新从复位初始位置开始执行，这相当于一次软件复位。

3.2 时钟电路

石英晶体振荡器（简称“晶振”）是一种具有高精度和高稳定度的振荡器。石英晶片之所以能作为振荡电路（谐振），是因为它的压电效应。当在晶振极板间施加交变电压时，迫使晶振产生机械变形振动，晶振的机械变形振动反过来又会产生交变电场；当外加交变电压的频率与晶片的固有频率（取决于晶片尺寸）相等时，晶振与电路共同产生稳定的机械谐振和电气谐振，且频率稳定度很高。

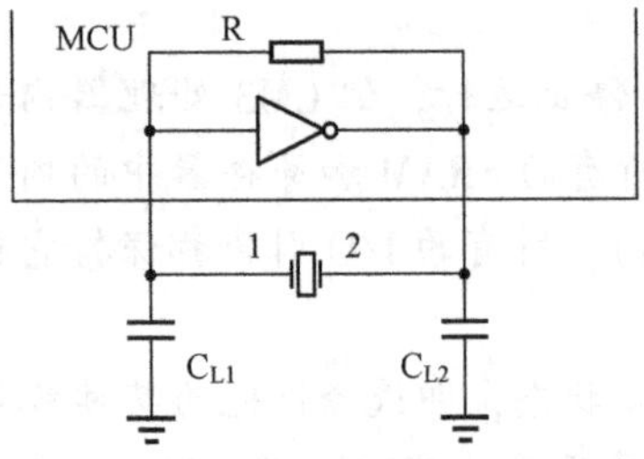

图 3-4　皮尔斯振荡电路

振荡电路的设计方法有多种，在单片机系统中，常用的是皮尔斯振荡电路，如图 3-4 所示。

一般来说，可将晶振分为两种类型：无源晶振和有源晶振。无源晶振一般称为晶体（Crystal），有源晶振一般称为振荡器（Oscillator）。在如图 3-4 所示的外部晶振电路中，常用的是晶体。

在电气上，晶振可以等效为一个电容和一个电阻并联后串联一个电容的二端网络，这个网络有两个谐振点，其中，频率较低的谐振是串联谐振，频率较高的谐振是并联谐振。晶振自身的特性使这两个谐振点的频率相当接近，在这个极窄的频率范围内，晶振呈感性（可以将其等效为一个电感），因此，只要在晶振的两端并联上合适的电容，就可以构成并联谐振电路。将这个并联谐振电路加入一个负反馈电路中，就可以构成正弦波振荡电路。由于将晶振等效为电感的频率范围很窄，因此，即使其他元件的参数有变化，这个振荡电路的频率也能保持相对稳定。晶振有一个重要的参数——负载电容值，选用与负载电容值相等的并联电容，就可以使振荡电路产生晶振标称的谐振频率。在振荡电路中，通常都是在一个反相放大器（注意：不是反相器）的两端接入晶振，并将两个电容分别接到晶振的两端，电容的另一端接地，这两个电容串联的容量应该等于负载电容值。晶振在上电启动后会振荡，产生脉冲波形，但该波形往往有谐波掺杂其中，这会影响单片机的工作稳定性，因此加上这两个电容可以将这些谐波滤除。如果考虑元件引脚的等效输入电容，则两个 22pF 的电容构成晶振的振荡电路就是较好的选择。晶振通过一定的外接电路生成频率和峰值稳定的正弦波，该正弦波在单片机内部调理电路的整形下成为方波，作为单片机内部时序电路工作的时钟信号。

在进行电路设计时，要尽量使整个振荡电路靠近 MCU，同时尽量避免振荡电路旁有其他高频信号、大电流信号和较长布线存在，远离电源模块和 PCB 边缘，从而保证晶振工作时有较小的负载、正确的拓扑，以及相对稳定的电磁工作环境。注意：振荡电路的设计规则应该优先得到保证。

时钟是单片机运行的基础，时钟信号推动单片机内各部分执行相应的指令。时钟系统就是 CPU 的脉搏，像人的脉搏一样，人只有具备脉搏，才能做其他的事情，而单片机只有具备了时钟，才能执行指令，做其他的处理，时钟的重要性不言而喻。STM32 内部集成的时钟模块功能更加丰富，包含时钟选择、倍频、输出、外设总线时钟配置等。STM32 时钟系统如图 3-5 所示，图 3-5 也称为时钟树，理解了时钟树，STM32 时钟的原理及应用都会了如指掌。每个时钟源在不使用时都可以单独打开或关闭，这样就可以优化系统功耗。

本部分选取一条时钟主线，并辅以代码（见 3.2.5 节），建议读者以先主后次的顺序来学习。

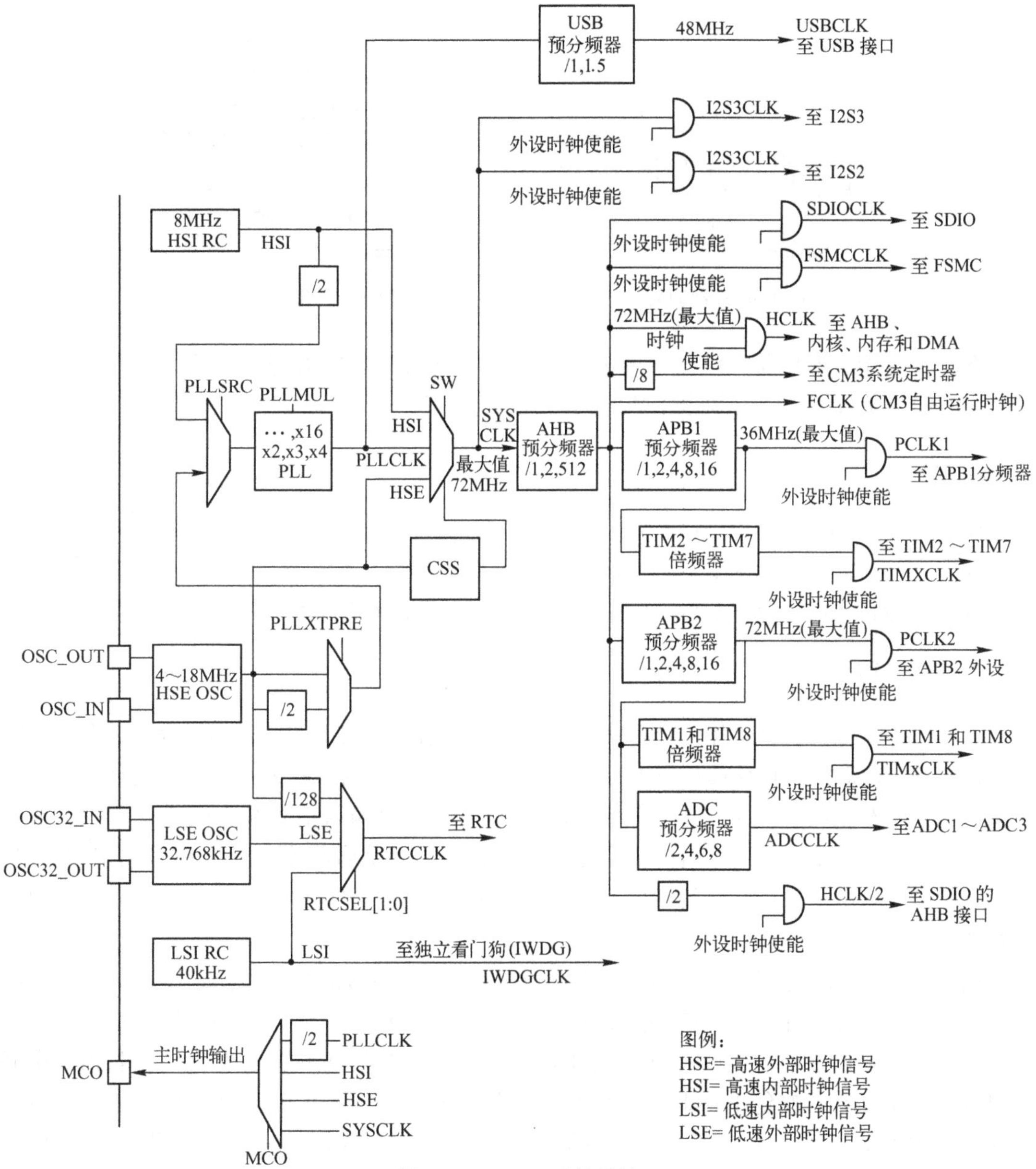

图 3-5　STM32 时钟系统

3.2.1 HSE 和 HSI

1. HSE

HSE 由以下两种时钟源产生。

【HSE 外部时钟】 如图 3-6 所示，在这种模式下，必须提供一个外部时钟源。外部时钟源的频率可高达 25MHz。用户可以通过设置时钟信号控制寄存器 RCC_CR 中的 HSEBYP 位和 HSEON 位来选择该模式，此时，OSC_OUT 引脚为高阻态。

【HSE 外部晶振电路】 如图 3-7 所示，这个频率为 4～16MHz 的外部晶振的优点在于能产生非常精确的主时钟。

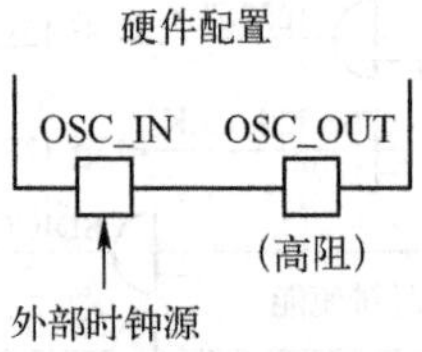

图 3-6　HSE 外部时钟

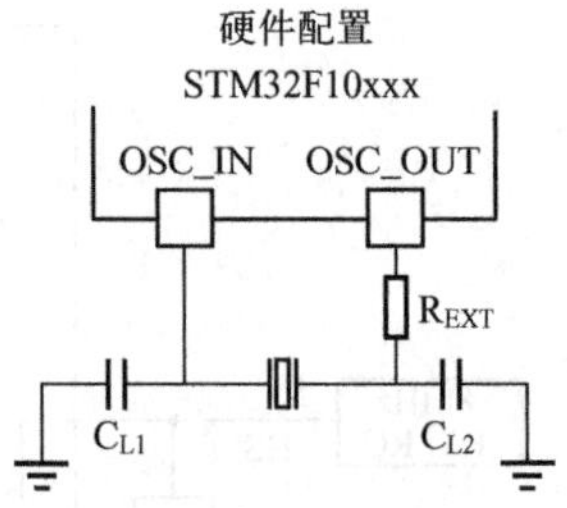

图 3-7　HSE 外部晶振电路

在图 3-7 中，谐振器和负载电容需要尽可能靠近振荡器的引脚，以减小输出失真和启动稳定时间。负载电容值必须根据选定的晶振进行调节。

2. HSI

HSI 由内部 8MHz 的 RC 振荡器产生，可直接作为系统时钟或在 2 分频后作为 PLL 输入。HSI 的 RC 振荡器能够在不需要任何外部器件的条件下提供系统时钟。它的启动时间比 HSE 外部晶振电路短。然而，即使在校准后，它的时钟频率精度仍较差。

3.2.2 PLL

许多电子设备要正常工作，通常需要外部的输入信号与内部的振荡信号同步，利用 PLL 就可以实现。PLL 是一种反馈控制电路，其特点是利用外部输入的参考信号控制环路内部振荡信号的频率和相位。因为 PLL 可以实现输出信号频率对输入信号频率的自动跟踪，所以 PLL 通常用于闭环跟踪电路。PLL 在工作过程中，当输出信号频率与输入信号频率相等时，输出电压与输入电压保持固定的相位差，即输出电压与输入电压的相位被锁住，这就是 PLL 名称的由来。

内部 PLL 可以用于倍频 HSI 的 RC 输出时钟或 HSE 外部晶振电路进入片内的输出时钟。PLL 的设置（首先选择 HSI 振荡器除 2 或 HSE 振荡器为 PLL 的输入时钟，然后选择倍频因子）必须在其被激活前完成。一旦 PLL 被激活，PLL 的参数就不能被改动。如果 PLL 中断在时钟中断寄存器中被允许，那么当 PLL 准备就绪时，可产生中断申请。如果需要在应用中使用 USB 接口，那么 PLL 必须被设置为输出 48MHz 或 72MHz 时钟，用于提供 48MHz 的 USBCLK。

3.2.3　LSE 和 LSI

1. LSE

LSE 接频率为 32.768kHz 的石英晶体，其可以由以下两个时钟源产生。

【LSE 外部时钟】 如图 3-8 所示，在这种模式下，必须提供一个外部时钟源。

【LSE 外部晶振电路】 如图 3-9 所示，是一个频率为 32.768kHz 的低速外部晶振或陶瓷谐振器。它的优点在于能为实时时钟部件（RTC）提供一个低速高精度的时钟源。RTC 可以用于时钟/日历或其他需要计时的场合。

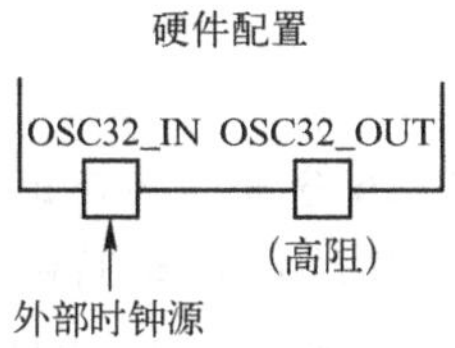

图 3-8　LSE 外部时钟

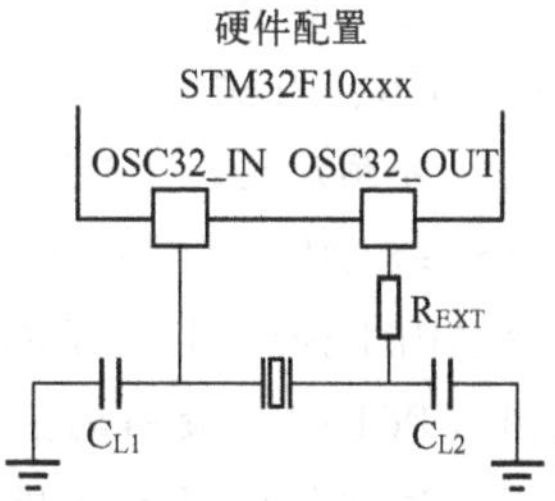

图 3-9　LSE 外部晶振电路

同样，在图 3-9 中，谐振器和负载电容需要尽可能靠近晶振引脚，这样能使输出失真和启动稳定时间减到最小。负载电容值必须根据选定的晶振进行调节。

2. LSI

LSI 是一个低功耗时钟源，它可以在停止模式或待机模式下保持运行状态，为独立看门狗和自动唤醒单元提供时钟。LSI 的频率大约为 40kHz（30～60kHz）。LSI 可以通过控制/状态寄存器（RCC_CSR）中的 LSION 位来启动或关闭，LSIRDY 位指示低速内部振荡器是否稳定。在启动阶段，直到 LSIRDY 位被硬件设置为 1，此时钟才被释放。如果在时钟中断寄存器（RCC_CIR）中允许中断，则将产生 LSI 中断申请。

综上，4 种主要时钟的频率如下。

☺ HSE，外部时钟，频率为 4～16MHz，常用值为 8MHz。

☺ HSI，内部 8MHz 时钟，可直接作为系统时钟或在 2 分频后作为 PLL 输入。

☺ LSE，外部 32.768kHz 时钟。

☺ LSI，内部 40kHz 时钟。

时钟设置需要先考虑系统时钟的来源（是内部时钟、外部晶振，还是外部的振荡器，是否需要 PLL），然后考虑内部总线和外部总线，最后考虑外设的时钟信号。应遵循先倍频作为处理器的时钟，再由内向外分频的原则。

3.2.4　系统时钟 SYSCLK

如图 3-5 所示，STM32 将时钟信号（通常为 HSE）经过分频或倍频后，得到系统时钟；系统时钟经过分频，产生外设所需的时钟。其中，典型值为 40kHz 的 LSI 供独立看门狗使用；此外，它还可以为 RTC 提供时钟源。RTC 的时钟源也可以选择 LSE 或 HSE 的 128 分频。RTC 的时钟源通过备份域控制寄存器（RCC_BDCR）的 RTCSEL[1:0]来选择。

STM32 中有一个全速功能 USB 模块，其串行接口需要一个频率为 48MHz 的时钟源。该时钟源只能从 PLL 输出端获取，可以选择为 1.5 分频或 1 分频，即当需要使用 USB 模块时，PLL 必须使能，并且时钟频率配置为 48MHz 或 72MHz。其中，48MHz 仅提供给 USB 串行接口 SIE。

另外，STM32 还可以选择一个时钟信号输出到 MCO 引脚（PA8），可以选择为 PLL 输出的 2 分频、HSI、HSE 或系统时钟。

系统时钟 SYSCLK 是供 STM32 中绝大部分部件工作的时钟源。如图 3-5 所示，系统时钟可选择为 PLL 输出、HSI 或 HSE，HSI 与 HSE 可以通过分频加至 PLLSRC，并由 PLLMUL 进行倍频后，直接充当 PLLCLK，经 1.5 分频或 1 分频后为 USB 接口提供一个 48MHz 的振荡频率。系统时钟频率的最大值为 72MHz，通过 AHB 分频器分频后送给各个模块，AHB 分频器输出的时钟送给如下八大模块使用。

☺ 送给 AHB、内核、内存和 DMA 使用的 HCLK。
☺ 通过 8 分频后送给 CM3 系统定时器。
☺ 直接送给 CM3 的自由运行时钟 FCLK。
☺ 送给 APB1 分频器。APB1 分频器可选择 1/2/4/8/16 分频，其输出一路供 APB1 外设使用（PCLK1，频率的最大值为 36MHz），另一路送给定时器 TIM2 ～ TIM7 的倍频器使用。这些倍频器可选择 1 倍频或 2 倍频，时钟输出供 TIM2 ～ TIM7 使用。
☺ 送给 APB2 分频器。APB2 分频器可选择 1/2/4/8/16 分频，其输出一路供 APB2 外设使用（PCLK2，频率的最大值为 72MHz），另一路送给定时器 TIM1 和 TIM8 的倍频器使用。这两个倍频器可选择 1 倍频或 2 倍频，时钟输出供 TIM1 和 TIM8 使用。另外，APB2 分频器还有一路输出供 ADC 分频器使用，分频后送给 ADC 模块使用。ADC 分频器可选择 2/4/6/8 分频。
☺ 送给 SDIO 使用的 SDIOCLK。
☺ 送给 FSMC 使用的 FSMCCLK。
☺ 2 分频后送给 SDIO 的 AHB 接口使用（HCLK/2）。

在以上的时钟输出中，有很多是带使能控制的，如 AHB 时钟、内核时钟，以及各种 APB1 外设、APB2 外设等。当需要使用某外设时，一定要先使能对应的时钟。同样，在不使用某模块时，应将其对应的时钟关闭，从而降低系统功耗，达到节能的效果。当 STM32 系统时钟频率为 72MHz 时，在运行模式下，打开全部外设时的功耗电流为 36mA，关闭全部外设时的功耗电流为 27mA。

需要注意定时器 TIM2 ～ TIM4 的倍频器，当 APB1 的分频为 1 时，其倍频值为 1，定时器的时钟频率等于 APB1 的频率；当 APB1 的预分频系数为其他数值（预分频系数为 2、4、8 或 16）时，它的倍频值为 2。连接在 APB1（低速外设）上的设备有电源接口、备份接口、CAN、USB、I2C1、I2C2、UART2、UART3、SPI2、窗口看门狗、TIM2、TIM3、TIM4。连接在 APB2（高速外设）上的设备有 UART1、SPI1、TIM1、ADC1、ADC2、所有普通 I/O 接口（PA ～ PE）、第二功能 I/O 接口。

STM32 中有多种时钟信号，正确配置时钟是系统开发的第一步。STM32 的时钟源一般有两种，即 HSE 和 HSI。为了保证时钟的准确性，多采用 8MHz 晶体的 HSE。8MHz 的频率相对较低，通常要将外部时钟整数倍频后作为标准时钟使用。STM32 系统一般先将 HSE 9 倍频后生成 72MHz 的 PLL 时钟，再将 PLL 时钟配置成系统时钟；设置系统时钟后，配置 PCLK1 和 PCLK2 时钟，分别用于 APB1 和 APB2 桥总线；桥总线直接决定了各个外设和功能模块的时钟频率。最终根据实际系统的需求，将所需外设时钟使能，只有这样，外设才能正常工作。

3.2.5 解析 SystemClock_Config( )函数

SystemClock_Config( )函数代码如下：

```
/* 配置系统时钟 */
SystemClock_Config();
```

SystemClock_Config( )函数的作用是将系统时钟频率配置为 64MHz。该函数的定义在 main.c 文件中 main( )函数的下面：

```
void SystemClock_Config(void)
{
    RCC_OscInitTypeDef RCC_OscInitStruct = {0};       //结构体初始化
    RCC_ClkInitTypeDef RCC_ClkInitStruct = {0};       //结构体初始化

    /** Initializes the CPU, AHB and APB busses clocks */
    RCC_OscInitStruct.OscillatorType = RCC_OSCILLATORTYPE_HSI;  //时钟源为 HSI
    //RCC_OSCILLATORTYPE_HSE    高速外部时钟
    RCC_OscInitStruct.HSIState = RCC_HSI_ON;         //打开 HSI
    RCC_OscInitStruct.HSICalibrationValue = RCC_HSICALIBRATION_DEFAULT;
    RCC_OscInitStruct.PLL.PLLState = RCC_PLL_ON; //打开 PLL
    RCC_OscInitStruct.PLL.PLLSource = RCC_PLLSOURCE_HSI_DIV2;  //设置 PLL 时钟源为 HSI
    RCC_OscInitStruct.PLL.PLLMUL = RCC_PLL_MUL16;  //设置输入时钟的倍频系数为 16
    if (HAL_RCC_OscConfig(&RCC_OscInitStruct) != HAL_OK)
    {
        Error_Handler();
    }
    /** 初始化 CPU、AHB 和 APB 时钟 */
    //选中 PLL 作为系统时钟源并配置 HCLK、PCLK1 和 PCLK2
    RCC_ClkInitStruct.ClockType = RCC_CLOCKTYPE_HCLK|RCC_CLOCKTYPE_SYSCLK
    |RCC_CLOCKTYPE_PCLK1|RCC_CLOCKTYPE_PCLK2;      //设置系统时钟源
    RCC_ClkInitStruct.SYSCLKSource = RCC_SYSCLKSOURCE_PLLCLK;
    RCC_ClkInitStruct.AHBCLKDivider = RCC_SYSCLK_DIV1;   //AHB 的分频系数为 1
    RCC_ClkInitStruct.APB1CLKDivider = RCC_HCLK_DIV2;    //APB1 的分频系数为 1
    RCC_ClkInitStruct.APB2CLKDivider = RCC_HCLK_DIV1;    //APB2 的分频系数为 1

    if (HAL_RCC_ClockConfig(&RCC_ClkInitStruct, FLASH_LATENCY_2) != HAL_OK)
    {
        Error_Handler();
    }
}
```

SystemClock_Config( )函数将系统时钟源（System Clock Source）选为 PLL（HSI），将系统时钟 SYSCLK 的频率配置为 64MHz，将 HCLK 的频率配置为 64MHz，将 AHB 的分频系数设定为 1，将 APB1 的分频系数设定为 2，将 APB2 的分频系数设定为 1 等。

练一练

读者可以在图 3-5 中按照 HSI→PLLMUL→SYSCLK→AHB 预分频器→APB1/APB2 预分频器的流程用笔画一下。

3.2.6 RCC 寄存器

RCC 寄存器用于管理外部、内部和外设的时钟，它与时钟配置密切相关。RCC 寄存器地址映射和复位值如表 3-2 所示。

表 3-2 RCC 寄存器地址映射和复位值

偏移	寄存器	31	30	29	28	27	26	25	24	23	22	21	20	19	18	17	16	15	14	13	12	11	10	9	8	7	6	5	4	3	2	1	0
000h	RCC_CR	保留						PLLRDY	PLLON	保留				CSSON	HSEBYP	HSERDY	HSEON	HSICAL[7:0]								HSITRIM[4:0]						HDIRDY	HDION
	复位值							0	0					0	0	0	0	x	x	x	x	x	x	x	x	0	0	0	0	0	0	0	0
004h	RCC_CFGR	保留					MCO[2:0]			保留	USBPRE	PLLMUL[3:0]				PLLXTPRE	PLLSRC	ADCPRE[1:0]		PRRE2[2:0]			PRRE1[2:0]			HPRE[3:0]				SWS[1:0]		SW[1:0]	
	复位值						0	0	0		0	0	0	0	0	0	0	0	0	0	0	0	0	0	0	0	0	0	0	0	0	0	
008h	RCC_CIR	保留								CSSC	PLL3RDYC	PLL2RDYC	PLLRDYC	HSERDYC	HSIRDYC	LSERDYC	LSIRDYC	保留	PLL3RDYIE	PLL2RDYIE	PLLRDYIE	HSERDYIE	HSIRDYIE	LSERDYIE	LSIRDYIE	CSSF	PLL3RDYF	PLL2RDYF	PLLRDYF	HSERDYF	HSIRDYF	LSERDYF	LSIRDYF
	复位值									0	0	0	0	0	0	0	0		0	0	0	0	0	0	0	0	0	0	0	0	0	0	0
00Ch	RCC_APB2RSTR	保留																	USART1RST	保留	SPIRST	TIM1RST	ADC2RST	ADC1RST	保留		IOPERST	IOPDRST	IOPCRST	IOPBRST	IOPARST	保留	AFIORST
	复位值																		0		0	0	0	0			0	0	0	0	0		0
010h	RCC_APB1RSTR	保留		DACRST	PWRRST	BKPRST	CAN2RST	CAN1RST	保留	USBRST	I2C2RST	I2C1RST	UART5RST	UART4RST	USART3RST	USART2RST	保留	SPI3RST	SPI2RST	保留		WWDGRST	保留					TIM7RST	TIM6RST	TIM5RST	TIM4RST	TIM3RST	TIM2RST
	复位值			0	0	0	0	0		0	0	0	0	0	0	0		0	0			0						0	0	0	0	0	0
014h	RCC_AHBENR	保留															ETHMACRXEN	ETHMACTXEN	ETHMACEN	保留	CRCEN	保留					CRCEN	保留	FLITEEN	保留	SRAMEN	DMA2EN	DMA1EN
	复位值																0	0	0		0						0		1		1	0	0
018h	RCC_APB2ENR	保留																	USART1EN	保留	SPIEN	TIM1EN	ADC2EN	ADC1EN	保留		IOPEEN	IOPDEN	IOPCEN	IOPBEN	IOPAEN	保留	AFIOEN
	复位值																		0		0	0	0	0			0	0	0	0	0		0
01Ch	RCC_APB1ENR	保留		DACEN	PWREN	BKPEN	CAN2EN	CAN1EN	保留	USBEN	I2C2EN	I2C1EN	UART5EN	UART4EN	USART3EN	USART2EN	保留	SPI3EN	SPI2EN	保留		WWDGEN	保留					TIM7EN	TIM6EN	TIM5EN	TIM4EN	TIM3EN	TIM2EN
	复位值			0	0	0	0	0		0	0	0	0	0	0	0		0	0			0						0	0	0	0	0	0
020h	RCC_BDCR	保留															BDRST	RTCEN	保留					RTCSEL[1:0]		保留					LSEBYP	LSERDYF	LSEON
	复位值																0	0						0	0						0	0	0
024h	RCC_CSR	LPWRRSTF	WWDGRSTF	IWDGRSTF	SFTRSTF	PORRSTF	PINRSTF	保留	RMVF	保留																						LSIRDY	LSION
	复位值	0	0	0	0	1	1		0																							0	0

在库文件 stm32f103xb. h 中定义 RCC 寄存器组的结构体 RCC_TypeDef：

```
typedef struct
{
    __IO uint32_t CR;
    __IO uint32_t CFGR;
    __IO uint32_t CIR;
    __IO uint32_t APB2RSTR;
    __IO uint32_t APB1RSTR;
    __IO uint32_t AHBENR;
    __IO uint32_t APB2ENR;
    __IO uint32_t APB1ENR;
    __IO uint32_t BDCR;
    __IO uint32_t CSR;
} RCC_TypeDef;

/*** @brief Real-Time Clock */
...
#define PERIPH_BASE 0x40000000UL /* !< Peripheral base address in the alias region */
...
#define AHBPERIPH_BASE (PERIPH_BASE + 0x00020000UL)
...
#define RCC_BASE (AHBPERIPH_BASE + 0x00001000UL)
#define RCC ((RCC_TypeDef *)RCC_BASE)
```

从上面的宏定义中可以看出，编译器的预处理程序将程序中的 RCC 替换成（(RCC_TypeDef *) 0x40021000)。其中，0x40021000 是 RCC 寄存器的存储映射首地址。首地址加上表 3-2 中各寄存器的偏移即寄存器在存储器中的位置。例如：

RCC_ CFGR 的地址 = RCC 首地址+ CFGR 偏移=0x40021000+0x004=0x40021004

3.2.7　STM32 时钟常见问题

一旦 STM32 时钟模块出现问题，就会导致系统无法正常工作，特别是对时钟敏感的部分，如定时器、串口波特率、I2C 时钟等。

1. 主频变慢问题

主频是指 CPU 的时钟频率或系统时钟频率。主频变慢通常表现为程序运行变慢、卡顿、通信异常等。引起主频变慢的原因有时钟源选择错误、外部晶振频率与软件配置不正确、分频与倍频系数不正确、外部晶振电路不正常。

判断主频是否变慢最直接的方法是配置 MCO，输出内部 PLLCLK（或 HSE），用示波器或逻辑分析仪测量其频率。

2. 外设总线 APB 时钟不同问题

可能很多人遇到过定时器定时或快（2 倍）或慢（0.5 倍）的问题。由图 3-10 可知，

STM32 的 APB 时钟存在“×2”的判断。也就是说，如果 APB 的分频系数等于 1，则“×1”；如果 APB 的分频系数不等于 1，则“×2”。因此，在移植程序代码时，一定要注意时钟源（频率），否则会出现定时器定时或快或慢的问题。

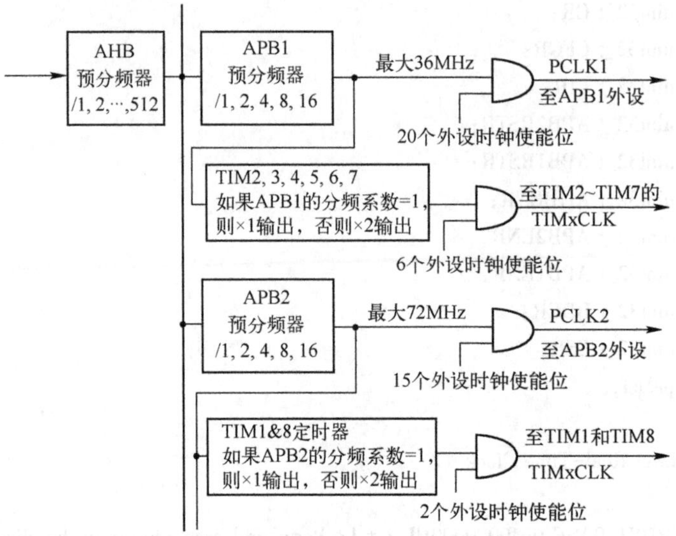

图 3-10 APB 时钟或快或慢的成因

3. 外部高速时钟失效问题

STM32 通常使用外部晶振产生高速时钟信号。如果外部高速时钟失效，那么程序运行可能出现卡顿，这有可能是外界环境干扰造成的，也可能是晶振质量有问题。此时，应该使能时钟安全系统（Clock Security System，CSS）功能。使能 CSS 功能后，若 HSE 发生故障，则程序进入 NMI 中断，通过程序判断 HSE 是否失效；也可以将 HSI 切换为时钟源，重新配置时钟并启动程序，使程序恢复正常运行状态。

〖说明〗 STM32CubeMX 默认配置是关闭 CSS 功能的。

3.3 复位电路

STM32F10xxx 支持 3 种复位形式，即系统复位、电源复位和备份域复位。

1. 系统复位

系统复位将复位除时钟控制器 CSR 中的复位标志位和备份域寄存器外的所有寄存器。当下列事件之一发生时，将产生系统复位。

（1）NRST 引脚上出现低电平（外部复位），如图 3-11 所示：此时的复位效果与需要的时间、MCU 供电电压、复位阈值等相关。为了使芯片充分复位，在工作电压 3.3V 下，复位时间设置为 200ms。

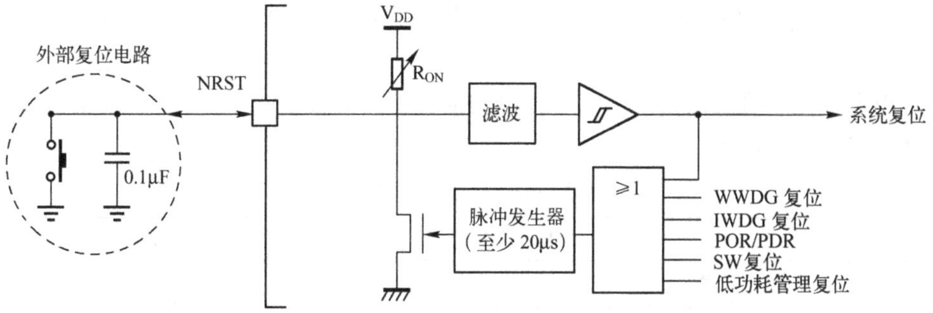

图 3-11　外部复位电路

在图 3-11 中，复位源将最终作用于 NRST 引脚，并在复位过程中保持低电平，复位入口矢量固定为地址 0x00000004。

（2）窗口看门狗计数终止（WWDG 复位）。

（3）独立看门狗计数终止（IWDG 复位）。

（4）软件复位（SW 复位）：通过设置相应的控制寄存器位来实现。

（5）低功耗管理复位：进入待机模式或停止模式时引起的复位。

可通过查看控制/状态寄存器（RCC_CSR）中的复位标志来识别复位源。

2. 电源复位

电源复位能复位除备份域寄存器外的所有寄存器。当以下事件之一发生时，将产生电源复位。

（1）POR/PDR：STM32 集成了一个 POR/PDR 电路，当供电电压达到 2V 时，系统能正常工作。只要 V_{DD}低于特定的阈值 $V_{POR/PDR}$，就不需要外部复位电路，STM32 一直处于复位模式。POR/PDR 的波形图如图 3-12 所示。

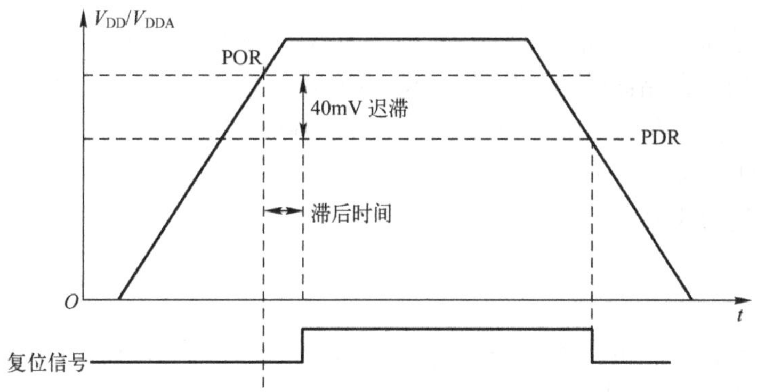

图 3-12　POR/PDR 的波形图

（2）从待机模式中返回：芯片内部的复位信号会在 NRST 引脚上输出，脉冲发生器保证每个外部或内部复位源都能有至少 20μs 的脉冲延时；NRST 引脚被拉低而产生外部复位时将产生复位脉冲。

3. 备份域复位

当以下事件之一发生时，将产生备份域复位。

（1）SW 复位：备份域复位可通过设置备份域控制寄存器（RCC_BDCR）中的 BDRST 位来产生。

（2）电源复位：在 V_{DD}和 V_{BAT}二者掉电的前提下，V_{DD}或 V_{BAT}上电将引发备份域复位。

复位方式总结如表 3-3 所示。

表 3-3　复位方式总结

复位操作	引起复位原因	复位说明
系统复位	外部复位； 看门狗复位（包含 IWDG 和 WWDG）； SW 复位； 低功耗管理复位	复位除时钟控制器 CSR 中的复位标志位和备份域寄存器外的所有寄存器
电源复位	POR/PDR； 从待机模式中返回	复位除备份域寄存器外的所有寄存器
备份域复位	SW 复位； V_{DD}和 V_{BAT}掉电	复位备份域

3.4　STM32 启动

每个 CPU 在出厂时均已固化好其寄存器的默认值，这些值决定了 CPU 上电（给 CPU 供电）时的行为。程序计数器的默认值决定了 CPU 从哪个具体地址中获得第一条需要执行的指令。

假设某个 CPU 程序计数器上电时的默认值是 0x20000000，那么 0x20000000 对应哪个具体的存储设备呢？对于 CPU，无论它的总线上挂接的是闪存、内存还是硬盘，它在启动时都是一无所知的，需要通过硬件设计来“告诉”它存储第一条指令的外设，即 CPU 的第一条执行指令地址是通过硬件设计来实现的。CPU 启动后，就会从 0x20000000 这个地址中读取指令。CPU 在读取第一条指令的同时，会产生对应地址空间的片选信号，以使能位于 0x20000000 地址处的存储器件。如果希望 0x20000000 地址所对应的就是闪存的第一个字节，就要通过硬件设计将闪存的片选信号与 CPU 的 0x20000000 地址所对应的片选信号相连，且通过恰当的地址线连接使得闪存的第一个字节就在 0x20000000 地址处，即硬件设计需要完成地址与外设之间的映射。

1. 启动设置

在 STM32F10xxx 中，可以通过 BOOT[1:0] 引脚选择 3 种不同的启动模式（见表 3-4）之一，其所需的外部连接如图 3-13 所示。

表 3-4　启动模式

启动模式选择引脚		启动模式	说明
BOOT1	BOOT0		
0/1	0	主闪存存储器	主闪存存储器被选为启动区域，这是正常的工作模式
0	1	系统存储器	系统存储器被选为启动区域，这种模式启动的程序功能由厂家设置
1	1	内置 SRAM	内置 SRAM 被选为启动区域，这种模式可以用于调试

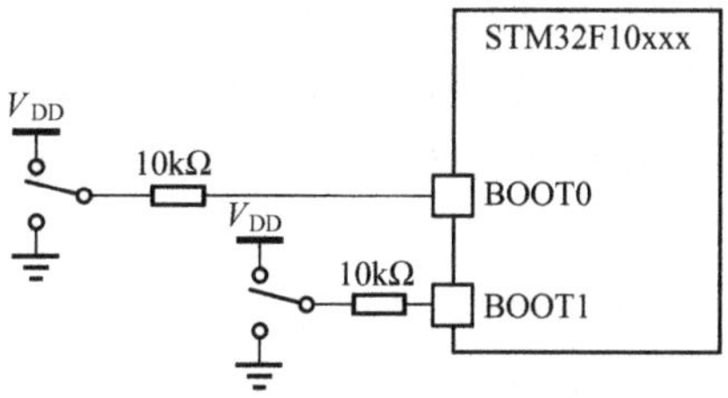

图 3-13　启动模式所需的外部连接

系统复位后，在 SYSCLK 的第 4 个上升沿到来时，BOOT0 和 BOOT1 引脚的值将被锁存。用户可以通过设置 BOOT1 和 BOOT0 引脚的状态来选择复位后的启动模式。

根据选定的启动模式，可以按照以下方式对主闪存存储器、系统存储器或内置 SRAM 进行访问。

【从主闪存存储器启动】 主闪存存储器被映射到启动空间（0x00000000），但仍然能够通过它的原有地址（0x08000000）访问它，即主闪存存储器的内容可以在两个地址区域（0x00000000 或 0x08000000）被访问。

【从系统存储器启动】 系统存储器被映射到启动空间（0x00000000），但仍能通过其原有地址（互联型产品的原有地址为 0x1FFFB000，其他产品的原有地址为 0x1FFFF000）访问它。

【从内置 SRAM 启动】 只能在 0x20000000 开始的地址区域访问 SRAM。在多数情况下，SRAM 只在调试时使用，也可以用于其他一些用途，如进行故障局部诊断，写一段小程序加载到 SRAM 中以诊断 PCB 上的其他电路，或者用此方法读/写 PCB 上的闪存或 EEPROM 等。还可以通过这种方法解除内部闪存的读/写保护。当然，在解除读/写保护的同时，闪存的内容被自动清除，以防恶意的软件复制。

注意：当从内置 SRAM 启动时，在应用程序的初始化代码中，必须使用 NVIC 的异常表和偏移寄存器，重新映射向量表到 SRAM 中。

若 BOOT0 置高电平，则程序还能下载吗？

答案是能下载，但可能下载到系统存储器区（通常为 0x1FFF××××）中，而正常情况下应该下载到 0x0800××××中。

另外，还可以发现，此时单片机运行结果不正常。利用单步运行模式可以发现，程序虽然是可执行的（看上去似乎是正常的，并不都是 0 或 0xFF，能够被编译器解析成可执行指令），但仔细观察会发现，所执行的程序并不是所编写的源代码程序，而是芯片生产时固化在单片机内部的 ISP 程序。由此可见，若开机时 BOOT 引脚电平设置不正确，则会导致“程序跑错地方”。

2. 启动过程

嵌入式系统的启动还需要一段启动代码（Bootloader），类似启动计算机时的 BIOS（基本输入输出系统），一般用于完成 MCU 的初始化工作和自检。STM32 的启动代码在 startup_ stm32f10x_xx. s（xx 根据 MCU 所带的大、中、小容量存储器，分别为 hd、md、ld）中，其中的程序功能主要包括初始化堆栈、定义程序启动地址、中断向量表和中断服务程序入口地址，以及系统复位启动时，从启动代码跳转到用户 main( ) 函数入口地址。CM3 处理器启动有如下 3 种情况。

☺ 通过 BOOT 引脚可以将中断向量表定位于 SRAM 区，即起始地址为 0x2000000，同时，复位后 PC 指针位于 0x2000000 处。

☺ 通过 BOOT 引脚可以将中断向量表定位于 Flash（闪存）区，即起始地址为 0x08000000，同时，复位后 PC 指针位于 0x08000000 处。

☺ 通过 BOOT 引脚可以将中断向量表定位于内置启动代码区，本节不对这种情况做论述。

CM3 处理器规定，起始地址必须存放堆顶指针，而第 2 个地址则必须存放复位中断入口向量地址。这样，CM3 处理器复位后会自动从起始地址的下一个 32 位空间中取出复位中断入口向量，跳转执行复位中断服务程序。下面以 STM32 的 3.0 固件库提供的启动文件 startup_stm32f10x_hd. s 为例，对 STM32 的启动过程做简要而全面的解析。

```
Stack_Size          EQU     0x00000400
;伪指令 AREA 表示开辟一段大小为 Stack_Size 的内存空间作为栈，段名是 STACK，可读可写
;NOINIT 指定此数据段仅保留内存单元，而没有将各初始值写入内存单元，或者将各个内存单元
值初始化为 0
        AREA    STACK,NOINIT,READWRITE,ALIGN=3

Stack_Mem       SPACE     Stack_Size ;分配连续 Stack_Size 字节的存储单元并初始化为 0
__initial_sp                         ;标号__initial_sp 表示栈顶地址

__initial_spTop EQU     0x20000400

Heap_Size           EQU     0x00000200
;ALIGN 用于指定对齐方式，8 字节对齐
AREA      HEAP,NOINIT,READWRITE,ALIGN=3
__heap_base                      ;堆空间起始地址
Heap_Mem            SPACE   Heap_Size
__heap_limit                     ;堆空间结束地址

PRESERVE8;指定当前文件保持堆栈 8 字节对齐
THUMB
;复位的入口地址 0 可为主闪存存储器、系统存储器、内置 SRAM，具体由 BOOT0 和 BOOT1 引脚决定
AREA RESET,DATA,READONLY                    ;定义一个数据段，只可读，段名是 RESET
EXPORT __Vectors;EXPORT 用于在程序中声明一个全局标号__Vectors，可在其他文件中引用
EXPORT __Vectors_End                        ;在程序中声明一个全局标号__Vectors_End
EXPORT __Vectors_Size                       ;在程序中声明一个全局标号__Vectors_Size
__Vectors                                   ;建立中断向量表
```

;DCD 指令的作用是开辟一段空间，其意义等价于 C 语言中的地址符“&”。开始建立的中断向量表类似使用 C 语言，其每个成员都是一个函数指针，分别指向各个中断服务函数

```
__Vectors       DCD     __initial_sp                  ;栈顶地址
                DCD     Reset_Handler                 ;复位中断向量
                DCD     NMI_Handler                   ;NMI 中断向量
                DCD     HardFault_Handler             ;硬件故障中断向量
                DCD     MemManage_Handler             ;MPU 故障中断向量
                DCD     BusFault_Handler              ;总线故障中断向量
                DCD     UsageFault_Handler            ;使用故障中断向量
                DCD     0                             ;保留
                DCD     0                             ;保留
                DCD     0                             ;保留
                DCD     0                             ;保留
                DCD     SVC_Handler                   ;SVCall 中断向量
                DCD     DebugMon_Handler              ;调试监控中断向量
                DCD     0                             ;保留
                DCD     PendSV_Handler                ;PendSV 中断向量
                DCD     SysTick_Handler               ;SysTick 中断向量

    ;外部中断
                DCD     WWDG_IRQHandler               ;WWDG 中断向量
                DCD     PVD_IRQHandler                ;PVD 中断向量
                DCD     TAMPER_IRQHandler             ;TAMPER 中断向量
                DCD     RTC_IRQHandler                ;RTC 中断向量
                DCD     FLASH_IRQHandler              ;Flash 中断向量
                DCD     RCC_IRQHandler                ;RCC 中断向量
                DCD     EXTI0_IRQHandler              ;EXTI0 中断向量
                DCD     EXTI1_IRQHandler              ;EXTI1 中断向量
                DCD     EXTI2_IRQHandler              ;EXTI2 中断向量
                DCD     EXTI3_IRQHandler              ;EXTI3 中断向量
                DCD     EXTI4_IRQHandler              ;EXTI4 中断向量
                DCD     DMA1_Channel1_IRQHandler      ;DMA1 通道 1 中断向量
                DCD     DMA1_Channel2_IRQHandler      ;DMA1 通道 2 中断向量
                DCD     DMA1_Channel3_IRQHandler      ;DMA1 通道 3 中断向量
                DCD     DMA1_Channel4_IRQHandler      ;DMA1 通道 4 中断向量
                DCD     DMA1_Channel5_IRQHandler      ;DMA1 通道 5 中断向量
                DCD     DMA1_Channel6_IRQHandler      ;DMA1 通道 6 中断向量
                DCD     DMA1_Channel7_IRQHandler      ;DMA1 通道 7 中断向量
                DCD     ADC1_2_IRQHandler             ;ADC1_2 中断向量
                DCD     USB_HP_CAN1_TX_IRQHandler     ;USB 高优先级或 CAN1 发送中断向量
                DCD     USB_LP_CAN1_RX0_IRQHandler    ;USB 低优先级或 CAN 接收 0 中断向量
                DCD     CAN1_RX1_IRQHandler           ;CAN 接收 1 中断向量
                DCD     CAN1_SCE_IRQHandler           ;CAN 的 SCE 中断向量
                DCD     EXTI9_5_IRQHandler            ;EXTI 线[9:5]中断向量
```

```
        DCD     TIM1_BRK_IRQHandler           ;TIM1 刹车中断向量
        DCD     TIM1_UP_IRQHandler            ;TIM1 更新中断向量
        DCD     TIM1_TRG_COM_IRQHandler       ;TIM1 触发和通信中断向量
        DCD     TIM1_CC_IRQHandler            ;TIM1 截获比较中断向量
        DCD     TIM2_IRQHandler               ;TIM2 中断向量
        DCD     TIM3_IRQHandler               ;TIM3 中断向量
        DCD     TIM4_IRQHandler               ;TIM4 中断向量
        DCD     I2C1_EV_IRQHandler            ;I2C1 事件中断向量
        DCD     I2C1_ER_IRQHandler            ;I2C1 错误中断向量
        DCD     I2C2_EV_IRQHandler            ;I2C2 事件中断向量
        DCD     I2C2_ER_IRQHandler            ;I2C2 错误中断向量
        DCD     SPI1_IRQHandler               ;SPI1 中断向量
        DCD     SPI2_IRQHandler               ;SPI2 中断向量
        DCD     USART1_IRQHandler             ;USART1 中断向量
        DCD     USART2_IRQHandler             ;USART2 中断向量
        DCD     USART3_IRQHandler             ;USART3 中断向量
        DCD     EXTI15_10_IRQHandler          ;EXTI 线[15:10]中断向量
        DCD     RTC_Alarm_IRQHandler          ;连接到 EXTI 的 RTC 闹钟中断向量
        DCD     USBWakeUp_IRQHandler          ;连接到 EXTI 的从 USB 待机唤醒中断向量
__Vectors_End
__Vectors_Size EQU __Vectors_End - __Vectors;得到中断向量表的大小，304B 即 0x130 字节
AREA |.text|, CODE, READONLY;定义一个代码段，可读，段名是.text
;复位中断向量
Reset_Handler PROC;利用 PROC、ENDP 这一对伪指令把程序段分为若干过程，使程序的结构更加清晰
EXPORT Reset_Handler [WEAK];在外部没有定义 Reset_Handler 符号时导出该符号
IMPORT __main;IMPORT 用于通知编译器要使用的标号在其他的源文件中定义
IMPORT SystemInit;但要在当前源文件中引用，而且无论当前源文件是否引用该标号，该标号均会被加入当前源文件的符号表中
LDR R0, =SystemInit
BLX R0
LDR R0, =__main;__main 为运行时库提供的函数
BX R0;跳到__main 函数处，进入 C 语言的“世界”
ENDP
NMI_Handler     PROC
;WEAK 用于声明其他的同名标号优先于该标号被引用，即如果外面已声明，则调用外面的同名函数
EXPORT  NMI_Handler               [WEAK]
B       .
ENDP
…
OS_CPU_SysTickHandler PROC
EXPORT OS_CPU_SysTickHandler [WEAK]
B .
```

```
ENDP
Default_Handler PROC
EXPORT WWDG_IRQHandler [WEAK]
…
EXPORT DMA2_Channel4_5_IRQHandler [WEAK]
WWDG_IRQHandler
…
DMA2_Channel4_5_IRQHandler
B .
ENDP
ALIGN
;*****************************************
;堆栈初始化
;*****************************************
IF:DEF:__MICROLIB;判断是否使用 DEF: __MICROLIB(micro lib)
EXPORT __initial_sp;若使用，则将栈顶地址和堆始末地址赋予全局属性
EXPORT __heap_base;使外部程序可以使用
EXPORT __heap_limit
ELSE;使用默认 C 库运行
IMPORT __use_two_region_memory;定义全局标号__use_two_region_memory
EXPORT __user_initial_stackheap;定义全局标号__user_initial_stackheap，此时外程序也可调用此
标号
;进行栈和堆的赋值，在__main 函数的执行过程中调用
__user_initial_stackheap;标号__user_initial_stackheap 表示用户堆/栈初始化程序入口
LDR R0, =Heap_Mem;保存堆始地址
LDR R1, =(Stack_Mem + Stack_Size);保存栈的大小
LDR R2, =(Heap_Mem + Heap_Size);保存堆的大小
LDR R3, =Stack_Mem;保存栈顶指针
BX LR
ALIGN
ENDIF
END
```

在上述程序中，首先对栈和堆的大小进行定义，并在启动代码区的起始处建立中断向量表，其第 1 个表项是栈顶地址，第 2 个表项是复位中断服务入口地址；然后在复位中断服务程序中跳转到 C/C++标准实时库的__main 函数处。假设 STM32 被设置为从内部 Flash 启动，中断向量表的起始地位为 0x08000000，则栈顶地址存放于 0x08000000 处，而复位中断服务入口地址存放于 0x08000004 处。当 STM32 遇到复位信号后，它首先从 0x08000004 处取出复位中断服务入口地址，继而执行复位中断服务程序；然后跳转到__main 函数处；最后进入 C 语言的“世界”。

表 3-5 中列出了启动文件中使用的 ARM 汇编指令，这是从 ARM Development Tools 这个帮助文档中检索而来的（其中，WEAK 和 ALIGN 是与编译器相关的指令）。

表 3-5　启动文件中使用的 ARM 汇编指令

指令名称	作　用
EQU	给数字常量取一个符号名，相当于 C 语言中的 define
AREA	汇编一个新的代码段或数据段
SPACE	分配内存空间
PRESERVE8	当前文件栈需要按照 8 字节对齐
EXPORT	声明一个标号具有全局属性，可被外部文件使用
DCD	以字（W）为单位分配内存，要求按照 4 字节对齐，并要求初始化这些内存
PROC	定义子程序，与 ENDP 成对使用，表示子程序结束
WEAK	弱定义。若外部文件声明了一个标号，则优先使用外部文件定义的标号；若外部文件没有定义标号，则也不出错。注意：这个语句不是 ARM 汇编指令，而是编译器的指令
IMPORT	声明标号来自外部文件，与 C 语言中的 extern 关键字类似
B	跳转到一个标号
ALIGN	编译器对指令或数据的存放地址进行对齐，一般需要跟一个立即数，默认按照 4 字节对齐。注意：这个语句也不是 ARM 汇编指令，而是编译器的指令
END	到达文件的末尾，文件结束
IF，ELSE，ENDIF	汇编条件分支语句，与 C 语言的 if…else 类似

3.5　程序下载电路

交叉开发是指在一台计算机（宿主机）上进行软件的编辑和编译，并下载到嵌入式设备（目标机）中进行运行调试，如图 3-14 所示。

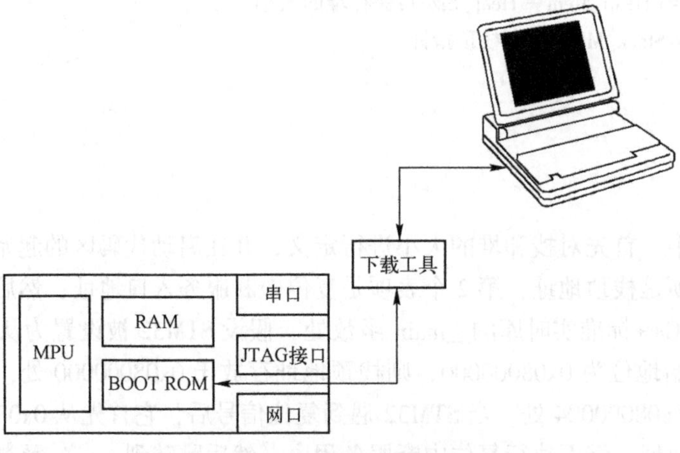

图 3-14　交叉开发

交叉开发环境由运行于宿主机上的交叉开发软件（最少需要包含编译调试模块）、宿主机到目标机的调试通道组成。

交叉开发软件是一个整合了编辑、编译、汇编链接、调试、工程管理及函数库等功能模块的集成开发环境 IDE。

（1）通过编程器将可执行目标文件烧写到启动ROM（ROM、EPROM、闪存）中。

（2）通过下载器下载可执行目标文件，要求宿主机系统上有数据传输工具程序、目标机装载器、嵌入式监视器或目标机系统上的调试代理。

CM3处理器在保持ARM7的JTAG（Join Test Action Group，联合测试工作组）接口的基础上，还支持SWD（Serial Wire Debug，串行单总线调试）。

JTAG于1990年被批准为IEEE 1149.1—1990测试访问端口和边界扫描结构标准，此后，IEEE又对该标准进行了多次补充修订。JTAG主要用于芯片的内部仿真与调试。另外，JTAG接口还常用于实现ISP（In-System Programmable，在线编程），对闪存等元器件进行编程。由于JTAG的编程方式是在线编程，因此不需要先对元器件进行编程，再将元器件固定到电路板上，加快了工程进度。目前，绝大多数高级芯片均支持JTAG协议，如ARM、STM32、FPGA等。标准的JTAG接口含有5个引脚：JTMS，测试模式选择引脚；JTCK，测试时钟输入引脚；JTDI，测试数据输入引脚；JTDO，测试数据输出引脚；JNTRST，测试复位输入引脚。IEEE 1149.1—1990建议在JTDI、JTMS和JNTRST引脚上添加上拉电阻，JTCK引脚添加下拉电阻，JTDO引脚浮空。对于STM32F103，JTAG的输入引脚被直接连接至触发器以控制调试模式特性，因此，必须保证JTAG的输入引脚不是浮动的。为了避免任何不受控制的I/O电平，STM32F103在JTAG的输入引脚上嵌入了内部的上拉和下拉电阻，如图3-15所示。

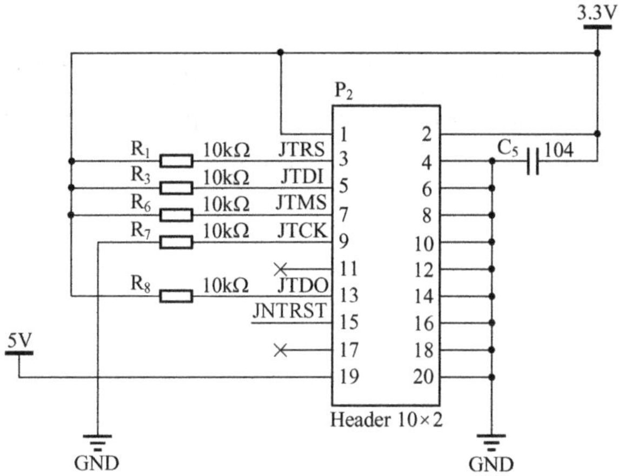

图3-15　JTAG原理图

SWD调试方式主要有SWDCLK、SWDIO两根信号线。其中，SWDCLK为从宿主机到目标机的时钟信号线，SWDIO为双向数据信号线。

STM32F103系列MCU内核集成了串行线/JTAG调试端口，它将5引脚的JTAG-DP接口和2引脚的SWD-DP接口结合在一起。STM32调试端口功能表如表3-6所示。

表3-6　STM32调试端口功能表

SWJ-DP引脚名	JTAG调试端口		SWJ调试端口		引脚分配
	类型	描述	类型	调试分配	
JTMS/SWDIO	输入	JTAG测试模式选择	输入/输出	数据输入/输出	PA13
JTCK/SWDCLK	输入	JTAG测试时钟	输入	串行线时钟	PA14
JTDI	输入	JTAG测试数据输入	—	—	PA15
JTDO/TRACESWO	输出	JTAG测试数据输出	—	异步跟踪	PB3
JNTRST	输入	JTAG测试复位	—	—	PB4

STM32 有以下两种输出调试信息的方法。

(1) 基于 SEGGER 的 RTT 方式，只需直接使用 Jlink 连接到目标开发板即可看到调试信息。

硬件连接：Jlink 的 SWDIO 引脚必须与目标开发板连接，其他按照标准使用即可。

优点：速度很高，即使在中断中调用也没有问题，在带操作系统的程序中也不需要开启临界保护功能。

缺点：需要加入两个 SEGGER 提供的 . c 文件及头文件，不能输出中文和浮点数（原因是可能会降低速度）。

(2) 使用 STM32 的串口输出调试信息。

硬件连接：首先将单片机串口接至一个 USB 转串口电路，然后用上位机即可观察数据。

优点：可以输出中文和浮点数。

缺点：需要占用一个串口资源，不适合在中断中调用，在带操作系统的程序中调用需要开启临界保护功能。

3.6 STM32 最小系统

最小系统是指以某控制器为核心可以运行起来的最简单的硬件组成的系统。STM32 最小系统可参考附录 C 中的 STM32-F103RB Nucleo 开发板原理图。STM32 最小系统主要包括以下电路。

(1) 电源电路。

(2) 时钟电路。

(3) 复位电路。

(4) 启动电路。

(5) 程序下载电路。

STM32 最小系统引脚如表 3-7 所示。

表 3-7　STM32 最小系统引脚

引脚分类	引脚说明
电源	(V_{DD}, V_{SS}), (V_{DDA}, V_{SSA}), (V_{BAT}), (V_{REF+}, V_{REF-})
晶振	(OSC_OUT, OSC_IN), (OSC32_IN, OSC32_OUT)
下载（JTAG）	JTMS, JTCK, JTDI, JTDO, NJTRST
启动	BOOT0, BOOT1
复位	NRST

实际上，表 3-7 中提到的电路是相关的。计算机系统最基本的操作就是执行指令，即在每个指令周期从存储器中取出指令代码并执行。STM32 最小系统首先要有电源能量注入，时钟电路协调 CPU 和存储器间的信号交换，程序下载电路将程序下载到程序存储器中，启动电路告诉 CPU 程序的存储位置，复位电路初始化内部数据存储器和寄存器。

第 4 章　STM32 程序设计

硬件逻辑被虚拟化为汇编语句；汇编语句再次被封装并被虚拟化为高级语言语句；高级语言语句再次被封装，形成一个有特定目的的程序，或者称之为函数；这些函数通过互相调用生成更复杂的函数，将这些函数组合起来，就形成了最终的应用程序；程序被操作系统虚拟化为一个可执行文件。其实这个文件到了底层，作用就是逐次对 CPU 的电路信号进行刺激。也就是说，硬件电路逻辑逐层地被虚拟化，最终被虚拟为一段程序，程序就是对底层电路作用的一种表达形式。按照与硬件虚拟化关系的远近，计算机程序设计语言分为机器语言、汇编语言和高级语言，它们之间的关系如图 4-1 所示。

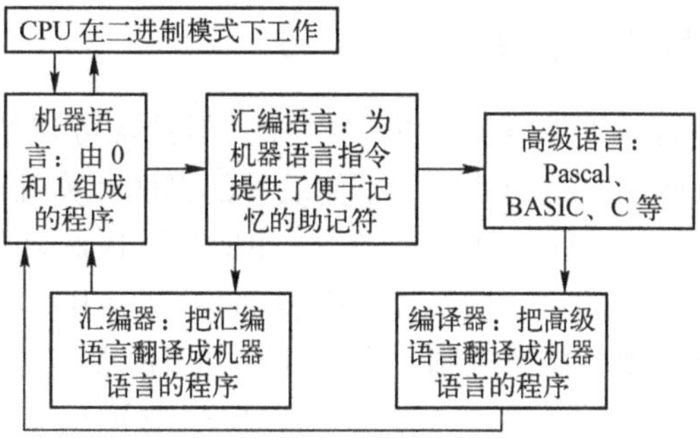

图 4-1　计算机程序设计语言之间的关系

由于嵌入式系统自身的特点，不是所有的编程语言都适合嵌入式软件的开发。汇编语言与硬件的关系非常密切，效率最高，但使用起来不方便，程序开发和维护的效率比较低。而 C 语言是一种“高级语言中的低级语言”，它既具有高级语言的特点，又比较“接近”硬件，而且效率比较高。一般认为将汇编语言和 C 语言结合起来进行嵌入式系统软件设计是最佳选择。与硬件关系密切的程序或对性能有特殊要求的程序往往用汇编语言来设计，而上层应用软件则往往用 C 语言来设计。

编程语言是程序员操控计算机的工具。任何一种语言或一门技术，只要其运行在冯·诺依曼体系的计算机上，要想“钻得深”，逃不开的还是那些原理性的东西——数据结构、内存管理、多线程、操作系统、网络协议等。这些原理知识与语言本身无关，却是用好每种语言的基石。

4.1　嵌入式软件层次结构

层次结构的设计思想是把内核需要提供的功能划分出层次，底层仅提供抽象出来的最基本的功能，每层利用下面一层的功能，最上面一层基于底层功能实现复杂应用。

从软件和硬件可相互替代实现的角度来看，可以说软件和硬件是统一的。因此数字系统硬件抽象模型如表 4-1 所示。其中，行为域侧重描述系统的功能，结构域侧重描述系统的逻辑结构（模块/组件之间的连接关系），物理域侧重描述系统的物理实现。可将表 4-1 与图 1-11 结合理解。

表 4-1 数字系统硬件抽象模型

设计层次	行为域	结构域	物理域
系统级	自然语言描述的系统功能，部件功能描述	部件及其之间连接的方框图	芯片、模块、电路板及子系统的物理划分
芯片级	算法	硬件模块、数据结构的互连体	部件之间的物理连接
寄存器级（RTL）	数据流图、状态机、状态转移表	ALU、MUX、寄存器、BUS、微定时器、存储器等	宏单元
逻辑级（门级）	布尔方程、卡诺图、Z 变换	门电路、触发器、锁存器等元件构成的电路	标准单元图
电路级	电流、电压的微分方程	晶体管、电阻、电容、电感等	晶体管电路图

1. 嵌入式系统程序设计的层次性

低级语言（如机器语言、汇编语言）依赖硬件，不具备可移植性和通用性，其实硬件对语言也是有依赖性的。例如，不同档次、不同品牌的桌面计算机存在硬件上的差异，但是 BIOS 及 DOS 功能调用掩盖了这种硬件上的差异。BIOS 和 DOS 功能调用程序为系统程序，它们介于系统硬件与用户程序之间，是系统的必备部分。它们除了掩盖系统在硬件上差异，还屏蔽了烦琐、复杂的具体硬件操作控制。桌面计算机用户程序对 I/O 的操作是通过中断调用完成的，用户程序中并不包含对硬件的直接驱动，这使得用户程序在一定程度上独立于硬件系统，简化了用户程序，使用户系统易于维护及修改。图 4-2 所示为计算机系统的体系结构，图 4-3 所示为嵌入式系统的体系结构。与计算机系统不同的是，嵌入式系统用户程序直接建立在系统硬件之上，并完成对硬件的直接控制，包括复杂的、烦琐的 I/O 控制。嵌入式系统的一个主要优点就在于系统的灵活配置，因此在实际应用中，嵌入式系统随着具体情况的不同而千差万别。

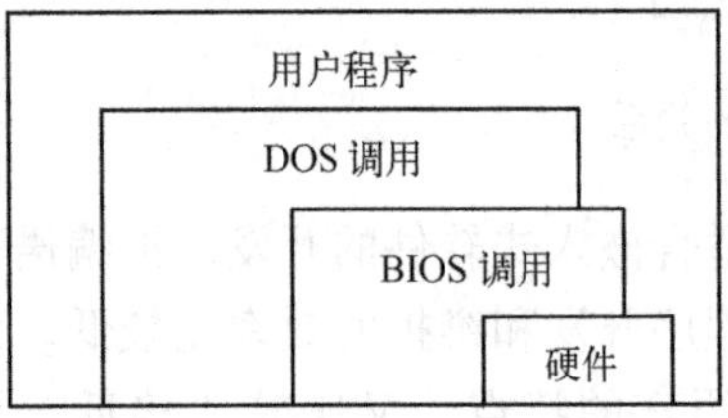

图 4-2 计算机系统的体系结构

嵌入式系统程序设计方法是对计算机系统程序设计方法的继承和发展。计算机系统程序设计方法具有层次性，嵌入式系统程序设计方法也应具备这一特性，但它又不等同于计算机系统程序设计方法的层次性，而是其延伸。图 4-4 给出了改进的嵌入式系统的体系结构，用户程序划分为 3 个层次（按与硬件的距离划分），底层是虚拟 BIOS 子程序层，第 2 层为虚拟 DOS 子程序层，上层是高端用户程序层。各个层面相对独立，高层程序可以调用低层子程序。改进的嵌入式系统的体系结构与桌面计算机的体系结构是相似的。实际上，这一体系结构正是借鉴了桌面计算机的体系结构。

前面提到，桌面计算机中的 DOS 功能调用和 BIOS 功能调用是系统的一部分，完全独立于用户程序。而嵌入式系统则不同，虚拟 BIOS 子程序层和虚拟 DOS 子程序层是用户程序中靠近硬件的部分，其子程序从功能设计到维护修改都是由程序设计者根据实际情况完成的。正因为它们不是独立的，因此称之为虚拟的。从作用上看，它们与桌面计算机的 BIOS 功能调用和 DOS 功能调用是一样的，一方面完成复杂的、琐碎的硬件控制，使高端用户程序变得简洁明了；另一方面完成对硬件的屏蔽，使高端用户程序不必直接作用于硬件，从而增强用户程序的通用性和可移植性，使用户程序的修改和维护变得简单。嵌入式系统的虚拟层功能如下。

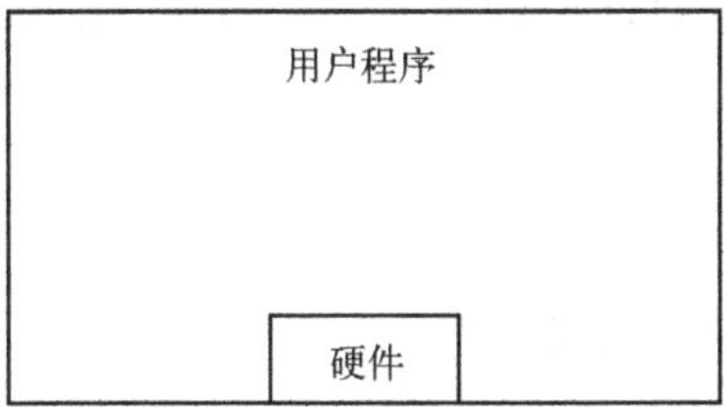

图 4-3　嵌入式系统的体系结构

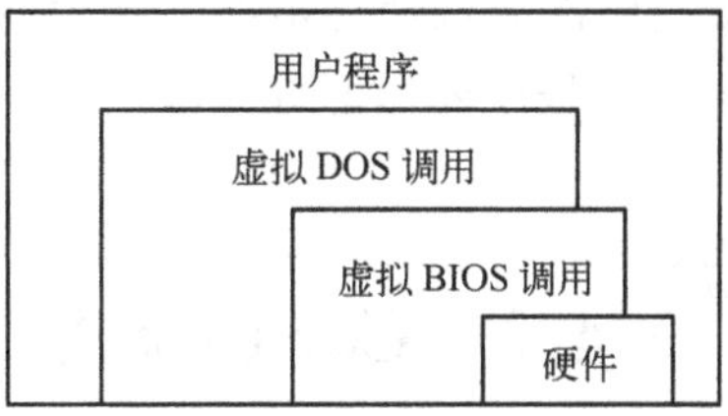

图 4-4　改进的嵌入式系统的体系结构

1）虚拟 BIOS

虚拟 BIOS 子程序完成对 I/O 接口的基本控制，完成一次或多次 I/O 接口的读/写。编写虚拟 BIOS 子程序的要求如下。

☺ 尽可能将驱动模块的所有功能归纳为多个函数来实现（越少越好），清晰明了。

☺ 尽量少用传递数据的全局变量。

☺ 驱动模块程序尽可能少地占用系统资源，并应在注释中进行详细说明。

☺ 驱动模块程序函数接口简单，要有详细的使用说明。

☺ 驱动模块程序之间不能相互调用。

2）虚拟 DOS

虚拟 DOS 子程序实现某种基本功能，该功能可分解为数次或数十次 I/O 操作。

3）高端用户程序中的子程序

高端用户程序中的子程序用于实现某些基本功能，它最终分解为数十次或数百次 I/O 操作。

通过嵌入式系统软件结构的层次划分，就可以借鉴计算机系统程序设计方法，分别设计嵌入式系统高端用户程序及虚拟层的子程序，其设计步骤如下。

☺ 确认程序需要完成的任务。

☺ 分解任务，绘制层次图。

☺ 确切地定义每个任务及如何与其他任务进行通信，写出模块说明。

☺ 完成每个任务的程序模块，并进行调试。

☺ 把模块连接起来，完成统调。

总之，嵌入式系统用户程序设计包括虚拟层子程序设计和高端用户程序设计两部分，在设计过程中，这两部分交叉进行。虽然嵌入式系统程序的分层设计思想使整个用户程序结构变得复杂，却简化了程序（特别是大规模程序）的整体设计、修改和维护工作。

2. 程序的调试、修改、移植

由于采用层次结构，因此原来整个调试工作变为在 3 个层面上相互独立进行的调试过程，这样就降低了调试工作的复杂度和难度。调试次序依次为虚拟 BIOS 子程序、虚拟 DOS 子程序和高端用户程序。

层次结构同样使修改工作变得简单。在进行系统硬件重新设计、I/O 地址重新分配或系统功能调整时，并不需要重写整个程序，只需根据具体情况修改相应部分即可。如果重新设计硬件而系统功能没有变化，则主要修改相应的虚拟 BIOS 子程序或虚拟 DOS 子程序，而高端用户程序不变；如果系统硬件不变而系统功能发生变化，则只需相应地修改高端用户程序即可。

采用层次结构使移植在一定程度上成为可能。之所以说是在一定程度上，是因为当移植发生时，程序要做部分修改。

4.2 Cortex 微控制器软件接口标准

根据调查研究，软件开发的成本已经被嵌入式行业公认为是最主要的开发成本。因此，ARM 与 Atmel、IAR、Keil、hami-nary Micro、Micrium、NXP、SEGGER、ST 等诸多芯片和软件制造商合作，将所有 Cortex 芯片制造商产品的软件接口标准化，在 2008 年 11 月 12 日发布了 CMSIS（Cortex Microcontroller Software Interface Standard）标准。此举旨在降低软件开发成本，尤其针对新设备项目开发，或者将已有软件移植到其他芯片制造商提供的基于 Cortex 处理器的微控制器中。有了该标准，芯片制造商就能够将其资源专注于产品外设特性的差异化，并且消除对微控制器进行编程时标准的不同或互相不兼容问题，从而达到降低开发成本的目的。

CMSIS 是独立于供应商的 Cortex 处理器系列硬件抽象层软件，为芯片制造商和中间件供应商提供了连续的、简单的处理器软件接口，简化了软件复用，降低了 Cortex 上操作系统的移植难度，并缩短了新入门的微控制器开发人员的学习时间和新产品的上市时间。CMSIS 是以 CMSIS-Pack 格式交付的，它支持快速软件交付，简化了更新，并支持将其集成到开发工具中。

CMSIS（5.7.0 版）结构框图如图 4-5 所示，其中各部分说明如表 4-2 所示。

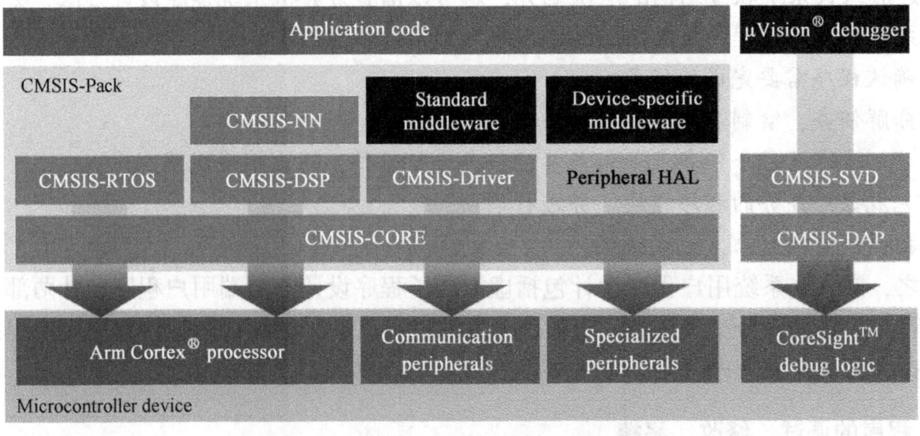

图 4-5　CMSIS（5.7.0 版）结构框图

表 4-2　CMSIS 组件

CMSIS 组成	目标处理器	描　述
Core(M)	All Cortex-M，SecurCore	提供 Cortex-M 处理器与外围寄存器之间的接口，包括 Cortex-M4/M7/M33/M35P SIMD 等指令的内部功能函数

续表

CMSIS 组成	目标处理器	描　　述
Core(A)	Cortex-A5/A7/A9	提供 Cortex-A5/A7/A9 处理器与外围寄存器之间的接口函数和基本的实时系统软件
Driver	All Cortex	中间件的通用外围驱动程序接口软件，将微控制器外围设备与中间件连接起来。中间件包括通信堆栈、文件系统或图形用户界面等软件
DSP	All Cortex-M	包含以定点（分数 q7、q15、q31）和单精度浮点（32 位）实现的 60 多种函数的 DSP 库。针对 Cortex-M4/M7/M33/M35P 等处理器的 SIMD 指令集优化
NN	All Cortex-M	CMSIS-NN 是一组高效的神经网络核的集合，为了在最大限度地提高 Cortex-M 处理器上神经网络性能的同时降低内存占用
RTOS v1	Cortex-M0/M0+/M3/M4/M7	用于实时操作系统（如 RTX）的通用 API 函数，其中的软件模块支持多个 RTOS 系统
RTOS v2	All Cortex-M, Cortex-A5/A7/A9	扩展了 CMSIS-RTOS v1，支持 ARMv8-M、动态对象创建，还支持多核系统
Pack	All Cortex-M, SecurCore, Cortex-A5/A7/A9	描述了软件组件、设备参数和评估板板级支持之间的依赖机制，简化了软件重用和产品生命周期管理（PLM）
Build	All Cortex-M, SecurCore, Cortex-A5/A7/A9	一组提高开发效率的工具、软件框架和工作流程，如使用持续集成（CI）
SVD (System View Description)	All Cortex-M, SecurCore	系统视图描述（SVD）文件提供了外设信息和其他设备参数。根据 SVD 文件可以生成芯片的头文件定义
DAP (Debug-Access Port)	All Cortex	ARM Cortex 处理器提供 Coresight 调试和跟踪单元。CMSIS-DAP 是用于将调试端口连接到 USB 调试单元的接口固件
Zone	All Cortex-M	描述系统资源，并将这些资源划分为多个项目和执行区域的定义方法

CMSIS 文件目录如表 4-3 所示。

表 4-3　CMSIS 文件目录

目　　录	内　　容
Documentation	文档
Core	用户代码模板 CMSIS-CORE（Cortex-M）相关文件，在 ARM. CMSIS. pdsc 文件中引用
Core_A	用户代码模板 CMSIS-CORE（Cortex-A）相关文件，在 ARM. CMSIS. pdsc 文件中引用
DAP	CMSIS-DAP 调试访问端口源代码和应用参考
Driver	CMSIS-Driver 驱动程序外围接口 API 的头文件
DSP_Lib	CMSIS-DSP 软件库源代码
NN	CMSIS-NN 软件库源代码
Include	CMSIS-Core（Cortex-M）和 CMSIS-DSP 的头文件
Lib	针对 ARMCC 和 GCC 的 CMSIS-DSP 生成库
Pack	CMSIS-Pack 案例
RTOS	CMSIS-RTOS Version 1，包括 RTX4 应用参考
RTOS2	CMSIS-RTOS Version 2，包括 RTX5 应用参考
SVD	CMSIS-SVD 案例
Utilities	PACK. xsd（CMSIS-包的模式文件）、PackChk. exe（检查软件包的工具）、CMSIS-SVD. xsd（CMSIS-SVD 模式文件）、SVDConv. exe（SVD 文件的转换工具）

4.3 HAL 库

4.3.1 HAL 库简介

1. STM32CubeMX、HAL 库、中间件之间的关系

HAL 是 Hardware Abstraction Layer 的缩写，中文为硬件抽象层。HAL 库是 ST 为 STM32 最新推出的抽象层嵌入式软件，是基于非限制性的 BSD（Berkeley Software Distribution）许可协议发布的开源代码，可以更好地确保跨 STM32 产品的最高可移植性。HAL 库是一套丰富的 API 函数集，可以与应用程序完成交互；每个驱动都由一组包含常见外设功能的函数组成；这些 API 函数对驱动程序的结构、函数和参数名称都进行标准化；每个 HAL 驱动都包括一组驱动模块，每个模块对应一个独立外设，对于较复杂的外设，一个驱动模块对应这个外设的一个驱动模块。

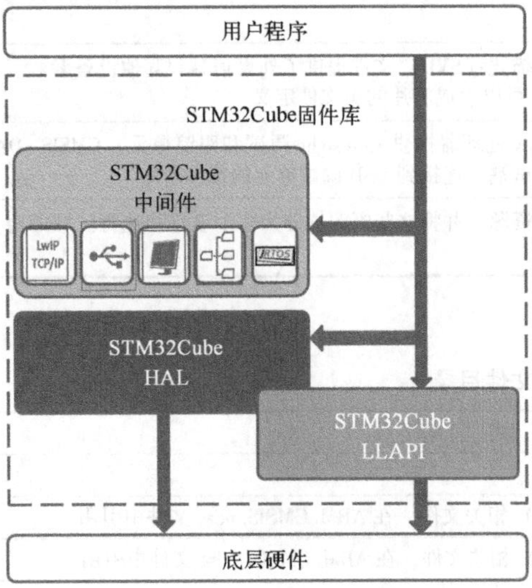

图 4-6　STM32CubeMX、HAL 库、中间件之间的关系

HAL 库含有一整套一致的中间件组件，某些是 ST 制作的中间件，如 USB 主机和设备库、STemWin，只要在 ST 的 MCU 芯片上使用，库中的中间件协议栈即被允许随便修改，并可以反复使用。而基于其他开源解决方案商的中间件（FreeRTOS、FatFs、LwIP 和 PolarSSL 等）也都具有友好的用户许可条款。

ST 专门为 HAL 库开发了配套的桌面软件 STM32CubeMX，开发者可以直接使用该软件进行图形化配置，直接生成整个使用 HAL 库的工程文件，这个工程项目和初始化代码里面使用的库都是基于 HAL 库的，非常方便，但是也造成了它执行效率低下。STM32CubeMX、HAL 库、中间件之间的关系如图 4-6 所示。

由于 HAL 库采用通用性设计思想，屏蔽底层硬件差异，因此编程者只需了解库函数中相关接口函数的功能，并按照要求传入参数，利用返回值完成操作即可，不需要过多了解底层硬件，简化了程序移植过程；采用层次化设计思想，HAL 层包含硬件驱动函数，应用层调用 HAL 层；采用模块化设计思想，以端口模块为单元进行设计。上述 HAL 库的设计思想可使 HAL 库提高开发效率，并使开发难度更小，开发周期更短，后期的维护升级及硬件平台的移植等工作量更小。但由于 HAL 库考虑了程序的稳健性、扩充性和可移植性，因此程序代码量增大，执行效率低。

具体的 HAL 库驱动函数程序基于面向对象的思想来设计，如表 4-4 所示，具体见 4.3.3 节。

表 4-4　HAL 库借鉴面向对象的思想

	接口（引脚）	外　设
属性	引脚的编号、工作模式、上拉/下拉电阻、输出速度、复用功能	设计相应的数据类型来表示外设的各种功能
方法	引脚初始化、读取引脚、写入引脚、翻转引脚、锁定引脚	设计相应的接口函数执行外设的各种操作：初始化、数据输入输出、状态读入、控制输出等

2. HAL 库的学习方法

学习 HAL 库不能仅求应用 HAL 库，底层的原理（如寄存器操作）也是必须掌握的，结合对底层的理解会使开发者技能提升很快。学习 HAL 库也要对这个库的各个文件进行仔细研究，对每个文件的大概功能、在整个库中所起的作用、文件与文件之间的引用关系、文件与文件之间的层级关系，都要做到心中有数，只有这样，在使用库做项目时才不至于逻辑混乱，减少调试时间。对库中文件的作用和关系了解透彻了，也就能明白 HAL 的编程思想精髓，结合 STM32CubeMX，可以随心应手地操刀自己的设计。

3. HAL 库与 SPL 库、LL 库的比较

ST 为开发者提供了非常方便的开发库，到目前为止，有标准外设库（Standard Peripherals Library，SPL）、HAL 库、LL 库 3 种。其中，标准外设库与 HAL 库最常用。三者之间的关系如图 4-7、图 4-8 所示。

ST免费提供		可移植性	存储空间占用	执行效率	易用性	完备性	硬件覆盖范围
标准外设库		++	++	++	+	++	+++
STM32Cube	HAL	+++	+	+	++	+++	++++
	LL	+	+++	+++	+	++	++

图 4-7　HAL 库与 SPL 库、LL 库的比较 1

SPL 是对 STM32 芯片的一个完整的封装，包括所有标准器件外设的器件驱动器。几乎全部使用 C 语言来实现。但是，标准外设库也是针对某一系列芯片而言的，没有可移植性。标准外设库仍然接近寄存器操作，主要就是将一些基本的寄存器操作封装成 C 函数。开发者需要关注所使用的外设在哪类总线上，以及具体寄存器的配置等底层信息。STM32L0、L4 和 F7 以后的芯片无法用 SPL 来开发。

LL 库（Low Layer）与 HAL 库捆绑发布，其文档也是和 HAL 文档在一起的，因此，在 HAL 库的源代码中，还有一些名为 stm32f2xx_ll_ppp 的源代码文件，这些文件就是新增的 LL 库文件。例如，在 STM32F3x 的 HAL 库说明文档中，ST 新增了 LL 库这一章节，但是在 F2x 的 HAL 文档中就没有。LL 库更接近硬件层，对需要复杂上层协议栈的外设不适用，直接操作寄存器。某些开发者认为 LL 库就是原来的 SPL 库移植到 Cube 下新的实现。因为使用 LL 库编程和使用 SPL 编程的方式基本一样。但 SPL 和 LL 库是不兼容的。LL 库可独立使

用，可以不依赖 HAL 库。在使用 STM32CubeMX 生成项目时，直接选 LL 库即可。LL 库也可以和 HAL 库结合使用，部分 HAL 库会调用 LL 库（如 USB 驱动）。同样，LL 库也可以调用 HAL 库。LL 库文件的命名方式和 HAL 库文件的命名方式基本相同。

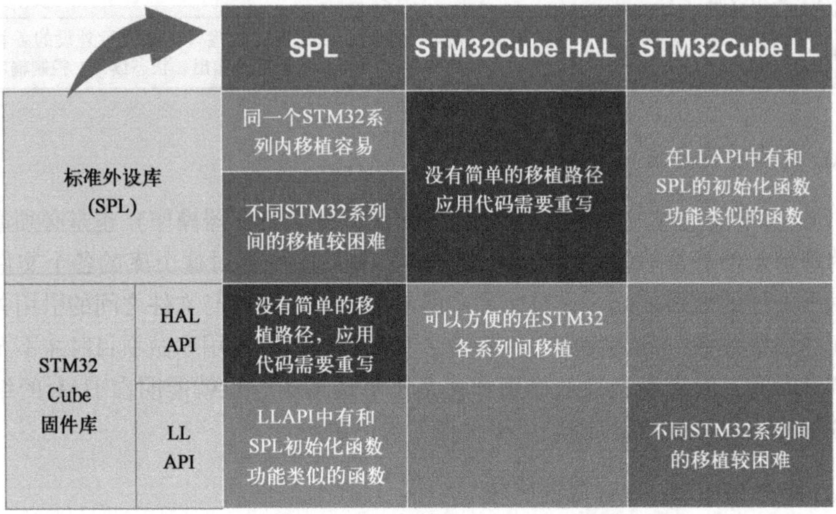
SPL
STM32Cube HAL
STM32Cube LL
标准外设库 (SPL)
同一个STM32系列内移植容易
不同STM32系列间的移植较困难
没有简单的移植路径 应用代码需要重写
在LLAPI中有和SPL的初始化函数功能类似的函数
STM32 Cube 固件库
HAL API
没有简单的移植路径，应用代码需要重写
可以方便的在STM32各系列间移植
LL API
LLAPI中有和SPL初始化函数功能类似的函数
不同STM32系列间的移植较困难

图 4-8　HAL 库与 SPL 库、LL 库的比较 2

4.3.2　STM32CubeF1 软件包主要文件夹

STM32CubeF1_V1 软件包的整体结构如图 4-9 所示，其文件夹目录简介如表 4-5 所示。

表 4-5　STM32CubeF1_V1 软件包的文件夹目录简介

文件夹名称	简　介	备　注
Documentation	HAL 库帮助文档	讲述如何使用固件库编写程序
Drivers	官方的 CMSIS 库（详见表 4-3）、HAL 库、板载外设驱动	主要使用
Middlewares	中间件，包含 ST 官方的 STemWin、STM32_Audio、STM32_USB_Device_Library、STM32_USB_Host_Library；也有第三方的 fatfs 文件系统等	—
Projects	用驱动库写的针对官方发行 demo 板的例子和工程模板	这里的模板可以作为框架
Utilities	实用的公用组件	如 LCD_LOG 实用液晶打印调试信息
其他	版本说明、固件库介绍等	—

各文件夹详细说明如下。

（1）Documentation：HAL 库帮助文档，主要讲述如何使用驱动库来编写自己的应用程序。

（2）Drivers：保存的是 STM32Cube 固件驱动函数库。

① BSP 文件夹保存的是板层驱动，其全称是 Board Support Package。

② CMSIS 文件夹保存的是定义外设寄存器和地址映射的 STM32F1xx 微控制器软件接口文件。

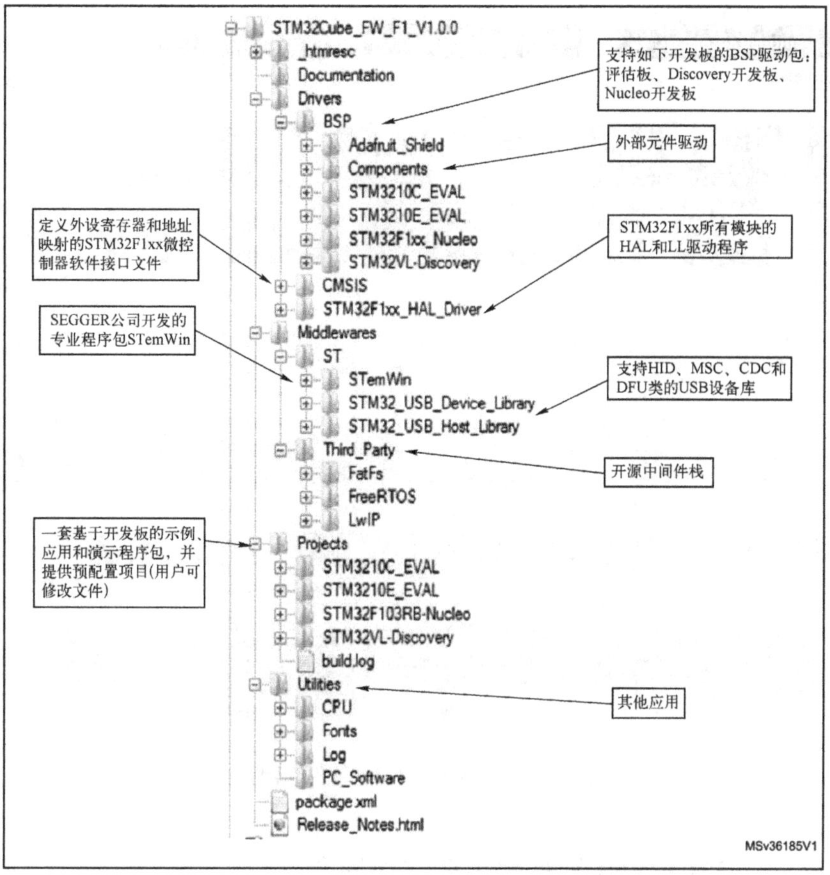

图 4-9　STM32CubeF1_V1 软件包的整体结构

③ STM32F1xx_HAL_Driver 文件夹保存的是 STM32F1xx 所有外设的硬件抽象层驱动文件。

（3） Middlewares：保存的是中间件组件，其中有以下两个文件夹。

① ST 文件夹保存的是图形用户界面协议栈（STemWin）、USB 设备驱动、USB 主机驱动等。

② Third_Party 文件夹保存的是第三方的中间件协议栈，包括文件系统 FatFS、实时操作系统 FreeRTOS、TCP/IP 栈等。

（4） Project：保存的是实例（Examples）和应用程序（Applications），这些例程是按照开发板区分的，共支持 4 块开发板，分别是 STM32F103RB-Nucleo、STM32VL-Discovery、STM3210C_EVAL、STM3210E_EVAL。

（5） Utilities：保存的是各类支撑文件，如字体文件和图形应用例程中使用的图片文件。

（6） Release_Note. html：库的版本更新说明。

在使用库进行开发时，需要把 Drivers 文件夹下的 CMSIS、STM32F1xx_HAL_Driver 内核与外设的库文件添加到工程中，并查阅库帮助文档来了解 ST 提供的库函数，这个文档说明了每个库函数的使用方法。

如图 4-10 所示，可以将文件夹 Drivers\BSP、Drivers\STM32F1xx_HAL_Driver、Drivers\CMSIS、Middlewares、Utilities 等与软件包发布记录 Release_Notes. html 页面中的图对应起来。

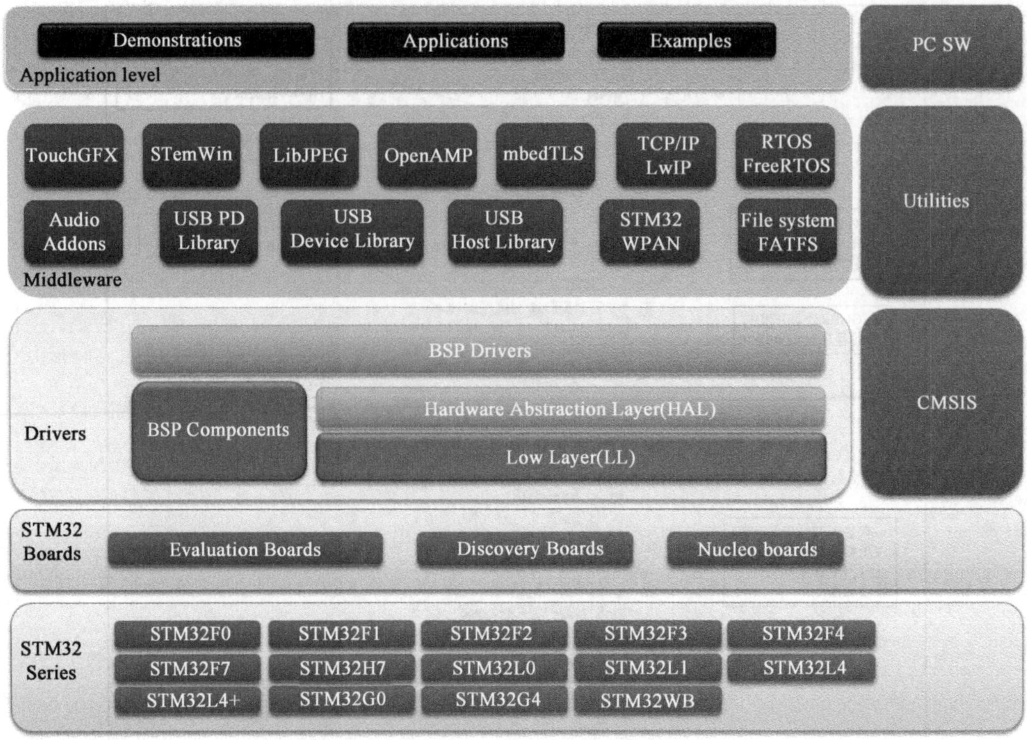

图 4-10　STM32CubeF1 软件包组件

4.3.3　STM32CubeF1 软件包主要文件简介

1. CMSIS 文件夹

CMSIS 文件夹的路径地址如下：

STM32Cube\Repository\STM32Cube_FW_F1_V1. 8. 3\Drivers\CMSIS

该文件夹下的 Device 与 Include 中的文件是使用较多的。

1）Include 文件夹

Include 文件夹中包含了 Cortex-M 核内设备函数层的通用头文件，它们的作用是为采用 Cortex-M 核设计的芯片提供一个进入核内的接口，定义了一些核内相关的寄存器。这些文件在其他公司的 Cortex-M 系列芯片中也是相同的。

2）Device 文件夹

Device 文件夹中包含与具体芯片直接相关的文件，如启动文件、芯片外设寄存器的定义、系统时钟初始化功能的一些文件，这是由 ST 提供的。

① system_stm32f1xx. c 文件。

文件目录：

STM32Cube\Repository\STM32Cube_FW_F1_V1. 8. 3\Drivers\CMSIS\Device\ST\STM32F1xx\Source\Templates

这个文件包含了 STM32 芯片上电后初始化系统时钟、扩展外部存储器用的函数。例如，供启动文件调用的 SystemInit( ) 函数用于上电后初始化时钟，该函数的定义就存储在 system_stm32f1xx. c 文件中。如果有需要，则可以修改这个文件的内容，设置自己所需的时钟频率。

② startup_stm32f103xb. s 启动文件。

文件目录：

STM32Cube\Repository\STM32Cube_FW_F1_V1. 8. 3\Drivers\CMSIS\Device\ST\STM32F1xx\Source\Templates

在这个目录下，还有很多文件夹，如 ARM、gcc、iar 等，这些文件夹下包含了对应编译平台的汇编启动文件，在实际使用时，要根据编译平台来选择。MDK 启动文件在 ARM 文件夹中。其中的"startup_stm32f103xb. s"即 STM32f103 芯片（Nucleo -F103RB 板载芯片）的启动文件。

③ stm32f103xb. h 文件。

文件目录：

STM32Cube\Repository\STM32Cube_FW_F1_V1. 8. 3\Drivers\CMSIS\Device\ST\STM32F1xx\Include

这个文件非常重要，是一个 STM32 芯片底层相关的文件。它包含了 STM32 中所有的外设寄存器地址和结构体类型定义，在使用 HAL 库的地方都要包含这个头文件。

2. STM32F1xx_HAL_Driver 文件夹

文件目录：

STM32Cube\Repository\STM32Cube_FW_F1_V1. 8. 3\Drivers

STM32F1xx_HAL_Driver 文件夹下有 inc 和 src 这两个文件夹，这里的文件属于 CMSIS 之外的、芯片片上外设部分。src 里面是每个设备外设的驱动源程序，inc 里面是相对应的外设头文件。每个外设对应一个 . c 和 . h 文件。这类外设文件的命名通常为 stm32f1xx_hal_ppp. c 或 stm32f1xx_hal_ppp. h，其中 ppp 表示外设名称。例如，针对模数转换（ADC）外设，在 src 文件夹下有一个 stm32f1xx_hal_adc. c 源文件，在 inc 文件夹下有一个 stm32f1xx_hal_adc. h 头文件，若开发的工程中用到了 STM32 内部的 ADC，则至少要把这两个文件包含到工程中。src 和 inc 文件夹是 HAL 库的主要内容，甚至很多用户认为 HAL 库就是指这些文件，可见其重要性。

. h 头文件的特点如下。

☺ 只包括数据类型的定义及提供给外部调用的接口函数说明。

☺ 一般不进行变量的定义及硬件引脚的说明，以确保头文件的通用性。

☺ 应用层只调用头文件提供的接口函数，因此不需要修改头文件代码。

. c 源文件特点如下。

☺ 完成接口函数的实现。

☺ 包含相关的头文件。

☺ 进行模块内的变量定义，以及与硬件相关的全部定义。

☺ 调用 HAL 库提供的接口函数，进行二次封装，提供一个可读性更强、移植性更好的模块接口函数。

3. stm32f1xx_it. c 和 stm32f1xx_hal_conf. h 文件

文件目录：

STM32Cube\Repository\STM32Cube_FW_F1_V1. 8. 3\Projects\STM32F103RB-Nucleo\Templates\Src

在上述文件目录下存放了官方的一个库工程模板，我们在用库建立一个完整的工程时，还需要添加这个目录下 src 文件夹中的 stm32f1xx_it. c 和 inc 文件夹中的 stm32f1xx_it. h、stm32f1xx_hal_conf. h 这 3 个文件。

（1）stm32f1xx_it. c：专门用来编写中断服务函数的，它已经定义了一些系统异常（中断）的接口，具体中断服务函数代码由程序员添加。

（2）stm32f1xx_hal_conf. h：包含在 stm32f1xx_hal. h 文件中。ST 标准库支持所有 STM32F1 型号的芯片，但有的型号芯片的外设功能比较多，因此使用这个配置文件来根据芯片型号增减 ST 库的外设文件。

HAL 库常用驱动文件如表 4-6 所示，用户应用文件如表 4-7 所示。

表 4-6　HAL 库常用驱动文件

文　件	描　述
stm32f1xx_hal_ppp. c	基本外设驱动文件，包含所有 STM32 设备的通用 API，如 stm32f1xx_hal_adc. c、stm32f1xx_hal_irda. c 等
stm32f1xx_hal_ppp. h	基本外设驱动 C 文件对应的头文件，包含公共数据、句柄和枚举结构、define 语句和宏，以及导出的通用 API，如 stm32f1xx_hal_adc. h、stm32f1xx_hal_irda. h 等
stm32f1xx_hal_ppp_ex. c	外围设备或模块驱动程序的扩展文件，包含特定型号或系列芯片的特殊 API。若该特定的芯片内部有不同的实现方式，则该文件中的特殊 API 将覆盖_ppp 中的通用 API，如 stm32f1xx_hal_adc_ex. c、stm32f1xx_hal_flash_ex. c 等
stm32f1xx_hal_ppp_ex. h	外设/模块驱动程序的扩展 C 文件对应的头文件，如 stm32f1xx_hal_adc_ex. h、stm32f1xx_hal_flash_ex. h 等
stm32f1xx_hal. c	用于 HAL 库初始化，并且包含重映射和基于 systick 的时间延迟等相关的 API
stm32f1xx_hal. h	stm32f1xx_hal. c 对应的头文件
stm32f1xx_hal_msp_template. c	stm32f1xx_hal_msp_template. c 没有对应的 stm32f1xx_hal_msp_template. h 文件。它包含用户应用程序中使用的外设的 MSP 初始化和反初始化（主程序和回调函数）。用户将该文件复制到自己的目录下使用
stm32f1xx_hal_conf_template. h	用户级别的库配置文件模板。用户复制到自己的目录下使用
stm32f1xx_hal_def. h	通用 HAL 资源定义，包含通用定义声明、枚举、结构和宏定义

表 4-7　用户应用文件

文　件	描　述
system_stm32f1xx. c	主要包含 SystemInit( ) 函数，该函数在刚复位及跳转到 main( ) 函数之前的启动过程中被调用。它不在启动时配置系统时钟（与标准库相反）。时钟的配置在用户文件中使用 HAL API 来完成。该文件载入内部 SRAM 中的中断向量表初始值 VECT_TAB_SRAM
startup_stm32f1xx. s	芯片启动文件，主要包含堆栈定义、中断向量表，并允许调整堆栈大小
stm32f1xx_hal_msp. c	根据用户提供的具体的 MCU 型号及硬件配置，对 HAL 库进行初始化设置操作。包括 MSP 初始化和反初始化，包含主例程和回调函数。可以说，这个文件是就 HAL 库与 MCU 结合的纽带

续表

文　件	描　述
stm32f1xx_hal_conf. h	允许用户针对应用自定义 HAL 驱动文件，允许用户自定义 HAL 驱动，可以使用默认配置而无须修改。
stm32f1xx_it. c/. h	stm32f1xx_it. c 文件包括异常处理和外设中断服务文件，stm32f1xx_it. h 是相应的头文件
main. c/. h	main. c 包括 main( ) 函数，通常在文件开始调用 HAL_Init( ) 函数、assert_failed( ) 检测函数、系统时钟配置函数、外设 HAL 初始化和应用代码；main. h 是相应的头文件

在上述文件中，stm32f0xx_hal. h 是连接整个 HAL 库源和用户源的唯一头文件，其中的文件包含关系如图 4-11 所示。

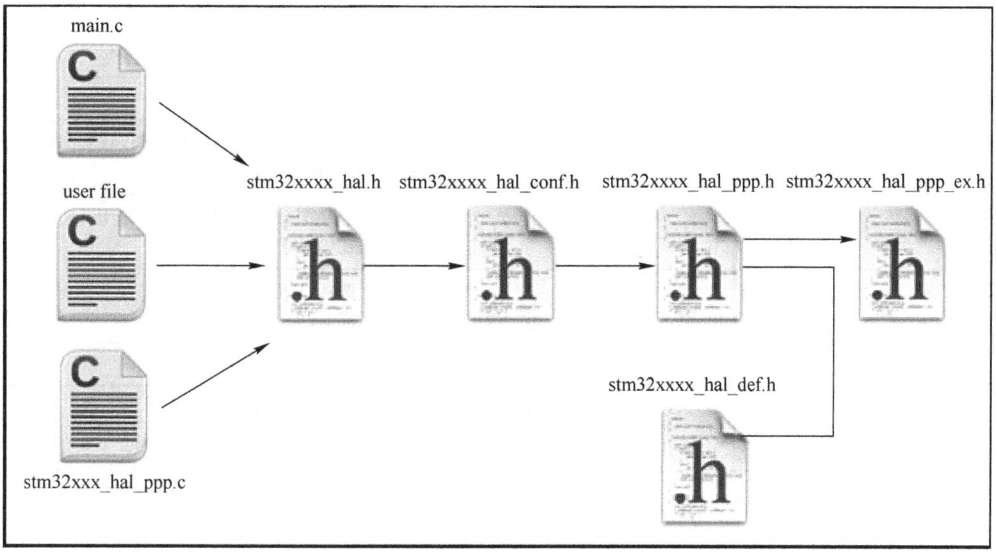

图 4-11　文件之间的包含关系

图 4-11 中文件的包含关系：HAL 库文件或 main 文件—stm32f0xx_hal. h—stm32f0xx_hal_conf. h—HAL 库头文件。

由于相应的外设功能需要在外设模块选择中添加相应的功能宏，在配置文件 stm32f0xx_hal_conf. h 中可以找到。

在实际基于库开发工程的过程中，可以把位于 CMSIS 层的文件包含进工程，针对不同的应用，对库文件进行增/删（用条件编译的方法来增/删）和改动。

4.3.4　HAL 库函数

1. HAL 库函数的分类

HAL 库函数分为通用 API 函数（stm32f0xx_hal_ppp. c/h 文件）和扩展 API 函数（stm32f0xx_hal_ppp_ex. c/h 文件）。通用 API 函数分类如表 4-8 所示。

表 4-8 通用 API 函数分类

类　别	名　称	描　述
初始化/反初始化函数	HAL_ADC_Init( )	初始化外设，并配置底层资源（如时钟、GPIO 等）
	HAL_ADC_DeInit( )	载入外设默认值、释放底层资源，并消除与硬件的任何直接依赖
I/O 操作函数	HAL_ADC_Start( )	在采用轮询方式时启动 ADC 转换
	HAL_ADC_Stop( )	在采用轮询方式时停止 ADC 转换
	HAL_ADC_PollForConversion( )	在采用轮询方式时允许等待转换结束，在此过程中，程序员可以根据应用设置超时标志
	HAL_ADC_Start_IT( )	当有中断请求时，启动 ADC 转换
	HAL_ADC_Stop_IT( )	当有中断请求时，停止 ADC 转换
	HAL_ADC_IRQHandler( )	处理 ADC 中断请求
	HAL_ADC_ConvCpltCallback( )	在中断子程序中被调用的回调函数，表明当前过程结束或 DMA 转换完成
	HAL_ADC_ErrorCallback( )	如果当前外设错误或 DMA 传输出错，则这个回调函数在中断子程序中被调用
控制函数	HAL_ADC_ConfigChannel( )	配置选择 ADC 规则通道，以及各通道的采集顺序和采样时间
	HAL_ADC_AnalogWDGConfig( )	为选择的 ADC 配置模拟看门狗
状态和错误	HAL_ADC_GetState( )	可得到外设和数据状态
	HAL_ADC_GetError( )	可得到中断中发生的错误信息

2. 3 种 I/O 访问方式

HAL 库对所有函数模型进行了统一。在 HAL 库中，支持 3 种编程模式，即轮询模式、中断模式、DMA 模式（如果外设支持），分别对应如下 3 种类型的函数（以 ADC 为例）：

```
HAL_StatusTypeDef HAL_ADC_Start(ADC_HandleTypeDef * hadc);
HAL_StatusTypeDef HAL_ADC_Stop(ADC_HandleTypeDef * hadc);


HAL_StatusTypeDef HAL_ADC_Start_IT(ADC_HandleTypeDef * hadc);
HAL_StatusTypeDef HAL_ADC_Stop_IT(ADC_HandleTypeDef * hadc);


HAL_StatusTypeDef HAL_ADC_Start_DMA(ADC_HandleTypeDef * hadc, uint32_t * pData, uint32_t
Length);
HAL_StatusTypeDef HAL_ADC_Stop_DMA(ADC_HandleTypeDef * hadc);
```

其中，带_IT 的表示工作在中断模式下，带_DMA 的工作在 DMA 模式下（注意：DMA 模式下也是开中断的），没有后缀的就是轮询模式（没有开启中断的）。

此外，HAL 库架构下统一采用宏的形式对各种中断等进行配置，针对每种外设，主要有以下宏。

__HAL_PPP_ENABLE_IT(__HANDLE__, __INTERRUPT__)：使能一个指定的外设中断。

__HAL_PPP_DISABLE_IT(__HANDLE__, __INTERRUPT__)：失能一个指定的外设中断。

__HAL_PPP_GET_IT (__HANDLE__, __ INTERRUPT __)：获得一个指定外设中断状态。

__HAL_PPP_CLEAR_IT (__HANDLE__, __ INTERRUPT __)：清除一个指定外设的中断状态。

__HAL_PPP_GET_FLAG (__HANDLE__, __FLAG__)：获取一个指定外设的标志状态。

__HAL_PPP_CLEAR_FLAG (__HANDLE__, __FLAG__)：清除一个指定的外设的标志状态。

__HAL_PPP_ENABLE(__HANDLE__)：使能外设。

__HAL_PPP_DISABLE(__HANDLE__)：失能外设。

__HAL_PPP_XXXX (__HANDLE__, __PARAM__)：指定外设的宏定义。

__HAL_PPP_GET_ IT_SOURCE(__HANDLE__, __ INTERRUPT __)：检查中断源。

HAL 库最大的特点就是对底层进行了抽象。在此结构下，用户代码的处理主要分为以下 3 部分。

（1）处理外设句柄（实现用户功能）。

（2）处理 MSP（MCU Support Package，MCU 支持包）。

（3）处理各种回调函数。

3. 句柄

HAL 库在结构上对每个外设抽象成一个被称为 ppp_HandleTypeDef 的结构体，其中 ppp 就是每个外设的名字。所有函数都工作在 ppp_HandleTypeDef 指针之下。HAL 库中的结构体包含了其可能出现的所有定义。例如，用户想要使用 ADC，只要定义一个 ADC_HandleTypeDef 的全局变量，针对不同的应用场景配置不同的结构体成员就可以满足使用要求。句柄的特点如下。

（1）多实例支持：每个外设/模块实例都有自己的句柄。因此，实例资源是独立的。

（2）外围进程相互通信：该句柄用于管理进程例程之间的共享数据资源，如全局变量、DMA 句柄结构、状态机。

（3）存储：用于管理对应的初始化 HAL 外设驱动程序中的全局变量。

USART 初始化结构体变量要定义为全局变量：

```
UART_HandleTypeDef UART1_Handler;
```

该 UART1_Handler 就被称为串口的句柄，它贯穿整个 USART 收发的流程，如开启中断：

```
HAL_UART_Receive_IT(&UART1_Handler, (u8 *)aRxBuffer, RXBUFFERSIZE);
```

例如，MSP 与 Callback 回调函数：

```
void HAL_UART_MspInit(UART_HandleTypeDef *huart);
void HAL_UART_RxCpltCallback(UART_HandleTypeDef *huart);
```

在这些函数中，只需调用初始化时定义的句柄 UART1_Handler 即可。

4. MSP

（1）MSP 的作用。

MSP 是指和 MCU 相关的初始化。初始化函数包含的内容可分为以下两部分。

① 一部分是与 MCU 无关的，如波特率、奇偶校验、停止位等，这些参数设置和 MCU 没有任何关系，可以使用 STM32F1，也可以是 STM32F2/F3/F4/F7 上的串口。

② 一部分是与 MCU 相关的，如一个串口设备需要一个 MCU 来承载。例如，用 STM32F4 来承载，PA9 作为发送，PA10 作为接收，MSP 就是要初始化 STM32F4 的 PA9、PA10，配置这两个引脚。

MSP 的特点如下。

① 所有同一类型的外设都被抽象成通用的封装，即同类型的外设在不同 MCU 上的特征属性和 API 接口是一样的。

② 相同内核但不同型号的 MCU（如 STM32F103C8T6 和 STM32F103ZET6 都是 M3 内核）的引脚数量、顺序、资源、内存空间及片上外设种类数量不同。

③ 为了使 HAL 库对具有相同内核但资源不同的 MCU 有较强的兼容性，特增加了 MSP 相关文件，让用户根据每款 MCU 在硬件上的具体区别，初始化和配置外设的 I/O 引脚、工作时钟，以及外设的中断与 MCU 内核寄存器的对应关系。例如，对于串口外设，就是指定串口具体的接口引脚状态（包含引脚的位置、电气属性等）及外设与 CPU 的接口（外设与 CPU 的接口就是特殊功能寄存器的映射地址，即告诉 CPU 要操作哪个外设，只要操作相应地址的寄存器就可以了）。

④ MSP 相关文件是对 MCU 硬件上的初始化设置（一些协议、数据格式等上层的内容一般不涉及），把具体的硬件配置抽象出来，形成符合 HAL 库要求、具有统一格式和属性种类的结构体。此文件由用户进行编程初始化。该文件内的初始化过程强调的是外设底层硬件上的初始化。

HAL 库相对于标准库多了 MSP 函数之后，移植性更强，但同时增加了代码量和代码的嵌套层级，可以说各有利弊。

（2）MSP 相关 HAL 库。

MSP 的具体实现文件是表 4-7 中的 stm32f1xx_hal_msp.c 文件，这个文件的作用就是根据用户提供的具体 MCU 型号及硬件配置，对 HAL 库进行初始化设置操作。可以说，用户对 MCU 与外设的配置写在 stm32f1xx_hal_msp.c 内，作为回调函数被 HAL 库中的其他文件使用。stm32f1xx_hal_msp.c 中函数的调用关系如下。

① 在 stm32f1xx_hal_msp.c 内包含了头文件 stm32f1xx_hal.h（可以认为 stm32f1xx_hal.h 是 stm32f1xx_hal_msp.c 的头文件，也是 stm32f1xx_hal.c 的头文件）。

② 在 stm32f1xx_hal.h 内声明了 HAL_MspInit（void）函数。

③ 在 stm32f1xx_hal_msp.c 内定义了 HAL_MspInit（void）函数。

也就是说，间接地通过 stm32f1xx_hal.h 文件先声明了 HAL_MspInit(void)函数，再对其进行具体的定义，并且还要在 stm32f1xx_hal.c 中进行弱定义（参考表 3-5 中对 WEAK 的解释）。

因此，HAL 驱动方式的初始化流程就是 HAL_USART_Init()—>HAL_USART_MspInit()，即先初始化与 MCU 无关的串口协议（HAL_USART_Init()），再初始化与 MCU 相关的串口引脚（HAL_USART_MspInit()）。在 STM32 的 HAL 驱动中，HAL_PPP_MspInit()作为回调，

被 HAL_PPP_Init( ) 函数调用。当需要移植程序到 STM32F1 平台时，只需修改 HAL_PPP_MspInit( ) 函数的内容而不需要修改 HAL_PPP_Init( ) 入口参数内容。

以串口为例，在 MX_USART1_UART_Init(void) 函数中初始化串口的波特率、停止位、奇偶校验等，这部分代码是与串口协议相关的，并未涉及具体的引脚，因此与 MCU 是无关的，是抽象的，代码如 7.10.1 节中的 MX_USART2_UART_Init( ) 源代码。

在 stm32f1xx_hal_msp.c 文件的 HAL_UART_MspInit(UART_HandleTypeDef * huart) 函数中，对串口使用的 MCU 引脚模式进行配置，这部分是与 MCU 具体相关的，代码如 7.10.1 节中的 HAL_UART_MspInit( ) 源代码。

5. 回调函数

HAL 库包含如下 3 种用户级别的回调函数。

（1）外设系统级初始化/解除初始化回调函数：HAL_PPP_MspInit( ) 和 HAL_PPP_MspDeInit( )，如__weak void HAL_SPI_MspInit(SPI_HandleTypeDef * hspi)，在 HAL_PPP_Init( ) 函数中被调用，用来初始化底层相关的设备。

（2）处理完成回调函数：HAL_PPP_ProcessCpltCallback * （Process 指具体某种处理，如 UART 的 Tx），如__weak void HAL_SPI_RxCpltCallback(SPI_HandleTypeDef * hspi)。当外设或 DMA 工作完成后，触发中断，该回调函数会在外设中断处理函数或 DMA 的中断处理函数中被调用。

在标准库中，串口中断以后，要先在中断中判断是否为接收中断，然后读出数据并清除中断标志位，最后对数据进行处理。这样，如果在一个中断函数中代码过多，就会显得很混乱。

而在 HAL 库中，进入串口中断后，直接由 HAL 库中断函数进行托管：

```
void USART1_IRQHandler(void)
{
    HAL_UART_IRQHandler(&UART1_Handler);//调用 HAL 库中断处理公用函数
    /*************** 省略无关代码 ****************/
}
```

HAL_UART_IRQHandler( ) 函数完成了判断是哪个中断（接收、发送或其他中断源）、读出数据并保存至缓存区、清除中断标志位等操作。例如，串口每接收 5 个字节，就要对这 5 个字节进行处理。代码在一开始定义了一个串口接收缓存区：

```
/* HAL 库使用的串口接收缓冲,处理逻辑由 HAL 库控制,接收完这个数组就会调用 HAL_UART_
RxCpltCallback( )处理这个数组 */
/* RXBUFFERSIZE=5 */
u8 aRxBuffer[RXBUFFERSIZE];
```

在初始化中，在句柄里设置好了缓存区的地址及缓存大小（5 字节）。

```
/* 该代码在 HAL_UART_Receive_IT( ) 函数中,初始化时会引用 */
    huart->pRxBuffPtr = pData;          //aRxBuffer
    huart->RxXferSize = Size;           //RXBUFFERSIZE
    huart->RxXferCount = Size;          //RXBUFFERSIZE
```

在接收数据中，每接收完 5 字节，HAL_UART_IRQHandler 才会执行一次 HAL_UART_RxCpltCallback( )函数：

```
void HAL_UART_RxCpltCallback( UART_HandleTypeDef * huart) ;
```

在 HAL_UART_RxCpltCallback( ) 回调函数中，只需对这接收的 5 字节数据（保存在 aRxBuffer[ ]中）进行处理，完全不用手动清除标志位等操作。因此，Callback( )函数是一个应用层代码函数，一开始只需设置句柄里面的各个参数。在回调函数内对中断进行处理，这种方式增强了代码的逻辑性，但也增加了文件的嵌套程度。

（3）错误处理回调函数：HAL_PPP_ErrorCallback( )，如__weak void HAL_SPI_ErrorCallback(SPI_HandleTypeDef * hspi)。当外设或 DMA 出现错误时，触发中断，该回调函数会在外设中断处理函数或 DMA 的中断处理函数中被调用。

上述说明中以__weak 开头的函数有些已经被实现了。例如：

```
__weak HAL_StatusTypeDef HAL_InitTick( uint32_t TickPriority)
{
    /* 配置 SysTick 产生 1ms 中断时基 */
    HAL_SYSTICK_Config( SystemCoreClock/1000U) ;
    /* 配置 SysTick 中断优先级 */
    HAL_NVIC_SetPriority( SysTick_IRQn, TickPriority ,0U) ;
    /* 返回函数状态 */
    return HAL_OK;
}
```

而有些则没有被实现。例如：

```
__weak void HAL_SPI_TxCpltCallback( SPI_HandleTypeDef * hspi)
{
  /* 防止未使用的参数编译警告 */
  UNUSED( hspi) ;
  /* 注意：该函数不需要修改，当需要回调时，在用户文件中实现 HAL_SPI_TxCpltCallback( )
  */
}
```

所有带有__weak 关键字的函数表示都可以由用户自己来实现。如果出现了同名函数，且带__weak 关键字，那么链接器就会采用外部实现的同名函数。

4.4 编译过程及 MDK

本节参考 MDK 的帮助手册《ARM Development Tools》，选择 MDK 界面的“help” -> “uVisionHelp” 选项可打开该文件。

平时开发者使用 MDK 编写源代码，编译生成机器码，并把机器码下载到 STM32 芯片上运行，但是这个编译、下载的过程，MDK 究竟做了什么工作呢？它编译后生成的各种文件又有什么作用呢？本节对这些过程进行讲解，了解编译及下载过程有助于理解芯片的工作原理。

4.4.1　编译过程

1. 编译过程简介

MDK 的编译过程与其他编译器的工作过程是类似的，如图 4-12 所示。

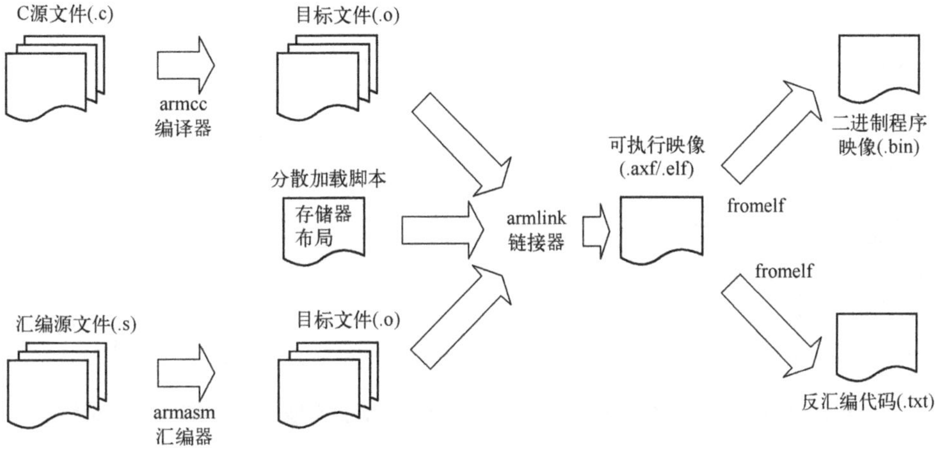

图 4-12　编译过程

编译过程包含的步骤如下。

(1) 编译。MDK 软件使用的编译器是 armcc 和 armasm，它们根据每个 C/C++和汇编源文件编译成对应的以“.o”为后缀名的对象文件（ObjectCode，也称目标文件），其内容主要是从源文件编译得到的机器码，包含代码、数据及调试使用的信息。

(2) 链接。链接器 armlink 把各个 .o 文件及库文件链接成一个映像文件 .axf 或 .elf;

(3) 格式转换。一般来说，Windows 或 Linux 系统使用链接器直接生成可执行映像文件后，内核根据该文件的信息加载后，就可以运行程序了，但在单片机平台上，需要把该文件的内容加载到芯片上，因此，还需要对链接器生成的可执行映像文件利用格式转换器 fromelf 转换成 .bin 或 .hex 文件，交给下载器下载到芯片的 Flash 或 ROM 中。

2. STM32 工程中的编译过程

当用 Keil 软件打开 STM32 工程文件进行编译后，它会重新构建整个工程，构建的过程会在 MDK 下方的“BuildOutput”窗口输出提示信息，如图 4-13 所示。

构建工程的提示输出主要分 6 部分，现说明如下。

(1) 提示信息的第一部分说明构建过程调用的编译器。图 4-13 中，编译器的名称是“V5.06(build422)”，后面附带了该编译器所在的文件夹。在计算机上打开该路径，可看到该编译器包含图 4-14 中的各个编译工具，如 armar、armasm、armcc、armlink 及 fromelf，后面 4 个工具已在图 4-12 中讲解过，而 armar 用于把 .o 文件打包成 lib 文件。

```
*** Using Compiler 'V5.06 update 4 (build 422)', folder: 'd:\Keil_v5\ARM\ARMCC\Bin'   (1)
Rebuild target '1'
compiling main.c...
compiling stm32f10x_it.c...
compiling system_stm32f10x.c...
compiling delay.c...                                                                  (3)
compiling sys.c...
compiling usart.c...
compiling core_cm3.c...
assembling startup_stm32f10x_hd.s...                                                  (2)
compiling misc.c...
compiling stm32f10x_adc.c...
compiling stm32f10x_bkp.c...
compiling stm32f10x_can.c...
compiling stm32f10x_cec.c...
compiling stm32f10x_crc.c...
compiling stm32f10x_dac.c...
compiling stm32f10x_dbgmcu.c...
compiling stm32f10x_dma.c...
compiling stm32f10x_exti.c...                                                         (3)
compiling stm32f10x_flash.c...
compiling stm32f10x_fsmc.c...
compiling stm32f10x_gpio.c...
compiling stm32f10x_i2c.c...
compiling stm32f10x_iwdg.c...
compiling stm32f10x_pwr.c...
compiling stm32f10x_rcc.c...
compiling stm32f10x_rtc.c...
compiling stm32f10x_sdio.c...
compiling stm32f10x_spi.c...
compiling stm32f10x_tim.c...
compiling stm32f10x_usart.c...
compiling stm32f10x_wwdg.c...
linking...                                                                            (4)
Program Size: Code=1428 RO-data=336 RW-data=8 ZI-data=1832
FromELF: creating hex file...                                                         (5)
"..\OBJ\Template.axf" - 0 Error(s), 0 Warning(s).
Build Time Elapsed:  00:00:26
                                                                                      (6)
```

图 4-13　编译输出信息

名称	修改日期	类型	大小
armar.exe	2019/5/27 13:48	应用程序	1,571 KB
armasm.exe	2019/5/27 13:48	应用程序	5,957 KB
armcc.exe	2019/5/27 13:48	应用程序	15,662 KB
armcompiler_libFNP.dll	2019/5/27 13:48	应用程序扩展	7,132 KB
armlink.exe	2019/5/27 13:48	应用程序	6,478 KB
fromelf.exe	2019/5/27 13:48	应用程序	5,406 KB

图 4-14　编译工具

（2）使用 armasm 编译汇编文件。图 4-13 中列出了编译 startup 启动文件时的提示，编译后每个汇编源文件都对应有一个独立的 .o 文件。

（3）使用 armcc 编译 C/C++文件。图 4-13 中列出了工程中所有的 C/C++文件的提示，编译后每个 C/C++源文件都对应有一个独立的 .o 文件。

（4）使用 armlink 链接对象文件。根据程序的调用把各个 .o 文件的内容链接起来，最终生成程序的 .axf 可执行映像文件，并附带程序各个域大小的说明，包括 Code、RO-data、RW-data 及 ZI-data。

（5）使用 fromelf 生成下载格式文件，它根据 .axf 可执行映像文件转化成 .hex 文件，并列出编译过程出现的错误（Error）和警告（Warning）数量。

（6）给出整个构建过程消耗的时间。

构建完成后，可在工程的“Output”及“Listing”目录下找到由以上过程生成的各种文件。可以看到，每个 C 源文件都对应生成了 .o、.d 及 .crf 文件，还有一些额外的 .dep、.hex、.axf、.htm、.lnp、.sct、.lst 及 .map 文件。

4.4.2　程序的组成、存储与运行

1. CODE、RO-data、RW-data、ZI-data 域及堆栈空间

在工程的编译提示输出信息中，有一条语句“ProgramSize：Code=xx RO-data=xx RW-data=xx ZI-data=xx”，说明了程序各个域的大小。编译后，应用程序中所有具有同一性质的数据（包括代码）都被归到一个域，程序在存储或运行时，不同的域会呈现不同的状态，这些域的意义如下。

（1）Code：代码域，指的是编译器生成的机器指令，这些内容被存储在 ROM 区。

（2）RO-data：ReadOnlydata，即只读数据域，指程序中用到的只读数据，这些数据被存储在 ROM 区，因而程序不能修改其内容。例如，C 语言中的 const 关键字定义的变量就是典型的 RO-data。

（3）RW-data：ReadWritedata，即可读写数据域，指初始化为非零值的可读写数据。程序在刚运行时，这些数据具有非零的初始值，且运行时会常驻在 RAM 区，因而应用程序可以修改其内容。例如，C 语言中使用定义的全局变量，定义时赋予非零值给该变量进行初始化。

（4）ZI-data：ZeroInitialiedata，即零初始化数据，指初始化为零值的可读写数据域，它与 RW-data 的区别是程序刚运行时这些数据初始值全都为零，而后续运行过程与 RW-data 的性质一样，它们也常驻在 RAM 区，因而应用程序可以更改其内容。例如，C 语言中使用定义的全局变量，且定义时赋予零值给该变量进行初始化（若定义该变量时没有赋予初始值，那么编译器会把它当 ZI-data 来对待，将其初始化为零）。

（5）ZI-data 的栈（Stack）空间及堆（Heap）空间：在 C 语言中，函数内部定义的局部变量属于栈空间，进入函数时从栈空间申请内存给局部变量，退出时释放局部变量，归还内存空间。而使用 malloc 动态分配的变量属于堆空间。程序中的栈空间和堆空间都是属于 ZI-data 域，这些空间都会被初始值化为零值。编译器给出的 ZI-data 占用的空间值中包含了堆栈的大小（经实际测试，若程序中完全没有使用 malloc 动态申请堆空间，那么编译器会优化，不把堆空间计算在内）。

综上所述，以程序的组成构件为例，它们所属的区域类别如表 4-9 所示。

表 4-9　程序组件所属的区域

程序组件	所属类别
机器代码指令	Code
常量	RO-data
初值非 0 的全局变量	RW-data
初值为 0 的全局变量	ZI-data
局部变量	ZI-data 栈空间
使用 malloc 动态分配的空间	ZI-data 堆空间

2. 程序的存储与运行

RW-data 和 ZI-data 仅仅是初始值不一样，为什么编译器非要把它们区分开呢？这就涉及程序的存储状态，应用程序具有静止状态和运行状态。处于静止状态的程序被存储在非易失存储器中，如 STM32 的内部 Flash，因而系统掉电后也能正常保存。但是当程序在运行状态时，常常需要修改一些暂存数据，由于运行速度的要求，这些数据往往存放在内存（RAM）中，掉电后这些数据会丢失。因此，程序在静止与运行时在存储器中的表现是不一样的，如图 4-15 所示。

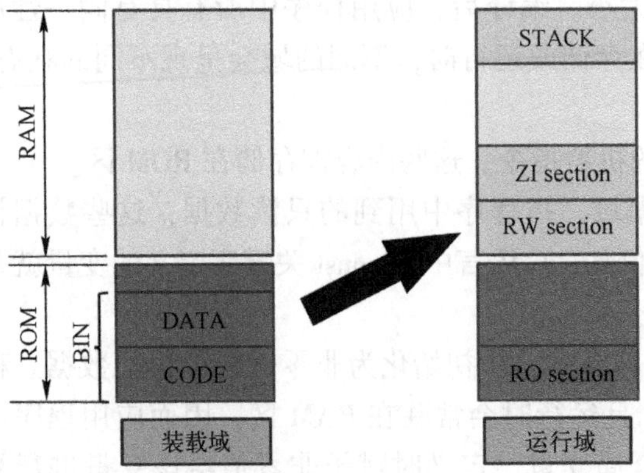

图 4-15　应用程序的加载视图和执行视图

图 4-15 的左侧是应用程序的存储状态，右侧是运行状态；而上方是 RAM 存储器区域，下方是 ROM 存储器区域。

程序在存储状态时，RO 节（RO section）及 RW 节（RW section）都被保存在 ROM 区。当程序开始运行时，内核直接从 ROM 中读取代码，并且在执行主体代码前，会先执行一段加载代码，它把 RW 节数据从 ROM 复制到 RAM 中，并且在 RAM 加入 ZI 节（ZI section），ZI 节的数据都被初始化为零值。加载完后，RAM 区准备完毕，正式开始执行主体程序。

编译生成的 RW-data 的数据属于图 4-15 中的 RW 节，ZI-data 的数据属于图 4-15 中的 ZI 节。是否需要掉电保存，这就是把 RW-data 与 ZI-data 区别开来的原因，因为在 RAM 创建数据时，默认值为 0，但如果有的数据要求初值非 0，就需要使用 ROM 记录该初始值，运行时复制到 RAM 中。

STM32 的 RO-data 域不需要加载到 SRAM 中，内核直接从 Flash 中读取指令运行。台式计算机系统的应用程序运行过程很类似，不过台式计算机系统的程序在存储状态时位于硬盘中，执行时甚至会把上述的 RO 区域（代码、只读数据）加载到内存中，加快运行速度，还有虚拟内存管理单元（MMU）辅助加载数据，使得可以运行比物理内存还大的应用程序。而 STM32 没有 MMU，因此无法支持 Linux 和 Windows 系统。

当程序存储到 STM32 芯片的内部 Flash 中时（或 ROM 区），它占用的空间是 Code、RO-data 及 RW-data 的总和，因此，如果这些内容比 STM32 芯片的 Flash 空间大，程序就无法被正常保存了。程序在执行时，需要占用内部 SRAM 空间（RAM 区），占用的空间包括 RW-data 和 ZI-data。应用程序在各个状态时各区域的组成如表 4-10 所示。

表 4-10　应用程序在各个状态时各区域的组成

程序状态与区域	组　成
程序执行时的只读区域（RO）	Code+ROdata
程序执行时的可读写区域（RW）	RWdata+ZIdata
程序存储时占用的 ROM 区	Code+ROdata+RWdata

在 MDK 中，建立的工程一般会选择芯片型号，选择后就有确定的 Flash 及 SRAM 大小，若代码超出了芯片存储器的极限，则编译器会提示错误，这时就需要裁剪程序了，裁剪时可针对超出的区域来优化。

4.4.3　CM3 指令集案例

在 CM3 上编程，既可以使用 C 语言，又可以使用汇编语言。可能还有其他语言的编译器，但是大多数程序员还是会在 C 语言与汇编语言之间来选择。C 语言与汇编语言各有长处，不能互相取代。使用 C 语言能开发大型程序，而汇编语言则用于执行底层任务。在程序开发中，应该以 C 语言来实现程序的大框架，而本着好钢用在刀刃上的原则来使用汇编语言，因为只有在不多的特殊场合才必须使用汇编语言。例如：

（1）无法用 C 语言写成的函数，如操作特殊功能寄存器，以及实施互斥访问。

（2）在危急关头执行处理的子程序（如 NMI 服务例程）。

（3）存储器极度受限，只有使用汇编语言才可能把程序或数据挤进去。

（4）执行频率非常高的子程序，如操作系统的调度程序。

（5）与处理器体系结构相关的子程序，如上下文切换。

（6）对性能要求极高的应用，如防空炮的火控系统。

使用汇编语言编程必须熟悉指令集。指令集可以看作硬件与软件交流的语言，参考图 2-18。

对于指令集的学习，不建议按照指令集手册逐条学习，讲义将 C 语言的基本语句反汇编后进行对比学习，如下案例采用 Keil 软件将 C 语言的基本语句反汇编。

【例 4-1】

```
        int add2(int a,int b)
        {
            return a+b;
        }

        int add4(int a,int b,int c,int d){
            return a+b+c+d;
        }

        int add5(int a,int b,int c,int d,int e){
            return a+b+c+d+e;
        }

    int main(void)
        {
            uart_init();

            printf("hello %d\r\n",add2(1,2));
//          printf("hello %d\r\n",add4(1,2,3,4));
//          printf("hello %d\r\n",add5(1,2,3,4,5));

        }
```

例 4-1 的反汇编结果如图 4-16，其中寄存器区的寄存器为 2.3 节介绍的寄存器，反汇编区为源代码区对应的汇编代码。在图 4-16 中，机器语言的长度包括 16 位和 32 位，这是 Thumb-2 指令集的特点。

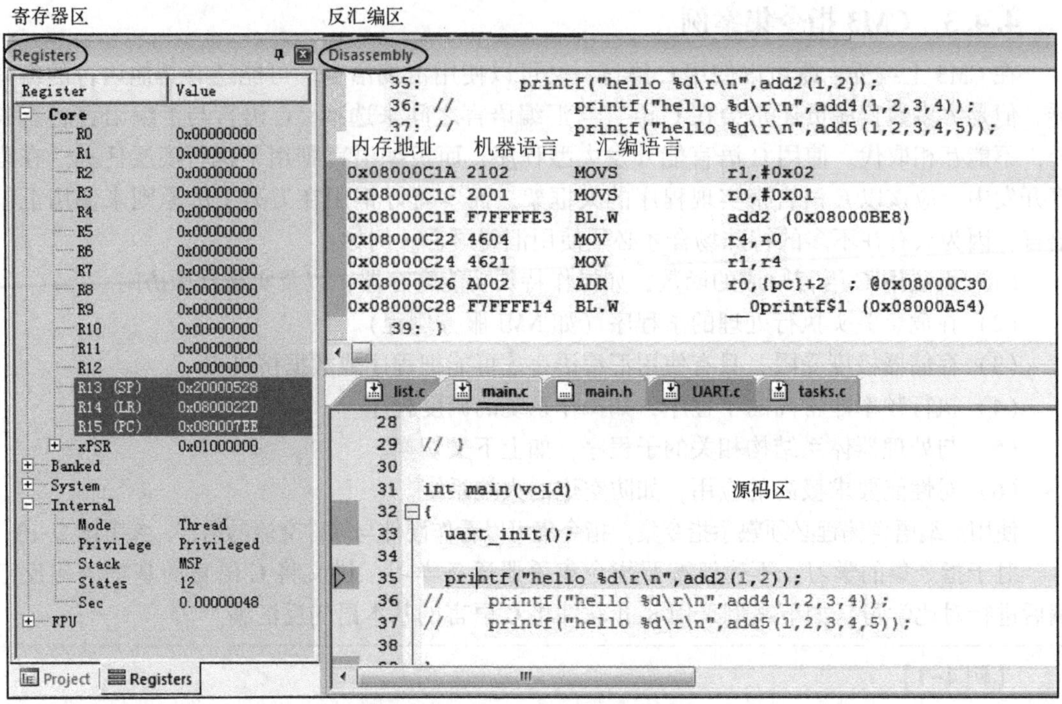

图 4-16　例 4-1 的反汇编结果

由图 4-16 可知，若子函数有 2 个形参，则传递的参数值 1 和 2 分别保存在 r0 与 r1 中。

在例 4-1 中，屏蔽“printf("hello %d\r\n",add2(1,2));”语句，启用“printf("hello %d\r\n",add4(1,2,3,4));”语句，则反汇编结果如图 4-17 所示，若子函数有 4 个形参，则传递的参数值 1～4 分别保存在 r0～r3 中。

```
0x08000C1E 2304      MOVS    r3,#0x04
0x08000C20 2203      MOVS    r2,#0x03
0x08000C22 2102      MOVS    r1,#0x02
0x08000C24 2001      MOVS    r0,#0x01
0x08000C26 F7FFFFDF  BL.W    add4 (0x08000BE8)
```

图 4-17　例 4-1 修改 1 次后的反汇编结果

例 4-1 启用“printf("hello %d\r\n",add5(1,2,3,4,5));”语句，反汇编结果如图 4-18 所示，若子函数有 5 个形参，传递的参数值 1～4 保存分别在 r～r3 中，则第 5 个参数保存在内存的堆栈中。此例说明，由于寄存器的访问速度快于内存，因此，子函数的参数不要超过 4 个。

【例 4-2】

```
long long   addlong()
{
    volatile unsigned long long a,b;
```

```
        return b+a;

    }
    int main(void)
    {
        uart_init();

        addlong();

    }
```

```
0x08000C22 2005      MOVS    r0,#0x05
0x08000C24 2304      MOVS    r3,#0x04
0x08000C26 2203      MOVS    r2,#0x03
0x08000C28 2102      MOVS    r1,#0x02
0x08000C2A 9000      STR     r0,[sp,#0x00]
0x08000C2C 2001      MOVS    r0,#0x01
0x08000C2E F7FFFFDB  BL.W    add5 (0x08000BE8)
```

图 4-18　例 4-1 修改 2 次后的反汇编结果

例 4-2 中的子函数 addlong()的反汇编如图 4-19 所示。其中，LDRD 指令功能从连续的地址空间加载双字（64 位整数）到 2 个寄存器中，如形参 a 和 b 都是 unsigned long 类型，即 64 位。LDRD r3,r1,[sp,#0x08]将内存中的 0x08-0x0F 保存的双字赋给 r3 和 r1，r3 中存低位，r1 中存高位；同理，r2 中存另一个数的低位，r1 中存另一个数的高位；ADDS r2,r2,r3 将 r3 和 r2 相加的结果存在 r2 中，ADCS r1,r1,r0 为高位相加。注意 ADCS 和 ADDS 的差异在于 ADCS 要加进位（Carry）。最终的 64 位结果保存在 r1 和 r0 中。

```
    18: {
    19:         volatile unsigned long long a,b;
0x08000A26 B51F      PUSH      {r0-r4,lr}
    20:         return b+a;
    21:
0x08000A28 E9DD3102  LDRD      r3,r1,[sp,#0x08]
0x08000A2C E9DD2000  LDRD      r2,r0,[sp,#0]
0x08000A30 18D2      ADDS      r2,r2,r3
0x08000A32 4141      ADCS      r1,r1,r0
0x08000A34 4610      MOV       r0,r2
    22: }
```

图 4-19　例 4-2 中子函数 addlong()的反汇编

【例 4-3】

```
int wordinc(int a){
    return a+1;
 }

int shortinc(short a){
```

```
        return a+1;
    }

    int charinc(char a){
        return a+1;
    }

    int main(void)
    {

      int b;
        short c;
        char d;
        b=wordinc(0x11111111);
        c=shortinc(0x2222);
        d=charinc(0x33);
    }
```

由图 4-20～图 4-22 可知，虽然形参定义成 int（32 位）、short（16 位）、char（8 位），但编译器没有进行处理，都直接将其放到 32 位的寄存器 r0 中。在图 4-23 中，b、c、d 的类型也没进行转换，都是直接用 32 位的处理器进行处理的。这也是编译器的智能之处，因为若要按照 C 字符类型进行转换，必然会增加代码量，降低实时性。这个例子也告诉我们，在传统观念中，为降低内存开销尽量定义字节数少的字符类型在当前的嵌入式编程中不再适用，因为这样会降低代码的实时性。

```
    55:            int wordinc(int a){
0x080007D8 4601         MOV              r1,r0
    56:     return a+1;
0x080007DA 1C48         ADDS             r0,r1,#1
    57:  }
```

图 4-20　wordinc(int a)的汇编代码

```
    58:  int shortinc(short a){
0x080005AE 4601         MOV              r1,r0
    59:     return a+1;
0x080005B0 1C48         ADDS             r0,r1,#1
    60:  }
```

图 4-21　shortinc(short a)的汇编代码

```
    61:  int charinc(char a){
0x08000586 4601         MOV              r1,r0
    62:     return a+1;
0x08000588 1C48         ADDS             r0,r1,#1
    63:  }
```

图 4-22　charinc(char a)的汇编代码

```
   72:          b=wordinc(0x11111111);
0x0800058E F04F3011  MOV          r0,#0x11111111
0x08000592 F000F921  BL.W         wordinc (0x080007D8)
0x08000596 4604      MOV          r4,r0
   73:          c=shortinc(0x2222);
0x08000598 F2422022  MOVW         r0,#0x2222
0x0800059C F000F807  BL.W         shortinc (0x080005AE)
0x080005A0 B202      SXTH         r2,r0
   74:    d=charinc(0x33);
0x080005A2 2033      MOVS         r0,#0x33
0x080005A4 F7FFFFEF  BL.W         charinc (0x08000586)
0x080005A8 B2C3      UXTB         r3,r0
   75: }
```

图 4-23　charinc(char a)的汇编代码

程序员只有像编译器一样思考，才能让自己的程序正确且更快、更好地运行，学些本节内容的目的是使读者能从程序员的角度认识计算机系统，并能够建立高级语言程序、编译器、链接器等之间的相互关联，对指令在硬件上的执行过程和指令的底层硬件执行机制有一定的认识和理解，从而增强自己在程序调试、性能提升、程序移植和健壮性等方面的能力。

第5章　GPIO的原理及应用

本章开始介绍STM32的片内外设。定时器、通用I/O、外部中断、UART这4种功能是单片机最初所具备的功能。其中，通用I/O是最基本、最易操作的功能；而UART是与外界通信的基础；定时器、外部中断是单片机实现多任务的核心，也是嵌入式程序设计的精华所在，难度也是最大的。要正确使用一个外设，首先要了解其主要功能和硬件结构，而硬件结构与开发人员使用的开发环境有一定的关系。本章内容包含很多外设寄存器的定义说明，如果使用HAL库，就只需要了解外设的功能和配置方法，而不必太注重那些寄存器具体位的定义。

关于GPIO的外设，请在图2-29中确定其位置及其与其他部分的关系。

5.1　计算机接口概述

在冯·诺依曼计算机体系结构中，I/O接口是五大组成之一。I/O接口电路是介于主机和外设之间的一种缓冲电路，如图5-1所示。它实际上是连接外设和某种总线的逻辑电路的总称；它作为主机和外设进行信息交换的桥梁，在微机系统中起着重要的作用。I/O接口电路与CPU相连的是地址、数据、控制三大总线，与外设相连的是数据、状态、控制三大总线。注意：两控制总线的功能不同。

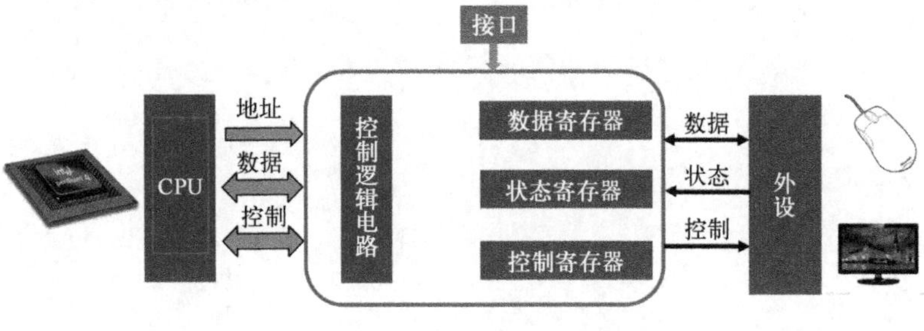

图5-1　I/O接口电路模型

通常把I/O接口电路中能被CPU直接访问的寄存器或某些特定元器件称为端口。一个I/O接口可能有几个端口，如命令口、状态口、数据口等。I/O接口电路的功能如下。

（1）设置数据的寄存、缓冲逻辑，以适应CPU与外设之间的速度差异，I/O接口通常由一些寄存器或RAM芯片组成，如果接口性能强，那么还可以实现批量数据的传输。

（2）能够进行信息格式的转换，如串行和并行的转换。

（3）能够协调CPU和外设在信息的类型与电平上的差异，如电平转换驱动器、A/D转换器或D/A转换器等。

（4）协调时序差异。

（5）地址译码和设备选择功能。

（6）设置中断和 DMA 控制逻辑，以保证在中断和 DMA 允许的情况下产生中断与 DMA 请求信号，并在收到中断和 DMA 应答之后完成中断处理与 DMA 传输。

总之，它的作用是对数据传送进行控制，具体为锁存、隔离、驱动、联络、定时、数据转换、速度协调、三态缓冲等。

5.2　GPIO 的硬件结构和功能

通用的 GPIO 引脚通常分组为 PA、PB、PC、PD 和 PE 等，统一写成 Px。每组中的各端口根据 GPIO 寄存器中每位对应的位置又分别编号为 0 ～ 15。

5.2.1　GPIO 的硬件结构

在数字电路中，为了避免输入阻抗高，吸收杂散信号而损坏电路，在输入端，电阻接电源正极为上拉，电阻接电源负极为下拉，不接为浮空。

GPIO 接口内部结构如图 5-2 所示。其中，输出数据寄存器的英文缩写为 ODR，输入数据寄存器的英文缩写为 IDR。GPIO 接口的每位都可以由软件分别配置成多种模式，包括浮空输入、上拉输入、下拉输入、模拟输入、通用开漏输出、通用推挽输出、复用开漏输出和复用推挽输出。各模式的特点如表 5-1 和表 5-2 所示。在复位期间和刚复位后，复用功能未开启，I/O 接口被配置成浮空输入模式。

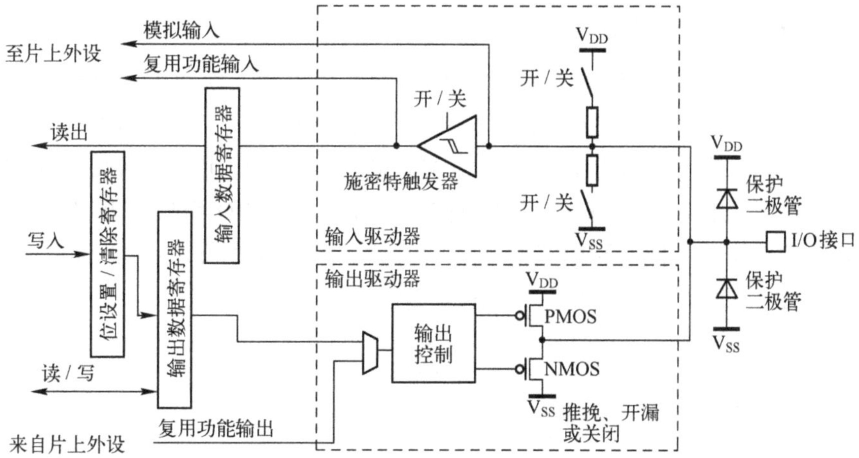

图 5-2　GPIO 接口内部结构

表 5-1　GPIO 接口输出模式

输 出 模 式	输出信号来源	推挽或开漏	输 出 带 宽
通用开漏输出	输出数据寄存器	开漏	可选： 2MHz 10MHz 50MHz
通用推挽输出		推挽	
复用开漏输出	片上外设	开漏	
复用推挽输出		推挽	

表 5-2　GPIO 接口输入模式

输 入 模 式	输入信号去向	上拉或下拉	施密特触发器
模拟输入	片上模拟外设 ADC	无	关闭
浮空输入	输入数据寄存器或片上外设	无	激活
下拉输入	输入数据寄存器或片上外设	下拉	激活
上拉输入	输入数据寄存器或片上外设	上拉	激活

学习 STM32 的 8 种 GPIO 接口模式的配置，需要根据功能框图分析数据和信号的传输通路，并弄清楚在传输通道上各种控制机制的硬件组成及其控制原理，以及相关的控制寄存器，这样就可以全面地掌握该功能模块的操作原理。在实际应用中，只需根据需要选择不同的控制选项组合，就可以满足各种各样的应用要求。

下面对表 5-1 和表 5-2 中出现的概念给予详细说明。

5.2.2　复用功能

STM32 的 GPIO 功能较多，因此设置较复杂。作为片上外设的输入，应根据需要配置该引脚为浮空输入、上拉输入或下拉输入模式，同时使能该引脚对应的某个复用功能模块。作为片上外设的输出，应根据需要配置该引脚为复用推挽输出或复用开漏输出模式，同时使能该引脚对应的所有复用功能模块。注意：如果有多个复用功能模块对应同一个引脚，则仅可使能其中之一，其他复用功能模块保持非使能状态。例如，要使用 STM32F103VBT6 的第 47 脚和第 48 脚的 USART3 功能，需要配置第 47 脚为复用推挽输出或复用开漏输出模式，配置第 48 脚为某种输入模式，同时使能 USART3 并保持 I2C 的非使能状态。

5.2.3　GPIO 输入功能

GPIO 接口输入结构如图 5-3 所示。GPIO 引脚在高阻输入模式下的等效结构示意图如图 5-4 所示。输入模式的结构比较简单，就是一个带有施密特触发输入的三态缓冲器（U_1），并具有很高的直流输入等效阻抗。施密特触发输入的作用是将缓慢变化的或畸变的输入脉冲信号整形成比较理想的矩形脉冲信号。在执行 GPIO 引脚读操作时，在读脉冲（Read Pulse）的作用下，把引脚的当前电平状态读到内部总线（Internal Bus）上。在不执行 GPIO 引脚读操作时，外部引脚与内部总线之间是断开的。

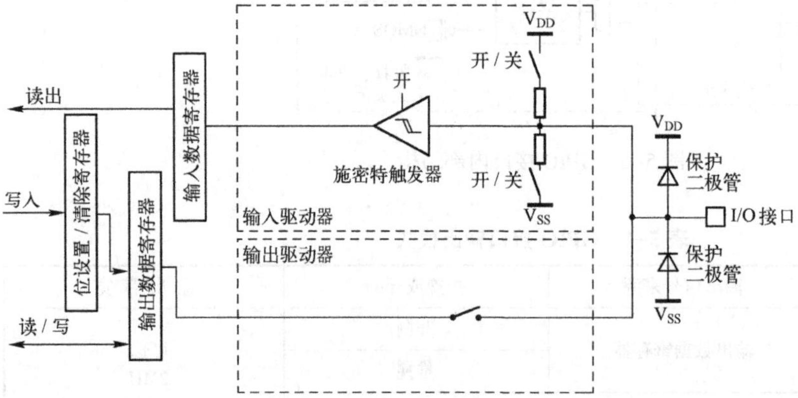

图 5-3　GPIO 接口输入结构

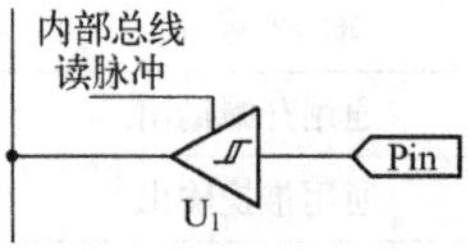

图 5-4　GPIO 引脚在高阻输入模式下的等效结构示意图

5.2.4　GPIO 输出功能

1. 推挽输出

1）推挽输出的基本功能

推挽电路有两个参数相同的晶体管或 MOSFET，分别受两个互补信号的控制，各负责正、负半周的波形放大任务，在一个晶体管导通时，另一个截止。电路工作时，两个对称的晶体管每次只有一个导通，因此导通损耗低、效率高。输出既可以向负载灌电流，又可以从负载抽取电流。推挽输出既能提高电路的负载能力，又能提高开关速度。

GPIO 接口输出结构如图 5-5 所示，GPIO 引脚在推挽输出模式下的等效结构示意图如图 5-6 所示。在图 5-6 中，U_1是输出锁存器，执行 GPIO 引脚写操作时，在写脉冲（Write Pulse）的作用下，数据被锁存到 Q 和$\overline{Q}$端。VT_1和 VT_2构成 CMOS 反相器，VT_1导通或 VT_2导通时都表现出较低的阻抗，使 *RC* 常数很小，逻辑电平转换速度很高；但 VT_1和 VT_2不会同时导通或截止，两者交替工作，可以降低功耗，并提高它们的承受能力。在推挽输出模式下，GPIO 还具有回读功能，但不常用。

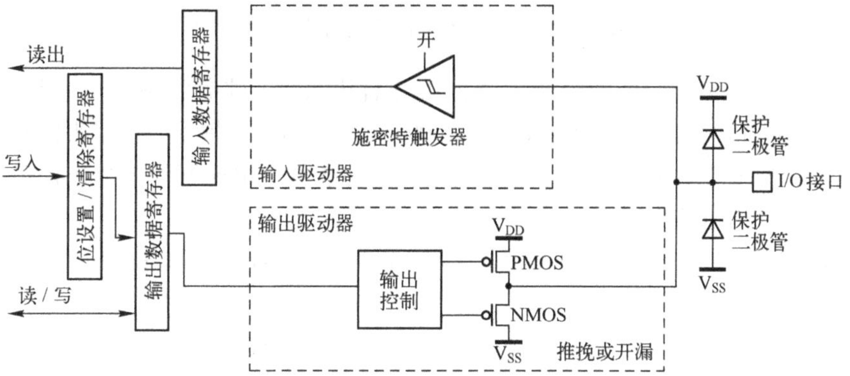

图 5-5　GPIO 接口输出结构

推挽输出的最大特点是在两种电平（高电平和低电平）下都具有驱动能力。所谓驱动能力，就是指输出电流的能力。对于驱动大负载（负载内阻越小，负载越大），如 I/O 输出为 5V，驱动的负载内阻为 10Ω，根据欧姆定律，在正常工作情况下，负载上的电流为 0.5A（推算出功率为 2.5W）。显然，一般的 I/O 不可能有这么强的驱动能力，即没有办法输出这么大的电流。于是造成的结果就是输出电压会被拉下来，达不到标称的 5V。当然，如果只是数字信号的传递，那么下一级的输入阻抗理论上最好是高阻态，即只需传电压即可，基本上没有电流，也就没有功率，于是就不需要很强的驱动能力。

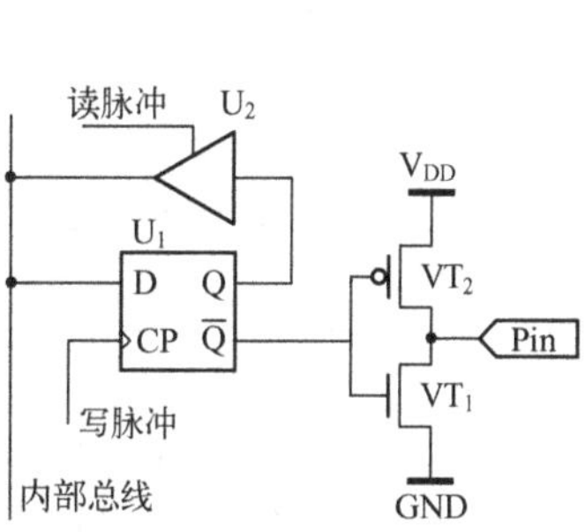

图 5-6　GPIO 引脚在推挽输出模式下的等效结构示意图

2）通用推挽输出

通用推挽输出模式的信号流图如图 5-7 所示。当处理器在左侧编号①端通过位设置/清除寄存器，或者输出数据寄存器写入数据位后，该数据位将通过编号为②的输出控制电路传送至编号为④的 I/O 接口，如果处理器写入的是逻辑“1”，则编号为③的 NMOS 管将处于截止状态，此时，I/O 接口的电平将由外部的上拉电阻决定；如果处理器写入的是逻辑“0”，则编号为③的 NMOS 管将处于导通状态，此时，I/O 接口的电平被编号为③的 NMOS 管拉到了 V_{SS} 的零电位。

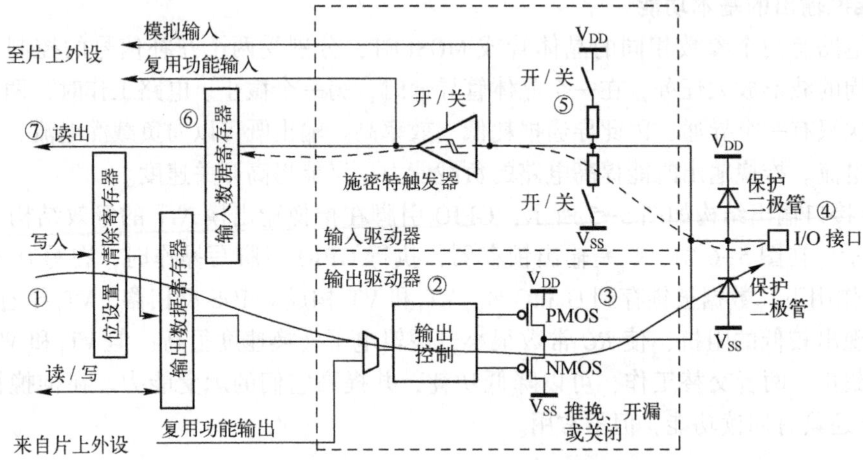

图 5-7 通用推挽输出模式的信号流图

在图 5-7 的上半部分，施密特触发器处于开启状态，意味着处理器可以从输入数据寄存器中读到外部电路的信号，监控 I/O 接口的状态。通过这个特性，还实现了虚拟的 I/O 接口双向通信，只要处理器输出逻辑“1”，由于编号为③的 NMOS 管处于截止状态，I/O 接口的电平将完全由外部电路决定。

在这个模式下，处理器仍然可以从输入数据寄存器中读到外部电路的信号。

3）复用推挽输出

复用推挽输出模式供片内外设引脚（如 I2C 的 SCL、SDA 等）使用。此模式的信号流图如图 5-8 所示，与通用推挽输出类似，但编号为②的输出控制电路的输入与复用功能的输出端相连，此时，输出数据寄存器与输出通道断开了。

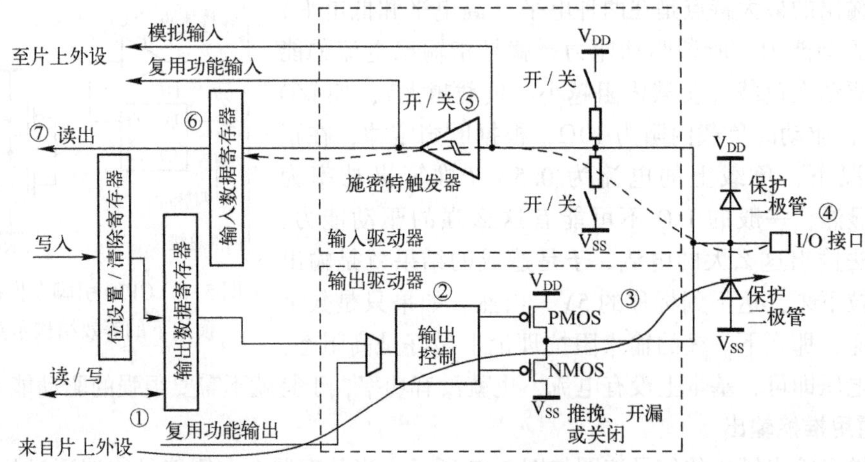

图 5-8 复用推挽输出模式的信号流图

2. 开漏输出

1）开漏输出的基本功能

开漏输出就是不输出电压，低电平时接地，高电平时不接地。如果外接上拉电阻，则在输出高电平时，电压会被拉至上拉电阻的电源电压。这种模式适合连接的外设电压比单片机电压低的情况。

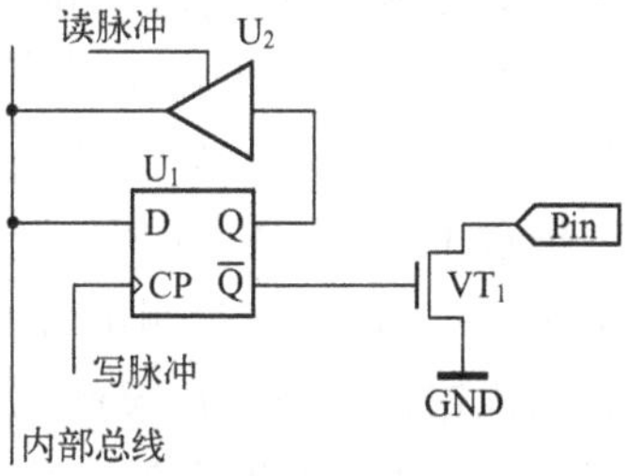

图 5-9　GPIO 引脚在开漏输出模式下的等效结构示意图

GPIO 引脚在开漏输出模式下的等效结构示意图如图 5-9 所示。开漏输出和推挽输出的结构基本相同，不同的是它只有下拉晶体管 VT_1而没有上拉晶体管 VT_2。开漏输出的实际作用就是一个开关，输出“1”时断开，输出“0”时连接到 GND（有一定的等效内阻）。开漏输出结构没有内部上拉电阻，因此在实际应用时，通常都要外接合适的上拉电阻（通常采用的阻值为 4.7～10kΩ）。开漏输出能够方便地实现“线与”逻辑功能，即多个开漏的引脚可以直接并在一起（不需要缓冲隔离）使用，并统一外接一个合适的上拉电阻，就自然形成“逻辑与”关系。开漏输出还能够方便地实现不同逻辑电平之间的转换（如 3.3～5V 之间的逻辑电平的转换），只需外接一个上拉电阻，而不需要额外的转换电路。典型的应用例子就是基于开漏连接的 I2C 总线。

2）通用开漏输出

通用开漏输出模式的信号流图与通用推挽输出模式的信号流图类似，但 GPIO 输出“0”时引脚接 GND，GPIO 输出“1”时引脚悬空，即图 5-7 中编号为③的 PMOS 管不起作用。该引脚需要外接上拉电阻，只有这样才能输出高电平。

3）复用开漏输出

复用开漏输出模式供片内外设使用。它的信号流图与复用推挽输出模式的信号流图类似，只是图 5-8 中的编号为③的 PMOS 管不起作用。

5.2.5　GPIO 速度选择

在 I/O 接口的输出模式下，有 3 种输出速度可选，分别为 2MHz、10MHz 和 50MHz。这里的速度是指 I/O 接口驱动电路的响应速度，而不是输出信号的速度，输出信号的速度与程序有关。芯片内部在 I/O 接口的输出部分安排了多个响应速度不同的输出驱动电路，用户可以根据自己的需要选择合适的输出驱动电路。通过选择响应速度来选择不同的输出驱动模块，以达到最佳的噪声控制和降低功耗的目的。高频驱动电路的噪声大，当不需要高的输出频率时，应选用低频驱动电路，这样有利于提高系统的 EMI 性能。当然，如果在需要较高的输出频率时，却选用了较低频率的驱动模块，那么很可能会得到失真的输出信号，因为 GPIO 的引脚速度是与应用匹配的。例如，对于串口，假如最大波特率只需 115.2kbit/s，那么用 2MHz 的 GPIO 的引脚速度就够了，省电且噪声小；对于 I2C 接口，假如使用 400kbit/s 的波特率，若想把裕量留大些，那么用 2MHz 的 GPIO 的引脚速度或许不够，这时可以选用 10MHz 的 GPIO 的引脚速度；对于 SPI 接口，假如使用 18MHz 或 9MHz，用 10MHz 的 GPIO 的引脚速度显然不够，此时需要选用 50MHz 的 GPIO 的引脚速度。GPIO 接口设为输入时，输出驱动电路与端口是断开的，因此输出速度配置无意义。

5.2.6 钳位功能

GPIO 内部具有钳位二极管，如图 5-10 所示，其作用是防止从外部引脚输入的电压过高或过低。V_{DD}正常供电是 3.3V，如果从 Pin 引脚输入的信号（假设任何输入信号都有一定的内阻）电压超过 V_{DD}加上二极管 VD_1的导通压降（假定约 0.6V），则二极管 VD_1导通，会把多余的电流引到 V_{DD}上，而真正输入内部的信号电压不会超过 3.9V。同理，如果从 Pin 引脚输入的信号电压比 GND 端的电压还低，则由于二极管 VD_2的作用，会把实际输入内部的信号电压钳制为-0.6V（约数）。

假设 V_{DD}=3.3V，GPIO 设置在开漏输出模式下，外接 10kΩ 上拉电阻后连接至 5V 电源，在输出“1”时，通过测量可以发现，GPIO 引脚上的电压并不会达到 5V，而是约为 4V，这正是内部钳位二极管在起作用。虽然输出电压达不到满幅的 5V，但对于实际的数字逻辑，通常 3.5V 以上就算是高电平了。如果确实想进一步提高输出电压，那么有一种简单的做法，就是先在 GPIO 引脚上串联一只二极管（如 1N4148），并接上拉电阻。如图 5-11 所示，虚线框内是芯片内部电路。当向 CP 引脚写“1”时，VT_1关闭，在 Pin 引脚上得到的电压约为 4.5V，电压提升效果明显；当向 CP 引脚写“0”时，VT_1导通，在 Pin 引脚上得到的电压约为 0.6V，仍属低电平。

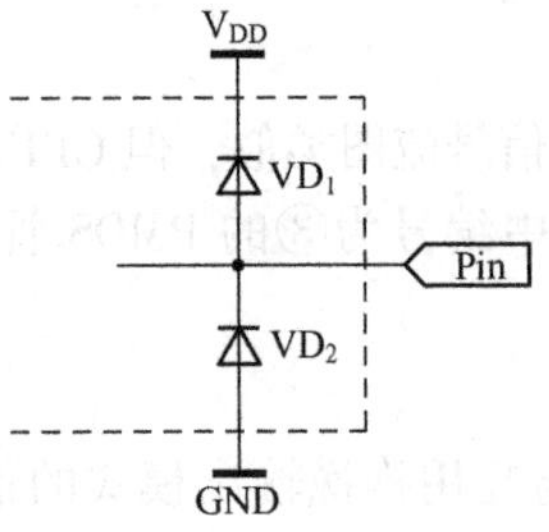

图 5-10 钳位二极管

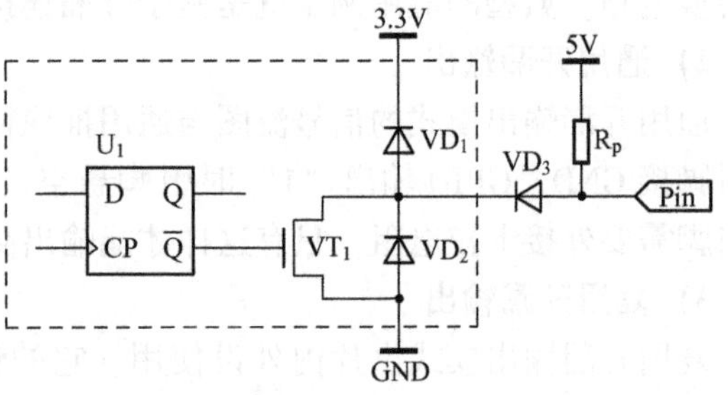

图 5-11 解决开漏输出模式上拉电压不足的方法

在 STM32 中怎样选择 I/O 模式呢？

（1）浮空输入（_IN_FLOATING）：片内外设功能。

（2）上拉输入（_IPU）和下拉输入（_IPD）：用来检测外部信号，如按键等。

（3）模拟输入（_AIN）：应用 ADC 模拟输入，或者在低功耗情况下考虑省电的设置。

（4）开漏输出（_OUT_OD）：一般应用在 I2C、SMBUS 通信等需要“线与”逻辑功能的总线电路中。

（5）推挽输出（_OUT_PP）：一般应用在输出电平为 0V 和 3.3V 且需要高速切换开关状态的场合。在 STM32 的应用中，除了必须用开漏输出模式的场合，通常均使用推挽输出模式。

（6）复用推挽输出（_AF_PP）：片内外设功能（I2C 的 SCL、SDA）。

（7）复用开漏输出（_AF_OD）：片内外设功能（TX、MOSI、MISO、SCK、SS）。

5.3　GPIO 寄存器映射

5.3.1　GPIO 寄存器

计算机中有两类寄存器：通用寄存器和外设寄存器。通用寄存器是 CPU 的组成部分，CPU 的很多活动都需要通用寄存器的支持和参与，如 ARM 公司的 R0-R15，x86 体系计算机的 AX、BX、CX、DX。编程操控外设的相应功能是通过访问外设寄存器来实现的，外设寄存器是外设硬件的软件编程界面 API。GPIO 寄存器属于外设寄存器。

寄存器地址信息和外设特定功能单元的对应关系称为寄存器映射。通用寄存器直接用名称（非地址）来访问，如 R0、MSP 等。外设寄存器通过寄存器映射的地址来访问。需要说明的是，外设寄存器映射地址不对应存储器空间，而对应外设硬件功能。由于 STM32 外设和存储器统一编址，因此外设寄存器映射地址与存储器地址的形式相同，都是 32 位。这里请读者复习 2.5.4 节最后一段内容。

CM3 的硬件驱动是经过一系列控制寄存器的写入操作实现的。这些控制寄存器就像一些精巧的控制装置，能够接收指令，并操纵相关设备完成指令规定的行为或动作；也可以将其看作传真机上的键盘和显示屏，它们是设备制造商提供给用户的人机交换接口，键盘可以让用户控制传真机的行为，而显示屏可以让用户了解传真机的当前状态。控制寄存器的作用与传真机的键盘、显示屏的作用完全相同，具有读取和写入这两种最基本的人机交互功能。图 5-12 很形象地描绘了控制寄存器、设备、用户三者之间的关系。按下按键相当于向寄存器写入控制数据，而观看显示屏则相当于读取寄存器中的控制数据，简单的读取和写入功能可以让系统完成复杂的行为与动作。从编程的角度来看，这些寄存器也可以看作设备制造商提供的底层 API，只不过函数名改成了某个内存地址，而函数调用则改成了读/写这个地址。

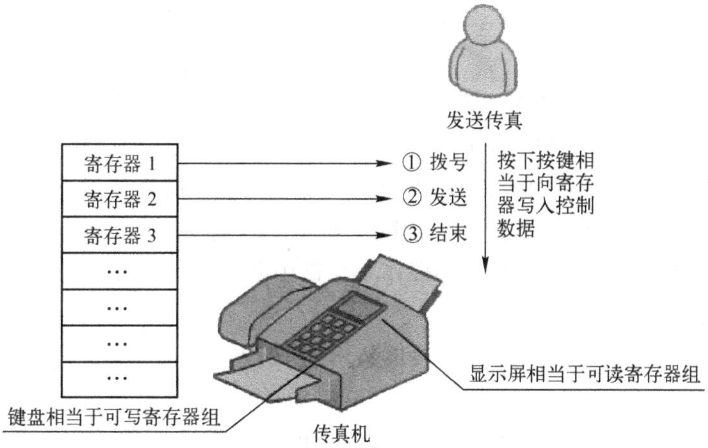

图 5-12　控制寄存器、设备、用户三者之间的关系

GPIO 相关寄存器功能如表 5-3 所示。每个 GPIO 接口都有两个 32 位配置寄存器（GPIOx_CRL 和 GPIOx_CRH）、两个 32 位数据寄存器（GPIOx_IDR 和 GPIOx_ODR）、一个 32 位置位/复位寄存器（GPIOx_BSRR）、一个 16 位复位寄存器（GPIOx_BRR）和一个 32 位配置锁定寄存器（GPIOx_LCKR）。GPIO 寄存器地址映射和复位值如表 5-4 所示。

表 5-3　GPIO 相关寄存器功能

寄　存　器	功　　能
端口配置低位寄存器 GPIOx_CRL	用于设置端口低 8 位工作模式
端口配置高位寄存器 GPIOx_CRH	用于设置端口高 8 位工作模式
端口输入数据寄存器 GPIOx_IDR	如果端口被配置为输入端口，则可以从 GPIOx_IDR 的相应位读数据
端口输出数据寄存器 GPIOx_ODR	如果端口被配置为输出端口，则可以从 GPIOx_ODR 的相应位读或写数据
端口位设置/清除寄存器 GPIOx_BSRR	通过该寄存器可以对端口数据输出寄存器 GPIOx_ODR 的每一位进行置位和复位操作
端口位清除寄存器 GPIOx_BRR	通过该寄存器可以对端口数据输出寄存器 GPIOx_ODR 的每一位进行复位操作
端口配置锁定寄存器 GPIOx_LCKR	当执行正确的写序列设置了位 16（LCKK）时，该寄存器用于锁定端口位的配置

表 5-4　GPIO 寄存器地址映射和复位值

<table>
<tr><th>偏移</th><th>寄存器</th><th>31</th><th>30</th><th>29</th><th>28</th><th>27</th><th>26</th><th>25</th><th>24</th><th>23</th><th>22</th><th>21</th><th>20</th><th>19</th><th>18</th><th>17</th><th>16</th><th>15</th><th>14</th><th>13</th><th>12</th><th>11</th><th>10</th><th>9</th><th>8</th><th>7</th><th>6</th><th>5</th><th>4</th><th>3</th><th>2</th><th>1</th><th>0</th></tr>
<tr><td rowspan="2">000h</td><td>GPIOx_CRL</td><td colspan="2">CNF7[1:0]</td><td colspan="2">MODE7[1:0]</td><td colspan="2">CNF6[1:0]</td><td colspan="2">MODE6[1:0]</td><td colspan="2">CNF5[1:0]</td><td colspan="2">MODE5[1:0]</td><td colspan="2">CNF4[1:0]</td><td colspan="2">MODE4[1:0]</td><td colspan="2">CNF3[1:0]</td><td colspan="2">MODE3[1:0]</td><td colspan="2">CNF2[1:0]</td><td colspan="2">MODE2[1:0]</td><td colspan="2">CNF1[1:0]</td><td colspan="2">MODE1[1:0]</td><td colspan="2">CNF0[1:0]</td><td colspan="2">MODE0[1:0]</td></tr>
<tr><td>复位值</td><td>0</td><td>1</td><td>0</td><td>0</td><td>0</td><td>1</td><td>0</td><td>0</td><td>0</td><td>1</td><td>0</td><td>0</td><td>0</td><td>1</td><td>0</td><td>0</td><td>0</td><td>1</td><td>0</td><td>0</td><td>0</td><td>1</td><td>0</td><td>0</td><td>0</td><td>1</td><td>0</td><td>0</td><td>0</td><td>1</td><td>0</td><td>0</td></tr>
<tr><td rowspan="2">004h</td><td>GPIOx_CRH</td><td colspan="2">CNF15[1:0]</td><td colspan="2">MODE15[1:0]</td><td colspan="2">CNF14[1:0]</td><td colspan="2">MODE14[1:0]</td><td colspan="2">CNF13[1:0]</td><td colspan="2">MODE13[1:0]</td><td colspan="2">CNF12[1:0]</td><td colspan="2">MODE12[1:0]</td><td colspan="2">CNF11[1:0]</td><td colspan="2">MODE11[1:0]</td><td colspan="2">CNF10[1:0]</td><td colspan="2">MODE10[1:0]</td><td colspan="2">CNF9[1:0]</td><td colspan="2">MODE9[1:0]</td><td colspan="2">CNF8[1:0]</td><td colspan="2">MODE8[1:0]</td></tr>
<tr><td>复位值</td><td>0</td><td>1</td><td>0</td><td>0</td><td>0</td><td>1</td><td>0</td><td>0</td><td>0</td><td>1</td><td>0</td><td>0</td><td>0</td><td>1</td><td>0</td><td>0</td><td>0</td><td>1</td><td>0</td><td>0</td><td>0</td><td>1</td><td>0</td><td>0</td><td>0</td><td>1</td><td>0</td><td>0</td><td>0</td><td>1</td><td>0</td><td>0</td></tr>
<tr><td rowspan="2">008h</td><td>GPIOx_IDR</td><td colspan="16" rowspan="2">保留</td><td colspan="16">IDR[15:0]</td></tr>
<tr><td>复位值</td><td>0</td><td>0</td><td>0</td><td>0</td><td>0</td><td>0</td><td>0</td><td>0</td><td>0</td><td>0</td><td>0</td><td>0</td><td>0</td><td>0</td><td>0</td><td>0</td></tr>
<tr><td rowspan="2">00Ch</td><td>GPIOx_ODR</td><td colspan="16" rowspan="2">保留</td><td colspan="16">ODR[15:0]</td></tr>
<tr><td>复位值</td><td>0</td><td>0</td><td>0</td><td>0</td><td>0</td><td>0</td><td>0</td><td>0</td><td>0</td><td>0</td><td>0</td><td>0</td><td>0</td><td>0</td><td>0</td><td>0</td></tr>
<tr><td rowspan="2">010h</td><td>GPIOx_BSRR</td><td colspan="16">BR[15:0]</td><td colspan="16">BSR[15:0]</td></tr>
<tr><td>复位值</td><td>0</td><td>0</td><td>0</td><td>0</td><td>0</td><td>0</td><td>0</td><td>0</td><td>0</td><td>0</td><td>0</td><td>0</td><td>0</td><td>0</td><td>0</td><td>0</td><td>0</td><td>0</td><td>0</td><td>0</td><td>0</td><td>0</td><td>0</td><td>0</td><td>0</td><td>0</td><td>0</td><td>0</td><td>0</td><td>0</td><td>0</td><td>0</td></tr>
<tr><td rowspan="2">014h</td><td>GPIOx_BRR</td><td colspan="16" rowspan="2">保留</td><td colspan="16">BR[15:0]</td></tr>
<tr><td>复位值</td><td>0</td><td>0</td><td>0</td><td>0</td><td>0</td><td>0</td><td>0</td><td>0</td><td>0</td><td>0</td><td>0</td><td>0</td><td>0</td><td>0</td><td>0</td><td>0</td></tr>
<tr><td rowspan="2">018h</td><td>GPIOx_LCKR</td><td colspan="15" rowspan="2">保留</td><td>LCKK</td><td colspan="16">LCK[15:0]</td></tr>
<tr><td>复位值</td><td>0</td><td>0</td><td>0</td><td>0</td><td>0</td><td>0</td><td>0</td><td>0</td><td>0</td><td>0</td><td>0</td><td>0</td><td>0</td><td>0</td><td>0</td><td>0</td><td>0</td></tr>
</table>

每个 I/O 接口位都可以自由编程，但 I/O 寄存器必须按 32 位字被访问（不允许半字或字节访问）。GPIOx_BSRR 和 GPIOx_BRR 允许对任何 GPIO 接口的读/写独立进行访问。这样，在读和写之间产生中断时不会发生危险，避免了设置或清除 I/O 接口时的“读—改—写”操作，使得设置或清除 I/O 接口的操作不会被中断处理打断而造成误动作。

外设寄存器的分类如下。

（1）数据寄存器 xxx_DR：保存外设输入/输出的数据，如 GPIOx_IDR、GPIOx_ODR、USART_DR 等。

（2）状态寄存器 xxx_SR：实时更新外设的当前运行状态，其中主要是一些标志位，如 USART_SR、ADC_SR 等。

（3）控制寄存器 xxx_CR：用来配置、控制回应外设的工作方式，如 GPIOx_CRL、AFIO_EXTICR1 ～ AFIO_EXTICR4。

外设寄存器相关库函数如下。

（1）xxx_DR 相关 HAL 库函数。

通过输入参数向函数指定要使用的外设，如用(GPIOA,GPIO_Pin_5)选定 PA5 进行控制，用 USART1 指定使用串口 1。

若向外输出数据，则调用 Output()或 Send()函数，把要输出的数据变量作为函数的输入参数；若要接收外部数据，则调用 HAL_PPP_Read()或 HAL_PPP_Receive()函数，读取函数的返回值，得到外部输入数据。

对于其他外设，也有类似的控制数据输入/输出函数。例如，用 HAL_ADC_GetValue()函数获取经 ADC 转换得到的数值。

(2) xxx_SR 相关库函数（略）。

(3) xxx_CR 相关库函数（略）。

上述 3 类库函数的具体案例详见表 4-8。

设置工作模式、使能外设等常在初始化硬件时完成，通过调用初始化函数 xxx_Init()来实现。在调用初始化函数 xxx_Init()之前，要给它传递参数，包括初始化的对象和该对象的值。

初始化的对象当然是外设寄存器 xxx_TypeDef（xxx 代表外设）类型的结构体，在传递参数时，通常用指向该结构体的指针进行传送，如 USART_TypeDef * USARTx。

对象的值保存在另外一个结构体变量中，结构体类型的名称通常是 xxx_InitTypeDef，如 USART_InitTypeDef USART_InitStructure。在给 xxx_Init()传递参数时，传递的同样是这个变量的指针。

5.3.2 用 C 语言对寄存器进行封装

本书选择的 Nucleo-F103RB 开发板上 STM32 的芯片型号为 stm32f103RBT6。定义 GPIO 寄存器组的结构体 GPIO_TypeDef 在库文件 stm32f103xb. h 中：

```
/**
  * @brief General Purpose I/O
  */
typedef struct
{
  __IO uint32_t CRL;
  __IO uint32_t CRH;
  __IO uint32_t IDR;
  __IO uint32_t ODR;
  __IO uint32_t BSRR;
  __IO uint32_t BRR;
  __IO uint32_t LCKR;
} GPIO_TypeDef;
...
#define FLASH_BASE       0x08000000UL /*!<FLASH base address in the alias region */
#define SRAM_BASE        0x20000000UL /*!< SRAM base address in the alias region */
#define PERIPH_BASE      0x40000000UL /*!<位绑定别名区外设基地址 */

#define SRAM_BB_BASE     0x22000000UL /*!< SRAM base address in the bit-band region */
```

```
#define PERIPH_BB_BASE  0x42000000UL /*!<Peripheral base address in the bit-band region */

/*!<外设地址映射 */
#define APB1PERIPH_BASE PERIPH_BASE
#define APB2PERIPH_BASE (PERIPH_BASE + 0x00010000UL)
#define AHBPERIPH_BASE  (PERIPH_BASE + 0x00020000UL)

#define AFIO_BASE          (APB2PERIPH_BASE + 0x00000000UL)
#define EXTI_BASE          (APB2PERIPH_BASE + 0x00000400UL)
#define GPIOA_BASE         (APB2PERIPH_BASE + 0x00000800UL)
#define GPIOB_BASE         (APB2PERIPH_BASE + 0x00000C00UL)
#define GPIOC_BASE         (APB2PERIPH_BASE + 0x00001000UL)
#define GPIOD_BASE         (APB2PERIPH_BASE + 0x00001400UL)
#define GPIOE_BASE         (APB2PERIPH_BASE + 0x00001800UL)
...

#define AFIO               ((AFIO_TypeDef *)AFIO_BASE)
#define EXTI               ((EXTI_TypeDef *)EXTI_BASE)
#define GPIOA              ((GPIO_TypeDef *)GPIOA_BASE)
#define GPIOB              ((GPIO_TypeDef *)GPIOB_BASE)
#define GPIOC              ((GPIO_TypeDef *)GPIOC_BASE)
#define GPIOD              ((GPIO_TypeDef *)GPIOD_BASE)
#define GPIOE              ((GPIO_TypeDef *)GPIOE_BASE)
```

从官方给出的存储器映像可以看出各个外设的基地址，这些基地址加上相应的偏移就是寄存器地址，之后修改寄存器的内容就可以，应用的关键是如何构造数据结构对这些寄存器进行操作。从上面的宏定义可以看出，GPIOx（x=A,B,C,D,E）寄存器的存储映射首地址分别是 0x40010800、0x40010C00、0x40011000、0x40011400、0x40011800。首地址加上表 5-4 中各寄存器偏移就是寄存器在存储器中的位置。例如：

GPIOA_CRH= GPIOA 首地址+ CRH 地址偏移=0x40010800+0x004=0x40010804

上述外设寄存器结构体定义仅仅是一个定义，要想只通过给这个结构体赋值就达到操作寄存器的效果，还需要找到该寄存器的地址，把寄存器的地址与结构体的地址对应起来。

这些结构体内的成员都代表寄存器，每个结构体成员前都增加了一个“__IO”前缀，它的原型代表了 C 语言中的关键字 volatile，而寄存器通常是由外设或 STM32 芯片状态来修改的。也就是说，即使 CPU 不执行代码修改这些变量，变量的值也有可能被外设修改、更新，因此，在每次使用这些变量时，都要求 CPU 对该变量的地址重新进行访问。若没有这个关键字修饰，则在某些情况下，编译器认为没有代码修改该变量，就直接从 CPU 的某个缓存中获取该变量的值，这时可以提高执行速度，但该缓存中保存的是陈旧的数据，不是寄存器的最新状态。

定义好外设寄存器结构体并完成外设存储器映射后，可以把外设的基址强制类型转换成相应的外设寄存器结构体指针，并把该指针声明成外设名。这样，外设名就与外设地址对应起来了，而且，该外设名还是一个该外设类型的寄存器结构体指针，通过该指针可以直接操作该外设的全部寄存器。最终通过强制类型转换把外设的基地址转换成 GPIO_TypeDef 类型的结构体指针，通过宏定义把 GPIOA、GPIOB 等定义成外设的结构体指针。此时，通过外设的结构体指针就可以达到访问外设寄存器的目的。

对外设的访问与对内存地址的访问的编程方法相同。在 C 语言中，对内存地址的访问就是指针操作。为了增加可读性，往往采用如下宏定义：

```
#define MACRO_BASE 0x4001 0C0C
#define MACRO_NAME ( *(volatile unsigned int *)MACRO_BASE)
```

（1）MACRO_BASE 是一个立即数。

（2）在 *(volatile unsigned int *)中，左边的 * 的作用是对这个指针的引用，取这个地址对应的内容。

（3）(volatile unsigned int *)MACRO_BASE：进行强制类型转换，把立即数转换成指针。

此时，需要注意以下几点。

（1）unsigned：禁止进行算术移位，要进行逻辑移位，因为嵌入式编程大量采用移位操作。如果带符号，就会形成算术移位，即最高位符号不参与移位，这是错误的。

（2）volatile：禁止编译器对变量访问进行优化，即源代码中有多少读/写操作，编译后就生成多少机器操作指令。

5.4　GPIO 的 HAL 库函数

1. 初始化函数

HAL_GPIO_Init()函数：根据设定参数初始化 GPIO 寄存器。

HAL_GPIO_DeInit()函数：GPIO 外设寄存器为初始化时的默认值。

注意：在配置 GPIO 接口为输出模式时，只会用到 HAL_GPIO_Init()函数，而用不到 HAL_GPIO_DeInit()函数。因为 GPIOx_CRL、GPIOx_CRH 的默认值都是 0x44444444，所以 CNFy[1:0]的默认值是 01，MODEy[1:0]的默认值是 00，即引脚的初始状态是输入模式，且是浮空输入模式。

2. 状态位操作函数

HAL_GPIO_ReadPin()函数：读取 GPIO 接口的输入数据寄存器的指定位。

HAL_GPIO_WritePin()函数：设置或清除指定 GPIO 接口的相应数据位。

HAL_GPIO_TogglePin()函数：改变指定 GPIO 接口的状态。

HAL_GPIO_LockPin()函数：锁定指定 GPIO 接口的配置寄存器（CRL、CRH）。

3. I/O 操作流程

（1）使能 I/O 接口时钟：__HAL_RCC_GPIOx_CLK_ENABLE()。

（2）配置 I/O 接口的输出模式：HAL_GPIO_Init()。

（3）操作 I/O 接口输出数据寄存器，控制 I/O 引脚的输出状态：HAL_GPIO_ReadPin()、HAL_ GPIO_WritePin()、HAL_GPIO_TogglePin()、HAL_GPIO_LockPin()。

5.5 HAL 库函数与寄存器的关系

当利用 Cube 新建项目工程后，main. c 的结构如下：

```
/**
  * main()主函数入口程序
  * 返回值类型为 int
  */
int main(void)
{
  /*用户代码 1 开始 */

  /*用户代码 1 结束 */

  /*MCU 配置-------------------------------------------------------------------------*/

  /* 复位所有外设，初始化 Flash 接口和 Systick */
  HAL_Init();

  /*用户代码 Init 开始 */

  /*用户代码 Init 结束 */

  /*配置系统时钟 */
  SystemClock_Config();

  /*用户代码 SysInit 开始 */

  /*用户代码 SysInit 结束 */

  /*初始化时所用配置外设 */
  MX_GPIO_Init();
  /* 用户代码 2 开始 */

  /*用户代码 2 结束 */

  /*主循环 */
  /*用户代码 WHILE 开始 */
  while (1)
  {
   /* 用户代码 WHILE 结束 */
```

```
    /* 用户代码 3 开始 */
  }
    /* 用户代码 3 结束 */
}
```

下面以 HAL_Init( )等函数为例，介绍 HAL 库函数与寄存器的关系。

5.5.1　解析 HAL_Init( )函数

main( )函数的第一条语句就是对函数 HAL_Init( )的调用。HAL_Init( )函数的源代码如下：

```
HAL_StatusTypeDef HAL_Init(void)
{
  /* 预取指缓存的配置 */
#if (PREFETCH_ENABLE != 0)
#if defined(STM32F101x6) || defined(STM32F101xB) || defined(STM32F101xE) || defined
(STM32F101xG) || \
    defined(STM32F102x6) || defined(STM32F102xB) || \
    defined(STM32F103x6) || defined(STM32F103xB) || defined(STM32F103xE) || defined
(STM32F103xG) || \
    defined(STM32F105xC) || defined(STM32F107xC)

  /* 预取指缓存不可用 */
  __HAL_FLASH_PREFETCH_BUFFER_ENABLE();
#endif
#endif /* PREFETCH_ENABLE */

  /* 设置中断优先级分组 */
  HAL_NVIC_SetPriorityGrouping(NVIC_PRIORITYGROUP_4);

  /* Systick 提供 1ms 时基(复位后 HSI 是默认时钟源) */
  HAL_InitTick(TICK_INT_PRIORITY);

  /* 初始化硬件 */
  HAL_MspInit();

  /* 返回函数状态 */
  return HAL_OK;
}
```

其实，HAL_Init( )函数的定义就是 main( )函数中的注释“复位所有外设，初始化 Flash 接口和 SysTick”。

HAL_Init( )函数的第一部分是有关预取指缓存的配置，与上面的配置代码相同。

预取指缓存（Flash Prefetch）就是 CPU 从闪存中读取指令时的缓存器，该缓存器有 2 个，每个 64 位，每次从闪存中读取指令时，一次读取 64 位（因为闪存的带宽是 64 位），而

CPU 每次取指最多 32 位，这样，CPU 在读取指令时，下一条指令已经被装载在缓冲区中，从而可以提高 CPU 的工作效率。

HAL_InitTick( )函数实现的功能如注释所述，就是配置系统嘀嗒时钟每毫秒产生一次 SysTick 中断（嘀嗒），同时配置 SysTick 中断的优先级。8.11 节会对 HAL_InitTick( )函数进行深入的讲解。

对于 SystemClock_Config( )函数，详见 3.2.5 节。

5.5.2 解析 MX_GPIO_Init( )函数

MX_GPIO_Init(void)的源代码如下：

```
static void MX_GPIO_Init(void)
{
  GPIO_InitTypeDef GPIO_InitStruct = {0};

  /* GPIO 口时钟使能 */
  __HAL_RCC_GPIOA_CLK_ENABLE();

  /* 控制 GPIO 引脚输出 */
  HAL_GPIO_WritePin(LED2_GPIO_Port, LED2_Pin, GPIO_PIN_RESET);

  /* LED2_Pin 的 GPIO 初始化配置 */
  GPIO_InitStruct.Pin = LED2_Pin;
  GPIO_InitStruct.Mode = GPIO_MODE_OUTPUT_PP;
  GPIO_InitStruct.Pull = GPIO_NOPULL;
  GPIO_InitStruct.Speed = GPIO_SPEED_FREQ_HIGH;
  HAL_GPIO_Init(LED2_GPIO_Port, &GPIO_InitStruct);
}
```

1. GPIO_InitTypeDef 解析

HAL 库函数对每个外设都建立了一个初始化结构体 xxx_InitTypeDef（xxx 为外设的名称），结构体成员用于设置外设工作参数，并由 HAL 库函数 xxx_Init( )调用这些参数设置外设相应的寄存器，达到配置外设工作环境的目的。

结构体 xxx_InitTypeDef 和库函数 xxx_Init( )配合使用是 HAL 库的精髓所在，理解了结构体 xxx_InitTypeDef 每个成员的意义，就可以对该外设运用自如。结构体 xxx_InitTypeDef 定义在 stm32f1xx_hal_xxx.h 文件中，库函数 xxx_Init( )定义在 stm32f1xx_xxx.c 文件中，编程时可以参考这两个文件内的注释进行理解。

GPIO_InitTypeDef 的定义如下：

```
/**
   * GPIO 初始化结构体定义
   */
typedef struct
{
```

```
    uint32_t Pin;
    uint32_t Mode;
    uint32_t Pull;
    uint32_t Speed;
/
} GPIO_InitTypeDef;
```

该结构体定义了以下 4 个成员变量。

Pin：指定要设定的 GPIO 引脚。

Mode：指定引脚的操作模式。

Pull：指定引脚的上拉、下拉内阻。

Speed：指定引脚的速度范围。

2. GPIO_pins_define 解析

根据结构体 GPIO_InitTypeDef 中 Pin 的定义，其可赋的参数值是 GPIO_pins_define 类型数据。要找到该定义，需要借助 MX_GPIO_Init(void)函数中的语句：

```
GPIO_InitStruct.Pin = LED2_Pin;
```

通过该语句中的 LED2_Pin 可以找到其定义（代码位于 main.h 文件中）：

```
#define LED2_Pin GPIO_PIN_5
```

通过该宏定义语句中的 GPIO_PIN_5 可以找到有关 GPIO_pins_define 的定义（代码位于 stm32f1xx_hal_gpio.h 文件中）：

```
/** @GPIO 引脚地址宏定义
  * @{
  */
#define GPIO_PIN_0      ((uint16_t)0x0001)  /* 引脚 0 宏定义  */
#define GPIO_PIN_1      ((uint16_t)0x0002)  /* 引脚 1 宏定义  */
#define GPIO_PIN_2      ((uint16_t)0x0004)  /* 引脚 2 宏定义  */
#define GPIO_PIN_3      ((uint16_t)0x0008)  /* 引脚 3 宏定义  */
#define GPIO_PIN_4      ((uint16_t)0x0010)  /* 引脚 4 宏定义  */
#define GPIO_PIN_5      ((uint16_t)0x0020)  /* 引脚 5 宏定义  */
#define GPIO_PIN_6      ((uint16_t)0x0040)  /* 引脚 6 宏定义  */
#define GPIO_PIN_7      ((uint16_t)0x0080)  /* 引脚 7 宏定义  */
#define GPIO_PIN_8      ((uint16_t)0x0100)  /* 引脚 8 宏定义  */
#define GPIO_PIN_9      ((uint16_t)0x0200)  /* 引脚 9 宏定义  */
#define GPIO_PIN_10     ((uint16_t)0x0400)  /* 引脚 10 宏定义  */
#define GPIO_PIN_11     ((uint16_t)0x0800)  /* 引脚 11 宏定义  */
#define GPIO_PIN_12     ((uint16_t)0x1000)  /* 引脚 12 宏定义  */
#define GPIO_PIN_13     ((uint16_t)0x2000)  /* 引脚 13 宏定义  */
#define GPIO_PIN_14     ((uint16_t)0x4000)  /* 引脚 14 宏定义  */
#define GPIO_PIN_15     ((uint16_t)0x8000)  /* 引脚 15 宏定义  */
#define GPIO_PIN_All    ((uint16_t)0xFFFF)  /* 所有引脚宏定义 */
```

要了解该处的定义，首先要知道 STM32F103 的 GPIO 的基本情况。在增强型 STM32 系列中，STM32F103Rxxx 的微控制器是 64 引脚封装的，而在这 64 个引脚中，有 51 个引脚是 GPIO，这 51 个引脚又分为 4 组，分别是 GPIOA、GPIOB、GPIOC、GPIOD。其中，前 3 组每组有 16 个引脚（ GPIOD 仅分配了 3 个引脚），刚好用一个半字（16 位）的每位表示每个引脚的定义。

3. 查看 GPIO_speed_define

有关 GPIO 输出速度的描述如表 5-5 所示。

表 5-5　输出模式位 MODE[1:0]

MODE[1:0]	意　义
00	保留
01	最高频率为 10MHz
10	最高频率为 2MHz
11	最高频率为 50MHz

了解 STM32 微控制器的 GPIO 的输出速度后，通过 main( ) 函数的语句 “GPIO_InitStruct. Speed = GPIO_SPEED_FREQ_HIGH;” 中的 GPIO_SPEED_FREQ_HIGH 来查看结构体 GPIO_InitTypeDef 另外的成员变量（代码位于 stm32f1xx_hal_gpio. h 文件中）：

```
/** GPIO 输出速度限制宏定义
  * GPIO 输出最大频率范围
  * @{
  */
#define  GPIO_SPEED_FREQ_LOW       (GPIO_CRL_MODE0_1) /*!< Low speed */
#define  GPIO_SPEED_FREQ_MEDIUM    (GPIO_CRL_MODE0_0) /*!< Medium speed */
#define  GPIO_SPEED_FREQ_HIGH      (GPIO_CRL_MODE0)   /*!< High speed */
```

进一步查看 GPIO_CRL_MODE0_1、GPIO_CRL_MODE0_0、GPIO_CRL_MODE0 的定义（代码位于 stm32f103xb. h 文件中）：

```
#define GPIO_CRL_MODE0_Pos     (0U)
#define GPIO_CRL_MODE0_Msk     (0x3UL << GPIO_CRL_MODE0_Pos)  /*!< 0x00000003 */
#define GPIO_CRL_MODE0         GPIO_CRL_MODE0_Msk  /*!< MODE0[1:0] bits (Port x
mode bits, pin 0) */
#define GPIO_CRL_MODE0_0       (0x1UL << GPIO_CRL_MODE0_Pos)  /*!<0x00000001 */
#define GPIO_CRL_MODE0_1       (0x2UL << GPIO_CRL_MODE0_Pos)  /*!< 0x00000002 */
```

将 C 语言的宏定义还原一下，就是：

```
#define  GPIO_SPEED_FREQ_LOW      0x00000002 /*!< 低速范围 */
#define  GPIO_SPEED_FREQ_MEDIUM   0x00000001 /*!< 中速范围 */
#define  GPIO_SPEED_FREQ_HIGH     0x00000003  /*!< 高速范围 */
```

这与表 5-5 中的输出模式为 MODE[1:0]的对应值 0x01、0x02、0x03 一致；还原到 main()函数中，对结构体 GPIO_InitTypeDef 的配置即变为：

```
#define  GPIO_SPEED_FREQ_HIGH     0x00000003  /*!<High speed  */
```

该值也是后面 HAL_GPIO_Init()函数中配置 GPIO 时要使用的值。

4. GPIO_mode_define 和 GPIO_pull_define 结构体

GPIO_InitTypeDef 的另外两个成员变量 Mode 和 Pull 可设置的数据类型是 GPIO_mode_define 和 GPIO_pull_define。要了解结构体 GPIO_InitTypeDef 的这两个成员变量，还要通过端口位配置表（见表 5-6）来学习。

表 5-6　端口位配置表

	配置模式	CNF1	CNF0	MODE[1:0]	PxODR 寄存器
通用输出	推挽	0	0	01 10 11 参照表 5-7	0 或 1
	开漏		1		0 或 1
复用功能输出	推挽	1	0		任意
	开漏		1		任意
输入	模拟输入	0	0	00	任意
	输入浮空		1		任意
	输入下拉	1	0		0
	输入上拉				1

注意：根据表 5-6，要掌握 STM32 微控制器的 GPIO 接口的 8 种工作模式的设置：通用输出（2 种）、复用功能输出（2 种）、输入（4 种）。首先由 MODE[1:0]设定工作于输入模式（MODE[1:0]=00）还是输出模式（MODE[1:0]>0），然后由 CNF[1:0]设定具体的工作模式。以通用输出模式为例，CNF[1:0]=00 代表设定为推挽输出模式，CNF[1:0]=01 代表设定为开漏输出模式。

这里介绍的 MODE[1:0]和 CNF[1:0]都是寄存器 GPIOx_CRL 的数据位。下面以 main()函数中用到的 GPIOA 的 Pin_5 为例来介绍 GPIOA_CRL 寄存器（见图 5-13）。

偏移地址：0x00
复位值：0x44444444

31	30	29	28	27	26	25	24	23	22	21	20	19	18	17	16
CNF7[1:0]		MODE7[1:0]		CNF6[1:0]		MODE6[1:0]		CNF5[1:0]		MODE5[1:0]		CNF4[1:0]		MODE4[1:0]	
rw	rw	rw	rw	rw	rw	rw	rw	rw	rw	rw	rw	rw	rw	rw	rw

15	14	13	12	11	10	9	8	7	6	5	4	3	2	1	0
CNF3[1:0]		MODE3[1:0]		CNF2[1:0]		MODE2[1:0]		CNF1[1:0]		MODE1[1:0]		CNF0[1:0]		MODE0[1:0]	
rw	rw	rw	rw	rw	rw	rw	rw	rw	rw	rw	rw	rw	rw	rw	rw

图 5-13　GPIOA_CRL 寄存器

GPIOA_CRL 各位域定义如表 5-7 所示。

需要说明的是，与端口（GPIOx）工作模式配置相关的寄存器有两组：GPIOx_CRL、GPIOx_CRH。其中，前面已经介绍的 GPIOx_CRL 控制端口 x 低 8 位引脚的配置；而 GPIOx_CRH 控制端口 x 高 8 位引脚的配置。

表 5-7 GPIOA_CRL 各位域定义

位　域	定　义
31:30 27:26 23:22 19:18 15:14 11:10 7:6 3:2	CNFy[1:0]：端口 x 配置位（y=0,1,…,7）。 软件通过这些位配置相应的 I/O 接口，请参考表 5-6。 输入模式（MODE[1:0]=00）： 00：模拟输入模式； 01：浮空输入模式（复位后的状态）； 10：上拉/下拉输入模式； 11：保留。 输出模式（MODE[1:0]>00）： 00：通用推挽输出模式； 01：通用开漏输出模式； 10：复用推挽输出模式； 11：复用开漏输出模式
29:28 25:24 21:20 17:16 13:12 9:8,5:4 1:0	MODEy[1:0]：端口 x 的模式位（y=0,1,…,7） 软件通过这些位配置相应的 I/O 接口，请参考表 5-6。 00：输入模式（复位后的状态）； 01：输出模式，最高频率为 10MHz； 10：输出模式，最高频率为 2MHz； 11：输出模式，最高频率为 50MHz

在 main()函数中，有关结构体 GPIO_InitTypeDef 的成员变量 Mode 和 Pull 的配置仅为了方便函数 HAL_GPIO_Init()内部的具体实现，并不对应 MODE[1:0]和 CNF[1:0]的设置。

5.5.3 解析 HAL_GPIO_Init()函数

在 main()函数中完成结构体 GPIO_InitTypeDef 的 4 个成员变量 Mode、Pull、Speed、Pin 的赋值之后，就可以调用 HAL_GPIO_Init()函数对 STM32 微控制器的 GPIO 进行配置了：

```
HAL_GPIO_Init(LED2_GPIO_Port, &GPIO_InitStruct);
```

有关函数 HAL_GPIO_Init()的原始定义（代码位于 stm32f1xx_hal_gpio.c 文件中）比较复杂，这里将其简化，只分析设置 GPIO 为通用输出模式的设置过程：

```
/**
  * 根据 GPIO_Init()函数中的参数初始化 GPIOx 外设
  * GPIOx 中的 x 是选中的 GPIO 组号，可从 A～G 中选择
  * GPIO_Init 是结构体 GPIO_InitTypeDef 的参数设置
  * 无返回值
  */
void HAL_GPIO_Init(GPIO_TypeDef  *GPIOx, GPIO_InitTypeDef *GPIO_Init)
{
  uint32_t position = 0x00u;
  uint32_t ioposition;
  uint32_t iocurrent;
  uint32_t temp;
  uint32_t config = 0x00u;
  __IO uint32_t *configregister; /*根据引脚号确定 CRL 或 CRH 寄存器*/
  uint32_t registeroffset;       /*确定 CRL 或 CRH 寄存器中 CNF 和 MODE 位域地址偏移*/
```

```
/* 检查参数设置 */
assert_param(IS_GPIO_ALL_INSTANCE(GPIOx));
assert_param(IS_GPIO_PIN(GPIO_Init->Pin));
assert_param(IS_GPIO_MODE(GPIO_Init->Mode));

/* 配置端口号 */
while (((GPIO_Init->Pin) >> position) != 0x00u)
{
  /* 获取将要配置的 I/O 位置 */
  ioposition = (0x01uL << position);

  /* 读取引脚信息中的当前引脚位置 */
  iocurrent = (uint32_t)(GPIO_Init->Pin) & ioposition;

  if (iocurrent == ioposition)
  {
    /* 检查复用函数参数 */
    assert_param(IS_GPIO_AF_INSTANCE(GPIOx));

    /* Based on the required mode, filling config variable with MODEy[1:0] and CNFy[3:2] corresponding bits */
    switch (GPIO_Init->Mode)
    {
      /* 如果配置引脚工作模式是推挽输出 */
      case GPIO_MODE_OUTPUT_PP:
      /* 则检查 GPIO 速度范围参数 */
        assert_param(IS_GPIO_SPEED(GPIO_Init->Speed));
        config = GPIO_Init->Speed + GPIO_CR_CNF_GP_OUTPUT_PP;
        break;

      /* 如果配置引脚工作模式是开漏输出 */
      case GPIO_MODE_OUTPUT_OD:
        /* 则检查 GPIO 速度范围参数 */
        assert_param(IS_GPIO_SPEED(GPIO_Init->Speed));
        config = GPIO_Init->Speed + GPIO_CR_CNF_GP_OUTPUT_OD;
        break;
      default:
        break;
    }

    /* 为了确认操作 CRH 和 CRL 哪个寄存器，检查当前位属于引脚数的前半部分(CRL)或后半部分(CRH) */
    configregister = (iocurrent < GPIO_PIN_8) ? &GPIOx->CRL : &GPIOx->CRH;
    registeroffset = (iocurrent < GPIO_PIN_8) ? (position << 2u) : ((position - 8u) << 2u);
```

```
        /* 将引脚的新配置写入寄存器 */
        MODIFY_REG((*configregister), ((GPIO_CRL_MODE0 | GPIO_CRL_CNF0) << register-
    offset), (config << registeroffset));

        /*------------------- EXTI 模式设置 ----------------------*/

      }
    }
  }
```

代码中的 while 循环语句是为了检测要设置的 GPIO 引脚，其中的关键语句是：

```
/* 配置端口号 */
  while (((GPIO_Init->Pin) >> position) != 0x00u)
  {
    /* 获取将要配置的 I/O 位置 */
    ioposition = (0x01uL << position);
    /* 读取引脚信息中的当前引脚位置 */
    iocurrent = (uint32_t)(GPIO_Init->Pin) & ioposition;
    if (iocurrent == ioposition)
```

结构体 GPIO_Init 在 main()函数中设定的是 LED2_Pin，其宏定义是 GPIO_PIN_5，而 GPIO_ PIN_5 的宏定义是((uint16_t)0x0020)，这样将 GPIO_Init->Pin=0x0020 代入代码中，可以推导出满足 if(iocurrent==ioposition)时，ioposition=0x0020 和 iocurrent=0x0020，进一步可以推导出 position=5。因而可以进一步简化 HAL_GPIO_Init()函数。同时，为了分析代码方便，将运行时的故障检测语句（assert_param）、多余的注释等也删除，此时代码精简如下：

```
void HAL_GPIO_Init(GPIO_TypeDef  *GPIOx, GPIO_InitTypeDef *GPIO_Init)
{
  uint32_t position = 0x00u;
  uint32_t ioposition;
  uint32_t iocurrent;
  uint32_t temp;
  uint32_t config = 0x00u;
  __IO uint32_t *configregister; /* 根据引脚号确定 CRL 或 CRH 寄存器 */
  uint32_t registeroffset;       /* 确定 CRL 或 CRH 寄存器中 CNF 和 MODE 位域地址偏移 */

  /*检查参数设置 */

  /* 配置端口号 */

    /* 根据需要的工作模式配置 MODEy[1:0]和 CNFy[3:2]的值 */
    switch (GPIO_Init->Mode)
    {
/* 如果配置引脚工作模式是推挽输出 */
```

```
        case GPIO_MODE_OUTPUT_PP:
          /* 则检查 GPIO 速度范围参数 */
           config = GPIO_Init->Speed + GPIO_CR_CNF_GP_OUTPUT_PP;
          break;

        /* 如果配置引脚工作模式是开漏输出 */
        case GPIO_MODE_OUTPUT_OD:
          /* 则检查 GPIO 速度范围参数 */
           config = GPIO_Init->Speed + GPIO_CR_CNF_GP_OUTPUT_OD;
          break;
      }

      /* 为了确认操作 CRH 和 CRL 哪个寄存器，检查当前位属于引脚数的前半部分(CRL)或
后半部分(CRH) */
      configregister = (iocurrent < GPIO_PIN_8) ? &GPIOx->CRL     : &GPIOx->CRH;
      registeroffset = (iocurrent < GPIO_PIN_8) ? (position << 2u) : ((position - 8u) << 2u);

      /* 将引脚的新配置写入寄存器 */
      MODIFY_REG(( * configregister), ((GPIO_CRL_MODE0 | GPIO_CRL_CNF0) << register-
offset), (config << registeroffset));

      /*-------------------- EXTI 模式配置 ----------------------*/


    }
  }
}
```

将 main( )函数中的 GPIO_InitTypeDef 类型结构体 GPIO_Init 的成员变量 Speed、Mode 的配置（GPIO_SPEED_FREQ_HIGH、GPIO_MODE_OUTPUT_PP）代入代码中，变量 iocurrent=0x0020（GPIO_PIN_5）。此时，iocurrent<GPIO_PIN_8 成立，代入代码中，函数 HAL_GPIO_Init( )精简如下：

```
void HAL_GPIO_Init(GPIO_TypeDef  * GPIOx, GPIO_InitTypeDef * GPIO_Init)
{
  uint32_t position = 0x05;
  uint32_t config = 0x00u;
  __IO uint32_t * configregister; /* 根据引脚号确定 CRL 或 CRH 寄存器 */
  uint32_t registeroffset=0;      /* 确定 CRL 或 CRH 寄存器中的 CNF 和 MODE 位域地址偏移 */

      config = GPIO_SPEED_FREQ_HIGH + GPIO_CR_CNF_GP_OUTPUT_PP;
//(iocurrent < GPIO_PIN_8) ? &GPIOx->CRL : &GPIOx->CRH;(iocurrent < GPIO_PIN_8)为真
      configregister =   &GPIOx->CRL;
// (iocurrent < GPIO_PIN_8) ? (position << 2u) : ((position - 8u) << 2u);(iocurrent < GPIO_PIN
_8)为真
      registeroffset = position << 2u;// position=5, 5<< 2u=20, registeroffset=20
```

```
MODIFY_REG((*configregister),((GPIO_CRL_MODE0 | GPIO_CRL_CNF0) << registeroffset),(config << registeroffset));
```

前面已经分析了变量 position 的值是 5，故变量 registeroffset 的值是 20，因为 C 语言中的左移（<<）语句 position<<2 就是 5×4＝20；将宏定义 GPIO_SPEED_FREQ_HIGH（0x3U）和 GPIO_CR_CNF_GP_OUTPUT_PP（0x00000000）的值代入 config 语句中，推导出 config 的值是 0x00000003，最终可以推导出函数 HAL_GPIO_Init()设置 GPIO 为输出口的过程，即调用 MODIFY_REG()函数设置 GPIOx_CRL 或 GPIOx_CRH 的过程，例程中的具体参数代入如下：

```
MODIFY_REG((*configregister),((GPIO_CRL_MODE0|GPIO_CRL_CNF0)<<20),(0x03<<registeroffset));
```

将这条语句对照如图 5-13 所示的 GPIOA_CRL 寄存器，将 MODE5[1:0]和 CNF5[1:0]配置的值 MODE5[1:0]＝11 和 CNF5[1:0]＝00 与表 5-6 和表 5-5 中 GPIO 设置状态对照就可以知道，MODE5[1:0]＝11 设置 PA5 引脚为输出模式，最大输出速度为 50MHz，同时，CNF5[1:0]＝00 设置 PA5 引脚为通用推挽输出模式，这些信息刚好与 main()函数中对结构体 GPIO_InitStruct 的设置一一对应。

以上分析了 HAL_GPIO_Init()函数源代码设置 GPIO 输出模式，读者可以根据这个过程，重新分析输出模式为 GPIO_MODE_OUTPUT_OD 的设置过程、输入模式的设置过程，这样就容易真正理解 HAL_GPIO_Init()函数。

5.5.4 解析__HAL_RCC_GPIOA_CLK_ENABLE()函数

MX_GPIO_Init(void)函数中含有__HAL_RCC_GPIOA_CLK_ENABLE()函数。从图 2-12 中可以看到，GPIOA 是挂在 APB2 总线上的。此时来看图 3-5 中时钟的配置与开启过程：PLLCLK→SYSCLK→AHB 预分频器→APB2 预分频器 →PCLK2→APB2 外设。在时钟树中没有详细描述 APB2 总线上的外设有哪些，从总线结构图（见图 2-12）中可以看到，ADC1、ADC2、ADC3、USART1、SPI1、TIM1、TIM8、GPIOA、GPIOB、GPIOC、GPIOD、GPIOE、GPIOF、GPIOG、EXTI、AFIO 等外设在使用时，都要使能其时钟。而 Nucleo-F103RB 开发板上的 LED2 是连接在 PA5 引脚上的，因而这里用宏定义调用__HAL_RCC_GPIOA_CLK_ENABLE()函数来使能 GPIOA 的外设时钟。

__HAL_RCC_GPIOA_CLK_ENABLE()函数的定义如下：

```
#define __HAL_RCC_GPIOA_CLK_ENABLE()    do { \
                    __IO uint32_t tmpreg; \
                        SET_BIT(RCC->APB2ENR, RCC_APB2ENR_IOPAEN);\
                        /* RCC 外设时钟使能 */\
                        tmpreg = READ_BIT(RCC->APB2ENR, RCC_APB2ENR_IOPAEN);\
                        UNUSED(tmpreg); \
                    } while(0U)
```

这里最关键的一句是 SET_BIT(RCC->APB2ENR,RCC_APB2ENR_IOPAEN)，进一步跟踪其定义：

```
#define SET_BIT(REG, BIT)      ((REG) |= (BIT))
```

因此，__HAL_RCC_GPIOA_CLK_ENABLE()函数就是 RCC->APB2ENR |= RCC_

APB2ENR_IOPAEN。

下面来学习 RCC_APB2ENR 寄存器（见图 5-14，其位域定义如表 5-9 所示）。

31	30	29	28	27	26	25	24	23	22	21	20	19	18	17	16
保留															

15	14	13	12	11	10	9	8	7	6	5	4	3	2	1	0
保留	USART1 EN	保留	SPI1 EN	TIM1 EN	ADC2 EN	ADC1 EN	保留		IOPE EN	IOPD EN	IOPC EN	IOPB EN	IOPA EN	保留	AFIO EN
	rw		rw	rw	rw	rw			rw	rw	rw	rw	rw		rw

图 5-14　RCC_APB2ENR 寄存器

表 5-9　RCC_APB2ENR 各位域定义

数据位	描　　述	操　　作
位 6	IOPEEN：I/O 接口 E 时钟使能	由软件置“1”或清零 0：I/O 接口 x 时钟关闭； 1：I/O 接口 x 时钟开启
位 5	IOPDEN：I/O 接口 D 时钟使能	
位 4	IOPCEN：I/O 接口 C 时钟使能	
位 3	IOPBEN：I/O 接口 B 时钟使能	
位 2	IOPAEN：I/O 接口 A 时钟使能	
位 1	保留，始终读为 0	只读
位 0	AFIOEN：辅助功能 I/O 时钟使能	由软件置“1”或清零 0：辅助功能 I/O 时钟关闭； 1：辅助功能 I/O 时钟开启

也就是说，__HAL_RCC_GPIOA_CLK_ENABLE()函数用于设置 RCC_APB2ENR 寄存器的位 2（IOPAEN）为 1。

至此，可知 STM32 的 HAL 库函数最后是怎样影响底层寄存器的。总结起来，就是 HAL 库函数首先对各设备所有寄存器的配置字进行预先定义；然后将其封装在结构或枚举变量中，待用户调用对应的固件库函数时，系统会根据用户传入的参数，从这些封装好的结构或枚举变量中取出对应的配置字；最后将其写入寄存器，完成对底层寄存器的配置。请读者根据 5.6 节中的实例进一步理解 HAL 库函数和寄存器的关系。

可以看到，STM32 的 HAL 库函数对于程序开发人员应用非常方便，只需填写言简意赅的参数就可以在完全不关心底层寄存器的前提下完成相关寄存器的配置，具有很好的通用性和易用性，HAL 库函数也采取了一定的措施来保证库函数的安全性（主要引入了参数检查函数 assert_param()）。但是，获得通用性、易用性和安全性的代价是增加了代码量，除此之外，还增加了一些逻辑判断代码，造成了一定的时间消耗，在对时间要求比较苛刻的应用场合，需要评估使用固件库函数对程序运行时间的影响。读者在使用 STM32 的 HAL 库函数进行程序开发时，应该意识到这些问题。

5.6　GPIO 应用实例

5.6.1　STM32CubeMX 配置步骤

在新建例程的过程中，要参考一份重要的用户手册，即 *UM1718：STM32CubeMX for*

STM32 configuration and initialization C code generation（以下简称“UM1718”）。

UM1718 的第 7 章“Tutorial 1：From pinout to project C code generation using an STM32F4 MCU”给出了使用 STM32CubeMX 生成 C 代码的完整教程，该章共分为 9 节，如图 5-15 所示，每节可以看作一个步骤。

STM32CubeMX 生成 C 代码的相关模块如图 5-16 所示。

下面参考上面的步骤来新建例程。

（1）配置 MCU 引脚。在“New Project”窗口完成开发板的选择之后，单击“OK”按钮，返回 STM32CubeMX 的主界面，此时显示的是 MCU 引脚设置界面，如图 5-17 所示。

教程一使用STM32F4从引脚布局到生成项目C代码 185

图 5-15 STM32CubeMX 生成 C 代码的完整教程

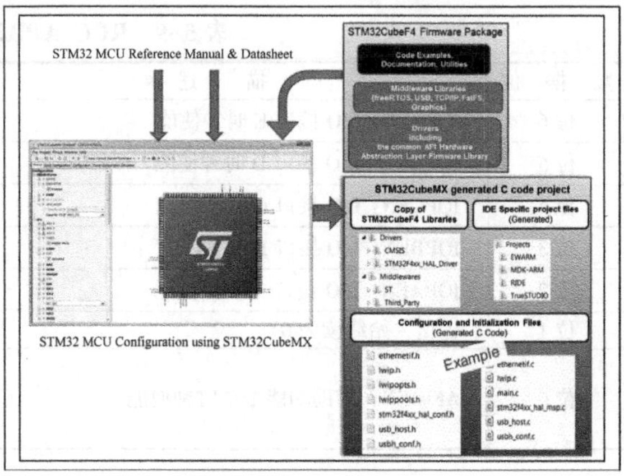

图 5-16 STM32CubeMX 生成 C 代码的相关模块

图 5-17 MCU 引脚设置界面

（2）配置 MCU 时钟树。在 STM32CubeMX 的主界面切换到 Clock Configuration 属性页（注意联系图 3-6 所示的时钟树）。设置时钟树参数：PLLMul 为“×16”，SYSCLK 为 64MHz，AHB Prescaler 为“/1”，HCLK 为 64MHz，APB1 Prescaler 为“/2”，APB2 Prescaler 为“/1”，如图 5-18 所示。其实，在具体设置过程中，仅仅需要设置 PLLMul，其他均使用默认设置就可以了。

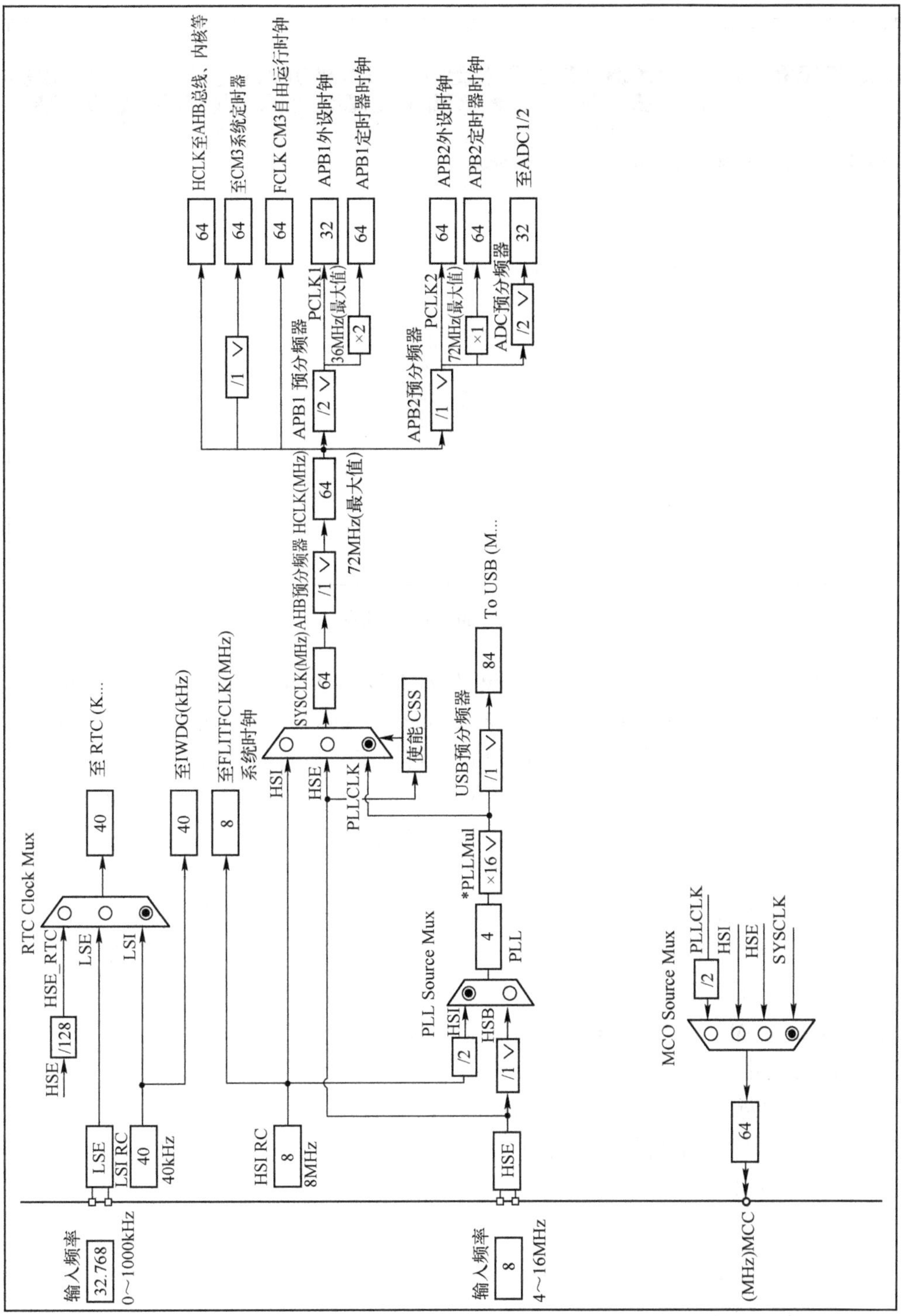

图 5-18　配置 MCU 时钟树

（3）配置 MCU 外设。在 STM32CubeMX 的主界面切换到 Configuration 属性页，如图 5-19 所示。

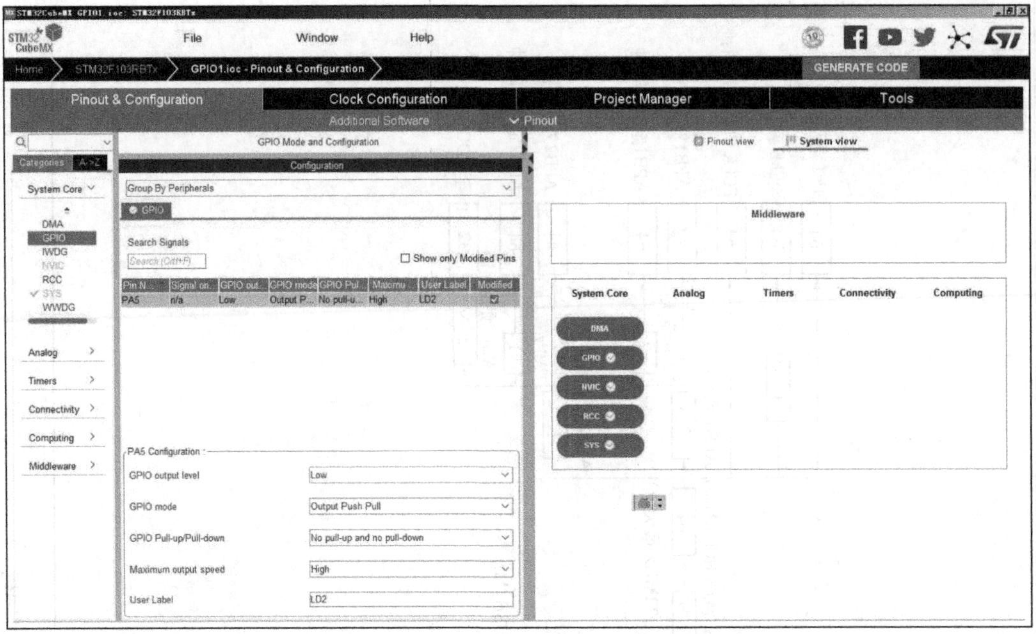

图 5-19　Configuration 属性页

该步骤需要设置的外设比较多，包括 Initial conditions、Configuring the peripherals、Configuring the GPIOs、Configuring the DMAs、Configuring the middleware，而本节例程相对简单，只使用一个 LED。因而在该步骤只需配置 GPIO 就可以了，在 Configuration 属性页左侧选择“GPIO”选项，弹出引脚配置界面，如图 5-19 所示。配置 GPIO 的参数：“GPIO mode”设置为“Output Push Pull”，“Maximum output speed”设置为“High”。设置完成后，单击“OK”按钮保存设置。

另外，在由 STM32CubeMX 生成的工程中补充代码时，要按照规范，写在/＊用户代码开始＊/和/＊用户代码结束＊/中间。这样，在用 STM32CubeMX 重新配置、生成工程时，会保留用户添加的代码，否则会删除该代码。

通过 STM32CubeMX 配置的工程已经默认完成如下配置。

（1）HAL 初始化。

（2）SysTick 中断服务，实现 HAL_Delay()延时功能。

（3）系统时钟配置为最高频率的时钟。

程序初始化部分如下：

```
HAL_Init();
  /* 配置系统时钟 */
  SystemClock_Config();

  /* 初始化时所用外设配置 */
  MX_GPIO_Init();
```

其中，MX_GPIO_Init( )的源代码如下：

```
/**
  * @GPIO 初始化参数
  * @输入参数：无
  * @返回值：无
  */
static void MX_GPIO_Init(void)
{
  GPIO_InitTypeDef GPIO_InitStruct = {0};

  /* GPIO 口时钟使能 */
  __HAL_RCC_GPIOA_CLK_ENABLE();

  /* 控制 GPIO 引脚输出 */
  HAL_GPIO_WritePin(LED2_GPIO_Port, LED2_Pin, GPIO_PIN_RESET);

  /* LED2_Pin 的初始化设置 */
  GPIO_InitStruct.Pin = LED2_Pin;
  GPIO_InitStruct.Mode = GPIO_MODE_OUTPUT_PP;
  GPIO_InitStruct.Pull = GPIO_NOPULL;
  GPIO_InitStruct.Speed = GPIO_SPEED_FREQ_HIGH;
  HAL_GPIO_Init(LED2_GPIO_Port, &GPIO_InitStruct);

}
```

上述代码解析见 5.5.2 节。

5.6.2　新建例程 1：直接数字地址

1. 任务功能

实现 PA5 引脚所接 LED 的亮、灭闪烁。

2. 硬件电路原理图

该任务的硬件电路原理图见附录 C。

3. 程序源代码

以下程序分析仅给出 while(1)主循环代码：

```
while (1)
  {
    /* 用户代码 WHILE 结束 */
    (*(uint32_t *)0x4001080C)^= LED2_Pin;
            HAL_Delay(100);
```

```
    /* 用户代码 3 开始 */
}
```

代码解析：LED2 对应 GPIOA 的引脚 5，按照 5.3.2 节介绍的知识，可知 GPIOA 的 ODR 地址为 0x4001080C。代码"(*(uint32_t *)0x4001080C)^= LED2_Pin;"是对 0x4001080C 地址寄存器（GPIOx_ODR）的异或（^）操作。所谓异或（^）操作，就是对相应的位取反，以实现相应引脚状态的改变。

5.6.3 新建例程 2：ODR 寄存器法

程序源代码如下：

```
while (1)
{
  /* 用户代码 WHILE 结束 */
  GPIOA->ODR^=  LED2_Pin;
      HAL_Delay(100);
  /* 用户代码 3 开始 */
}
```

这里是对寄存器 GPIOx_ODR（x=A）的异或（^）操作。端口输出数据寄存器（GPIOx_ODR）如图 5-20 所示。该寄存器的地址偏移为 0x0C，复位值为 0x00000000。该寄存器只能以字的形式进行读取。图 5-20 中的 rw 的含义见附录 A。GPIOx_ODR 位域定义如表 5-10 所示。

31	30	29	28	27	26	25	24	23	22	21	20	19	18	17	16
保留															

15	14	13	12	11	10	9	8	7	6	5	4	3	2	1	0
ODR15	ODR14	ODR13	ODR12	ODR11	ODR10	ODR9	ODR8	ODR7	ODR6	ODR5	ODR4	ODR3	ODR2	ODR1	ODR0
rw	rw	rw	rw	rw	rw	rw	rw	rw	rw	rw	rw	rw	rw	rw	rw

图 5-20 端口输出数据寄存器（GPIOx_ODR）

表 5-10 GPIOx_ODR 各位域定义

位域	定义
31:16	保留，始终读为 0
15:0	ODRy[15:0]：端口输出数据（y = 0,1,…,15），这些位可读可写并只能以半字（16 位）的形式进行操作。 注意：对于 GPIOx_BSRR(x = A,B,…,E)，可以分别对各个 ODRy 位进行独立的设置/清除

注意：GPIOx_ODR 寄存器只能以字的形式进行操作，如果端口被配置成输出端口，那么可以从 GPIOx_ODR 的相应位读或写数据。

5.6.4 新建例程 3：Bit-band 控制法

程序源代码如下：

```
while (1)
  {
```

```
    /* 用户代码 WHILE 结束 */
    (*((uint32_t *)0x42210194))= 1; //0x42000000 + (0x1080C × 32) + (5 × 4)
        HAL_Delay(100);
    ( *((uint32_t *)0x42210194))= 0;
        HAL_Delay(100);
    /*用户代码 3 开始 */
  }
```

5.6.5　新建例程 4：位设置/清除寄存器法

程序源代码如下：

```
while (1)
  {
    /* 用户代码 WHILE 结束 */
    GPIOA->BRR |=  LED2_Pin;
    HAL_Delay(100);
    GPIOA->BSRR |=  LED2_Pin;
    HAL_Delay(100);
    /*用户代码 3 开始 */
  }
```

代码解析：端口位设置/清除寄存器（GPIOx_BSRR）（x=A,B,…,E）可以对端口数据输出寄存器 GPIOx_ODR 的每位进行置 1 和复位操作。该寄存器的地址偏移为 0x10，复位值为 0x00000000，如图 5-21 所示，其位域定义如表 5-11 所示。

31	30	29	28	27	26	25	24	23	22	21	20	19	18	17	16
BR15	BR14	BR13	BR12	BR11	BR10	BR9	BR8	BR7	BR6	BR8	BR4	BR6	BR5	BR1	BR0
w	w	w	w	w	w	w	w	w	w	w	w	w	w	w	w
15	14	13	12	11	10	9	8	7	6	5	4	3	2	1	0
BS15	BS14	BS13	BS12	BS11	BS10	BS9	BS8	BS7	BS6	BS8	BS4	BS6	BS5	BS1	BS0
w	w	w	w	w	w	w	w	w	w	w	w	w	w	w	w

图 5-21　端口位设置/清除寄存器（GPIOx_BSRR）

表 5-11　GPIOx_BSRR 各位域定义

位　域	定　义
31:16	BRy：清除端口 x 的位 y（y = 0,1,…,15），这些位只能写入并只能以半字（16 位）的形式进行操作。 0：对相应的 ODRy 位不产生影响； 1：清除对应的 ODRy 位。 注意：如果同时设置了 BSy 和 BRy 的对应位，那么 BSy 位起作用
15:0	BSy：设置端口 x 的位 y（y=0,1,…,15），这些位只能写入并只能以半字（16 位）的形式进行操作。 0：对相应的 ODRy 位不产生影响； 1：设置对应的 ODRy 位为 1

端口位清除寄存器（GPIOx_BRR）（x=A,B,…,E）可以对端口数据输出寄存器 GPIOx_

ODR 的每位进行复位操作。该寄存器的地址偏移为 0x14，复位值为 0x00000000，如图 5-22 所示，其位域定义如表 5-12 所示。

31	30	29	28	27	26	25	24	23	22	21	20	19	18	17	16
保留															

15	14	13	12	11	10	9	8	7	6	5	4	3	2	1	0
BR15	BR14	BR13	BR12	BR11	BR10	BR9	BR8	BR7	BR6	BR5	BR4	BR3	BR2	BR1	BR0
w	w	w	w	w	w	w	w	w	w	w	w	w	w	w	w

图 5-22　端口位清除寄存器（GPIOx_BRR）

表 5-12　GPIOx_BRR 各位域定义

位　域	定　义
31:16	保留
15:0	BRy：清除端口 x 的位 y（y=0,1,…,15），这些位只能写入并只能以半字（16 位）的形式进行操作。 0：对相应的 ODRy 位不产生影响； 1：清除对应的 ODRy 位

GPIOx_BSRR/GPIOx_BRR 是否与 GPIOx_ODR 寄存器冗余？为什么直接操作 GPIOx_ODR 就可以实现清零和置位操作，却还需要这两个寄存器呢？下面比较一下例程 2 和例程 4。

在例程 2 中，有：

```
GPIOA->ODR^= LED2_Pin;
```

这条语句是“读—改—写”的典型例子，看似只有一条语句，但事实上，它有以下 3 种功能。

（1）读出 GPIOx_ODR 寄存器的值（读）。

（2）将这个值和 LED2_Pin 进行异或（改）。

（3）将结果写入 GPIOx_ODR（写）。

如果这条语句是连续执行的，那么这条语句没有问题，但是实际中有许多种复杂情况。

（1）在裸机情况下，可能会有中断产生，只要在中断中执行关于 GIPIOA->ODR 的指令，无论是 GPIOA 的哪个引脚，都有可能出现问题。

（2）在操作系统情况下，任务执行情况与中断处理类似。

（3）即使当前的程序只有一个地方使用了这条语句，或者保证了这条语句的顺序执行，但是有可能其他地方也使用了关于 GPIOA 端口输出的功能（如有的地方使用了 GPIO_ResetBits(GPIOA,XXX)），或者说以后需求改变了，增加了关于 GPIOA 输出端口的操作，那么照样会出现 Bug，而这个隐藏 Bug 的出现会非常偶然，要找出这个隐藏 Bug 非常困难。为了防止出现 Bug，一般会采用禁止中断的方式来解决问题，而简单的一条指令却要用禁止中断、恢复中断进行保护，实在是太麻烦了。

那么使用例程 4 后的代码为什么就能避免这个问题了呢？

为了避免“读—改—写”的缺陷，例程 4 使用了两个寄存器 GPIOx_BRR 和 GPIOx_BSRR，一个进行清除操作，一个进行置位操作，这样就可以实现对某一位的原子操作。原子（Atomic）的本意是“不能被进一步分割的最小粒子”，而原子操作（Atomic Operation）的本意为“不可被中断的一个或一系列操作”。

例程 4 也可以实现“读—改—写”的原子操作。

> 请读者思考利用 Bit-Band 完成对 GPIOx_BSRR/GPIOx_BRR 寄存器的编程。

5.6.6 新建例程 5：TogglePin 库函数法

在 main.h 文件中有：

```
#define LED2_Pin GPIO_PIN_5
#define LED2_GPIO_Port GPIOA
```

main.c 文件中的 while（1）：

```
while (1)
  {
    /* 用户代码 WHILE 结束 */
    HAL_GPIO_TogglePin(LED2_GPIO_Port,LED2_Pin);
    /* 插入 100ms 延时 */
    HAL_Delay(100);
    /* 用户代码 3 开始 */
  }
  /* 用户代码 3 结束 */
```

stm32f1xx_hal_gpio.c 中 HAL_GPIO_TogglePin(GPIO_TypeDef *GPIOx, uint16_t GPIO_Pin)函数的源代码如下：

```
void HAL_GPIO_TogglePin(GPIO_TypeDef *GPIOx, uint16_t GPIO_Pin)
{
 /* 检查参数设置 */
  assert_param(IS_GPIO_PIN(GPIO_Pin));

  if ((GPIOx->ODR & GPIO_Pin) != 0x00u)
  {
    GPIOx->BRR = (uint32_t)GPIO_Pin;
  }
  else
  {
    GPIOx->BSRR = (uint32_t)GPIO_Pin;
  }
}
```

再次验证 HAL 库函数代码是对底层寄存器的封装。

> 作业：请读者利用如下函数实现本节实例功能。
>
> void HAL_GPIO_WritePin(GPIO_TypeDef* GPIOx, uint16_t GPIO_Pin, GPIO_PinState PinState);

第 6 章　EXTI 的原理及应用

关于中断的外设，请在图 2-29 中确定其位置及其与其他部分的关系。

6.1　中断和子程序

中断过程与主程序调用子程序的过程有一定的相似性，但又有很大的区别。

1. 中断和子程序的定义与作用

(1) 子程序是一组可以公用的指令序列，只要给出子程序的入口地址，就能从主程序转入子程序。子程序在功能上具有相对独立性，在执行主程序的过程中，子程序往往被多次调用，甚至被不同的程序调用。一般计算机首先执行主程序，如果碰到调用指令，就转而执行子程序，子程序执行完成后，返回指令就返回主程序断点处（调用指令的下一条指令处），继续执行没有处理完成的主程序，这个过程叫作（主程序）调用子程序。

子程序常用来表示可简化的重复程序，防止重复书写错误，并可节省内存空间。在计算机中，经常把常用的各种通用程序段编成子程序，供用户使用。用户在自己编写的程序中，只要会调用这些子程序，就可大大简化编程困难。

(2) 中断是 CPU 与外设 I/O 交换数据的一种方式，除此方式外，还有无条件、条件(查询) 和 DMA 等方式。

中断是当 CPU 正在执行某一（主）程序时，收到中断请求，如果中断响应条件成立，那么 CPU 就把正在执行的程序暂停，转而响应处理这一请求，执行中断服务程序，处理完中断服务程序后，中断返回指令使 CPU 返回原来还没有执行完的程序断点处继续执行，这一过程称为中断过程。有了中断，CPU 才具有并行处理、实时处理和故障处理等重要功能。

2. 中断和子程序的联系与区别

(1) 联系。

中断与调用子程序两个过程属于完全不同的概念，但它们也有不少相似之处。两者都需要保护断点（下一条指令地址）、跳至子程序或中断服务程序、保护现场、子程序或中断处理、恢复现场、恢复断点（返回主程序）；两者都可实现嵌套，即正在执行的子程序调用另一个子程序或正在处理的中断服务程序又被另一个新的中断请求中断，嵌套可为多级嵌套。

(2) 区别。

两者的根本区别主要表现为服务时间与服务对象不一样。首先，调用子程序过程发生的时间是已知的、固定的，即在主程序中的调用指令（CALL）执行时发生主程序调用子程序过程，调用指令所在位置是已知的、固定的。而中断过程发生的时间一般是随机的，CPU 在执行某一主程序时收到中断源提出的中断申请时，就发生中断过程，而中断申请一般由硬件电路产生，申请的时间是随机的（软中断的发生时间是固定的）。也可以说，调用子程序是程序设计人员事先安排的，而执行中断服务程序是由系统工作环境随机决定的。

其次，子程序完全为主程序服务，两者属于主从关系，主程序需要子程序时就调用子程序，并把调用结果带回主程序继续执行。而中断服务程序与主程序一般是无关的，不存在谁为谁服务的问题，两者是平行关系。

再次，调用子程序过程完全属于软件处理过程，不需要专门的硬件电路；而中断处理系统是一个软/硬件结合系统，需要专门的硬件电路。

最后，子程序嵌套可实现若干级，嵌套的最多级数由计算机内存开辟的堆栈大小来限制，而中断嵌套的级数一般不会很大。

中断是嵌入式系统中重要的组成部分，但是在标准 C 语言中不包含中断。许多编译开发商在标准 C 语言中增加了对中断的支持，提供了新的关键字，用于表示中断服务程序（ISR），类似__interrupt、#program interrupt 等。当一个函数被定义为 ISR 时，编译器会自动为该函数增加中断服务程序所需的中断现场入栈和出栈代码。

中断服务程序需要满足如下要求。

（1）不能返回值。中断服务函数的调用是硬件级别的，当中断产生时，PC 指针强制跳转到对应的中断服务函数入口，由于进入中断具有随机性，因此这个返回值毫无意义，如果有返回值，那么它必定需要进行压栈操作，这样一来，何时出栈、怎么出栈将变得无法解决。

（2）不能向 ISR 传递参数。这样会破坏栈的结构，因为函数传递参数必定会进行压栈、出栈操作，由于进入中断具有随机性，因此谁给它传递参数都无法确定。

（3）ISR 应该尽可能短小精悍。如果某个中断频繁产生，而它对应的 ISR 相当耗时，那么对中断的响应就会无限延迟，会略过很多中断请求。

（4）printf(char * lpFormatString,…)函数会带来重入和性能问题，不能在 ISR 中采用。因为它涉及中断嵌套，由于 printf 之类的 glibc 函数采用的是缓冲机制，因此这个缓冲区是共享的，相当于一个全局变量，当第一层中断到来时，它向缓冲区写入一些内容，恰好这时来了一个优先级更高的中断，它同样调用了 printf，也向缓冲区写入一些内容，这样，缓冲区的内容就错乱了。

6.2 STM32 中断通道

中断通道（IRQ Channel）是处理中断的信号通路，每个中断通道都对应唯一的中断向量和中断服务程序，但中断通道可具有多个可以引起中断的中断源，这些中断源都能通过对应的中断通道向内核申请中断。

CM3 的嵌套向量中断控制器 NVIC（详见 2.8 节）和处理器紧密耦合，支持 15 种异常（注意：没有编号为 0 的异常）和 240 个外部中断通道，有 256 级中断优先级。而 STM32 的中断系统并没有使用 CM3 的 NVIC 的全部功能，除支持 15 种异常外，STM32F103 具有 60 个中断通道，STM32F107具有68个中断通道；有16级中断优先级。在STM32系列微控制器中，如果没有特殊说明，那么“中断”是指“中断通道”。CM3异常表如表2-15所示，STM32的中断向量表如表6-1所示。

表6-1 STM32的中断向量表

位置	优先级	优先级类型	名称	说明	地址
0	7	可设置	WWDG	窗口看门狗定时器中断	0x00000040
1	8	可设置	PVD	连接到EXTI的电源电压检测（PVD）中断	0x00000044
2	9	可设置	TAMPER	侵入检测中断	0x00000048
3	10	可设置	RTC	实时时钟全局中断	0x0000004C
4	11	可设置	FLASH	闪存全局中断	0x00000050
5	12	可设置	RCC	复位和时钟控制中断	0x00000054
6	13	可设置	EXTI0	EXTI线0中断	0x00000058
7	14	可设置	EXTI1	EXTI线1中断	0x0000005C
8	15	可设置	EXTI2	EXTI线2中断	0x00000060
9	16	可设置	EXTI3	EXTI线3中断	0x00000064
10	17	可设置	EXTI4	EXTI线4中断	0x00000068
11	18	可设置	DMA Channel1	DMA通道1全局中断	0x0000006C
12	19	可设置	DMA Channel2	DMA通道2全局中断	0x00000070
13	20	可设置	DMA Channel3	DMA通道3全局中断	0x00000074
14	21	可设置	DMA Channel4	DMA通道4全局中断	0x00000078
15	22	可设置	DMA Channel5	DMA通道5全局中断	0x0000007C
16	23	可设置	DMA Channel6	DMA通道6全局中断	0x00000080
17	24	可设置	DMA Channel7	DMA通道7全局中断	0x00000084
18	25	可设置	ADC	ADC全局中断	0x00000088
19	26	可设置	USB_HP_CAN_TX	USB高优先级或CAN发送中断	0x0000008C
20	27	可设置	USB_HP_CAN_RX0	USB低优先级或CAN接收0中断	0x00000090
21	28	可设置	CAN_RX1	CAN接收1中断	0x00000094
22	29	可设置	CAN_SCE	CAN的SCE中断	0x00000098
23	30	可设置	EXTI9_5	EXTI线［9:5］中断	0x0000009C
24	31	可设置	TIM1_BRK	TIM1刹车中断	0x000000A0
25	32	可设置	TIM1_UP	TIM1更新中断	0x000000A4
26	33	可设置	TIM1_TRG_COM	TIM1触发和通信中断	0x000000A8
27	34	可设置	TIM1_CC	TIM1截获比较中断	0x000000AC
28	35	可设置	TIM2	TIM2全局中断	0x000000B0
29	36	可设置	TIM3	TIM3全局中断	0x000000B4
30	37	可设置	TIM4	TIM4全局中断	0x000000B8
31	38	可设置	I2C1_EV	I2C1事件中断	0x000000BC

续表

位　置	优先级	优先级类型	名　称	说　　明	地　址
32	39	可设置	I2C1_ER	I2C1 错误中断	0x000000C0
33	40	可设置	I2C2_EV	I2C2 事件中断	0x000000C4
34	41	可设置	I2C2_ER	I2C2 错误中断	0x000000C8
35	42	可设置	SPI1	SPI1 全局中断	0x000000CC
36	43	可设置	SPI2	SPI2 全局中断	0x000000D0
37	44	可设置	USART1	USART1 全局中断	0x000000D4
38	45	可设置	USART2	USART2 全局中断	0x000000D8
39	46	可设置	USART3	USART3 全局中断	0x000000DC
40	47	可设置	EXTI15_10	EXTI 线［15:10］中断	0x000000E0
41	48	可设置	RTCAlarm	连接到 EXTI 的 RTC 闹钟中断	0x000000E4
42	49	可设置	USB WakeUp	连接到 EXTI 的从 USB 待机唤醒中断	0x000000E8
43	50	可设置	TIM8_BRK	TIM8 刹车中断	0x000000EC
44	51	可设置	TIM8_UP	TIM8 更新中断	0x000000F0
45	52	可设置	TIM8_TRG_COM	TIM8 触发和通信中断	0x000000F4
46	53	可设置	TIM8_CC	TIM8 截获比较中断	0x000000F8
47	54	可设置	ADC3	ADC3 全局中断	0x000000FC
48	55	可设置	FSMC	FSMC 全局中断	0x00000100
49	56	可设置	SDIO	SDIO 全局中断	0x00000104
50	57	可设置	TIM5	TIM5 全局中断	0x00000108
51	58	可设置	SPI3	SPI3 全局中断	0x0000010C
52	59	可设置	UART4	UART4 全局中断	0x00000110
53	60	可设置	UART5	UART5 全局中断	0x00000114
54	61	可设置	TIM6	TIM6 全局中断	0x00000118
55	62	可设置	TIM7	TIM7 全局中断	0x0000011C
56	63	可设置	DMA2 Channel1	DMA2 通道 1 全局中断	0x00000120
57	64	可设置	DMA2 Channel2	DMA2 通道 2 全局中断	0x00000124
58	65	可设置	DMA2 Channel3	DMA2 通道 3 全局中断	0x00000128
59	66	可设置	DMA2 Channel4	DMA2 通道 4 全局中断	0x0000012C
60	67	可设置	DMA2 Channel5	DMA2 通道 5 全局中断	0x00000130
61	68	可设置	ETH	以太网全局中断	0x00000134
62	69	可设置	ETH_WKUP	连接到 EXTI 的以太网唤醒中断	0x00000138
63	70	可设置	CAN2_TX	CAN2 发送中断	0x0000013C
64	71	可设置	CAN2_RX0	CAN2 接收 0 中断	0x00000140
65	72	可设置	CAN2_RX1	CAN2 接收 1 中断	0x00000144
66	73	可设置	CAN2_SCE	CAN2 的 SCE 中断	0x00000148
67	74	可设置	OTG_FS	全速的 USB OTG 全局中断	0x0000014C

在 stm32f103xb. h 文件中，中断号宏定义将中断号和宏名联系起来：

```
/**
  * STM32F10x 不同外设中断号定义
  */

typedef enum
{
/******  CM3 异常编号 ***********************/
  NonMaskableInt_IRQn = -14,        /*!< 2 NMI 中断 */
  HardFault_IRQn = -13,             /*!< 3 CM3 硬件故障中断 */
  MemoryManagement_IRQn = -12,      /*!< 4 CM3 存储器管理中断*/
  BusFault_IRQn = -11,              /*!< 5 CM3 总线故障中断*/
  UsageFault_IRQn = -10,            /*!< 6 CM3 使用故障中断 */
  SVCall_IRQn = -5,                 /*!< 11 CM3 SV 调用中断   */
  DebugMonitor_IRQn = -4,           /*!< 12 CM3 调试监控   */
  PendSV_IRQn   = -2,               /*!< 14 CM3 可挂起的系统服务   */
  SysTick_IRQn   = -1,              /*!< 15 CM3 系统滴嗒定时器   */

/******  STM32 中断编号 *****************/
  WWDG_IRQn = 0,                    /*!< 窗口看门狗中断 */
  PVD_IRQn = 1,                     /*!< PVD 中断            */
  TAMPER_IRQn = 2,                  /*!< TAMPER 中断      */
  RTC_IRQn = 3,                     /*!< RTC 中断*/
  FLASH_IRQn   = 4,                 /*!< FLASH 中断    */
  RCC_IRQn   = 5,                   /*!< RCC 中断*/
  EXTI0_IRQn    = 6,                /*!< EXTI0 中断*/
  EXTI1_IRQn = 7,                   /*!< EXTI1 中断*/
  EXTI2_IRQn = 8,                   /*!< EXTI2 中断*/
  EXTI3_IRQn = 9,                   /*!< EXTI3 中断 */
  EXTI4_IRQn = 10,                  /*!< EXTI4 中断*/
  DMA1_Channel1_IRQn = 11,          /*!< DMA1 通道 1 中断*/
  DMA1_Channel2_IRQn = 12,          /*!< DMA1 通道 2 中断*/
  DMA1_Channel3_IRQn = 13,          /*!< DMA1 通道 3 中断*/
  DMA1_Channel4_IRQn = 14,          /*!< DMA1 通道 4 中断 */
  DMA1_Channel5_IRQn = 15,          /*!< DMA1 通道 5 中断*/
  DMA1_Channel6_IRQn = 16,          /*!< DMA1 通道 6 中断*/
  DMA1_Channel7_IRQn = 17,          /*!< DMA1 通道 7 中断*/
  ADC1_2_IRQn = 18,                 /*!< ADC1 和 ADC2 中断*/
  USB_HP_CAN1_TX_IRQn = 19,         /*!<USB 高优先级或 CAN1 发送中断*/
  USB_LP_CAN1_RX0_IRQn = 20,        /*!<USB 低优先级或 CAN 接收 0 中断 */
  CAN1_RX1_IRQn = 21,               /*!< CAN1 RX1 中断 */
  CAN1_SCE_IRQn = 22,               /*!< CAN1 SCE 中断*/
  EXTI9_5_IRQn = 23,                /*!<EXTI 线[9:5]中断 */
```

```
    TIM1_BRK_IRQn = 24,                 /*!<TIM1 刹车中断*/
    TIM1_UP_IRQn= 25,                   /*!< TIM1 更新中断 */
    TIM1_TRG_COM_IRQn = 26,             /*!<TIM1 触发和通信中断*/
    TIM1_CC_IRQn = 27,                  /*!< TIM1 截获比较中断*/
    TIM2_IRQn = 28,                     /*!< TIM2 中断 */
    TIM3_IRQn = 29,                     /*!< TIM3 中断 */
    TIM4_IRQn = 30,                     /*!< TIM4 中断*/
    I2C1_EV_IRQn = 31,                  /*!< I2C1 事件中断*/
    I2C1_ER_IRQn = 32,                  /*!< I2C1 错误中断*/
    I2C2_EV_IRQn = 33,                  /*!< I2C2 事件中断*/
    I2C2_ER_IRQn = 34,                  /*!< I2C2 错误中断*/
    SPI1_IRQn = 35,                     /*!< SPI1 中断    */
    SPI2_IRQn   = 36,                   /*!< SPI2 中断*/
    USART1_IRQn = 37,                   /*!< USART1 中断 */
    USART2_IRQn = 38,                   /*!< USART2 中断 */
    USART3_IRQn = 39,                   /*!< USART3 中断 */
    EXTI15_10_IRQn = 40,                /*!<EXTI 线[15:10]中断   */
    RTC_Alarm_IRQn = 41,                /*!<连接到 EXTI 的 RTC 闹钟中断*/
    USBWakeUp_IRQn = 42,                /*!<连接到 EXTI 的从 USB 待机唤醒中断*/
  } IRQn_Type;
```

因此，使用时引用具体宏名即可。

先将 startup_stm32f100xb.s 中__Vectors 之后的代码和 IRQn_Type 进行对照，可以发现它们是一一对应的，而且将那些保留的中断用“0”定义；再对照该段代码和 HAL 库中 stm32f10x_it.c 文件中的函数名，可以发现它们也是一一对应的，这就是中断函数与中断向量对应和触发的原因。

由上述结构体定义可知，STM32f103XB 系列单片机有 43 个中断通道。

6.3　STM32 中断的过程

如果把整个中断硬件结构按照模块化的思想来划分，则可以将其简单地分为 3 部分，即中断通道、中断处理和中断响应，如图 6-1 所示。片内外设或外设是中断通道对应的中断源，是中断的发起者。CM3 内核属于第 3 部分，它首先判断中断是否使能，根据中断号，在中断向量表中查找中断服务函数 xxx_IRQHandler(void)的入口地址，即函数指针；然后执行中断服务程序，结束后返回主程序。以 EXTI0 所接中断源为例，其中断处理流程如图 6-2 所示。

（1）在 EXTI0 中断到达前，内核还在 0x00009C18 处执行程序。

（2）当 EXTI0 中断到达时，内核暂停当前程序的执行，立即跳转到 0x00000058 处开始进行中断处理。内核在 0x00000058 处是不能完成任务的，在这里它只能拿到一张“地图”，这张“地图”会告诉内核如何到达中断处理函数 EXTI0_IRQHandler()。

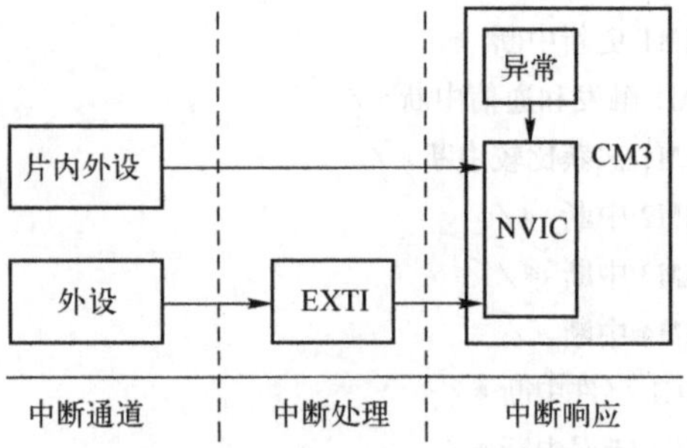

图 6-1　中断硬件结构框图

（3）根据“地图”，内核跳转到 0x00009658 处，在这里，中断服务程序 EXTI0_IRQHandler( ) 得到执行。

（4）EXTI0_IRQHandler( ) 执行结束后，内核返回 0x00009C18 处，恢复暂停程序的执行。

在整个中断处理流程中，PC 指针被强制修改了 3 次，除第 1 次［步骤（2）］修改是 CM3 内核自行修改外，其余 2 次都需要程序主动修改。对于第 2 次［步骤（3）］修改，异常向量表提供了明确的转移地址；第 3 次［步骤（4）］修改由链接寄存器 R14 给出返回地址，详见 2.8 节。

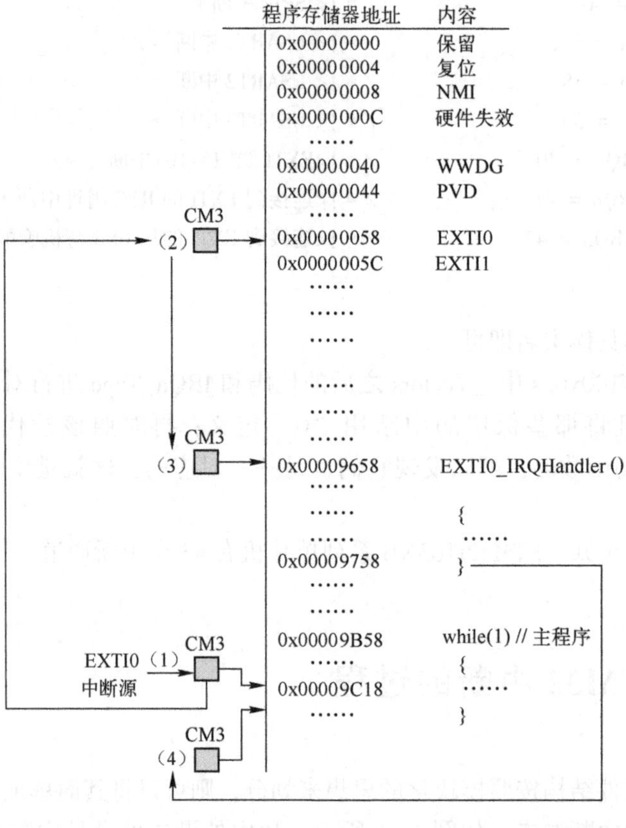

图 6-2　中断处理流程（以 EXTI0 所接中断源为例）

6.4　NVIC 硬件结构及软件配置

6.4.1　NVIC 硬件结构

NVIC 硬件结构如图 6-3 所示。从图 6-3 中可知，STM32 的中断和异常是分别处理的，其硬件电路也是分开的。本章只详细讲解中断的处理，异常的处理请参见手册。

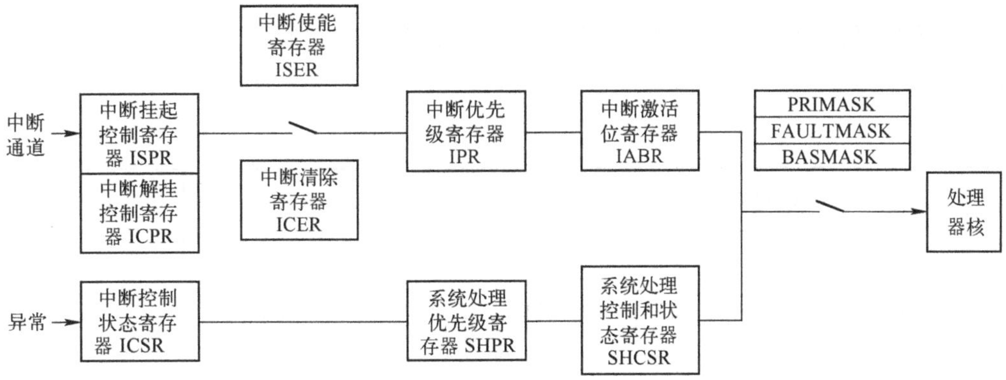

图 6-3　NVIC 硬件结构

挂起指的是暂停正在执行的中断，转而执行更高级别的中断。通过对 ISPR 置 1 来挂起正在执行的中断，通过对 ICPR 置 1 来解挂正在执行的中断。

ISER 的作用为对相应中断进行屏蔽，中断允许为将 ISER 的相应位置 1，中断屏蔽为将 ICPR 的相应位置 1。

在 IABR 中，若 IABR 的某位为 1，则表示该位对应的中断正在被执行。这是一个只读寄存器，通过它可以知道当前正在执行的中断；在中断执行完成后，该位由硬件自动清零。

图 6-3 中的各寄存器详见 6.4.4 节。

6.4.2　STM32 中断优先级

中断嵌套的概念详见 2.8 节。STM32 是依靠优先级来实现中断嵌套的。优先级分为两层，即占先优先级（Preemption Priority）和副优先级（Subpriority）。STM32 规定的嵌套规则如下。

（1）具有高占先优先级的中断可以打断具有低占先优先级的中断，从而构成中断嵌套。具有相同占先优先级的中断不能构成中断嵌套，即当一个中断到来时，如果 STM32 正在处理另一个与之具有相同占先优先级的中断，那么这个后到来的中断就要等到前一个中断处理完成后才能被处理。

（2）副优先级中断不可以构成中断嵌套，但当占先优先级相同但副优先级不同的多个中断同时申请服务时，STM32 首先响应副优先级高的中断。

（3）当具有相同占先优先级和相同副优先级的中断同时申请服务时，STM32 首先响应中断通道对应的中断向量地址低的那个中断。

需要说明的是，中断优先级的概念是针对中断通道而言的。当中断通道的优先级确定后，该中断通道对应的所有中断源都具有相同的中断优先级。至于该中断通道对应的多个中断源的执行顺序，取决于用户的中断服务程序。

STM32 目前支持的中断共有 83 个，分别为 15 个内核异常和 68 个外部中断通道。CM3 为每个中断通道都配备了 8 位中断优先级控制字 IP_n（因为共有 $2^8=256$ 个优先级），STM32 中使用该字节的高 4 位，这 4 位被分成 2 组，从高位开始，前面是定义占先优先级的位，后面用于定义副优先级。中断优先级控制位分组如表 6-2 所示。每 4 个通道的 8 位中断优先级控制字 IP_n 构成一个 32 位的优先级寄存器 IP。68 个外部中断通道的优先级控制字构成 17 个 32 位的优先级寄存器，它们是 NVIC 寄存器的重要组成部分。

表 6-2　中断优先级控制位分组

<table>
<tr><th>组 号</th><th>PRIGROUP</th><th>分 配 情 况</th><th>说　明</th></tr>
<tr><td>0</td><td>7<table><tr><td>PRIGROUP</td><td>bit10</td><td>bit9</td><td>bit8</td></tr><tr><td>7</td><td>1</td><td>1</td><td>1</td></tr></table></td><td>0:4<table><tr><td>bit7</td><td>bit6</td><td>bit5</td><td>bit4</td><td>bit3</td><td>bit2</td><td>bit1</td><td>bit0</td></tr><tr><td colspan="4">副优</td><td colspan="4">未使用</td></tr></table></td><td>无占先优先级（占优），16 个副优先级（副优）</td></tr>
<tr><td>1</td><td>6<table><tr><td>PRIGROUP</td><td>bit10</td><td>bit9</td><td>bit8</td></tr><tr><td>6</td><td>1</td><td>1</td><td>0</td></tr></table></td><td>1:3<table><tr><td>bit7</td><td>bit6</td><td>bit5</td><td>bit4</td><td>bit3</td><td>bit2</td><td>bit1</td><td>bit0</td></tr><tr><td>占优</td><td colspan="3">副优</td><td colspan="4">未使用</td></tr></table></td><td>2 个占先优先级，8 个副优先级</td></tr>
<tr><td>2</td><td>5<table><tr><td>PRIGROUP</td><td>bit10</td><td>bit9</td><td>bit8</td></tr><tr><td>5</td><td>1</td><td>0</td><td>1</td></tr></table></td><td>2:2<table><tr><td>bit7</td><td>bit6</td><td>bit5</td><td>bit4</td><td>bit3</td><td>bit2</td><td>bit1</td><td>bit0</td></tr><tr><td colspan="2">占优</td><td colspan="2">副优</td><td colspan="4">未使用</td></tr></table></td><td>4 个占先优先级，4 个副优先级</td></tr>
<tr><td>3</td><td>4<table><tr><td>PRIGROUP</td><td>bit10</td><td>bit9</td><td>bit8</td></tr><tr><td>4</td><td>1</td><td>0</td><td>0</td></tr></table></td><td>3:1<table><tr><td>bit7</td><td>bit6</td><td>bit5</td><td>bit4</td><td>bit3</td><td>bit2</td><td>bit1</td><td>bit0</td></tr><tr><td colspan="3">占优</td><td>副优</td><td colspan="4">未使用</td></tr></table></td><td>8 个占先优先级，2 个副优先级</td></tr>
<tr><td>4</td><td>3/2/1/0<table><tr><td>PRIGROUP</td><td>bit10</td><td>bit9</td><td>bit8</td></tr><tr><td>3</td><td>0</td><td>1</td><td>1</td></tr></table></td><td>4:0<table><tr><td>bit7</td><td>bit6</td><td>bit5</td><td>bit4</td><td>bit3</td><td>bit2</td><td>bit1</td><td>bit0</td></tr><tr><td colspan="4">占优</td><td colspan="4">未使用</td></tr></table></td><td>16 个占先优先级，无副优先级</td></tr>
</table>

在一个系统中，通常只使用表 6-2 中的 5 种分配情况中的一种，具体采用哪种，需要在初始化时写入一个 32 位寄存器 AIRCR（Application Interrupt and Reset Control Register）的第［10:8］这 3 位。这 3 位有专门的称呼——PRIGROUP。例如，将 0x05（表 6-2 中的编号）写到 AIRCR 的［10:8］中，那么系统中只有 4 个占先优先级和 4 个副优先级。

上述分组在 STM32 的固件库 stm32f1xx_hal_cortex.h 中的宏定义如下：

```
/* 中断优先级分组 ---------------------------------------------------*/
#define NVIC_PriorityGroup_0          ((u32)0x700) /* 0 个占先优先级位
  4 个副优先级 */
#define NVIC_PriorityGroup_1          ((u32)0x600) /* 1 个占先优先级位
                                        3 个副优先级 */
#define NVIC_PriorityGroup_2          ((u32)0x500) /* 2 个占先优先级位
```

```
                                                   2 个副优先级 */
#define NVIC_PriorityGroup_3          ((u32)0x400) /* 3 个占先优先级位
                    1 个副优先级 */
#define NVIC_PriorityGroup_4          ((u32)0x300) /* 4 个占先优先级位
                                                   0 个副优先级 */
```

6.4.3 中断向量表

在 3.4 节的 startup_stm32f10x_hd.s 文件中包含中断向量表代码，它与表 6-1 是对应的。

中断服务程序全部保存在 stm32f10x_it.c 文件中，这里的每个 xx_IRQHandler()函数都是空的，可以根据需要编写相应的代码。每个 xx_IRQHandler()函数与 startup_stm32f103xb.s 文件的中断向量表中的名字一致。这样，只要有中断被触发且被响应，硬件就会自动跳转到固定地址的硬件中断向量表中，无须人为操作（编程）就能通过硬件自身的总线来读取向量，并找到 xx_IRQHandler()程序的入口地址，放到 PC 中进行跳转，这是 STM32 的硬件机制。

表 6-1 中的地址为相对地址。它的起始地址如下。

（1）如果存放在 RAM 中，那么起始地址为 0x20000000。

（2）如果存放在 Flash 中，那么起始地址为 0x08000000。

在 system_stm32f1xx.c 中有以下说明：

```
/* 注意：下面的向量表地址必须根据链接器的配置来定义 */
/*!< 如果需要在 Flash 或 SRAM 中的任意位置重新定位向量表，则需要声明如下代码中相应的
宏定义，否则向量表将保留在所选引导地址的自动重映射处 */
/* #定义 USER_VECT_TAB_ADDRESS */

#if defined(USER_VECT_TAB_ADDRESS)
/*!< 如果需要在 SRAM 中重新定位向量表，则需要声明如下代码中相应的宏定义，否则向量表
将定位在 Flash 中 */
/* #定义 VECT_TAB_SRAM */
#if defined(VECT_TAB_SRAM)
#define VECT_TAB_BASE_ADDRESS    SRAM_BASE

#define VECT_TAB_OFFSET          0x00000000U

#else
#define VECT_TAB_BASE_ADDRESS    FLASH_BASE

#define VECT_TAB_OFFSET          0x00000000U

#endif /* VECT_TAB_SRAM */
#endif /* USER_VECT_TAB_ADDRESS */
```

注意：SRAM_BASE 和 FLASH_BASE 的具体赋值代码并未在该文件中。

6.4.4 NVIC 寄存器和系统控制寄存器

1. NVIC 寄存器

NVIC 寄存器的名称如表 6-3 所示。

表 6-3 NVIC 寄存器名称

缩　写	全　称	翻　译
ISER	Interrupt Set Enable Register	中断使能设置寄存器
ICER	Interrupt Clear Enable Register	中断使能清除寄存器
ISPR	Interrupt Set Pending Register	中断挂起设置寄存器
ICPR	Interrupt Clear Pending Register	中断挂起清除寄存器
IABR	Interrupt Active Bit Register	中断激活位寄存器
IP	Interrupt Priority Register	中断优先级寄存器
STIR	Software Trigger Interrupt Register	软件触发中断寄存器

ISER[x]寄存器族（0xE000E100～0xE000E11C）定义如表 6-4 所示。

表 6-4 ISER[x]寄存器族（0xE000E100～0xE000E11C）定义

名　称	类　型	地　址	复 位 值	描　述
ISER[0]	R/W	0xE000E1000	0	中断 0～31 的使能寄存器，共 32 个使能位［n］，中断#n 使能（0～15 为异常编号）
ISER[1]	R/W	0xE000E104	0	中断 32～63 的使能寄存器，共 32 个使能位
⋮				
ISER[7]	R/W	0xE000E11C	0	中断 224～239 的使能寄存器，共 16 个使能位

ICER[x]寄存器族（0xE000E1800～0xE000E19C）定义如表 6-5 所示。

表 6-5 ICER[x]寄存器族（0xE000E1800～0xE000E19C）定义

名　称	类　型	地　址	复 位 值	描　述
ICER[0]	R/W	0xE000E1800	0	中断 0～31 的失能寄存器，共 32 个使能位［n］，中断#n 使能（0～15 为异常编号）
ICER［1］	R/W	0xE000E184	0	中断 32～63 的失能寄存器，共 32 个使能位
⋮				
ICER［7］	R/W	0xE000E19C	0	中断 224～239 的失能寄存器，共 16 个使能位

ISPR［x］寄存器族（0xE000E200～0xE000E21C）定义如表 6-6 所示。

表 6-6　ISPR[x]寄存器族（0xE000E200～0xE000E21C）定义

名　称	类　型	地　址	复 位 值	描　述
ISPR[0]	R/W	0xE000E200	0	中断 0～31 的挂起设置寄存器，共 32 个挂起设置位
ISPR[1]	R/W	0xE000E204	0	中断 32～63 的挂起设置寄存器，共 32 个挂起设置位
		⋮		
ISPR[7]	R/W	0xE000E21C	0	中断 224～239 的挂起设置寄存器，共 16 个挂起设置位

ICPR [x]寄存器族（0xE000E280～0xE000E29C）定义如表 6-7 所示。

表 6-7　ICPR[x]寄存器族（0xE000E280～0xE000E29C）定义

名　称	类　型	地　址	复 位 值	描　述
ICPR[0]	R/W	0xE000E280	0	中断 0～31 的挂起清除寄存器，共 32 个挂起清除位
ICPR[1]	R/W	0xE000E284	0	中断 32～63 的挂起清除寄存器，共 32 个挂起清除位
		⋮		
ICPR[7]	R/W	0xE000E29C	0	中断 224～239 的挂起清除寄存器，共 16 个挂起清除位

IABR[x]寄存器族（0xE000E300～0xE000E31C）定义如表 6-8 所示。

表 6-8　IABR[x]寄存器族（0xE000E300～0xE000E31C）定义

名　称	类　型	地　址	复 位 值	描　述
IABR[0]	R	0xE000E300	0	中断 0～31 的激活位寄存器，共 32 个状态位
IABR[1]	R	0xE000E304	0	中断 32～63 的激活位寄存器，共 32 个状态位
		⋮		
IABR[7]	R	0xE000E31C	0	中断 224～239 的激活位寄存器，共 16 个状态位

IP[x]寄存器族（0xE000E400～0xE000E4EF）定义如表 6-9 所示。

表 6-9　IP[x]寄存器族（0xE000E400～0xE000E4EF）定义

名　称	类　型	地　址	复 位 值	描　述
IP[0]	R/W	0xE000E400	0x00	中断#0 的优先级
IP [1]	R/W	0xE000E401	0x00	中断#1 的优先级
		⋮		
IP[239]	R/W	0xE000E4EF	0x00	中断#239 的优先级

定义 NVIC_TypeDef 的结构体在 core_cm3. h 文件中：

```
typedef struct
{
  __IOM uint32_t ISER[8U];
        uint32_t RESERVED0[24U];
  __IOM uint32_t ICER[8U];
        uint32_t RSERVED1[24U];
  __IOM uint32_t ISPR[8U];
```

```
            uint32_t RESERVED2[24U];
    __IOM uint32_t ICPR[8U];
            uint32_t RESERVED3[24U];
    __IOM uint32_t IABR[8U];
            uint32_t RESERVED4[56U];
    __IOM uint8_t  IP[240U];
            uint32_t RESERVED5[644U];
    __OM   uint32_t STIR;
} NVIC_Type;

#define SCS_BASE  (0xE000E000UL)                    /*!< 系统控制空间基地址 */
#define NVIC_BASE   (SCS_BASE +  0x0100UL)          /*!< NVIC 基地址 */

#define NVIC   ((NVIC_Type *)     NVIC_BASE     )   /*!< NVIC 配置结构 */
```

在配置中断时，一般只用 ISER、ICER 和 IP 这 3 个寄存器，其中，ISER 用来使能中断，ICER 用来失能中断，IP 用来设置中断优先级。

2. 系统控制寄存器（SCB）

系统控制寄存器名称如表 6-10 所示。

表 6-10　系统控制寄存器名称

缩　写	全　称
CPUID	CPU ID Base Register
ICSR	Interrupt Control State Register
VTOR	Vector Table Offset Register
AIRCR	Application Interrupt / Reset Control Register
SCR	System Control Register
CCR	Configuration Control Register
SHP	System Handlers Priority Registers
SHCSR	System Handler Control and State Register
CFSR	Configurable Fault Status Register
HFSR	Hard Fault Status Register
DFSR	Debug Fault Status Register
MMFAR	Memory Manage Fault Address Register
BFAR	Bus Fault Address Register
AFSR	Auxiliary Fault Status Register
PFR	Processor Feature Register
DFR	Debug Feature Register
AFR	Auxiliary Feature Register
MMFR	Memory Model Feature Register
ISAR	ISA Feature Register

VTOR 各位域定义（0xE000ED08）如表 6-11 所示。

表 6-11　VTOR 各位域定义（0xE000ED08）

位　域	名　称	类　型	复 位 值	描　述
29	TBLBASE	R/W	0x00	0：向量表在 Flash 区 1：向量表在 SRAM 区
28:7	TBLOFF	R	—	向量表的起始地址

AIRCR 各位域定义（0xE000ED08）如表 6-12 所示。

表 6-12　AIRCR 各位域定义（0xE000ED08）

位　域	名　称	类　型	复 位 值	描　述
31:16	VECTKEY	R/W	0x00	任何对该寄存器的写操作，都必须同时把 0x05FA 写入此段，否则写操作会被忽略；若读取此半字，则为 0xFA05
15	ENDIANESS	R	—	指示端设置。1=大端（BE8），0=小端。此值是在复位时确定的，不能更改
10:8	PRIGROUP	R/W	0	优先级分组
2	SYSRESETREQ	W	—	请求芯片控制逻辑产生一次复位
1	VECTCLRACTIVE	W	—	清零所有异常活动状态信息。通常只在调试时使用，或者在操作系统从错误中恢复时使用
0	VECTRESET	W	—	复位 CM3 内核（调试逻辑除外），但是此复位不影响芯片上内核以外的电路

在 core_cm3. h 文件中定义 SCB_Type 的结构体：

```
/**
  \访问系统控制块的结构体（SCB）
  */
typedef struct
{
  __IM   uint32_t CPUID;        /*!<偏移量：0x000（R/ ）  CPUID 基寄存器 */
__IOM uint32_t ICSR;          /*!<偏移量：0x004（R/W）中断控制/状态寄存器 */
  __IOM uint32_t VTOR;        /*!<偏移量：0x008（R/W）  向量表偏移量寄存器 */
  __IOM uint32_t AIRCR;       /*!<偏移量：0x00C（R/W）  中断和复位控制寄存器 */
  __IOM uint32_t SCR;         /*!<偏移量：0x010（R/W）  系统控制寄存器 */
__IOM uint32_t CCR;           /*!<偏移量：0x014（R/W）  配置和控制寄存器 */
  __IOM uint8_t   SHP[12U]; /*!<偏移量：0x018（R/W）  系统程序处理优先级寄存器（4～
7，8～11，12～15）*/
  __IOM uint32_t SHCSR;       /*!<偏移量：0x024（R/W）  系统处理程序控制和状态寄存器 */
  __IOM uint32_t CFSR;        /*!<偏移量：0x028（R/W）  配置故障状态寄存器 */
  __IOM uint32_t HFSR;        /*!<偏移量：0x02C（R/W）  硬件故障状态寄存器 */
  __IOM uint32_t DFSR;        /*!<偏移量：0x030（R/W）  调试故障状态寄存器 */
  __IOM uint32_t MMFAR;       /*!<偏移量：0x034（R/W）  存储器管理故障地址寄存器 */
  __IOM uint32_t BFAR;        /*!< 偏移量：0x038（R/W）  总线故障地址寄存器 */
__IOM uint32_t AFSR;          /*!<偏移量：0x03C（R/W）  辅助故障状态寄存器 */
  __IM   uint32_t PFR[2U];    /*!<偏移量：0x040（R/ ）  过程功能寄存器 */
  __IM   uint32_t DFR;        /*!<偏移量：0x048（R/ ）  调试功能寄存器 */
  __IM   uint32_t ADR;        /*!<偏移量：0x04C（R/ ）  辅助功能寄存器 */
```

```
  __IM  uint32_t MMFR[4U];/*!<偏移量：0x050 (R/ )  存储器模型功能寄存器*/
  __IM  uint32_t ISAR[5U]; /*!<偏移量：0x060 (R/ )  指令集特性寄存器*/
        uint32_t RESERVED0[5U];
  __IOM uint32_t CPACR;     /*!<偏移量：0x088 (R/W)  协处理器访问控制寄存器 */
} SCB_Type;;
   /* Memory mapping of CM3 Hardware */
   #define SCS_BASE             (0xE000E000)
   #define SCB_BASE   (SCS_BASE +  0x0D00)   /*!<SCB 基地址 */

   #define SCB  ((SCB_Type *)   SCB_BASE)   /*!<SCB 配置结构体 */
```

在 HAL 库中，NVIC 的结构体定义可谓“颇有远虑”，给每个寄存器都预留了很多位，用于日后扩展。不过，STM32F103 并没有全部应用，只应用了一部分。

在上述语句中，代码数字后面有字母 U 的，表示该常数用无符号整型方式存储，相当于 unsigned int。例如，对于“__IOM uint8_t SHP[12U]，12U 表示 12 是无符号常数，SHP[12U]表示该寄存器有 12 个有效位，其序号位域分别为 4～7、8～11、12～15。

6.4.5 NVIC 库结构

core_cm3.h 中的 NVIC 库函数的宏定义如下：

```
#define NVIC_SetPriorityGrouping       __NVIC_SetPriorityGrouping
#define NVIC_GetPriorityGrouping       __NVIC_GetPriorityGrouping
#define NVIC_EnableIRQ                 __NVIC_EnableIRQ
#define NVIC_GetEnableIRQ              __NVIC_GetEnableIRQ
#define NVIC_DisableIRQ                __NVIC_DisableIRQ
#define NVIC_GetPendingIRQ             __NVIC_GetPendingIRQ
#define NVIC_SetPendingIRQ             __NVIC_SetPendingIRQ
#define NVIC_ClearPendingIRQ           __NVIC_ClearPendingIRQ
#define NVIC_GetActive                 __NVIC_GetActive
#define NVIC_SetPriority               __NVIC_SetPriority
#define NVIC_GetPriority               __NVIC_GetPriority
#define NVIC_SystemReset               __NVIC_SystemReset
```

从上述宏定义名称可知相应函数的功能。

中断操作 HAL 库函数位于如下两个文件中。

头文件：stm32f1xx_hal_cortex.h。

源文件：stm32f1xx_hal_cortex.c。

6.5 EXTI 硬件结构及软件配置

6.5.1 EXTI 硬件结构

STM32 的外部中断/事件控制器（EXTernal Interrupt/Event Controller，EXTI）对应 20 个

中断通道，其中 16 个中断通道 EXTI0 ～ EXTI15 对应 GPIOx_Pin0 ～ GPIOx_Pin15，如表 6-13 所示；其余 4 个如下：EXTI16 连接 PVD 输出（表 6-1 中的 1 号中断），EXTI17 连接 RTC 闹钟事件（表 6-1 中的 41 号中断），EXTI18 连接 USB 唤醒事件（表 6-1 中的 42 号中断），EXTI19 连接以太网唤醒事件（只适用于互联型）。

表 6-13　EXTI 中断/事件线

中断/事件线	输　入　源
EXTI0	PX0（X 可为 A，B，C，D，E，F，G，H，I）
EXTI1	PX1（X 可为 A，B，C，D，E，F，G，H，I）
EXTI2	PX2（X 可为 A，B，C，D，E，F，G，H，I）
EXTI3	PX3（X 可为 A，B，C，D，E，F，G，H，I）
EXTI4	PX4（X 可为 A，B，C，D，E，F，G，H，I）
EXTI5	PX5（X 可为 A，B，C，D，E，F，G，H，I）
EXTI6	PX6（X 可为 A，B，C，D，E，F，G，H，I）
EXTI7	PX7（X 可为 A，B，C，D，E，F，G，H，I）
EXTI8	PX8（X 可为 A，B，C，D，E，F，G，H，I）
EXTI9	PX9（X 可为 A，B，C，D，E，F，G，H，I）
EXTI10	PX10（X 可为 A，B，C，D，E，F，G，H，I）
EXTI11	PX11（X 可为 A，B，C，D，E，F，G，H，I）
EXTI12	PX12（X 可为 A，B，C，D，E，F，G，H，I）
EXTI13	PX13（X 可为 A，B，C，D，E，F，G，H，I）
EXTI14	PX14（X 可为 A，B，C，D，E，F，G，H，I）
EXTI15	PX15（X 可为 A，B，C，D，E，F，G，H，I）
EXTI16	PVD 输出
EXTI17	RTC 闹钟事件
EXTI18	USB 唤醒事件
EXTI19	以太网唤醒事件（只适用于互联型，如 STM32F105/107 系列）

EXTI 硬件结构如图 6-4 所示。中断通道的输入线可以独立配置输入类型（脉冲或挂起）和对应的触发事件（上升沿触发、下降沿触发或双边沿触发）；中断挂起寄存器保持状态线的中断请求；每个输入线都可以被独立屏蔽，由中断屏蔽寄存器设置。

在图 6-4 中，上部的实线箭头标出了外部中断信号的传输路径，首先，外部信号从编号为①的芯片引脚进入，经过编号为②的边沿检测电路，并通过编号为③的或门进入中断（挂起请求寄存器）；然后经过编号为④的与门输出到 NVIC 中。在这个通道上，有以下 4 个控制部分。

（1）在编号②处，外部信号首先经过边沿检测电路，这个边沿检测电路受上升沿或下降沿触发选择寄存器控制，用户可以使用这两个寄存器控制需要在哪个边沿产生中断，因为选择上升沿或下降沿是分别受两个寄存器控制的，所以用户可以同时选择上升沿或下降沿。

（2）编号为③的或门的一个输入是边沿检测电路处理的外部中断信号，另一个输入是软件中断/事件寄存器的输出，从这里可以看出，软件可以优先于外部信号请求一个中断或事件，即当软件中断/事件寄存器的对应位为“1”时，无论外部信号如何，编号为③的或门都会输出有效信号。

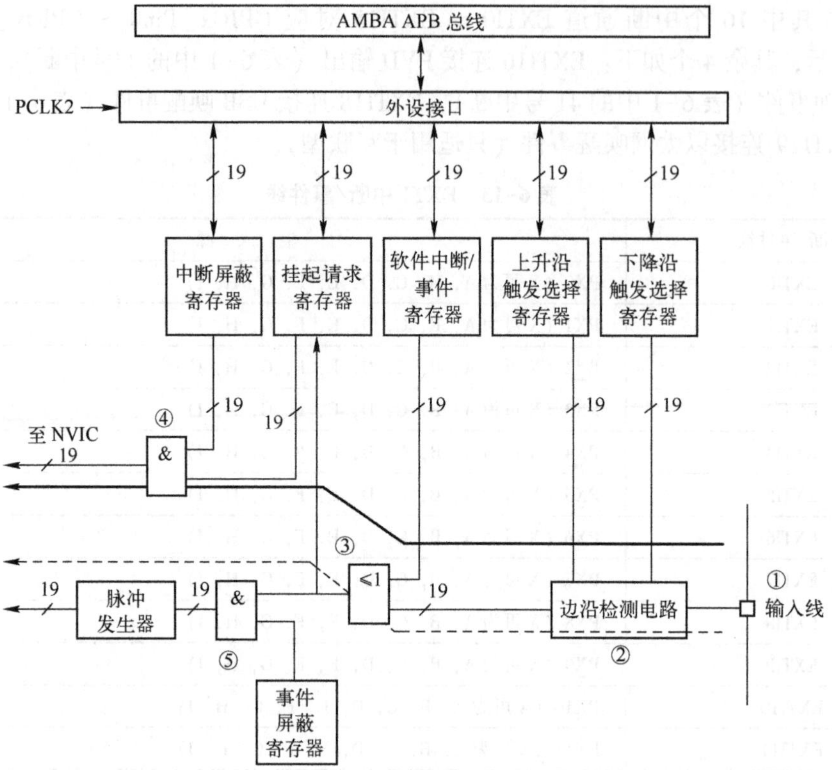

图 6-4　EXTI 硬件结构

（3）中断或事件请求信号经过编号为③的或门后，进入挂起请求寄存器，挂起请求寄存器中记录了外部信号的电平变化。

（4）在编号④处，外部请求信号最后经过编号为④的与门，向 NVIC 发出一个中断请求，如果中断屏蔽寄存器的对应位为“0”，则该信号不能传输到与门的另一端，即实现了中断屏蔽。

在图 6-4 中，下部的虚线箭头标出了外部事件信号的传输路径，外部事件信号经过编号为③的或门后，进入编号为⑤的与门。这个与门的作用与编号为④的与门的作用类似，用于引入事件屏蔽寄存器的控制。脉冲发生器把一个跳变的信号转变为一个单脉冲，输出到芯片的其他功能模块中。

图 6-4 中的 AMBA APB 总线和外设接口是每个功能模块都有的部分，CPU 通过这样的接口访问各个功能模块。

EXTI 硬件电路的相关寄存器详见 6.5.4 节。

6.5.2　中断及事件

由图 6-4 可知，从外部激励信号来看，中断和事件是没有区别的，只是在芯片内部才区分开两者，中断信号会向 CPU 发送中断请求，事件信号会向其他功能模块发送脉冲触发信号，其他功能模块如何响应这个脉冲触发信号由对应的功能模块决定。事件是指检测到某触发事件发生了。中断是指某个事件发生并产生了中断，且跳转到对应的中断服务程序。事件可以触发中断，也可以不触发中断。中断有可能被具有更高优先级的中断屏蔽，而事件则不会。中断和事件的比较如表 6-14 所示。

表 6-14　中断和事件的比较

	中　　断	事　　件
异	向 CPU 发送中断请求	向其他功能模块发送脉冲触发信号
	某事件发生并产生了中断，且跳转到对应的中断服务程序	某触发事件发生了
	中断有可能被更具有更高优先级的中断屏蔽	事件不会被屏蔽
同	外部激励信号相同	

6.5.3　EXTI 中断通道和中断源

在图 6-4 中，编号①处的输入线对应中断通道，对于 STM32F103，每个中断通道都对应多个中断源，每个中断源的选择都由 AFIO_EXTICRx(x=1～3)寄存器决定。AFIO_EXTICR1 中的 EXTI0[3:0]的含义为：0000——PA[0]引脚，0001——PB[0]引脚，0010——PC[0]引脚，0011——PD[0]引脚，0100——PE[0]引脚；EXTI1[3:0]的含义为：0000——PA[1]引脚，0001——PB[1]引脚，0010——PC[1]引脚，0011——PD[1]引脚，0100——PE[1]引脚，依次类推。

对于某一中断线，如中断线 0，PA[0]、PB[0]、PC[0]、PD[0]和 PE[0]均可映射为中断线 0；当某一 GPIO 引脚（如 PB[0]）映射为中断线 0 时，PA[0]、PC[0]、PD[0]和 PE[0]就不能再映射为中断引脚。

图 6-5 所示为 EXTI 中断通道和中断源。

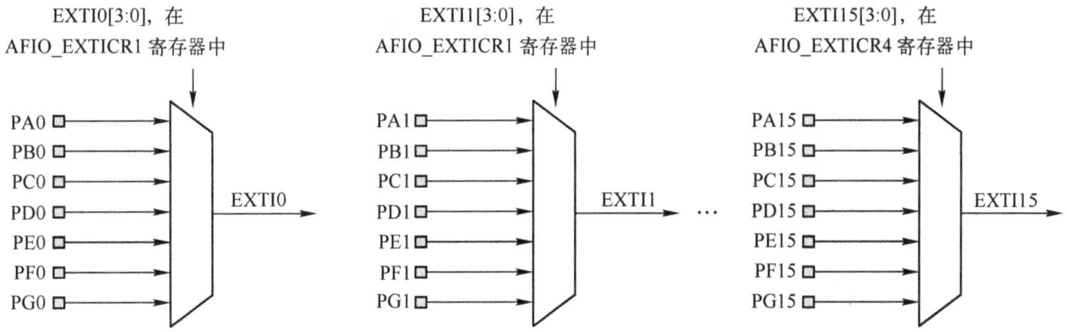

图 6-5　EXTI 中断通道和中断源

6.5.4　EXTI 寄存器

EXTI 寄存器不可以位寻址。EXTI 相关寄存器的功能如表 6-15 所示，EXTI 寄存器映射和复位值如表 6-16 所示。

表 6-15　EXTI 相关寄存器的功能

寄　存　器	功　　能
中断屏蔽寄存器（EXTI_IMR）	用于设置是否屏蔽中断请求线上的中断请求
事件屏蔽寄存器（EXTI_EMR）	用于设置是否屏蔽事件请求线上的中断请求
上升沿触发选择寄存器（EXTI_RTSR）	用于设置是否用上升沿触发中断和事件
下降沿触发选择寄存器（EXTI_FTSR）	用于设置是否用下降沿触发中断和事件

续表

寄 存 器	功 能
软件中断事件寄存器（EXTI_SWIER）	用于软件触发中断/事件
挂起寄存器（EXTI_PR）	用于保存中断/事件请求线上是否有请求

表 6-16 EXTI 相关寄存器映射和复位值

<table>
<tr><th>偏 移</th><th>寄 存 器</th><th>31</th><th>30</th><th>29</th><th>28</th><th>27</th><th>26</th><th>25</th><th>24</th><th>23</th><th>22</th><th>21</th><th>20</th><th>19</th><th>18</th><th>17</th><th>16</th><th>15</th><th>14</th><th>13</th><th>12</th><th>11</th><th>10</th><th>9</th><th>8</th><th>7</th><th>6</th><th>5</th><th>4</th><th>3</th><th>2</th><th>1</th><th>0</th></tr>
<tr><td rowspan="2">000h</td><td>EXTI_IMR</td><td colspan="13" rowspan="2">保留</td><td colspan="19">MR[18:0]</td></tr>
<tr><td>复位值</td><td>0</td><td>0</td><td>0</td><td>0</td><td>0</td><td>0</td><td>0</td><td>0</td><td>0</td><td>0</td><td>0</td><td>0</td><td>0</td><td>0</td><td>0</td><td>0</td><td>0</td><td>0</td><td>0</td></tr>
<tr><td rowspan="2">004h</td><td>EXTI_EMR</td><td colspan="13" rowspan="2">保留</td><td colspan="19">MR[18:0]</td></tr>
<tr><td>复位值</td><td>0</td><td>0</td><td>0</td><td>0</td><td>0</td><td>0</td><td>0</td><td>0</td><td>0</td><td>0</td><td>0</td><td>0</td><td>0</td><td>0</td><td>0</td><td>0</td><td>0</td><td>0</td><td>0</td></tr>
<tr><td rowspan="2">008h</td><td>EXTI_RTSR</td><td colspan="13" rowspan="2">保留</td><td colspan="19">TR[18:0]</td></tr>
<tr><td>复位值</td><td>0</td><td>0</td><td>0</td><td>0</td><td>0</td><td>0</td><td>0</td><td>0</td><td>0</td><td>0</td><td>0</td><td>0</td><td>0</td><td>0</td><td>0</td><td>0</td><td>0</td><td>0</td><td>0</td></tr>
<tr><td rowspan="2">00Ch</td><td>EXTI_FTSR</td><td colspan="13" rowspan="2">保留</td><td colspan="19">TR[18:0]</td></tr>
<tr><td>复位值</td><td>0</td><td>0</td><td>0</td><td>0</td><td>0</td><td>0</td><td>0</td><td>0</td><td>0</td><td>0</td><td>0</td><td>0</td><td>0</td><td>0</td><td>0</td><td>0</td><td>0</td><td>0</td><td>0</td></tr>
<tr><td rowspan="2">010h</td><td>EXTI_SWIER</td><td colspan="13" rowspan="2">保留</td><td colspan="19">SWIER[18:0]</td></tr>
<tr><td>复位值</td><td>0</td><td>0</td><td>0</td><td>0</td><td>0</td><td>0</td><td>0</td><td>0</td><td>0</td><td>0</td><td>0</td><td>0</td><td>0</td><td>0</td><td>0</td><td>0</td><td>0</td><td>0</td><td>0</td></tr>
<tr><td rowspan="2">014h</td><td>EXTI_PR</td><td colspan="13" rowspan="2">保留</td><td colspan="19">PR[18:0]</td></tr>
<tr><td>复位值</td><td>0</td><td>0</td><td>0</td><td>0</td><td>0</td><td>0</td><td>0</td><td>0</td><td>0</td><td>0</td><td>0</td><td>0</td><td>0</td><td>0</td><td>0</td><td>0</td><td>0</td><td>0</td><td>0</td></tr>
</table>

定义 EXTI 寄存器组的结构体 EXTI_TypeDef 在库文件 stm32f103xb. h 中：

```
typedef struct
{
  vu32 IMR;
  vu32 EMR;
  vu32 RTSR;
  vu32 FTSR;
  vu32 SWIER;
  vu32 PR;
} EXTI_TypeDef;

#define PERIPH_BASE           0x40000000UL /* !<片上外设区的外设基地址 */
…
#define APB2PERIPH_BASE       (PERIPH_BASE + 0x00010000UL)
…
#define EXTI_BASE             (APB2PERIPH_BASE + 0x00000400UL)
…
#define EXTI                  ((EXTI_TypeDef * )EXTI_BASE)
```

从上面的宏定义可以看出，EXTI 寄存器的存储映射首地址是 0x40010400。

AFIO 寄存器的名称如表 6-17 所示，AFIO 寄存器映射和复位值如表 6-18 所示。

表 6-17 AFIO 寄存器的名称

寄 存 器	名 称
AFIO_EVCR	事件控制寄存器
AFIO_MAPR	复用重映射和调试 I/O 配置寄存器
AFIO_EXTICRx	外部中断配置寄存器

表 6-18　AFIO 寄存器映射和复位值

偏移	寄存器	31	30	29	28	27	26	25	24	23	22	21	20	19	18	17	16	15	14	13	12	11	10	9	8	7	6	5	4	3	2	1	0
000h	AFIO_EVCR	保留																								EVOE	PORT[2:0]			PIN[3:0]			
	复位值																									0	0	0	0	0	0	0	0
004h	AFIO_MAPR	保留					SWJ_CFG[1:0]			保留								PD01_REMAP	CAN_REMAP[1:0]		TIM4_REMAP	TIM3_REMAP[1:0]		TIM2_REMAP[1:0]		TIM1_REMAP[1:0]		USART3_REMAP[1:0]		USART2_REMAP	USART1_REMAP	I2C1_REMAP	SPI1_REMAP
	复位值						0	0	0									0	0	0	0	0	0	0	0	0	0	0	0	0	0	0	0
008h	AFIO_EXTICR1	保留																EXTI3[3:0]				EXTI2[3:0]				EXTI1[3:0]				EXTI0[3:0]			
	复位值																	0	0	0	0	0	0	0	0	0	0	0	0	0	0	0	0
00Ch	AFIO_EXTICR2	保留																EXTI7[3:0]				EXTI6[3:0]				EXTI5[3:0]				EXTI4[3:0]			
	复位值																	0	0	0	0	0	0	0	0	0	0	0	0	0	0	0	0
010h	AFIO_EXTICR3	保留																EXTI11[3:0]				EXTI10[3:0]				EXTI9[3:0]				EXTI8[3:0]			
	复位值																	0	0	0	0	0	0	0	0	0	0	0	0	0	0	0	0
014h	AFIO_EXTICR4	保留																EXTI15[3:0]				EXTI14[3:0]				EXTI13[3:0]				EXTI12[3:0]			
	复位值																	0	0	0	0	0	0	0	0	0	0	0	0	0	0	0	0

AFIO_TypeDef 定义于文件 stm32f103xb. h 中：

```
/**
  * @brief Alternate Function I/O
  */

typedef struct
{
  __IO uint32_t EVCR;
  __IO uint32_t MAPR;
  __IO uint32_t EXTICR[4];
  uint32_t RESERVED0;
  __IO uint32_t MAPR2;
} AFIO_TypeDef;
```

6.5.5　EXTI 库函数

EXTI 外部中断处理流程如下。

（1）中断跳转：跳转到该中断对应的中断服务程序处。

（2）执行中断服务程序：执行 stm32f1xxit. c 中对应的中断服务程序 HAL_GPIO_EXTI_IRQHandler()。

（3）HAL_GPIO_EXTI_IRQHandler()处理函数：判断中断标志并清除，调用外部中断回调函数。

（4）执行用户编写的 HAL_GPIO_EXTI _Callback()回调函数：完成具体的中断任务处理。

EXTI 中断设置宏如表 6-19 所示。

表 6-19 EXTI 中断设置宏

宏 功 能	宏 名 称
EXTI 中断 API	PPP_EXTI_LINE_FUNCTION
外设中断使能	__HAL_PPP_EXTI_ENABLE_IT __HAL_PPP_EXTI_DISABLE_IT
获取 EXTI 中断状态	__HAL_PPP_EXTI_GET_FLAG __HAL_PPP_EXTI_CLEAR_FLAG
生成 EXTI 中断事件	__HAL_PPP_EXTI_GENERATE_SWIT
使能 EXTI 中断事件	__HAL_PPP_EXTI_ENABLE_EVENT __HAL_PPP_EXTI_DISABLE_EVENT

6.6 EXTI 应用实例

EXTI 程序设计的一般步骤如下。

（1）配置 GPIO 接口的工作方式。

（2）配置 GPIO 接口时钟，以及 GPIO 和 EXTI 的映射关系。

（3）配置 EXTI 的触发条件。

（4）配置相应的 NVIC。

（5）编写中断服务函数。

在上述步骤中，NVIC 的相关配置如下。

（1）设置优先级组。

（2）若需要重定位向量表，则需要先把硬故障和 NMI 服务例程的入口地址写到新向量表项所在的地址中。

（3）若需要重定位，则需要配置向量表偏移寄存器，使之指向新的向量表。

（4）为该中断建立中断向量。因为向量表可能已经重定位了，所以需要先读取向量表偏移寄存器的值，然后根据该中断在向量表中的位置计算出对应的表项，最后把服务例程的入口地址填进去。如果一直使用程序存储器中的向量表，则无须此步骤。

（5）为该中断设置占先优先级和副优先级。

（6）使能该中断。

具体来说，配置 I/O 接口外部中断的一般步骤如下。

（1）使能 I/O 接口时钟。

（2）调用函数 HAL_GPIO_Init()设置 I/O 接口的模式、触发条件，使能 SYSCFG 时钟并设置 I/O 接口与中断线的映射关系。

（3）配置中断优先级（NVIC），并使能中断。

（4）在中断服务函数中调用外部中断公用入口函数 HAL_GPIO_EXTI_IRQHandler()。

（5）编写外部中断回调函数 HAL_GPIO_EXTI_Callback()。

6.6.1　按键中断

1. 任务功能

按下 PC13 所接按键，触发中断，中断服务程序中相应的 LED2 的状态改变。

2. 硬件电路原理图

本任务的硬件电路原理图见附录 C。

3. 程序源代码

（1） HAL_Init()中的 NVIC 设置。

5.5.1 节重点介绍了有关预取指缓存的配置过程，这里重点关注配置 NVIC 实现中断优先级分组的设置。

在 HAL_Init()函数中，是通过调用如下函数语句来实现中断优先级分组设置的：

```
/* 中断优先级组设置 */
    HAL_NVIC_SetPriorityGrouping(NVIC_PRIORITYGROUP_4);// GROUP_4 见表 6-2
```

（2） HAL_NVIC_SetPriorityGrouping()：

```
void HAL_NVIC_SetPriorityGrouping(uint32_t PriorityGroup)
{
  /* 检查参数设置 */
  assert_param(IS_NVIC_PRIORITY_GROUP(PriorityGroup));

  /* 根据优先级参数组的值配置 PRIGROUP[10:8]位 */
  NVIC_SetPriorityGrouping(PriorityGroup);
}
```

在 HAL_NVIC_SetPriorityGrouping()函数内部，其实是通过调用 NVIC 自己的优先级分组配置函数 NVIC_SetPriorityGrouping()实现优先级分组的。

（3） HAL_NVIC_SetPriority()：

```
void HAL_NVIC_SetPriority(IRQn_Type IRQn, uint32_t PreemptPriority, uint32_t SubPriority)
{
  uint32_t prioritygroup = 0x00U;

/* 检查参数设置 */
  assert_param(IS_NVIC_SUB_PRIORITY(SubPriority));
  assert_param(IS_NVIC_PREEMPTION_PRIORITY(PreemptPriority));

  prioritygroup = NVIC_GetPriorityGrouping();

NVIC_SetPriority(IRQn, NVIC_EncodePriority(prioritygroup, PreemptPriority, SubPriority));
}
```

NVIC_GetPriorityGrouping( )和 NVIC_SetPriority( )函数的功能是对优先级进行设置，建议读者看一下它们的源代码。

（4） MX_GPIO_Init(void)：

```
void MX_GPIO_Init(void)
{

  GPIO_InitTypeDef GPIO_InitStruct = {0};

  /*使能 GPIO 接口时钟 */
  __HAL_RCC_GPIOC_CLK_ENABLE();        //GPIOC 时钟初始化
  __HAL_RCC_GPIOD_CLK_ENABLE();
  __HAL_RCC_GPIOA_CLK_ENABLE();        //GPIOA 时钟初始化
  __HAL_RCC_GPIOB_CLK_ENABLE();

  /*配置 GPIO 引脚输出电平 */
  HAL_GPIO_WritePin(LED_GPIO_Port, LED_Pin, GPIO_PIN_SET);
  /*配置 GPIO 引脚工作模式 */
  GPIO_InitStruct.Pin = KEY_Pin;
  GPIO_InitStruct.Mode = GPIO_MODE_IT_FALLING;        //按键输入模式
  GPIO_InitStruct.Pull = GPIO_PULLUP;
  HAL_GPIO_Init(KEY_GPIO_Port, &GPIO_InitStruct);

…

  /*配置 GPIO 引脚工作模式 */
  GPIO_InitStruct.Pin = LED_Pin;
  GPIO_InitStruct.Mode = GPIO_MODE_OUTPUT_PP;
  GPIO_InitStruct.Pull = GPIO_NOPULL;
  GPIO_InitStruct.Speed = GPIO_SPEED_FREQ_LOW;
  HAL_GPIO_Init(LED_GPIO_Port, &GPIO_InitStruct);

…

  /*EXTI 中断初始化*/
  HAL_NVIC_SetPriority(EXTI15_10_IRQn, 0, 2);         //设置占先优先级和副优先级
  HAL_NVIC_EnableIRQ(EXTI15_10_IRQn);                 //中断使能
}
```

程序分析如下。

① 在 stm32f103xb.h 文件中，有：

```
EXTI15_10_IRQn              = 40,    /*!40 与表 6-1 中 EXTI15_10_IRQn 对应第 1 列“位置”的
序号一致*/
```

② 占先优先级和副优先级设置见 6.4.2 节。

(5) main(void)：

```
int main(void)
{
  /*用户代码 1 开始 */

  /*用户代码 1 结束 */

  /*MCU 配置-----------------------------------------------------------*/

  /*复位所有外设，初始化 Flash 接口和 Systick */
      HAL_Init();

  /* 用户代码 Init 开始 */
        Delay_Init(72);
  /*用户代码 Init 结束 */

       /*配置系统时钟 */
       SystemClock_Config();

  /* 用户代码 SysInit 开始 */

  /* 用户代码 SysInit 结束 */

  /* 初始化所有外设 */
      MX_GPIO_Init();
      /*用户代码 2 开始 */

      /* 用户代码 2 结束 */

      /*主循环*/
      /*用户代码 WHILE 开始 */
      while (1)
      {
        /*用户代码 WHILE 结束 */

        /*用户代码 3 开始 */
      }
      /*用户代码 3 结束 */
}
```

(6) EXTI15_10_IRQHandler(void)：

```
void EXTI15_10_IRQHandler(void)
{
  /*用户代码 EXTI15_10_IRQn 0 开始 */
```

```
/*用户代码 EXTI15_10_IRQn 0 结束 */
HAL_GPIO_EXTI_IRQHandler(GPIO_PIN_13);  // 响应外部中断 13 的中断请求。
/*用户代码 EXTI15_10_IRQn 1 开始 */

/*用户代码 EXTI15_10_IRQn 1 结束 */
}
```

该函数位于 stm32f10x_it.c 文件中。打开 stm32f10x_it.c 文件，将看到一些类似 NMI_Handler()函数的空函数。这些函数就是内核异常和外部中断触发的中断函数，定义这些空函数就是为了要与表 6-1 中的中断向量相对应。

在写中断函数入口时，要注意函数名的写法。函数名只有以下 3 种命名方法。

第 1 种：

```
EXTI0_IRQHandler ; EXTI Line 0
EXTI1_IRQHandler ; EXTI Line 1
EXTI2_IRQHandler ; EXTI Line 2
EXTI3_IRQHandler ; EXTI Line 3
EXTI4_IRQHandler ; EXTI Line 4
```

第 2 种：

```
EXTI9_5_IRQHandler ; EXTI Line 5 ~ EXTI Line 9
```

第 3 种：

```
EXTI15_10_IRQHandler ; EXTI Line 10 ~ EXTI Line 15
```

只要是中断线在 5 之后的就不能像 0～4 那样单独写一个函数名，都必须写成第 2、3 种形式。假如写成 EXTI5_IRQHandler、EXTI6_IRQHandler……EXTI15_IRQHandler，那么编译器不会报错，但中断服务程序不能工作。

中断线在 5 之后，如何判断哪根中断线产生了中断呢？由于每根中断线都有专用的状态位，因此只需在中断服务程序中判断中断线标志位即可。

（7） HAL_GPIO_EXTI_IRQHandler(GPIO_PIN_13)：

```
void HAL_GPIO_EXTI_IRQHandler(uint16_t GPIO_Pin)
{
/* EXTI 中断检测 */
  if (__HAL_GPIO_EXTI_GET_IT(GPIO_Pin) != 0x00u)
  {
    __HAL_GPIO_EXTI_CLEAR_IT(GPIO_Pin);
    HAL_GPIO_EXTI_Callback(GPIO_Pin);
  }
}
```

在函数 HAL_GPIO_EXTI_IRQHandler()内部，先通过调用__HAL_GPIO_EXTI_GET_IT()函数来查询中断挂起寄存器 EXTI_PR，以确认该中断线上是否有中断发生；然后调用__HAL_GPIO_EXTI_CLEAR_IT()函数来清除该标志位。查看这两个函数的定义，可以发现两者都操作了中断挂起寄存器 EXTI_PR。

在函数 HAL_GPIO_EXTI_IRQHandler( ) 内部还有一条对 HAL_GPIO_EXTI_Callback( ) 函数的调用语句。

(8) HAL_GPIO_EXTI_Callback( )。

HAL_GPIO_EXTI_Callback( ) 函数有以下两处定义。

① 在 stm32f1xx_hal_gpio.c 文件中:

```
/**
  * 函数名: EXTI 输入检测回调函数
  * 输入参数: GPIO_Pin 引脚
  * 返回值: 无
  */
__weak void HAL_GPIO_EXTI_Callback(uint16_t GPIO_Pin)
{
  /* 防止编译器在解析时找不到函数、变量的定义而报错 */
  UNUSED(GPIO_Pin);
  /*
注意:此函数不应修改,当需要回调函数时,应该使用用户编写的 HAL_GPIO_EXTI_Callback( )
函数
 */
}
```

UNUSED(GPIO_Pin) 函数是一个空函数，即这里的整个 HAL_GPIO_EXTI _Callback( ) 函数就是一个空函数。

stm32f1xx_hal_gpio.c 文件中的函数定义有一个关键字 weak。这是 HAL 软件包的一种固定模式，默认用 weak 声明一个空的回调函数，在实际应用时，用户要自己定义回调函数，并补充需要实现的功能代码。其实这就是编译器的一个弱导出符，可以防止链接器在解析时找不到函数、变量的定义而报错。该关键字与表 3-5 中的 WEAK 的作用相同。

② HAL_GPIO_EXTI_Callback( ) 函数在工程中的另一处定义在 main.c 文件中:

```
void HAL_GPIO_EXTI_Callback(uint16_t GPIO_Pin)
{
    if(GPIO_Pin == GPIO_PIN_13)
    {
/* 翻转 LED1 引脚电平 */
        delay_us(140);
        if(HAL_GPIO_ReadPin(GPIOC,GPIO_PIN_13)==0)
        {
            while(HAL_GPIO_ReadPin(GPIOC,GPIO_PIN_13==0));
        }
        HAL_GPIO_TogglePin(LED_GPIO_Port,LED_Pin);
    }
}
```

上述代码用于反转 LED。其他功能函数详见源程序。

6.6.2 中断嵌套实例

1. 程序功能

配置 3 个 EXTI 外部中断：EXTI1、EXTI2、EXTI13，并分别赋予它们 1、2、3 的占先优先级。首先利用 GPIOC13 所接按键触发 EXTI13 中断，并在其中断服务返回之前触发 EXTI2 中断；然后，在 EXTI2 中断服务返回之前触发 EXTI1 中断。按照此流程，共发生两次中断嵌套，并且在 EXTI1 中断服务完成之后，按照 EXTI1→EXTI2→ EXTI13 的次序进行中断返回。以上过程使用串口向上位机打印信息，程序流程图如图 6-6 所示。

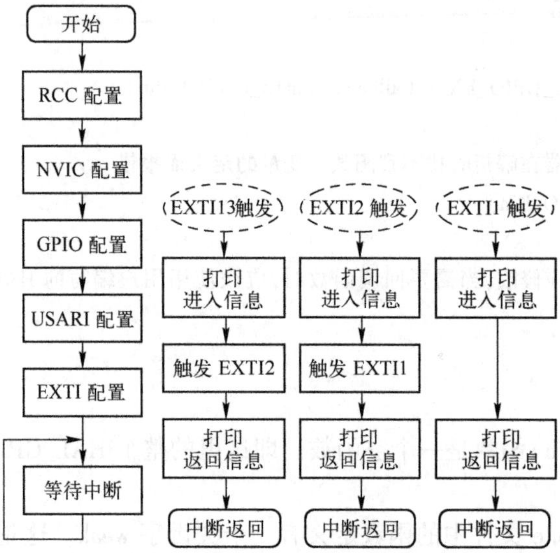

图 6-6 中断嵌套实例程序流程图

2. 硬件电路原理图

本实例的硬件电路原理图见附录 C。

3. 程序分析

（1） MX_GPIO_Init( ) 函数。

它类似 6.6.1 节中的同名函数，但要为其加入如下代码：

```
/* EXTI 中断初始化 */
    HAL_NVIC_SetPriority(EXTI1_IRQn, 1, 0);
    HAL_NVIC_EnableIRQ(EXTI1_IRQn);

    HAL_NVIC_SetPriority(EXTI2_IRQn, 2, 0);
    HAL_NVIC_EnableIRQ(EXTI2_IRQn);

    HAL_NVIC_SetPriority(EXTI15_10_IRQn, 3, 0);
    HAL_NVIC_EnableIRQ(EXTI15_10_IRQn);
```

从上述程序中可以看出，EXTI1 的占先优先级高于 EXTI2 的占先优先级，EXTI2 的占先优先级高于 EXTI13 的占先优先级。

（2）main(void)：

```
int main(void)
{
  /*用户代码 1 开始 */

  /*用户代码 1 结束 */

  /* MCU 配置--------------------------------------------------------*/

  /* 复位所有外设，初始化 Flash 接口和 Systick */
      HAL_Init();

  /*用户代码 Init 开始 */
    Delay_Init(72);
  /*用户代码 Init 结束 */

  /*配置系统时钟 */
  SystemClock_Config();

  /*用户代码 SysInit 开始 */

  /*用户代码 SysInit 结束 */

  /*初始化所有外设 */
  MX_GPIO_Init();
  MX_USART2_UART_Init();
  /*用户代码 2 开始 */

  /*用户代码 2 结束 */

  /*主循环 */
  /*用户代码 WHILE 开始 */
  while (1)
  {
    /*用户代码 WHILE 结束 */

    /*用户代码 3 开始 */
  }
  /* 用户代码 3 结束 */
}
```

（3）中断服务程序：

```
void EXTI1_IRQHandler(void)
{
  /*用户代码 EXTI1_IRQn 0 开始 */

  /*用户代码 EXTI1_IRQn 0 结束 */
  HAL_GPIO_EXTI_IRQHandler(GPIO_PIN_1);
  /*用户代码 EXTI1_IRQn 1 开始 */

  /*用户代码 EXTI1_IRQn 1 结束 */
}

/**
  * @brief This function handles EXTI line2 interrupt.
  */
void EXTI2_IRQHandler(void)
{
  /*用户代码 EXTI2_IRQn 0 开始 */

  /*用户代码 EXTI2_IRQn 0 结束 */
  HAL_GPIO_EXTI_IRQHandler(GPIO_PIN_2);
  /*用户代码 EXTI2_IRQn 1 开始 */

  /*用户代码 EXTI2_IRQn 1 结束 */
}

/**
  * @brief This function handles EXTI line[15:10] interrupts.
  */
void EXTI15_10_IRQHandler(void)
{
  /* 用户代码 EXTI15_10_IRQn 0 开始 */

  /*用户代码 EXTI15_10_IRQn 0 结束 */
  HAL_GPIO_EXTI_IRQHandler(GPIO_PIN_13);
  /*用户代码 EXTI15_10_IRQn 1 开始 */

  /*用户代码 EXTI15_10_IRQn 1 结束 */
}
void HAL_GPIO_EXTI_IRQHandler(uint16_t GPIO_Pin)
{
  /* EXTI 中断检测 */
  if (__HAL_GPIO_EXTI_GET_IT(GPIO_Pin) != 0x00u)
```

```
    {
      __HAL_GPIO_EXTI_CLEAR_IT(GPIO_Pin);
      HAL_GPIO_EXTI_Callback(GPIO_Pin);
    }
}

//本例嵌套顺序为 13→2→1,按下按键即可触发
void HAL_GPIO_EXTI_Callback(uint16_t GPIO_Pin)
{
  if(GPIO_Pin == GPIO_PIN_13)
    {
      printf("\r\nEXTI13 IRQHandler enter. \r\n");
      __HAL_GPIO_EXTI_GENERATE_SWIT(GPIO_PIN_2);
      printf("\r\nEXTI13 IRQHandler return. \r\n");
    }
      if(GPIO_Pin == GPIO_PIN_2)
    {
      printf("\r\nEXTI2 IRQHandler enter. \r\n");
      __HAL_GPIO_EXTI_GENERATE_SWIT(GPIO_PIN_1);
      printf("\r\nEXTI2 IRQHandler return. \r\n");
    }
  if(GPIO_Pin == GPIO_PIN_1)
    {
      printf("\r\nEXTI1 IRQHandler enter. \r\n");

      printf("\r\nEXTI1 IRQHandler return. \r\n");
    }


}
```

在上述程序中，__HAL_GPIO_EXTI_GENERATE_SWIT(GPIO_PIN_2)和__HAL_GPIO_EXTI_GENERATE_SWIT(GPIO_PIN_1)为产生软件中断的子函数。

第 7 章　USART 的原理及应用

当以异步通信方式发送字符时，所发送的字符之间的时间间隔可以是任意的，因此接收端必须时刻做好接收的准备。由于发送端可以在任意时刻开始发送字符，因此必须在每个字符的开始和结束的地方加上标志，即加上起始位和停止位，以便接收端能够正确地将每个字符接收下来。而以同步通信方式通信的双方必须建立同步，即双方的时钟要调整到同一个频率。收发双方不停地发送和接收连续的同步比特流。

通用同步/异步串行收发器（USART）是一种能够按位传送二进制数据的通信装置，其主要功能是在输出数据时，对数据进行并/串转换，即将 8 位并行数据送到串口输出；在输入数据时，对数据进行串/并转换，即从串口读入外部串行数据，并将其转换为 8 位并行数据。

关于串口的外设，请在图 2-29 中确定其位置及其与其他部分的关系。

7.1　接口重映射

STM32 上有很多 I/O 接口，也有很多内置外设，为了节省引脚，这些内置外设都是与 I/O 接口公用引脚的，STM32 称其为 I/O 引脚的复用。很多具有复用功能的引脚还可以通过重映射从不同的 I/O 引脚引出，即具有复用功能的引脚是可以通过程序改变的。重映射功能的直接好处是 PCB 设计人员可以在需要的情况下，不必把某些信号在 PCB 上绕一大圈完成连接，它在方便 PCB 设计的同时，潜在地减少了信号的交叉干扰。重映射功能的潜在好处是在不需要同时使用多个复用功能时，虚拟地增加复用功能的数量。例如，STM32 上最多有 3 个 USART 接口，当需要更多的 USART 接口而又不需要同时使用它们时，可以通过重映射功能实现更多的 USART 接口。USART2 外设的 TX、RX 分别对应 PA2、PA3 引脚，但当 PA2、PA3 引脚连接了其他设备而还要用 USART2 时，就需要打开 GPIOD 重映射功能，把 USART2 设备的 TX、RX 映射到 PD5、PD6 引脚上。读者可能会问，USART2 是不是可以映射到任意引脚上呢？答案是否定的，它只能映射到固定的引脚上。表 7-1 所示为 USART2 重映射表。

表 7-1　USART2 重映射表

复用功能	USART2_REMAP = 0	USART2_REMAP = 1
USART2_CTS	PA0	PD3
USART2_RTS	PA1	PD4
USART2_TX	PA2	PD5
USART2_RX	PA3	PD6

其他外设的重映射可以参考 STM32F103 手册。

STM32 具有重映射功能的引脚包括晶体振荡器的引脚（在不接晶体时，可以作为普通 I/O 接口）、CAN 模块、JTAG 调试接口、大部分定时器的引出接口、大部分 USART 的引出接口、I2C1 的引出接口、SPI1 的引出接口，如图 7-1 所示。

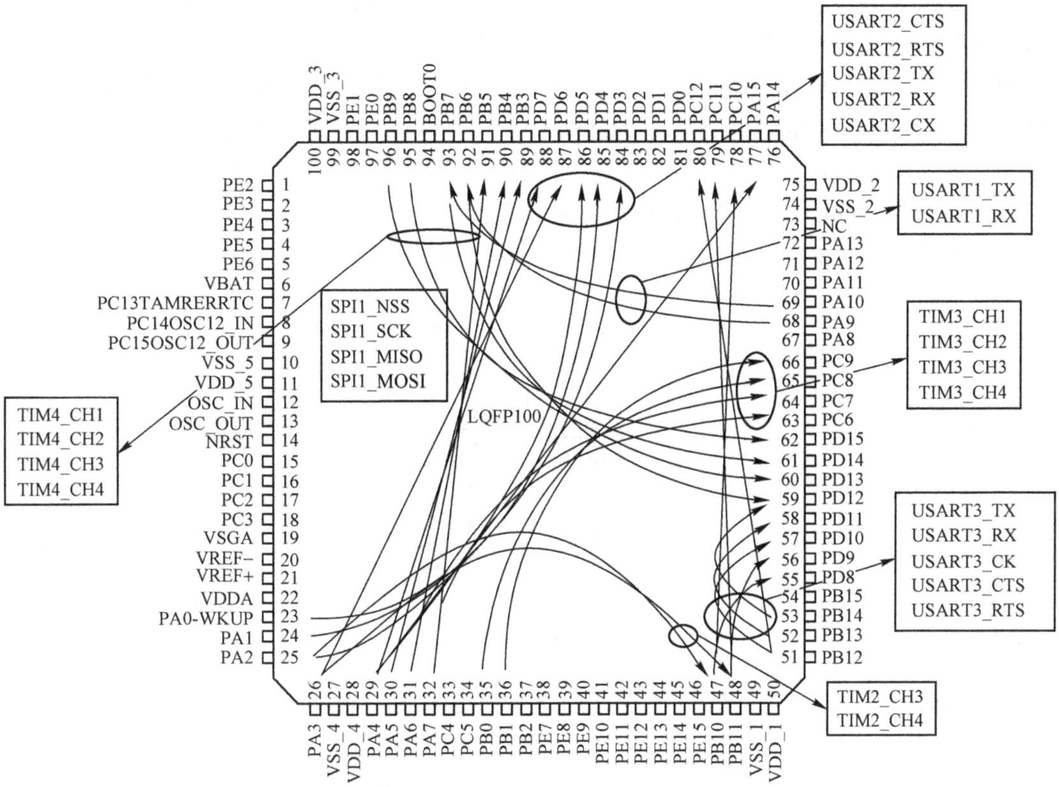

图 7-1　STM32 具有重映射功能的引脚

7.2　USART 接口的功能和结构

STM32F10x 处理器的 USART 提供了 2～5 个独立的异步串行通信接口，皆可工作于中断和 DMA 模式，如图 7-2 所示。而 STM32F103 内置了 3 个 USART（USART1、USART2 和

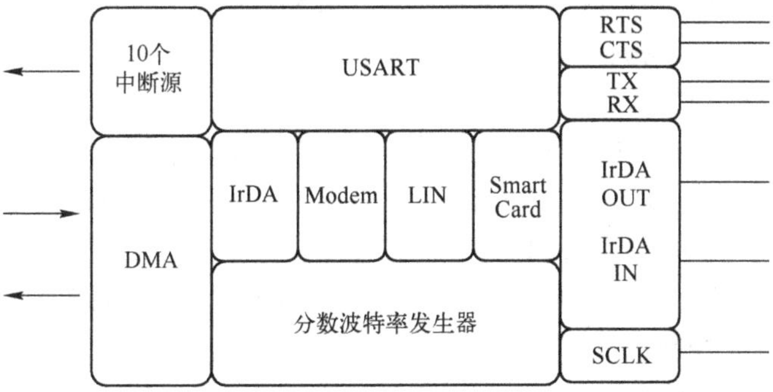

图 7-2　USART 功能模块

USART3）和2个通用异步串行收发器（UART4和UART5）。

7.2.1 USART接口的功能

STM32F10x处理器的5个接口提供异步通信、支持IrDA SIR ENDEC传输编/解码、多处理器通信模式、单线半双工通信模式和LIN主/从功能。

USART1接口的通信速率可达4.5Mbit/s，其他接口的通信速率可达2.25Mbit/s。USART1、USART2和USART3接口具有硬件的CTS与RTS信号管理、兼容ISO 7816的智能卡模式与类SPI通信模式，除UART5接口外，其他所有接口都可以使用DMA操作。

作为串行接口，USART接口的基本功能如下。

（1）单线半双工通信，只使用TX引脚，如图7-3所示。

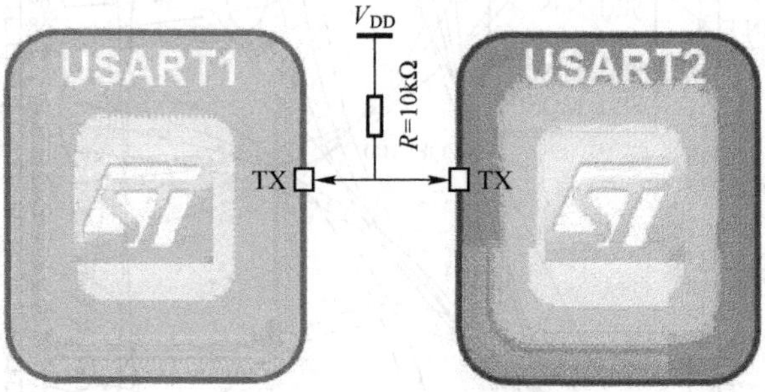

图7-3 单线半双工通信

（2）全双工同步/异步通信。SPI总线采用同步通信和外设通信，如图7-4所示。

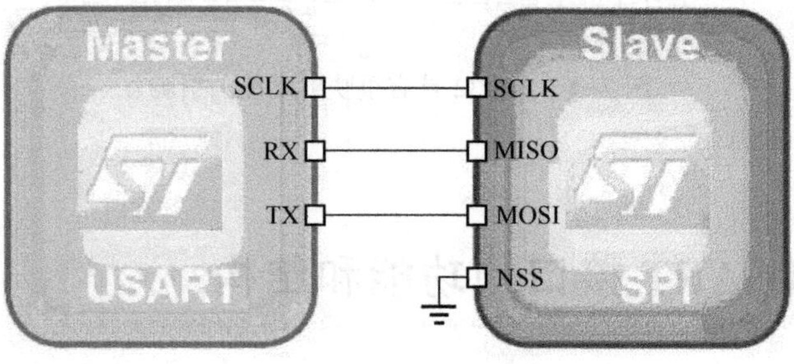

图7-4 全双工同步通信

（3）分数波特率发生器系统，波特率最高达4.5Mbit/s。

（4）发送方为同步传输提供时钟。

（5）单独的发送器和接收器使能位。

（6）检测标志：接收缓冲器满、发送缓冲器空和传输结束标志。

（7）可编程数据字长度（8位或9位）；可配置的停止位，支持1个或2个停止位。

（8）校验控制：发送校验位；对接收数据进行校验。

（9）4个错误检测标志：溢出错误、噪声错误、帧错误和校验错误。

（10）硬件数据流控制。

（11）从静默模式中唤醒串行口（通过空闲总线检测或地址标志检测）。

（12）两种唤醒接收器的方式：地址位（MSB，第9位）和总线空闲。

与处理器相关的控制功能如下。

（1）10 个带标志的中断源：CTS 改变、LIN 断开符号检测、发送数据寄存器空、发送完成、接收数据寄存器满、检测到总线为空闲、溢出错误、噪声错误、帧错误和校验错误。

（2）2 路 DMA 通道。

附加其他协议的串口的功能如下。

（1）多处理器通信：如果地址不匹配，则进入静默模式。

（2）红外 IrDA SIR 通信如图 7-5 所示。IrDA 是红外数据组织（Infrared Data Association）的简称，也是 Infra red Data Association 的缩写，即红外线接口。

（3）智能卡模拟如图 7-6 所示。智能卡接口支持 ISO 7816-3 标准中定义的异步智能卡协议。

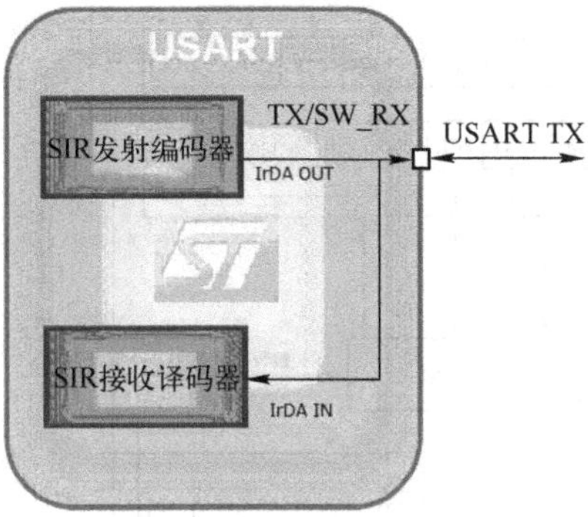

图 7-5　红外 IrDA SIR 通信

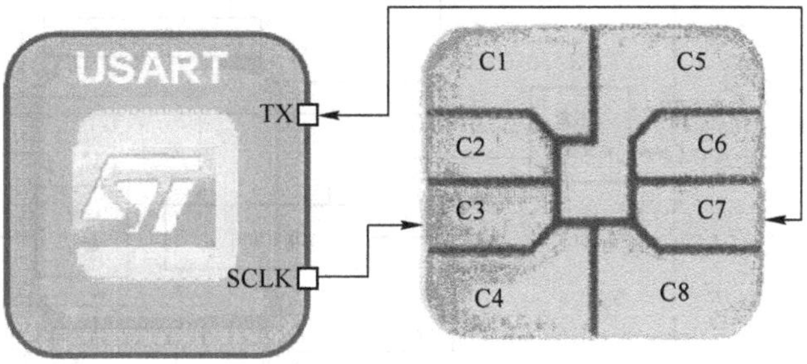

图 7-6　智能卡模拟

（4）LIN（局域互联）。

USART 在 STM32 中应用最多的莫过于“打印”程序信息，一般在进行硬件设计时，都会预留一个 USART 接口连接计算机，用于在调试程序时把一些调试信息“打印”在计算机端的串口调试助手工具上，从而了解程序运行是否正确、具体哪里出错等。

7.2.2　USART 接口的结构

在计算机科学中，大部分复杂的问题都可以通过分层得到简化。对于通信协议，也可以分层的方式来理解，最基本的是把它分为物理层和协议层。物理层规定通信系统中具有机械、电子功能部分的特性，确保原始数据在物理媒体中的传输。协议层主要规定通信逻辑，统一收发双方的数据打包、解包标准。简单来说，物理层规定我们用语言还是肢体来交流，协议层规定我们用中文还是英文来交流。

STM32 的 USART 硬件结构如图 7-7 所示。USART 接口通过 RX（接收数据输入）、TX（发送数据输出）和 GND 三个引脚与其他设备连接在一起。

〖**说明**〗根据奈奎斯特采样定理，采样率需要大于或等于被采样信号最高频率的 2 倍，即采样率等于被采样信号最高信号频率的 2 倍即可满足要求；而采样率大于被采样信号最高频率的 2 倍的采样就是过采样。当然，在实际应用中，通常过采样的采样率至少是被采样信号最高频率的 4 倍，甚至是 8 倍、16 倍或更高。过采样技术主要用于提高信噪比及保真度。通过反复地对信号进行采样，并通过高性能的滤波器（特别包括数字滤波器）滤除噪声，提取有用的信号，这对在恶劣环境中提取有效的弱信号是一种非常有效的手段。同样，过采样及有效的滤波可以使采样结果尽可能贴近真实信号，从而提高信号的保真度。

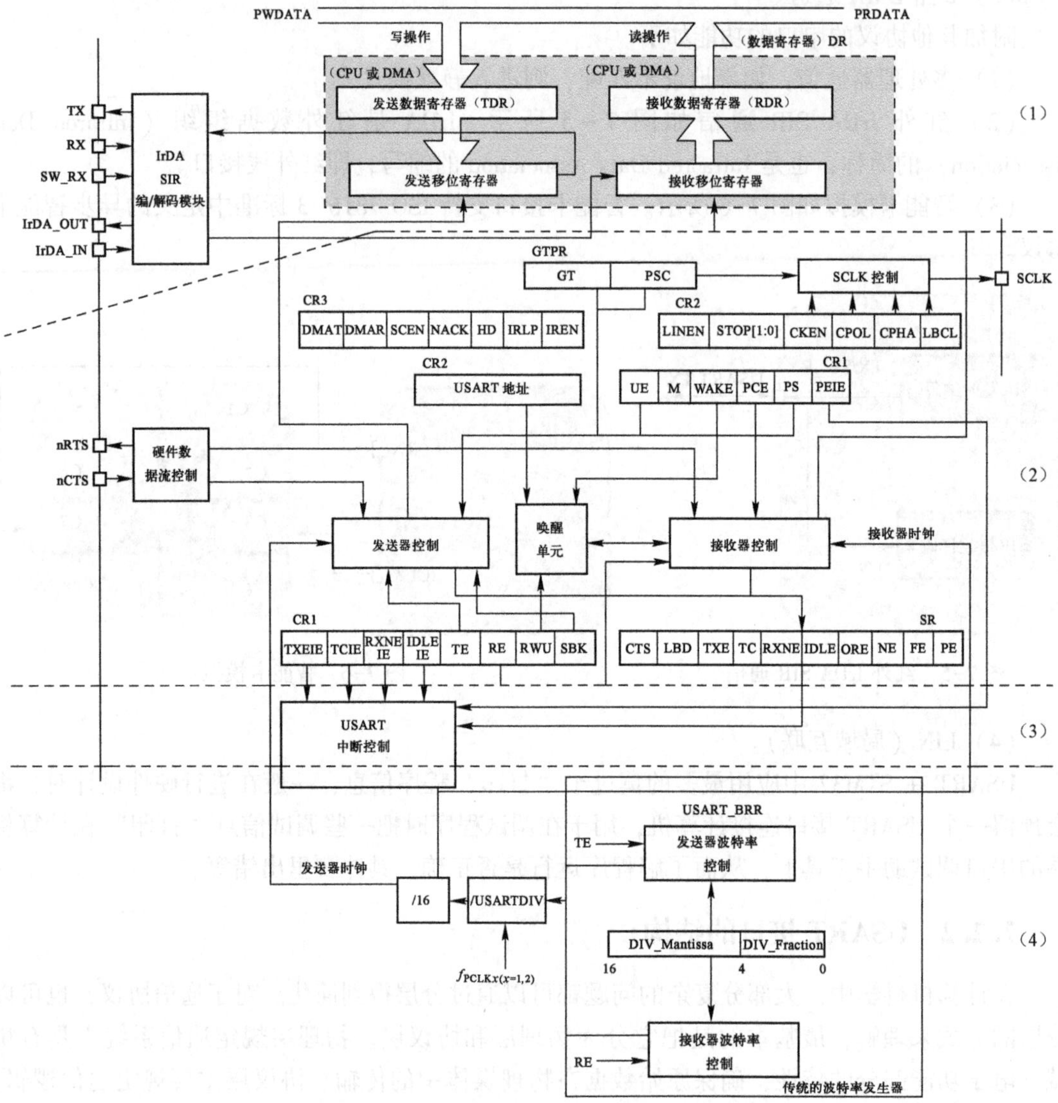

图7-7 STM32的USART硬件结构

RX通过过采样技术区别数据和噪声，从而恢复数据。当发送数据寄存器被禁止时，输出引脚恢复到其I/O接口配置。当发送器被激活且不发送数据时，TX引脚处于高电平。USART硬件结构可分为以下4部分。

（1）发送部分和接收部分，包括相应的引脚和寄存器。发送器控制和接收器控制根据寄存器配置分别对发送移位寄存器与接收移位寄存器进行控制。

当需要发送数据时，内核或DMA（详见第9章）外设把数据从内存（变量）写入发送数据寄存器，发送控制器将适时地自动把数据从发送数据寄存器加载到发送移位寄存器中，通过串口线TX，把数据逐位地发送出去。在数据从发送数据寄存器转移到发送移位寄存器中时，会产生发送数据寄存器已空事件 TXE；当数据从发送移位寄存器全部发送出去时，会产生数据发送完成事件 TC，这些事件可以在状态寄存器中查询到。

而接收数据则是一个逆过程，数据首先从串口线 RX 逐位地输入接收移位寄存器，然后自动地转移到接收数据寄存器中，最后用软件程序或 DMA 将其读取到内存（变量）中。

（2）发送器控制和接收器控制部分，包括相应的控制寄存器。围绕着发送器控制和接收器控制部分，有多个寄存器（CR1、CR2、CR3、SR），即 USART 的 3 个控制寄存器（Control Register）及 1 个状态寄存器（Status Register）。通过向寄存器写入各种控制参数来控制发送和接收，如奇偶校验位、停止位等，还包括对 USART 中断的控制；串口的状态在任何时候都可以从状态寄存器中查询到。

① 发送器。

当将 USART_CR1 的发送使能位 TE 置 1 时，启动数据发送，发送移位寄存器中的数据会从 TX 引脚输出，低位在前、高位在后。如果是同步模式，那么 SCLK 也输出时钟信号。

当发送使能位 TE 置 1 后，发送器会先发送一个空闲帧（一个数据帧长度的高电平），然后就可以向 USART_DR 写入要发送的数据。在写入最后一个数据后，需要等待 USART 状态寄存器（USART_SR）的 TC 位为 1，表示数据传输完成，如果将 USART_CR1 的 TCIE 位置 1，那么将产生中断。

在发送数据时，有几个比较重要的标志位，如表 7-2 所示。

表 7-2　串口发送数据时的重要标志位

名　称	描　述
TE	发送使能
TXE	发送数据寄存器为空，发送单字节数据时使用
TC	发送完成，发送多字节数据时使用
TXIE	发送完成，中断使能

② 接收器。

如果将 USART_CR1 的 RE 位置 1，则会使能 USART 接收，使得接收器开始在 RX 线上搜索起始位。在确定起始位后，根据 RX 线电平状态把数据存放在接收移位寄存器中。接收完成后，就把接收移位寄存器中的数据移到接收数据寄存器中，并把 USART_SR 的 RXNE 位置 1。同时，如果将 USART_CR2 的 RXNEIE 置 1，那么也可以产生中断。

在接收数据时，有几个比较重要的标志位，如表 7-3 所示。

表 7-3　串口接收数据时的重要标志位

名　称	描　述
RE	接收使能
RXNE	读接收数据寄存器非空
RXNEIE	发送完成，中断使能

（3）中断控制部分。

（4）波特率控制部分。

7.3 USART 帧格式

STM32 帧格式如图 7-8 所示，字长可以为 8 位或 9 位。在起始位期间，TX 引脚处于低电平状态；在停止位期间，TX 引脚处于高电平状态。

完全由 1 组成的帧称为空闲帧，完全由 0 组成的帧称为断开帧。

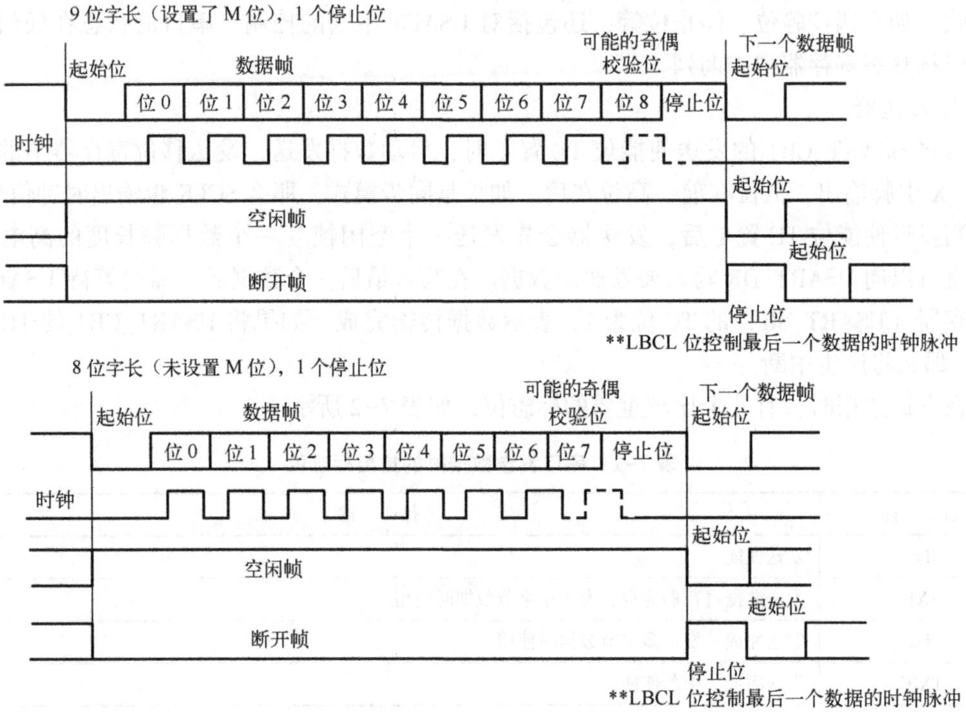

图 7-8　STM32 帧格式

停止位有 0.5/1/1.5/2 位的情况，如图 7-9 所示。

☺0.5 个停止位：在智能卡模式下接收数据时使用。

☺1 个停止位：停止位位数的默认值。

☺1.5 个停止位：在智能卡模式下发送和接收数据时使用。

☺2 个停止位：可用于常规 USART 模式、单线模式及调制解调器模式。

STM32F103 系列控制器 USART 支持奇偶校验。当使用校验位时，串口传输的数据长度将是 8 位的数据帧加上 1 位的校验位，共 9 位。此时，USART_CR1 的 M 位需要设置为 1，即 9 数据位。将 USART_CR1 的 PCE 位置 1 就可以启动奇偶校验控制，奇偶校验由硬件自动完成。使能了奇偶校验控制后，在发送数据帧时自动添加校验位，在接收数据帧时自动验证校验位。在接收数据帧时，如果出现奇偶校验位验证失败的情况，则会将 USART_SR 的 PE 位置 1，并可以产生奇偶校验中断。

使能了奇偶校验控制后，每个字符帧的格式将变成“起始位+数据帧+校验位+停止位”。

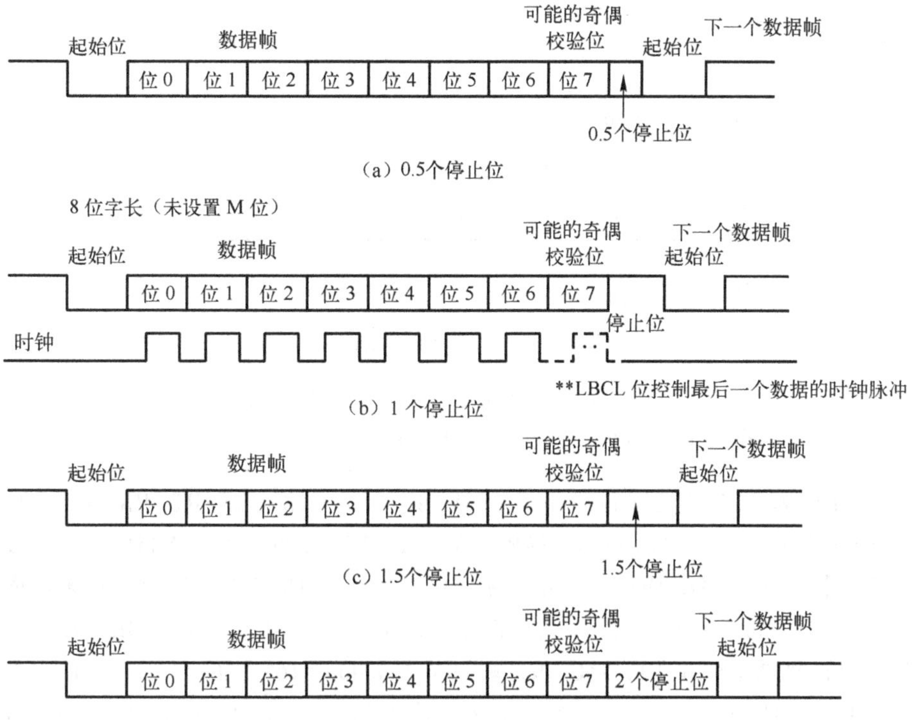

（a）0.5个停止位

（b）1 个停止位

（c）1.5个停止位

（d）2 个停止位

图 7-9　停止位

7.4　波特率设置

波特率属于协议层的概念。

波特率是指每秒传送的二进制位数，单位为 bit/s。波特率是串行通信的重要指标，用于表征数据的传输速度，但它与字符的实际传输速度不同。字符的实际传输速度是指每秒所传字符帧的帧数，与字符帧格式有关。例如，波特率为 1200bit/s 的通信系统，若采用 11 数据位字符帧，则字符的实际传输速度为 1200/11 = 109.09（帧/秒），每位的传输时间为 $\frac{1}{1200}$s。

接收器和发送器的波特率在 USARTDIV 的整数与小数寄存器中的值应设置成相同的。波特率通过 USART_BRR 来设置，包括 12 位整数部分和 4 位小数部分。USART_BRR 如图 7-10 所示，其各位域定义如表 7-4 所示。

31	30	29	28	27	26	25	24	23	22	21	20	19	18	17	16
保留															

15	14	13	12	11	10	9	8	7	6	5	4	3	2	1	0
DIV_Mantissa[11:0]												DIV_Fraction[3:0]			
rw	rw	rw	rw	rw	rw	rw	rw	rw	rw	rw	rw	rw	rw	rw	rw

图 7-10　USART_BRR

表 7-4 USART_BRR 各位域定义

位　域	定　义
31:16	保留位，硬件强制为 0
15:4	DIV_Mantissa[11:0]：USARTDIV（USART 分频器除法因子）的整数部分
3:0	DIV_Fraction[3:0]：USARTDIV 的小数部分

发送和接收的波特率计算公式为

$$波特率=f_{PCLKx}/(16\times USARTDIV) \tag{7-1}$$

式中，$f_{PCLKx}(x=1,2)$是给外设的时钟，PCLK1 用于 USART2/3/4/5，PCLK2 用于 USART1；USARTDIV 是一个无符号的定点数，其计算见下面的例子。

【例 7-1】 如果 DIV_Mantissa = 27，DIV_Fraction = 12（USART_BRR = 0x1BC），则 Mantissa(USARTDIV) = 27，Fraction(USARTDIV) = 12/16 = 0.75，故 USARTDIV = 27.75。

【例 7-2】 要求 USARTDIV = 25.62，则 DIV_Fraction = 16×0.62 = 9.92，最接近的整数是 10（0x0A）。DIV_Mantissa = Mantissa（25.620）= 25 = 0x19，于是 USART_BRR = 0x19A。

【例 7-3】 要求 USARTDIV = 50.99，则 DIV_Fraction = 16×0.99 = 15.84，最接近的整数是 16（0x10），DIV_frac[3:0]溢出，进位必须加到小数部分。DIV_Mantissa = Mantissa (50.990+进位) = 51 = 0x33，于是 USART_BRR = 0x330，USARTDIV = 51。

【例 7-4】 USART1 使用 APB2 总线时钟，最高频率可达 72MHz，其他 USART 的最高频率为 36MHz。现在选取 USART1 作为实例讲解，即 f_{PCLK} = 72MHz。为得到 115200bit/s 的波特率，此时：

$$115200=\frac{72000000}{16\times USARTDIV}$$

解得 USARTDIV = 39.0625，可算得 DIV_Fraction = 0.0625×16 = 1 = 0x01，DIV_Mantissa = 39 = 0x17，即应该设置 USART_BRR 的值为 0x171。

STM32 参考手册中列举了一些常用的波特率设置及其误差，如表 7-5 所示。

表 7-5 波特率设置及其误差

波特率期望值/(kbit/s)	f_{PCLK} = 36MHz			f_{PCLK} = 72MHz		
	实际值	误差/%	USART_BRR 中的值	实际值	误差/%	USART_BRR 中的值
2.4	2.400	0	937.5	2.400	0	1875
9.6	9.600	0	234.375	9.600	0	468.75
19.2	19.200	0	117.1875	19.200	0	234.375
57.6	57.600	0	39.0625	57.600	0	78.125
115.2	115.384	0.15	19.5	115.200	0	39.0625
230.4	230.769	0.16	9.75	230.769	0.16	19.5

续表

波特率期望值/（kbit/s）	$f_{PCLK}=36MHz$			$f_{PCLK}=72MHz$		
	实际值	误差/%	USART_BRR 中的值	实际值	误差/%	USART_BRR 中的值
460	461.538	0.16	4.875	461.538	0.16	9.75
921.6	923.076	0.16	2.4375	923.076	0.16	4.875
2250	2250	0	1	2250	0	2
4500	不可能	不可能	不可能	4500	0	1

7.5　硬件流控制

数据在两个串口之间传输时，经常会出现丢失的现象，或者两台计算机的处理速度不同。例如，台式计算机与单片机之间的通信，如果接收端数据缓冲区已满，则此时继续发送来的数据就会丢失。硬件流控制可以解决这个问题，当接收端的数据处理能力不足时，就发出“不再接收”的信号，发送端即停止发送，直至收到“可以继续发送”的信号后继续发送数据。因此，硬件流控制可以控制数据传输的进程，防止数据丢失。硬件流控制常用的有 RTS/CTS（请求发送/清除发送）流控制和 DTR/DSR（数据终端就绪/数据设置就绪）流控制。当使用 RTS/CTS 流控制时，应将通信两端的 RTS、CTS 线对应相连，数据终端设备（如计算机）使用 RTS 来启动调制解调器或提示其他数据通信设备发送数据流，而数据通信设备（如调制解调器）则用 CTS 来启动和暂停来自计算机的数据流。这种硬件握手方式的过程为：在编程时根据接收端数据缓冲区大小设置一个高位标志和一个低位标志，当数据缓冲区内的数据量达到高位时，在接收端设置 CTS 线，当发送端的程序检测到 CTS 有效时，就停止发送数据，直到接收端数据缓冲区内的数据量低于低位，将 CTS 取反。RTS 用于表明接收设备是否准备好接收数据。

利用 nCTS 输入和 nRTS 输出可以控制两设备之间的串行数据流。图 7-11 所示为两个 USART 之间的硬件流控制。

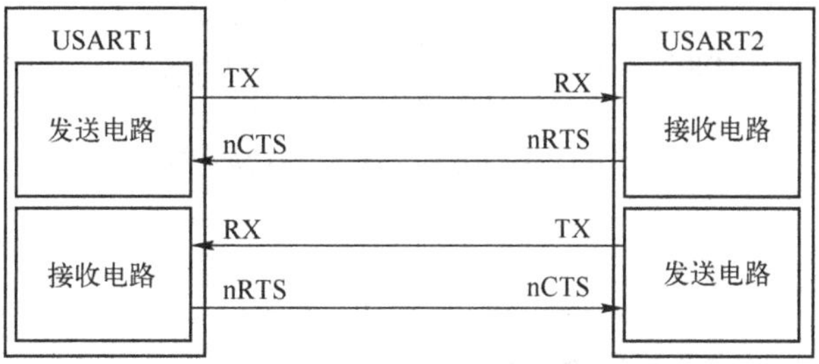

图 7-11　两个 USART 之间的硬件流控制

1. RTS 流控制

如果 RTS 流控制被使能（RTSE=1），那么只要 USART 接收器准备好接收新的数据，

nRTS 就变成有效（低电平）状态。当接收数据寄存器内有数据到达时，nRTS 被释放，由此表明希望在当前帧结束时停止数据传输。图 7-12 所示为启用 RTS 流控制通信的例子。

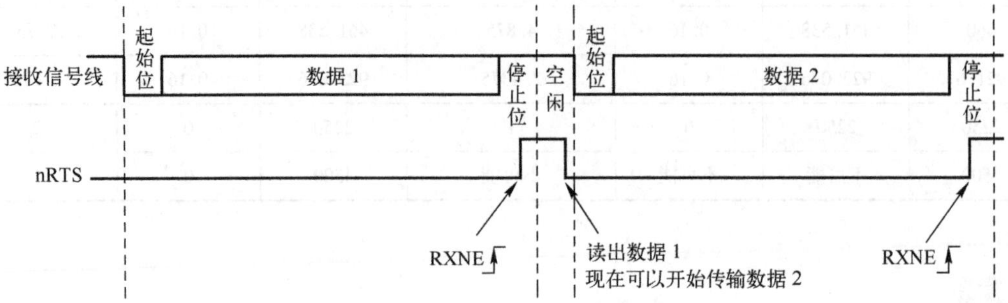

图 7-12 启用 RTS 流控制通信的例子

2. CTS 流控制

如果 CTS 流控制被使能（CTSE=1），那么发送器在发送下一帧数据前检查 nCTS 输入。如果 nCTS 有效（低电平），则下一个数据被发送（假设该数据是准备发送的，即 TXE=0），否则下一帧数据不被发送。若 nCTS 在传输期间变成无效状态，则当前传输完成后停止发送。当 CTSE=1 时，只要 nCTS 输入变换状态，硬件就自动设置 CTSIF 状态位，表明接收器是否已准备好进行通信。如果设置了 USART_CR3 的 CTSIE 位，则会产生中断。图 7-13 所示为启用 CTS 流控制通信的例子。

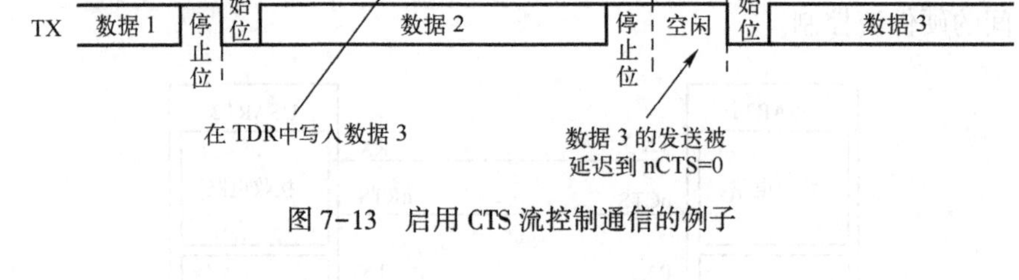

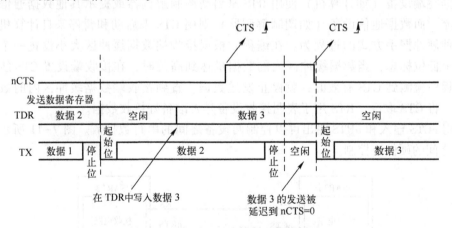

图 7-13 启用 CTS 流控制通信的例子

7.6 USART 中断请求

USART 中断通道如表 7-6 所示。

表 7-6　USART 中断通道

中　断	中断标志	使能位
发送数据寄存器空	TXE	TXEIE
CTS 标志	CTS	CTSIE
发送完成	TC	TCIE
接收数据就绪（可读）	RXNE	RXNEIE
检测到数据溢出	ORE	RXNEIE
检测到空闲线路	IDLE	IDLEIE
奇偶校验错误	PE	PEIE
断开标志	LBD	LBDIE
噪声标志，多缓冲通信中的溢出错误和帧错误	NE 或 ORT 或 FE	EIE

USART 的各种中断事件被连接至同一个中断向量，如图 7-14 所示。

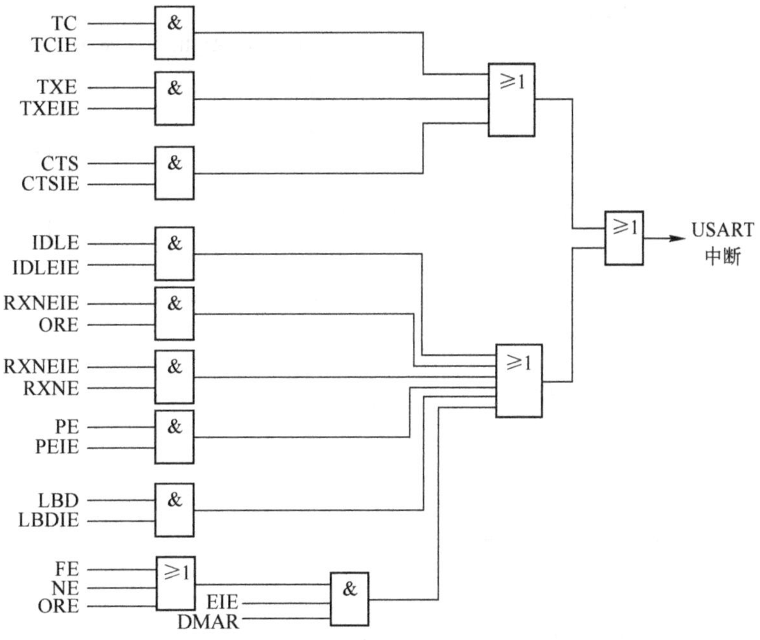

图 7-14　USART 中断映像图

☺ 发送期间的中断事件包括发送完成、清除发送和发送数据寄存器空。
☺ 接收期间的中断事件包括空闲总线检测、溢出错误、接收数据寄存器非空、校验错误、LIN 断开符号检测、噪声标志（仅存在于多缓冲器通信中）和帧错误（仅存在于多缓冲器通信中）。
☺ 如果设置了对应的使能控制位，那么这些事件就可以产生各自的中断。

USART 中断函数调用过程如图 7-15 所示。

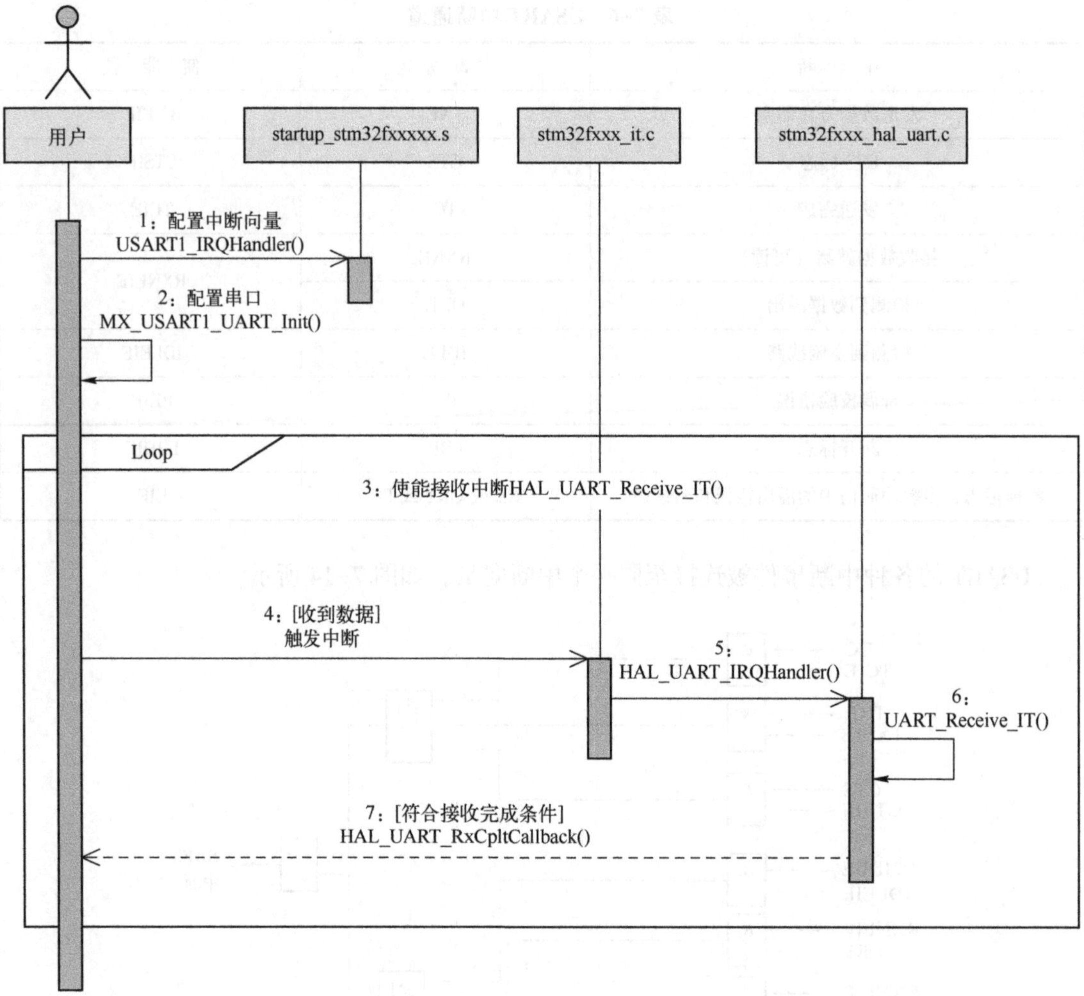

图 7-15　USART 中断函数调用过程

7.7　USART 寄存器

USART 相关寄存器的功能如表 7-7 所示。USART 寄存器地址映像及其复位值如表 7-8 所示，可以用半字（16 位）或字（32 位）的方式操作这些外设寄存器。

表 7-7　USART 相关寄存器的功能

寄　存　器	功　能
状态寄存器（USART_SR）	反映 USART 的状态
数据寄存器（USART_DR）	用于保存接收或发送的数据
波特比率寄存器（USART_BRR）	用于设置 USART 的波特率
控制寄存器 1（USART_CR1）	用于控制 USART
控制寄存器 2（USART_CR2）	用于控制 USART

续表

寄　存　器	功　　能
控制寄存器 3（USART_CR3）	用于控制 USART
保护时间和预分频寄存器（USART_GTPR）	保护时间和预分频

表 7-8　USART 寄存器地址映像及其复位值

偏　移	寄　存　器	31	30	29	28	27	26	25	24	23	22	21	20	19	18	17	16	15	14	13	12	11	10	9	8	7	6	5	4	3	2	1	0
000h	USART_SR	保留																						CTS	LBD	TXEIE	TC	RXNE	IDLE	ORE	NE	FE	PE
	复位值																							0	0	1	1	0	0	0	0	0	0
004h	USART_DR	保留																							DR[8:0]								
	复位值																								0	0	0	0	0	0	0	0	0
008h	USART_BRR	保留																DIV_Mantissa[15:4]												DIV_Fraction[3:0]			
	复位值																	0	0	0	0	0	0	0	0	0	0	0	0	0	0	0	0
00Ch	USART_CR1	保留																		UE	M	WAKE	PCE	PS	PEIE	TXEIE	TCIE	RXNEIE	IDLEIE	TE	RE	PWU	SBK
	复位值																			0	0	0	0	0	0	0	0	0	0	0	0	0	0
010h	USART_CR2	保留																	LINEN	STOP[1:0]		CLKEN	CPOL	CPHA	LBCL	保留	LBDIE	LBDL	保留	ADD[3:0]			
	复位值																		0	0	0	0	0	0	0		0	0		0	0	0	0
014h	USART_CR3	保留																					CTSIE	CTSE	RTSE	DMAT	DMAR	SCEN	NACK	HDSEL	IRLP	IREN	EIE
	复位值																						0	0	0	0	0	0	0	0	0	0	0
018h	USART_CTPR	保留																GT[7:0]								PSC[7:0]							
	复位值																	0	0	0	0	0	0	0	0	0	0	0	0	0	0	0	0

定义 USART 寄存器组的结构体 USART_TypeDef 在库文件 STM32f103xb. h 中：

```
/**
  * USART
  */

typedef struct
{
  __IO uint32_t SR;          /*!< USART 状态寄存器，偏移地址为 0x00 */
  __IO uint32_t DR;          /*!<USART 数据寄存器，偏移地址为 0x04 */
  __IO uint32_t BRR;         /*!< USART 波特率寄存器，偏移地址为 0x08 */
  __IO uint32_t CR1;         /*!< USART 控制寄存器 1，偏移地址为 0x0C */
  __IO uint32_t CR2;         /*!< USART 控制寄存器 2，偏移地址为 0x10 */
  __IO uint32_t CR3;         /*!< USART 控制寄存器 3，偏移地址为 0x14 */
  __IO uint32_t GTPR;        /*!< USART 保护时间寄存器，偏移地址为 0x18 */
} USART_TypeDef; /* 位绑定区的外设和 SRAM 基地址 */
#define PERIPH_BASE          0x40000000UL/*!< 位绑定别名区的外设基地址 */
...
#define APB2PERIPH_BASE      (PERIPH_BASE + 0x00010000UL)
...
```

```
#define USART1_BASE              (APB2PERIPH_BASE + 0x00003800UL)
...
#define USART1                   ((USART_TypeDef *)USART1_BASE)
```

从上面的宏定义中可以看出，USART1 寄存器的存储映射首地址是 0x40013800，参见表 2-11。

7.8 USART 初始化 HAL 库函数

串口初始化函数 HAL_UART_Init()位于 stm32f1xx_hal_uart.c 文件中，定义如下：

```
HAL_StatusTypeDef HAL_UART_Init(UART_HandleTypeDef *huart);
```

该函数只有一个入口参数 huart，为 UART_HandleTypeDef 结构体指针类型，位于 stm32f1xx_hal_uart.h 文件中，通常称之为串口句柄，它的使用会贯穿整个串口程序。结构体 UART_HandleTypeDef 的定义如下：

```
typedef struct __UART_HandleTypeDef
{
  USART_TypeDef                    *Instance;
  UART_InitTypeDef                 Init;
  uint8_t                          *pTxBuffPtr;
  uint16_t                         TxXferSize;
  __IO uint16_t                    TxXferCount;
  uint8_t                          *pRxBuffPtr;
  uint16_t                         RxXferSize;
  __IO uint16_t                    RxXferCount;
  DMA_HandleTypeDef                *hdmatx;
  DMA_HandleTypeDef                *hdmarx;
  HAL_LockTypeDef                  Lock;
  __IO HAL_UART_StateTypeDef       gState;
  __IO HAL_UART_StateTypeDef       RxState;

  __IO uint32_t                    ErrorCode;
}UART_HandleTypeDef;
```

该结构体的成员变量非常多，一般情况下，在调用函数 HAL_UART_Init()对串口进行初始化时，需要先设置 Instance 和 Init 两个成员变量的值。下面依次解释各个成员变量的含义。

(1) Instance 是 USART_TypeDef 结构体指针类型变量，是执行寄存器的基地址，对于这个基地址，HAL 库已经定义好了。

(2) Init 是 UART_InitTypeDef 结构体类型变量，用来设置串口的各个参数，包括波特率、停止位等。UART_InitTypeDef 结构体的定义如下：

```
/**
  * UART 初始化结构体定义
  */
typedef struct
{
  uint32_t BaudRate;                //波特率
  uint32_t WordLength;              //字长
  uint32_t StopBits;                //停止位
  uint32_t Parity;                  //奇偶校验位
  uint32_t Mode;                    //模式
  uint32_t HwFlowCtl;               //硬件流控制
  uint32_t OverSampling;            //过采样
} UART_InitTypeDef;
```

① BaudRate：波特率设置，一般设置为 2400、9600、19200、115200（单位为 bit/s）。HAL 库函数会根据设定值计算得到 UARTDIV 值［见式（7-1）］，并设置 UART_BRR 的值。

② WordLength：数据帧字长，可选 8 位或 9 位。它设定 UART_CR1 的 M 位的值。如果没有使能奇偶校验控制，则一般使用 8 数据位；如果使能了奇偶校验，则一般使用 9 数据位。

③ StopBits：停止位设置，可选 0.5 个、1 个、1.5 个和 2 个停止位。它用于设定 USART_CR2 的 STOP[1:0]位的值，一般选择 1 个停止位。

④ Parity：奇偶校验控制选择，可选 USART_PARITY_NONE（无校验）、USART_PARITY_EVEN（偶校验）、USART_PARITY_ODD（奇校验）。它用于设定 UART_CR1 的 PCE 位和 PS 位。

⑤ Mode：UART 模式选择，有 USART_MODE_RX 和 USART_MODE_TX 两种模式，若使用逻辑或运算，则 USART_MODE_RX 和 USART_MODE_TX 二者都选。它用于设定 USART_CR1 的 RE 位和 TE 位。

⑥ HwFlowCtl：设置是否支持硬件流控制，通常设置为无硬件流控制。

⑦ OverSampling：设置过采样为 16 倍还是 8 倍。

在 stm32f1xx_hal_uart.h 文件中，UART_InitTypeDef 变量的取值如下：

```
/** UART_Word_Length：UART 字长
  */
#define UART_WORDLENGTH_8B                  0x00000000U
#define UART_WORDLENGTH_9B                  ((uint32_t)USART_CR1_M)

/** UART_Stop_Bits：UART 停止位个数
  */
#define UART_STOPBITS_1                     0x00000000U
#define UART_STOPBITS_2                     ((uint32_t)USART_CR2_STOP_1)

/** @UART_Parity：UART 奇偶校验
```

```
  */
#define UART_PARITY_NONE0                    x00000000U
#define UART_PARITY_EVEN                     ((uint32_t)USART_CR1_PCE)
#define UART_PARITY_ODD                      ((uint32_t)(USART_CR1_PCE | USART_CR1_PS))

/** UART_Hardware_Flow_Control：UART 硬件控制流
  */
#define UART_HWCONTROL_NONE                  0x00000000U
#define UART_HWCONTROL_RTS                   ((uint32_t)USART_CR3_RTSE)
#define UART_HWCONTROL_CTS                   ((uint32_t)USART_CR3_CTSE)
#define UART_HWCONTROL_RTS_CTS               ((uint32_t)(USART_CR3_RTSE | USART_CR3_
CTSE))

/** UART_Mode：UART 传输模式
  */
#define UART_MODE_RX                         ((uint32_t)USART_CR1_RE)
#define UART_MODE_TX                         ((uint32_t)USART_CR1_TE)
#define UART_MODE_TX_RX                      ((uint32_t)(USART_CR1_TE | USART_CR1_RE))

/** UART_State：UART 状态
  */
#define UART_STATE_DISABLE                   0x00000000U
#define UART_STATE_ENABLE                    ((uint32_t)USART_CR1_UE)

/** UART_Over_Sampling：UART 过采样设置
  */
#define UART_OVERSAMPLING_16                 0x00000000U
#if defined(USART_CR1_OVER8)
#define UART_OVERSAMPLING_8                  ((uint32_t)USART_CR1_OVER8)
#endif /* USART_CR1_OVER8 */
```

（3）*pTxBuffPtr、TxXferSize 和 TxXferCount 三个变量分别用来设置串口发送的数据缓存指针、发送的数据量和剩余要发送的数据量。*pRxBuffPtr、RxXferSize 和 RxXferCount 三个变量用来设置接收的数据缓存指针、接收的数据量和剩余要接收的数据量。这 6 个变量是 HAL 库处理中间变量。

（4）hdmatx 和 hdmarx 是串口 DMA 相关的变量，指向 DMA 句柄。

（5）最后的 3 个变量是 HAL 库处理过程状态标志位和串口通信的错误码。

需要说明的是，函数 HAL_UART_Init( )内部会调用串口使能函数来使能相应的串口，因此，在调用了该函数后，就不需要重复使能串口了。当然，HAL 库也提供了具体的串口使能和失能方法，具体使用方法如下：

```
__HAL_UART_ENABLE(handler);      //使能句柄 handler 指定的串口
__HAL_UART_DISABLE(handler);     //失能句柄 handler 指定的串口
```

串口作为一个重要外设，在调用的初始化函数 HAL_UART_Init( )内部，会先调用 MSP

初始化回调函数进行 MCU 相关的初始化。函数为：

```
voidHAL_UART_MspInit(UART_HandleTypeDef * huart);
```

在该函数内部，需要编写 I/O 接口初始化、时钟使能及 NVIC 配置程序。

7.9　STM32 串口新功能

以下论述一些较新系列 STM32 单片机串口新功能，但对于某些功能，STM32F103 系列没有配置。

1. 支持 RXD 和 TXD 引脚互换

很多时候，在外接 RS-232 芯片时，很容易将 RXD 和 TXD 两根线接反。如果知道某些芯片 USART 的 TXD 和 RXD 引脚可以互换，那么在连接外设 RS-232 芯片时，如果发生错误，就不必再修改硬件，只需直接在软件中将 RXD 和 TXD 的引脚互换即可修正错误。

如图 7-16 所示，可通过设置寄存器中的 SWAP 位来实现 RXD 和 TXD 引脚互换。

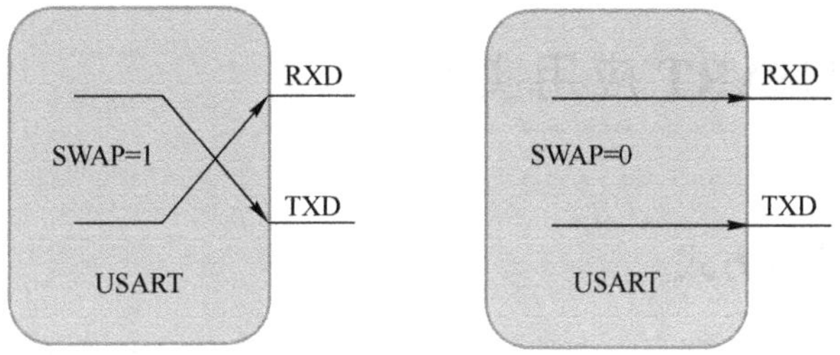

图 7-16　发送和接收引脚交换

注意：STM32F103 系列无此功能。

2. 支持接收和发送的电平极性反转

接收和发送的电平极性是可以反转的。通常默认串口电平是高电平为逻辑 1，低电平为逻辑 0；而在 ST 的 USART 中，是可以将高电平设置为逻辑 0，低电平设置为逻辑 1 的。这一特性让我们在一些特殊场景下可以灵活使用串口，如 USART 外接反相器时可以直接使用。

在接收数据寄存器和发送数据寄存器中，数据也是可以反转的，即原来的 0 变为 1，原来的 1 变为 0，这与电平极性反转类似。通常设置该功能需要对 USART_CR2 的 TXINV、RXINV 和 DATAINV 位进行设置。

注意：STM32F103 系列无此功能。

3. 支持数据高位与低位反序发送或接收

在发送和接收数据时，可在寄存器中设置是先发送低位还是先发送高位。默认的配置都是先发送或接收低位（bit0）信号，在实际应用中，通过对 USART_CR2 中的 MSBFIRST 位进行设置，也可以让 USART 先发送或接收高位（bit7/8）信号，这一点在对数据进行反序时会经常用到。

设想这种情况，如果需要把串口收到的数据先进行反序操作，再进行计算，那么这个硬件的功能就可以帮助我们减少很多软件的工作量。

注意：STM32F103 系列无此功能。

4. USART 支持 DMA 传输

STM32 的 USART 都是支持 DMA 的，这一点有利于进行数据的连续发送和缓冲接收。在某些 STM32 产品系列中，如 STM32F4 和 H7 系列，具有专门的串口 FIFO，这就可以用来做串口唤醒，先让 MCU 进入睡眠模式，当串口收到一个完整的数据包后，这个数据包可能是 100 字节或 200 字节，唤醒单片机，这样既可以做到不丢失数据又可以降低 MCU 的唤醒频率。

另外，USART 的接收还具有超时功能，可以人为设定一个时间，在 USART 的 RTOR 中进行设置，当串口接收的数据帧之间超过了这个设定值时，就会引发一个超时中断，串口中会有一个叫作 RTOF 的标志位来显示所发生的超时事件，通过这个中断服务程序就可以知道串口的数据发生了中断现象，可认为对方的数据已经发送完成。这种方式在串口上层协议的开发中有很多应用。

7.10 USART 应用实例

7.10.1 直接传送方式

每个 STM32 芯片内部都拥有一个独一无二的 96 位的 Unique Device ID。这个 ID 可以提供给开发人员很多优越的功能。例如：

（1）可以把该 ID 作为用户最终产品的序列号，帮助用户进行产品管理。

（2）在某些需要保证安全性的功能代码运行前，通过校验该 ID，可以保证最终产品的某些功能的安全性。

（3）用该 ID 配合加/解密算法，对芯片内部的代码进行加/解密，以保证用户产品的安全性和不可复制性。

该 ID 放在片内闪存中，位于地址 0x1FFFF7E8 ～ 0x1FFFF7F3 之间的系统存储区，由 ST 公司在工厂中写入（用户不能修改），用户可以以字节、半字或字的方式单独读取其中的任一地址。

1. 程序功能

从闪存的固定地址中读出 STM32 芯片内的 ID，通过串口上传至计算机，并通过串口工具软件显示出来。注意：计算机中的串口软件选择 HEX 模式。

2. 硬件电路原理图

本程序通过 STM32 的 USART2 接口上传 ID，具体硬件电路原理图见附录 C。

3. 程序分析

（1） MX_USART2_UART_Init( )：

```
void MX_USART2_UART_Init(void)
{

  huart2. Instance = USART2;
  huart2. Init. BaudRate = 9600;
  huart2. Init. WordLength = UART_WORDLENGTH_8B;
  huart2. Init. StopBits = UART_STOPBITS_1;
  huart2. Init. Parity = UART_PARITY_NONE;
  huart2. Init. Mode = UART_MODE_TX_RX;
  huart2. Init. HwFlowCtl = UART_HWCONTROL_NONE;
  huart2. Init. OverSampling = UART_OVERSAMPLING_16;
  if (HAL_UART_Init(&huart2) != HAL_OK)
  {
    Error_Handler();
  }

}
```

（2） HAL_UART_Init(&huart2)：

```
HAL_StatusTypeDef HAL_UART_Init(UART_HandleTypeDef *huart)
{
/* 检查串口设置 */
  if (huart == NULL)
  {
    return HAL_ERROR;
  }

  /* 检查参数设置 */
  if (huart->Init. HwFlowCtl != UART_HWCONTROL_NONE)
  {
    /* 硬件流控制仅用于 USART1、USART2 和 USART3 */
    assert_param(IS_UART_HWFLOW_INSTANCE(huart->Instance));
    assert_param(IS_UART_HARDWARE_FLOW_CONTROL(huart->Init. HwFlowCtl));
  }
  else
  {
    assert_param(IS_UART_INSTANCE(huart->Instance));
  }
  assert_param(IS_UART_WORD_LENGTH(huart->Init. WordLength));
#if defined(USART_CR1_OVER8)
```

```
  assert_param(IS_UART_OVERSAMPLING(huart->Init.OverSampling));
#endif /* USART_CR1_OVER8 */

  if (huart->gState == HAL_UART_STATE_RESET)
  {
    /* 分配锁资源并初始化 */
    huart->Lock = HAL_UNLOCKED;

#if (USE_HAL_UART_REGISTER_CALLBACKS == 1)
    UART_InitCallbacksToDefault(huart);

    if (huart->MspInitCallback == NULL)
    {
      huart->MspInitCallback = HAL_UART_MspInit;
    }

    /*初始化硬件 */
    huart->MspInitCallback(huart);
#else
    /* 初始化 GPIO 等硬件 */
    HAL_UART_MspInit(huart);          //初始化硬件
#endif /* (USE_HAL_UART_REGISTER_CALLBACKS) */
  }

  huart->gState = HAL_UART_STATE_BUSY;

  /* 失能外设 */
  __HAL_UART_DISABLE(huart);

  /*设置 UART 通信参数 */
  UART_SetConfig(huart);              //初始化设置串口

  /*在异步模式中，如下位要置 0：USART_CR2 中的 LINEN 和 CLKEN，USART_CR3 中的
SCEN、HDSEL 和 IREN */
  CLEAR_BIT(huart->Instance->CR2, (USART_CR2_LINEN | USART_CR2_CLKEN));
  CLEAR_BIT(huart->Instance->CR3, (USART_CR3_SCEN | USART_CR3_HDSEL | USART_CR3_
IREN));

  /*使能外设 */
  __HAL_UART_ENABLE(huart);

  /*初始化 UART 的状态 */
  huart->ErrorCode = HAL_UART_ERROR_NONE;
  huart->gState = HAL_UART_STATE_READY;
```

```
  huart->RxState = HAL_UART_STATE_READY;

  return HAL_OK;
}
```

(3) HAL_UART_MspInit(huart):

```
void HAL_UART_MspInit(UART_HandleTypeDef* uartHandle)
{

  GPIO_InitTypeDef GPIO_InitStruct = {0};
  if(uartHandle->Instance==USART2)
  {
  /*用户代码 USART2_MspInit 开始 */

  /*用户代码 USART2_MspInit 结束 */
    /* USART2 时钟使能 */
    __HAL_RCC_USART2_CLK_ENABLE();

    __HAL_RCC_GPIOA_CLK_ENABLE();
    /**USART2 相关 GPIO 配置
    PA2     ------> USART2_TX
    PA3     ------> USART2_RX
     */
    GPIO_InitStruct.Pin = GPIO_PIN_2;
    GPIO_InitStruct.Mode = GPIO_MODE_AF_PP;
    GPIO_InitStruct.Speed = GPIO_SPEED_FREQ_HIGH;
    HAL_GPIO_Init(GPIOA, &GPIO_InitStruct);

    GPIO_InitStruct.Pin = GPIO_PIN_3;
    GPIO_InitStruct.Mode = GPIO_MODE_INPUT;
    GPIO_InitStruct.Pull = GPIO_NOPULL;
    HAL_GPIO_Init(GPIOA, &GPIO_InitStruct);

  /*用户代码 USART2_MspInit 开始 */

  /*用户代码 USART2_MspInit 结束 */
  }
}
```

这里声明了 GPIO 的结构，串口是需要使用相应的 I/O 接口来发送和接收数据的。

(4) UART_SetConfig(huart):

```
static void UART_SetConfig(UART_HandleTypeDef *huart)
{
  uint32_t tmpreg;
```

```
  uint32_t pclk;

  /*检查参数设置 */
  assert_param(IS_UART_BAUDRATE(huart->Init.BaudRate));
  assert_param(IS_UART_STOPBITS(huart->Init.StopBits));
  assert_param(IS_UART_PARITY(huart->Init.Parity));
  assert_param(IS_UART_MODE(huart->Init.Mode));

/*---------------------------- USART-CR2 配置 -------------------------*/
  /*配置 UART 停止位：根据 huart->Init.StopBits 的值，将 STOP[13:12] 置 1
    */
  MODIFY_REG(huart->Instance->CR2, USART_CR2_STOP, huart->Init.StopBits);

  /*--------------------------- USART-CR1 配置--------------------------*/
  /*配置 USART 字长，奇偶校验和模式：
根据 huart->Init.WordLength 的值，将 M 位置 1；
根据 huart->Init.Parity 的值，将 PCE 位和 PS 位置 1；
根据 huart->Init.Mode 的值，将 TE 位和 RE 位置 1；
根据 huart->Init.OverSampling 的值，将 OVER8 位置 1 */

#if defined(USART_CR1_OVER8)
  tmpreg = (uint32_t)huart->Init.WordLength | huart->Init.Parity | huart->Init.Mode | huart->
Init.OverSampling;
  MODIFY_REG(huart->Instance->CR1,
             (uint32_t)(USART_CR1_M | USART_CR1_PCE | USART_CR1_PS | USART_CR1_
TE | USART_CR1_RE | USART_CR1_OVER8),
             tmpreg);
#else
  tmpreg = (uint32_t)huart->Init.WordLength | huart->Init.Parity | huart->Init.Mode;
  MODIFY_REG(huart->Instance->CR1,
             (uint32_t)(USART_CR1_M | USART_CR1_PCE | USART_CR1_PS | USART_CR1_
TE | USART_CR1_RE),
             tmpreg);
#endif /* USART_CR1_OVER8 */

  /*--------------------------- USART-CR3 配置 --------------------------*/
  /*配置 UART HFC：根据 huart->Init.HwFlowCtl 的值，将 CTSE 位和 RTSE 位置 1 */
  MODIFY_REG(huart->Instance->CR3, (USART_CR3_RTSE | USART_CR3_CTSE), huart->
Init.HwFlowCtl);

  if(huart->Instance == USART1)
  {
    pclk = HAL_RCC_GetPCLK2Freq();
```

```
  }
  else
  {
    pclk = HAL_RCC_GetPCLK1Freq();
  }

  /*---------------------------USART-BRR 配置---------------------*/
#if defined(USART_CR1_OVER8)
  if (huart->Init.OverSampling == UART_OVERSAMPLING_8)
  {
    huart->Instance->BRR = UART_BRR_SAMPLING8(pclk, huart->Init.BaudRate);
  }
  else
  {
    huart->Instance->BRR = UART_BRR_SAMPLING16(pclk, huart->Init.BaudRate);
  }
#else
  huart->Instance->BRR = UART_BRR_SAMPLING16(pclk, huart->Init.BaudRate);
#endif /* USART_CR1_OVER8 */
}
```

阅读代码可以发现，UART_SetConfig()函数主要是通过设置寄存器 USART_CR1、USART_CR2、USART_CR3、USART_BRR 来实现外设 USART 的配置的。

(5) main(void)：

```
unsigned char a1[12];
/* USER CODE END 0 */

/**
  * main()主函数入口程序
  * 返回值类型：无
  */
int main(void)
{
  /*用户代码 1 开始 */

  /*用户代码 1 结束 */

  /* MCU 配置-------------------------------------------------------*/

  /*复位所有外设，初始化 Flash 接口和 Systick */
  HAL_Init();

  /*用户代码 Init 开始 */
    Delay_Init(72);
```

```
/*用户代码 Init 结束 */

/*配置系统时钟 */
SystemClock_Config();

/*用户代码 SysInit 开始 */

/*用户代码 SysInit 结束 */

/*初始化时所用配置外设 */
MX_GPIO_Init();
MX_USART2_UART_Init();
/*用户代码 2 开始 */

/*用户代码 2 结束 */

/*主循环 */
/*用户代码 WHILE 开始*/
  a1[0]=*(u8*)(0x1FFFF7E8);
  a1[1]=*(u8*)(0x1FFFF7E9);
  a1[2]=*(u8*)(0x1FFFF7EA);
  a1[3]=*(u8*)(0x1FFFF7EB);

  a1[4]=*(u8*)(0x1FFFF7EC);
  a1[5]=*(u8*)(0x1FFFF7ED);
  a1[6]=*(u8*)(0x1FFFF7EE);
  a1[7]=*(u8*)(0x1FFFF7EF);


  a1[8]=*(u8*)(0x1FFFF7F0);
  a1[9]=*(u8*)(0x1FFFF7F1);
  a1[10]=*(u8*)(0x1FFFF7F2);
  a1[11]=*(u8*)(0x1FFFF7F3);
    for(int i=0;i<12;i++)
    USART2_Putc(a1[i]);
    USART2_Putc('\n');
while (1)
{
  /*用户代码 WHILE 结束 */

  /*用户代码 3 开始 */
}
/*用户代码 3 结束 */
}
```

(6) USART2_Putc(char c):

```
void USART2_Putc(char c)
{
    USART_SendData(&huart2,c);
  while ((__HAL_UART_GET_FLAG(&huart2, UART_FLAG_TXE)) == RESET);
}
```

(7) USART_SendData():

```
void USART_SendData(UART_HandleTypeDef *UARTx,uint16_t Data)
{
  assert_param(IS_UART_INSTANCE(UARTx->Instance));
    UARTx->Instance->DR = (uint16_t)(Data & 0x01FFU);
}
```

7.10.2　中断传送方式

1. 程序功能

此处的程序功能同 7.10.1 节中的程序功能，但此处采用中断方式，通过 USART2 下传一个字符，通过中断触发上传一个芯片 ID。

2. 硬件电路原理图

本实例的硬件电路原理图参见附录 C。

3. 程序分析

(1) MX_USART2_UART_Init()函数的分析同 7.10.1 节。
(2) HAL_UART_Init(&huart2)函数的分析同 7.10.1 节。
(3) HAL_UART_MspInit(huart):

```
void HAL_UART_MspInit(UART_HandleTypeDef* uartHandle)
{

  GPIO_InitTypeDef GPIO_InitStruct = {0};
  if(uartHandle->Instance==USART2)
  {
  /*用户代码 USART2_MspInit 0 开始*/

  /*用户代码 USART2_MspInit 0 结束 */
    /* USART2 时钟使能 */
    __HAL_RCC_USART2_CLK_ENABLE();

    __HAL_RCC_GPIOA_CLK_ENABLE();
    /** USART2 相关 GPIO 配置
```

```
    PA2     ------> USART2_TX
    PA3     ------> USART2_RX
    */
    GPIO_InitStruct.Pin = GPIO_PIN_2;
    GPIO_InitStruct.Mode = GPIO_MODE_AF_PP;
    GPIO_InitStruct.Speed = GPIO_SPEED_FREQ_HIGH;
    HAL_GPIO_Init(GPIOA, &GPIO_InitStruct);

    GPIO_InitStruct.Pin = GPIO_PIN_3;
    GPIO_InitStruct.Mode = GPIO_MODE_INPUT;
    GPIO_InitStruct.Pull = GPIO_NOPULL;
    HAL_GPIO_Init(GPIOA, &GPIO_InitStruct);

    /* USART2 中断初始化 */
    HAL_NVIC_SetPriority(USART2_IRQn, 0, 0);
    HAL_NVIC_EnableIRQ(USART2_IRQn);
  /* 用户代码 USART2_MspInit 1 开始 */

  /* 用户代码 USART2_MspInit 1 结束 */
  }
}
```

本实例代码与 7.10.1 节的差异是多了如下两句：

```
HAL_NVIC_SetPriority(USART2_IRQn, 0, 0);
HAL_NVIC_EnableIRQ(USART2_IRQn);
```

以上代码用于配置 NVIC 的优先级。

（4）UART_SetConfig(huart)函数的分析同 7.10.1 节。

（5）HAL_UART_Receive_IT()：

```
HAL_StatusTypeDef HAL_UART_Receive_IT(UART_HandleTypeDef *huart, uint8_t *pData, uint16_t
Size)
{
  /* 检查接收过程是否尚未进行 */
  if (huart->RxState == HAL_UART_STATE_READY)
  {
    if ((pData == NULL) || (Size == 0U))
    {
      return HAL_ERROR;
    }

    /* 锁定串口 */
    __HAL_LOCK(huart);

    huart->pRxBuffPtr = pData;
```

```
        huart->RxXferSize = Size;
        huart->RxXferCount = Size;

        huart->ErrorCode = HAL_UART_ERROR_NONE;
        huart->RxState = HAL_UART_STATE_BUSY_RX;

        /* 解锁串口 */
        __HAL_UNLOCK(huart);

        /* 使能串口奇偶校验中断 */
        __HAL_UART_ENABLE_IT(huart, UART_IT_PE);

        /* 使能串口出错中断，包括帧错误、噪声错误、超时错误 */
        __HAL_UART_ENABLE_IT(huart, UART_IT_ERR);

        /* 使能串口数据寄存器非空中断 */
        __HAL_UART_ENABLE_IT(huart, UART_IT_RXNE);

        return HAL_OK;
    }
    else
    {
        return HAL_BUSY;
    }
}
```

(6) main(void)：

```
/* 用户代码 0 开始 */
unsigned char a1[12];
int i=0;
uint8_t aRxBuffer;
/* 用户代码 0 结束 */

/**
  * main()主函数入口程序
  * 返回值类型：无
  */
int main(void)
{
  /* 用户代码 1 开始 */

  /* 用户代码 1 结束 */

  /* MCU 配置--------------------------------------------------------*/
```

```
/*复位所有外设，初始化 Flash 接口和 Systick */
HAL_Init();

/*用户代码 Init 开始*/
  Delay_Init(72);
/*用户代码 Init 结束*/

/*配置系统时钟 */
SystemClock_Config();

/*用户代码 SysInit 开始*/

/*用户代码 SysInit 结束 */

/*初始化时所用外设配置 */
MX_GPIO_Init();
MX_USART2_UART_Init();
/*用户代码 2 开始*/
HAL_UART_Receive_IT(&huart2, &aRxBuffer, 1);
/*用户代码 2 结束*/

/*主循环 */
/*用户代码 WHILE 开始 */
  a1[0] = *(u8*)(0x1FFFF7E8);
  a1[1] = *(u8*)(0x1FFFF7E9);
  a1[2] = *(u8*)(0x1FFFF7EA);
  a1[3] = *(u8*)(0x1FFFF7EB);

  a1[4] = *(u8*)(0x1FFFF7EC);
  a1[5] = *(u8*)(0x1FFFF7ED);
  a1[6] = *(u8*)(0x1FFFF7EE);
  a1[7] = *(u8*)(0x1FFFF7EF);


  a1[8] = *(u8*)(0x1FFFF7F0);
  a1[9] = *(u8*)(0x1FFFF7F1);
  a1[10] = *(u8*)(0x1FFFF7F2);
  a1[11] = *(u8*)(0x1FFFF7F3);
while (1)
{
  /*用户代码 WHILE 结束*/

  /*用户代码 3 开始 */
```

```
    }
    /* 用户代码 3 结束 */
}
```

（7）USART2_IRQHandler(void)：

```
extern UART_HandleTypeDef huart2;
void USART2_IRQHandler(void)
{
  /* 用户代码 USART2_IRQn 0 开始 */

  /* 用户代码 USART2_IRQn 0 结束 */
  HAL_UART_IRQHandler(&huart2);
  /* 用户代码 USART2_IRQn 1 开始 */

  /* 用户代码 USART2_IRQn 1 结束 */
}
```

（8）HAL_UART_IRQHandler(&huart2)：

```
voidHAL_UART_IRQHandler(UART_HandleTypeDef *huart)
{
  uint32_t isrflags   = READ_REG(huart->Instance->SR);
  uint32_t cr1its     = READ_REG(huart->Instance->CR1);
  uint32_t cr3its     = READ_REG(huart->Instance->CR3);
  uint32_t errorflags = 0x00U;
  uint32_t dmarequest = 0x00U;

  /* 如果没有错误发生 */
  errorflags = (isrflags & (uint32_t)(USART_SR_PE | USART_SR_FE | USART_SR_ORE | USART_
SR_NE));
  if (errorflags == RESET)
  {
    /* UART 处于接收模式 ------------------------------------------------*/
    if (((isrflags & USART_SR_RXNE) != RESET) && ((cr1its & USART_CR1_RXNEIE) !=
RESET))
    {
      UART_Receive_IT(huart);        //接收中断
      return;
    }
  }
}
```

（9）UART_Receive_IT()：

```
static HAL_StatusTypeDef UART_Receive_IT(UART_HandleTypeDef *huart)
{
```

```
  uint8_t    * pdata8bits;
  uint16_t  * pdata16bits;

...
#if (USE_HAL_UART_REGISTER_CALLBACKS == 1)
      /* 调用 huart->RxCpltCallback(huart)函数 */
      huart->RxCpltCallback(huart);
#else
      /* 调用 HAL_UART_RxCpltCallback(huart)弱定义函数 */
      HAL_UART_RxCpltCallback(huart); // Callback()函数
#endif /* USE_HAL_UART_REGISTER_CALLBACKS */

      return HAL_OK;
   ...
}
```

（10）HAL_UART_RxCpltCallback()：

```
/* 用户代码 4 开始 */
void HAL_UART_RxCpltCallback(UART_HandleTypeDef * huart)
{
    UNUSED(huart);
//以下两行代码的功能为每接收一位数据就发送一个 ID
    USART_SendData(&huart2,a1[i++]);
    if(i==12)i=0;

  HAL_UART_Receive_IT(&huart2, &aRxBuffer, 1);
}
/* 用户代码 4 结束 */
```

7.10.3 串口 Echo 回应程序

1. 程序功能

上位机通过串口下传 1 个字符给 STM32，STM32 收到后回传给上位机。

2. 硬件电路原理图

本案例的硬件电路原理图参考附录 C。

3. 程序分析

本实例的初始化设置与 7.10.1 节相同。

（1）main(void)：

```
int main(void)
{
```

```
/*用户代码 1 开始*/

/*用户代码 1 结束*/

/* MCU 配置--------------------------------------------------------*/

/*复位所有外设，初始化 Flash 接口和 Systick */
HAL_Init();

/*用户代码 Init 开始*/
  Delay_Init(72);
/*用户代码 Init 结束 */

/*配置系统时钟 */
SystemClock_Config();

/*用户代码 SysInit 开始 */

/*用户代码 SysInit 结束 */

/*初始化时所用外设配置 */
MX_GPIO_Init();
MX_USART2_UART_Init();
/*用户代码 2 开始 */

/*用户代码 2 结束 */

/*主循环 */
/*用户代码 WHILE 开始 */
while (1)
{
  /*用户代码 WHILE 结束 */
  /*用户代码 3 开始 */
  HAL_UART_Receive(&huart2,&a1,1,0xFFFF);
    //相较于 7.10.1 节使用的自编的 USART_SendData()函数，此处调用了 HAL 库中封装好
的函数
  HAL_UART_Transmit(&huart2,&a1, 1,0xFFFF);

}
/*用户代码 3 结束 */
}
```

（2） HAL_UART_Receive()：

```
HAL_StatusTypeDef HAL_UART_Receive(UART_HandleTypeDef *huart, uint8_t *pData, uint16_t
```

```
Size,uint32_t Timeout)
{
  uint8_t   * pdata8bits;
  uint16_t * pdata16bits;
  uint32_t tickstart = 0U;

  /* 检查接收过程是否尚未进行 */
  if (huart->RxState == HAL_UART_STATE_READY)
  {
    if ((pData == NULL) || (Size == 0U))
    {
      return   HAL_ERROR;
    }

    /* 锁定串口 */
    __HAL_LOCK(huart);

    huart->ErrorCode = HAL_UART_ERROR_NONE;
    huart->RxState = HAL_UART_STATE_BUSY_RX;

    /* 初始化用于超时管理的 HAL_GetTick()函数 */
    tickstart = HAL_GetTick();

    huart->RxXferSize = Size;
    huart->RxXferCount = Size;

    /* 如果将传送参数设置为 9 位和无奇偶校验位，则接收数据按照 16 位浮点型数据进行处
理 */
    if ((huart->Init.WordLength == UART_WORDLENGTH_9B) && (huart->Init.Parity ==
UART_PARITY_NONE))
    {
      pdata8bits   = NULL;
      pdata16bits = (uint16_t *) pData;
    }
    else
    {
      pdata8bits   = pData;
      pdata16bits = NULL;
    }

    /* 解锁串口 */
    __HAL_UNLOCK(huart);

    /* 检查待接收的剩余数据 */
```

```
    while (huart->RxXferCount > 0U)
    {
      if (UART_WaitOnFlagUntilTimeout(huart, UART_FLAG_RXNE, RESET, tickstart, Timeout) != 
HAL_OK)
      {
        return HAL_TIMEOUT;
      }
      if (pdata8bits == NULL)
      {
        *pdata16bits = (uint16_t)(huart->Instance->DR & 0x01FF);
        pdata16bits++;
      }
      else
      {
        if ((huart->Init.WordLength == UART_WORDLENGTH_9B) || ((huart->Init.WordLength == 
UART_WORDLENGTH_8B) && (huart->Init.Parity == UART_PARITY_NONE)))
        {
          *pdata8bits = (uint8_t)(huart->Instance->DR & (uint8_t)0x00FF);
        }
        else
        {
        *pdata8bits = (uint8_t)(huart->Instance->DR & (uint8_t)0x007F);
        }
        pdata8bits++;
      }
      huart->RxXferCount--;
    }

    /* 在接收过程结束时，将 huart->RxState 设置为就绪状态 */
    huart->RxState = HAL_UART_STATE_READY;

    return HAL_OK;
  }
  else
  {
    return HAL_BUSY;
  }
}
```

(3) HAL_UART_Transmit():

```
HAL_StatusTypeDef HAL_UART_Transmit(UART_HandleTypeDef *huart, uint8_t *pData, uint16_t 
Size, uint32_t Timeout)
{
  uint8_t   *pdata8bits;
```

```
uint16_t *pdata16bits;
uint32_t tickstart = 0U;

/*检查发送过程是否尚未进行 */
if (huart->gState == HAL_UART_STATE_READY)
{
  if ((pData == NULL) || (Size == 0U))
  {
    return  HAL_ERROR;
  }

  /*锁定串口 */
  __HAL_LOCK(huart);

  huart->ErrorCode = HAL_UART_ERROR_NONE;
  huart->gState = HAL_UART_STATE_BUSY_TX;

  /*初始化用于超时管理的 HAL_GetTick()函数 */
  tickstart = HAL_GetTick();

  huart->TxXferSize = Size;
  huart->TxXferCount = Size;

  /*如果将传送参数设置为 9 位和无奇偶校验位，则发送数据按照 16 位浮点型数据进行处
理 */
  if ((huart->Init.WordLength == UART_WORDLENGTH_9B) && (huart->Init.Parity ==
UART_PARITY_NONE))
  {
    pdata8bits  = NULL;
    pdata16bits = (uint16_t *) pData;
  }
  else
  {
    pdata8bits  = pData;
    pdata16bits = NULL;
  }

  /*解锁串口 */
  __HAL_UNLOCK(huart);

  while (huart->TxXferCount > 0U)
  {
    if (UART_WaitOnFlagUntilTimeout(huart, UART_FLAG_TXE, RESET, tickstart, Timeout) !=
HAL_OK)
```

```
            {
              return HAL_TIMEOUT;
            }
            if (pdata8bits == NULL)
            {
              huart->Instance->DR = (uint16_t)( * pdata16bits & 0x01FFU);
              pdata16bits++;
            }
            else
            {
              huart->Instance->DR = (uint8_t)( * pdata8bits & 0xFFU);
              pdata8bits++;
            }
            huart->TxXferCount--;
          }

          if (UART_WaitOnFlagUntilTimeout(huart, UART_FLAG_TC, RESET, tickstart, Timeout) !=
      HAL_OK)
          {
            return HAL_TIMEOUT;
          }

          /* 在发送过程结束时，将 huart->gState 设置为就绪状态 */
          huart->gState = HAL_UART_STATE_READY;

          return HAL_OK;
        }
        else
        {
          return HAL_BUSY;
        }
      }
```

HAL 库中还有与 HAL_UART_Receive( )、HAL_UART_Transmit( )对应的中断发送函数 HAL_UART_Transmit_IT( )和中断接收函数 HAL_UART_Receive_IT( )，它们与 HAL_UART_Transmit( )和 HAL_UART_Receive( )最大的区别是中断发送（接收）函数比查询发送（接收）函数少了第 4 个参数（Timeout）。在使用 HAL_UART_Transmit( )和 HAL_UART_Receive( )实现串口通信时，如果出现通信异常，则要等到超时（Timeout）时间到达后才能返回。

调用 HAL_UART_Transmit_IT( )和 HAL_UART_Receive_IT( )实现中断模式的串口发送与接收，由于这两个函数没有超时参数（Timeout），因此这两个函数是直接返回的，不需要等待超时时间到达，也不需要等待数据是否已经发送完成或接收完成。

7.10.4 利用 printf( )的串口编程

重定向是指用户可以自己重写 C 语言的库函数，当链接器检查到用户编写了与 C 语言的库函数具有相同名字的函数时，优先采用用户编写的函数。这样，用户就可以实现对库的修改。要想 printf( )函数工作，需要把 printf( )重定向到串口函数。为了实现重定向 printf( )函数，需要重写 fputc( )这个 C 语言标准库函数，因为 printf( )在 C 语言标准库函数中的实质是一个宏，最终调用的是 fputc( )函数。

fputc(int ch, FILE *f)函数可在 main.c 文件中编写。这个函数的具体实现如下：

```
/*用户代码 0 开始 */
intfputc(int ch, FILE *f)
{
    while((USART2->SR&0X40)==0);      //循环发送，直到发送完毕
    USART2->DR=(char)ch;
    return ch;
}
/*用户代码 0 结束 */
```

上述代码把数据转移到 TDR（发送数据寄存器）中，触发串口向接收端发送一个相应的数据。在这段 while 循环检测延时中，串口外设已经由发送控制器根据配置把数据从发送移位寄存器中一位一位地通过串口线 TX 发送出去了。

在使用 printf( )前，要完成如下配置。

（1）在 main.c 文件中包含“stdio.h”。

（2）在 main.c 文件中加入 fputc(int ch, FILE *f)函数代码。

（3）在工程属性的“Target”选项卡的“Code Generation”选区中勾选“Use MicroLIB”复选框，如图 7-17 所示。

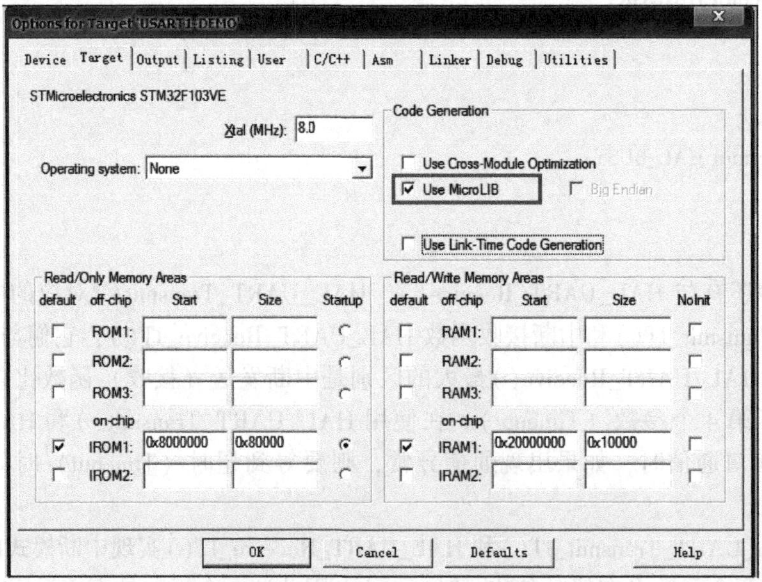

图 7-17 在 Keil 软件中设置使用微库

这样，在使用 printf( )时就会调用自定义的 fputc( )函数来发送字符。

1. 程序功能

STM32 通过串口向计算机循环发送 USART printf test。

2. 硬件电路原理图

本实例的硬件电路原理图参考附录 C。

3. 程序分析

(1) main. c 头文件设置：

```
#include <stdio. h>
```

(2) main. c 包含 fputc(int ch, FILE ＊f)函数代码。
(3) 调用 printf( )函数。
本实例的初始化设置与 7. 10. 1 节相同，其主程序如下：

```
int main( void)
{
  /＊用户代码 1 开始 ＊/

  /＊用户代码 1 结束 ＊/

  /＊MCU 配置-----------------------------------------------------＊/

  /＊复位所有外设，初始化 Flash 接口和 Systick ＊/
  HAL_Init( );

  /＊用户代码 Init 开始 ＊/
    Delay_Init(72);
  /＊用户代码 Init 结束 ＊/

  /＊配置系统时钟 ＊/
  SystemClock_Config( );

  /＊用户代码 SysInit 开始 ＊/

  /＊用户代码 SysInit 结束 ＊/

  /＊初始化时所用外设配置 ＊/
  MX_GPIO_Init( );
  MX_USART2_UART_Init( );
  /＊用户代码 2 开始 ＊/
```

```
/*用户代码2结束 */

/*主循环 */
/*用户代码 WHILE 开始 */
while (1)
{
  /*用户代码 WHILE 结束 */
  /*用户代码3开始 */
      printf("\rUSART printf test. \r\n");
}
/*用户代码3结束 */
}
```

第 8 章　定时器的原理及应用

关于定时器的外设，请在图 2-29 中确定其位置及其与其他部分的关系。

8.1　STM32 定时器概述

大容量的 STM32F103 增强型系列产品包含 4 个通用定时器、2 个 16 位高级控制定时器、2 个基本定时器、1 个实时时钟、2 个看门狗定时器和 1 个系统嘀嗒定时器（SysTick 时钟）。

4 个可同步运行的通用定时器（TIM2、TIM3、TIM4 和 TIM5）中的每个都有 1 个 16 位的自动装载递增/递减计数器、1 个 16 位的预分频器和 4 个独立通道。通用定时器适用于多种场合，包括测量输入信号的脉冲宽度（输入捕获），或者产生需要的输出波形（输出比较、产生 PWM 输出/单脉冲输出等）。

2 个 16 位高级控制定时器（TIM1 和 TIM8）由 1 个可编程预分频器驱动的 16 位自动装载计数器组成，它与通用定时器有许多共同之处，但其功能更强大，可用于多种用途，包含测量输入信号的脉冲宽度（输入捕获），或者产生需要的输出波形（输出比较、产生 PWM 输出/具有带死区插入的互补 PWM 输出/单脉冲输出等）。

2 个基本定时器（TIM6 和 TIM7）主要用于产生 DAC 触发信号，也可作为通用的 16 位时基计数器。

上述定时器的比较如表 8-1 所示。

表 8-1　定时器的比较

<table>
<tr><th colspan="2" rowspan="3">定时器功能项</th><th colspan="3">定时器类型</th></tr>
<tr><th>基本定时器</th><th>通用定时器</th><th>高级控制定时器</th></tr>
<tr><th>TIM6、TIM7</th><th>TIM2、TIM3、TIM4、TIM5</th><th>TIM1、TIM8</th></tr>
<tr><td colspan="2">16 位向上、向下、向上/向下自动装载计数器</td><td>☆</td><td>★</td><td>★</td></tr>
<tr><td colspan="2">16 位可编程预分频器</td><td>★</td><td>★</td><td>★</td></tr>
<tr><td>4 个独立通道</td><td>输入捕获
输出比较
PWM 生成
单脉冲模式输出</td><td></td><td>★</td><td>★</td></tr>
<tr><td colspan="2">使用外部信号控制定时器及与其互连的同步电路</td><td>☆</td><td>★</td><td>★</td></tr>
<tr><td rowspan="3">如下事件发生时产生中断/DMA</td><td>更新：计数器向上溢出/向下溢出，计数器初始化</td><td>☆</td><td>★</td><td>★</td></tr>
<tr><td>触发事件
输入捕获
输出比较</td><td></td><td>★</td><td>★</td></tr>
<tr><td>刹车信号输入</td><td></td><td></td><td>★</td></tr>
</table>

续表

定时器功能项	定时器类型		
	基本定时器	通用定时器	高级控制定时器
	TIM6、TIM7	TIM2、TIM3、TIM4、TIM5	TIM1、TIM8
支持针对定位的增量（正交）编码器和霍尔传感器电路		★	★
触发输入作为外部时钟或逐周期电流管理		★	★
死区时间可编程的互补输出			★
允许在指定数目的计数器周期后更新主动重装寄存器的值			★
刹车信号可以将定时器输出信号置于复位状态或一种已知状态			★

注：★表示具备该功能项，☆表示具备该功能项的部分功能。

通过表 8-1 可以发现，其实通用定时器和高级控制定时器的功能项是很接近的，只是高级控制定时器针对电动机的控制增加了一些功能（刹车信号输入、死区时间可编程的互补输出等）；基本定时器是 3 种定时器中实现功能最简单的定时器。因此，在学习定时器时，应从最简单的基本定时器来理解其工作原理；而在使用时，只要掌握了一种定时器的使用方法，其他定时器的使用方法就可以以此类推了。

实时时钟（RTC）是一种能提供日历/时钟、数据存储等功能的专用集成电路，常用作各种计算机系统的时钟信号源和参数设置存储电路。RTC 具有计时准确、耗电低和体积小等特点，特别适合在各种嵌入式系统中用于记录事件发生的时间和相关信息，如通信工程、电力自动化、工业控制等自动化程度高且无人值守的领域。

看门狗的作用是在微控制器受到干扰进入错误状态后，使系统在一定时间间隔内复位。因此，看门狗是保证系统长期、可靠和稳定运行的有效措施。目前，大部分嵌入式芯片内部都集成了看门狗定时器来提高系统运行的可靠性。STM32 处理器内置了 2 个看门狗，即独立看门狗 IWDG 和窗口看门狗 WWDG，它们可用于检测和解决由软件错误引起的故障。独立看门狗基于一个 12 位的递减计数器和一个 8 位的预分频器，采用内部独立的 32kHz 的低速时钟，即使主时钟发生故障，它仍然有效，因此它可以运行于停止模式或待机模式。另外，它还可以在发生问题时复位整个系统，或者作为一个自由定时器为应用程序提供超时管理。窗口看门狗内有一个 7 位的递减计数器，其时钟从 APB1 时钟分频后获得，通过可配置的时间窗口来检测应用程序的非正常行为。因此，独立看门狗适合作为独立于整个应用程序的看门狗，能够完全独立工作，对时间精度要求较低；而窗口看门狗则适合那些要求在精确计时窗口起作用的应用程序。

SysTick 时钟位于 CM3 内核中，是一个 24 位递减计数器。将其设定初值并使能后，每经过 1 个计数周期，其计数值就减 1。当计数到 0 时，SysTick 时钟会自动重装初值并继续计数，同时，其内部的 COUNTFLAG 标志会置位，从而触发中断。在 STM32 的应用中，使用 CM3 内核中的 SysTick 时钟作为定时时钟，主要用于精确延时。

8.2 STM32 定时器功能模块

从整体上来讲，STM32 定时器的概念和术语众多，特别是概念的跨度极大，这给掌握 STM32 定时器的工作原理带来了很大的困难。如图 8-1 所示，从整体上对 STM32 定时器的原理及特性有大致的了解有助于学习和了解 STM32 定时器的具体功能。如果只看到一些零散的东西而看不到各个概念、功能块的相互关联及用途，就很容易让人半途而废。下面从不同角度对 STM32 定时器进行框架性的介绍，并最终对 STM32 定时器的各个概念、各种功能及各个信号或模块间的相互关联有整体的认识和了解。

如图 8-1 所示，STM32 的通用定时器或高级控制定时器大致分为 6 个功能单元。

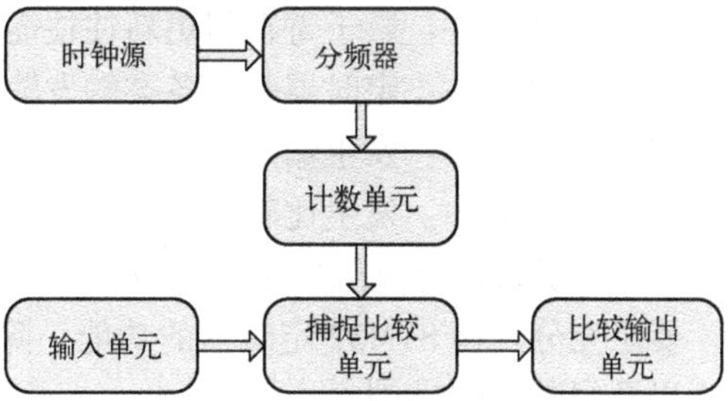

图 8-1　STM32 定时器的整体功能结构

（1）时钟源：负责时钟源、触发信号源的选择，输出触发信号给其他定时器或外设，控制计数器的启停和复位，从模式控制等。

（2）分频器：对时钟源进行分频操作。

（3）计数单元：定时器的核心单元，负责时钟源的计数、溢出重装等。

（4）输入单元：为部分时钟信号、捕获信号、触发信号提供信号源。

（5）捕获比较单元：输入捕获或比较输出的公共执行单元。

（6）比较输出单元：通过对捕获/比较寄存器与计数器的数值进行比较得到不同的输出波形。

STM32 定时器的信号链如图 8-2 所示。

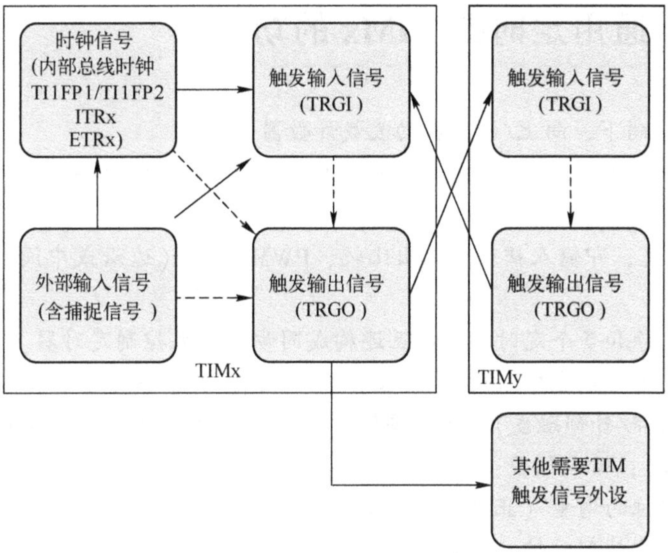

图 8-2　STM32 定时器的信号链

STM32 定时器中存在着几种基本的信号，分别为外部输入信号、时钟信号、触发输入信号、触发输出信号，它们之间相互关联，形成相应的信号链，从而衍生出各种定时器功能。弄清这几种信号的来龙去脉及其相互关联后所产生的功能对整体把握 STM32 定时器功能框架非常有帮助。触发输入信号的出现与定时器的从模式特性相关，基于定时器之间的触发输出与触发输入连接衍生出定时器之间的触发与同步。

有些信号的多角色，如某些来自定时器输入通道 TI1、TI2 的信号有时可能只作为输入捕获信号，有时可能只作为单纯的触发信号，有时可能兼作触发信号和输入捕获信号，有时可能兼作时钟信号与触发信号等。虽然信号链看起来错综复杂，但也让定时器的功能变得灵活多变。其中，难点在于时钟信号与触发信号，以及对二者的交叉关系的理解。

定时器相关事件如下。

（1）更新事件：影子寄存器更新往往需要借助该类事件。

（2）触发事件：定时器收到各类触发输入信号时往往激发该类事件。

（3）捕获事件：发生输入捕获输出时会产生该类事件。

（4）比较事件：发生比较输出时会产生该类事件。

上面几类事件都可触发中断或 DMA 请求。

要想充分发挥 STM32 定时器的功能，除了解其基本原理外，还需要善用各类定时器事件，以及中断、DMA 功能。

STM32 定时器功能总结如下。

（1）6 类功能单元：时钟源、分频器、计数单元、输入单元、捕获比较单元、比较输出单元。

（2）4 类信号：时钟信号、外部输入信号、触发输入信号、触发输出信号。

（3）4 类事件：更新事件、捕获事件、比较事件、触发事件。

（4）一大特性：影子寄存器的预装载特性。

8.3 通用定时器 TIMx 的功能

☺ 16 位向上、向下、向上/向下自动装载计数器。

☺ 16 位可编程（可以实时修改）预分频器，计数器时钟频率的分频系数为 1 ～ 65535 之间的任意数值。

☺ 4 个独立通道，即输入捕获、输出比较、PWM 生成（边沿或中间对齐方式）和单脉冲模式输出。

☺ 使用外部信号和多个定时器内部互连构成同步电路来控制定时器。

☺ 下述事件发生时产生中断或 DMA 更新：计数器向上/向下溢出，计数器初始化（通过软件或内部/外部触发）；触发事件（计数器启动、停止、初始化，或者由内部/外部触发计数）；输入捕获；输出比较。

☺ 支持针对定位的增量（正交）编码器和霍尔传感器电路。

☺ 触发输入作为外部时钟，或者按周期电流管理。

8.4 通用定时器 TIMx 的结构

通用定时器的核心是可编程预分频器驱动的 16 位自动装载计数器。STM32 的 4 个通用定时器 TIMx（TIM2 ～ TIM5）的硬件结构如图 8-3 所示，其中的图示或英文缩写的含义如表 8-2 所示。它的硬件结构可分成 3 部分，即时钟源、时钟单元、捕获和比较通道。

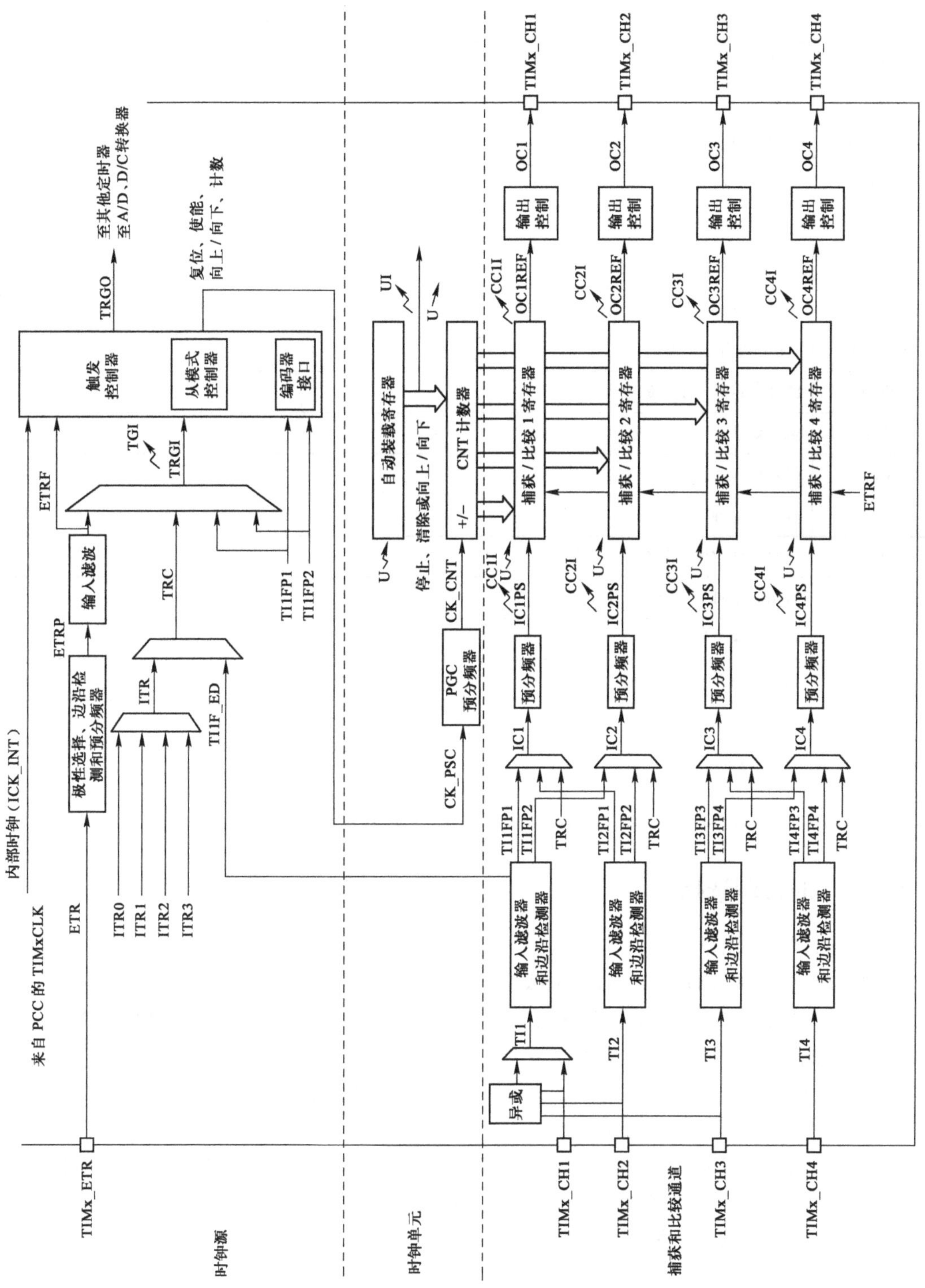

图 8-3　STM32的4个通用定时器TIMx的硬件结构

表 8-2　图 8-3 中的图示或英文缩写的含义

图　示	含　义
	根据控制位的设定，在更新事件时传送预装载寄存器中的内容至影子寄存器
	事件
	中断或 DMA
TIMx_ETR	TIMER 外部触发引脚
ETR	外部触发输入
ETRP	分频后的外部触发输入
ETRF	滤波后的外部触发输入
ITRx	内部触发 x（由其他定时器触发）
TI1F_ED	TI1 的边沿检测器
TI1FP1/2	滤波后定时器 1/2 的输入
TRGI	触发输入
TRGO	触发输出
CK_PSC	分频器时钟输入
CK_CNT	定时器计数值（计算定时周期）
TIMx_CHx	TIMER 的捕获/比较通道引脚
TIx	定时器输入信号 x
ICx	输入比较 x
ICxPS	分频后的 ICx
OCx	输出捕获 x
OCxREF	输出参考信号

8.4.1　时钟源选择

定时器的时钟可由下述时钟源提供。

☺ 内部时钟（CK_INT，Internal Clock）。

☺ 外部时钟模式 1：外部输入引脚（TIx），包括外部比较捕获引脚 TI1F_ED、TI1FP1 和 TI2FP2，计数器在选定引脚的上升沿或下降沿开始计数。

☺ 外部时钟模式 2：外部触发输入（External Trigger Input，ETR），计数器在 ETR 引脚的上升沿或下降沿开始计数。

☺ 内部触发输入（ITRx，x=0,1,2,3）：一个定时器作为另一个定时器的预分频器，如可以配置一个定时器 TIM1 作为另一个定时器 TIM2 的预分频器。

除内部时钟外，其他 3 种时钟源都通过 TRGI（触发输入），如图 8-4 所示。

1. 内部时钟（CK_INT）

如图 8-5 所示，选择内部时钟作为时钟，定时器的时钟不直接来自 APB1 或 APB2，而是来自输入为 APB1 或 APB2 的一个倍频器（如图 8-5 中的阴影框所示）。

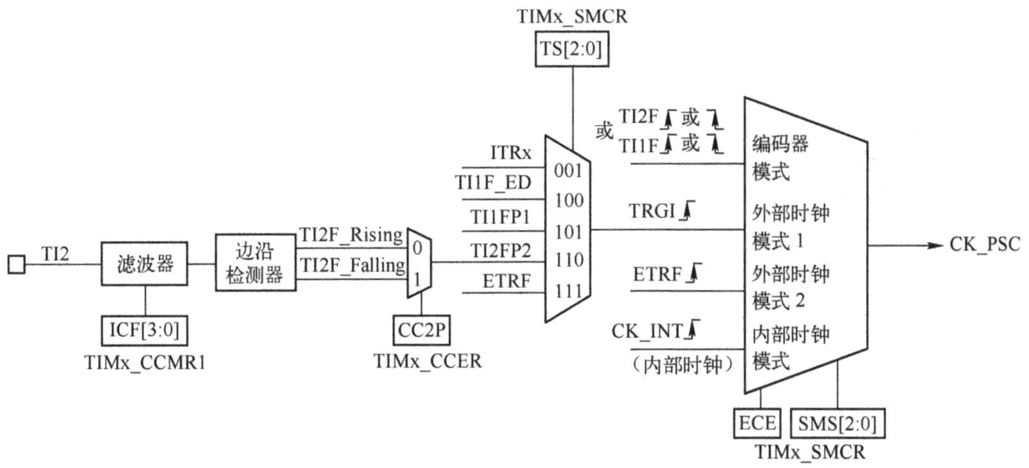

图 8-4　定时器时钟源

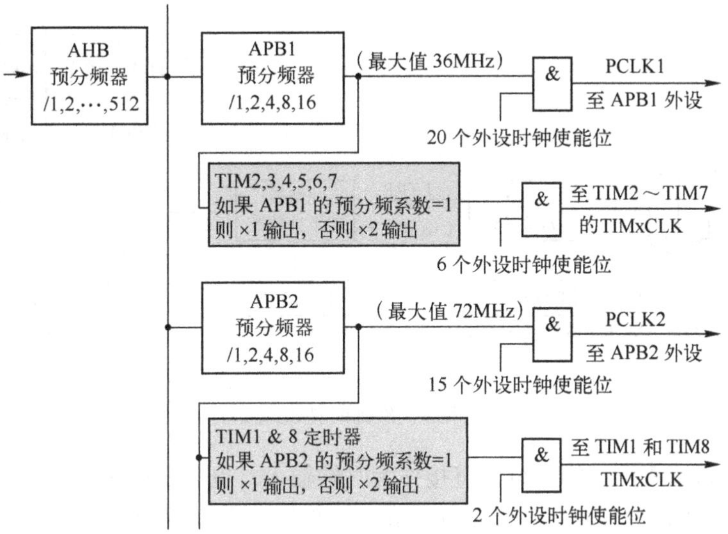

图 8-5　部分时钟系统

当 APB1 的预分频系数为 1 时，这个倍频器不起作用，定时器的时钟频率等于 APB1 的频率；当 APB1 的预分频系数为其他数值（2、4、8 或 16）时，这个倍频器起作用，定时器的时钟频率等于 APB1 的频率的 2 倍。例如，当 AHB 的频率为 72MHz 时，APB1 的预分频系数必须大于 2，因为 APB1 的最大输出频率只能为 36MHz。如果 APB1 的预分频系数为 2，则因为这个倍频器的作用，TIM2～TIM7 仍然能够得到 72MHz 的时钟频率。

在 APB1 输出信号的频率为 72MHz 时，直接取 APB1 的预分频系数为 1，可以保证 TIM2～TIM7 的时钟频率为 72MHz，但这样就无法为其他外设提供低频时钟了；设置图 8-5 中阴影部分的倍频器，可以在保证其他外设使用较低的时钟频率时，TIM2～TIM7 仍能得到较高的时钟频率。

2. 外部时钟模式 1（TIx）

外部时钟模式的时钟源包括 TI1F_ED、TI1FP1、TI2FP2 等，如图 8-4 所示。其中，TI1FP1、TI2FP2 可使多个定时器与外部触发信号同步，如图 8-6 所示。

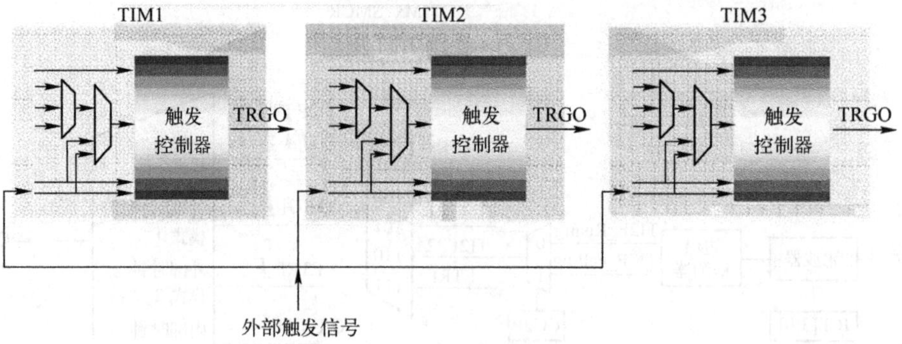

图 8-6 定时器与外部触发信号同步

3. 外部时钟模式 2

外部时钟模式 2 如图 8-7 所示。

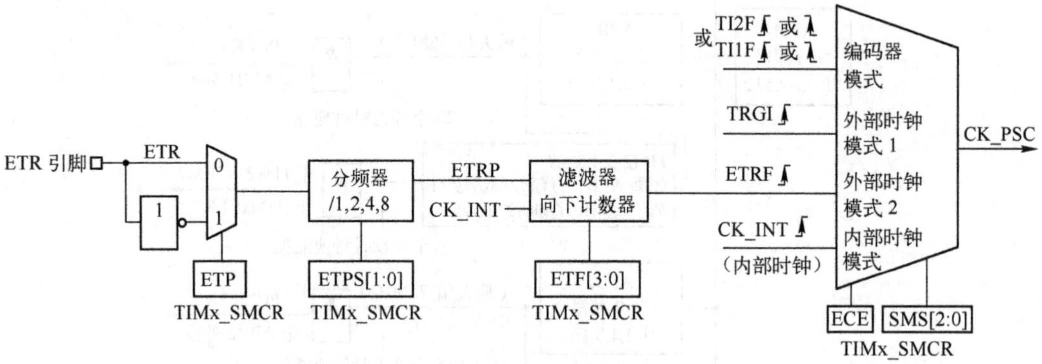

图 8-7 外部时钟模式 2

从图 8-7 中可以看出，ETR 可以直接作为时钟输入，也可以通过触发输入（TRGI）作为时钟输入，即在 TRGI 中，触发源选择为 ETR，二者在效果上是一样的。看起来外部时钟模式 ETRF 好像没有什么用处，实际上它可以与一些从模式（复位、触发、门控）进行组合。

4. 内部触发输入（ITRx）

ITRx 引脚可通过主（Master）和从（Slave）模式使定时器同步。如图 8-8 所示，TIM2 需要设置成 TIM1 的从模式和 TIM3 的主模式。

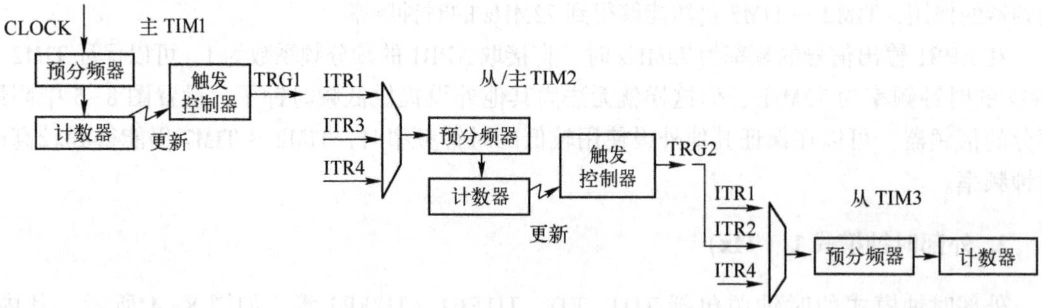

图 8-8 定时器的级联

8.4.2　时基单元

STM32 的通用定时器的时基单元包含计数器（TIMx_CNT）、预分频器（TIMx_PSC）和自动重装载寄存器（TIMx_ARR）等，如图 8-9 所示。计数器、自动重装载寄存器和预分频器可以由软件进行读/写操作，且在计数器运行时仍可以进行读/写操作。

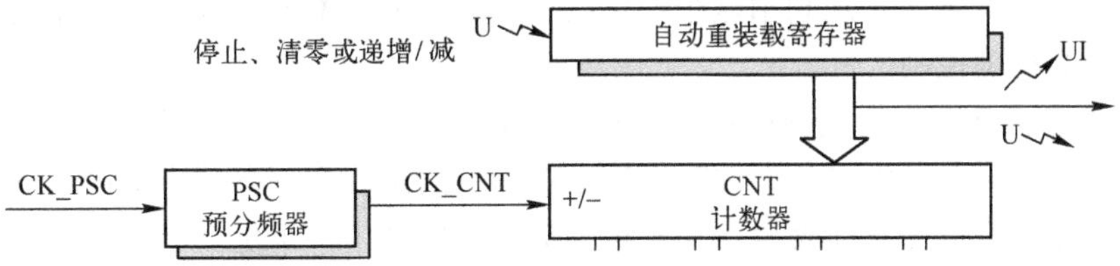

图 8-9　STM32 的通用定时器的时基单元

从时钟源送来的时钟信号首先经过预分频器的分频，降低频率后输出信号 CK_CNT，送入计数器进行计数，预分频器的分频系数的取值为 1 ～ 65536。一个频率为 72MHz 的输入信号经过分频后，可以产生频率最低接近 1100Hz 的信号。

计数器具有 16 位计数功能，它可以在时钟控制单元的控制下进行递增计数、递减计数或中央对齐计数（先递增计数，达到自动重装载寄存器的数值后递减计数）。另外，计数器还可以通过时钟控制单元的控制直接被清零，或者在计数值到达自动重装载寄存器的数值后被清零；计数器还可以直接被停止，或者在计数值到达自动重装载寄存器的数值后被停止；或者暂停一段时间计数后在时钟控制单元的控制下恢复计数。

在图 8-9 中，部分寄存器框图有阴影，表示该寄存器在物理上对应两个寄存器，其中，一个是程序员可以写入或读出的寄存器，称为预装载寄存器（Preload Register）；另一个是程序员看不见的，但在操作中真正起作用的寄存器，称为影子寄存器（Shadow Register），如图 8-10 所示。

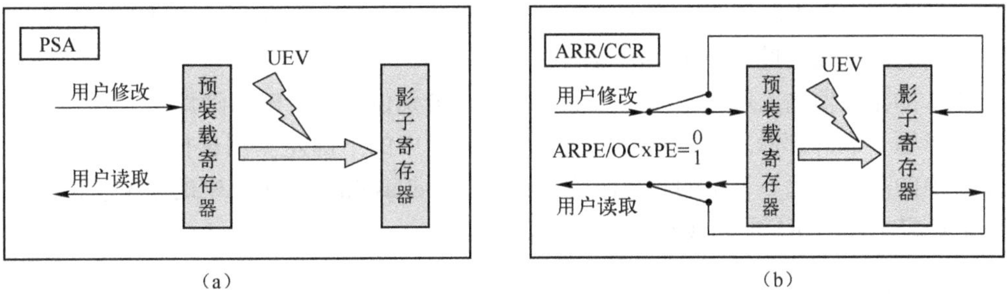

图 8-10　预装载寄存器和影子寄存器

根据 TIMx_CR1 中 ARPE 位的设置，当 ARPE = 0 时，预装载寄存器中的内容可以随时传送到影子寄存器中，即两者是连通的（Permanently）；当 ARPE = 1 时，只有在每次更新事件（UEV，如当计数器溢出时，产生一次 UEV 事件）时，才把预装载寄存器中的内容传送到影子寄存器中，如图 8-10 所示。设计预装载寄存器和影子寄存器是为了让真正起作用的影子寄存器在同一时间（发生更新事件时）被更新为其所对应的预装载寄存器中的内容，这样可以保证多个通道的操作能够准确地同步进行。

如果没有影子寄存器，或者预装载寄存器和影子寄存器是直通的，即软件在更新预装载寄存器的同时更新了影子寄存器，那么，因为软件不可能在同一时刻同时更新多个寄存器，所以造成多个通道的时序不能同步，如果再加上其他因素，那么多个通道的时序关系有可能是不可预知的。设置影子寄存器后，可以保证当前正在进行的操作不受干扰，同时用户可以十分精确地控制电路的时序。另外，所有影子寄存器都是可以通过更新事件来被刷新的，这样可以保证定时器的各部分能够在同一时刻改变配置，从而实现所有 I/O 通道的同步。STM32 的高级控制寄存器就是利用这个特性实现 3 路互补 PWM 信号的同步输出的，实现三相变频电动机的精确控制。

在图 8-9 中，自动重装载寄存器左侧有一个大写的 U 和一个向下的箭头↘，表示其对应的影子寄存器可以在发生更新事件时，被更新为它的预装载寄存器中的内容；而在自动重装载寄存器右侧的箭头标志则表示自动装载的动作可以产生一个更新事件（U）或更新事件中断（UI）。

〖**总结**〗预分频器用于设定计数器的时钟频率；自动重装载寄存器中的内容是预先装载好的，每次更新事件发生时，其内容都会传送到影子寄存器中，若无更新事件，则影子寄存器不被改写；当计数器达到溢出条件且 TIMx_CR1 中的 UDIS 位为 0 时，产生更新事件。

8.4.3 捕获和比较通道

TIMx 的捕获和比较通道又可以分解为两部分，即输入通路和输出通路。当一个通道工作于捕获模式时，该通道的输出部分自动停止工作；同样，当一个通道工作于比较模式时，该通道的输入部分自动停止工作。

1. 捕获通道

当一个通道工作于捕获模式时，输入信号从引脚经输入滤波、边沿检测和预分频电路后，控制捕获寄存器的操作。当指定的输入边沿到来时，定时器将该时刻计数器的值复制到捕获寄存器中，并在中断使能时产生中断。读出捕获寄存器中的内容，就可以知道信号发生变化的准确时间。该通道的作用是测量脉冲宽度。

STM32 的定时器输入通道都有一个滤波单元，分别位于每个输入通路上（见图 8-11 中的上部阴影框）和外部触发输入通路上（见图 8-11 中的下部左侧阴影框），其作用是滤除输入信号中的高频干扰。干扰的频率限制由 TIM_TimeBaseInitTypeDef 中的 TIM_ClockDivision 设定，它对应 TIMx_CR1 中 bit8 和 bit9 的 CKD[1:0]。

2. 比较通道

当一个通道工作于比较模式时，用户程序将比较数值写入捕获/比较寄存器，定时器会不停地将该寄存器中的内容与计数器中的内容进行比较，一旦比较条件成立，就产生相应的输出。如果使能了中断，则产生中断；如果使能了引脚输出，则按照控制电路的设置产生输出波形。这个通道最重要的应用就是输出 PWM（Pulse Width Modulation）波形，如图 8-12 所示。PWM 技术即脉冲宽度调制技术，通过对一系列脉冲宽度进行调制来等效地获得所需的波形（含形状和幅值）。PWM 技术在逆变电路中应用最广，应用的逆变电路绝大部分为 PWM 型，PWM 技术正是由于其在逆变电路中的应用才确定了它在电力电子技术中的重要地位。

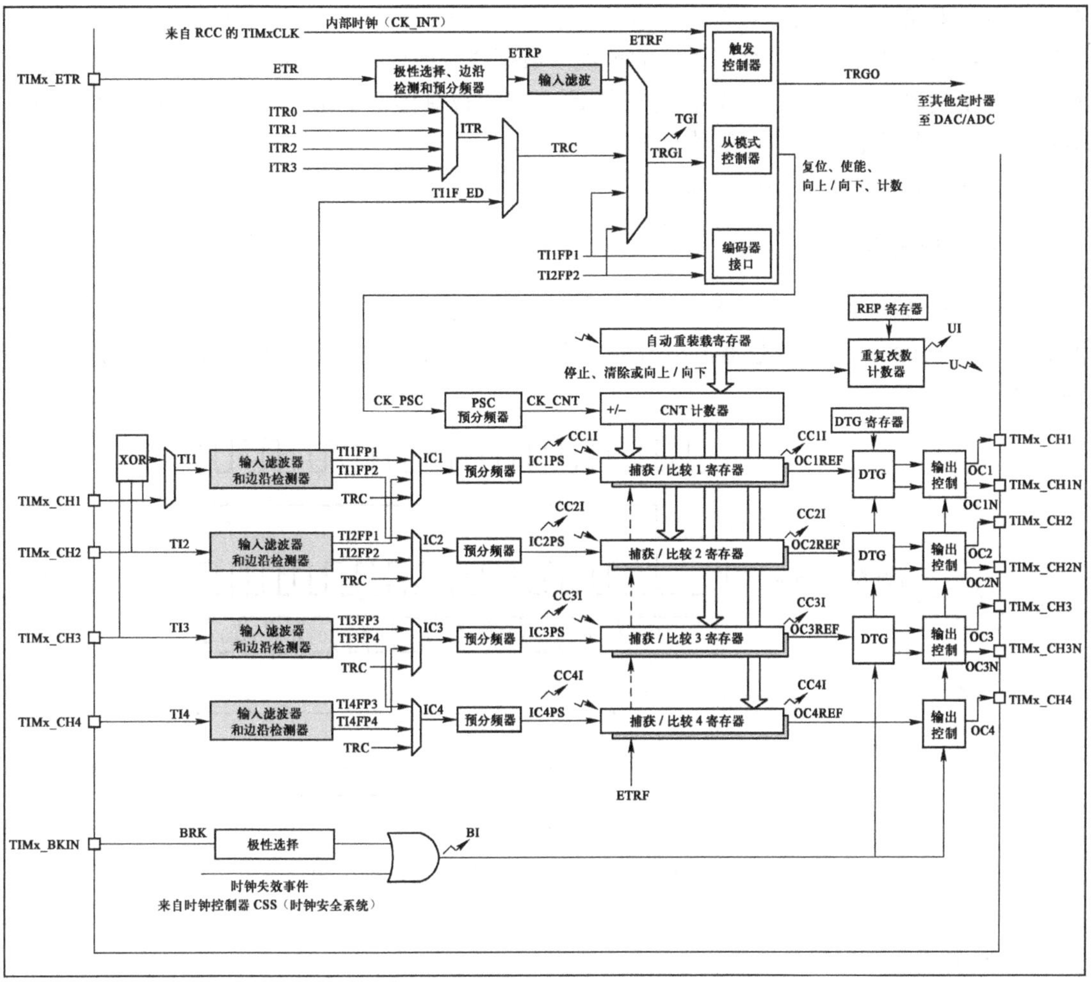

图 8-11 滤波单元

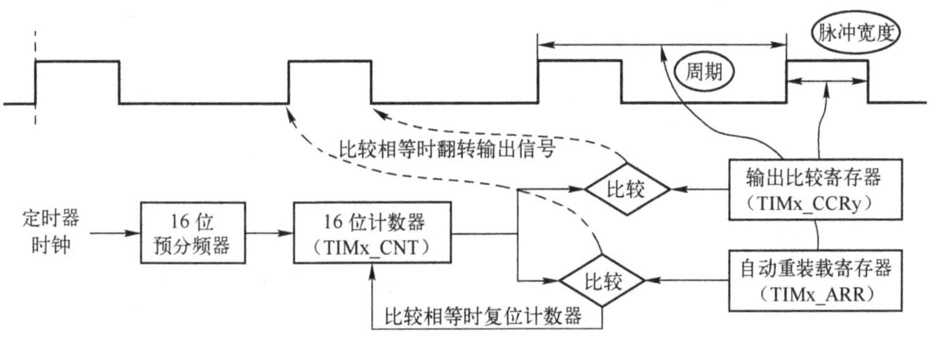

图 8-12 输出 PWM 波形

8.4.4 计数器模式

时序图是描述电路信号变化规律的图示：从左到右，高电平在上，低电平在下，高阻态在中间；双线表示可能高也可能低，视数据而定；交叉线表示状态的高低变化，可以由高变低，也可以由低变高，还可以不变；竖线是状态线，代表时序图的对象在一段时期内的存在，这就是对象的生命线，对象的消息存在于两条状态线之间。时序只有满足建立时间和保持时间的约束，才能保证锁存到正确的地址。数据线或地址线的时序图有 0 和 1 两条线，表示一个固定的电平，可能是“0”，也可能是“1”，视具体的地址或数据而定；交叉线表示电平的变化，其状态不确定、数值无意义。

用时序图描述的计数器模式如下。

1. 向上计数模式

在向上计数模式中，计数器从 0 计数到自动装载值（TIMx_ARR 计数器的值）后重新从 0 开始计数，并产生一个计数器溢出事件。当 TIMx_ARR＝0x36 时，计数器向上计数模式如图 8-13 所示。

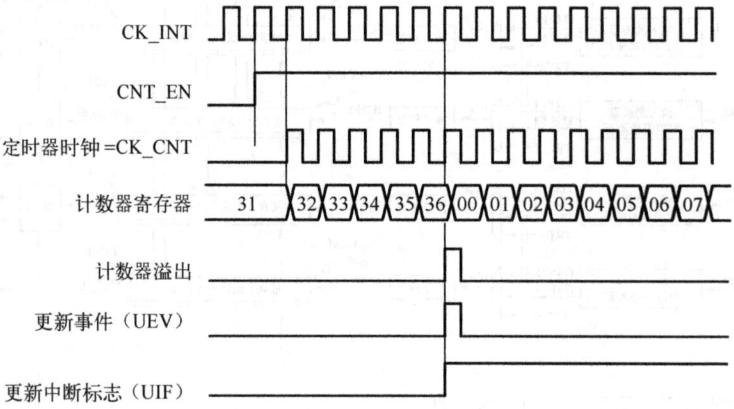

图 8-13　向上计数模式实例（TIMx_ARR＝0x36）

2. 向下计数模式

在向下计数模式中，计数器从自动装载值（TIMx_ARR 的值）开始向下计数到 0 后从自动装载的值重新开始计数，并产生一个计数器向下溢出事件。当 TIMx_ARR＝0x36 时，计数器向下计数模式如图 8-14 所示。

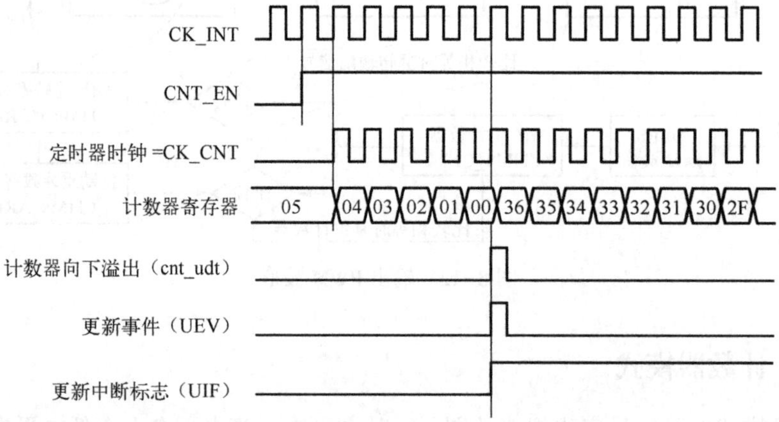

图 8-14　向下计数模式实例（TIMx_ARR＝0x36）

3. 中央对齐方式（向上/向下计数）

在中央对齐方式中，计数器从 0 开始计数到自动装载值（TIMx_ARR 的值），产生一个计数器向上溢出事件后向下计数到 0，并产生一个计数器向下溢出事件；之后再次从 0 开始重新计数。当 TIMx_ARR = 0x06 时，计数器中央对齐方式如图 8-15 所示。

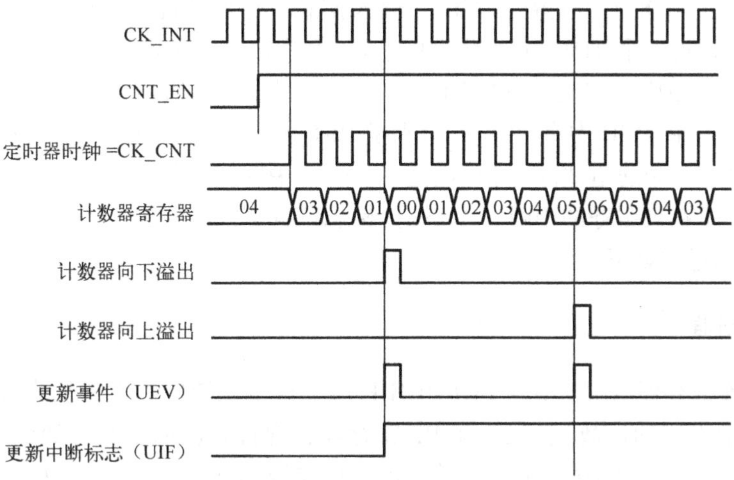

图 8-15　中央对齐方式实例（TIMx_ARR = 0x06）

计数器模式由 TIM_TimeBaseInitTypeDef 中的 TIM_CounterMode 设定。模式的定义在 stm32f1xx_hal_tim. h 文件中：

```
#define TIM_COUNTERMODE_UP    0x00000000U                                  // 向上计数方式
#define TIM_COUNTERMODE_DOWN    TIM_CR1_DIR                                // 向下计数方式
#define TIM_COUNTERMODE_CENTERALIGNED1 TIM_CR1_CMS_0    //中央对齐方式
#define TIM_COUNTERMODE_CENTERALIGNED2 TIM_CR1_CMS_1    //中央对齐方式
#define TIM_COUNTERMODE_CENTERALIGNED3 TIM_CR1_CM       //中央对齐方式
```

8.4.5　定时时间的计算

定时时间由 TIM_TimeBaseInitTypeDef 中的 TIM_Prescaler 和 TIM_Period 设定。TIM_Period 的大小实际上表示的是需要经过 TIM_Period 次计数后才会发生一次更新或中断。TIM_Prescaler 是时钟预分频系数。

设脉冲频率为 TIMxCLK，则定时时间的计算公式为

$$T = (\text{TIM\_Period}+1)\times(\text{TIM\_Prescaler}+1)/\text{TIMxCLK}$$

假设系统时钟频率是 72MHz，则时钟系统部分初始化程序如下：

```
TIM_TimeBaseStructure. TIM_Prescaler = 35999;        //预分频系数为 35999
TIM_TimeBaseStructure. TIM_Period = 1999;            //计数值为 1999
```

此时，定时时间为

$$
\begin{aligned}
T &= (\text{TIM\_Period}+1)\times(\text{TIM\_Prescaler}+1)/\text{TIMxCLK}\\
&= (1999+1)\times(35999+1)/72\text{MHz} = 1\text{s}
\end{aligned}
$$

8.4.6 定时器中断

TIM2 中断通道在表 6-1 中的序号为 28，优先级为 35。TIM2 能够引起中断的中断源或事件有很多，如更新事件（上溢/下溢）、输入捕获、输出匹配、DMA 申请等。所有 TIM2 的中断事件都是通过一个 TIM2 中断通道向 CM3 内核提出中断申请的。CM3 内核对于每个外部中断通道都有相应的控制字和控制位，用于控制该中断通道（详见 6.4 节）。与 TIM2 中断通道相关的，在 NVIC 中有 13 位，分别是 PRI_28(IP[28])的 8 位（只用高 4 位），以及中断通道允许、中断通道清除（相当禁止中断）、中断通道挂起标志位置位、中断通道挂起标志位清除、正在被服务的中断（Active）标志位各 1 位。

TIM2 的中断过程如下。

1. 初始化过程

首先要设置寄存器 AIRC 中的 PRIGROUP 值，规定系统中的占先优先级和副优先级的个数（在 4 位中占用的位数）；设置 TIM2 寄存器，允许相应的中断，如允许 UIE（TIM2_DIER 的第[0]位）；设置 TIM2 中断通道的占先优先级和副优先级（IP[28]，在 NVIC 寄存器组中）；设置允许 TIM2 中断通道（ISER 寄存器，在 NVIC 寄存器组中）。

2. 中断响应过程

当 TIM2 的 UIE 条件成立（更新、上溢或下溢）时，硬件首先将 TIM2 本身的寄存器中的 UIE 中断标志位置位，然后通过 TIM2 中断通道向 CM3 内核申请中断服务。此时，CM3 内核硬件将 TIM2 中断通道的中断挂起标志位置位，表示 TIM2 有中断申请。如果当前有中断正在处理，且 TIM2 的中断级别不够高，就保持挂起标志（当然，用户可以在软件中通过写 ICPR 中相应的位将本次中断清除）。当 CM3 内核有空时，开始响应 TIM2 的中断，进入 TIM2 的中断服务程序。此时，硬件将 IABR 中相应的标志位置位，表示 TIM2 中断正在被处理，同时硬件清除 TIM2 的挂起标志。

3. 执行 TIM2 的中断服务程序

所有 TIM2 的中断事件都是在一个 TIM2 中断服务程序中完成的，因此，进入中断服务程序后，中断服务程序需要首先判断是哪个 TIM2 的中断源需要服务，然后转移到相应的服务代码段处。注意：不要忘记把该中断源的中断激活标志位清除，硬件是不会自动清除 TIM2 寄存器中具体的中断标志位的。如果 TIM2 本身的中断源多于 2 个，那么它们服务的先后次序就由用户编写的中断服务程序决定。因此，用户在编写服务程序时，应该根据实际的情况和要求，通过软件的方式，优先处理重要的中断。

4. 中断返回

CM3 内核执行完中断服务程序后，便进入中断返回过程。在这个过程中，硬件将 IABR 中相应的标志位清除，表示该中断处理完成。如果 TIM2 本身还有中断标志位被置位，则表示 TIM2 还有中断在申请，则重新将 TIM2 的中断挂起标志位置位，等待再次进入 TIM2 的中断服务程序。

TIM2 中断服务函数是 stm32f10x_it. c 中的 TIM2_IRQHandler( )，具体应用详见 8. 7 节。

8.5　通用定时器 TIMx 的寄存器

通用定时器 TIMx 相关寄存器的功能如表 8-3 所示。通用定时器 TIMx 相关寄存器地址映射和复位值如表 8-4 所示。

表 8-3　通用定时器 TIMx 相关寄存器的功能

寄　存　器	功　　能
控制寄存器 1(TIMx_CR1)	用于控制独立通用定时器
控制寄存器 2(TIMx_CR2)	用于控制独立通用定时器
模式控制寄存器(TIMx_SMCR)	用于从模式控制
DMA/中断使能寄存器(TIMx_DIER)	用于控制定时器的 DMA 及中断请求
状态寄存器(TIMx_SR)	保存定时器状态
事件产生寄存器(TIMx_EGR)	产生事件
捕获/比较模式寄存器 1(TIMx_CCMR1)	用于捕获/比较模式，其各位的作用在输入和输出模式下不同
捕获/比较模式寄存器 2(TIMx_CCMR2)	用于捕获/比较模式，其各位的作用在输入和输出模式下不同
捕获/比较使能寄存器(TIMx_CCER)	用于允许捕获/比较
DMA 控制寄存器(TIMx_DCR)	用于控制 DMA 操作
计数器(TIMx_CNT)	用于保存计数器的计数值
预分频器(TIMx_PSC)	用于设置预分频器的值。计数器的时钟频率 CK_CNT=f_{CK_PSC}/(PSC[15:0]+1)
自动重装载寄存器(TIMx_ARR)	保存计数器自动重装的计数值，当自动重装的值为空时，计数器不工作
捕获/比较寄存器 1(TIMx_CCR1)	保存捕获/比较通道 1 的计数值
捕获/比较寄存器 2(TIMx_CCR2)	保存捕获/比较通道 2 的计数值
捕获/比较寄存器 3(TIMx_CCR3)	保存捕获/比较通道 3 的计数值
捕获/比较寄存器 4(TIMx_CCR4)	保存捕获/比较通道 4 的计数值
连续模式的 DMA 地址(TIMx_DMAR)	对 TIMx_DMAR 的读或写会导致对以下地址所在寄存器的存取操作：TIMx_CR1 地址+DBA+DMA 索引，其中，TIMx_CR1 地址是控制寄存器 1 (TIMx_CR1)所在的地址；DBA 是 TIMx_DCR 寄存器中定义的基地址；DMA 索引是由 DMA 自动控制的偏移量，取决于 TIMx_DCR 寄存器中定义的 DBL

表 8-4　通用定时器 TIMx 相关寄存器地址映射和复位值

偏移	寄存器	31	30	29	28	27	26	25	24	23	22	21	20	19	18	17	16	15	14	13	12	11	10	9	8	7	6	5	4	3	2	1	0
000h	TIMx_CR1	保留																						CKD[1:0]		ARPE	CMS[1:0]		DIR	OPM	URS	UDIS	CEN
	复位值																							0	0	0	0	0	0	0	0	0	0
004h	TIMx_CR2	保留																								TI1S	MMS[2:0]			CCDS	保留		
	复位值																									0	0	0	0	0			
008h	TIMx_SMCR	保留																ETP	ECE	ETPS[1:0]		EFT[3:0]				MSM	TS[2:0]			保留	SMS[2:0]		
	复位值																	0	0	0	0	0	0	0	0	0	0	0	0		0	0	0
00Ch	TIMx_DIER	保留																	TDE	保留	CC4DE	CC3DE	CC2DE	CC1DE	DDE	保留	TIE	保留	CC4IE	CC3IE	CC2IE	CC1IE	UIE
	复位值																		0		0	0	0	0	0		0		0	0	0	0	0
010h	TIMx_SR	保留																			CC4OF	CC3OF	CC2OF	CC1OF	保留		TIE	保留	CC4IF	CC3IF	CC2IF	CC1IF	UIF
	复位值																				0	0	0	0			0		0	0	0	0	0
014h	TIMx_EGR	保留																									TG	保留	CC4G	CC3G	CC2G	CC1G	UG
	复位值																										0		0	0	0	0	0
018h	TIMx_CCMR1	保留																OC2CE	OC2M[2:0]			OC2PE	OC2FE	CC2S[1:0]		OC1CE	OC1M[2:0]			OC1PE	OC1FE	CC1S[1:0]	
	复位值																	0	0	0	0	0	0	0	0	0	0	0	0	0	0	0	0
	TIMx_CCMR1	保留																IC2F[3:0]				IC2PSC[1:0]		CC2S[1:0]		ICIF[3:0]				IC1PSC[1:0]		CC1S[1:0]	
	复位值																	0	0	0	0	0	0	0	0	0	0	0	0	0	0	0	0
01Ch	TIMx_CCMR2	保留																OC4CE	OC4M[2:0]			OC4PE	OC4FE	CC4S[1:0]		OC3CE	OC3M[2:0]			OC3PE	OC3FE	CC3S[1:0]	
	复位值																	0	0	0	0	0	0	0	0	0	0	0	0	0	0	0	0
	TIMx_CCMR2	保留																IC4F[3:0]				IC4PSC[1:0]		CC4S[1:0]		IC3F[3:0]				IC3PSC[1:0]		CC3S[1:0]	
	复位值																	0	0	0	0	0	0	0	0	0	0	0	0	0	0	0	0
020h	TIMx_EGR	保留																		CC4P	CC4E	保留		CC3P	CC3E	保留		CC2P	CC2E	保留		CC1P	CC1E
	复位值																			0	0			0	0			0	0			0	0
024h	TIMx_CNT	保留																CNT[15:0]															
	复位值																	0	0	0	0	0	0	0	0	0	0	0	0	0	0	0	0
028h	TIMx_PSC	保留																PSC[15:0]															
	复位值																	0	0	0	0	0	0	0	0	0	0	0	0	0	0	0	0
02Ch	TIMx_ARR	保留																ARR[15:0]															
	复位值																	0	0	0	0	0	0	0	0	0	0	0	0	0	0	0	0
030h	保留																																
034h	TIMx_CCR1	保留																CCR1[15:0]															
	复位值																	0	0	0	0	0	0	0	0	0	0	0	0	0	0	0	0
038h	TIMx_CCR2	保留																CCR2[15:0]															
	复位值																	0	0	0	0	0	0	0	0	0	0	0	0	0	0	0	0
03Ch	TIMx_CCR3	保留																CCR3[15:0]															
	复位值																	0	0	0	0	0	0	0	0	0	0	0	0	0	0	0	0
040h	TIMx_CCR4	保留																CCR4[15:0]															
	复位值																	0	0	0	0	0	0	0	0	0	0	0	0	0	0	0	0
044h		保留																															
048h	TIMx_DCR	保留																			DBL[4:0]					保留			DBA[4:0]				
	复位值																				0	0	0	0	0				0	0	0	0	0
04Ch	TIMx_DMAR	保留																DMAB[15:0]															
	复位值																	0	0	0	0	0	0	0	0	0	0	0	0	0	0	0	0

定义定时器寄存器组的结构体 TIM2 在库文件 stm32f103xb.h 中：

```
/**
  * TIM 定时器函数
  */
typedef struct
{
  __IO uint32_t CR1;
  __IO uint32_t CR2;
  __IO uint32_t SMCR;
  __IO uint32_t DIER;
  __IO uint32_t SR;
  __IO uint32_t EGR;
  __IO uint32_t CCMR1;
  __IO uint32_t CCMR2;
  __IO uint32_t CCER;
  __IO uint32_t CNT;
  __IO uint32_t PSC;
  __IO uint32_t ARR;
  __IO uint32_t RCR;
  __IO uint32_t CCR1;
  __IO uint32_t CCR2;
  __IO uint32_t CCR3;
  __IO uint32_t CCR4;
  __IO uint32_t BDTR;
  __IO uint32_t DCR;
  __IO uint32_t DMAR;
  __IO uint32_t OR;
}TIM_TypeDef;
#define PERIPH_BASE          0x40000000UL /*!< 位绑定别名区的外设基地址 */
...

#define APB1PERIPH_BASE      PERIPH_BASE
...
#define TIM2_BASE            (APB1PERIPH_BASE + 0x00000000UL)
...
#define TIM2                 ((TIM_TypeDef *)TIM2_BASE)
```

从上面的宏定义可以看出，TIM2 寄存器的存储映射首地址是 0x40000000。

8.6　TIMx 初始化 HAL 库函数

定时器初始化函数 HAL_TIM_Base_Init( ) 位于 stm32f1xx_hal_tim.c 文件中，其定义

如下：

```
HAL_StatusTypeDef HAL_TIM_Base_Init(TIM_HandleTypeDef *htim);
```

该函数只有一个入口参数，就是 TIM_HandleTypeDef 类型结构体指针，位于 stm32f1xx_hal_tim.h 文件中，这个结构体的定义如下：

```
#if (USE_HAL_TIM_REGISTER_CALLBACKS == 1)
typedef struct __TIM_HandleTypeDef
#else
typedef struct
#endif /* USE_HAL_TIM_REGISTER_CALLBACKS */
{
  TIM_TypeDef                          *Instance;
  TIM_Base_InitTypeDef                 Init;
  HAL_TIM_ActiveChannel                Channel;
  DMA_HandleTypeDef                    *hdma[7];
  HAL_LockTypeDef                      Lock;
  __IO HAL_TIM_StateTypeDef            State;
  __IO HAL_TIM_ChannelStateTypeDef     ChannelState[4];
  __IO HAL_TIM_ChannelStateTypeDef     ChannelNState[4];
  __IO HAL_TIM_DMABurstStateTypeDef    DMABurstState;
#if (USE_HAL_TIM_REGISTER_CALLBACKS == 1)
  void (* Base_MspInitCallback)(struct __TIM_HandleTypeDef *htim);
  void (* Base_MspDeInitCallback)(struct __TIM_HandleTypeDef *htim);
  void (* IC_MspInitCallback)(struct __TIM_HandleTypeDef *htim);
  void (* IC_MspDeInitCallback)(struct __TIM_HandleTypeDef *htim);
  void (* OC_MspInitCallback)(struct __TIM_HandleTypeDef *htim);
  void (* OC_MspDeInitCallback)(struct __TIM_HandleTypeDef *htim);
  void (* PWM_MspInitCallback)(struct __TIM_HandleTypeDef *htim);
  void (* PWM_MspDeInitCallback)(struct __TIM_HandleTypeDef *htim);
  void (* OnePulse_MspInitCallback)(struct __TIM_HandleTypeDef *htim);
  void (* OnePulse_MspDeInitCallback)(struct __TIM_HandleTypeDef *htim);
  void (* Encoder_MspInitCallback)(struct __TIM_HandleTypeDef *htim);
  void (* Encoder_MspDeInitCallback)(struct __TIM_HandleTypeDef *htim);
  void (* HallSensor_MspInitCallback)(struct __TIM_HandleTypeDef *htim);
  void (* HallSensor_MspDeInitCallback)(struct __TIM_HandleTypeDef *htim);
  void (* PeriodElapsedCallback)(struct __TIM_HandleTypeDef *htim);
  void (* PeriodElapsedHalfCpltCallback)(struct __TIM_HandleTypeDef *htim);
  void (* TriggerCallback)(struct __TIM_HandleTypeDef *htim);
  void (* TriggerHalfCpltCallback)(struct __TIM_HandleTypeDef *htim);
  void (* IC_CaptureCallback)(struct __TIM_HandleTypeDef *htim);
  void (* IC_CaptureHalfCpltCallback)(struct __TIM_HandleTypeDef *htim);
  void (* OC_DelayElapsedCallback)(struct __TIM_HandleTypeDef *htim);
  void (* PWM_PulseFinishedCallback)(struct __TIM_HandleTypeDef *htim);
```

```
    void ( * PWM_PulseFinishedHalfCpltCallback)(struct __TIM_HandleTypeDef * htim);
    void ( * ErrorCallback)(struct __TIM_HandleTypeDef * htim);
    void ( * CommutationCallback)(struct __TIM_HandleTypeDef * htim);
    void ( * CommutationHalfCpltCallback)(struct __TIM_HandleTypeDef * htim);
    void ( * BreakCallback)(struct __TIM_HandleTypeDef * htim);
#endif /* USE_HAL_TIM_REGISTER_CALLBACKS */
} TIM_HandleTypeDef;
```

上述参数说明如下。

（1）Instance：寄存器基地址。与串口外设一样，一般外设的初始化结构体定义的第一个成员变量都是寄存器基地址。

（2）Init：真正的初始化结构体 TIM_Base_InitTypeDef 类型。该结构体的定义如下：

```
typedefstruct
{
uint32_t Prescaler;            //预分频系数
uint32_t CounterMode;          //定时器计数模式
uint32_t Period;               //定时周期数
uint32_t ClockDivision;        //定时器分频系数
uint32_t RepetitionCounter;
uint32_t AutoReloadPreload;
}TIM_Base_InitTypeDef;
```

① Prescaler：定时器预分频器设置，时钟源只有经该预分频器后才是定时器时钟。它用于设定 TIMx_PSC 寄存器的值，可设置的范围为 0～65535，实现 1～65536 分频。

② CounterMode：定时器计数模式设置，可以为向上计数模式、向下计数模式及中心对齐模式。基本定时器只能为向上计数模式，即 TIMx_CNT 只能从 0 开始递增，并且无须初始化。

③ Period：定时器周期，实际上就是设定自动重装载寄存器的值，在事件发生时更新到影子寄存器中，可设置的范围为 0～65535。

④ ClockDivision：时钟分频，设置定时器时钟 CK_INT 的频率与数字滤波器采样时钟频率分频比。基本定时器没有此功能，不用设置。

⑤ RepetitionCounter：重复计数器，属于高级控制寄存器专用寄存器位，作用是每当计数器向上/下溢时，重复计数器的值减 1，只有在重复计数器的值减到 0 时，才会发生更新事件，这个在生成 PWM 波形时比较有用。

⑥ AutoReloadPreload：用于设置定时器的自动重装载寄存器是更新事件发生时写入有效还是立即写入有效。如果使能了 AutoReloadPreload，则表示更新事件发生时写入有效，否则反之。

（3）Channel：设置活跃通道。每个定时器最多有 4 个通道可以用来做输出比较、输入捕获等功能之用。它的取值范围为 HAL_TIM_ACTIVE_CHANNEL_1 ～ HAL_TIM_ACTIVE_CHANNEL_4。

（4）hdma：定时器和 DMA 结合使用时，DMA 工作方式设置。

（5）Lock 和 State：状态过程标识符，HAL 库用其来记录和标志定时器处理过程。

8.7 TIM2应用实例

8.7.1 秒表

1. 程序功能

配置 TIM2 生成精确的 1s 时基，并产生相应的中断，按照“分:秒”的格式把时间信息通过 USART2 上传至计算机。

2. 硬件电路原理图

硬件电路原理图（见附录 C）。
注意：时间信息是通过串口 USART2 上传至计算机的。

3. 程序分析

（1） MX_TIM2_Init(void)：

```
TIM_HandleTypeDef htim2;

/ * TIM2 初始化函数 * /
void MX_TIM2_Init(void)
{
  TIM_ClockConfigTypeDef sClockSourceConfig = {0};
  TIM_MasterConfigTypeDef sMasterConfig = {0};

  htim2. Instance = TIM2;
  htim2. Init. Prescaler = 36000-1;
  htim2. Init. CounterMode = TIM_COUNTERMODE_UP;
  htim2. Init. Period = 20-1;
  htim2. Init. ClockDivision = TIM_CLOCKDIVISION_DIV2;
  htim2. Init. AutoReloadPreload = TIM_AUTORELOAD_PRELOAD_DISABLE;
  if (HAL_TIM_Base_Init(&htim2) != HAL_OK)//注意此函数
  {
    Error_Handler();
  }
  sClockSourceConfig. ClockSource = TIM_CLOCKSOURCE_INTERNAL;
  if (HAL_TIM_ConfigClockSource(&htim2, &sClockSourceConfig) != HAL_OK)
  {
    Error_Handler();
  }
  sMasterConfig. MasterOutputTrigger = TIM_TRGO_RESET;
```

```
  sMasterConfig. MasterSlaveMode = TIM_MASTERSLAVEMODE_DISABLE;
  if (HAL_TIMEx_MasterConfigSynchronization(&htim2, &sMasterConfig) != HAL_OK)
  {
    Error_Handler();
  }

}
```

由上述初始化设置及定时时间的计算公式可知，每次的定时时间为

$$T = (\text{TIM\_Period}+1)\times(\text{TIM\_Prescaler}+1)/\text{TIMxCLK} = (20-1+1)\times(36000-1+1)/72\text{MHz} = 10^{-2}\text{s}$$

（2）HAL_TIM_Base_Init(TIM_HandleTypeDef * htim)：

```
HAL_StatusTypeDef HAL_TIM_Base_Init(TIM_HandleTypeDef *htim)
{
  /* 检查 htim 是否为空 */
  if (htim == NULL)
  {
    return HAL_ERROR;
  }

  /* 检查参数设置 */
  assert_param(IS_TIM_INSTANCE(htim->Instance));
  assert_param(IS_TIM_COUNTER_MODE(htim->Init.CounterMode));
  assert_param(IS_TIM_CLOCKDIVISION_DIV(htim->Init.ClockDivision));
  assert_param(IS_TIM_AUTORELOAD_PRELOAD(htim->Init.AutoReloadPreload));

  if (htim->State == HAL_TIM_STATE_RESET)
  {
    /* 分配锁资源并对其进行初始化 */
    htim->Lock = HAL_UNLOCKED;

#if (USE_HAL_TIM_REGISTER_CALLBACKS == 1)
    /* 复位中断回调函数 */
    TIM_ResetCallback(htim);

    if (htim->Base_MspInitCallback == NULL)
    {
      htim->Base_MspInitCallback = HAL_TIM_Base_MspInit;
    }
    /* 初始化 GPIO、CLOCK、NVIC 等硬件 */
    htim->Base_MspInitCallback(htim);
#else
    HAL_TIM_Base_MspInit(htim);          //初始化硬件
#endif /* USE_HAL_TIM_REGISTER_CALLBACKS */
```

```
}

/*设置 TIM 状态位 */
htim->State = HAL_TIM_STATE_BUSY;

/*设置定时器基础配置 */
TIM_Base_SetConfig(htim->Instance, &htim->Init);

/*初始化 DMA 突发操作状态 */
htim->DMABurstState = HAL_DMA_BURST_STATE_READY;

/*初始化 TIM 通道状态 */
TIM_CHANNEL_STATE_SET_ALL(htim, HAL_TIM_CHANNEL_STATE_READY);
TIM_CHANNEL_N_STATE_SET_ALL(htim, HAL_TIM_CHANNEL_STATE_READY);

/*初始化 TIM 的状态*/
htim->State = HAL_TIM_STATE_READY;

return HAL_OK;
}
```

（3）HAL_TIM_Base_MspInit(htim)：

```
void HAL_TIM_Base_MspInit(TIM_HandleTypeDef* tim_baseHandle)
{

  if(tim_baseHandle->Instance==TIM2)
  {
  /*用户代码 TIM2_MspInit 0 开始*/

  /*用户代码 TIM2_MspInit 0 结束 */
  /*使能 TIM2 时钟 */
    __HAL_RCC_TIM2_CLK_ENABLE();

    /*TIM2 中断初始化 */
    HAL_NVIC_SetPriority(TIM2_IRQn, 0, 0);
    HAL_NVIC_EnableIRQ(TIM2_IRQn);
  /*用户代码 TIM2_MspInit 1 开始 */

  /*用户代码 TIM2_MspInit 1 结束 */
  }
}
```

HAL_TIM_Base_MspInit()函数主要实现的是 TIM2 外设时钟使能，以及 TIM2 溢出中断优先级的配置（该函数在 stm32f1xx_hal_msp.c 文件中有弱定义）。

（4）TIM_Base_SetConfig(htim->Instance, &htim->Init)：

```
void TIM_Base_SetConfig(TIM_TypeDef *TIMx, TIM_Base_InitTypeDef *Structure)
{
  uint32_t tmpcr1;
  tmpcr1 = TIMx->CR1;

  /* 设置 TIM 时基单元参数 ---------------------------------------*/
  if (IS_TIM_COUNTER_MODE_SELECT_INSTANCE(TIMx))
  {
    /* 选择计数模式 */
    tmpcr1 &= ~(TIM_CR1_DIR | TIM_CR1_CMS);
    tmpcr1 |= Structure->CounterMode;
  }

  if (IS_TIM_CLOCK_DIVISION_INSTANCE(TIMx))
  {
    /* 设置时钟分频系数 */
    tmpcr1 &= ~TIM_CR1_CKD;
    tmpcr1 |= (uint32_t)Structure->ClockDivision;
  }

  /* 预设自动重装载寄存器 */
  MODIFY_REG(tmpcr1, TIM_CR1_ARPE, Structure->AutoReloadPreload);

  TIMx->CR1 = tmpcr1;

  /* 设置自动重装载寄存器初值 */
  TIMx->ARR = (uint32_t)Structure->Period ;

  /* 设置预分频器初值 */
  TIMx->PSC = Structure->Prescaler;

  if (IS_TIM_REPETITION_COUNTER_INSTANCE(TIMx))
  {
    /* 设置重复计数器初值 */
    TIMx->RCR = Structure->RepetitionCounter;
  }

  /* 立即产生一个更新事件,用来加载预分频器和重复计数器的值(仅针对高级控制定时器) */
  TIMx->EGR = TIM_EGR_UG;
}
```

TIM_Base_SetConfig()函数在 stm32f1xx_hal_tim.c 文件中。阅读代码可以发现，这里主要用到了定时器 TIM2 的 5 个寄存器：TIMx_CR1（控制寄存器 1）、TIMx_ARR（自动重装载寄存器）、TIMx_PSC（预分频器）、TIMx_RCR（重复计数寄存器）、TIMx_EGR（事件产生寄存器）。这里的 TIMx_ARR 设置的就是 main( )函数中设定的参数 Period（1000-1）；TIMx_PSE 就是预分频系数 Prescaler，即(SystemCoreClock/10000)-1；TIMx_ RCR 是高级控制定时器（如 TIM1 等）的特有寄存器；设置 TIMx_EGR 是为了重新初始化计数器。

（5）HAL_TIM_Base_Start_IT( )：

```
HAL_StatusTypeDef HAL_TIM_Base_Start_IT(TIM_HandleTypeDef *htim)
{
  uint32_t tmpsmcr;

  /*检查参数设置 */
  assert_param(IS_TIM_INSTANCE(htim->Instance));

  /*检查 TIM 的状态 */
  if (htim->State != HAL_TIM_STATE_READY)
  {
    return HAL_ERROR;
  }

  /*设置 TIM 状态位 */
  htim->State = HAL_TIM_STATE_BUSY;

  /*使能 TIM 更新中断*/
  __HAL_TIM_ENABLE_IT(htim, TIM_IT_UPDATE);

  /*使能外设。如果在触发模式下，则使能外设是通过触发器完成的 */
  if (IS_TIM_SLAVE_INSTANCE(htim->Instance))
  {
    tmpsmcr = htim->Instance->SMCR & TIM_SMCR_SMS;
    if (!IS_TIM_SLAVEMODE_TRIGGER_ENABLED(tmpsmcr))
    {
      __HAL_TIM_ENABLE(htim);
    }
  }
  else
  {
    __HAL_TIM_ENABLE(htim);
  }

  /*返回函数状态 */
  return HAL_OK;
}
```

HAL_TIM_Base_Start_IT( )函数主要是通过调用HAL_ TIM_ ENABLE_ IT ( )函数，设

置中断使能寄存器 TIM2_DIER 的更新中断使能位 UIE 来实现定时器更新中断使能的，通过调用HAL_TIM_ENABLE( )函数，配置控制寄存器 1（TIM2_CR1）的计数器使能位（CEN）开始计数器的计数。

通过以上设置，定时器 TIM2 就进入了其计数器向上计数的工作模式，计数器的值随每个计数时钟向上计数加 1，当其值达到设定值 Period（10000-1）时，重新从 0 开始计数，并产生溢出中断，从而触发中断函数。

（6）main(void)：

```
int main(void)
{
  /*用户代码 1 开始 */

  /*用户代码 1 结束 */

  /*MCU 配置-------------------------------------------------------*/

  /*复位所有外设，初始化 Flash 接口和 SysTick */
  HAL_Init();

  /*用户代码 Init 开始 */
    Delay_Init(72);
  /*用户代码 Init 结束 */

  /*配置系统时钟 */
  SystemClock_Config();

  /*用户代码 SysInit 开始 */

  /*用户代码 SysInit 结束 */

  /*初始化时所用外设配置 */
  MX_GPIO_Init();
  MX_USART2_UART_Init();
  MX_TIM2_Init();
  /*用户代码 2 开始 */
    HAL_TIM_Base_Start_IT(&htim2);
  /*用户代码 2 结束 */

  /*主循环 */
  /*用户代码 WHILE 开始 */
  while (1)
  {
    /*用户代码 WHILE 结束 */
```

```
    /*用户代码3开始 */
      printf("%d:%d \r\n",min,sec);
    }
    /*用户代码3结束 */
  }
```

该例程有关系统初始化的过程与前面几章介绍的几个例程是一样的，即调用 HAL_Init()函数来初始化系统，调用 SystemClock_Config()函数来配置系统时钟。

（7）TIM2_IRQHandler(void)：

```
void TIM2_IRQHandler(void)
{
  /*用户代码 TIM2_IRQn 0 开始 */

  /*用户代码 TIM2_IRQn 0 结束 */
  HAL_TIM_IRQHandler(&htim2);
  /*用户代码 TIM2_IRQn 1 开始 */

  /*用户代码 TIM2_IRQn 1 结束 */
}
```

（8）HAL_TIM_IRQHandler(TIM_HandleTypeDef *htim)：

```
void HAL_TIM_IRQHandler(TIM_HandleTypeDef *htim)
{
  /*捕获/比较事件 1*/
  if (__HAL_TIM_GET_FLAG(htim, TIM_FLAG_CC1) != RESET)
  {
    if (__HAL_TIM_GET_IT_SOURCE(htim, TIM_IT_CC1) != RESET)
    {
      {
        __HAL_TIM_CLEAR_IT(htim, TIM_IT_CC1);
        htim->Channel = HAL_TIM_ACTIVE_CHANNEL_1;

        /*输入比较事件 */
        if ((htim->Instance->CCMR1 & TIM_CCMR1_CC1S) != 0x00U)
        {
#if (USE_HAL_TIM_REGISTER_CALLBACKS == 1)
          htim->IC_CaptureCallback(htim);
#else
          HAL_TIM_IC_CaptureCallback(htim);
#endif /* USE_HAL_TIM_REGISTER_CALLBACKS */
        }
        /*输出比较事件 */
        else
        {
```

```
#if (USE_HAL_TIM_REGISTER_CALLBACKS == 1)
          htim->OC_DelayElapsedCallback(htim);
          htim->PWM_PulseFinishedCallback(htim);
#else
          HAL_TIM_OC_DelayElapsedCallback(htim);
          HAL_TIM_PWM_PulseFinishedCallback(htim);
#endif /* USE_HAL_TIM_REGISTER_CALLBACKS */
        }
        htim->Channel = HAL_TIM_ACTIVE_CHANNEL_CLEARED;
      }
    }
  }
  /* 捕获/比较事件 2 */
  if (__HAL_TIM_GET_FLAG(htim, TIM_FLAG_CC2) != RESET)
  {
    if (__HAL_TIM_GET_IT_SOURCE(htim, TIM_IT_CC2) != RESET)
    {
      __HAL_TIM_CLEAR_IT(htim, TIM_IT_CC2);
      htim->Channel = HAL_TIM_ACTIVE_CHANNEL_2;
      /* 输入比较事件 */
      if ((htim->Instance->CCMR1 & TIM_CCMR1_CC2S) != 0x00U)
      {
#if (USE_HAL_TIM_REGISTER_CALLBACKS == 1)
        htim->IC_CaptureCallback(htim);
#else
        HAL_TIM_IC_CaptureCallback(htim);
#endif /* USE_HAL_TIM_REGISTER_CALLBACKS */
      }
      /* 输出比较事件 */
      else
      {
#if (USE_HAL_TIM_REGISTER_CALLBACKS == 1)
        htim->OC_DelayElapsedCallback(htim);
  htim->PWM_PulseFinishedCallback(htim);
#else
        HAL_TIM_OC_DelayElapsedCallback(htim);
        HAL_TIM_PWM_PulseFinishedCallback(htim);
#endif /* USE_HAL_TIM_REGISTER_CALLBACKS */
      }
      htim->Channel = HAL_TIM_ACTIVE_CHANNEL_CLEARED;
    }
  }
  /* 捕获/比较事件 3 */
  if (__HAL_TIM_GET_FLAG(htim, TIM_FLAG_CC3) != RESET)
```

```
    {
      if (__HAL_TIM_GET_IT_SOURCE(htim, TIM_IT_CC3) != RESET)
      {
        __HAL_TIM_CLEAR_IT(htim, TIM_IT_CC3);
        htim->Channel = HAL_TIM_ACTIVE_CHANNEL_3;
        /* 输入比较事件 */
        if ((htim->Instance->CCMR2 & TIM_CCMR2_CC3S) != 0x00U)
        {
#if (USE_HAL_TIM_REGISTER_CALLBACKS == 1)
          htim->IC_CaptureCallback(htim);
#else
          HAL_TIM_IC_CaptureCallback(htim);
#endif /* USE_HAL_TIM_REGISTER_CALLBACKS */
        }
/* 输出比较事件 */
        else
        {
#if (USE_HAL_TIM_REGISTER_CALLBACKS == 1)
          htim->OC_DelayElapsedCallback(htim);
          htim->PWM_PulseFinishedCallback(htim);
#else
          HAL_TIM_OC_DelayElapsedCallback(htim);
          HAL_TIM_PWM_PulseFinishedCallback(htim);
#endif /* USE_HAL_TIM_REGISTER_CALLBACKS */
        }
        htim->Channel = HAL_TIM_ACTIVE_CHANNEL_CLEARED;
      }
    }
    /*捕获/比较事件 4 */
    if (__HAL_TIM_GET_FLAG(htim, TIM_FLAG_CC4) != RESET)
    {
      if (__HAL_TIM_GET_IT_SOURCE(htim, TIM_IT_CC4) !=RESET)
      {
        __HAL_TIM_CLEAR_IT(htim, TIM_IT_CC4);
        htim->Channel = HAL_TIM_ACTIVE_CHANNEL_4;
        /* 输入比较事件 */
        if ((htim->Instance->CCMR2 & TIM_CCMR2_CC4S) != 0x00U)
        {
#if (USE_HAL_TIM_REGISTER_CALLBACKS == 1)
          htim->IC_CaptureCallback(htim);
#else
          HAL_TIM_IC_CaptureCallback(htim);
#endif /* USE_HAL_TIM_REGISTER_CALLBACKS */
        }
```

```
        /* 输出比较事件 */
        else
        {
#if (USE_HAL_TIM_REGISTER_CALLBACKS == 1)
          htim->OC_DelayElapsedCallback(htim);
  htim->PWM_PulseFinishedCallback(htim);
#else
          HAL_TIM_OC_DelayElapsedCallback(htim);
          HAL_TIM_PWM_PulseFinishedCallback(htim);
#endif /* USE_HAL_TIM_REGISTER_CALLBACKS */
        }
        htim->Channel = HAL_TIM_ACTIVE_CHANNEL_CLEARED;
      }
    }
  /* TIM 更新事件 */
  if (__HAL_TIM_GET_FLAG(htim, TIM_FLAG_UPDATE) != RESET)
  {
    if (__HAL_TIM_GET_IT_SOURCE(htim, TIM_IT_UPDATE) != RESET)
    {
      __HAL_TIM_CLEAR_IT(htim, TIM_IT_UPDATE);
#if (USE_HAL_TIM_REGISTER_CALLBACKS == 1)
      htim->PeriodElapsedCallback(htim);
#else
      HAL_TIM_PeriodElapsedCallback(htim);
#endif /* USE_HAL_TIM_REGISTER_CALLBACKS */
    }
  }
  /* TIM 刹车输入事件 */
  if (__HAL_TIM_GET_FLAG(htim, TIM_FLAG_BREAK) != RESET)
  {
    if (__HAL_TIM_GET_IT_SOURCE(htim, TIM_IT_BREAK) != RESET)
    {
      __HAL_TIM_CLEAR_IT(htim, TIM_IT_BREAK);
#if (USE_HAL_TIM_REGISTER_CALLBACKS == 1)
      htim->BreakCallback(htim);
#else
      HAL_TIMEx_BreakCallback(htim);
#endif /* USE_HAL_TIM_REGISTER_CALLBACKS */
    }
  }
  /* TIM 触发检测事件 */
  if (__HAL_TIM_GET_FLAG(htim, TIM_FLAG_TRIGGER) != RESET)
  {
    if (__HAL_TIM_GET_IT_SOURCE(htim, TIM_IT_TRIGGER) != RESET)
```

```
      {
        __HAL_TIM_CLEAR_IT(htim, TIM_IT_TRIGGER);
#if (USE_HAL_TIM_REGISTER_CALLBACKS == 1)
        htim->TriggerCallback(htim);
#else
        HAL_TIM_TriggerCallback(htim);
#endif /* USE_HAL_TIM_REGISTER_CALLBACKS */
      }
    }
  /* TIM 换相事件 */
  if (__HAL_TIM_GET_FLAG(htim, TIM_FLAG_COM) != RESET)
    {
      if (__HAL_TIM_GET_IT_SOURCE(htim, TIM_IT_COM) != RESET)
      {
        __HAL_TIM_CLEAR_IT(htim, TIM_FLAG_COM);
#if (USE_HAL_TIM_REGISTER_CALLBACKS == 1)
        htim->CommutationCallback(htim);
#else
        HAL_TIMEx_CommutCallback(htim);
#endif /* USE_HAL_TIM_REGISTER_CALLBACKS */
      }
    }
}
```

（9）HAL_TIM_PeriodElapsedCallback(TIM_HandleTypeDef *htim)。

在 main.c 文件的/* 用户代码 4 开始 */ 和/* 用户代码 4 结束 */之间补充回调函数 HAL_TIM_PeriodElapsedCallback()：

```
void HAL_TIM_PeriodElapsedCallback(TIM_HandleTypeDef *htim)
{
    if (htim->Instance == htim2.Instance)
    {
cnt++;
if(cnt>=100)
{
    cnt=0;
    sec++;
}
if(sec==60)
{
    sec=0;
    min++;
    if(min==60)min=0;
}
    }
}
```

定时器 TIM2 的计数参数溢出中断，触发 stm32f1xx_it. c 文件中的 TIMx_IRQHandler( ) 函数，在该函数内部调用 HAL_TIM_IRQHandler( ) 函数，在函数 HAL_TIM_IRQHandler( ) 内部调用 HAL_TIM_PeriodElapsedCallback( ) 函数。

8.7.2　输出比较实例 1

1. 程序功能

PA5 引脚所接的 LED 通过 PA13 所接按键进行方式切换，LED 按如下方式闪烁。

方式 1：LED 以 4s 为周期闪烁。

方式 2：LED 以 2s 为周期闪烁。

方式 3：LED 以 1s 为周期闪烁。

方式 4：LED 以 0. 5s 为周期闪烁。

此程序功能与第 5 章中的实例的程序功能一样，即使 LED 按一定的频率闪烁，第 5 章用延时程序实现，此处用定时器方式实现。

2. 硬件电路原理图

本实例的硬件电路原理图见附录 C。

3. 程序分析

(1) MX_TIM2_Init( )：

```
void MX_TIM2_Init(void)
{
  TIM_ClockConfigTypeDef sClockSourceConfig = {0};
  TIM_MasterConfigTypeDef sMasterConfig = {0};
  TIM_OC_InitTypeDef sConfigOC = {0};

  htim2.Instance = TIM2;
  htim2.Init.Prescaler = 7199;
  htim2.Init.CounterMode = TIM_COUNTERMODE_UP;
  htim2.Init.Period = 65535;
  htim2.Init.ClockDivision = TIM_CLOCKDIVISION_DIV1;
  htim2.Init.AutoReloadPreload = TIM_AUTORELOAD_PRELOAD_DISABLE;
  if (HAL_TIM_Base_Init(&htim2) != HAL_OK)
  {
    Error_Handler();
  }
  sClockSourceConfig.ClockSource = TIM_CLOCKSOURCE_INTERNAL;
  if (HAL_TIM_ConfigClockSource(&htim2, &sClockSourceConfig) != HAL_OK)
  {
    Error_Handler();
  }
```

```
  if (HAL_TIM_OC_Init(&htim2) != HAL_OK)
  {
    Error_Handler();
  }
  sMasterConfig.MasterOutputTrigger = TIM_TRGO_RESET;
  sMasterConfig.MasterSlaveMode = TIM_MASTERSLAVEMODE_DISABLE;
  if (HAL_TIMEx_MasterConfigSynchronization(&htim2, &sMasterConfig) != HAL_OK)
  {
    Error_Handler();
  }
  sConfigOC.OCMode = TIM_OCMODE_TIMING;//模式设置
  sConfigOC.Pulse = 40000;
  sConfigOC.OCPolarity = TIM_OCPOLARITY_HIGH;
  sConfigOC.OCFastMode = TIM_OCFAST_DISABLE;
  if (HAL_TIM_OC_ConfigChannel(&htim2, &sConfigOC, TIM_CHANNEL_1) != HAL_OK)
  {
    Error_Handler();
  }
  HAL_TIM_MspPostInit(&htim2);

}
```

〖说明〗

① htim2.Init.Prescaler=7199 表明 TIM2 的预分频初值为 7199，此时，TIM2 单次定时时间为

$$T=(7199+1)/72\text{MHz}=100\times10^{-6}\text{s}$$

② htim2.Init.CounterMode = TIM_COUNTERMODE_UP 表明 TIM2 使用向上计数模式，即定时器从 0 开始计数。

③ htim2.Init.Period = 65535 表明定时器计数值增至 65535 后将从 0 开始重新向上计数。

（2）HAL_TIM_Base_Start()：

```
HAL_StatusTypeDef HAL_TIM_Base_Start(TIM_HandleTypeDef *htim)
{
  uint32_t tmpsmcr;

  /*检查参数设置 */
  assert_param(IS_TIM_INSTANCE(htim->Instance));

  /*检查 TIM 的状态 */
  if (htim->State != HAL_TIM_STATE_READY)
  {
    return HAL_ERROR;
  }
```

```
    /* 设置 TIM 状态位 */
    htim->State = HAL_TIM_STATE_BUSY;

    /* 使能外设。如果在触发模式下，则使能外设是通过触发器完成的 */
    if (IS_TIM_SLAVE_INSTANCE(htim->Instance))
    {
      tmpsmcr = htim->Instance->SMCR & TIM_SMCR_SMS;
      if (!IS_TIM_SLAVEMODE_TRIGGER_ENABLED(tmpsmcr))
      {
       __HAL_TIM_ENABLE(htim);
      }
    }
    else
    {
      __HAL_TIM_ENABLE(htim);
    }

    /* 返回函数状态 */
    return HAL_OK;
}
```

（3）HAL_TIM_OC_Start_IT()：

```
HAL_StatusTypeDef HAL_TIM_OC_Start_IT(TIM_HandleTypeDef *htim, uint32_t Channel)
{
    uint32_t tmpsmcr;

    /* 检查参数设置 */
    assert_param(IS_TIM_CCX_INSTANCE(htim->Instance, Channel));

    /* 检查 TIM 通道状态 */
if (TIM_CHANNEL_STATE_GET(htim, Channel) != HAL_TIM_CHANNEL_STATE_READY)
    {
      return HAL_ERROR;
    }

    /* 设置 TIM 通道状态 */
    TIM_CHANNEL_STATE_SET(htim, Channel, HAL_TIM_CHANNEL_STATE_BUSY);

    switch (Channel)
    {
      case TIM_CHANNEL_1:
      {
        /* 使能 TIM 捕获/比较 1 中断 */
```

```
      __HAL_TIM_ENABLE_IT(htim, TIM_IT_CC1);
      break;
    }

    case TIM_CHANNEL_2:
    {
      /*使能 TIM 捕获/比较 2 中断 */
      __HAL_TIM_ENABLE_IT(htim, TIM_IT_CC2);
      break;
    }

    case TIM_CHANNEL_3:
    {
      /* 使能 TIM 捕获/比较 3 中断 */
      __HAL_TIM_ENABLE_IT(htim, TIM_IT_CC3);
      break;
    }

    case TIM_CHANNEL_4:
    {
      /* 使能 TIM 捕获/比较 4 中断 */
      __HAL_TIM_ENABLE_IT(htim, TIM_IT_CC4);
      break;
    }

    default:
      break;
  }

  /* 使能输出比较通道 */
  TIM_CCxChannelCmd(htim->Instance, Channel, TIM_CCx_ENABLE);

  if (IS_TIM_BREAK_INSTANCE(htim->Instance) != RESET)
  {
    /*使能主输出 */
    __HAL_TIM_MOE_ENABLE(htim);
  }

  /*使能外设。如果在触发模式下，则使能外设是通过触发器完成的 */
  if (IS_TIM_SLAVE_INSTANCE(htim->Instance))
  {
    tmpsmcr = htim->Instance->SMCR & TIM_SMCR_SMS;
    if (!IS_TIM_SLAVEMODE_TRIGGER_ENABLED(tmpsmcr))
    {
```

```
        __HAL_TIM_ENABLE(htim);
      }
    }
    else
    {
      __HAL_TIM_ENABLE(htim);
    }

    /* 返回函数状态 */
    return HAL_OK;
  }
```

(4) main(void):

```
  int main(void)
  {
    /* 用户代码 1 开始 */

    /* 用户代码 1 结束 */

    /* MCU 配置---------------------------------------------------------*/

    /* 复位所有外设，初始化 Flash 接口和 SysTick */
    HAL_Init();

    /* 用户代码 Init 开始 */
      Delay_Init(72);
    /* 用户代码 Init 结束 */

    /* 配置系统时钟 */
    SystemClock_Config();

    /* 用户代码 SysInit 开始 */

    /* 用户代码 SysInit 结束 */

    /* 初始化时所用外设配置 */
    MX_GPIO_Init();
    MX_TIM2_Init();
    /* 用户代码 2 开始 */

      HAL_TIM_Base_Start(&htim2);
      HAL_TIM_OC_Start_IT(&htim2,TIM_CHANNEL_1);
    /* 用户代码 2 结束 */
```

```
  /* 主循环 */
  /* 用户代码 WHILE 开始 */
  while (1)
  {
      KeyRead();
    /* 用户代码 WHILE 结束 */

    /* 用户代码 3 开始 */
  }
  /* 用户代码 3 结束 */
}
```

（5）KeyRead(void)。

对于 KeyRead(void)的介绍，详见 13.3 节。

（6）TIM2_IRQHandler(void)：

```
void TIM2_IRQHandler(void)
{
  /* 用户代码 TIM2_IRQn 0 开始 */

  /* 用户代码 TIM2_IRQn 0 结束 */
  HAL_TIM_IRQHandler(&htim2);
  /* 用户代码 TIM2_IRQn 1 开始 */

  /* 用户代码 TIM2_IRQn 1 结束 */
}
```

（7）HAL_TIM_IRQHandler()：

```
void HAL_TIM_IRQHandler(TIM_HandleTypeDef *htim)
{
  /* 捕获/比较事件 1 */
  if (__HAL_TIM_GET_FLAG(htim, TIM_FLAG_CC1) != RESET)
  {
    if (__HAL_TIM_GET_IT_SOURCE(htim, TIM_IT_CC1) != RESET)
    {
      {
        __HAL_TIM_CLEAR_IT(htim, TIM_IT_CC1);
        htim->Channel = HAL_TIM_ACTIVE_CHANNEL_1;

        /* 输入比较事件 */
        if ((htim->Instance->CCMR1 & TIM_CCMR1_CC1S) != 0x00U)
        {
#if (USE_HAL_TIM_REGISTER_CALLBACKS == 1)
          htim->IC_CaptureCallback(htim);
#else
```

```
            HAL_TIM_IC_CaptureCallback(htim);
#endif /* USE_HAL_TIM_REGISTER_CALLBACKS */
          }
          /*输出比较事件 */
          else
          {
#if (USE_HAL_TIM_REGISTER_CALLBACKS == 1)
            htim->OC_DelayElapsedCallback(htim);        // 回调函数
            htim->PWM_PulseFinishedCallback(htim);
#else
            HAL_TIM_OC_DelayElapsedCallback(htim);
            HAL_TIM_PWM_PulseFinishedCallback(htim);
#endif /* USE_HAL_TIM_REGISTER_CALLBACKS */
          }
          htim->Channel = HAL_TIM_ACTIVE_CHANNEL_CLEARED;
        }
      }
    }
  …

}
```

(8) HAL_TIM_OC_DelayElapsedCallback()：

```
void HAL_TIM_OC_DelayElapsedCallback(TIM_HandleTypeDef *htim)
{
    __IO uint16_t capture;
    if(__HAL_TIM_GET_IT_SOURCE(htim,TIM_IT_CC1)!=RESET)
    {
        HAL_GPIO_TogglePin(LED_GPIO_Port,LED_Pin);        //需要操作 GPIO
        capture = HAL_TIM_ReadCapturedValue(&htim2,TIM_CHANNEL_1);
        switch(mode)
        {
    case 1:__HAL_TIM_SET_COMPARE(&htim2,TIM_CHANNEL_1,capture+40000);
            break;
    case 2:__HAL_TIM_SET_COMPARE(&htim2,TIM_CHANNEL_1,capture+20000);
            break;
    case 3:__HAL_TIM_SET_COMPARE(&htim2,TIM_CHANNEL_1,capture+10000);
            break;
    case 4:__HAL_TIM_SET_COMPARE(&htim2,TIM_CHANNEL_1,capture+5000);
            break;
        }
    }
}
```

程序分析如下。

每个模式的计数值为

$$t_{M1}=40000\times100\times10^{-6}\text{s}=4\text{s}$$
$$t_{M2}=20000\times100\times10^{-6}\text{s}=2\text{s}$$
$$t_{M3}=10000\times100\times10^{-6}\text{s}=1\text{s}$$
$$t_{M4}=5000\times100\times10^{-6}\text{s}=0.5\text{s}$$

以下以通道 1（OC1）来论述中断服务程序。

① 通道 1 的匹配比较计数值为 40000，因为使能了计数比较匹配功能，所以当计数至 40000 时，会发生计数比较匹配事件，并因为开启了通道 1 匹配中断功能，所以此计数比较匹配事件将请求计数比较匹配中断，执行计数比较匹配中断服务程序。

② 执行计数比较匹配中断服务程序，更新通道 1 捕获/比较 1 寄存器为“当前计数值+匹配比较计数值”，为 40000+40000=80000，但定时器的最大计数值仅为 65535，故此处实际上的更新捕获/比较 1 寄存器为 80000-65535=14465。

③ 清除中断标志，中断返回，计数值继续从 40000 向上计数至 65535，继续计数时将发生一个计数器向上溢出事件（该事件会导致计数值重载，但因为禁止了预装载寄存器，所以并不会发生寄存器重装载），计数值归 0，重新向上计数，计数至 14465 时再次发生计数比较匹配事件，依次循环。

8.7.3 输出比较实例 2

1. 程序功能

本实例的程序功能同 8.7.2 节的程序功能，但 TIM2 的通道 2（Channel2）设置为输出比较翻转模式，因此本节的程序省略了驱动 GPIO 翻转电平的步骤。

2. 硬件电路原理图

本实例的硬件电路原理图（略）。

注意：TIM2 的输出通道 2（GPIOA0）接一个 LED 电路，与电阻串联电路后接 VCC。

3. 程序分析

本节程序可在 8.7.2 节的程序的基础上进行修改，修改的主要代码如下。

（1）MX_TIM2_Init()：

```
void MX_TIM2_Init(void)
{
  TIM_ClockConfigTypeDef sClockSourceConfig = {0};
  TIM_MasterConfigTypeDef sMasterConfig = {0};
  TIM_OC_InitTypeDef sConfigOC = {0};

  htim2.Instance = TIM2;
  htim2.Init.Prescaler = 7199;
  htim2.Init.CounterMode = TIM_COUNTERMODE_UP;
  htim2.Init.Period = 65535;
```

```
    htim2.Init.ClockDivision = TIM_CLOCKDIVISION_DIV1;
    htim2.Init.AutoReloadPreload = TIM_AUTORELOAD_PRELOAD_DISABLE;
    if (HAL_TIM_Base_Init(&htim2) != HAL_OK)
    {
      Error_Handler();
    }
    sClockSourceConfig.ClockSource = TIM_CLOCKSOURCE_INTERNAL;
    if (HAL_TIM_ConfigClockSource(&htim2, &sClockSourceConfig) != HAL_OK)
    {
      Error_Handler();
    }
    if (HAL_TIM_OC_Init(&htim2) != HAL_OK)
    {
      Error_Handler();
    }
    sMasterConfig.MasterOutputTrigger = TIM_TRGO_RESET;
    sMasterConfig.MasterSlaveMode = TIM_MASTERSLAVEMODE_DISABLE;
    if (HAL_TIMEx_MasterConfigSynchronization(&htim2, &sMasterConfig) != HAL_OK)
    {
      Error_Handler();
    }
    sConfigOC.OCMode = TIM_OCMODE_TOGGLE;// 工作模式为输出比较翻转模式
    sConfigOC.Pulse = 40000;
    sConfigOC.OCPolarity = TIM_OCPOLARITY_HIGH;
    sConfigOC.OCFastMode = TIM_OCFAST_DISABLE;
    if (HAL_TIM_OC_ConfigChannel(&htim2, &sConfigOC, TIM_CHANNEL_1) != HAL_OK)
    {
      Error_Handler();
    }
    HAL_TIM_MspPostInit(&htim2);

}
```

（2）HAL_TIM_OC_DelayElapsedCallback()：

```
/* 用户代码 4 开始 */
voidHAL_TIM_OC_DelayElapsedCallback(TIM_HandleTypeDef *htim)
{
    //依旧采用按键切换的方式，若想同时使用多个通道，则需要修改 stm32f1xx_hal_tim.c 中的
HAL_TIM_IRQHandler()函数
    __IO uint16_t capture;
    if(__HAL_TIM_GET_IT_SOURCE(htim,TIM_IT_CC1)!=RESET)
    {
        capture=HAL_TIM_ReadCapturedValue(&htim2,TIM_CHANNEL_1);
        switch(mode)
```

```
        {
            case 1:__HAL_TIM_SET_COMPARE(&htim2,TIM_CHANNEL_1,capture+40000);
            break;
            case 2:__HAL_TIM_SET_COMPARE(&htim2,TIM_CHANNEL_1,capture+20000);
            break;
            case 3:__HAL_TIM_SET_COMPARE(&htim2,TIM_CHANNEL_1,capture+10000);
            break;
            case 4:__HAL_TIM_SET_COMPARE(&htim2,TIM_CHANNEL_1,capture+5000);
            break;
        }
    }
}
/* 用户代码 4 结束 */
```

注意：上述代码的功能与8.7.2节的中断回调函数的功能相同，但没有翻转LED的操作，是TIM2通过输出比较自动完成的。

8.7.4 PWM输出

1. 程序功能

利用TIM2的PWM输出模式产生一个由TIM2_ARR确定频率、TIM2_CCRx确定占空比的信号，在TIM2通道引脚上输出，改变引脚输出的平均电流，驱动三色LED显示不同的颜色。

TIM2工作在PWM1模式下的工作原理：当定时器启动计数后，若当前计数值小于某通道（假设为x通道）比较值，则对应x通道的输出引脚保持高电平；若当前计数值增至大于x通道比较值，则对应x通道的输出引脚翻转为低电平；计数值继续增大至ARR重装值，引脚恢复高电平，计数值自动重装，再次开始计数，上述过程重复执行。如果将输出比较值设为N_{COM}，ARR重装值设为N_{PRER}，则PWM信号频率f_{PWM}为

$$f_{PWM}=N_{PRER}/(72\times10^6)$$

式中，72×10^6为TIM2计数时钟1分频所得的结果，该PWM信号的占空比D_{uty}为

$$D_{uty}=N_{COM}/N_{PRER}$$

2. 硬件电路原理图

贴片三色LED实物图如图8-16所示，其中，三色是指红、绿、黄，通过颜色组合来达到显示不同颜色的目的。在一定的电流范围内（对于每种发光颜色，LED的电流大小不同），电流大小和亮度成正比。假设每个LED都有8个挡位的电流强度（电流大小），就可以发出$8^3=512$种颜色的光。例如，如果RGY（红绿黄）的电流强度为008（表示红电流为0、绿电流为0、黄电流为8），那么发光颜色为黄色；如果电流强度为080，那么发光颜色为绿色；如果电流大小为800，那么发光颜色为红色；如果电流强度为888，那么发光颜色为白色；如果电流大小为000，那么发光颜色为黑色（不亮）；如果电流大小为333，那么发光颜色为灰色。以上是8种电流强度下的颜色表示，如果电流可以调成任意大小（在LED的线性范围内），就可以调出任意颜色。

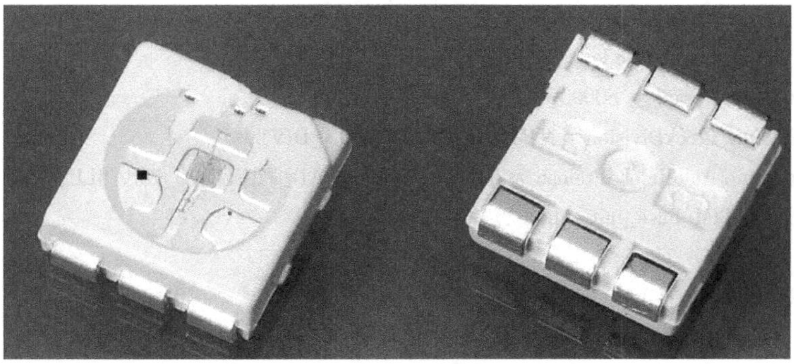

图 8-16　贴片三色 LED 实物图

PWM 输出实验原理图如图 8-17 所示。注意：三色 LED 接到 TIM2 输出通道上。实物图如图 8-18 所示。

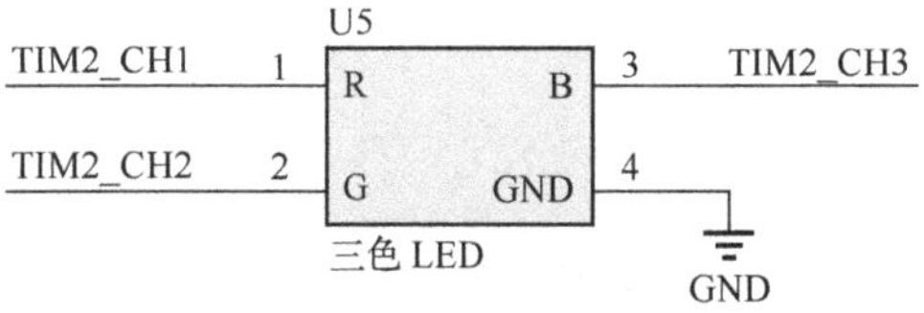

图 8-17　PWM 输出实验原理图

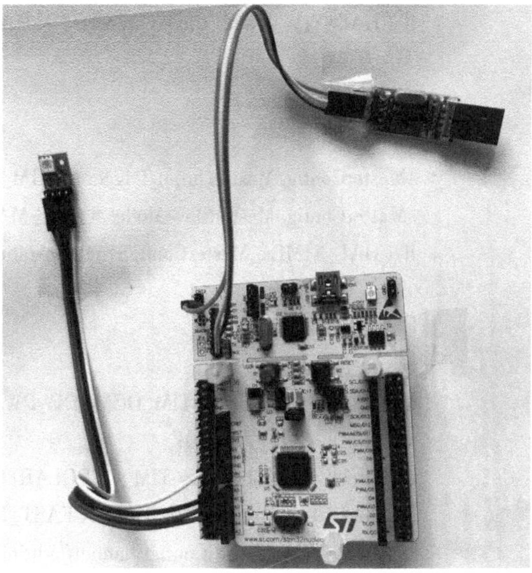

图 8-18　实物图

3. 程序分析

本节程序可在 8.7.3 节的程序的基础上进行修改，首先去掉中断服务程序，其他修改的主要代码如下。

（1） MX_TIM2_Init(void)：

```
void MX_TIM2_Init(void)
{
  TIM_ClockConfigTypeDef sClockSourceConfig = {0};
  TIM_MasterConfigTypeDef sMasterConfig = {0};
  TIM_OC_InitTypeDef sConfigOC = {0};

  htim2.Instance = TIM2;
```

```
htim2.Init.Prescaler = 0;
htim2.Init.CounterMode = TIM_COUNTERMODE_UP;
htim2.Init.Period = 60000;
htim2.Init.ClockDivision = TIM_CLOCKDIVISION_DIV1;
htim2.Init.AutoReloadPreload = TIM_AUTORELOAD_PRELOAD_DISABLE;
if (HAL_TIM_Base_Init(&htim2) != HAL_OK)
{
  Error_Handler();
}
sClockSourceConfig.ClockSource = TIM_CLOCKSOURCE_INTERNAL;
if (HAL_TIM_ConfigClockSource(&htim2, &sClockSourceConfig) != HAL_OK)
{
  Error_Handler();
}
if (HAL_TIM_PWM_Init(&htim2) != HAL_OK)
{
  Error_Handler();
}
sMasterConfig.MasterOutputTrigger = TIM_TRGO_RESET;
sMasterConfig.MasterSlaveMode = TIM_MASTERSLAVEMODE_DISABLE;
if (HAL_TIMEx_MasterConfigSynchronization(&htim2, &sMasterConfig) != HAL_OK)
{
  Error_Handler();
}
sConfigOC.OCMode = TIM_OCMODE_PWM1;//PWM1 模式
sConfigOC.Pulse = 500;
sConfigOC.OCPolarity = TIM_OCPOLARITY_HIGH;
sConfigOC.OCFastMode = TIM_OCFAST_DISABLE;
if (HAL_TIM_PWM_ConfigChannel(&htim2, &sConfigOC, TIM_CHANNEL_1) != HAL_OK)
{
  Error_Handler();
}
sConfigOC.Pulse = 375;
if (HAL_TIM_PWM_ConfigChannel(&htim2, &sConfigOC, TIM_CHANNEL_2) != HAL_OK)
{
  Error_Handler();
}
sConfigOC.Pulse = 50;
if (HAL_TIM_PWM_ConfigChannel(&htim2, &sConfigOC, TIM_CHANNEL_3) != HAL_OK)
{
  Error_Handler();
}
HAL_TIM_MspPostInit(&htim2);

}
```

（2）main(void)：

```
int main(void)
{
  /* 用户代码 1 开始 */

  /* 用户代码 1 结束 */

  /* MCU 配置----------------------------------------------------------*/

  /* 复位所有外设，初始化 Flash 接口和 Systick */
  HAL_Init();

  /* 用户代码 Init 开始 */
    Delay_Init(72);
  /* 用户代码 Init 结束 */

  /* 配置系统时钟 */
  SystemClock_Config();

  /* 用户代码 SysInit 开始 */

  /* 用户代码 SysInit 结束 */

  /* 初始化时所用外设配置 */
  MX_GPIO_Init();
  MX_TIM2_Init();
  /* 用户代码 2 开始 */

    HAL_TIM_PWM_Start(&htim2, TIM_CHANNEL_1);
    HAL_TIM_PWM_Start(&htim2, TIM_CHANNEL_2);
    HAL_TIM_PWM_Start(&htim2, TIM_CHANNEL_3);

  /* 用户代码 2 结束 */

  /* 主循环 */
  /* 用户代码 WHILE 开始 */
  while (1)
  {
      //调节 PWM，使 LED 循环变亮或变暗
    delay_ms(100);
      if(pwm_value == 0) step = 100;
      if(pwm_value == 2000) step= -100;
      pwm_value += step;
```

```
        TIM2->CCR1 = pwm_value;
    /*用户代码 WHILE 结束 */
    /*用户代码 3 开始 */
  }
  /*用户代码 3 结束 */
}
```

8.7.5 PWM 输入捕获

输入捕获功能是指 TIMx 可以检测某个通道对应引脚上的电平边沿，并在电平边沿产生的时刻将当前定时器计数值写入捕获/比较寄存器。输入捕获主要用于测量脉冲宽度。

PWM 输入捕获功能可以测量定时器某个输入通道上的 PWM 信号的频率与占空比，此功能是在基本输入捕获功能的基础上进行升级扩展得到的，因此，PWM 输入捕获功能需要多加一个捕获/比较寄存器。例如，TIM2 的第 2 通道，当它作为 PWM 输入捕获通道时，其工作原理如下。

（1）实现 PWM 输入捕获需要占用 TIM2 的 2 个通道，第 2 通道对应引脚上的电平变化可以同时被第 1 通道和第 2 通道检测到。2 个通道分别被设置成主机和从机。如果设置第 2 通道的 PWM 输入捕获功能，则第 1 通道为从机，反之亦然。

（2）如果输入的 PWM 信号从低电平开始跳变，则在第 1 个上升沿到来时，第 1 通道和第 2 通道同时检测到这个上升沿。而从机设置为复位模式，因此将 TIM2 的计数值复位（注意：此时并不能产生中断请求）。

（3）按照 PWM 信号的特点，下一个到来的电平边沿应该是一个下降沿。该下降沿到达时，第 1 通道发生捕获事件，将当前计数值存至第 1 通道捕获/比较寄存器中，记为 CCR1。

（4）下一个到来的电平边沿是 PWM 信号的第 2 个上升沿。此时，通道 2 发生捕获事件，将当前计数值存至第 2 通道捕获/比较寄存器中，记为 CCR2。

（5）PWM 信号的频率为

$$f_{\mathrm{PWM}} = 72\times10^6/\mathrm{CCR2}$$

占空比 D_{uty} 为

$$D_{\mathrm{uty}} = \mathrm{CCR1}/\mathrm{CCR2}\times100\%$$

1. 程序功能

TIM2 的第 1 通道首先产生一定频率和占空比的 PWM 信号，然后将它连接到 TIM2 的第 2 通道，使用 TIM2 的第 2 通道的 PWM 输入捕获功能检测 TIM2 的第 1 通道产生的 PWM 信号的频率和占空比，通过 USART2 发送到计算机上，比较测量值和设置值是否一致。

配置 PA1 引脚为浮空输入模式；PA0 为第 2 功能推挽输出模式；TIM2 的第 2 通道为 PWM 输入捕获功能，上升沿捕获，选择触发源、从机复位模式并打开其中断；TIM2 的第 1 通道输出 PWM 信号，ARR 重装值为 60000，脉冲宽度中的脉冲数为 15000，则 PWM 信号的频率为 1.2kHz，占空比为 25%。

2. 硬件电路实物图

可通过杜邦线将开发板上的 PA0（TIM2 的第 1 通道）连接到 PA1（TIM2 第 2 通道）

上。输入捕获实验实物图如图 8-19 所示。

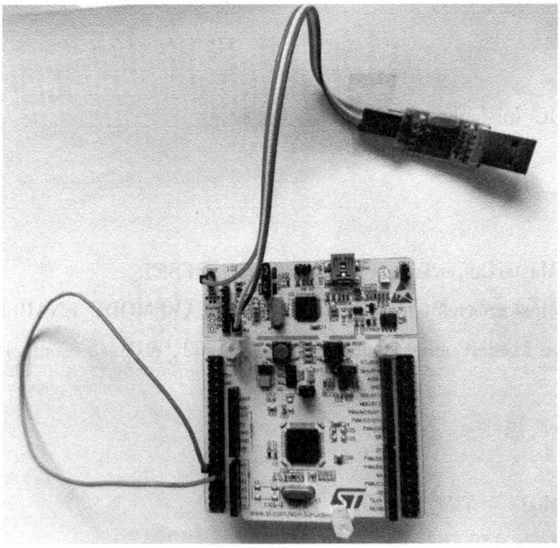

图 8-19　输入捕获实验实物图

3. 程序分析

(1) MX_TIM2_Init(void):

```
void MX_TIM2_Init(void)
{
  TIM_ClockConfigTypeDef sClockSourceConfig = {0};
  TIM_MasterConfigTypeDef sMasterConfig = {0};
  TIM_OC_InitTypeDef sConfigOC = {0};
  TIM_IC_InitTypeDef sConfigIC = {0};

  htim2.Instance = TIM2;
  htim2.Init.Prescaler = 0;
  htim2.Init.CounterMode = TIM_COUNTERMODE_UP;
  htim2.Init.Period = 60000;
  htim2.Init.ClockDivision = TIM_CLOCKDIVISION_DIV1;
  htim2.Init.AutoReloadPreload = TIM_AUTORELOAD_PRELOAD_DISABLE;
  if (HAL_TIM_Base_Init(&htim2) != HAL_OK)
  {
    Error_Handler();
  }
  sClockSourceConfig.ClockSource = TIM_CLOCKSOURCE_INTERNAL;
  if (HAL_TIM_ConfigClockSource(&htim2, &sClockSourceConfig) != HAL_OK)
  {
    Error_Handler();
  }
```

```
    if (HAL_TIM_PWM_Init(&htim2) != HAL_OK)
    {
      Error_Handler();
    }
    if (HAL_TIM_IC_Init(&htim2) != HAL_OK)
    {
      Error_Handler();
    }
    sMasterConfig.MasterOutputTrigger = TIM_TRGO_RESET;
    sMasterConfig.MasterSlaveMode = TIM_MASTERSLAVEMODE_ENABLE;
    if (HAL_TIMEx_MasterConfigSynchronization(&htim2, &sMasterConfig) != HAL_OK)
    {
      Error_Handler();
    }
    sConfigOC.OCMode = TIM_OCMODE_PWM1;
    sConfigOC.Pulse = 15000;
    sConfigOC.OCPolarity = TIM_OCPOLARITY_HIGH;
    sConfigOC.OCFastMode = TIM_OCFAST_DISABLE;
    if (HAL_TIM_PWM_ConfigChannel(&htim2, &sConfigOC, TIM_CHANNEL_1) != HAL_OK)
    {
      Error_Handler();
    }
    sConfigIC.ICPolarity = TIM_INPUTCHANNELPOLARITY_RISING;
    sConfigIC.ICSelection = TIM_ICSELECTION_DIRECTTI;
    sConfigIC.ICPrescaler = TIM_ICPSC_DIV1;
    sConfigIC.ICFilter = 0;
    if (HAL_TIM_IC_ConfigChannel(&htim2, &sConfigIC, TIM_CHANNEL_2) != HAL_OK)
    {
      Error_Handler();
    }
    HAL_TIM_MspPostInit(&htim2);

}
```

（2）HAL_TIM_PWM_Start()：

```
HAL_StatusTypeDef HAL_TIM_PWM_Start(TIM_HandleTypeDef *htim, uint32_t Channel)
{
  uint32_t tmpsmcr;

  /* 检查参数设置 */
  assert_param(IS_TIM_CCX_INSTANCE(htim->Instance, Channel));

  /* 检查 TIM 通道状态 */
  if (TIM_CHANNEL_STATE_GET(htim, Channel) != HAL_TIM_CHANNEL_STATE_READY)
```

```
    {
      return HAL_ERROR;
    }

    /* 设置 TIM 通道状态 */
    TIM_CHANNEL_STATE_SET(htim, Channel, HAL_TIM_CHANNEL_STATE_BUSY);

    /* 使能捕获/比较通道 */
    TIM_CCxChannelCmd(htim->Instance, Channel, TIM_CCx_ENABLE);

    if (IS_TIM_BREAK_INSTANCE(htim->Instance) != RESET)
    {
      /* 使能捕获/比较通道 */
      __HAL_TIM_MOE_ENABLE(htim);
    }

    /* 使能外设。如果在触发模式下，则使能外设是通过触发器完成的 */
    if (IS_TIM_SLAVE_INSTANCE(htim->Instance))
    {
      tmpsmcr = htim->Instance->SMCR & TIM_SMCR_SMS;
      if (!IS_TIM_SLAVEMODE_TRIGGER_ENABLED(tmpsmcr))
      {
        __HAL_TIM_ENABLE(htim);
      }
    }
    else
    {
      __HAL_TIM_ENABLE(htim);
    }

    /* 返回函数状态 */
    return HAL_OK;
  }
```

（3） __HAL_TIM_SET_CAPTUREPOLARITY()：

```
#define __HAL_TIM_SET_CAPTUREPOLARITY(__HANDLE__, __CHANNEL__, __POLARITY__)    \
  do{
    TIM_RESET_CAPTUREPOLARITY((__HANDLE__), (__CHANNEL__)); \
    TIM_SET_CAPTUREPOLARITY((__HANDLE__), (__CHANNEL__), (__POLARITY__)); \
  }while(0)
```

（4） main(void)：

```
int main(void)
{
```

```
/*用户代码 1 开始 */

/*用户代码 1 结束 */

/*MCU 配置---------------------------------------------------------*/

/*复位所有外设，初始化 Flash 接口和 Systick */
HAL_Init();

/*用户代码 Init 开始 */
  Delay_Init(72);
/*用户代码 Init 结束 */

/*配置系统时钟 */
SystemClock_Config();

/*用户代码 SysInit 开始 */

/*用户代码 SysInit 结束 */

/*初始化时所用外设配置 */
MX_GPIO_Init();
MX_TIM2_Init();
MX_USART2_UART_Init();
/*用户代码 2 开始 */

  HAL_TIM_PWM_Start(&htim2, TIM_CHANNEL_1);

/*用户代码 2 结束 */

/*主循环 */
/*用户代码 WHILE 开始 */
__HAL_TIM_SET_CAPTUREPOLARITY(&htim2,TIM_CHANNEL_2,TIM_INPUTCHANNELPO-
LARITY_RISING);
HAL_TIM_IC_Start_IT(&htim2, TIM_CHANNEL_2);
while (1)
{
  /*用户代码 WHILE 结束 */

  /*用户代码 3 开始 */
}
/*用户代码 3 结束 */
}
```

（5）TIM2_IRQHandler(void)：

```
void TIM2_IRQHandler(void)
{
  /*用户代码 TIM2_IRQn 0 开始 */

  /*用户代码 TIM2_IRQn 0 结束 */
  HAL_TIM_IRQHandler(&htim2);
  /*用户代码 TIM2_IRQn 1 开始 */

  /*用户代码 TIM2_IRQn 1 结束 */
}
```

（6）HAL_TIM_IC_CaptureCallback()：

```
void HAL_TIM_IC_CaptureCallback(TIM_HandleTypeDef *htim)
{
    static float IC2Value=0;
    static float DutyCycle=0;
    static float Frequency=0;
    static float Paulse=0;
    if(TIM2 == htim->Instance)
    {
        IC2Value=HAL_TIM_ReadCapturedValue(&htim2,TIM_CHANNEL_1);
        Paulse=HAL_TIM_ReadCapturedValue(&htim2,TIM_CHANNEL_2);
        DutyCycle=Paulse/IC2Value;
        Frequency=72000000/IC2Value;
        printf("\r\n The DutyCycle of input pulse is %%%d\r\n",(u32)(DutyCycle *100));
        printf("\r\n The Frequency of input pulse is %.2fKHZ\r\n",(Frequency /1000));
    }

}
```

8.8　系统时钟 SysTick 简介

SysTick 系统定时器是 CM3 内核中的一个外设（注意：GPIO、TIM、USART 等都是核外外设），内嵌在 NVIC 中。SysTick 是一个 24 位递减计数器，SysTick 设定初值并使能后，每经过 1 个系统时钟周期，计数值就减 1。当计数值减到 0 时，SysTick 计数器自动重装初值并继续计数，同时内部的 COUNTFLAG 标志位会置位，触发中断。中断响应属于 NVIC 异常，异常编号为 15。

SysTick 的时钟源如图 8-20 所示。在 STM32 相关文档“UM0306 Reference manual”的第 47 页有“The RCC feeds the Cortex System Timer (SysTick) external clock with the AHB clock divided by 8. The SysTick can work either with this clock or with the Cortex clock (AHB), configurable in the SysTick Control and Status Register”，即 SysTick 的时钟源可以是 HCLK（AHB）的 8 分频或 HCLK，具体是谁可通过配置控制和状态寄存器（CTRL）来设置。

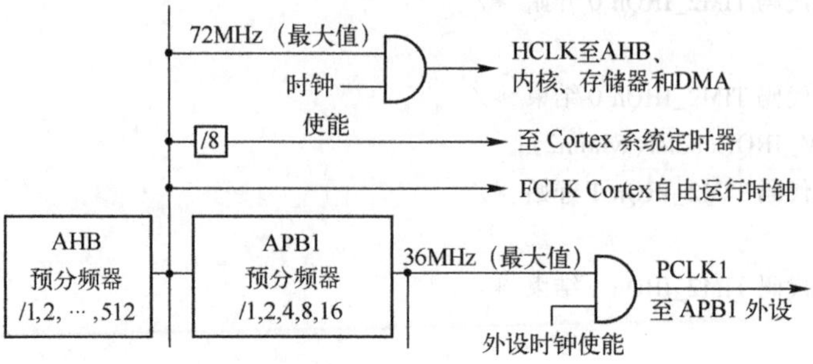

图 8-20　SysTick 的时钟源

SysTick 的主要优点在于精确定时。例如，通常实现 Delay(N)函数的方法为：

```
for(i=0;i<=x;i++);
{
  x--;            //N 毫秒的循环值
}
```

对于 STM32 系列微处理器，执行一条指令只需数十纳秒，在进行 for 循环时，很难计算出延时 N 毫秒的精确值。利用 SysTick 可实现精确定时，如外部晶振为 8MHz，若 9 倍频，则系统时钟为 72MHz。此时，若 SysTick 进行 8 分频，则频率为 9MHz（HCLK/8），把 SysTick 计数值设置成 9000，就能够产生 1ms 的时间基值，即 SysTick 产生 1ms 的中断。设定每 1ms 产生一次中断后，在中断处理函数中对 N 减 1，在 Delay(N)函数中循环检测 N 是否为 0，若不为 0，则进行循环等待；若为 0，则关闭 SysTick 时钟。

大多数操作系统都需要一个硬件定时器来产生周期性的定时中断，以此作为整个系统的时间基值。例如，为多个任务分配时间片，确保没有一个任务能“霸占”系统；或者把每个定时器周期的某个时间范围赋予特定的任务等。此外，操作系统提供的各种定时功能都与这个 SysTick 定时器有关。因此，大多数操作系统需要一个硬件定时器来产生周期性的中断，而且最好不要让用户程序随意访问它的寄存器，以维持操作系统“心跳”的节律。

8.9 SysTick 寄存器

有 4 个寄存器控制 SysTick 定时器，即 SYSTICKCSR、SYSTICKRVR、SYSTICKCVR 和 SYSTICKCALVR。

8.9.1 SYSTICKCSR

SYSTICKCSR（控制及状态寄存器）的地址偏移为 0x00，其主要位域定义如表 8-5 所示。

表 8-5　SYSTICKCSR 的主要位域定义

位	名　称	类　型	复位值	描　述
0	ENABLE	R/W	0	SysTick 使能位。0：关闭 SysTick 功能；1：开启 SysTick 功能
1	TICKINT	R/W	0	中断使能位。0：关闭 SysTick 中断；1：开启 SysTick 中断
2	CLKSOURCE	R/W	0	时钟源选择。0：选择时钟源 HCLK/8；1：选择时钟源 HCLK
16	COUNTFLAG	R	0	计数比较标志。读取该位后，该位自动清 0；SysTick 归 0 后，该位为 1

8.9.2　SYSTICKRVR

SYSTICKRVR（重装载寄存器）用于设置 SysTick 计数器的比较值。它的地址偏移为 0x04，其主要位域定义如表 8-6 所示。

表 8-6　SYSTICKRVR 的主要位域定义

位	名　称	类　型	复位值	描　述
23 :0	RELOAD	R/W	0	当 SysTick 归 0 后，该寄存器的值自动重装入 SysTick 计数器

8.9.3　SYSTICKCVR

SYSTICKCVR（当前值寄存器）用于存储 SysTick 计数器的当前值。它的地址偏移为 0x08，其主要位域定义如表 8-7 所示。

表 8-7　SYSTICKCVR 的主要位域定义

位	名　称	类　型	复位值	描　述
23 :0	CURRENT	R/W	0	读取时，返回当前计数值；写入时，使之清零，同时会清除 SYSTICKCSR 中的 COUNTFLAG

8.9.4　SYSTICKCALVR

SYSTICKCALVR（校准值寄存器）的地址偏移为 0x0C，其主要位域定义如表 8-8 所示。

表 8-8　SYSTICKCALVR 的主要位域定义

位	名　称	类　型	复位值	描　述
31	NOREF	R	x	0：外部参考时钟可用；1：没有外部参考时钟（STCLK 不可用）
30	SKEW	R	x	0：校准值是准确的 10ms；1：校准值不是准确的 10ms
23 :0	TENMS	R/W	0	在 10ms 内，倒数计数的个数。芯片设计者应通过 CM3 的输入信号提供该值。若该值读回 0，则表示无法使用校准功能

与 SysTick 有关的时钟配置寄存器地址映射和复位值如表 8-9 所示。

定义 SysTick 寄存器组的结构体 SysTick_TypeDef 在库文件 core_cm3. h 中：

```
/**
  \brief  Structure type to access the System Timer (SysTick).
 */
typedef struct
```

```
{
  __IOM uint32_t CTRL;        /*!< Offset: 0x000 (R/W)  控制及状态寄存器 */
  __IOM uint32_t LOAD;        /*!< Offset: 0x004 (R/W)  SysTick 重装载寄存器 */
  __IOM uint32_t VAL;         /*!< Offset: 0x008 (R/W)  SysTick 当前值寄存器 */
  __IM  uint32_t CALIB;       /*!< Offset: 0x00C (R/ )  SysTick 校准值寄存器 */
} SysTick_Type;
/*核内硬件地址分布 */
#define SCS_BASE              (0xE000E000UL)
…
#define SysTick_BASE          (SCS_BASE +  0x0010UL)
…
#define SysTick               ((SysTick_Type   *)     SysTick_BASE   )
```

从上面的宏定义可以看出，SysTick 寄存器的存储映射首地址是 0xE000E010。结构体中的 CTRL 对应 SYSTICKCSR、LOAD 对应 SYSTICKRVR、VAL 对应 SYSTICKCVR、CALIB 对应 SYSTICKCALVR。

表 8-9　与 SysTick 有关的时钟配置寄存器地址映射和复位值

偏移	寄存器	31	30	29	28	27	26	25	24	23	22	21	20	19	18	17	16	15	14	13	12	11	10	9	8	7	6	5	4	3	2	1	0
000h	STK_CSR	保留															COUNTFLAG	保留													CLKSOURCE	TICKINT	ENABLE
	复位值																0														0	0	0
004h	STK_RVR	保留								RELOAD[23:0]																							
	复位值									0	0	0	0	0	0	0	0	0	0	0	0	0	0	0	0	0	0	0	0	0	0	0	0
008h	STK_CVR	保留								CURRENT[23:0]																							
	复位值									0	0	0	0	0	0	0	0	0	0	0	0	0	0	0	0	0	0	0	0	0	0	0	0
00Ch	STK_CALVR	NOREF	SKEW	保留						TENMS[23:0]																							
	复位值	0	0							0	0	0	0	0	0	0	0	0	0	0	0	0	0	0	0	0	0	0	0	0	0	0	0

8.10　SysTick 库函数源代码

由于 SysTick 属于内核的外设，因此有关的寄存器定义和库函数都在内核相关的库文件 core_cm3.h 中。SysTick 库函数 SysTick_Config( )的源代码如下：

```
__STATIC_INLINE uint32_t SysTick_Config(uint32_t ticks)
{
//不可能的重装载值，超出范围
  if ((ticks - 1UL) > SysTick_LOAD_RELOAD_Msk)
  {
    return (1UL);
  }
//设置重装载寄存器
  SysTick->LOAD  = (uint32_t)(ticks - 1UL);
```

```
//设置中断优先级
  NVIC_SetPriority (SysTick_IRQn, (1UL << __NVIC_PRIO_BITS) - 1UL);
//设置当前值寄存器
  SysTick->VAL    = 0UL;
//设置系统定时器的时钟源为 AHBCLK=72MHz
//使能系统定时器中断
//使能定时器
  SysTick->CTRL   = SysTick_CTRL_CLKSOURCE_Msk |
                    SysTick_CTRL_TICKINT_Msk   |
             SysTick_CTRL_ENABLE_Msk;
  return (0UL);
}
```

在用 HAL 库编程时，只需调用库函数 SysTick_Config( )即可，形参 ticks 用来设置重装载寄存器的值，当重装载寄存器的值递减到 0 时，产生中断。此时，重装载寄存器的值又重新装载，递减计数，依次循环往复。设置好中断优先级，并设置系统定时器的时钟频率 AHBCLK=72MHz，使能定时器和定时器中断。这样，系统定时器就设置好了。

SysTick_Config( )函数主要配置了 SysTick 中的 3 个寄存器：LOAD、VAL 和 CTRL。

SysTick 应用说明如下。

（1）因为 SysTick 是一个 24 位的定时器，故其重装值的最大值为 $2^{24}=16\ 777\ 216$，注意不要超出这个值。

（2）SysTick 是 CM3 的标配，不是外设，故不需要在 RCC 寄存器组中打开其时钟。

（3）SysTick 每次溢出后，都会置位计数标志位和中断标志位，计数标志位在计数器重装载后被清除，中断标志位也会随着中断服务程序的响应被清除，因此这两个标志位都不需要手动清除。

（4）使用 HAL 库仅能采用中断方法；若想采用查询方法，则需要配置 SysTick 寄存器。

8.11　SysTick 应用实例

1. 任务功能

采用时间片轮询方式完成 3 个任务：500ms 时，LED 亮；1000ms 时，LED 灭；2000ms 时，串口打印 interval time：2000ms。

2. 硬件电路原理图

该实例涉及的硬件为 USART2，详见附录 C。

3. 程序分析

（1）HAL_InitTick(TICK_INT_PRIORITY)函数。

HAL_Init(void)(在 stm32f1xx_hal. c 文件中)的具体源代码如下：

```
HAL_StatusTypeDef HAL_Init(void)
{
  /* 预取指缓存配置 */
#if (PREFETCH_ENABLE != 0)
#if defined(STM32F101x6) || defined(STM32F101xB) || defined(STM32F101xE) || defined
(STM32F101xG) || \
    defined(STM32F102x6) || defined(STM32F102xB) || \
    defined(STM32F103x6) || defined(STM32F103xB) || defined(STM32F103xE) || defined
(STM32F103xG) || \
    defined(STM32F105xC) || defined(STM32F107xC)

  /* 预取指缓存不可用 */
  __HAL_FLASH_PREFETCH_BUFFER_ENABLE();
#endif
#endif /* PREFETCH_ENABLE */

  /* 设置中断优先级分组 */
  HAL_NVIC_SetPriorityGrouping(NVIC_PRIORITYGROUP_4);

  /* 使用 SyTick 作为基本时钟源并配置 1ms 时钟（复位后默认时钟来自 HSI） */
  HAL_InitTick(TICK_INT_PRIORITY);

  /* 初始化硬件 */
  HAL_MspInit();

  /* 返回函数状态 */
  return HAL_OK;
}
```

其中，HAL_InitTick()函数的功能为配置系统嘀嗒时钟每毫秒（ms）产生一次 SysTick 中断（嘀嗒），同时配置 SysTick 中断的优先级。

在 stm32f1xx_hal_conf.h 文件中，TICK_INT_PRIORITY()的定义如下：

```
#define  TICK_INT_PRIORITY  ((uint32_t)0)  /*!<SysTick 中断优先级（默认为低优先级） */
TICK_INT_PRIORITY 为 systick 占先优先级。
__weak HAL_StatusTypeDef HAL_InitTick(uint32_t TickPriority)
{
  /* 配置 SysTick 产生 1ms 时基中断 */
  if (HAL_SYSTICK_Config(SystemCoreClock / (1000U / uwTickFreq)) > 0U)
  {
    return HAL_ERROR;
  }

  /* 配置 SysTick 中断的优先级 */
  if (TickPriority < (1UL << __NVIC_PRIO_BITS))
  {
    HAL_NVIC_SetPriority(SysTick_IRQn, TickPriority, 0U);
```

```
    uwTickPrio = TickPriority;
  }
  else
  {
    return HAL_ERROR;
  }

  /*返回函数状态 */
  return HAL_OK;
}
```

(2) 主函数:

```
int main(void)
{
  HAL_Init();
  SystemClock_Config();
  Delay_Init(72);
  MX_GPIO_Init();
  MX_USART2_UART_Init();

  while (1)
  {
        ScanSysTimeSta();
  }
}
```

(3) ScanSysTimeSta()函数:

```
extern SysTick_T SysTick_MS;

void ScanSysTimeSta(void)
{
        if(SysTick_MS. SysTick_T_20ms == true)
        {
        SysTick_MS. SysTick_T_20ms = false;
    }
        if(SysTick_MS. SysTick_T_50ms == true)
        {
        SysTick_MS. SysTick_T_50ms = false;
    }
        if(SysTick_MS. SysTick_T_100ms == true)
        {
        SysTick_MS. SysTick_T_100ms = false;
    }
        if(SysTick_MS. SysTick_T_500ms == true)
        {
        SysTick_MS. SysTick_T_500ms = false;
```

```
HAL_GPIO_WritePin(LED_GPIO_Port,LED_Pin,GPIO_PIN_RESET);//LED 亮
  }
      if(SysTick_MS.SysTick_T_1000ms == true)
      {
      SysTick_MS.SysTick_T_1000ms = false;
          HAL_GPIO_WritePin(LED_GPIO_Port,LED_Pin,GPIO_PIN_SET);  //LED 灭
  }
      if(SysTick_MS.SysTick_T_2000ms == true)
      {
      SysTick_MS.SysTick_T_2000ms = false;
          printf("\r\n interval time:2000ms\r\n");
  }
      if(SysTick_MS.SysTick_T_60s == true)
      {
      SysTick_MS.SysTick_T_60s = false;
  }

}
```

（4）SysTick_Handler(void)函数：

```
uint32_t SysTick_Timer = 0;

SysTick_T SysTick_MS;

void SysTick_Handler(void)
{
  /*用户代码 SysTick_IRQn 0 开始 */

  /*用户代码 SysTick_IRQn 0 结束 */
  HAL_IncTick();

SysTick_Timer++;
if(SysTick_Timer%10!=0)   return;
if(SysTick_Timer%20==0)   SysTick_MS.SysTick_T_20ms=true;
if(SysTick_Timer%50==0)   SysTick_MS.SysTick_T_50ms = true;
if(SysTick_Timer%100==0)   SysTick_MS.SysTick_T_100ms = true;
if(SysTick_Timer%500==0)   SysTick_MS.SysTick_T_500ms = true;
if(SysTick_Timer%1000==0)   SysTick_MS.SysTick_T_1000ms = true;
if(SysTick_Timer%2000==0)   SysTick_MS.SysTick_T_2000ms = true;
if(SysTick_Timer%60000==0)SysTick_MS.SysTick_T_60s = true;
  /*用户代码 SysTick_IRQn 1 开始 */

  /*用户代码 SysTick_IRQn 1 结束*/
}
```

第 9 章　DMA 的原理及应用

关于 DMA 的外设，请在图 2-29 中确定其位置及其与其他部分的关系。

9.1　DMA 简介

存储器直接访问（Direct Memory Access，DMA）方式如图 9-1 所示。DMA 是一种高速的数据传输操作，允许在外部设备和存储器之间利用系统总线直接读/写数据，既不通过微处理器，又不需要微处理器干预，整个数据传输操作在 DMA 控制器的控制下进行。微处理器除了在数据传输开始和结束时控制一下，在传输过程中，微处理器还可以进行其他工作。DMA 的特点是“分散—收集”，它允许在一次单一的 DMA 处理中传输大量数据到存储区域。

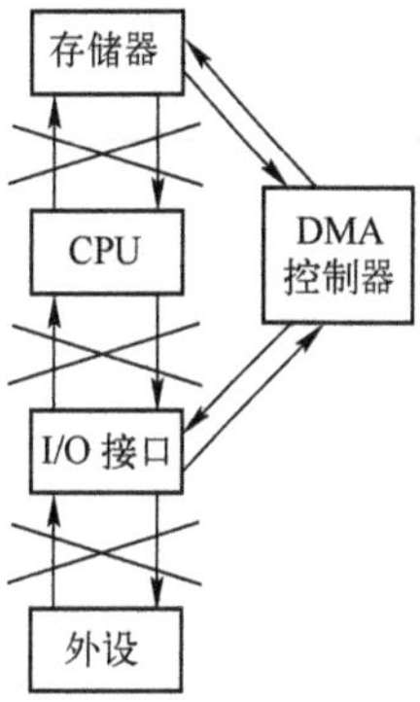

图 9-1　DMA 方式

DMA 方式可以形象地理解为微型计算机系统是一个公司，其中，微处理器（CPU）是经理，外设是员工，内存是仓库，数据就是仓库中存放的物品。经理直接管理仓库中的物品，员工若需要使用物品，则直接告诉经理，经理到仓库取（MOV）。员工若采购了物品，则应将其交给经理，经理将物品放进仓库（MOV）。当公司规模较小时，经理还忙得过来，但当公司规模变大时，会有越来越多的员工（外设）和物品（数据）。此时，若经理的大部分时间都用于处理这些事情，则很少有时间做其他事情，于是经理雇了一个仓库保管员，专门负责“入库”和“出库”，经理只告诉仓库保管员到哪个区域（源地址）拿哪种类型的物品（数据类型）、数量多少（数据长度）、送到哪里（目标地址）等信息，其他事情就不管了；仓库保管员完成任务回来，打断正在做其他事情的经理（中断）并告诉其任务完成情况，或者不打断经理而只把完成任务牌（标志位）放到经理面前即可，这个仓库保管员正是 DMA 控制器。在计算机中，硬盘工作在 DMA 方式下，CPU 只需向 DMA 控制器下达指令，让 DMA 控制器处理数据的传送，数据传送完毕，把信息反馈给 CPU，这在很大程度上降低了 CPU 资源占有率。

现在的手机几乎都具有照相功能，也可以拍摄一些视频短片，只要手机工作在照相机模式，就会将摄像头的实时画面显示在显示屏上。如果没有 DMA 功能，那么只能通过编写程序从摄像头（CMOS 传感器）将实时画面的图像数据取回，并将这些数据通过显示屏显示，图像数据从 CMOS 传感器搬运到显示屏的工作需要由程序来完成。假如每次搬运一个点的颜色数据，就算是完成 QVGA/30 帧这样的效果，也需要一次搬运 2304000（320×240×30）个点。完成一个点的数据搬运需要 CPU 至少做下述工作：依据当前点的位置判断是否向 CMOS 传感器给出行场同步脉冲信号；向 CMOS 传感器给出时钟脉冲信号；读当前点的颜色数据；依据当前点的位置判断是否向显示屏给出行场同步脉冲信号；向显示屏给出时钟脉冲信号；写当前点颜色数据到显示屏；更新下个一点，继续循环。就算每一步平均需要 2 条指令，一个点也会耗费 14 条指令，要完成实时图像数据的搬运，每秒需要执行 32256000（2304000×14）条指令（实际情况比这个数值还会大），这无疑占用了太多的 CPU 资源。

开启 DMA 功能的手机不会执行这每秒 32256000 条指令。这类手机为了支持 CMOS 传感器和显示屏快速传输，芯片会提供专用接口，该接口能自动完成同步信号和时钟信号的处理，同时将输入数据写入指定位置，或者从指定位置读出并输出数据。现在只需程序通过 CPU 设定好 CMOS 传感器和显示屏的工作参数，让摄像头和屏幕工作起来，这些参数包含 CMOS 传感器和显示屏设定数据缓冲区的起始地址、图像的宽和高，以及图像的颜色深度等信息。有了这些设定，当 CMOS 传感器开始工作时，就会由硬件自动将数据填入所设定的数据缓冲区地址，显示屏对应数据缓冲区的数据会由硬件自动读出并输出给显示屏。只要二者的参数相互适应且数据缓冲区地址相同，CMOS 传感器的实时画面就可以不受 CPU 的干预而自动在显示屏上显示出来。

DMA 应用比较如表 9-1 所示。

表 9-1 DMA 应用比较

	不用 DMA	应用 DMA

实现程序	char data[SIZE];
	int main()
	{
	//其他代码
	while(1)
	{
	//其他任务 1
	for(i=0;i<SIZE;i++)
	{
	usart_send(data[i]);
	}
	//其他任务 n
	}
	return 0;
	}
		char data[SIZE];
		int main()
		{
		//其他代码
		while(1)
		{
		//其他任务 1
		start_usart_DMA(data,SIZE);
		//其他任务 n
		}
		return 0;
		}

分析	由于串口发送数据的速度比较低，因此在执行 usart_send()函数时，该函数内有一个等待字节发送完成的循环判断（如果没有该判断，就可能出现丢失数据现象），当要连续发送的数据比较大时，执行上述发送数据的循环所需的时间就比较多，因此影响了程序中其他任务 1～其他任务 n 的执行	start_usart_DMA()函数是应用 DMA 发送数据的启动函数，该函数只要配置后就立即返回 main()函数继续执行其他任务，DMA 会自动处理数据
总结	当发送的数据较大时，会占用过多的主程序运行时间；在发送数据时，前、后两个数据块传输的时间延时可能不一致；在发送数据时，无法执行其他任务	可以有效地发送较大的数据，发送数据不占用主程序运行时间；数据块传输的延时基本一致；在发送数据时，可同时执行其他任务

〖说明〗DMA 不能完成任意方式的数据搬运操作。因为 DMA 控制器软件的可控部分很少，基本上只要设定好起始地址和所需搬运数据的长度与方式，就可以自动开始传输，每完成一次传输，硬件会自动将地址递增或递减。这样，DMA 的传输过程实际上只适合地址连续的数据块传输。

DMA 传输有以下 3 个要素。

☺ 传输源：DMA 控制器从传输源读出数据。

☺ 传输目标：数据传输的目标地址。

☺ 触发信号：用于触发一次数据传输动作，执行一个单位的传输源至传输目标的数据传输；可用于控制传输的时机。

完整的 DMA 传输过程如图 9-2 所示。

(1) I/O 设备准备好后，向 DMAC 发出 DMA 请求信号 DMARQ。

(2) DMAC 向 CPU 发出总线请求信号 BUSRQ。

(3) 按照预定的 DMAC 占用总线方式，CPU 响应 BUSRQ，向 DMAC 发出总线响应信号 BUSRK。从这时起，CPU 交出总线控制权，由 DMAC 接管，开始进入 DMA 有效周期，如图 9-2 中的阴影部分所示。

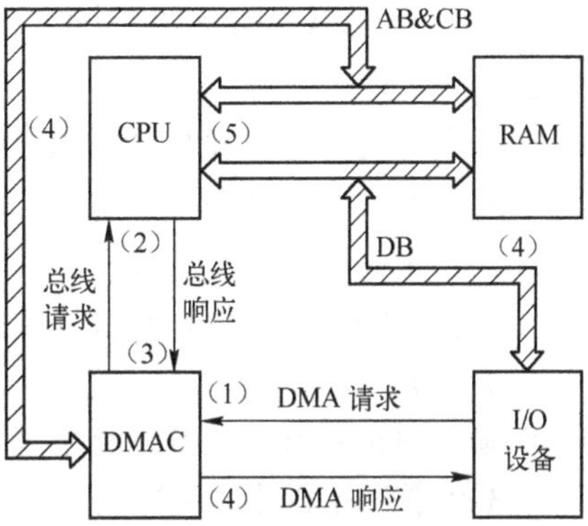

图 9-2　完整的 DMA 传输过程

(4) DMAC 接管总线控制权后，先向 I/O 设备发出 DMA 请求的响应信号 DMAC（相当于设备选择信号，表示允许外设进行 DMA 传输）；然后按事先设置的初始地址和需要传输的字节数依次发送地址和寄存器或 I/O 读/写命令，使得在 RAM 和 I/O 设备之间直接交换数据，直至全部数据传输结束。

(5) DMA 传输结束后，自动撤销向 CPU 发出的总线请求信号 BUSRQ，从而使总线响应信号 BUSRK 和 DMA 响应信号 DMAC 也相继变为无效状态，CPU 又重新控制总线，恢复正常工作。若需要，则 DMAC 还可用"计数到"信号引发一个中断请求，由 CPU 以中断服务形式进行 DMA 传输结束后的有关处理。

由此可见，DMA 传输方式无须 CPU 直接控制传输，也没有像中断处理方式那样保留现场和恢复现场的过程，而是通过硬件为 RAM 与 I/O 设备开辟了一条直接传输数据的通路，使 CPU 的效率大为提高。在前面的比喻中，一个仓库保管员也可以管理多个仓库，即 DMA 可以有多个通道。

DMA 传输方式的优先级高于程序中断的优先级，二者的主要区别是对 CPU 的干扰程度不同。中断请求并不会使 CPU 停下来，而是要求 CPU 转而执行中断服务程序，这个请求包括对断点和现场的处理，以及 CPU 和外设的传送，因此 CPU 资源消耗很高；DMA 请求仅使 CPU 暂停一下，不需要对断点和现场进行处理，并且由 DMA 控制外设与主存之间的数据传输，无须 CPU 干预，DMA 只借用了很短的 CPU 时间而已。另一点区别就是 CPU 对这两个请求的响应时间不同，对中断请求一般都在执行完一条指令的时钟周期末尾处响应；而对 DMA 请求，由于要考虑它的高效性，因此 CPU 在每条指令执行的各个阶段都可以让给 DMA 使用。

在监控系统中，往往需要对 ADC 采集的一批数据进行滤波处理（如中值滤波）。ADC 先高速采集，通过 DMA 把数据填充到 RAM 中，填充到一定数量后，传给微控制器使用，这样处理会比较好。

DMA 允许外设直接访问内存，从而形成对总线的独占模式，这是 DMA 技术的缺点。如果 DMA 传输的数据量大，就会造成中断延时过长，在一些实时性强（硬实时）的嵌入式系统中，这是不允许的。

9.2 DMA的功能及结构

9.2.1 DMA的功能

STM32的DMA的基本功能如下。

☺7个可配置的独立通道。

☺每个通道都可以硬件请求或软件触发，这些功能及传输的数据长度、传输的数据源地址和目标地址都可以通过软件来配置。

☺7个请求之间的优先级可以通过软件编程来设置（分为4级，即很高、高、中等和低）。在请求的优先级相等时，由硬件决定谁更优先（请求0优先于请求1，依次类推）。

☺每个通道都有3个事件标志（DMA传输过半、DMA传输完成和DMA传输出错），这3个事件标志通过逻辑或形成一个单独的中断请求。

☺独立的源和目标数据区的传输宽度（8位字节、16位半字、32位全字），源地址和目标地址按数据传输宽度对齐，支持循环的缓冲器管理。

☺最大可编程数据传输数量为65536个。

☺STM32的DMA可在如下区域传输：外设到存储器（I2C/UART等获取数据并送入SRAM）、SRAM的两个区域之间、存储器到外设（如将SRAM中预先保存的数据送入DAC产生各种波形）、外设到外设（如从ADC读取数据后送到TIM1中，控制其产生不同的PWM占空比）、允许将内存、SRAM、APB1外设和APB2外设作为访问的源与目标。

使用DMA传输方式的核心就是配置要传输的数据，包括：①数据源地址和目标地址；②数据单位和数据量；③传输方式设置（是一次传输还是循环传输等）。

1. 数据源地址和目标地址

如图9-3所示，DMA传输数据的方向有3个：从外设到存储器，从存储器到外设，从存储器到存储器。具体的方向由DMA_CCR位4的DIR配置：0表示从外设到存储器，1表示从存储器到外设。这里面涉及的外设地址由DMA_CPAR来配置，存储器地址由DMA_CMAR来配置。

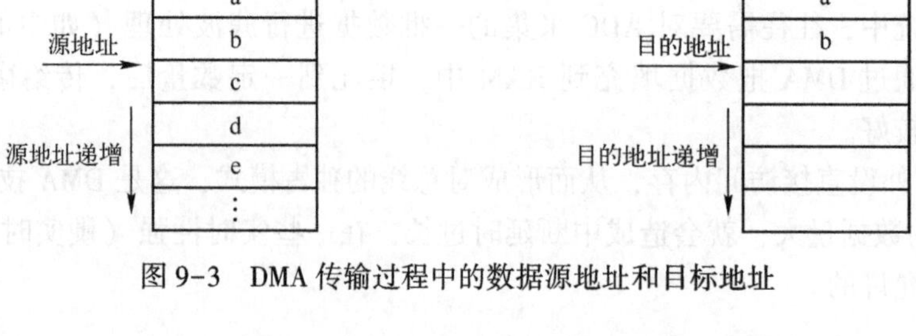

图9-3 DMA传输过程中的数据源地址和目标地址

1）从外设到存储器

当使用从外设到存储器传输时，以 ADC 采集为例，DMA 外设寄存器的地址对应的就是 ADC 数据寄存器的地址，DMA 存储器的地址就是自定义变量（用来接收存储 ADC 采集的数据）的地址，设置外设为源地址。

2）从存储器到外设

当使用从存储器到外设传输时，DMA 外设寄存器的地址对应的就是串口数据寄存器的地址（目标地址），DMA 存储器地址就是源地址，该存储器相当于一个缓冲区，用来存储需要发向串口的数据。

3）从存储器到存储器

当使用从存储器到存储器传输时，以内部闪存向内部 SRAM 复制数据为例，DMA 外设寄存器的地址对应的就是内部闪存（这里把内部闪存当作一个外设）的地址（源地址），DMA 存储器的地址就是自定义变量（相当于一个缓冲区，用来存储来自内部闪存的数据）的地址。与上面两种情况不一样的是，这里需要把 DMA_CCR 的位 14（MEM2MEM，存储器到存储器模式）配置为 1，启动 M2M 模式。

2. 数据单位和数据量

当配置好数据要从哪里到哪里后，还需要知道要传输的数据量，数据的单位是什么。以串口向计算机发送数据为例，可以一次性给计算机发送很多数据，具体多少由 DMA_CNDTR 来配置，这是一个 32 位的寄存器，一次最多只能传输 65536 个数据。

要想数据传输正确，源地址和目标地址存储的数据宽度必须一致，串口数据寄存器是 8 位的，因此定义要发送的数据也必须为 8 位。外设的数据宽度由 DMA_CCR 的 PSIZE[1:0] 来配置，可以为 8/16/32 位；存储器的数据宽度由 DMA_CCR 的 MSIZE[1:0]来配置，可以为 8/16/32 位。

在 DMA 控制器的控制下，数据要想有条不紊地从一个地方到另外一个地方，还必须正确设置两边数据指针的增量模式。外设的地址指针由 DMA_CCRx 的 PINC 来配置，存储器的地址指针由 MINC 来配置。以串口向计算机发送数据为例，要发送的数据很多，每发送完一个数据，存储器的地址指针就应该加 1（DMA_PeripheralBaseAddr：外设地址，设定 DMA_CPAR 的值；一般设置为外设数据寄存器的地址，如果是从存储器到存储器模式，则设置为其中一个存储器的地址），而串口数据寄存器只有一个，串口外设的地址指针需要固定不变。具体的数据指针的增量模式由实际情况决定。

3. 传输方式设置

传输完成分两种模式：一次传输和循环传输。一次传输即传输一次之后就停止，要想继续传输，就必须关断 DMA 使能并重新配置后才能继续传输。循环传输是一次传输完成之后又恢复第一次传输时的配置，不断地重复。这具体由 DMA_CCR 的 CIRC 循环模式位进行控制。

总之，DMA 程序编写主要包括确定数据来源、确定数据目的地、选择使用哪个通道，设定传输多少数据、设定数据传输模式等。

需要说明的是，DMA 控制器在执行直接存储器数据传输时，与 CM3 内核共享系统数据线。因此，一个 DMA 请求使得 CPU 停止访问系统总线的时间至少为 2 个周期。为了保证 CM3 内核的代码执行的最小带宽，在 2 个连续的 DMA 请求之间，DMA 控制器至少释放系统总线 1 个周期。

每个 DMA 通道都可以在 DMA 传输过半、传输完成和传输出错时产生中断，如表 9-2 所示。为应用的灵活性考虑，可以通过设置寄存器的不同位来打开这些中断。

表 9-2 DMA 中断请求

中断事件	事件标志位	使能控制位
传输过半	HTIF	HTIE
传输完成	TCIF	TCIE
传输出错	TEIF	TEIE

9.2.2 DMA 的结构

STM32 芯片的 DMA 结构框图如图 9-4 所示。可以看出，STM32 有两个 DMA 控制器，DMA1 有 7 个通道，DMA2 有 5 个通道。其中，DMA2 及相关请求仅存在于大容量的 F103 和互联型 F105、F107 中。中小容量的 F103 系列只有 DMA1。DMA1 控制器的 7 个通道如

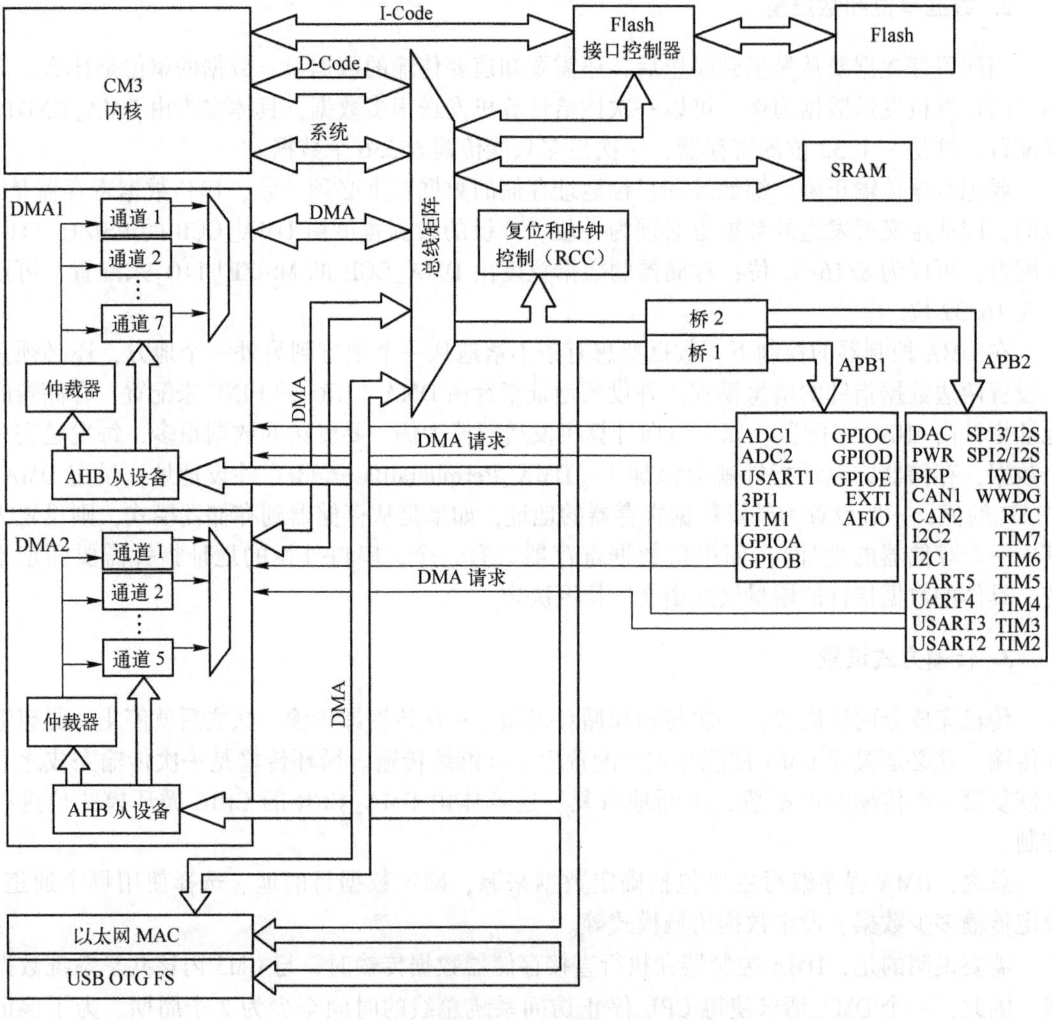

图 9-4 STM32 芯片的 DMA 结构框图

表 9-3 所示。从外设［TIMx（x=1,2,3,4）、ADC1、SPI1、SPI1/I2S2、I2Cx（x=1,2）和 USARTx（x=1,2,3）］处产生的 7 个请求通过逻辑或输入 DMA1 中，这意味着同时只能有一个请求有效。外设的 DMA 请求可以通过设置相应外设寄存器中的 DMA 控制位被独立地开启或关闭。

表 9-3　DMA1 的 7 个通道

外　设	通道 1	通道 2	通道 3	通道 4	通道 5	通道 6	通道 7
ADC1	ADC1	—	—	—	—	—	—
SPI1/I2S2	—	SPI1_RX	SPI1_TX	SPI/I2S2_RX	SPI/I2S2_TX	—	—
USART	—	USART3_TX	USART3_RX	USART1_TX	USART1_RX	USART2_RX	USART2_TX
I2C	—	—	—	I2C2_TX	I2C2_RX	I2C1_TX	I2C1_RX
TIM1	—	TIM1_CH1	TIM1_CH2	TIM1_TX4 TIM1_TRIG TIM1_COM	TIM1_UP	TIM1_CH3	—
TIM2	TIM2_CH3	TIM2_UP	—	—	TIM2_CH1	—	TIM2_CH2 TIM2_CH4
TIM3	—	TIM3_CH3	TIM3_CH4 TIM3_UP	—	—	TIM3_CH1 TIM3_TRIG	—
TIM4	TIM4_CH1	—	—	TIM4_CH2	TIM4_CH3	—	TIM4_UP

9.3　DMA 相关寄存器

DMA 相关寄存器的功能如表 9-4 所示。注意：对于表 9-4 中列举的寄存器，所有与通道 6 和通道 7 相关的位，对 DMA2 都不适用，因为 DMA2 只有 5 个通道。

表 9-4　DMA 相关寄存器的功能

寄　存　器	功　　能
DMA 中断状态寄存器（DMA_ISR）	用于反映各 DMA 通道是否产生了中断
DMA 中断标志清除寄存器（DMA_IFCR）	用于清除 DMA 中断标志
DMA 通道 x 配置寄存器（DMA_CCRx）（x=1,2,…,7）	用于配置各 DMA 通道
DMA 通道 x 传输数量寄存器（DMA_CNDTRx，x=1,2,…,7）	用于设置各通道的传输数据量，这个寄存器只能在通道不工作时写入。通道开启后，该寄存器变为只读状态，指示剩余待传输的字节数目。寄存器中的内容在每次 DMA 传输后递减。数据传输结束后，寄存器的内容变为 0，或者被自动重装载为之前配置的数值（当该通道配置为自动重装载模式时）。若寄存器的内容为 0，则无论通道是否开启，都不会发生任何数据传输
DMA 通道 x 外设地址寄存器（DMA_CPARx，x=1,2,…,7）	用于设置 DMA 传输时外设寄存器的地址
DMA 通道 x 存储器地址寄存器（DMA_CMARx，x=1,2,…,7）	用于设置 DMA 传输时存储器的地址

表 9-5 中只列举了 DMA_ISR、DMA_IFCR、DMA_CCR1、DMA_CNDTR1、DMA_CPAR1 和 DMA_CMAR1，其余 6 个 DMA1（通道 2～通道 7）的相关寄存器映射和复位值与此相同。

表 9-5 DMA 相关寄存器映射和复位值

偏移	寄存器	31	30	29	28	27	26	25	24	23	22	21	20	19	18	17	16	15	14	13	12	11	10	9	8	7	6	5	4	3	2	1	0
000h	DMA_ISR	保留				TEIF7	HTIF7	TCIF7	GIF7	TEIF6	HTIF6	TCIF6	GIF6	TEIF5	HTIF5	TCIF5	GIF5	TEIF4	HTIF4	TCIF4	GIF4	TEIF3	HTIF3	TCIF3	GIF3	TEIF2	HTIF2	TCIF2	GIF2	TEIF1	HTIF1	TCIF1	GIF1
	复位值					0	0	0	0	0	0	0	0	0	0	0	0	0	0	0	0	0	0	0	0	0	0	0	0	0	0	0	0
004h	DMA_IFCR	保留				CTEIF7	CHTIF7	CTCIF7	CGIF7	CTEIF6	CHTIF6	CTCIF6	CGIF6	CTEIF5	CHTIF5	CTCIF5	CGIF5	CTEIF4	CHTIF4	CTCIF4	CGIF4	CTEIF3	CHTIF3	CTCIF3	CGIF3	CTEIF2	CHTIF2	CTCIF2	CGIF2	CTEIF1	CHTIF1	CTCIF1	CGIF1
	复位值					0	0	0	0	0	0	0	0	0	0	0	0	0	0	0	0	0	0	0	0	0	0	0	0	0	0	0	0
008h	DMA_CCR1	保留																	MEM2MEM	PL[1:0]		MSIZE[1:0]		PSIZE[1:0]		MINC	PINC	CIRC	DIR	TEIE	HTIE	TCIE	EN
	复位值																		0	0	0	0	0	0	0	0	0	0	0	0	0	0	0
00Ch	DMA_CNDTR1	保留																NDT[15:0]															
	复位值																	0	0	0	0	0	0	0	0	0	0	0	0	0	0	0	0
010h	DMA_CPAR1	PA[31:0]																															
	复位值	0	0	0	0	0	0	0	0	0	0	0	0	0	0	0	0	0	0	0	0	0	0	0	0	0	0	0	0	0	0	0	0
014h	DMA_CMAR1	MA[31:0]																															
	复位值	0	0	0	0	0	0	0	0	0	0	0	0	0	0	0	0	0	0	0	0	0	0	0	0	0	0	0	0	0	0	0	0
018h	保留																																

在库文件 stm32f103xb.h 中定义 DMA 寄存器组的结构体 DMA_Channel_TypeDef 和 DMA_TypeDef：

```
typedef struct
{
  __IO uint32_t CCR;
  __IO uint32_t CNDTR;
  __IO uint32_t CPAR;
  __IO uint32_t CMAR;
} DMA_Channel_TypeDef;

typedef struct
{
  __IO uint32_t ISR;
  __IO uint32_t IFCR;
} DMA_TypeDef;
…
#define PERIPH_BASE          0x40000000UL /*! <位绑定别名区外设基地址 */
…
/*外设地址映射 */
#define AHBPERIPH_BASE         (PERIPH_BASE + 0x00020000UL)
…
#define DMA1_BASE              (AHBPERIPH_BASE + 0x00000000UL)
#defineDMA1_Channel1_BASE      (AHBPERIPH_BASE + 0x00000008UL)
```

```
#define DMA1_Channel2_BASE        (AHBPERIPH_BASE + 0x0000001CUL)
#define DMA1_Channel3_BASE        (AHBPERIPH_BASE + 0x00000030UL)
#define DMA1_Channel4_BASE        (AHBPERIPH_BASE + 0x00000044UL)
#define DMA1_Channel5_BASE        (AHBPERIPH_BASE + 0x00000058UL)
#define DMA1_Channel6_BASE        (AHBPERIPH_BASE + 0x0000006CUL)
#define DMA1_Channel7_BASE        (AHBPERIPH_BASE + 0x00000080UL)
...
    #define DMA1                  ((DMA_TypeDef *)DMA1_BASE)
    #define DMA1_Channel1         ((DMA_Channel_TypeDef *)DMA1_Channel1_BASE)
    #define DMA1_Channel2         ((DMA_Channel_TypeDef *)DMA1_Channel2_BASE)
    #define DMA1_Channel3         ((DMA_Channel_TypeDef *)DMA1_Channel3_BASE)
    #define DMA1_Channel4         ((DMA_Channel_TypeDef *)DMA1_Channel4_BASE)
    #define DMA1_Channel5         ((DMA_Channel_TypeDef *)DMA1_Channel5_BASE)
    #define DMA1_Channel6         ((DMA_Channel_TypeDef *)DMA1_Channel6_BASE)
    #define DMA1_Channel7         ((DMA_Channel_TypeDef *)DMA1_Channel7_BASE)
```

从上面的宏定义可以看出，DMA1 寄存器的存储映射首地址是 0x40020000。

9.4　DMA 初始化 HAL 库函数

DMA 的某个数据流的各种配置参数初始化是通过 HAL_DMA_Init()函数实现的。HAL_DMA_Init()函数位于 stm32f1xx_hal_dma.c 文件中：

```
HAL_StatusTypeDef HAL_DMA_Init(DMA_HandleTypeDef *hdma);
```

该函数只有一个 DMA_HandleTypeDef 结构体指针类型入口参数，结构体的定义为：

```
typedef struct __DMA_HandleTypeDef
{
  DMA_Channel_TypeDef     *Instance;
  DMA_InitTypeDef         Init;
  HAL_LockTypeDef         Lock;
  HAL_DMA_StateTypeDef    State;
  void        *Parent;
  void        (* XferCpltCallback)( struct __DMA_HandleTypeDef * hdma);
  void          (* XferHalfCpltCallback)( struct __DMA_HandleTypeDef * hdma);
  void          (* XferErrorCallback)( struct __DMA_HandleTypeDef * hdma);
  void          (* XferAbortCallback)( struct __DMA_HandleTypeDef * hdma);
  __IO uint32_t           ErrorCode;
  DMA_TypeDef             *DmaBaseAddress;
  uint32_t                ChannelIndex;
} DMA_HandleTypeDef;
```

(1) Instance：用来设置寄存器基地址。例如，要将寄存器及地址设置为 DMA1 的通道 4，那么其取值为 DMA1_Channel4。

（2）Init：DMA_InitTypeDef 结构体类型。DMA_InitTypeDef 在 stm32f1xx_hal_dma.h 文件中，该结构体的成员变量非常多，但是每个成员变量配置的基本都是 DMA_SxCR 和 DMA_SxFCR 的相应位。该结构体的定义为：

```
typedefstruct
{
uint32_t   Direction;
uint32_t   PeriphInc;
uint32_t   MemInc;
uint32_t   PeriphDataAlignment;
uint32_t   MemDataAlignment;
uint32_t   Mode;
uint32_t   Priority;
}DMA_InitTypeDef;
```

① Direction：传输方向选择，可选为从外设到存储器、从存储器到外设或从存储器到存储器。它设定 DMA_SxCR 的 DIR[1:0]位的值。

② PeriphInc：如果将其配置为 DMA_PINC_ENABLE，那么会使能外设地址自动递增功能。它设定 DMA_CCR 的 PINC 位的值。由于一般外设都只有一个数据寄存器，因此一般不会使能 PINC 位。

③ MemInc：如果将其配置为 DMA_MINC_ENABLE，那么会使能存储器地址自动递增功能。它设定 DMA_CCR 的 MINC 位的值，自定义的存储区一般都存放多个数据，因此要使能存储器地址自动递增功能。

④ PeriphDataAlignment：外设数据宽度，可选字节（8 位）、半字（16 位）和字（32 位）。它设定 DMA_SxCR 的 PSIZE[1:0]位的值。

⑤ MemDataAlignment：存储器数据大小，可选字节、半字和字。

⑥ Mode：DMA 传输模式选择，可选一次传输或循环传输。它设定 DMA_SxCR 的 CIRC 位的值。

⑦ Priority：软件设置数据流的优先级。数据流有 4 个可选优先级，分别为很高、高、中和低。它设定 DMA_SxCR 的 PL[1:0]位的值。DMA 的优先级只有在多个 DMA 数据流同时使用时才有意义。

（3）Parent：HAL 函数库处理中间变量，用来指向 DMA 通道外设句柄。

（4）XferCpltCallback（传输完成回调函数）、XferHalfCpltCallback（传输过半回调函数）、XferAbortCallback（传输中断回调函数）和 XferErrorCallback（传输出错回调函数）：4 个函数指针，用来指向回调函数入口地址。

（5）StreamBaseAddress 和 StreamIndex：数据流的基地址和索引号，其在 HAL 库处理时会自动计算，用户无须设置。

（6）ErrorCode：DMA 存取出错代码。

HAL 库为了处理各类外设的 DMA 请求，在调用相关函数之前，需要调用一个宏定义标识符来连接 DMA 和外设句柄。例如，要使用串口 DMA 发送数据，则方式为：

```
__HAL_LINKDMA(&UART1_Handler,hdmatx,UART1TxDMA_Handler);
```

这条语句的含义就是把 UART1_Handler 句柄的成员变量 hdmatx 和 DMA 句柄 UART1TxDMA_Handler 连接起来，是纯软件处理，没有任何硬件操作。其中，UART1_Handler 是串口初始化句柄，在 usart.c 中定义；UART1TxDMA_Handler 是 DMA 初始化句柄；hdmatx 是外设句柄结构体的成员变量，在这里实际上是 UART1_Handler 的成员变量。在 HAL 库中，任何一个可以使用 DMA 的外设，它的初始化结构体句柄都会有一个 DMA_HandleTypeDef 指针类型的成员变量，是 HAL 库用来做相关指向的变量。

9.5　DMA 应用实例

1. 任务功能

本实例通过 USART2 分别采用 DMA 和非 DMA 方式传输 serialMsg[ ]字符串中的数据，把所用时间通过 TIM2 计算出来。

2. 硬件电路原理图

本实例的硬件电路原理图参考附录 C。

3. 程序分析

（1）MX_DMA_Init( )初始化程序：

```
void MX_DMA_Init(void)
{

  /* 使能 DMA 控制器时钟 */
  __HAL_RCC_DMA1_CLK_ENABLE();

  /* DMA 中断初始化 */
  HAL_NVIC_SetPriority(DMA1_Channel6_IRQn, 0, 0);
  HAL_NVIC_EnableIRQ(DMA1_Channel6_IRQn);
  /* DMA1_Channel7_IRQn 中断配置 */
  HAL_NVIC_SetPriority(DMA1_Channel7_IRQn, 0, 0);
  HAL_NVIC_EnableIRQ(DMA1_Channel7_IRQn);

}
```

（2）MX_USART2_UART_Init(void)初始化程序：

```
void MX_USART2_UART_Init(void)
{

  huart2.Instance = USART2;
  huart2.Init.BaudRate = 115200;
```

```
  huart2.Init.WordLength = UART_WORDLENGTH_8B;
  huart2.Init.StopBits = UART_STOPBITS_1;
  huart2.Init.Parity = UART_PARITY_NONE;
  huart2.Init.Mode = UART_MODE_TX_RX;
  huart2.Init.HwFlowCtl = UART_HWCONTROL_NONE;
  huart2.Init.OverSampling = UART_OVERSAMPLING_16;
  if (HAL_UART_Init(&huart2) != HAL_OK)
  {
    Error_Handler();
  }


}
```

（3）HAL_UART_Init(&huart2)初始化程序：

```
HAL_StatusTypeDef HAL_UART_Init(UART_HandleTypeDef *huart)
{
  /* 检查串口设置 */
  if (huart == NULL)
  {
    return HAL_ERROR;
  }

  /* 检查参数设置 */
  if (huart->Init.HwFlowCtl != UART_HWCONTROL_NONE)
  {
    /* 硬件流控制仅用于 USART1、USART2 和 USART3 */
    assert_param(IS_UART_HWFLOW_INSTANCE(huart->Instance));
    assert_param(IS_UART_HARDWARE_FLOW_CONTROL(huart->Init.HwFlowCtl));
  }
  else
  {
    assert_param(IS_UART_INSTANCE(huart->Instance));
  }
  assert_param(IS_UART_WORD_LENGTH(huart->Init.WordLength));
#if defined(USART_CR1_OVER8)
  assert_param(IS_UART_OVERSAMPLING(huart->Init.OverSampling));
#endif /* USART_CR1_OVER8 */

  if (huart->gState == HAL_UART_STATE_RESET)
  {
    /* 分配锁资源并初始化 */
    huart->Lock = HAL_UNLOCKED;

#if (USE_HAL_UART_REGISTER_CALLBACKS == 1)
```

```
    UART_InitCallbacksToDefault(huart);

    if (huart->MspInitCallback == NULL)
    {
      huart->MspInitCallback = HAL_UART_MspInit;
    }

    /*初始化硬件 */
    huart->MspInitCallback(huart);
#else
    /*初始化 GPIO 等硬件 */
    HAL_UART_MspInit(huart);  //初始化 USART2 的 DMA
#endif /* (USE_HAL_UART_REGISTER_CALLBACKS) */
  }

  huart->gState = HAL_UART_STATE_BUSY;

  /*失能外设 */
  __HAL_UART_DISABLE(huart);

  /* 设置 UART 通信参数 */
  UART_SetConfig(huart);

  /*在异步模式中，如下位要置 0：USART_CR2 中的 LINEN 和 CLKEN，USART_CR3 中的
SCEN、HDSEL 和 IREN*/
  CLEAR_BIT(huart->Instance->CR2, (USART_CR2_LINEN | USART_CR2_CLKEN));
  CLEAR_BIT(huart->Instance->CR3, (USART_CR3_SCEN | USART_CR3_HDSEL | USART_CR3_
IREN));

  /*使能外设 */
  __HAL_UART_ENABLE(huart);

  /*初始化 UART 的状态 */
  huart->ErrorCode = HAL_UART_ERROR_NONE;
  huart->gState = HAL_UART_STATE_READY;
  huart->RxState = HAL_UART_STATE_READY;

  returnHAL_OK;
}
```

(4) HAL_UART_MspInit(UART_HandleTypeDef * uartHandle 初始化程序：

```
void HAL_UART_MspInit(UART_HandleTypeDef * uartHandle)
{
```

```
GPIO_InitTypeDef GPIO_InitStruct = {0};
if(uartHandle->Instance==USART2)
{
/*用户代码 USART2_MspInit 0 开始 */

/*用户代码 USART2_MspInit 0 结束 */
  /* USART2 时钟使能 */
  __HAL_RCC_USART2_CLK_ENABLE();

  __HAL_RCC_GPIOA_CLK_ENABLE();
  /**USART2 相关 GPIO 配置
  PA2     ------> USART2_TX
  PA3     ------> USART2_RX
  */
  GPIO_InitStruct.Pin = GPIO_PIN_2;
  GPIO_InitStruct.Mode = GPIO_MODE_AF_PP;
  GPIO_InitStruct.Speed = GPIO_SPEED_FREQ_HIGH;
  HAL_GPIO_Init(GPIOA, &GPIO_InitStruct);

  GPIO_InitStruct.Pin = GPIO_PIN_3;
  GPIO_InitStruct.Mode = GPIO_MODE_INPUT;
  GPIO_InitStruct.Pull = GPIO_NOPULL;
  HAL_GPIO_Init(GPIOA, &GPIO_InitStruct);

  /* USART2 DMA 初始化 */
  /* USART2 接收初始化 */
  hdma_usart2_rx.Instance = DMA1_Channel6;
  hdma_usart2_rx.Init.Direction = DMA_PERIPH_TO_MEMORY;
  hdma_usart2_rx.Init.PeriphInc = DMA_PINC_DISABLE;
hdma_usart2_rx.Init.MemInc = DMA_MINC_ENABLE;
  hdma_usart2_rx.Init.PeriphDataAlignment = DMA_PDATAALIGN_BYTE;
  hdma_usart2_rx.Init.MemDataAlignment = DMA_MDATAALIGN_BYTE;
  hdma_usart2_rx.Init.Mode = DMA_NORMAL;
  hdma_usart2_rx.Init.Priority = DMA_PRIORITY_LOW;
  if (HAL_DMA_Init(&hdma_usart2_rx) != HAL_OK)
  {
    Error_Handler();
  }

  __HAL_LINKDMA(uartHandle,hdmarx,hdma_usart2_rx);

  /* USART2 发送初始化 */
  hdma_usart2_tx.Instance = DMA1_Channel7;
  hdma_usart2_tx.Init.Direction = DMA_MEMORY_TO_PERIPH;
```

```
    hdma_usart2_tx.Init.PeriphInc = DMA_PINC_DISABLE;
    hdma_usart2_tx.Init.MemInc = DMA_MINC_ENABLE;
    hdma_usart2_tx.Init.PeriphDataAlignment = DMA_PDATAALIGN_BYTE;
    hdma_usart2_tx.Init.MemDataAlignment = DMA_MDATAALIGN_BYTE;
    hdma_usart2_tx.Init.Mode = DMA_NORMAL;
    hdma_usart2_tx.Init.Priority = DMA_PRIORITY_LOW;
    if (HAL_DMA_Init(&hdma_usart2_tx) != HAL_OK)
    {
      Error_Handler();
    }

    __HAL_LINKDMA(uartHandle,hdmatx,hdma_usart2_tx);

  /* 用户代码 USART2_MspInit 1 开始 */

  /* 用户代码 USART2_MspInit 1 结束 */
  }
}
```

（5）main(void)程序代码：

```
int main(void)
{
  HAL_Init();
  SystemClock_Config();
  Delay_Init(72);
  MX_GPIO_Init();
  MX_DMA_Init();
  MX_TIM2_Init();
  MX_USART2_UART_Init();

      time1=TIM2->CNT;
      HAL_UART_Transmit_DMA(&huart2, (uint8_t *)serialMsg, sizeof(serialMsg));
      time2=TIM2->CNT;
      if(time1>time2)time2=time2+1000;
          printf("Data Send by DMA   the time is:%dus\n",(time2-time1));

          time1=TIM2->CNT;
          for(uint8_t i=0;i<sizeof(serialMsg);i++)
          {
              while((USART2->SR&0X40)==0);      //循环发送，直到发送完毕
              USART2->DR=(uint8_t)serialMsg[i];
          }
          time2=TIM2->CNT;
          if(time1>time2)time2=time2+1000;
```

```
        printf("Data Send by USART the time is:%dus\n",(time2-time1));

    while (1)
    {
    }
}
```

① DMA 传输是调用 HAL_UART_Transmit_DMA( )实现的。

② 非 DMA 传输是通过 for 循环实现的。

③ 时间计算是通过 TIM2 实现的。

④ 对于“if(time1>time2)time2=time2+1000;”这条语句，因为 TIM2->CNT 的极值是 1000，所以 time1>time2 说明过了 1000 个周期。详见 MX_TIM2_Init( )源代码。

程序输出结果如图 9-5 所示，其中，DMA 传输用了 7μs；非 DMA 传输用了 801μs。

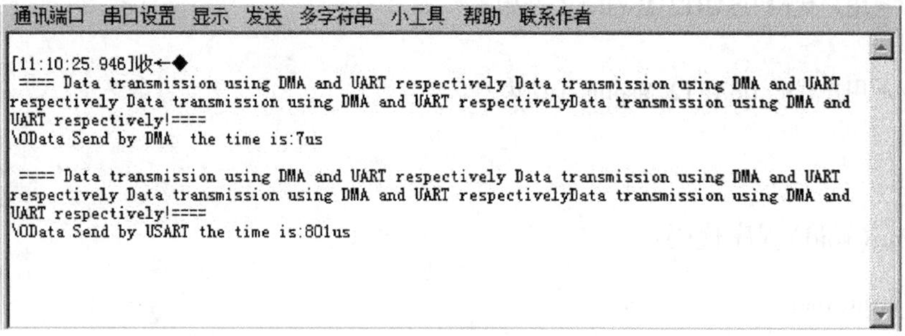

图 9-5 程序输出结果①

（6）HAL_UART_Transmit_DMA( )：

```
HAL_StatusTypeDef HAL_UART_Transmit_DMA(UART_HandleTypeDef *huart, uint8_t *pData,
uint16_t Size)
{
  uint32_t *tmp;

  /* 检查发送过程是否尚未进行 */
  if (huart->gState == HAL_UART_STATE_READY)
  {
    if ((pData == NULL) || (Size == 0U))
    {
      return HAL_ERROR;
    }

    /* 锁定串口 */
    __HAL_LOCK(huart);

    huart->pTxBuffPtr = pData;
```

① 软件图中的“通讯端口”的正确写法为“通信端口”。

```
        huart->TxXferSize = Size;
        huart->TxXferCount = Size;

        huart->ErrorCode = HAL_UART_ERROR_NONE;
        huart->gState = HAL_UART_STATE_BUSY_TX;

        /* 设置 UART 的 DMA 传输完成回调参数 */
        huart->hdmatx->XferCpltCallback = UART_DMATransmitCplt;

        /* 设置 UART 的 DMA 传输过半回调参数 */
        huart->hdmatx->XferHalfCpltCallback = UART_DMATxHalfCplt;

        /* 设置 DMA 传输出错回调参数 */
        huart->hdmatx->XferErrorCallback = UART_DMAError;

        /* 设置 DMA 故障回调参数 */
        huart->hdmatx->XferAbortCallback = NULL;

        /* 使能 UART 传送 DMA 通道 */
        tmp = (uint32_t *)&pData;
    //设置存储器到外设的地址,开启中断并使能 DMA 通道
    HAL_DMA_Start_IT(huart->hdmatx, *(uint32_t *)tmp, (uint32_t)&huart->Instance->DR,
    Size);

        /* 清除串口 TC 中断标志位 */
        __HAL_UART_CLEAR_FLAG(huart, UART_FLAG_TC);

        /* 解锁串口 */
        __HAL_UNLOCK(huart);

        /* 使能发送 */
        SET_BIT(huart->Instance->CR3, USART_CR3_DMAT);

        return HAL_OK;
      }
      else
      {
        return HAL_BUSY;
      }
    }
```

通过参考手册 RM0008_Ver16 的 13.3.3 节“DMA channels”中的“Channel configuration procedure”（通道配置过程），可以对函数 HAL_UART_Transmit_DMA( )的实现过程有更清晰的认识。

在 DMA_CPARx 中设置外设寄存器的地址，当发生外设数据传输请求时，这个地址将是数据传输的源地址或目标地址。

在 DMA_CMARx 中设置数据存储器的地址，当发生外设数据传输请求时，传输的数据将从这个地址读出或写入这个地址。

在 DMA_CNDTRx 中设置要传输的数据量，在每个数据传输后，这个值递减。

在 DMA_CCRx 的 PL[1:0]位中设置通道的优先级。

在 DMA_CCRx 中设置数据传输的方向、循环模式、外设和存储器的增量模式、外设和存储器的数据宽度、传输一半产生中断或传输完成产生中断。

设置 DMA_CCRx 的 ENABLE 位，启动该通道。

在 HAL_UART_Transmit_DMA( )函数的实现过程中，有两个调用函数值得分析，分别是 HAL_DMA_Start_IT、SET_BIT(huart-> Instance->CR3，USART_CR3_DMAT)。其中，HAL_DAM_Start_IT( )函数实现的是 DMA 通道的配置，而 SET_BIT(huart-> Instance->CR3，USART_CR3_DMAT)函数实现的是通过配置 USART_CR3 的 DMAT 位使能 DMA 发送。

另外，在 HAL_UART_Transmit_DMA( )函数中，有关传输完成回调函数的设置是“huart->hdmatx->XferCpltCallback = UART_DMATransmitCplt;”。

（7） HAL_DMA_Start_IT ( )：

```
HAL_StatusTypeDef HAL_DMA_Start_IT(DMA_HandleTypeDef * hdma, uint32_t SrcAddress, uint32_t
DstAddress, uint32_t DataLength)
{
  HAL_StatusTypeDef status = HAL_OK;

  /* 检查参数设置 */
  assert_param(IS_DMA_BUFFER_SIZE(DataLength));

  /* 锁定 DMA */
  __HAL_LOCK(hdma);

  if(HAL_DMA_STATE_READY == hdma->State)
  {
    /* 改变 DMA 外设状态 */
    hdma->State = HAL_DMA_STATE_BUSY;
    hdma->ErrorCode = HAL_DMA_ERROR_NONE;

    /* 失能外设 */
    __HAL_DMA_DISABLE(hdma);

    /* 配置源地址和目的地址及数据长度 */
    DMA_SetConfig(hdma, SrcAddress, DstAddress, DataLength);

    /* 使能传输完成中断 */
    /* 使能传输出错中断 */
    if(NULL != hdma->XferHalfCpltCallback)
```

```
    {
      /* 使能传输过半中断 */
      __HAL_DMA_ENABLE_IT(hdma, (DMA_IT_TC | DMA_IT_HT | DMA_IT_TE));
    }
    else
    {
      __HAL_DMA_DISABLE_IT(hdma, DMA_IT_HT);
      __HAL_DMA_ENABLE_IT(hdma, (DMA_IT_TC | DMA_IT_TE));
    }
    /* 使能外设 */
    __HAL_DMA_ENABLE(hdma);
  }
  else
{
    /* 解锁 DMA */
    __HAL_UNLOCK(hdma);

    /* 保持忙状态标志 */
    status = HAL_BUSY;
  }
  return status;
}
```

进一步分析 HAL_DMA_Start_IT( ) 函数的实现代码，其中，通过调用 DMA_SetConfig( ) 函数来实现 DMA 通道传输数量、DMA 通道外设地址、DMA 通道存储器地址的配置。另外，通过配置 DMA 通道 x 配置寄存器 DMA_CCRx 的 HTIE 位（传输过半中断使能）、TCIE 位（传输完成中断使能）、TEIE 位（传输出错中断使能）和 EN 位（通道开启）来实现相关中断的开启与 DMA 通道使能。注意：DMA_SetConfig( ) 函数完成的仅仅是 DMA 通道的配置，实际的传输过程是从 HAL_UART_Transmit_DMA ( ) 函数调用 SET_BIT(huart-> Instance-> CR3, USART_CR3_DMAT) 函数配置 USART_CR3 的 DMA 发送使能位（DMAT 位）开始的。

（8）DMA1_Channel7_IRQHandler(void)：

```
void DMA1_Channel7_IRQHandler(void)
{
  /* 用户代码 DMA1_Channel7_IRQn 0 开始 */

  /* 用户代码 DMA1_Channel7_IRQn 0 结束 */
  HAL_DMA_IRQHandler(&hdma_usart2_tx);
  /* 用户代码 DMA1_Channel7_IRQn 1 开始 */

  /* 用户代码 DMA1_Channel7_IRQn 1 结束 */
}
```

通过查询表 9-3 可知 DMA1 的通道 7 对应 USART2_TX，与程序一致。

（9）DMA1_Channel7_IRQHandler(void)：

```
void HAL_DMA_IRQHandler(DMA_HandleTypeDef *hdma)
{
  uint32_t flag_it = hdma->DmaBaseAddress->ISR;
  uint32_t source_it = hdma->Instance->CCR;

  /*传输过半中断管理 ********************************/
  if (((flag_it & (DMA_FLAG_HT1 << hdma->ChannelIndex)) != RESET) && ((source_it &
DMA_IT_HT) != RESET))
  {
    /*如果 DMA 模式不是循环的，则失能传输过半中断 */
    if((hdma->Instance->CCR & DMA_CCR_CIRC) == 0U)
    {
      /*失能传输过半中断 */
      __HAL_DMA_DISABLE_IT(hdma, DMA_IT_HT);
    }
    /*清除传输过半标志 */
    __HAL_DMA_CLEAR_FLAG(hdma, __HAL_DMA_GET_HT_FLAG_INDEX(hdma));

    /*在传输过半事件中，DMA 外设状态不更新，但在传输完成事件中更新 */

    if(hdma->XferHalfCpltCallback != NULL)
    {
      /*传输过半回调 */
      hdma->XferHalfCpltCallback(hdma);
    }
  }

  /*传输完成中断管理 ***************************************/
  else if (((flag_it & (DMA_FLAG_TC1 << hdma->ChannelIndex)) != RESET) && ((source_it &
DMA_IT_TC) != RESET))
  {
    if((hdma->Instance->CCR & DMA_CCR_CIRC) == 0U)
    {
      /*失能传输完成和出错中断*/
      __HAL_DMA_DISABLE_IT(hdma, DMA_IT_TE | DMA_IT_TC);

      /*改变 DMA 的状态 */
      hdma->State = HAL_DMA_STATE_READY;
    }
    /*清除传输完成标志 */
      __HAL_DMA_CLEAR_FLAG(hdma, __HAL_DMA_GET_TC_FLAG_INDEX(hdma));
```

```
    /* 解锁 DMA  */
    __HAL_UNLOCK(hdma);

    if(hdma->XferCpltCallback != NULL)
    {
      /* 传输完成回调 */
      hdma->XferCpltCallback(hdma);
    }
  }

  /* 传输出错中断管理 ****************************************/
  else if (( RESET != (flag_it & (DMA_FLAG_TE1 << hdma->ChannelIndex))) && (RESET !=
(source_it & DMA_IT_TE)))
  {
    /* 当 DMA 传输出错时,硬件清除它的使能位,失能所有 DMA 中断 */
    __HAL_DMA_DISABLE_IT(hdma, (DMA_IT_TC | DMA_IT_HT | DMA_IT_TE));

    /* 清除所有标志位 */
    hdma->DmaBaseAddress->IFCR = (DMA_ISR_GIF1 << hdma->ChannelIndex);

    /* 更新出错代码 */
    hdma->ErrorCode = HAL_DMA_ERROR_TE;

    /* 改变 DMA 的状态 */
    hdma->State = HAL_DMA_STATE_READY;

    /* 解锁 DMA */
    __HAL_UNLOCK(hdma);

    if (hdma->XferErrorCallback != NULL)
    {
      /* 传输出错回调 */
      hdma->XferErrorCallback(hdma);
    }
  }
  return;
}
```

第 10 章　ADC 的原理及应用

关于 ADC 的外设，请在图 2-29 中确定其位置及其与其他部分的关系。

10.1　ADC 的功能和结构

10.1.1　ADC 的基本概念

ADC 有如下基本概念。

（1）量程：ADC 所能输入模拟信号的类型和电压范围，即参考电压。信号类型包括单极性和双极性。

（2）转换位数：量化过程中的量化位数 n。A/D 转换后的输出结果用 n 位二进制数来表示，如 10 位 ADC 的输出值就是 0 ～ 1023。

（3）分辨率：ADC 能够分辨的模拟信号的最小变化量，其计算公式为

$$分辨率 = 1/2^n$$

精度和分辨率相关但不等效。精度用测量误差度量：测量误差 = |真值-测量值|。精度用来描述物理量的准确程度，而分辨率则用来描述刻度划分。例如，学生的塑料尺文具，量程为 10cm，有 100 个刻度，每个刻度为 1mm，这把尺子的分辨率等效于 1mm。通常情况下，精度（测量误差）与分辨率相关；但用火来烤一下这把尺子，并把它拉长，它的分辨率还等效于 1mm，而精度变化很大。

（4）最低有效位（Least Significant Bit，LSB）：满量程值乘 ADC 的分辨率就是 LSB。例如，量程为单极性 0 ～ 5V，8 位 ADC 的 LSB 是 5V / 256 ≈ 0.0195V。

（5）转换时间：ADC 完成一次完整的 A/D 转换所需的时间，包括采样、保持、量化、编码全过程。

① 采样：将连续的模拟信号转换成离散的序列脉冲（采样信号）。

② 保持：维持采样值，形成阶梯信号。

③ 量化：用有限个数值表示连续的变化，通常对采样值进行四舍五入。

④ 编码：将量化后的确定值变成码列，形成有限位数字量。

设 ADC 的量程为 4V，转换位数为 3 位，分辨率为 0.5V，则采样过程示例如图 10-1 所示，其具体量值如表 10-1 所示。

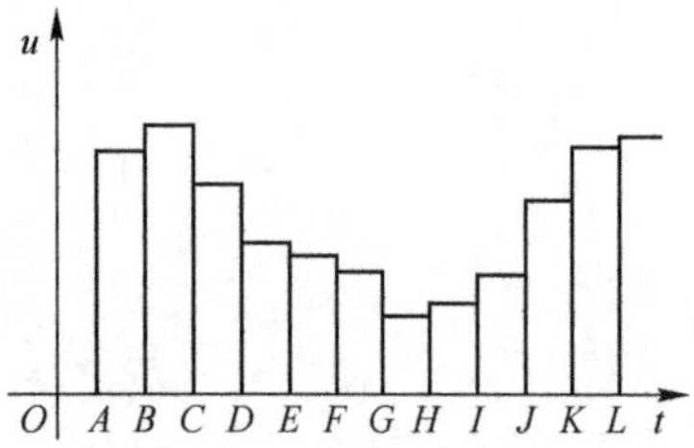

图 10-1　采样过程示例

表 10-1　ADC 采样过程的具体量值

采样点	*A*	*B*	*C*	*D*	*E*	*F*	*G*	*H*	*I*	*J*	*K*	*L*
采样值	3.4	3.6	3.1	2.7	2.6	2.5	1.8	2.1	2.3	3.0	3.4	3.5
量化值	3.5	3.5	3.0	2.5	2.5	2.5	2.0	2.0	2.0	3.0	3.5	3.5
编码值	110	111	110	101	101	101	100	100	100	110	110	111

【例 10-1】 有一个温度测控系统，已知温度传感器在 0～100℃之间为线性输出，参考电压为 5V，采用 8 位的 ADC，在温度为 0℃时，测得的电压为 1.8V；在温度为 100℃时，测得的电压为 4.3V。

(1) 系统能分辨的最低的电压和温度分别是多少？

(2) 采集到数据 10010001，表示电压是多少？温度是多少？

答：由于温度是线性变化的，因此先求得斜率 k，得到温度和电压的关系表达式：

$$k=(100-0)/(4.3-1.8)=40,\quad y=40\times(x-1.8)\ (x\ 为采样得到的电压)$$

由于采用的是 8 位 ADC，参考电压为 5V，因此

$$5\text{V}/256\approx0.0195\text{V}=19.5\text{mV}(能分辨的最低电压)$$

$$0.0195\times40℃=0.78℃(能分辨的最低温度)$$

因为 10010001B=91H=145，所以 0.0195V×145=2.8275V≈2.83V。该电压信号对应的温度是(2.83V−1.8V)×40℃=41.2℃。

10.1.2　ADC 的功能

【基本参数】 ADC 的分辨率为 12 位；供电要求为 2.4～3.6V；输入范围为 0～3.6V（$V_{REF-}\leqslant V_{IN}\leqslant V_{REF+}$）。对于 STM32F103 系列增强型产品，ADC 的转换时间与时钟频率相关。

【基本功能】

☺ 规则转换和注入转换均有外部触发选项。

☺ 在规则转换期间，可以产生 DMA 请求。

☺ 自校准。ADC 在每次转换前进行一次自校准。

☺ 通道采样间隔时间可编程。

☺ 数据对齐。

☺ 可设置成单次、连续、扫描、间断模式。

☺ 双 ADC 模式，带 2 个 ADC 设备（ADC1 和 ADC2），有 8 种转换方式。

☺ 转换结束、注入转换结束和发生模拟看门狗事件时产生中断。

10.1.3　ADC 的结构

STM32 的 ADC 硬件结构如图 10-2 所示，ADC 的相关引脚如表 10-2 所示。

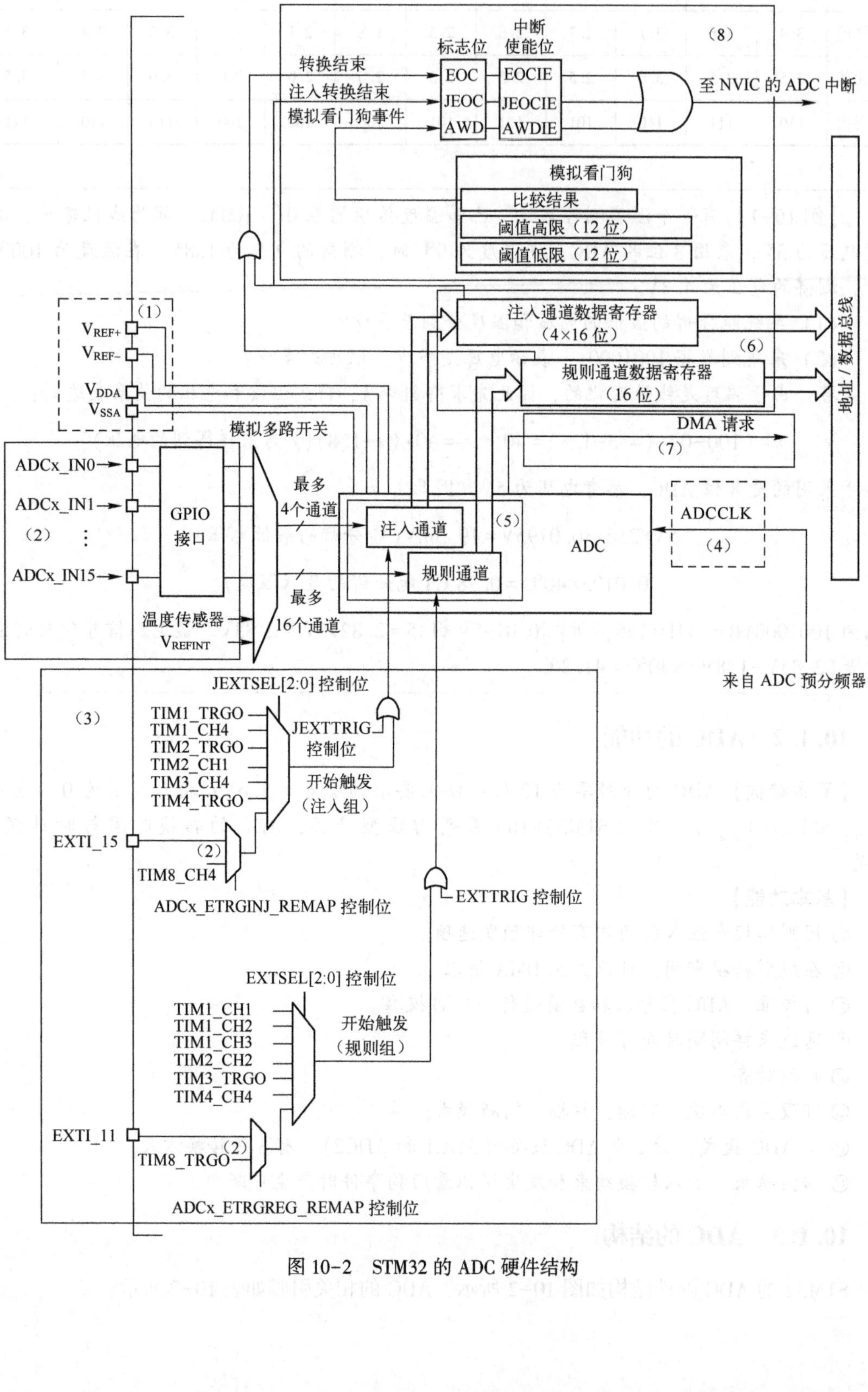

图10-2 STM32的ADC硬件结构

表 10-2　ADC 的相关引脚

名　称	信号类型	注　解
V_{REF+}	输入，模拟参考正极	ADC 使用的高端/正极参考电压，$2.4V \leqslant V_{REF+} \leqslant V_{DDA}$
$V_{DDA(1)}$	输入，模拟电源	等效于 V_{DD} 的模拟电源且 $2.4V \leqslant V_{DDA} \leqslant V_{DD}$（3.6V）
V_{REF-}	输入，模拟参考负极	ADC 使用的低端/负极参考电压，$V_{REF-}=V_{SSA}$
$V_{SSA(1)}$	输入，模拟电源地	等效于 V_{SS} 的模拟电源地
ADCx_IN[15:0]	模拟输入信号	16 个模拟输入通道

ADC 主要由以下几部分组成（以下各部分序号与图 10-2 中的相应序号对应）。

（1）电源。ADC 供电要求电压为 2.4～3.6V；ADC 输入范围为 $V_{REF-} \leqslant V_{IN} \leqslant V_{REF+}$。因此在设计原理图时，将 V_{SSA} 和 V_{REF-} 接地，将 V_{DDA} 和 V_{REF+} 接 3.3V 电源，即可得到 ADCx_INx 的输入范围为 0～3.3V。

（2）模拟信号通道。共 18 个通道，可测 16 个外部信号源和 2 个内部信号源，其中，16 个外部通道对应 ADCx_IN0～ADCx_IN15；2 个内部通道连接温度传感器和内部参考电压（$V_{REFINT}=1.2V$）。

（3）ADC 转换是怎么触发的呢？就像通信协议一样，都要规定一个起始信号才能传输信息，ADC 也需要一个触发信号来进行 A/D 转换。

① 通过直接配置寄存器来触发转换。配置控制寄存器 CR2 的 ADON 位，写 1 时开始转换，写 0 时停止转换。在程序运行过程中，只要调用库函数，将控制寄存器 CR2 的 ADON 位置 1 就可以进行转换。

② 通过内部定时器或外部 I/O 触发转换，即可以利用内部时钟让 ADC 进行周期性的转换，也可以利用外部 I/O 使 ADC 在需要时转换，具体的触发由控制寄存器 CR2 决定。

（4）转换时间。

① ADC 时钟。ADC 输入时钟 ADCCLK 由 PCLK2 经过分频产生，最高频率是 14MHz，分频系数由 RCC 时钟配置寄存器 RCC_CFGR 的位 15:14（ADCPRE[1:0]）设置，可以是 2/4/6/8 分频。注意：这里没有 1 分频。通常设置 PCLK2=HCLK=72MHz。

② 采样时间。ADC 使用若干 ADCCLK 周期对输入电压进行采样，采样周期的个数可通过 ADC 采样时间寄存器 ADC_SMPR1 和 ADC_SMPR2 中的 SMP[2:0]位来设置，ADC_SMPR2 控制的是通道 0～9，ADC_SMPR1 控制的是通道 10～17。每个通道都可以分别用不同的时间采样。其中，采样周期个数最小是 1.5，即如果要达到最快采样的目的，那么应该设置采样周期个数为 1.5，这里所说的周期就是 1/ADCCLK。

（5）ADC。ADC 的转换原理为逐次逼近型 A/D 转换，分为注入通道和规则通道，每个通道都有相应的触发电路，注入通道的触发电路为注入组，规则通道的触发电路为规则组；每个通道也都有相应的转换结果寄存器，分别称为规则通道数据寄存器和注入通道数据寄存器（详见 10.2 节）。

（6）数据寄存器。经 ADC 转换后，数据根据转换组存放在 ADC 规则通道数据寄存器（ADC_DR）或 ADC 注入通道数据寄存器 x（ADC_JDRx）（x=1,2,3,4）中。

① 规则通道数据寄存器。规则通道数据寄存器是一个 32 位的寄存器，若仅使用单个 ADC，则 ADC1/ADC2/ADC3 使用寄存器的低 16 位；若同时使用两个 ADC，则 ADC1 使用低 16 位，ADC2 使用高 16 位。由于 ADC 是 12 位的，因此数据还分左对齐方式和右对

齐方式，由 ADC 控制寄存器 2（ADC_CR2）的“ALIGN 数据对齐”位设置寄存器的数据对齐方式。

规则通道数据寄存器仅有一个，为应对多个转换通道，DR 寄存器采用覆盖数据的方法，用新的转换数据替换旧的转换数据，因此，单个通道转换完成后，必须先读取它的数据（读取 DR 寄存器），才可以继续下一个通道的转换，否则数据会被覆盖。最好的方法是使用 DMA 将数据传输到内存（SRAM 等）中。

② 注入通道数据寄存器。与规则通道数据寄存器不同的是，注入通道数据寄存器有 4 个，对应着 4 个 ADC 注入通道，因此不存在数据覆盖问题。

（7）DMA 传输。除了数据寄存器，ADC 转换完成后，还可以发送 DMA 请求，直接将数据经由 DMA 通道存入 SRAM 中，而不用存在数据寄存器中，只有 ADC1、ADC3 可以发送 DMA 请求。

（8）中断电路。前面提到，有 3 种情况可以产生中断：转换结束、注入转换结束和模拟看门狗事件发生（详见 10.4 节）。

传感器信号通过任意一个通道进入 ADC，被转换成数字量，该数字量会被存入一个 16 位的数据寄存器中，在 DMA 使能的情况下，STM32 的存储器可以直接读取转换后的数据。ADC 必须在时钟 ADCCLK 的控制下才能进行 A/D 转换。

10.2 ADC 的工作模式

STM32 的每个 ADC 模块都可以通过内部的模拟多路开关切换到不同的输入通道并进行转换。在任意多个通道上以任意顺序进行的一系列转换构成成组转换。例如，可以以如下顺序完成转换：通道 3、通道 8、通道 2、通道 2、通道 0、通道 2、通道 2、通道 15。

按照工作模式划分，ADC 主要有 4 种转换模式，即单次转换模式、连续转换模式、扫描模式和间断模式。

1. 单次转换模式

单个通道的单次转换模式如图 10-3 所示。

2. 连续转换模式

单个通道的连续转换模式如图 10-4 所示。

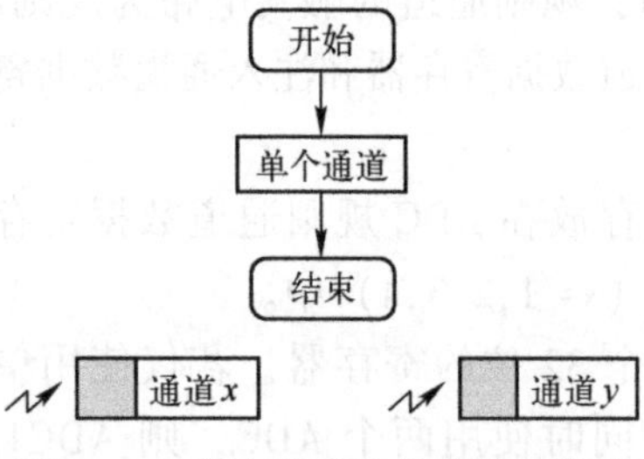

图 10-3　单个通道的单次转换模式

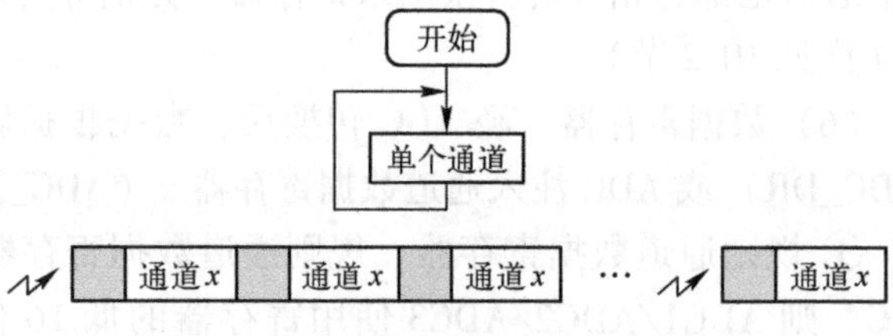

图 10-4　单个通道的连续转换模式

3. 扫描模式

扫描模式即多个通道的单次转换模式。此模式用于扫描一组模拟通道，如图 10-5 所示。

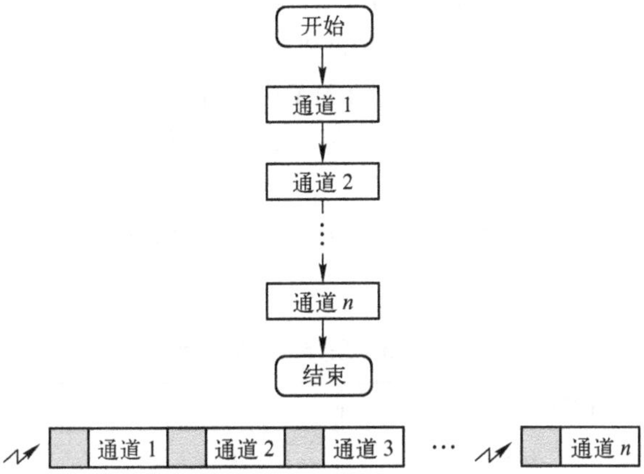

图 10-5　扫描模式

4. 间断模式

间断模式即多个通道的连续转换模式，如图 10-6 所示。

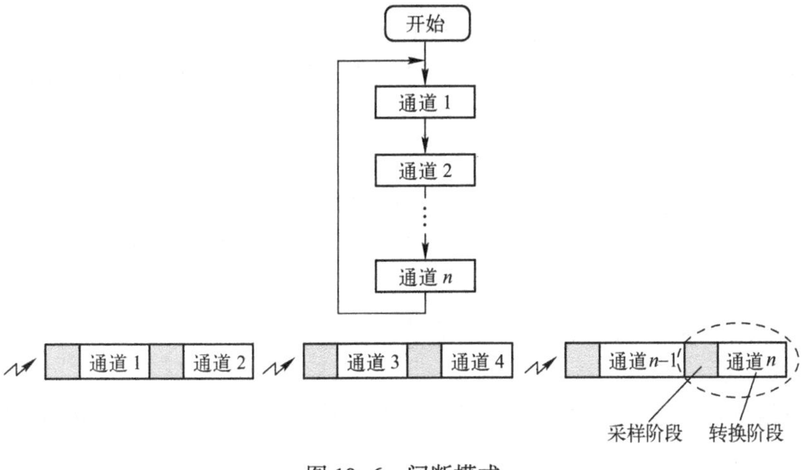

图 10-6　间断模式

间断模式可分成规则通道组和注入通道组。

1）规则通道组

STM32 加入了多种成组转换模式，可以由程序设置好后，对多个模拟通道自动地进行逐个采样转换。

规则通道组可编程设定规则通道数量 n，最多可设定 $n=16$ 个通道，规则通道及其转换顺序在 ADC_SQRx 中选择。规则通道组中转换的总数写入 ADC_SQR1 的 L[3:0]位中；可编程设定采样时间及采样通道的顺序；转换可由以下两种方式启动。

☺ 由软件控制，使能启动位。

☺ 由以下外部触发源产生启动信号：TIM1 CC1、TIM1 CC2、TIM1 CC3、TIM2 CC2、TIM3 TRGO、TIM4 CC4、EXT1 Line11。

例如，$n=3$，被转换的通道号为 0、1、2、3、6、7、9、10，第 1 次触发，转换的序列为 0、1、2；第 2 次触发，转换的序列为 3、6、7；第 3 次触发，转换的序列为 9、10，并产生 EOC 事件；第 4 次触发，转换的序列为 0、1、2。

每个通道转换完成后，都将覆盖以前的数据，因此，应及时将已完成转换的数据读出；每个通道转换完成后，都会产生一个 DMA 中断请求，因此，在规则通道组中，一般会使能 DMA 传输；每个通道转换完成后，都会将 EOC 标志置位，如果该中断开启，则会触发中断。

针对每个通道，可对 ADC_SMPR1 和 ADC_SMPR2 中的相应 3 位寄存器进行编程设定采样时间，如表 10-3 所示。

表 10-3　采样时间的设定

3 位寄存器	采样时间/cycles	3 位寄存器	采样时间/cycles
000	1.5	100	41.5
001	7.5	101	55.5
010	13.5	110	71.5
011	28.5	111	239.5

总转换时间的计算公式为

$$T_{conv}=\text{采样时间}+12.5\text{cycles}$$

式中，12.5cycles 为 A/D 转换时间。例如，当 ADCCLK 为 14MHz、采样时间为 1.5 cycles 时，有

$$T_{conv}=1.5+12.5=14\text{ 个周期}=1\mu s$$

因为 ADC 的驱动频率最高为 14MHz，所以，只有当时钟频率是 14 的整数倍时，才能得到最高频率。此时，为 ADCCLK 提供时钟的 APB2 的时钟频率为 56MHz，当 APB2 的频率为 72MHz 时，$T_{conv}=1.17\mu s$。

需要说明的是，采样时间越长，转换结果越稳定。

2）注入通道组

注入通道组有 4 个数据寄存器，最多允许 4 个通道转换，可随时读取相应寄存器的值，没有 DMA 请求。

例如，$n=1$，被转换的通道号为 1、2、3，第 1 次触发，通道 1 转换；第 2 次触发，通道 2 转换；第 3 次触发，通道 3 转换，并且产生 EOC 和 JEOC 事件；第 4 次触发，通道 1 转换。

规则通道组的转换好比是程序的正常执行，而注入通道组的转换则好比是程序正常执行之外的一个中断服务程序，如图 10-7 所示。规则序列即正常状态下的转换序列，通常作为长期的采集序列使用；而注入序列则通常是作为规则序列的临时追加序列存在的，仅作为数据采集的补充。

例如，假定在家里的院子内（室外）放置 5 个温度探头，室内放置 3 个温度探头，需要时刻监视室外温度，但偶尔想知道室内温度，因此可以使用规则通道组循环扫描室外的 5

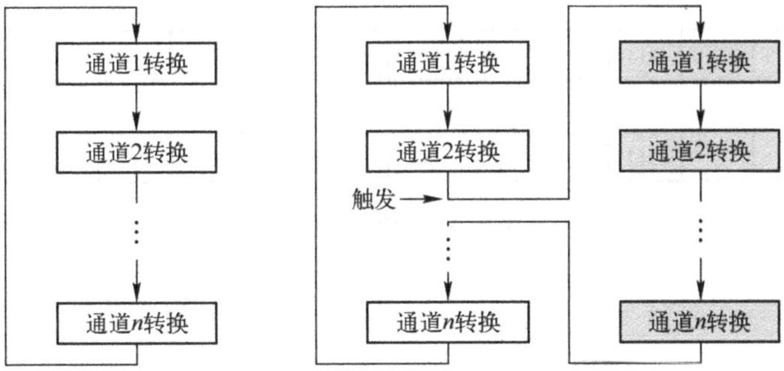

（a）规则通道组 （b）注入通道组

图 10-7 ADC 通道选择

个温度探头并显示 A/D 转换结果。当想知道室内温度时，通过一个按钮启动注入转换组（3 个室内温度探头）并暂时显示室内温度，当释放这个按钮后，系统又会回到规则通道组，继续检测室外温度。

从系统设计上来看，测量并显示室内温度的过程中断了测量并显示室外温度的过程，但在程序设计上，可以在初始化阶段分别设置好不同的转换组，系统运行过程中不必再变更循环转换的配置，从而实现两个任务互不干扰和快速切换。可以设想一下，如果没有规则通道组和注入通道组的划分，则当按下按钮后，需要首先重新配置 A/D 转换循环扫描通道，然后在释放按钮后再次配置 A/D 转换循环扫描通道。

上述例子因为速度较慢而不能完全体现这样区分（规则通道组和注入通道组）的好处，但在工业应用领域中，有很多检测和监视探头需要具有较快的处理速度，这样对 A/D 转换进行分组将简化事件处理程序，并加快事件处理速度。

规则转换和注入转换均有外部触发选项，规则转换期间有 DMA 请求产生；而注入通道转换则无 DMA 请求，需要用查询或中断的方式保存转换的数据。如果规则转换已经在运行了，那么为了在注入通道转换后确保同步，所有的 ADC（主和从）的规则转换将停止，并在注入通道转换结束时同步恢复。

10.3 数据对齐

ADC_CR2 中的 ALIGN 位用于选择转换后数据存储的对齐方式。数据可以左对齐，也可以右对齐，分别如图 10-8 和图 10-9 所示。注入通道组转换的数据值已经减去了在 ADC_JOFRx 中定义的偏移量，因此其结果可以是一个负值。SEXT 位是扩展的符号值。对于规则通道组，不需要减去偏移量，因此只有 12 位有效。

注入通道组

SEXT	D11	D10	D9	D8	D7	D6	D5	D4	D3	D2	D1	D0	0	0	0

规则通道组

D11	D10	D9	D8	D7	D6	D5	D4	D3	D2	D1	D0	0	0	0	0

图 10-8 数据左对齐

注入通道组

SEXT	SEXT	SEXT	SEXT	D11	D10	D9	D8	D7	D6	D5	D4	D3	D2	D1	D0

规则通道组

0	0	0	0	D11	D10	D9	D8	D7	D6	D5	D4	D3	D2	D1	D0

图 10-9　数据右对齐

10.4　ADC 中断

ADC 中断如表 10-4 所示。规则通道组和注入通道组转换结束时都能产生中断，当模拟看门狗状态位被设置时，也能产生中断。它们都有独立的中断使能控制位。

表 10-4　ADC 中断

中断事件	事件标志	使能控制位
规则通道组转换结束	EOC	EOCIE
注入通道组转换结束	JEOC	JEOCIE
设置模拟看门狗状态位	AWD	AWDIE

10.5　ADC 相关寄存器

ADC 相关寄存器的功能如表 10-5 所示，ADC 相关寄存器映射和复位值如表 10-6 所示。

表 10-5　ADC 相关寄存器的功能

寄存器	功能
ADC 状态寄存器（ADC_SR）	用于反映 ADC 的状态
ADC 控制寄存器 1（ADC_CR1）	用于控制 ADC
ADC 控制寄存器 2（ADC_CR2）	用于控制 ADC
ADC 采样时间寄存器 1（ADC_SMPR1）	用于独立地选择每个通道（通道 10～通道 18）的采样时间
ADC 注入通道数据偏移寄存器 x（ADC_JOFRx）（x=1,2,3,4）	用于定义注入通道的数据偏移量，转换所得的原始数据会自动减去相应的偏移量
ADC 规则序列寄存器 1（ADC_SQR1）	用于定义规则转换的序列，包括长度及次序（第 13～16 次转换）
ADC 注入序列寄存器（ADC_JSQR）	用于定义注入转换的序列，包括长度及次序
ADC 注入通道数据寄存器 x（ADC_JDRx，x=1,2,3,4）	用于保存注入转换所得的结果
ADC 规则通道数据寄存器（ADC_DR）	用于保存规则转换所得的结果

表 10-6 ADC 相关寄存器映射和复位值

偏 移	寄 存 器	31	30	29	28	27	26	25	24	23	22	21	20	19	18	17	16	15	14	13	12	11	10	9	8	7	6	5	4	3	2	1	0
000h	ADC_SR	保留																											STRT	JSTRT	JEOC	EOC	AWD
	复位值																												0	0	0	0	0
004h	ADC_CR1	保留								AWDEN	JAWDEN	保留		DUALMOD[3:0]				DISCNUM[2:0]			JDISCEN	DISCEN	JAUTO	AWDSGL	SCAN	JEOCIE	AWDIE	EOCIF	AWDCH[3:0]				
	复位值									0	0			0	0	0	0	0	0	0	0	0	0	0	0	0	0	0	0	0	0	0	0
008h	ADC_CR2	保留								TSVRFFE	SWSTART	JSWTART	EXTTRIG	EXTSEL[2:0]			保留	JEXTTRIG	JEXTSEL[2:0]			ALIGN	保留		DMA	保留				RSTCAL	CAL	CONT	ADON
	复位值									0	0	0	0	0	0	0		0	0	0	0	0			0					0	0	0	0
00Ch	ADC_SMPR1	采样时间位 SMPx_x																															
	复位值	0	0	0	0	0	0	0	0	0	0	0	0	0	0	0	0	0	0	0	0	0	0	0	0	0	0	0	0	0	0	0	0
010h	ADC_SMPR2	采样时间位 SMPx_x																															
	复位值	0	0	0	0	0	0	0	0	0	0	0	0	0	0	0	0	0	0	0	0	0	0	0	0	0	0	0	0	0	0	0	0
014h	ADC_JOFR1	保留																				JOFFSET1[11:0]											
	复位值																					0	0	0	0	0	0	0	0	0	0	0	0
018h	ADC_JOFR2	保留																				JOFFSET2[11:0]											
	复位值																					0	0	0	0	0	0	0	0	0	0	0	0
01Ch	ADC_JOFR3	保留																				JOFFSET3[11:0]											
	复位值																					0	0	0	0	0	0	0	0	0	0	0	0
020h	ADC_JOFR4	保留																				JOFFSET4[11:0]											
	复位值																					0	0	0	0	0	0	0	0	0	0	0	0
024h	ADC_HTR	保留																				HT[11:0]											
	复位值																					0	0	0	0	0	0	0	0	0	0	0	0
028h	ADC_LTR	保留																				LT[11:0]											
	复位值																					0	0	0	0	0	0	0	0	0	0	0	0
02Ch	ADC_SQR1	保留									L[3:0]				规则通道序列 SQx_x 位																		
	复位值										0	0	0	0	0	0	0	0	0	0	0	0	0	0	0	0	0	0	0	0	0	0	0
030h	ADC_SQR2	保留		规则通道序列 SQx_x 位																													
	复位值			0	0	0	0	0	0	0	0	0	0	0	0	0	0	0	0	0	0	0	0	0	0	0	0	0	0	0	0	0	0
034h	ADC_SQR3	保留		规则通道序列 SQx_x 位																													
	复位值			0	0	0	0	0	0	0	0	0	0	0	0	0	0	0	0	0	0	0	0	0	0	0	0	0	0	0	0	0	0
038h	ADC_JSQR	保留											JL[1:0]		注入通道序列 JSQx_x 位																		
	复位值												0	0	0	0	0	0	0	0	0	0	0	0	0	0	0	0	0	0	0	0	0
03Ch	ADC_JDR1	保留																JDATA[15:0]															
	复位值																	0	0	0	0	0	0	0	0	0	0	0	0	0	0	0	0
040h	ADC_JDR2	保留																JDATA[15:0]															
	复位值																	0	0	0	0	0	0	0	0	0	0	0	0	0	0	0	0
044h	ADC_JDR3	保留																JDATA[15:0]															
	复位值																	0	0	0	0	0	0	0	0	0	0	0	0	0	0	0	0
048h	ADC_JDR4	保留																JDATA[15:0]															
	复位值																	0	0	0	0	0	0	0	0	0	0	0	0	0	0	0	0
04Ch	ADC_DR	ADC2DATA[15:0]																JDATA[15:0]															
	复位值	0	0	0	0	0	0	0	0	0	0	0	0	0	0	0	0	0	0	0	0	0	0	0	0	0	0	0	0	0	0	0	0

在库文件 STM32f103xb. h 中定义了 ADC 寄存器组的结构体 ADC_TypeDef：

```
typedef struct
{
    __IO uint32_t SR;
    __IO uint32_t CR1;
    __IO uint32_t CR2;
```

```
    __IO uint32_t SMPR1;
    __IO uint32_t SMPR2;
    __IO uint32_t JOFR1;
    __IO uint32_t JOFR2;
    __IO uint32_t JOFR3;
    __IO uint32_t JOFR4;
    __IO uint32_t HTR;
    __IO uint32_t LTR;
    __IO uint32_t SQR1;
    __IO uint32_t SQR2;
    __IO uint32_t SQR3;
    __IO uint32_t JSQR;
    __IO uint32_t JDR1;
    __IO uint32_t JDR2;
    __IO uint32_t JDR3;
    __IO uint32_t JDR4;
    __IO uint32_t DR;
} ADC_TypeDef;
#define PERIPH_BASE          0x40000000UL /*! <位绑定别名区外设基地址 */
…
#define APB2PERIPH_BASE        (PERIPH_BASE +0x00010000UL)
…
#define ADC1_BASE              (APB2PERIPH_BASE + 0x00002400UL)
…
#define ADC1                   ((ADC_TypeDef *)ADC1_BASE)
```

从上面的宏定义可以看出，EXTI 寄存器的存储映射首地址是 0x40012400。

10.6 ADC 初始化 HAL 库函数

初始化 ADC 是通过函数 HAL_ADC_Init()实现的，它位于 stm32f1xx_hal_adc.c 文件中。该函数的定义为：

```
HAL_StatusTypeDef HAL_ADC_Init(ADC_HandleTypeDef * hadc);
```

该函数只有一个入口参数 hadc，为 ADC_HandleTypeDef 结构体指针类型，结构体定义为：

```
typedef struct
{
    ADC_TypeDef              * Instance;         //ADC1/ ADC2/ ADC3
    ADC_InitTypeDef          Init;               //初始化结构体变量
    DMA_HandleTypeDef        * DMA_Handle;       //DMA 配置
    HAL_LockTypeDef          Lock;
```

```
__IO HAL_ADC_StateTypeDef       State;
  __IO uint32_t
#if (USE_HAL_ADC_REGISTER_CALLBACKS == 1)
  void (* ConvCpltCallback)(struct __ADC_HandleTypeDef *hadc);
  void (* ConvHalfCpltCallback)(struct __ADC_HandleTypeDef *hadc);
  void (* LevelOutOfWindowCallback)(struct __ADC_HandleTypeDef *hadc);
  void (* ErrorCallback)(struct __ADC_HandleTypeDef *hadc);
  void(* InjectedConvCpltCallback)(struct __ADC_HandleTypeDef *hadc);
  void (* MspInitCallback)(struct __ADC_HandleTypeDef *hadc);
  void (* MspDeInitCallback)(struct __ADC_HandleTypeDef *hadc);
#endif /* USE_HAL_ADC_REGISTER_CALLBACKS */
}ADC_HandleTypeDef;
```

其中，Init 是结构体 ADC_InitTypeDef 类型。结构体 ADC_InitTypeDef 的定义为：

```
typedef struct
{
  uint32_t DataAlign;
  uint32_t ScanConvMode;
  uint32_t NbrOfConversion;
  FunctionalState   DiscontinuousConvMode;
  uint32_t NbrOfDiscConversion;
  uint32_t ExternalTrigConv;
}ADC_InitTypeDef;
```

（1）DataAlign：转换结果数据对齐方式，可选择右对齐 ADC_DataAlign_Right 或左对齐 ADC_DataAlign_Left，一般选择右对齐方式。

（2）ScanConvMode：可选参数为 ENABLE 和 DISABLE，配置是否使用扫描模式。如果是单通道 A/D 转换，则使用 DISABLE；如果是多通道 A/D 转换，则使用 ENABLE，具体配置 ADC_CR1 的 SCAN 位。

（3）NbrOfConversion：转换通道数目（规则序列中有多个转换）。

（4）DiscontinuousConvMode：不连续采样模式，DISABLE。

（5）NbrOfDiscConversion：不连续采样通道数。

（6）ExternalTrigConv：外部触发选择，可根据项目需求配置触发源。

10.7　ADC 应用实例

1. 任务功能

读入 ADC1 通道 0 的电压，通过串口将电压值输出。可以给 ADC1 通道 0 提供一个稳定的输入电平，如 3.3V 的电压或 GND；若 ADC1 通道 0 悬空，则读入的电压约为 1.6V（3.3V 的一半）。

2. 硬件原理电路图

ADC1 引脚（PA0）如图 10-10 中的方框所示。

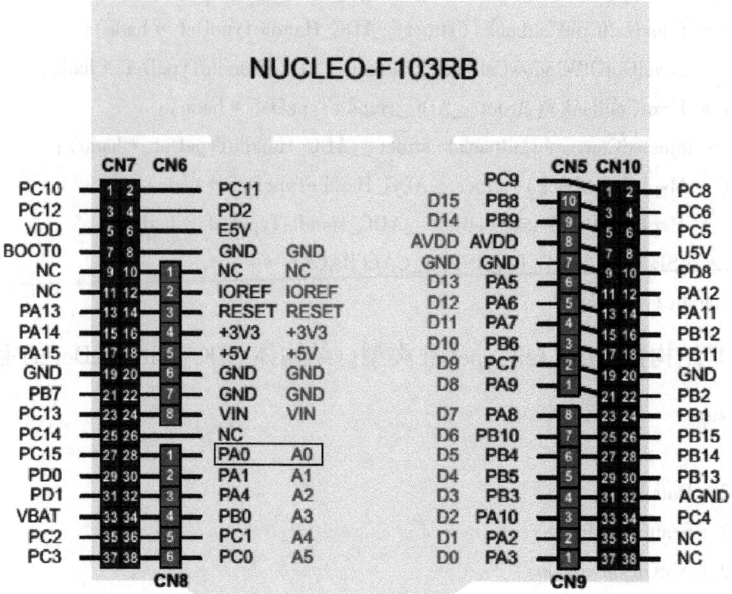

图 10-10 Nucleo-F103RB 引脚图

3. 程序分析

（1） MX_ADC1_Init(void)程序源代码：

```
ADC_HandleTypeDef hadc1;
DMA_HandleTypeDef hdma_adc1;

/* ADC1 初始化函数 */
void MX_ADC1_Init(void)
{
  ADC_ChannelConfTypeDef sConfig = {0};

  /** ADC 初始化基本配置
   */
  hadc1.Instance = ADC1;
  hadc1.Init.ScanConvMode = ADC_SCAN_DISABLE;          //扫描模式失能
  hadc1.Init.ContinuousConvMode = DISABLE;             //连续模式失能
  hadc1.Init.DiscontinuousConvMode = DISABLE;          //间断模式失能
  hadc1.Init.ExternalTrigConv = ADC_SOFTWARE_START;    //软件触发
  hadc1.Init.DataAlign = ADC_DATAALIGN_RIGHT;          //右对齐
  hadc1.Init.NbrOfConversion = 1;                      // 顺序规则转换的 A/D 通道数目
  if (HAL_ADC_Init(&hadc1) != HAL_OK)
```

```
  {
    Error_Handler();
  }
  /** 常规通道配置
   */
  sConfig.Channel = ADC_CHANNEL_0;
  sConfig.Rank = ADC_REGULAR_RANK_1;
  sConfig.SamplingTime = ADC_SAMPLETIME_1CYCLE_5;
  if (HAL_ADC_ConfigChannel(&hadc1, &sConfig) != HAL_OK)
  {
    Error_Handler();
  }

}
```

(2) HAL_ADC_Init(&hadc1):

```
HAL_StatusTypeDef HAL_ADC_Init(ADC_HandleTypeDef* hadc)
{
  HAL_StatusTypeDef tmp_hal_status = HAL_OK;
  uint32_t tmp_cr1 = 0U;
  uint32_t tmp_cr2 = 0U;
  uint32_t tmp_sqr1 = 0U;

...

#if (USE_HAL_ADC_REGISTER_CALLBACKS == 1)
    /* ADC 回调设置初始化 */
    hadc->ConvCpltCallback              = HAL_ADC_ConvCpltCallback;
    hadc->ConvHalfCpltCallback          = HAL_ADC_ConvHalfCpltCallback;
    hadc->LevelOutOfWindowCallback      = HAL_ADC_LevelOutOfWindowCallback;
    hadc->ErrorCallback                 = HAL_ADC_ErrorCallback;
    hadc->InjectedConvCpltCallback      = HAL_ADCEx_InjectedConvCpltCallback;

    if (hadc->MspInitCallback == NULL)
    {
      hadc->MspInitCallback = HAL_ADC_MspInit; /* MspInit 函数中的 ADC 弱定义函数  */
    }

    /* 初始化 ADC 硬件 */
    hadc->MspInitCallback(hadc);
#else
     HAL_ADC_MspInit(hadc);
#endif /* USE_HAL_ADC_REGISTER_CALLBACKS */
  }
```

```
  ...

  /*返回函数状态 */
  return tmp_hal_status;
}
```

（3）HAL_ADC_MspInit(hadc)：

```
void HAL_ADC_MspInit(ADC_HandleTypeDef* adcHandle)
{

  GPIO_InitTypeDef GPIO_InitStruct = {0};
  if(adcHandle->Instance==ADC1)
  {
  /*用户代码 ADC1_MspInit 0 开始 */

  /*用户代码 ADC1_MspInit 0 结束 */
    /*使能 ADC1 时钟 */
    __HAL_RCC_ADC1_CLK_ENABLE();

    __HAL_RCC_GPIOA_CLK_ENABLE();
    __HAL_RCC_GPIOB_CLK_ENABLE();
    /**ADC1 的 GPIO 配置
    PA0-WKUP     ------> ADC1_IN0
    PA1     ------> ADC1_IN1
    PA4     ------> ADC1_IN4
    PB0     ------> ADC1_IN8
     */
    GPIO_InitStruct.Pin = GPIO_PIN_0|GPIO_PIN_1|GPIO_PIN_4;
    GPIO_InitStruct.Mode = GPIO_MODE_ANALOG;
    HAL_GPIO_Init(GPIOA, &GPIO_InitStruct);

    GPIO_InitStruct.Pin = GPIO_PIN_0;
    GPIO_InitStruct.Mode = GPIO_MODE_ANALOG;
    HAL_GPIO_Init(GPIOB, &GPIO_InitStruct);

    /*ADC1 的 DMA 初始化 */
    hdma_adc1.Instance = DMA1_Channel1;     //设置 DMA 的 ADC1 通道
    hdma_adc1.Init.Direction = DMA_PERIPH_TO_MEMORY;
    hdma_adc1.Init.PeriphInc = DMA_PINC_DISABLE;
    hdma_adc1.Init.MemInc = DMA_MINC_ENABLE;
    hdma_adc1.Init.PeriphDataAlignment = DMA_PDATAALIGN_HALFWORD;
    hdma_adc1.Init.MemDataAlignment = DMA_MDATAALIGN_HALFWORD;
    hdma_adc1.Init.Mode = DMA_NORMAL;
    hdma_adc1.Init.Priority = DMA_PRIORITY_LOW;
```

```
    if (HAL_DMA_Init(&hdma_adc1) != HAL_OK)
    {
      Error_Handler();
    }

    __HAL_LINKDMA(adcHandle,DMA_Handle,hdma_adc1);

  /* 用户代码 ADC1_MspInit 1 开始 */

  /* 用户代码 ADC1_MspInit 1 结束 */
  }
}
```

(4) main (void):

```
#define SAMPLE_NUM 10U


int main(void)
{
    uint32_t AD_Sum = 0;
    float AD_Value = 0.0;
  HAL_Init();
  SystemClock_Config();
    Delay_Init(72);
  MX_GPIO_Init();
  MX_DMA_Init();
  MX_ADC1_Init();
  MX_USART2_UART_Init();

  while (1)
  {
          for(uint8_t i=0;i<SAMPLE_NUM;i++)
          {
                  HAL_ADC_Start(&hadc1);                          // 开启 ADC 中断转换
                  HAL_ADC_PollForConversion(&hadc1, 10);          //等待转换结束
  if(HAL_IS_BIT_SET(HAL_ADC_GetState(&hadc1), HAL_ADC_STATE_REG_EOC))
                  {
                      AD_Sum+=HAL_ADC_GetValue(&hadc1);
                  }
          }
      AD_Value = (float)AD_Sum/SAMPLE_NUM * 3.3/4096;//均值滤波，2^12=4096
          AD_Sum = 0;
          printf("AD:%.2f\r\n",AD_Value);
```

```
            delay_ms(10);
        }
    }
```

(5) DMA1_Channel1_IRQHandler(void):

```
void DMA1_Channel1_IRQHandler(void)
{
  /*用户代码 DMA1_Channel1_IRQn 0 开始*/

  /*用户代码 DMA1_Channel1_IRQn 0 结束 */
  HAL_DMA_IRQHandler(&hdma_adc1);
  /*用户代码 DMA1_Channel1_IRQn 1 开始 */

  /*用户代码 DMA1_Channel1_IRQn 1 结束 */
}
```

(6) DMA1_Channel1_IRQHandler(void):

```
  void HAL_DMA_IRQHandler(DMA_HandleTypeDef *hdma)
{
  uint32_t flag_it = hdma->DmaBaseAddress->ISR;
  uint32_t source_it = hdma->Instance->CCR;

  /*传输过半中断管理 ********************************/
  if (((flag_it & (DMA_FLAG_HT1 << hdma->ChannelIndex)) != RESET) && ((source_it &
DMA_IT_HT) != RESET))
  {
    /*如果 DMA 模式不是循环传输，则失能传输过半中断 */
    if((hdma->Instance->CCR & DMA_CCR_CIRC) == 0U)
    {
      /*失能传输过半中断 */
      __HAL_DMA_DISABLE_IT(hdma, DMA_IT_HT);
    }
    /*清除传输过半标志 */
    __HAL_DMA_CLEAR_FLAG(hdma, __HAL_DMA_GET_HT_FLAG_INDEX(hdma));

    /*在传输过半事件中，DMA 外设状态不更新，但在传输完成事件中更新 */

    if(hdma->XferHalfCpltCallback != NULL)
    {
      /*传输过半回调 */
      hdma->XferHalfCpltCallback(hdma);
    }
  }
```

```
  /* 传输完成中断管理 ************************************/
  else if (((flag_it & (DMA_FLAG_TC1 << hdma->ChannelIndex)) != RESET) && ((source_it &
DMA_IT_TC) != RESET))
  {
    if((hdma->Instance->CCR & DMA_CCR_CIRC) == 0U)
    {
      /* 失能传输完成和传输出错中断 */
      __HAL_DMA_DISABLE_IT(hdma, DMA_IT_TE | DMA_IT_TC);

      /* 改变 DMA 的状态 */
      hdma->State = HAL_DMA_STATE_READY;
    }
    /* 清除传输完成标志 */
      __HAL_DMA_CLEAR_FLAG(hdma, __HAL_DMA_GET_TC_FLAG_INDEX(hdma));

    /* 解锁 DMA */
    __HAL_UNLOCK(hdma);

    if(hdma->XferCpltCallback != NULL)
    {
      /* 传输完成回调 */
      hdma->XferCpltCallback(hdma);
    }
  }

  /* 传输出错中断管理 ****************************************/
  else if (( RESET != (flag_it & (DMA_FLAG_TE1 << hdma->ChannelIndex))) && (RESET !=
(source_it & DMA_IT_TE)))
  {
    /* 当 DMA 传输出错时，硬件清除它的使能位，失能所有 DMA 中断 */
    __HAL_DMA_DISABLE_IT(hdma, (DMA_IT_TC | DMA_IT_HT | DMA_IT_TE));

    /* 清除所有标志位 */
    hdma->DmaBaseAddress->IFCR = (DMA_ISR_GIF1 << hdma->ChannelIndex);

    /* 更新出错代码 */
    hdma->ErrorCode = HAL_DMA_ERROR_TE;

    /* 改变 DMA 的状态 */
    hdma->State = HAL_DMA_STATE_READY;

    /* 解锁 DMA */
    __HAL_UNLOCK(hdma);
```

```
    if (hdma->XferErrorCallback != NULL)
    {
      /* 传输出错回调 */
      hdma->XferErrorCallback(hdma);
    }
  }
  return;
}
```

第 11 章　实时操作系统基础

ARM 已经将强大的操作系统（Operating System，OS）和底层硬件分隔开来，学习 ARM 其实就是在学习操作系统。这就好像我们今天学习计算机的使用，其实主要是在学习 Windows 操作系统的使用。

11.1　操作系统

操作系统是控制和管理计算机系统各种资源（硬件资源、软件资源和信息资源）、合理组织计算机系统工作流程、提供用户与计算机之间的接口以解释用户对机器的各种操作需求，并完成这些操作的一组程序集合，是最基本、最重要的系统软件。

11.1.1　操作系统的层次

如图 11-1 所示，操作系统是用户与计算机之间的接口，为其他软件的建立和运行提供基础。

图 11-1　操作系统是用户与计算机之间的接口

操作系统是计算机硬件的封装和功能的扩充。如图 11-2 所示，在使用计算机时，如果用户面对的是一台由硬件组成的裸机，那么用户就不得不使用低级语言来编写指挥硬件的程序。例如，需要从磁盘中读取一批数据，凡涉及读取磁盘数据工作的每个步骤和细节，包括给出磁头号、驱动步进电机并命令磁头移动到给定的磁道位置，以及给出扇区号、等待磁头和扇区移动到合适位置、读出数据等一系列的繁杂动作，都需要用户自己来编写程序。诸如此类的事情，在计算机应用中还有许多。显然，上述这些程序设计工作对普通计算机用户来说是极其困难和艰巨的，因为其必须既通晓计算机硬件的所有技术细节，又精通汇编语言程序设计。

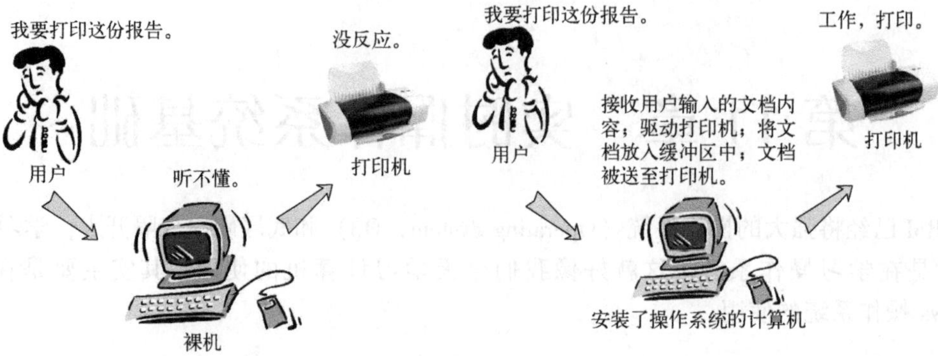

图 11-2　操作系统的基本功能

但是，人们发现，这些实现硬件操作的汇编语言程序功能模块都有一个共同的特点，即它们都具有很强的通用性，具有大多数应用程序都会用到的通用功能。于是请一些通晓计算机硬件工作机理并精通汇编语言程序设计的人来编写这些程序功能模块，通过这些程序功能模块与高级语言对接的接口向用户提供服务，并把这些程序功能模块作为一种通用软件提供给用户。这样，用户在装有这种通用软件的计算机上编写高级语言程序就非常容易和方便了。

例如，还是上面说的从磁盘中读取一批数据这项工作，如果系统中已经有 3 个具有具体接口的汇编语言程序功能模块：磁头移动并定位模块、读磁盘数据模块和写入磁盘模块，那么用户的工作就简单多了，用户只需在自己的应用程序中，通过调用简单的、高度抽象的接口模块即可。对磁盘而言，一种典型的抽象是磁盘内包含一组文件，每个文件都有一个文件名。在访问其中一个文件之前，首先要打开这个文件，然后才能对它进行读/写操作。在使用完文件之后，还要关闭文件。以上就是磁盘的抽象，至于底层的实现细节，如数据的记录格式、电机的当前状态等对程序员来说是透明的，是无须了解的。负责将硬件技术细节与程序员隔离开来，并提供简单、方便的文件访问方式的程序就是操作系统。除磁盘硬件外，它还隐藏了许多其他的底层特性，如中断、时钟、存储管理等。对于每种硬件，操作系统都提供了一个简单、有效的抽象接口。操作系统扩充了计算机硬件的功能，使得带有操作系统的计算机比只有硬件的计算机功能更强大、更容易编程，因此，可以说操作系统是对计算机硬件的软件封装，它为应用程序设计人员提供了更便于使用的虚拟机（Virtual Machine）。

由于对应每个 CPU 的硬件平台都是通用的、固定的、成熟的，因此，在开发过程中减少了硬件系统错误的引入机会；同时，由于操作系统屏蔽了底层硬件的很多信息，因此开发人员通过操作系统提供的 API 函数就可以完成大部分工作，简化了开发过程，提高了系统的稳定性。综上所述，在操作系统的支持下，开发人员的主要工作就是编写特定的应用程序。

下面用一个“hello, world!!”的例子来解释操作系统的功能。首先，假设用 C++语言来写这个程序；接着，编译器会编译它；然后把这个源文件和动态链接库里面的源文件的库函数通过链接器变成 .exe 文件；最后，这个应用程序就会基于操作系统控制计算机硬件，让“hello, world!!”在显示器上显示出来，如图 11-3 所示。

“Hello, world!!”是写在程序里面的，下面来看其具体的传递过程。这句话由 printf 语句传递给库函数；库函数也是一些语句，它会调用操作系统的一些接口函数；接口函数操作硬件。从应用程序开发的角度来看，操作系统隐藏了硬件操作的细节，如图 11-4 所示。

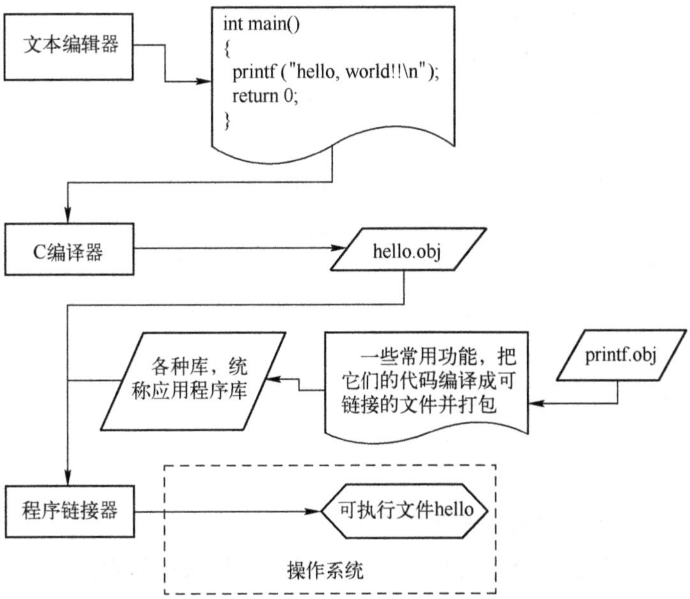

图 11-3　“hello,world!!”程序编译过程

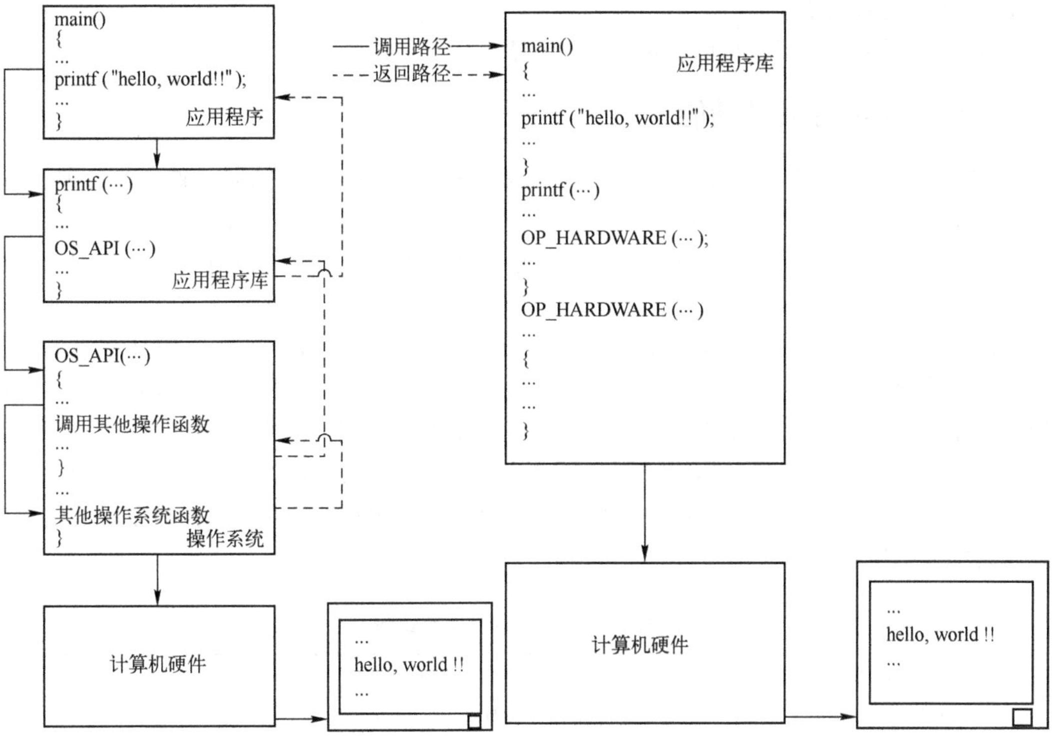

图 11-4　“hello,world!!”程序编译过程中的文件

上述 C 代码操作系统隐藏的细节如下。

☺ 用户告诉操作系统执行程序。

☺ 操作系统找到该程序，检查其类型。

☺ 操作系统检查程序首部，找出正文和数据的地址。

☺ 文件系统找到第一个磁盘块。
☺ 父进程需要创建一个新的子进程，执行程序。
☺ 操作系统需要将执行文件映射到进程结构中。
☺ 操作系统设置 CPU 上下文环境，并跳到程序开始处。
☺ 执行程序的第一条指令，若失败，则缺页中断发生；
☺ 操作系统分配一页内存，并将代码从磁盘读入，继续执行。
☺ 更多缺页中断发生，读入更多页面。
☺ 计算机执行系统调用，在文件描述符中写一个字符串。
☺ 操作系统检查字符串的位置是否正确。
☺ 操作系统找到字符串被送往的硬件设备。
☺ 该硬件设备是一个伪终端，由一个进程控制。
☺ 操作系统将字符串送给该进程。
☺ 该进程告诉窗口系统它要显示字符串。
☺ 窗口系统确定这是一项合法的操作，并将字符串转换成像素。
☺ 窗口系统将像素写入存储映像区。
☺ 视频硬件将像素转换成一组模拟信号来控制显示器（重画屏幕）。
☺ 显示器发射电子束。
☺ 用户在屏幕上看到“hello,world!!”字样。

11.1.2 操作系统的功能

操作系统是计算机资源的管理者。现代计算机都包含 CPU、存储器、磁盘等各种设备，操作系统的任务就是如何有序地在相互竞争的程序之间分配这些硬件资源。当一台计算机（或一个网络）有多个用户时，由于用户之间可能会相互干扰，因此必须更好地管理和保护存储器、I/O 设备和其他各种资源。此外，在不同的用户之间，不仅需要共享硬件设备，有时还需要共享信息（文件、数据库等）。总之，从资源管理器的角度来说，操作系统的主要任务是跟踪资源的使用状况、满足资源请求、提高资源利用率，以及协调不同程序和用户对资源的访问冲突。资源管理主要包括两种形式的资源共享：时间资源共享和设备资源共享。所谓时间资源共享，就是指各程序或用户轮流使用该资源。该资源能否被有效地利用取决于系统在运行程序时如何组织。与冯·诺依曼计算机体系结构硬件相对应，操作系统的主要功能，如表 11-1 所示。

表 11-1 操作系统的主要功能

计算机的组成		操作系统管理
运算器和控制器		进程管理：完成 CPU 资源的分配调度等
存储器	内存	内存管理：提高内存利用率，提供足够的存储空间，方便用户使用
	外存	文件系统：解决软件资源的存储、共享、保密和保护方面的问题
I/O 接口	I/O 管理	保证 CPU 与 I/O 设备有效传输数据
	网络管理	方便网络开发及应用

11.1.3　操作系统的服务

在大多数工程师的脑海里，好像操作系统只是台式计算机上的事情，对于很多嵌入式芯片，如单片机、DSP 等运行类似 Windows 的操作系统是不可思议的事情，而且也没有必要，系统只需在加电或复位后，从 0 地址执行程序，并加上一些必不可少的中断即可。对于简单的硬件和任务，确实并不需要专用的操作系统，工程师在写软件时，已经把应用程序和操作系统结合到了一起，任何程序都是先进行各种初始化（相当于操作系统），再执行应用程序。但是，随着系统的复杂程度和用户需求的提高，可能会需要操作系统作为嵌入式系统启动后首先执行的背景程序，用户的应用程序是运行于操作系统之上的各个任务，操作系统根据各个任务的要求，完成诸如内存管理、多任务管理、周边资源的管理工作，使程序员能够专注于系统的功能和应用。例如，要在一个 ARM 上开发一个 TCP/IP 网络，不用操作系统也是可以的，但开发工作将变得异常艰难，而且开发出来的程序面临稳定性差、移植困难等问题，并且 TCP/IP 网络还会遇到如下问题。

☺ 必须随时“知道”网络数据进入了目标平台。

☺ 必须随时“知道”用户是否打算停止数据的传输。

☺ 必须随时“知道”某个网络的状态是否超时。

就上述 3 个问题，如果没有操作系统，只靠程序员检查这些状态，那么将是一件非常可怕的事情；而且对这个程序进行移植将是每个程序员都想回避的事情，更不必说系统中有 USB、声卡等情况了。而一旦采用操作系统，这一切就会变得很简单。

因此，可以说操作系统是一组“管理各种资源以便执行应用程序”的程序，它能提供的服务如下。

（1）分工：独立管理复杂环境中的设备（硬件）。

（2）合作：以任务为载体，中心就是“让 CPU 执行存储在外存上的程序”，各部件合作完成任务（软件）。

（3）协同：“合作”和“同步”，以及“自动化”和“最优化”地完成任务。

11.2　进程和线程

11.2.1　任务

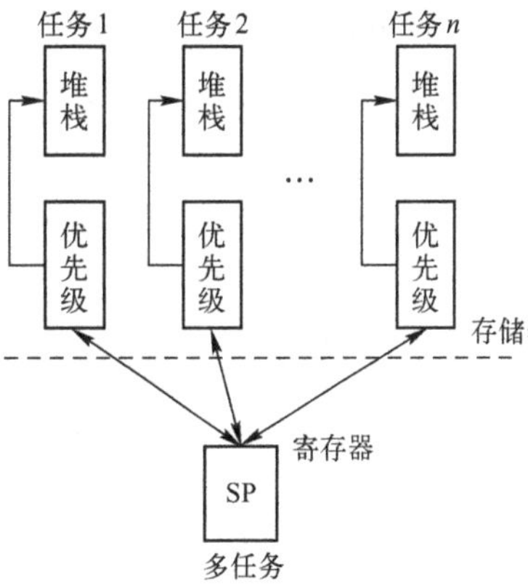

图 11-5　任务

在操作系统中，具体的工作以任务的形式来完成。任务是一个简单的程序，该程序可以认为 CPU 只属于自己。任务可以定义为“可以和其他程序并发执行的一次程序执行”。应用程序的设计过程包括如何把问题分割成多个任务，每个任务都是整个应用的一部分。

如图 11-5 所示，当多任务内核决定运行另外的任务时，它保存正在运行任务的当前状态，即 CPU 寄存器中的全部内容。这些内容保存在任务自己的堆栈中；入栈工作完成以后，就把下一个将要运行任务的当前状态从该任务的堆栈中重新装入CPU寄存器中，并开始下一个任务的运行，这个过程叫作任务调度。任务调度过程增加了应用程序的额外负荷。CPU的内部寄存器越多，额外负荷就越重。任务调度所需的时间取决于CPU有多少个寄存器要入栈。

在多任务系统中，内核负责管理各个任务，或者说为每个任务分配CPU时间，并负责任务之间的通信。可以说，任务调度就是任务运行环境的切换。而任务运行环境保存在任务的栈中。

任务有就绪、运行和阻塞3种基本状态。就绪状态是指任务具备运行的所有条件，逻辑上可以运行，在等待处理；运行状态是指任务占有CPU且正在运行；阻塞状态是指任务在等待一个事件（如某个信号量）发生，逻辑上不可执行。

与系统时间相关的事件称为同步事件，驱动的任务为同步任务；随机发生的事件称为异步事件，驱动的任务为异步任务，如中断等。

任务有5个特征：动态性、独立性、并发性、异步性和虚拟性。

(1) 任务的动态性。

任务不像静态的乐谱，任务像动态的演奏，如图11-6所示。任务是有生命周期的：由创建而产生；被调度而执行；为等待而暂停（等待某种资源、等待I/O完成）；因完成而消亡。

图11-6 任务的动态性

(2) 任务的独立性。

独立性指任务不能彼此直接调用，也不能直接进行数据交换，如图11-7所示。

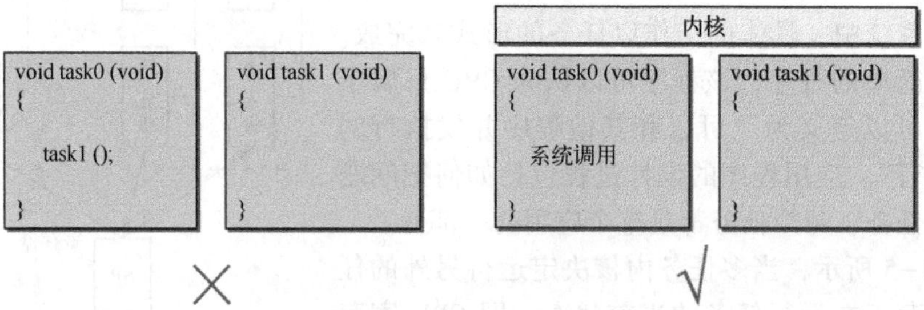

图11-7 任务的独立性

(3) 任务的并发性。

并发与共享即在系统中（内存）同时存在几个相互独立的程序，这些程序在系统中既交叉地运行，又共享系统中的资源，从宏观上看，这些子程序是同时向前推进的。在单 CPU 上，这些并发执行的程序是交替在 CPU 上运行的，如图 11-8 所示。程序的并发性体现为以下两方面：用户代码与用户代码之间的并发执行，用户代码与操作系统程序之间的并发执行。并发与共享会引起一系列的问题，包括对资源的竞争、运行程序之间的通信、程序之间的合作与协同等。

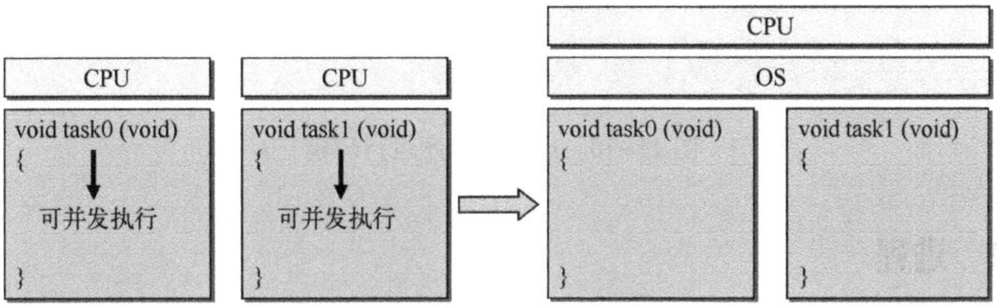

图 11-8　任务的并发性

(4) 任务的异步性。

每个进程都以自己独立的、不可预知的速度进展。异步性的表现是不确定性。同一程序和数据的多次运行可能得到不同的结果；程序的运行时间、运行顺序也具有不确定性；外部输入的请求、运行故障发生的时间难以预测，这些都是不确定性的表现。

(5) 任务的虚拟性。

任务的虚拟性是指通过技术将一个物理实体变成若干逻辑上的对应物。在操作系统中，虚拟主要通过分时实现。显然，如果 n 是某一物理设备对应的虚拟逻辑设备数，则虚拟逻辑设备的速度必然是物理设备速度的 $1/n$。

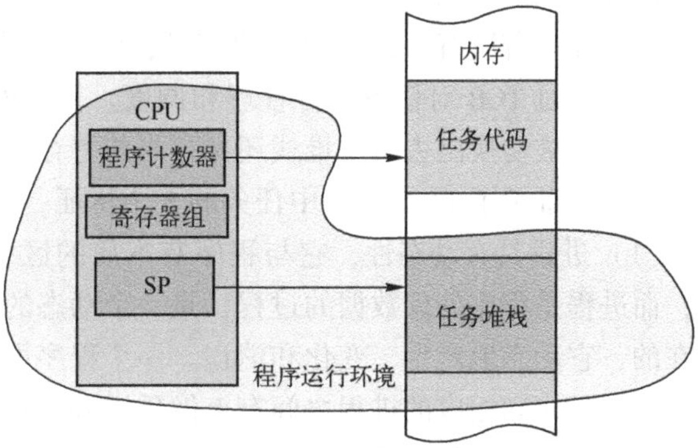

图 11-9　每个任务的运行环境

每个任务的运行环境如图 11-9 所示。虚拟使得相互独立的任务各自拥有一个 CPU，如图 11-10 所示，每个 CPU 各自执行各自的任务，此即任务的并行执行。但实际上，CPU 只有一个，即操作系统为每个任务虚拟了一个 CPU。此外，任务应用的内存也被虚拟化，用户感觉到的内存大于实际内存。

理解操作系统，最重要的是对任务的理解。简单来说，每个任务就是一个应用，即相当于写单机程序（裸机程序）时的每个 main( ) 函数。通常，每个任务都有一个 while 循环函数，且始终不会跳出这个循环函数（在特殊情况下，任务也可以被删除或自己删除自己）。另外，要理解任务之间的同步和通信，这就需要引入信号量、消息队列等概念。

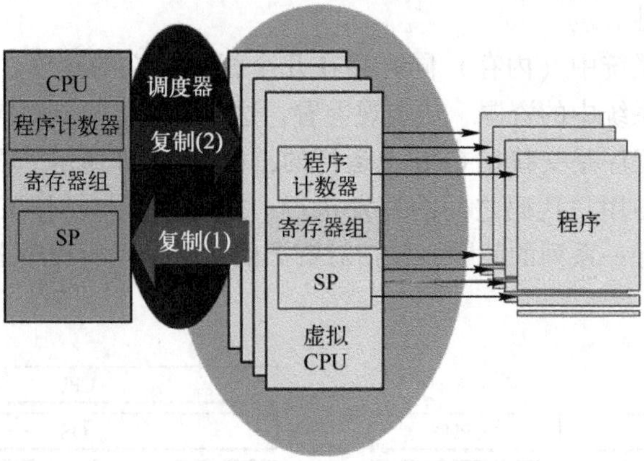

图 11-10　虚拟的程序运行环境

11.2.2　进程

进程是具有一定独立功能的无限循环程序在一个数据集合上的一次动态执行过程。

进程可静态地表示成以下 3 部分。

（1）程序部分：指示处理机完成本进程所需的操作，如果一个进程的程序部分调用其他程序段，那么这些程序段也属于该进程的程序部分。

（2）数据空间（堆栈）：执行进程的程序时所需的数据区和工作单元。

（3）任务控制块（Task Control Block，TCB）：一个数据结构，用来跟踪记录进程动态变化的各种调度信息。

TCB 保存着所有与进程相关的信息，包括堆栈的指针和优先级，在任务的整个生命期内，系统通过 TCB 对任务进行管理和调度。任务的堆栈用来保存任务分配的局部变量；此外，当任务被切换出去时，堆栈还保存当前寄存器的值。

进程也继承了 11.2.1 节中任务的 5 个特征。

（1）进程具有动态性，它与程序有本质的区别。程序是指令的集合，是一个静态的概念；而进程是程序处理数据的过程，是一个动态的概念。程序可以长期保存，而进程是暂时存在的，它动态地产生、变化和消亡。一个程序可以对应多个进程，而一个进程只能对应一个程序。程序和相应的进程之间有点像乐谱和相应的演奏之间的关系，乐谱可以长期保存，而演奏是动态的过程。乐谱和演奏之间并不一一对应。同一份乐谱可以被多次演奏，一次演奏也可以综合多份乐谱。类似地，进程和程序也不一一对应。有的进程对应一个程序，有的程序可被属于不同进程的几个程序调用，每调用一次就对特定数据进行一次处理，而这仅仅是相应进程的一部分。另外，一个程序运行在不同的数据集合上可直接构成不同的进程。

（2）并发性是进程的另一个重要特征，指不同进程的动作在时间上可以重叠，即一个进程的第一个动作可在另一个进程结束之前开始。系统中同时存在多个进程，各进程按各自的、不可预知的速度异步前进。进程具有并发性，宏观上同时运行；程序本身具有顺序性，程序的并发执行是通过进程实现的。

（3）进程具有独立性，是一个能独立运行的单位，是系统资源分配的基本单位，也是运行调度的基本单位；程序本身没有此特性。

（4）进程异步前进，会相互制约；程序不具备此特性。

(5) 进程实体具有一定的结构，组成进程映象；程序没有这种结构。

(6) 进程和程序无一一对应关系，一个进程可顺序执行多个程序；一个程序可由多个进程公用。

11.2.3 线程

假设一个文本程序需要接收键盘输入，将内容显示在屏幕上，还需要保存内容到硬盘中。若只有一个进程，则势必造成同一时间只能做一件事（例如，在保存信息时，不能通过键盘输入内容）。若有多个进程，每个进程负责一个任务，如进程 A 负责接收键盘输入的任务，进程 B 负责将内容显示在屏幕上的任务，进程 C 负责保存内容到硬盘中的任务。这里的进程 A、B、C 之间的协作涉及进程通信问题，而且有共同需要拥有的东西——文本内容，不停地切换造成 CPU 资源的损失。若有一种机制，可以使进程 A、B、C 共享资源，则上下文切换所需保存和恢复的内容就少了，同时可以降低由通信带来的性能损耗，这种机制就是线程。

多线程处理一个常见的例子就是用户界面。例如，微软的 Word 软件运行起来可以在 Windows 任务管理器的进程页面看到 WINWORD. EXE 进程，如图 11-11 所示。当用户按下一个用于保存或编辑的按钮时，启动的是保存或编辑线程，程序会立即做出响应，而不是让用户等待程序完成当前任务以后才开始响应。

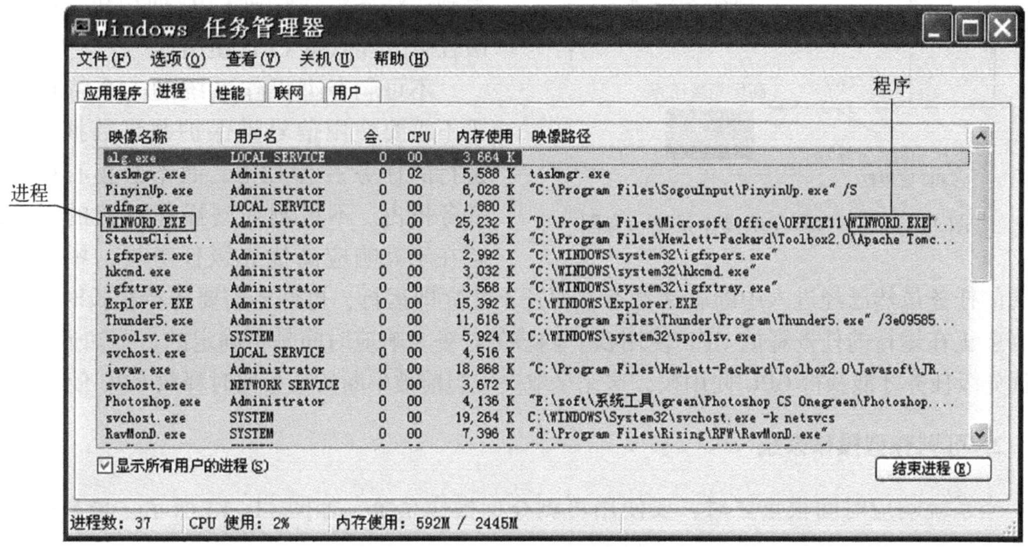

图 11-11　进程实例

总之，进程是资源分配的最小单位，线程是 CPU 调度的最小单位。进程有独立的地址空间，线程没有独立的地址空间（同一进程内的线程共享进程的地址空间）。

11.3 实时操作系统

为什么需要实时操作系统 RTOS 呢？简单单片机开发所需资源少、并行需求小，纯裸机程序即可；复杂单片机开发所需资源多、并行需求和实时需求均有，需要实时操作系统来帮助开发。

11.3.1 可剥夺型操作系统和不可剥夺型操作系统

调度决定运行哪个任务。多数实时操作系统都基于优先级调度法。每个任务根据其重要程度的不同被赋予一定的优先级。基于优先级调度法时，CPU 总让处在就绪状态的优先级最高的任务先运行。

究竟何时让高优先级任务获得 CPU 使用权呢？有两种不同的情况，这要看使用的是什么类型的操作系统，是不可剥夺型（Non-Preemptive）操作系统还是可剥夺型（Preemptive）操作系统。

1. 不可剥夺型操作系统

如图 11-12 所示，不可剥夺型操作系统要求每个任务自我释放 CPU 使用权。异步事件还是由中断服务来处理。中断服务请求可以使一个高优先级任务由挂起状态变为就绪状态。但在有高级中断服务请求以后，CPU 使用权还是会属于被中断的那个任务，直到该任务主动释放 CPU 使用权，高优先级任务才能获得 CPU 使用权。

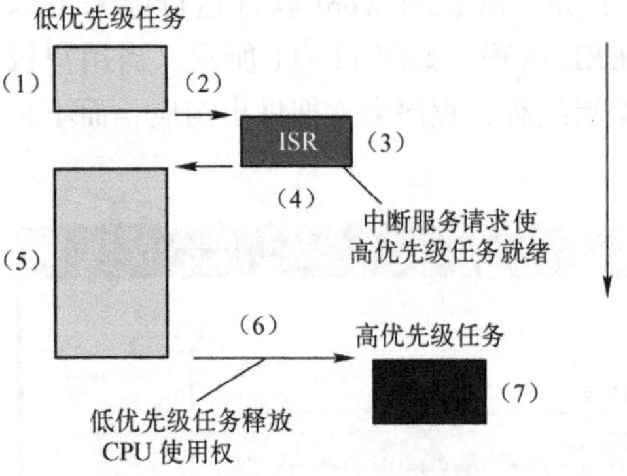

图 11-12　不可剥夺型操作系统示意图

不可剥夺型操作系统的一个特点是几乎不需要使用信号量保护共享数据。正在运行的任务占有 CPU，而不必担心被别的任务抢占。不可剥夺型操作系统的最大缺陷在于其响应高优先级任务慢，中断优先级高的任务虽然已经进入中断就绪状态，但还不能立即运行，也许还需要等待很长时间，直到当前正在运行的任务释放 CPU 使用权。内核的任务及响应时间是不确定的，不知道何时最高优先级任务才能获得 CPU 使用权，这完全取决于当前被中断的任务何时释放 CPU 使用权。

2. 可剥夺型操作系统

当系统响应时间很重要时，要使用可剥夺型操作系统，如图 11-13 所示。最高优先级任务一旦就绪，就总能获得 CPU 使用权。即当一个任务在运行时，另一个比它的优先级高的任务进入了就绪状态，当前任务的 CPU 使用权就被优先级高的任务剥夺了，或者说当前任务被挂起了。

在使用可剥夺型操作系统时，应用程序应使用可重入型函数，其在被多个任务同时调用时，不必担心会破坏数据。

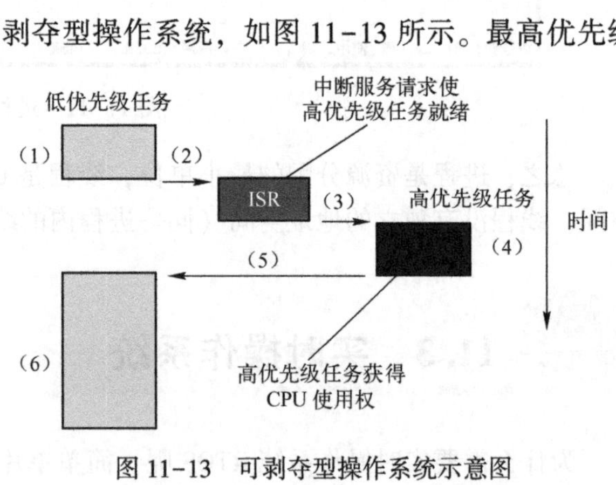

图 11-13　可剥夺型操作系统示意图

11.3.2 实时操作系统的定义

实时操作系统（Real Time Operate System，RTOS）是指在外界事件或数据产生时，能够以足够快的速度予以处理，处理结果又能在规定的时间内控制生产过程，并使所有实时任务协调一致运行的操作系统。实时操作系统能够在限定的时间内执行完成所规定的任务，并能够在限定的时间内对外部的异步事件做出响应。

实现实时系统的途径如下。

☺ 使用硬件的功能。

☺ CPU 的中断机制。

☺ 简单的单线程循环程序。

☺ 基于实时操作系统的复杂多线程程序。

对实时系统的两个基本要求如下。

（1）实时系统的计算必须产生正确的结果，称为逻辑或功能正确。

（2）实时系统的计算必须在预定的时间内完成，称为时间正确。

在实时操作系统中，一般将由外部中断引起的需求称为事件，它是环境向实时操作系统的输入。在设计一个实时操作系统时，需要考虑每个事件的最大发生频率、每个事件的处理程序的最长执行时间和每个事件的时限（Deadline）。响应时间必须小于时限。

在复杂的系统中，事件的响应时间受操作系统和其他任务的影响。具体有下面 4 个因素影响响应时间。

（1）处理事件的任务执行时间，指在没有资源竞争的情况下执行完任务的时间。

（2）中断处理占用的时间。

（3）更高优先级任务占用的时间。

（4）由于共享资源的竞争导致低优先级任务占用资源。

在这 4 个因素中，因素（1）是可以预先确定的。因素（2）由中断发生的频率和中断服务程序的执行时间决定，这部分时间用中断发生的最高频率来估算，也是可以确定上界的。因素（3）由系统中更高优先级任务决定，如果目标任务是最高优先级任务，那么它不会被其他任务抢占。因素（4）由资源的共享和竞争引起。一个优良的设计应该尽量避免其他任务与关键任务竞争资源，并充分考虑资源竞争产生的影响。

实时操作系统设计原则：采用各种算法和策略，始终保持系统行为的可预测性，即在任何情况下，在系统运行的任何时刻，操作系统的资源配置策略都能为争夺资源（包括 CPU、内存、网络带宽等）的多个实时任务合理地分配资源，使每个实时任务的实时性要求都能得到满足。

根据对时间苛刻程度的要求，实时操作系统又可以分为硬实时操作系统和软实时操作系统。硬实时操作系统指的是在规定的时限内，若没有计算出正确的结果，则将引起灾难性的后果。例如，在飞机、火车刹车系统的控制中，必须在规定的时限内计算出正确的结果，否则后果不堪设想。软实时操作系统相对来说对时间的要求宽松一些，一般来说，它在规定的时限内计算不出正确的结果会给整个控制过程带来一些影响，但不是灾难性的。当然，这些时限都是以计算出正确的结果为前提的。实时操作系统在嵌入式系统结构中的位置如图 1-11 所示。

目前，市场上常见的商用实时操作系统如下。

☺ μC/OS-II、μC/OS-III。

☺ FreeRTOS。

☺ Nucleus RTOS。

☺ RTLinux（需要 MMU 支持）。

☺ QNX（需要 MMU 支持）。

☺ VxWorks。

☺ WindRiver。

☺ eCos。

☺ RTEMS。

其中，除 FreeRTOS、RTLinux 和 RTEMS 是免费的之外，其余都是需要商业授权的。μC/OS-II 和 FreeRTOS 是常用的实时操作系统，而 VxWorks 是安全性公认最佳的实时操作系统，应用于航空航天、轨道交通和卫星领域。如果系统中需要使用复杂的文件、数据库、网络等功能，那么以 Linux 为基础的 RTLinux 是比较好的选择；但是，如果系统对实时性和确定性的要求非常高，那么可以使用较为简单的实时操作系统，如 μC/OS-II，并根据需要开发通信协议或软件包。总体来说，操作系统的复杂性与应用软件的复杂性是一致的。同时，功能上更复杂的实时操作系统对硬件系统资源的需求也更高。

11.3.3 实时操作系统的特点

IEEE 的实时 UNIX 分委会认为实时操作系统应具备的特点如下。

（1）异步事件响应快。系统的服务时间是可知的。应用程序为了知道某个任务所需的确切时间，系统提供的所有服务的运行时间必须是可知的。

（2）切换时间和中断延迟是确定的。中断延时必须尽可能小。由于中断过程会影响系统任务的正常执行，因此，为了保护系统任务的正常调度和运行且在适当的时限内，要求中断延时必须尽可能小。

（3）优先级中断和调度可预测。进程调度延时必须可预测且应尽可能小。多任务必然存在任务切换。当然，任务切换需要按照一定的规则进行，这项工作一般是由调度器完成的。调度器调度的过程需要一段时间。为了满足实时性要求，要求这个延时尽可能小且可预测，即在最坏情况下也要满足实时性要求。

（4）可剥夺调度。实时操作系统内核是可剥夺的。若内核是不可剥夺的，则一个任务运行完成以后自动释放 CPU 使用权，而在这个任务没有释放 CPU 使用权以前，CPU 使用权是不可剥夺的，此时，这个系统显然没有实时性可言。因此，现在的实时操作系统都设计成内核可剥夺的。这样，按照一定的规则，当有高优先级任务就绪时，就剥夺当前任务的 CPU 使用权以获得运行机会。

（5）内存锁定。在实时环境中，进程必须能够保证可连续驻留在内存中，以减小延时并防止换页和交换。

（6）连续文件。操作系统的文件管理分连续存储空间管理和离散存储空间管理。连续存储空间管理包括连续分配，离散存储空间管理包括链接分配和索引分配。连续分配的读/写速度快，缩短了寻址时间。

（7）任务同步。两个任务间的同步常常采用两个信号量来完成。也就是说，当两个任务在各自不同的节点上需要与对方同步时，双方通过相应的信号量来实现同步。例如，当两个任务正在执行时，第一个任务到达某个节点时会通过一个信号量通知第二个任务其已经到达同步点，并将自己阻塞，等待第二个任务返回一个信号；当第二个任务到达相应的同步点时，它也会通过一个信号量给第一个任务发出一个信号，告诉对方它已经到达同步点，两个任务将在各自的同步点上协调同步执行。

实时操作系统常给人一些印象：响应速度快、吞吐量（吞吐量是在给定时间内系统可以处理的事件总数）大、代码精简、代码规模小，但这些都不是实时操作系统独有的。

(1) 非实时操作系统的响应速度也可以很快，实时操作系统的响应速度也可能很慢。用了实时操作系统后，响应速度不一定更快。因为实时操作系统本身引入了执行开销，所以对小型应用来说，实时操作系统的性能也许不如非实时操作系统。实时操作系统的优势最能体现在中大型系统中，尤其在任务间存在复杂的耦合和依赖关系，且应用程序经常要长时间等待外部资源时。

(2) 通常来说，实时操作系统的吞吐量会大一些，但非实时操作系统也可以做到吞吐量更大。

(3) 实时操作系统的代码所占空间一般都比非实时操作系统小，但规模大的实时操作系统也是存在的。

(4) 由于可能需要针对不同用户提供不同等级的实时服务，因此实时操作系统可能并不是十分精简的。

(5) 采用实时操作系统不一定就可以保证实时性。相对来说，使用实时操作系统可以改善系统的实时性。但是实时操作系统只是作为工具存在的，如果需要提供实时性保证，那么还需要使用实时操作系统理论，对任务的可调度性和响应时间进行分析，只有这样，才可以得到科学、系统的实时性保证。

(6) 由于设备性能的发展，原来很多对实时性要求高的场景已经切换为普通的操作系统了。例如，由于 Linux 系统在嵌入式设备上的推广，使用实时操作系统的很多设备已经改用 Linux 系统了，这是因为硬件性能的提升会让系统延时减小到用户可以接受的程度。但在某些特定的场景下，如工业自动化、机器人、航空航天、军工领域等，仍然对实时操作系统有需求，并且应该会长期存在。

(7) 由于实时操作系统的特性，它并不是一个应用场景广泛的系统，一些人认为学嵌入式就是学实时操作系统，这种认识其实是不正确的。目前，嵌入式开发不一定需要在实时操作系统下完成。例如，当项目中各个任务间的耦合性过高时，如果使用实时操作系统，则需要很多的任务同步，甚至无法进行线程的规划，这样就完全失去了使用实时操作系统的意义。此时，使用某些裸机的架构反而更合适。

实时操作系统的缺点主要有以下几点。

(1) 使用实时操作系统会增加一部分硬件资源开销，这些硬件资源包括存储器及 CPU 负荷。

(2) 提升价格成本，商用实时操作系统需要向实时操作系统厂商支付高昂的费用，这部分费用可能会促使用户放弃使用实时操作系统。

(3) 大多数实时操作系统代码都具有一定的规模，任何代码都可能带来 Bug，更何况是代码具有一定规模的实时操作系统。因此，引入实时操作系统可能会同时引入其 Bug，这些实时操作系统本身的 Bug 一旦被触发，影响可能是灾难性的。

(4) 熟练使用实时操作系统是一项技能，需要专业的知识储备和长期的经验积累。不将实时操作系统分析透彻，很容易为项目埋下错误。典型的，如中断优先级、任务堆栈分配、可重入等，都是容易出错的地方。

(5) 实时操作系统的优先级嵌套使得任务的执行顺序、执行时序更难分析，甚至变成不可能。任务嵌套对所需的最大堆栈RAM的大小估计也变得困难。这对于很多对安全有严格要求的场景是不可想象的。

一般的实时操作系统都会提供以下全部或部分功能。

☺ 基于静态优先级的抢占式任务调度。
☺ 进程间通信（基于消息、消息邮箱、管道）。
☺ 基于信号量的进程间同步。
☺ 任务的创建、暂停、删除。
☺ 资源访问控制（并发控制与防止互锁）。
☺ 临界区控制。
☺ 驱动程序的管理与接口。
☺ MMU内存管理、内存动态申请与分配。
☺ 其他功能，如GUI和TCP/IP相关功能。

11.3.4 实时操作系统的几个评价指标

实时操作系统追求的是实时性、可确定性、可靠性。对于一个实时操作系统，一般可以从任务调度、内存管理、任务通信、内存开销、任务切换时间、最大中断禁止时间等几方面来评价它。

(1) 任务调度机制。

实时操作系统的实时性和多任务能力在很大程度上取决于它的任务调度机制。对于任务调度机制，从调度策略上来讲，分优先级调度策略和时间片轮转调度策略；从调度方式上来讲，分可抢占和不可抢占；从时间片上来看，分固定时间片与可变时间片轮转。

(2) 内存管理。

内存管理分实模式与保护模式。

(3) 最小内存开销。

在实时操作系统的设计过程中，最小内存开销是一个较重要的指标，这是因为，对于工业控制领域中的某些工控机（如上/下位机控制系统中的下位机），基于降低成本考虑，其内存一般都很小，而在这有限的空间内，不仅要装载实时操作系统，还要装载用户代码。因此，在实时操作系统的设计过程中，其占用内存的大小是一个很重要的指标，这是实时操作系统设计与其他操作系统设计的明显区别之一。

(4) 最大中断禁止时间。

实时操作系统执行某些系统调用时是不会因为外部中断的到来而中断的。只有当实时操作系统重新回到用户态时才响应外部中断请求，这一过程所需的最大时间就是最大中断禁止时间。

(5) 任务切换时间。

当由于某种原因，一个任务退出运行时，实时操作系统会保存它的运行现场信息，将其插入相应的队列中，并依据一定的调度算法重新选择一个任务投入运行，该过程所需的时间为任务切换时间。

在上述几方面中，最大中断禁止时间和任务切换时间是评价一个实时操作系统的实时性最重要的两个技术指标。

11.3.5　通用操作系统与实时操作系统的比较

通用操作系统与实时操作系统的比较如表 11-2 所示。

表 11-2　通用操作系统与实时操作系统的比较

属　　性	通用操作系统	实时操作系统
容量	强调大吞吐量	强调可调度性
复杂性	强调丰富功能	强调可靠性、实时性
响应	强调快速的平均响应	确保最坏情况下的响应
过载	强调公平性	确保关键部分的实时性
大小	大规模	小规模

实时操作系统除了要满足应用的功能需求，更重要的是要满足应用提出的实时性要求。而组成一个应用的众多实时任务对实时性的要求是各不相同的；此外，实时任务之间可能还会有一些复杂的关联和同步关系，如执行顺序限制、共享资源的互斥访问要求等，这就给系统实时性保证带来了很大的困难。

与通用操作系统不同，实时操作系统注重的不是系统的平均表现，而是要求每个实时任务在最坏情况下都要满足其实时性要求，即实时操作系统注重的是个体表现，更准确地讲，是个体最坏情况的表现。

由于实时操作系统与通用操作系统的基本设计原则差别很大，因此，在很多资源调度策略的选择，以及操作系统实现的方法上，两者都具有较大的差异，这些差异主要体现为以下几方面。

1. 任务调度策略

通用操作系统中的任务调度策略一般采用基于优先级的抢占式调度策略，对于优先级相同的进程，采用时间片轮转调度策略。用户进程可以通过系统调用动态地调整自己的优先级，操作系统也可以根据情况调整某些进程的优先级。

实时操作系统中的任务调度策略目前使用最广泛的主要可分为两种，一种是静态表驱动方式，另一种是固定优先级抢占式调度方式。

（1）静态表驱动方式是指在系统运行前，工程师根据各任务的实时性要求，用手工方式或在辅助工具的帮助下生成一张任务的运行时间表，指明各任务的起始运行时间及运行长度。运行时间表一旦生成就不再变化了，在运行时，调度器只需根据这张表在指定时刻启动相应的任务即可。静态表驱动方式的主要优点如下。

① 运行时间表是在系统运行前生成的，因此可以采用较复杂的搜索算法找到较优的调

度方案。

② 运行时调度器的开销较小。

③ 系统具有非常好的可预测性，实时性验证也比较方便。

④ 由于具有非常好的可预测性，因此这种方式主要用于航空航天、军事等对系统的实时性要求十分严格的领域。

这种方式的主要缺点是不灵活，需求一旦发生变化，就要重新生成整张运行时间表。

（2）固定优先级抢占式调度方式与通用操作系统中采用的基于优先级的调度方式基本类似，但在这种方式中，进程的优先级是固定不变的，并且该优先级是在运行前通过某种优先级分配策略（如 Rate-Monotonic、Deadline-Monotonic 等）指定的。这种方式的优/缺点与静态表驱动方式的优/缺点正好相反。它主要应用于一些较简单、较独立的嵌入式系统，但随着调度理论的不断成熟和完善，这种方式也会逐渐在一些对实时性要求十分严格的领域得到应用。

2. 内存管理

为解决虚拟内存给系统带来的不可预测性，实时操作系统一般采用如下两种方式进行内存管理。

（1）在原有虚拟内存管理机制的基础上增加页面锁功能，用户可将关键页面锁定在内存中，从而不会被 swap 程序交换出内存。这种方式的优点是既得到了虚拟内存管理机制给软件开发带来的好处，又提高了系统的可预测性；缺点是由于 TLB（Translation Lookaside Buffer，是一个内存管理单元，是用于改善虚拟地址到物理地址转换速度的缓存）等机制的设计也是按照注重平均表现的原则进行的，因此系统的可预测性并不能完全得到保证。

（2）采用静态内存划分的方式，为每个实时任务划分固定的内存区域。这种方式的优点是系统具有较好的可预测性；缺点是灵活性不够好，任务对存储器的需求一旦有变化就需要重新对内存进行划分，并且，虚拟内存管理机制给软件开发带来的好处也消失了。

目前，市场上的实时操作系统一般都采用在原有虚拟内存管理机制的基础上增加页面锁功能的内存管理方式。

3. 中断处理

在通用操作系统中，大部分外部中断都是开启的，中断处理一般由设备驱动程序完成。由于通用操作系统中的用户进程一般都没有实时性要求，而中断服务程序直接与硬件设备交互，可能有实时性要求，因此中断服务程序的优先级被设定为高于任何用户进程的优先级。但对于实时操作系统，采用上述中断处理机制是不合适的。首先（第一个问题），外部中断是环境向实时操作系统进行的输入，它的频度与环境变化的速率相关，而与实时操作系统无关。如果外部中断产生的频度不可预测，那么一个实时任务在运行时被中断服务程序阻塞的时间开销也是不可预测的，从而使任务的实时性得不到保证；如果外部中断产生的频度是可预测的，那么一旦某外部中断产生的频度超出其预测值（如硬件故障产生的虚假中断信号或预测值本身有误），就可能破坏整个系统的可预测性。其次（第二个问题），实时操作系统中的各用户进程一般都有实时性要求，因此，中断服务程序的优先级高于所有用户进程的优先级的分配方式是不合适的。

一种较适合实时操作系统的中断处理方式：除时钟中断外，屏蔽所有其他中断，中断服务程序变为周期性的轮询操作，这些操作由核心态的设备驱动程序或用户态的设备支持库来完成。

采用这种方式的主要好处是充分保证了系统的可预测性，主要缺点是对环境变化的响应速度可能不如上述中断处理方式快。另外，轮询操作在一定程度上降低了 CPU 的有效利用率。另一种可行的方式是对采用轮询方式无法满足需求的外部事件采用中断方式，对其他事件仍然采用轮询方式。但此时中断服务程序与所有其他任务一样拥有优先级，调度器根据优先级对处于就绪态的任务和中断服务程序统一进行调度。这种方式使系统对外部事件的响应速度加快，并避免了上述中断方式带来的第二个问题，但第一个问题仍然存在。此外，为了提高时钟中断响应时间的可预测性，实时操作系统应尽可能少地屏蔽中断。

4. 共享资源的互斥访问

通用操作系统一般采用信号量机制来解决共享资源的互斥访问问题。对于实时操作系统，如果任务调度采用静态表驱动方式，那么共享资源的互斥访问问题在生成运行时间表时已经考虑到了，在运行时无须考虑。如果任务调度采用基于优先级的方式，则传统的信号量机制在系统运行时很容易造成优先级倒置问题，即当一个高优先级任务通过信号量机制访问共享资源时，该信号量已被一低优先级任务占有，而这个低优先级任务在访问共享资源时可能又被其他一些中等优先级任务抢占，造成高优先级任务被许多具有较低优先级的任务阻塞，实时性难以得到保证。因此，在实时操作系统中，往往对传统的信号量机制进行一些扩展，引入诸如优先级继承协议（Priority Inheritance Protocol）、优先级顶置协议（Priority Ceiling Protocol）及堆栈资源策略（Stack Resource Policy）等机制，较好地解决了优先级倒置问题。

5. 系统调用及系统内部操作的时间开销

进程通过系统调用得到操作系统提供的服务，操作系统通过内部操作（如上下文切换等）完成一些内部管理工作。为保证系统的可预测性，实时操作系统中的所有系统调用及系统内部操作的时间开销都应是有界限的，并且该界限是一个具体的量化数值。而在通用操作系统中，则未对这些时间开销做如此限制。

6. 系统的可重入性

在通用操作系统中，内核态系统调用往往是不可重入的，当一个低优先级任务调用内核态系统时，在该时间段内到达的高优先级任务必须等到低优先级任务的系统调用完成后才能获得 CPU 使用权，这就降低了系统的可预测性。因此，实时操作系统中的内核态系统调用往往设计为可重入的。

7. 辅助工具

实时操作系统额外提供了一些辅助工具，如实时任务在最坏情况下的执行时间估算工具、系统的实时性验证工具等，可帮助开发人员进行系统的实时性验证工作。

11.4 嵌入式开发软件框架

11.4.1 前后台执行结构

微控制器应用程序一般是一个无限循环，可称为前后台系统或超循环系统。在循环体中调用相应的函数完成相应的操作，这部分可以看作后台行为。中断服务程序处理异步事件这部分可看作前台行为。后台也可以叫作任务级，前台也可以叫作中断级。如图 11-14 所示，ISR 表示中断服务程序。实时性很强的关键操作一定要靠中断服务程序来保证。因为非中断服务程序一直要等到后台程序运行到应该处理时才能得到进一步处理，所以在处理的实时性上比较差，这个指标称为任务级响应时间。最坏情况下的任务级响应时间取决于整个循环的执行时间。因为循环的执行时间不是常数，所以程序执行某一特定部分的准确时间也不能确定。因此，如果程序修改了，则循环的时序也会受到影响。

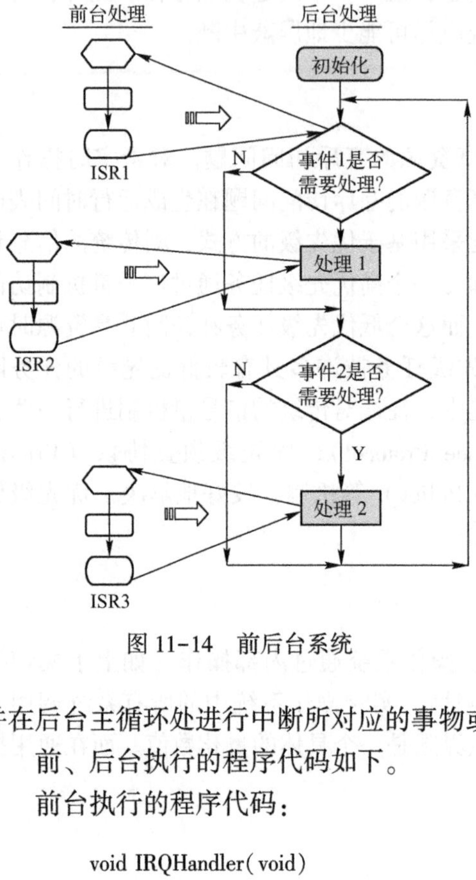

图 11-14　前后台系统

通常后台大循环中一直执行默认的程序，中断服务程序产生相应的中断标记，主程序运行与中断标记相关联的任务程序。一般实现有如下思路：通过在前台响应中断时进行标志变量的置位或复位操作，实现事件的信号获取，并在后台主循环处进行中断所对应的事物或数据的处理，将程序流程转移到主程序中。

前、后台执行的程序代码如下。

前台执行的程序代码：

```
void IRQHandler(void)
{
    if(GetITStatus == 1)
    {
        SysFlag = 1;
        GetITStatus = 0;
    }
}
```

后台执行性的程序代码：

```
int main(void)
{
```

```
    uint8 TaskValue;
    InitSys();                    //初始化
    while(1)
    {

      TaskValue= GetTaskValue();
      switch (TaskValue)
      {
        case x:
          if(SysFlag == 1)
          {
            TaskDispStatus();
        SysFlag == 0;
           }
        break;
        ...
        default:
        break;
      }
   }
}
```

第 6 章中的实例是前后台系统的具体实现。

前后台执行程序的特点如下。

(1) 由主循环调用的任务执行顺序是固定的，因此当然不可能有优先级的区别。它只适合完成周期性循环工作。

(2) 由主循环调用的任务只能单独执行，一旦进入一个中断任务，就不能处理其他中断任务。如果这个中断任务由于某种原因卡住了，那么它将阻塞整个程序的运行。

(3) 某个中断任务中的延时函数会造成整体执行被延时。

(4) 若中断服务程序函数非常复杂，并且需要很长的执行时间，则中断嵌套可能产生不可预测的执行时间和堆栈需求。

(5) 前台程序和后台程序之间的数据交换是通过全局共享变量进行的，因此必须确保数据一致性。

11.4.2　时间片轮询结构

时间片轮询方式的核心思想就是首先用一个定时器产生基准时间（根据具体任务来定），一般使用 1ms 周期产生定时中断；然后给每个任务定义一个任务延时变量，初始化后在定时器中不断地做减法运算，当减到 0 时，改变相应的任务状态标志，在任务执行过程中，又重新对任务状态标志和任务延时变量进行初始化，其他任务也是同样的操作。这个机制需要低层硬件的支持（定时器中断）。时间片轮询结构本身利用定时器，基于一个特殊的计数器变量，从 0 开始随时间增长，一旦达到了指定的最大值，就回归到 0，如此往复。

时间片轮询注意事项如下。

（1）任务的划分。任务的划分一定要非常合理，尽量做到任务相对独立。在进行任务划分前，需要先全面了解项目要实现什么功能，把其划分成多个功能模块，每个模块就是一个任务，每个任务对应一个函数。

（2）任务的执行。任务的执行一定要尽量快，不能因为某个任务需要等待而影响其他任务，也不能在任务中调用大的延时函数，一定要保证任务的运行速度，要知道每个任务的具体执行时间。

（3）时间片的划分。时间片的划分是整个系统的关键，一定要保证任务在需要执行时，CPU 能够跳转到任务代码处执行，否则就不能实现真正的时间片轮询了。

时间片轮询的基本概念和操作系统中的时间片轮转调度（Round Robin，RR）算法类似，但二者的任务有本质的区别。时间片轮询中的任务只有任务代码，没有相关资源，如任务堆栈、TCB 等。

时间片轮询示例代码如下。

（1）设计一个结构体。代码如下：

```
//任务结构
typedef struct _TASK_COMPONENTS
{
uint8 Run;                  //程序运行标记：0 不运行，1 运行
uint8 Timer;                //计时器
uint8 ItvTime;              //任务运行间隔时间
void( *TaskHook)(void);     //要运行的任务函数
} TASK_COMPONENTS;          // 任务定义
```

（2）任务运行标志函数，此函数相当于中断服务函数，需要在定时器的中断服务函数中调用此函数。代码如下：

```
/*****************************************************************************************
 * FunctionName:TaskRemarks()
 * Description:任务标志处理
 * EntryParameter:None
 * ReturnValue:None
*****************************************************************************************/
void TaskRemarks(void)
{
uint8 i;

for(i=0; i<TASKS_MAX; i++)                      //逐个处理任务
{
if(TaskComps[i].Timer)                          //时间不为 0
{
TaskComps[i].Timer--;                           //减去一个节拍
if(TaskComps[i].Timer ==0)                      // 时间减完了
```

```
{
TaskComps[i].Timer = TaskComps[i].ItvTime;        //恢复计时器值,进行下一次循环
TaskComps[i].Run = 1;                             //任务可以运行
}
}
}
}
```

(3) 任务处理。代码如下:

```
/*************************************************************
*************************
 * FunctionName:TaskProcess()
 * Description:任务处理
 * EntryParameter:None
 * ReturnValue:None
*************************************************************
*************************/
void TaskProcess(void)
{
uint8 i;

for(i=0; i<TASKS_MAX; i++)                    //逐个处理任务
{
if(TaskComps[i].Run)                          //时间不为0
{
TaskComps[i].TaskHook();                      //运行任务
TaskComps[i].Run = 0;                         //标志清0
}
}
}
```

此函数就是判断什么时候该执行哪个任务，实现任务的管理操作，应用者只需在 main() 函数中调用此函数就可以了，并不需要分别调用和处理任务函数。至此，一个时间片轮询应用程序的架构就建好了。

11.4.3　操作系统结构

应用多任务操作系统的嵌入式系统启动后，首先运行一个背景程序，用户的应用程序是运行于操作系统之上的各个任务。操作系统允许灵活地分配系统资源给各个任务，简化那些复杂而对时间要求严格的工程软件设计。操作系统与前后台执行程序的比较如表 11-3 所示。前后台系统就好比一个人从头到尾做一件事，偶尔还会处理一些突发事件（中断服务函数），但当事情变多、变复杂时，可能就没有办法把所有事情都做好。引入实时操作系统后，就好比有一个管理团队在协调处理这些事情，即提高了 CPU 处理复杂事件的能力。不过，请一个管理团队会占用公司的部分资源，这在操作系统中对应着 CPU 的负荷增加。实

时操作系统可通过一系列软件管理让一个 CPU 拥有多个线程，就好像有多个 CPU 同时执行一样。

表 11-3　操作系统与前后台执行程序的比较

	前后台执行程序	操 作 系 统
资源使用	不需要额外分配空间给操作系统	需要分配资源给操作系统（内核资源使用情况取决于使用何种操作系统）
开发人员技能要求	开发人员不需要学习操作系统的 API	开发人员需要熟悉操作系统的基本操作（任务的建立/删除、任务间的通信、优先级处理、中断处理等）
代码效率	没有管理作用的代码	操作系统本身的代码需要一定的资源
系统结构	耦合度较高	模块化、结构清晰
可协作性/ 可扩展性/ 可维护性	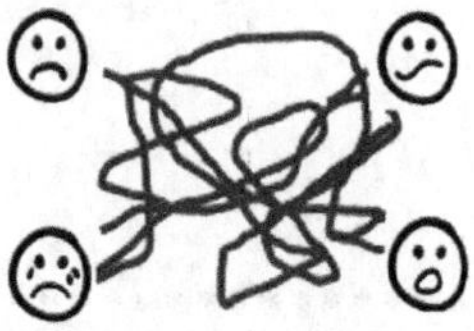	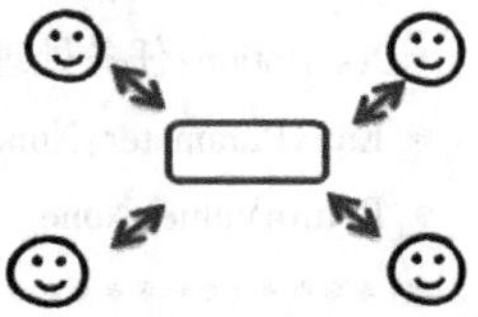

操作系统示例代码如下：

```
int main(void)
{
OSInit();                                                  // 初始化
OSTaskCreate((void (*) (void *)) TaskStart,                // 任务指针
(void *) 0,                                                // 参数
(OS_STK *) &TaskStartStk[TASK_START_STK_SIZE - 1],         // 堆栈指针
(INT8U ) TASK_START_PRIO);                                 // 任务优先级
OSStart();                                                 // 启动多任务环境
return (0);
}
void TaskStart(void * p_arg)
{
OS_CPU_SysTickInit();               // Initialize the SysTick. #if (OS_TASK_STAT_EN >0)
OSStatInit();
#endif OSTaskCreate((void (*) (void *)) TaskLed,           // 任务 1
(void *) 0,                                                // 不带参数
(OS_STK *) &TaskLedStk[TASK_LED_STK_SIZE - 1],             // 堆栈指针
(INT8U ) TASK_LED_PRIO);
while(1)
{
OSTimeDlyHMSM(0, 0, 0, 100);
}
}
```

使用操作系统可以使 CPU 更有效率。例如，可以在 Windows 下打开 VC 或其他 C 语言编译器，写如下代码：

```
#include <stdio.h>

void main(void)
{
  while(1);
}
```

这段代码让 CPU 不做任何事情，单核 CPU 会消耗 CPU 将近 100%的时间，可以打开任务管理器进行验证；如果是双核 CPU，则只消耗 CPU 50%左右的时间，因为这段代码只运行在其中一个核上，另外一个核还可以做其他事情。

对上述代码进行修改：

```
#include <stdio.h>
#include <windows.h>

void main(void)
{while(1)
Sleep(100);
}
```

这段代码实际上也是让 CPU 不做任何事情，它不断地调用 Sleep( ) 函数，让它延时 100ms 后醒来，然后继续睡觉。此时也可以打开任务管理器，看一下 CPU 的时间消耗了多少，答案是基本不消耗 CPU 的时间。

为什么两段代码同样是让 CPU 不做任何事情，差别这么大呢？这是因为修改后的代码使用了 Sleep( ) 函数，这个函数是 Windows 操作系统提供的，调用 Sleep( ) 函数之后，Windows 操作系统首先把程序挂起，然后让 CPU 执行其他程序，待时间到后，操作系统把这段程序恢复继续执行。这样，CPU 就可以得到充分利用，即可以在一个 CPU 中“同时”执行多个任务而互不影响（这里所说的“同时”并不是同时执行，CPU 每一时刻只能做一件事，但如果速度足够快，就可以让人认为它在同时执行多个任务）。

综上所述，在嵌入式复杂应用中，为了使系统开发更快捷、更方便，需要具备相应的管理存储器分配、中断处理、任务间通信和定时器响应，以及提供多任务处理等功能的软件模块集合，即嵌入式操作系统。嵌入式操作系统的引入大大增强了嵌入式系统的功能，方便了嵌入式应用软件的设计，但同时占用了宝贵的嵌入式资源。一般在比较复杂或多任务应用场景考虑使用嵌入式操作系统。嵌入式操作系统具有通用操作系统的基本特点，如能够有效地管理越来越复杂的系统资源；能够把硬件虚拟化，使得开发人员从繁忙的驱动程序移植和维护中解脱出来；能够提供库函数、驱动程序、工具集及应用程序。在嵌入式应用中使用操作系统可以把复杂的应用分解成多个任务，简化应用系统软件设计；使用嵌入式操作系统，程序设计和扩展变得容易，不需要大的改动就可以增加新的功能；通过有效的系统服务，嵌入式实时操作系统使得系统资源得到更好的利用；使用嵌入式操作系统进行良好的多任务设计，有助于提高系统的稳定性和可靠性。

第 12 章　FreeRTOS 任务应用实例

12.1　CMSIS-RTOS 中的 FreeRTOS 操作系统

1. FreeRTOS 操作系统简介

FreeRTOS 的创始人是 Richard Barry，其开发始于 2002 年，标志如图 12-1 所示。它是一个针对 MCU 的标准交叉开发平台。Richard Barry 曾写了一本名为《FreeRTOS 实时内核实用指南》的书，介绍 FreeRTOS 的使用。在谈到 FreeRTOS 受欢迎时，Richard Barry 在一次采访时说到："FreeRTOS 遵守 MISRA 规范，进而保证产品的质量，使用 FreeRTOS 没有知识产权侵权的风险，而且通过社区和专业公司提供技术支持。可以这样说，FreeRTOS 基本上是一个商业 RTOS，但是它完全免费，这也就是今天人们看到 FreeRTOS 如此受欢迎的原因。"

图 12-1　FreeRTOS 的标志

FreeRTOS 遵循 GPL 的软件授权协议，商业用户也可购买商业授权，以获得其私有的授权协议，任何基于 FreeRTOS 修改和相关的用户代码均可以不公开，这也就是我们通常所说的双授权协议，双授权是 FreeRTOS 最大的优势。如果用户采用开源授权，那么用户必须把 FreeRTOS 内核相关修改贡献出来，如果用户研发的商业产品使用了 FreeRTOS，但希望保留这些修改，作为自己企业的商业机密，那么可以购买商业授权。

FreeRTOS 提供的功能包括任务管理、时间管理、信号量、消息队列、内存管理、记录等，可基本满足较小系统的需要。

FreeRTOS 的主要特性如下。

（1）调度算法：FreeRTOS 内核支持优先级调度算法，每个任务都可根据重要程度被赋予一定的优先级，CPU 总是让处于就绪态的、优先级最高的任务先运行。FreeRTOS 内核同时支持轮转调度算法，在没有更高优先级任务就绪的情况下，对具有同一优先级的任务采用轮转调度算法进行调度。

（2）实时性：FreeRTOS 既可以配置为硬实时操作系统内核，又可以配置为非实时操作系统内核，部分任务的实时性可单独设置。

（3）抢占式或协作式调度算法：FreeRTOS 内核可根据用户需要设置为可剥夺型内核（抢占式）或不可剥夺型内核。当 FreeRTOS 内核被设置为可剥夺型内核时，处于就绪态的高优先级任务能剥夺低优先级任务的 CPU 使用权，这样可保证系统满足实时性要求；当 FreeRTOS 内核被设置为不可剥夺型内核时，处于就绪态的高优先级任务只有等当前运行任务主动释放 CPU 使用权后才能运行，这样可提高 CPU 的运行效率。

（4）任务数量：在存储空间允许的情况下，FreeRTOS 可支持运行的任务数量不受限制，且允许不同任务使用相同的优先级。当多个就绪任务的优先级相同时，系统自动启用时间片轮转调度算法进行任务调度。由此可见，FreeRTOS 嵌入式实时操作系统为用户的嵌入式应用程序提供了非常灵活的任务调度策略。

（5）任务间通信：FreeRTOS 支持队列和几种基本的任务同步机制。FreeRTOS 实现的队列机制传递信息采用传值方式，因此对于传递大量数据情况，其效率有些低，但是可以通过传递指针的方式来提高其效率。中断处理函数中的读/写队列都是非阻塞型的。任务中的读/写队列可以配置为阻塞型，也可以配置为非阻塞型，当配置为阻塞型时，可以指定一个阻塞的最大时间限。

2. CMSIS-RTOS

STM32CubeF1 软件包提供的中间件可以分为两种，一种是协议比较复杂的外设驱动，如 USB 驱动、TCP/IP 栈等；另一种是综合应用，如操作系统（FreeRTOS）、文件系统、图形用户界面等。在 STM32CubeMX 项目的结构中，中间件（Middleware）包含 FreeRTOS 文件夹，里面包含 FreeRTOS 的所有源代码，如图 12-2 所示。其中重要的几个文件如下。

tasks. c：任务相关代码。

list. c：一个双向链表的代码。

queue. c：用于任务间队列通信的代码。

croutine. c：多任务调度代码。

event_groups. c：事件标志组代码。

timer. c：内部实现的一个软件定时器代码。

通常来说，在一个 FreeRTOS 项目中，tasks. c、list. c 与 queue. c 是必需的。

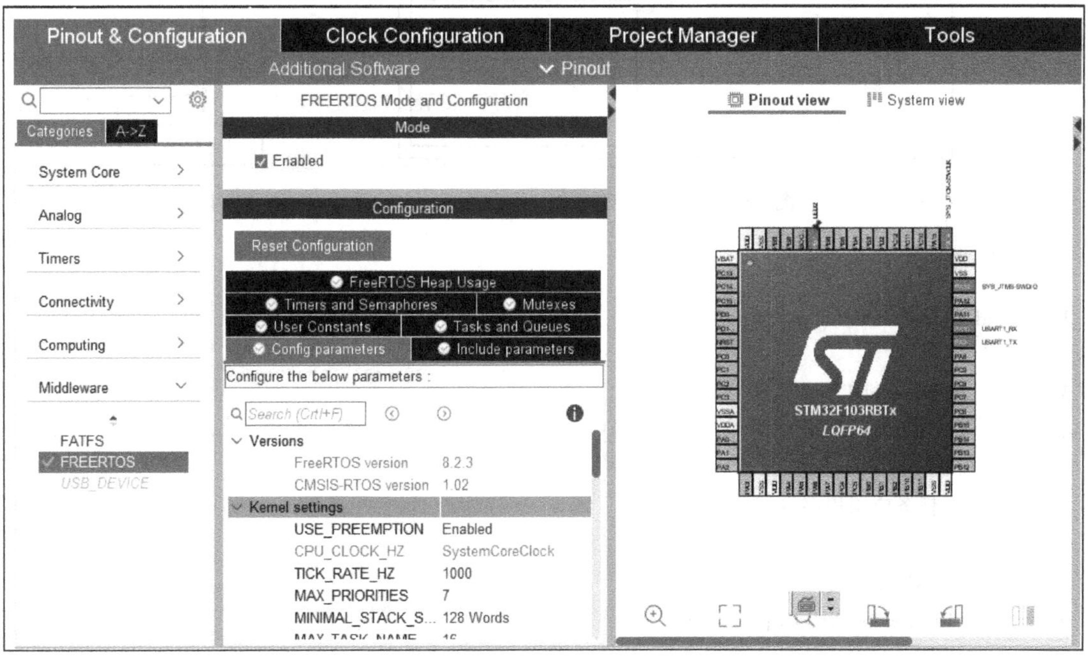

图 12-2　STM32CubeMX 中的 FreeRTOS

12.2 任务简介

12.2.1 任务函数

FreeRTOS 的任务是在内存中存储可执行的程序代码、程序所需的相关数据、堆栈和任务控制块。其中，任务控制块保存任务的属性，任务堆栈在进行任务切换时保存任务运行的环境，任务代码是任务的执行部分。任务存储结构如图 12-3 所示。

任务以如图 12-3 所示的形式存储在内存中。所有任务形成一个链表，每个节点都由一个这样的结构组成。

一个任务通常是一个无限循环，如图 12-4 所示。

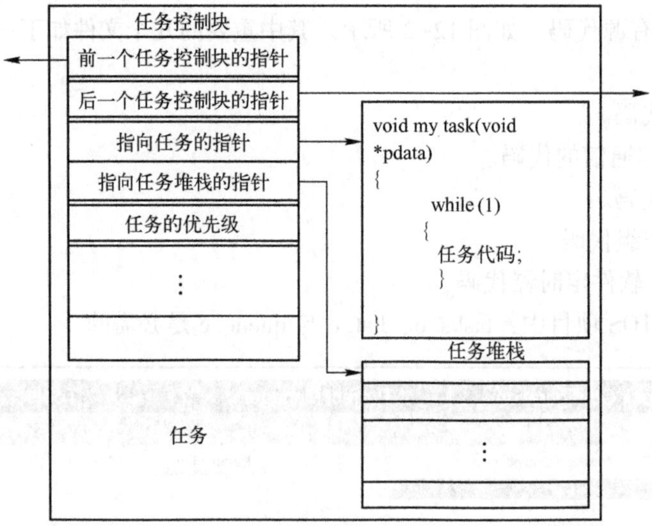

图 12-3 任务存储结构

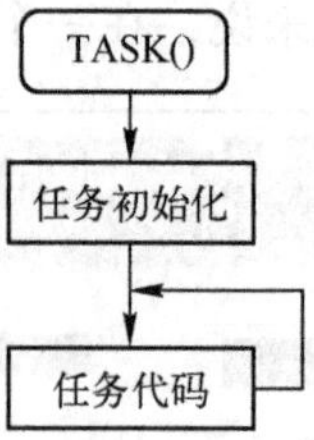

图 12-4 任务结构

任务函数代码：

```
1   void ATaskFunction( void * pvParameters)
2   {
3       int iVariableExample = 0;
4       for( ; ; )
5       {
6       --任务应用程序--
7       }
8       vTaskDelay( ) ;
9       vTaskDelete( NULL) ;
10  }
```

代码说明如下。

第 1 行：任务函数本质上也是函数，任务函数的返回类型一定要为 void，即无返回值，而且任务的参数也是 void 指针类型。任务函数名可以根据实际情况进行定义。

第 3 行：任务函数可以像普通函数一样定义变量。用这个函数创建的每个任务实例都有一个属于自己的 iVarialbleExample 变量。

第 4 行：任务的具体执行过程是一个大循环，常用for(;;)结构代表这个循环，其作用与 while(1)一样。

第 9 行：任务函数一般不允许跳出循环，不允许以任何方式从实现函数中返回，即它绝不能有 return 语句，也不能执行到函数末尾。如果一定要跳出循环，就必须在跳出循环后调用 vTaskDelete(NULL)函数来删除此任务。

12.2.2　任务的状态

任务的状态如图 12-5 所示。

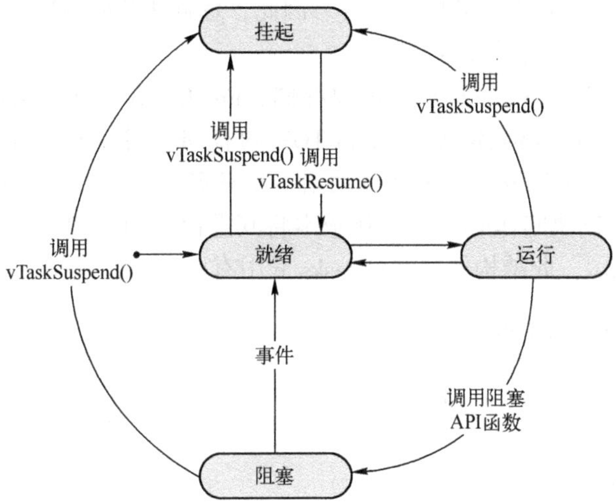

图 12-5　任务的状态

(1) 运行：如果一个任务正在执行，即这个任务处于运行状态。此时，它占用 CPU。

(2) 就绪：就绪任务已经具备执行的能力（不同于阻塞和挂起），但只是准备运行，因为有优先级与之相同或更高的任务处于运行状态而还没有真正执行。

(3) 阻塞：如果一个任务正在等待某个事件，则称这个任务处于阻塞状态。阻塞状态是非运行状态的一个子状态。例如，一个任务调用 vTaskDelay( )后会阻塞到延时时间结束。任务在等待队列、信号量、事件组、通知或互斥信号量时也会进入阻塞状态。任务进入阻塞状态会有一个超时时间，当超过这个超时时间后，任务就会退出阻塞状态，即使它等待的事件还没有到来。

(4) 挂起：也是非运行状态的子状态。处于挂起状态的任务同样对调度器无效。仅当调用 vTaskSuspend( )和 vTaskResume( )这两个 API 函数后，任务才会进入或退出挂起状态。不可以指定超时周期事件（不可以通过设定超时事件退出挂起状态）。

上述状态类似顾客在餐厅吃饭。顾客在餐厅吃饭有 3 种状态：第 1 种状态是正坐在饭桌旁吃饭；第 2 种状态是饭菜已好但没有位置可坐，此时，顾客只要找到位置就可以吃饭；第 3 种状态是顾客正在订饭，即使有位置，顾客也无饭可吃。这 3 种状态是在不断转换的。这里的第 1 种状态对应运行状态，第 2 种状态对应就绪状态，第 3 种状态对应挂起和阻塞状态。

当某个任务处于运行状态时，表明 CPU 正在执行其代码。当一个任务处于非运行状态时，该任务进行“休眠”，它的所有状态都被妥善保存，以便在下一次 CPU 决定让它进入运行状态时可以恢复执行。当任务恢复执行时，它将从离开运行状态时正准备执行的那一条指令开始执行。

12.2.3 任务控制块

任务控制块是用来记录任务堆栈指针、任务当前状态、任务优先级等与任务管理有关的属性表。任务控制块是系统管理任务的依据，记录了任务的全部静态和动态信息。系统只要掌握了一个任务的任务控制块，就可以通过任务控制块找到任务的可执行代码，也可以找到存储这个任务私有数据的存储区。系统在运行一个任务时，先按照任务的优先级找到任务控制块，然后在任务堆栈中获得任务代码指针。因此，理解任务控制块结构及掌握如何管理并使用它是任务调度方法中的重要内容。

FreeRTOS 的每个任务都有一些属性需要存储，FreeRTOS 把这些属性集合到一起，用一个结构体来表示，这个结构体就是 FreeRTOS 的任务控制块——TCB_t。在使用函数 xTaskCreate()创建任务时，FreeRTOS 会自动给每个任务分配一个任务控制块。在旧版本的 FreeRTOS 中，任务控制块叫作 tskTCB，新版本将其重命名为 TCB_t，本书后面提到任务控制块均用 TCB_t 来表示，此结构体在文件 tasks.c 中有定义，代码如下：

```
typedef struct tskTaskControlBlock
{
    volatile StackType_t * pxTopOfStack;

    #if( portUSING_MPU_WRAPPERS == 1)
        xMPU_SETTINGS xMPUSettings;
        BaseType_t xUsingStaticallyAllocatedStack;
    #endif

    ListItem_t          xGenericListItem;
    ListItem_t          xEventListItem;
    UBaseType_t         uxPriority;
    StackType_t         * pxStack;
    char            pcTaskName[ configMAX_TASK_NAME_LEN ];

    #if( portSTACK_GROWTH > 0)
        StackType_t * pxEndOfStack;
    #endif

    #if( portCRITICAL_NESTING_IN_TCB == 1)
        UBaseType_t uxCriticalNesting;
    #endif

    #if( configUSE_TRACE_FACILITY == 1)
```

```
25            UBaseType_t      uxTCBNumber;
26            UBaseType_t      uxTaskNumber;
27        #endif
28
29        #if( configUSE_MUTEXES == 1)
30            UBaseType_t uxBasePriority;
31            UBaseType_t uxMutexesHeld;
32        #endif
33
34        #if( configUSE_APPLICATION_TASK_TAG == 1)
35            TaskHookFunction_t pxTaskTag;
36        #endif
37
38        #if( configNUM_THREAD_LOCAL_STORAGE_POINTERS > 0)
39            void * pvThreadLocalStoragePointers[ configNUM_THREAD_LOCAL_STORAGE_POINTERS ];
40        #endif
41
42        #if( configGENERATE_RUN_TIME_STATS == 1)
43            uint32_t      ulRunTimeCounter;
44        #endif
45
46        #if( configUSE_NEWLIB_REENTRANT == 1)
47            struct     _reent xNewLib_reent;
48        #endif
49
50        #if( configUSE_TASK_NOTIFICATIONS == 1)
51            volatile uint32_t ulNotifiedValue;
52            volatile eNotifyValue eNotifyState;
53        #endif
54
55    } tskTCB;
56
57    typedef tskTCB TCB_t;
```

代码说明如下。

第 3 行：当前堆栈的栈顶必须位于结构体的第一项，对于向下增长的堆栈，pxTopOfStack 总是指向最后一个入栈的项目。

第 6 行：如果使用 MPU，那么 xMPUSettings 必须位于结构体的第二项，用于对 MPU 进行设置。

第 10 行：列表被 FreeRTOS 调度器使用，用于跟踪任务，处于就绪、挂起、阻塞状态的任务都会被挂接到各自的列表中。xGenericListItem 用于把任务控制块插入就绪链表或等待链表中。

第 11 行：xEventListItem 是事件列表项，用于将任务以引用的方式挂接到事件列表中。在队列满的情况下，当任务因入队操作而阻塞时，它就会将事件列表项挂接到队列的等待入队列表中。

第 12 行：uxPriority 用于保存任务的优先级，0 为最低优先级。在创建任务时，指定的任务优先级就被保存在该变量中。

第 13 行：指针 pxStack 指向堆栈的起始位置，任务创建时会被分配指定数目的任务堆栈，申请堆栈内存函数返回的指针就被赋给该变量。指针 pxTopOfStack 和 pxStack 容易混淆，pxTopOfStack 指向当前堆栈的栈顶，随着进栈、出栈，其指向的位置是会变化的；pxStack 指向当前堆栈的起始位置，一经分配，堆栈的起始位置就固定了，不会改变。随着任务的运行，堆栈可能会溢出，在堆栈向下增长的系统中，pxStack 可用于检查堆栈是否溢出；在堆栈向上增长的系统中，如果想确定堆栈是否溢出，那么还需要另外一个变量 pxEndOfStack（见第 17 行代码）来辅助诊断。

第 14 行：字符数组 pcTaskName[ ]用于保存任务的描述或名字，在创建任务时，它由参数指定。名字的长度由宏 configMAX_TASK_NAME_LEN（位于 FreeRTOSConfig. h 中）指定，包含字符串结束标志。

第 17 行：如果堆栈向上增长（portSTACK_GROWTH>0），那么指针 pxEndOfStack 指向栈空间结束位置，用于检验堆栈是否溢出。

第 21 行：变量 uxCriticalNesting 用于保存临界区嵌套深度，初始值为 0。

第 25、26 行：这两行的两个变量用于可视化追踪，仅当宏 configUSE_TRACE_FACILITY（位于 FreeRTOSConfig. h 中）为 1 时有效。变量 uxTCBNumber 存储一个数值，在创建任务时，由内核自动分配数值（通常每创建一个任务，其值加 1），每个任务的 uxTCBNumber 值都不同，主要用于调试。变量 uxTaskNumber 用于存储一个特定值，与变量 uxTCBNumber 不同，uxTaskNumber 的数值不是由内核分配的，而是通过 API 函数 vTaskSetTaskNumber( )来设置的，由函数参数指定。

第 30 行：如果使用互斥量（configUSE_MUTEXES == 1），那么在任务优先级被临时提高时，变量 uxBasePriority 用来保存任务原来的优先级。

第 43 行：记录任务在运行状态下执行的总时间。

第 47 行：为任务分配一个 xNewlib_reent 结构体变量。xNewlib_reent 是一个 C 语言库函数，并非 FreeRTOS 维护，FreeRTOS 也不对使用结果负责。用户如果使用 xNewlib_reent，那么必须熟知 xNewlib_reent 的细节。

第 51 行：与任务通知相关。

12.2.4 任务优先级

vTaskPrioritySet( )函数可以用于在调度器启动后改变任何任务的优先级。该函数原型如下：

```
void vTaskPrioritySet (xTaskHandle pxTask,unsigned portBASE_TYPE uxNewPriority)
```

其中，pxTask 为被修改优先级的任务句柄，uxNewPriority 为修改后的优先级。

每个任务都将被分配一个从 0 到 configMAX_PRIORITIES-1 的优先级。configMAX_PRIORITIES 在文件 FreeRTOSConfig. h 中定义。

任务优先级说明：

(1) 调度器保证处于就绪或运行状态的任务分配到 CPU 时间，高优先级任务先分配。

也就是说，调度器保证总是在所有可运行的任务中选择具有最高优先级的任务，并使其进入运行状态。如果被选中的优先级上具有不止一个任务，那么调度器会让这些任务轮流执行。

（2）对于如何为任务指定优先级，FreeRTOS 并没有强加任何限制。任意数量的任务都可以共享同一个优先级以保证最大设计弹性。如果需要，也可以为每个任务指定唯一的优先级（如同某些调度算法的要求一样），但这不是强制要求的。

（3）低优先级号表示任务的优先级低，优先级号 0 表示最低优先级。空闲任务的优先级号为 0。

（4）在 FreeRTOS 中，任务的最高优先级是通过 FreeRTOSConfig. h 文件中的 configMAX_PRIORITIES 来配置的，用户实际可以使用的优先级号的范围是 0 ～ configMAX_PRIORITIES-1。例如，配置此宏定义为 5，用户可以使用的优先级号是 0 ～ 4，不包含 5，对于这一点，初学者要特别注意。configMAX_PRIORITIES 参数值越大，FreeRTOS 占用的 RAM 越大。

（5）FreeRTOS 调度器确保处于就绪或运行状态的高优先级任务获得 CPU 使用权，即只有处于就绪状态的最高优先级任务才会运行。当宏 configUSE_TIME_SLICING 定义为 1 时，多个任务可以公用一个优先级，数量不限。在默认情况下，宏 configUSE_TIME_SLICING 在文件 FreeRTOS. h 中已经定义为 1。此时，处于就绪状态的优先级相同的任务就会使用时间片轮转调度器获取运行时间。

任务优先级分配方案如下。

（1）IRQ 任务：通过中断服务程序触发的任务，此类任务应该设置为所有任务里面优先级最高的任务。

（2）高优先级后台任务：按键检测、触摸检测、USB 消息处理、串口消息处理等都可以归为这一类任务。

（3）低优先级的时间片调度任务：LED 数码管的显示等不需要实时执行的任务都可以归为这一类任务。在实际应用中，用户不必拘泥于将这些任务都设置为优先级 1 的同优先级任务，可以设置多个优先级，只需注意这类任务不需要高实时性。

（4）IRQ 任务和高优先级任务必须设置为阻塞式（调用消息等待或延时等函数即可），只有这样，高优先级任务才会释放 CPU 使用权，低优先级任务才有机会得到执行。

（5）任务的优先级与外设终端的优先级没有任何关系，中断的优先级永远高于任何任务的优先级，即任务在执行过程中，中断来了就开始执行中断服务程序。对 STM32F103/F407/F429 来说，中断优先级的数值越小，优先级越高。而在 FreeRTOS 中，任务优先级的数值越小，优先级越低。

这里的优先级分配方案是推荐的一种方式，实际项目也可以不采用这种方式。调试出适合项目需求的方案才是最好的。

12.2.5　时钟节拍

任何操作系统都需要提供一个时钟节拍，供系统处理诸如延时、超时等与时间相关的事件。时钟节拍是特定的周期性中断，这个中断可以看作系统心跳。中断之间的时间间隔取决于不同的应用，一般是 1 ～ 100ms。时钟节拍中断使得内核可以将任务延时若干时钟节拍，以及当任务等待事件发生时，提供等待超时依据。时钟节拍越快，系统的额外开销就越大。

对于具有 CM3 内核的 STM32F103 和具有 Cortex-M4 内核的 STM32F407/F429，通常都是用 SysTick 来实现系统时钟节拍的。

FreeRTOS 的系统时钟节拍可以在配置文件 FreeRTOSConfig. h 中进行设置：

```
#define configTICK_RATE_HZ            ((TickType_t)1000)
```

上述代码所示的宏定义配置表示系统时钟节拍是 1kHz，即 1ms。

xTickCount 就是 FreeRTOS 的系统时钟节拍计数器。每个 SysTick 中断时 xTickCount 值会加 1，xTickCount 的具体操作过程是在函数 xTaskIncrementTick( )中进行的，此函数在文件 tasks. c 中有定义，代码如下：

```
BaseType_t xTaskIncrementTick(void)
{
TCB_t * pxTCB;
TickType_t xItemValue;
BaseType_t xSwitchRequired = pdFALSE;

        traceTASK_INCREMENT_TICK(xTickCount);
    if(uxSchedulerSuspended == (UBaseType_t) pdFALSE)
    {
        ++xTickCount;

        {
            const TickType_t xConstTickCount = xTickCount;

            if(xConstTickCount == (TickType_t) 0U)
            {
                taskSWITCH_DELAYED_LISTS();
            }
            else
            {
                mtCOVERAGE_TEST_MARKER();
            }

            if(xConstTickCount >= xNextTaskUnblockTime)
            {
                for(;;)
                {
                    if(listLIST_IS_EMPTY(pxDelayedTaskList) != pdFALSE)
                    {
                        xNextTaskUnblockTime = portMAX_DELAY;
                        break;
                    }
                    else
                    {
    pxTCB = (TCB_t *) listGET_OWNER_OF_HEAD_ENTRY(pxDelayedTaskList);
                        xItemValue = listGET_LIST_ITEM_VALUE(&(pxTCB->xGenericListItem));

```

```
                    if( xConstTickCount < xItemValue )
                    {
                        xNextTaskUnblockTime = xItemValue;
                        break;
                    }
                    else
                    {
                        mtCOVERAGE_TEST_MARKER( );
                    }
            ( void ) uxListRemove( &( pxTCB->xGenericListItem ) );
        if( listLIST_ITEM_CONTAINER( &( pxTCB->xEventListItem ) ) != NULL)
                    {
                        ( void ) uxListRemove( &( pxTCB->xEventListItem ) );
                    }
                    else
                    {
                        mtCOVERAGE_TEST_MARKER( );
                    }

                    prvAddTaskToReadyList( pxTCB );

                    #if(   configUSE_PREEMPTION == 1)
                    {
                        if( pxTCB->uxPriority >= pxCurrentTCB->uxPriority)
                        {
                            xSwitchRequired = pdTRUE;
                        }
                        else
                        {
                            mtCOVERAGE_TEST_MARKER( );
                        }
                    }
                }
            }
        }
    }

    #if( ( configUSE_PREEMPTION == 1) && ( configUSE_TIME_SLICING == 1) )
    {
if( listCURRENT_LIST_LENGTH( &( pxReadyTasksLists[ pxCurrentTCB->uxPriority ] ) )>( UBaseType_t) 1)
        {
            xSwitchRequired = pdTRUE;
        }
        else
```

```
                {
                    mtCOVERAGE_TEST_MARKER();
                }
            }
            #endif

            #if( configUSE_TICK_HOOK == 1)
            {
                if( uxPendedTicks == ( UBaseType_t) 0U)
                {
                    vApplicationTickHook();
                }
                else
                {
                    mtCOVERAGE_TEST_MARKER();
                }
            }
            #endif
        }
        else
        {
            ++uxPendedTicks;

            #if( configUSE_TICK_HOOK == 1)
            {
                vApplicationTickHook();
            }
            #endif
        }

        #if( configUSE_PREEMPTION == 1)
        {
            if( xYieldPending != pdFALSE)
            {
                xSwitchRequired = pdTRUE;
            }
            else
            {
                mtCOVERAGE_TEST_MARKER();
            }
        }
        #endif/ * configUSE_PREEMPTION * /

        return xSwitchRequired;
}
```

代码说明如下。

第 7 行：每个时钟节拍中断（SysTick）调用一次本函数，增加时钟节拍计数器 xTickCount 的值，并检查是否有任务需要解除阻塞。

第 8 行：判断任务调度器是否被挂起。

第 10 行：将时钟节拍计数器 xTickCount 值加 1。

第 15 行：xConstTickCount 为 0，说明发生了溢出。

第 17 行：如果发生了溢出，就使用函数 taskSWITCH_DELAYED_LISTS( ) 将延时列表指针 pxDelayedTaskList 和溢出列表指针 pxOverflowDelayedTaskList 指向的列表进行交换。函数 taskSWITCH_DELAYED_LISTS( ) 本质上是一个宏，在文件 tasks. c 中有定义，将这两个指针指向的列表交换以后，还需要更新 xNextTaskUnblockTime 的值。

第 24 行：判断是否有任务延时时间到了。任务会根据唤醒时间点按照顺序（由小到大的升序排列）添加到延时列表中，这就意味着，如果延时列表中的第一个列表项对应任务的延时时间没有到，那么后面的任务就不用查询了，肯定也没有到。变量 xNextTaskUnblockTime 保存着下一个要解除阻塞任务的时间点，如果 xConstTickCount>xNextTaskUnblockTime ，就说明有任务需要解除阻塞。

第 28 行：判断延时列表是否为空。

第 30 行：如果延时列表为空，就设置 xNextTaskUnblockTime 为最大值。

第 33 行：如果延时列表不为空，就获取延时列表的第一个列表项的值，根据这个值判断任务延时时间是否到了，如果到了，就将任务移出延时列表。

第 35 行：延时列表不为空，获取延时列表的第一个列表项对应的任务控制块。

第 36 行：获取第 35 行对应的任务控制块中的状态列表项值。

第 38 行：任务控制块中的状态列表项保存了任务的唤醒时间点，如果这个唤醒时间点大于当前的系统时钟（时钟节拍计数器的值），就说明任务的延时时间还没有到。

第 40 行：任务延时时间还没有到，而且由于 xItemValue 已经保存了下一个要唤醒任务的唤醒时间点，因此需要用 xItemValue 来更新 xNextTaskUnblockTime。

第 47 行：任务延时时间到了，将任务从延时列表中移除。

第 48 行：检查任务是否还在等待某个事件，如等待信号量、队列等。如果任务还在等待某个事件，就将任务从相应的事件列表中移除，因为超时时间到了。

第 50 行：将任务从相应的事件列表中移除。

第 57 行：任务延时时间到了，并且任务已经被从延时列表或事件列表中移除，因此需要将任务添加到就绪列表中。

第 61 行：使用抢占式内核，判断解除阻塞的任务的优先级是否高于当前正在运行的任务的优先级，如果是，就需要进行一次任务切换。

第 63 行：标记 xSwitchRequired 为 pdTRUE，表示需要进行任务切换。

第 75 行：如果使能了时间片轮转调度，就还需要处理与时间片调度有关的工作。

第 92 行：如果使能了时间片钩子函数 vApplicationTickHook( )，就执行它，函数的具体内容由用户自行编写。

第 101 行：如果调用函数 vTaskSuspendAll( ) 挂起了调度器，那么在每个 SysTick 中断中，就不会更新 xTickCount 。取而代之的是用 uxPendedTicks 来记录调度器挂起过程中的时钟节拍数。这样，在调用函数 xTaskResumeAll( ) 恢复调度器时，就会调用 uxPendedTicks 次函数 xTaskIncrementTick()，这样 xTickCount 就会恢复，并且那些应该解除阻塞的任务都会解除阻塞。

第 103 行：uxPendedTicks 是一个全局变量，在文件 tasks.c 中有定义，任务挂起以后，此变量用来记录时钟节拍数。

第 114 行：有时调用其他 API 函数会使用变量 xYieldPending 来标记是否需要进行上下文切换。

第 125 行：返回 xSwitchRequired 的值。xSwitchRequired 中保存了是否进行任务切换的信息，如果为 pdTRUE，就需要进行任务切换；如果为 pdFALSE，就不需要进行任务切换。在函数 xPortSysTickHandler()中调用 xTaskIncrementTick()时会判断返回值，并根据返回值决定是否进行任务切换。

12.2.6 空闲任务的任务函数

空闲任务的任务函数为 prvIdleTask()，但实际上是找不到这个函数的，因为它是通过宏定义来实现的。在文件 portmacro.h 中有如下宏定义：

```
#define portTASK_FUNCTION(vFunction, pvParameters) void vFunction(void * pvParameters)
```

其中，portTASK_FUNCTION()在文件 tasks.c 中有定义，它就是空闲任务的任务函数，其源代码如下：

```
static portTASK_FUNCTION(prvIdleTask, pvParameters)
{
    (void) pvParameters;

    for(;;)
    {
        prvCheckTasksWaitingTermination();

        #if(configUSE_PREEMPTION == 0)
        {
            taskYIELD();
        }
        #endif

    #if((configUSE_PREEMPTION == 1) && (configIDLE_SHOULD_YIELD == 1))
    {
if(listCURRENT_LIST_LENGTH(&(pxReadyTasksLists[ tskIDLE_PRIORITY ])) > (UBaseType_t) 1)
        {
            taskYIELD();
        }
        else
        {
            mtCOVERAGE_TEST_MARKER();
        }
    }
```

```
        #endif

        #if( configUSE_IDLE_HOOK == 1)
        {
            extern void vApplicationIdleHook( void );

            vApplicationIdleHook( );
        }
        #endif

        #if( configUSE_TICKLESS_IDLE != 0)
        {
        TickType_t xExpectedIdleTime;

            xExpectedIdleTime = prvGetExpectedIdleTime( );

        if( xExpectedIdleTime >= configEXPECTED_IDLE_TIME_BEFORE_SLEEP)
            {
                vTaskSuspendAll( );
                {

                    configASSERT( xNextTaskUnblockTime >= xTickCount);
                    xExpectedIdleTime = prvGetExpectedIdleTime( );

        if( xExpectedIdleTime >= configEXPECTED_IDLE_TIME_BEFORE_SLEEP)
                    {
                        traceLOW_POWER_IDLE_BEGIN( );
                        portSUPPRESS_TICKS_AND_SLEEP( xExpectedIdleTime);
                        traceLOW_POWER_IDLE_END( );
                    }
                    else
                    {
                        mtCOVERAGE_TEST_MARKER( );
                    }
                }
                ( void) xTaskResumeAll( );
            }
            else
            {
                mtCOVERAGE_TEST_MARKER( );
            }
        }
        #endif
    }
}
```

代码说明如下。

第 1 行：将此行展开就是 static void prvIdleTask(void *pvParameters)，在创建空闲任务时，任务函数名就是 prvIdleTask()。

第 7 行：调用函数 prvCheckTasksWaitingTermination()来检查是否有需要释放内存的被删除任务，当有任务调用函数 vTaskDelete()删除自身时，此任务就会被添加到列表 xTasksWaitingTermination 中。函数 prvCheckTasksWaitingTermination()就会检查列表 xTasksWaitingTermination 是否为空，如果不为空，就依次将列表中所有任务对应的内存（任务控制块和任务堆栈的内存）释放掉。

第 11 行：yield 是"放弃、让出"的意思。任务若调用函数 taskYIELD()，则会主动让出 CPU 使用权，让同优先级的其他任务获得 CPU 使用权。

第 15 行：使用抢占式内核且 configIDLE_SHOULD_YIELD 为 1，说明空闲任务需要让出时间片给同优先级的其他就绪任务。

第 17 行：检查优先级为 tskIDLE_PRIORITY（空闲任务优先级）的就绪任务列表是否为空，如果不为空，就调用函数 taskYIELD()进行一次任务切换。

第 32 行：执行用户定义的空闲任务钩子函数。注意：钩子函数中不能使用任何可以引起阻塞空闲任务的 API 函数。

第 36 行：如果 configUSE_TICKLESS_IDLE 不为 0，就说明使能了 FreeRTOS 的低功耗 Tickless 模式。

第 40 行：调用函数 prvGetExpectedIdleTime()获取 CPU 进入空闲状态，此值保存在变量 xExpectedIdleTime 中，单位为时钟节拍数。

第 42 行：如果 xExpectedIdleTime 的值大于 configEXPECTED_IDLE_TIME_BEFORE_SLEEP 的值，就说明达到预期的空闲时间。

第 44 行：处理 Tickless 模式，挂起任务，其实就是起到临界段代码保护作用。

第 48 行：重新获取一次时间值，这次的时间值直接用于 portSUPPRESS_TICKS_AND_SLEEP()。

第 53 行：调用函数 portSUPPRESS_TICKS_AND_SLEEP()，使 CPU 进入低功耗 Tickless 模式。

第 61 行：恢复调度器。

通过空闲任务钩子函数，可以直接在空闲任务中添加与应用程序相关的功能。空闲任务钩子函数会被空闲任务每循环一次就自动调用一次。

对空闲任务钩子函数的说明如下。

（1）执行低优先级、后台或需要不停处理的功能代码。

（2）空闲任务只会在所有其他任务都不运行时才有机会执行，因此，测量出空闲任务占用的处理时间就可以清楚地知道系统有多少富裕的处理时间。

（3）将 CPU 配置为低功耗 Tickless 模式，即提供一种自动省电方法，使得在没有任何应用功能需要处理时，系统自动进入省电模式。

（4）绝不能阻塞或挂起。以任何方式阻塞空闲任务都可能导致没有任务能够进入运行状态。

（5）如果应用程序用到了 vTaskDelete()函数，那么空闲任务钩子函数必须能够尽快返回。因为在任务被删除后，空闲任务负责回收内核资源，所以有一点很重要，那就是使用

vTaskDelete()函数的任务要给空闲任务留够执行时间。

（6）调度器启动以后，空闲任务会自动创建。

12.3　任务管理

使用 RTOS（实时操作系统）的实时应用程序可认为是一系列独立任务的集合。每个任务在自己的环境中运行，不依赖系统中的其他任务或 RTOS 调度器。在任何时刻，只有一个任务可以运行，RTOS 调度器决定运行哪个任务。调度器会不断地启动、停止每个任务，从宏观上来看，就像整个应用程序都在执行。作为任务，不需要对调度器的活动有所了解，在任务切入/切出时保存上下文环境（寄存器值、堆栈内容）是调度器的主要职责。为了实现这一点，每个任务都需要有自己的堆栈。当任务切出时，其执行环境会被保存在该任务的堆栈中。这样，当它再次运行时，就能从其堆栈中正确恢复上次的运行环境。

实现多个任务的有效管理是操作系统的主要功能。FreeRTOS 可实现创建任务、删除任务、挂起任务、恢复任务、设定任务优先级、获得任务相关信息等功能。

12.3.1　创建任务

xTaskCreate()函数用来创建一个任务，任务需要 RAM 来保存与其有关的状态信息（任务控制块），任务也需要一定的 RAM 来作为任务堆栈。如果使用 xTaskCreate()函数创建任务，那么这些所需的 RAM 就会自动从 FreeRTOS 的堆栈中分配，因此必须提供内存管理文件，默认使用 heap_4.c 这个内存管理文件，而且宏 configSUPPORT_DYNAMIC_ALLOCATION 必须为 1。如果使用 xTaskCreateStatic()函数创建任务，那么这些 RAM 就需要用户提供。新创建的任务默认处于就绪状态，如果当前没有比它的优先级更高的任务运行，那么此任务就会立即进入运行状态，开始运行，不管在调度器启动前还是启动后，都可以创建任务。xTaskCreate()函数（位于 task.h 中）的原型如下：

```
BaseType_t xTaskCreate(
                        TaskFunction_t pvTaskCode,
                        const char * const pcName,
                        unsigned short usStackDepth,
                        void * pvParameters,
                        UBaseType_t uxPriority,
                        TaskHandle_t * pvCreatedTask
                     );
```

参数说明如下。

（1）pvTaskCode：函数指针，指向任务函数的入口。任务永远不会返回（位于死循环内）。该参数类型 TaskFunction_t 定义在文件 projdefs.h 中，定义为 typedef void(* TaskFunction_t)(void *)，即参数为空指针类型并返回空类型。

（2）pcName：任务描述，主要用于调试。字符串的最大长度（包括字符串结束字符）由宏 configMAX_TASK_NAME_LEN 来指定，该宏位于 FreeRTOSConfig.h 文件中。

（3）usStackDepth：指定任务堆栈的大小，指的是能够支持的堆栈变量数量（堆栈深度），而不是字节数。例如，在 16 位宽度的堆栈下，usStackDepth 定义为 100，此时，实际使用 200 字节堆栈存储空间。堆栈宽度乘以堆栈深度不超过 size_t 类型所能表示的最大值。例如，size_t 为 16 位，则可以表示堆栈的最大值是 65535 字节。这是因为堆栈在申请时是以字节为单位进行的，申请的字节数就是堆栈宽度乘以堆栈深度，如果这个乘积超出 size_t 所能表示的最大值，就会溢出。

（4）pvParameters：指针类型，在创建任务时，作为一个参数传递给任务。

（5）uxPriority：任务的优先级。具有 MPU 支持的系统可以通过置位优先级参数的 portPRIVILEGE_BIT 位来随意地在特权（系统）模式下创建任务。例如，创建一个优先级为 2 的特权任务，参数 uxPriority 可以设置为(2 | portPRIVILEGE_BIT)。

（6）pvCreatedTask：用于回传一个句柄（ID），创建任务后可以使用这个句柄引用任务。

函数的返回值如下。

（1）pdPASS：任务创建成功。

（2）errCOULD_NOT_ALLOCATE_REQUIRED_MEMORY：由于内存堆栈空间不足，FreeRTOS 无法分配足够的空间来保存任务结构数据和任务堆栈，因此无法创建任务。

虽然 xTaskCreate()看上去很像函数，但它其实是一个宏，真正被调用的函数是 xTaskGenericCreate()。xTaskCreate()宏定义如下：

```
#define xTaskCreate(pvTaskCode, pcName, usStackDepth,pvParameters, uxPriority, pxCreatedTask)\
xTaskGenericCreate((pvTaskCode), (pcName), (usStackDepth), (pvParameters), (uxPriority),
(pxCreatedTask), (NULL), (NULL), (NULL))
```

可以看到，xTaskCreate()比 xTaskGenericCreate()少了 3 个参数，在宏定义中，这 3 个参数被设置为 NULL，用于使用静态变量的方法分配堆栈、任务控制块空间，以及设置 MPU 相关参数。一般情况下，这 3 个参数是不使用的，因此在定义任务创建宏 xTaskCreate()时，将这 3 个参数对用户隐藏了。

下面用一个例子来讲述任务创建的过程，为方便起见，假设被创建的任务叫作“任务 A”，任务函数为 vTask_A()：

```
TaskHandle_t xHandle;
  xTaskCreate(vTask_A,"Task A",120,NULL,1,&xHandle);
```

这里创建了一个任务，任务的优先级为 1，指定了 120×4=480 字节的任务堆栈，向任务函数 vTask_A()传递的参数为空（NULL），任务句柄由变量 xHandle 保存。当这条语句被执行后，任务 A 被创建并加入就绪任务列表。

当调用 xTaskCreate()函数创建一个新任务时，FreeRTOS 首先为新任务分配其所需的内存，若内存分配成功，则初始化任务控制块的任务名称、堆栈深度和任务优先级；然后根据堆栈的增长方向初始化任务控制块的堆栈；最后，FreeRTOS 把当前创建的任务加入就绪任务列表。若当前任务的优先级最高，则把此优先级赋值给变量 uxPriority。若任务调度程序已经运行且当前创建的任务的优先级最高，则进行任务切换。

FreeRTOS 之所以能正确恢复一个任务的运行，就是因为有任务堆栈在“保驾护航”，调度器在进行任务切换时会将当前任务的现场（寄存器的值等）保存在此任务的任务堆栈中，等到此任务下次运行时就会先用任务堆栈中保存的值来恢复现场，恢复现场以后，任务就会继续从上次中断的地方开始运行。

12.3.2　删除任务

vTaskDelete( )函数位于 task.h 文件中，其原型如下：

```
vTaskDelete(TaskHandle_t xTaskToDelete)
```

其中，xTaskToDelete 为要删除任务的任务句柄。

在 FreeRTOS 中，删除任务分两步进行：当用户调用 vTaskDelete( )函数后，执行删除任务的第一步，即 FreeRTOS 先把要删除的任务从就绪任务列表和事件等待列表中删除，然后把此任务添加到任务删除列表，如果删除的任务是当前运行任务，那么系统就执行任务调度函数；当系统空闲任务，即 prvIdleTask( )函数运行时，若发现任务删除列表中有等待删除的任务，则进行删除任务的第二步，即释放该任务占用的内存空间，并把该任务从任务删除列表中删除，只有这样才能彻底删除这个任务。值得注意的是，在 FreeRTOS 中，当系统被配置为不可剥夺型内核时，空闲任务还有实现任务切换的功能。

删除一个用函数 xTaskCreate( )或 xTaskCreateStatic( )创建的任务，被删除的任务不再存在，即被删除的任务不会再进入运行状态。注意：被删除的任务可以是自己。任务被删除以后就不能再使用此任务的句柄了。如果此任务是使用动态方法创建的，即任务是使用函数 xTaskCreate( )创建的，那么在此任务被删除以后，此任务之前申请的任务堆栈和任务控制块内存会在空闲任务中被释放，因此，当调用函数 vTaskDelete( )删除任务以后，必须给空闲任务一定的运行时间。这里需要说明一点，只有内核为任务分配内存空间时才会在任务被删除后自动回收。任务自己占用的内存或资源需要由应用程序自己显式地释放。例如，在某个任务中，用户调用 pvPortMalloc( )函数分配 500 字节的内存，在此任务被删除以后，用户必须调用函数 vPortFree( )将这 500 字节的内存释放掉，否则会导致内存泄漏。

12.3.3　任务挂起和恢复函数

有时需要暂停某个任务的运行，一段时间以后重新运行它。此时，如果使用任务删除和重建的方法，任务中变量保存的值肯定丢失了。FreeRTOS 提供了解决这个问题的方法，那就是任务挂起和恢复，当某个任务要停止运行一段时间时，就将这个任务挂起；当要重新运行这个任务时，就恢复这个任务的运行。

任务挂起是一种附加的功能，但它会使系统有更高的灵活性。挂起任务是通过 OSTaskSuspend( )函数实现的，被挂起的任务只能通过调用 OSTaskResume( )函数来恢复。如果任务在被挂起的同时，已经在等待事件的发生或延时期满，那么这个任务要再次进入就绪状态需要两个条件：①事件发生或延时期满；②其他任务的唤醒。任务可以挂起除空闲任务外的所有任务，包括任务本身。

1. vTaskSuspend( ) 函数

vTaskSuspend( )函数用于将某个任务设置为挂起状态，进入挂起状态的任务永远不会进入运行状态。退出挂起状态的唯一方法就是调用任务恢复函数 vTaskResume( )或 xTaskResumeFromISR( )。vTaskSuspend( )函数的原型如下：

```
void vTaskSuspend(TaskHandle_t xTaskToSuspend)
```

其中，xTaskToSuspend 为要挂起任务的任务句柄，在创建任务时，系统会为每个任务分配一个任务句柄。如果使用 xTaskCreate( ) 函数创建任务，那么函数的参数 pxCreatedTask 就是此任务的任务句柄；如果使用 xTaskCreateStatic( ) 函数创建任务，那么函数的返回值就是此任务的任务句柄。也可以通过 xTaskGetHandle( ) 函数根据任务名字来获取某个任务的任务句柄。注意：如果参数为 NULL，就表示挂起任务自己。

2. vTaskResume( ) 函数

只有通过 vTaskSuspend( ) 函数设置为挂起态的任务才可以使用 vTaskResume( ) 函数恢复到就绪状态。vTaskResume( ) 函数的原型如下：

```
void vTaskResume(TaskHandle_t xTaskToResume)
```

其中，xTaskToResume 为要恢复任务的任务句柄。

3. xTaskResumeFromISR( ) 函数

xTaskResumeFromISR( ) 函数是 vTaskResume( ) 函数的中断版本，用于在中断服务函数中恢复一个任务。xTaskResumeFromISR( ) 函数的原型如下：

```
BaseType_t xTaskResumeFromISR(TaskHandle_t xTaskToResume)
```

其中，xTaskToResume 为要恢复任务的任务句柄。

函数的返回值为 pdTRUE，表示恢复运行任务的优先级等于或高于正在运行任务（被中断打断的任务）的优先级，这意味着在退出中断服务函数以后，必须进行一次上下文切换。

12.4 任务调度

FreeRTOS 中提供的调度器是基于优先级的抢占式调度的，其中除中断处理函数、调度器上锁部分的代码和禁止中断的代码是不可抢占的之外，系统的其他部分都是可以抢占的。当有比当前任务的优先级更高的任务就绪时，当前任务将立刻被切出，高优先级任务抢占 CPU 使用权而运行。任务调度的原则是一旦任务状态发生了改变，并且当前运行任务的优先级低于优先级队列组中任务的最高优先级，就立刻进行任务切换。

FreeRTOS 内核中也允许创建具有相同优先级的任务。具有相同优先级的任务采用时间片轮转方式进行调度。时间片轮转调度仅在当前系统中无更高优先级就绪任务存在的情况下才有效。

12.4.1 任务调度简介

下面通过一个实例来说明多任务 RTOS 的任务调度原理。一家公司有 n 位员工，这些员工按职位分为 n 级（不存在职位相同的员工）。公司只有一部电话总机，每位员工都有一部分机，每位员工打外线电话都需要通过同一个接线员来管理。公司总经理的职位最高，他打电话的优先级为 0；第一副经理的职位排第二，他打电话的优先级为 1；依次类推，职位最低的员工打电话的优先级为 $n-1$，因此，在公司运作过程中，总机电话业务有以下情况（假设接线员 8 点上班后，每 1min 视察一下总机，这里的 1min 即时钟节拍）。

(1) 接线员上班后，打开总机，检查拨号的电话。如果此时所有员工同时拨号，那么接线员会让总经理得到总机使用权，其他员工进入等待队列。等总经理打完电话后，按优先级进行调度，依次接通各位员工的电话。

(2) 在某个时刻总机空闲，此时任意一位员工拨号，等到接线员视察总机时进行调度，就把总机分配给他。

(3) 在某个时刻总机空闲，此时有多位员工同时拨号，等到接线员视察总机时进行调度，把总机分配给最高职位的员工，其他员工进入等待队列，等职位高的员工打完后，依次接通各位员工的电话。

(4) 某个时刻总机正在被某位员工使用，如果此时比他职位高的人正在拨号，那么等到接线员视察总机时，接线员会中断当前通话，使职位高的人先接通，等职位高的员工打完电话后，恢复刚才被中断的员工的通话。如果此时又有多位员工拨号，那么接线员将进行调度，让被中断的员工和所有新拨号的员工中职位最高的人先使用总机，其他员工进入等待队列。从这一步可以看出，如果某位职位低的员工正在使用总机，那么此时即使总经理拨号，也必须等到时钟节拍到来后（接线员视察或系统调度时）才能得到总机使用权，最长等待时间为 1min。

如果把上述员工视为任务，把接线员视为调度器，则 RTOS 的基本工作原理也是如此。在 RTOS 中，创建好若干任务后，各任务均进入延时等待状态，在每个时钟节拍处，系统将检查处于就绪状态的任务，进行任务（切换）调度，使处于就绪状态的任务中优先级最高的任务得到 CPU 使用权，其他任务进入等待队列，每个任务单次运行的 CPU 占用时间不能大于一个时钟节拍。除系统创建的空闲任务外，用户创建的任务运行完后，系统将进行一次任务调度。时钟节拍用于更新各个任务的延时。

由上述案例可见，调度器的作用就是使用相关的调度算法来决定当前需要执行的任务。调度器的特点如下。

(1) 可以区分就绪任务和挂起任务（由于延时、信号量等待、邮箱等待、事件组等待等而使任务被挂起）。

(2) 可以选择处于就绪状态的一个任务，并激活它（通过执行这个任务）。当前正在执行的任务是处于运行状态的任务。

(3) 不同调度器之间最大的区别就是如何确定就绪任务的先后工作时间。

RTOS 的核心就是调度器和任务切换，调度器的核心是调度算法。任务切换的实现在不同 RTOS 中的区别不大。调度算法分类详见 12.4.2 节。

调度器的操作对象是任务，关于任务调度，要点如下。

(1) 每个任务都被赋予了一个优先级。

(2) 每个任务都可以存在一种或多种状态。

(3) 在任何时候，都只有一个任务可以处于运行状态（限单核 CPU）。

(4) 调度器总是在所有处于就绪状态的任务中选择具有最高优先级的任务来执行。

当 RTOS 内核进行任务调度后，执行处于就绪状态的具有最高优先级的任务，这不是通常意义下的函数调用（任务在创建时就被调用了）。通常意义下的函数调用是指：

(1) 保存当前调用函数（程序）的环境，程序指针跳转到被调用函数入口处，执行完被调用函数后，从堆栈中恢复调用函数的环境，继续执行原程序。

(2) 调用函数和被调用函数公用相同的堆栈，实际上，被调用函数没有堆栈。

(3) 被调用函数的调用执行是由调用函数发出的。

(4) 被调用函数被调用后立即执行。

RTOS 的任务调用是指：

(1) 每个任务都有独立的堆栈空间，RTOS 下的任务调用是先把当前任务的执行环境保存在它自己的堆栈中，然后从被调用任务的堆栈恢复被调用任务的环境，这两个任务占用不同的堆栈空间。

(2) 被调用任务的入口地址来自其堆栈，而不是函数标号。

(3) 被调用函数的调用执行是由 RTOS 调度器发出的，即由 RTOS 内核调用，而不是某个任务。

(4) 被调用任务进入就绪状态即可以执行，但有可能不会立即执行。因此，在一定意义上，任务的调用可以理解为返回那个函数执行，而不是调用那个函数执行。任务永远不会返回，当前任务完成特定的功能后，释放 CPU 使用权，进入等待状态，等待下一个“该函数返回”。当 CPU 空闲时，RTOS 执行系统定义的优先级最低的空闲任务。此时，每个时钟节拍到达时都进行任务就绪状态检查和调度管理。

由 RTOS 任务调度可知任务的设计要点如下。

作为一个优先级明确的实时操作系统，如果一个任务中的程序出现了死循环操作（此处的死循环是指没有阻塞机制的任务循环体），那么优先级比这个任务低的任务都将无法执行。

在进行任务设计时，应该保证任务在不活跃时可以进入阻塞状态，以交出 CPU 使用权，这就需要明确知道在什么情况下让任务进入阻塞状态，保证低优先级任务可以正常运行。在实际设计中，一般会将紧急处理事件的优先级设置得高一些，将处理时间更短的任务的优先级设置得更高一些。

除此之外，还需要注意任务的执行时间。

任务的执行时间一般指两方面，一是任务从开始到结束的时间，二是任务的周期。

12.4.2 FreeRTOS 调度算法分类

FreeRTOS 就是一款支持多任务运行的实时操作系统，具有时间片轮转、抢占式和合作式 3 种调度方式。

(1) 合作式调度。

采用一个纯粹的合作式调度器，只可能在处于运行状态的任务进入阻塞状态或处于运行状态的任务调用 taskYIELD()时，才会进行上下文切换。任务永远不会被抢占，而具有相同优先级的任务也不会自动共享 CPU 的时间。合作式调度的工作方式虽然比较简单，但可能会导致系统响应不够快。

合作式调度主要用在资源有限的设备上，现在已经很少使用了。出于这个原因，后面的 FreeRTOS 版本中不会再对合作式调度进行升级。

(2) 时间片轮转调度。

当每个任务都有相同的优先级时，任务只有在运行固定的时间片个数或遇到阻塞式的 API 函数（如 vTaskDelay()）时，才会执行同优先级任务之间的任务切换。

在小型 RTOS 中，最常用的时间片轮转调度算法就是 Round Robin 调度算法。这种调度算法可以用于抢占式或合作式的多任务中。另外，时间片轮转调度算法适合用于不要求任务实时响应的情况。实现 Round Robin 调度算法需要给同优先级任务分配一个专门的列表，用于记录当前的就绪任务，并为每个任务分配一个时间片（需要运行的时间长度，时间片用完了就进行任务切换）。在 FreeRTOS 中，只有同优先级任务才会使用时间片轮转调度算法。另外，还需要用户在 FreeRTOSConfig. h 文件中使能以下宏定义：

```
#define configUSE_TIME_SLICING 1
```

（3）抢占式调度。

当每个任务都具有不同的优先级时，任务会一直运行，直到被高优先级任务抢占或遇到阻塞式的 API 函数，如 vTaskDelay( )。FreeRTOS 抢占式调度详见 12. 4. 3 节。

12. 4. 3　FreeRTOS 抢占式调度

抢占式调度也被称为固定优先级抢占式调度。所谓固定优先级，就是指每个任务都被赋予了一个优先级，这个优先级不能被内核本身改变（只能被任务修改）；抢占式是指当任务进入就绪状态或其优先级被改变时，如果处于运行状态的任务的优先级更低，则该任务总是抢占当前运行任务。也就是说，在抢占式调度中，每个任务都被赋予了不同的优先级，抢占式调度器会获得就绪列表中优先级最高的任务，并运行这个任务。

任务可以处于阻塞状态，等待一个事件，当事件发生时，任务将自动回到就绪状态。事件通常包括时间事件和同步事件。时间事件发生在某个特定的时刻，如阻塞超时。时间事件通常用于周期性或超时行为。任务或中断服务例程向队列发送消息或信号量都将触发同步事件。同步事件通常用于触发同步行为，如某个外部的数据到达。

使用了抢占式调度，最高优先级任务一旦就绪，就总能得到 CPU 使用权。例如，当一个正在运行的任务被其他高优先级任务抢占时，当前任务的 CPU 使用权就被剥夺了，或者说任务被挂起了，高优先级任务立刻得到 CPU 使用权并运行。如果中断服务程序使一个高优先级任务进入就绪状态，那么，在中断完成时，被中断的低优先级任务被挂起，高优先级任务开始运行。使用抢占式调度器，使最高优先级任务得到 CPU 使用权并运行的时间是可知的，同时使任务级响应时间得以最优化。

在 FreeRTOS 的配置文件 FreeRTOSConfig. h 中，禁止使用时间片轮转调度。此时，必须给每个任务赋予不同的优先级。当 FreeRTOS 多任务启动执行后，基本会按照如下方式执行。

（1）首先执行最高优先级任务 Task1，Task1 会一直运行，直到遇到系统阻塞式的 API 函数，如延迟、事件标志等待、信号量等待等。此时，Task1 会被挂起，即释放 CPU 使用权，让低优先级任务得到 CPU 使用权。

（2）FreeRTOS 继续执行就绪列表中的下一个最高优先级任务 Task2。Task2 在执行过程中有以下两种情况。

① Task1 由于延迟时间到达而收到信号量消息，使得 Task1 从挂起状态恢复到就绪状态，在抢占式调度器的作用下，Task2 的执行会被 Task1 抢占。

② Task2 会一直运行，直到遇到系统阻塞式的 API 函数，Task2 会被挂起，继而执行就绪列表中的下一个最高优先级任务。

（3）如果用户创建了多个任务且采用抢占式调度器，那么这些任务基本都是按照上面两种方式来执行的。根据抢占式调度器的调度，当前任务要么被高优先级任务抢占，要么通过调用系统阻塞式的 API 函数来释放 CPU 使用权，让低优先级任务执行，没有用户任务执行时就执行空闲任务。

具体调度细节可结合如下情景来理解。

RTOS 的实时调度内核就如同一家搬运公司，它掌控着由 15 位员工（CM3 处理器各模式下的 15 个寄存器）组建的团队，搬运公司（CPU）是依靠该团队来执行某项（装卸）任务的，显然，在某一时刻，该团队只能处理一项任务。3 个任务如同 3 艘等待装卸货物且权重不同的船：军用船、消防船和商用船。它们组成等待队列，其中，军用船的权重最高，商用船的权重最低。当所有船舶的装卸手续、货物均已备妥时，搬运公司首先将团队分派给军用船，即军用船的装卸任务首先占用 CPU 并执行，而其他船只有在军用船装卸完成后才能获得搬运公司的服务。假若在军用船的装卸作业过程中发现单据有误或货物不到位，则搬运公司将首先中止军用船的装卸作业，然后在等待队列中寻找服务船。此时，若消防船处于就绪状态，则搬运公司立即为其分派团队进行装卸作业；若商用船处于就绪状态而消防船因某种原因暂时无法进行装卸作业，则搬运公司将立即为商用船提供服务；若商用船和消防船均处于非就绪状态，则搬运公司的团队进入空闲期，为此，RTOS 在初始化时会创建空闲任务。假设此时商用船获得搬运公司的服务，在商用船装卸作业过程中，若军用船或消防船进入就绪状态，则根据权重，它们都可以立即抢占搬运公司的团队为自己服务，无论出现上述何种情况，均发生一次任务调度，这就是实时多任务调度过程（见图 12-6）。具体的任务切换过程如图 12-7 所示。

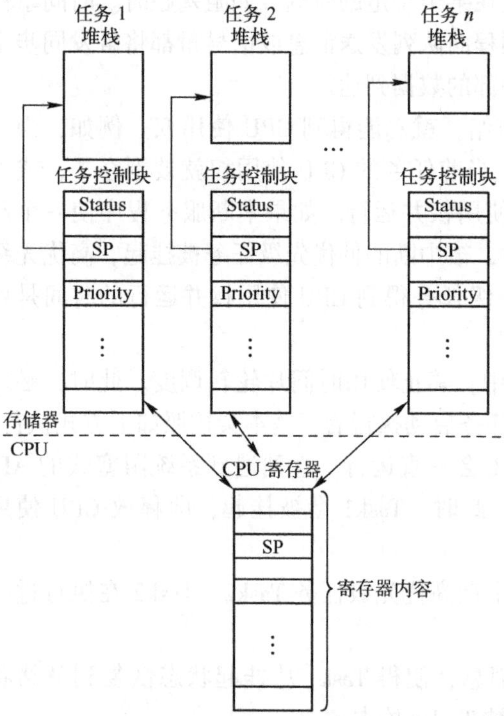

图 12-6　多任务调度过程

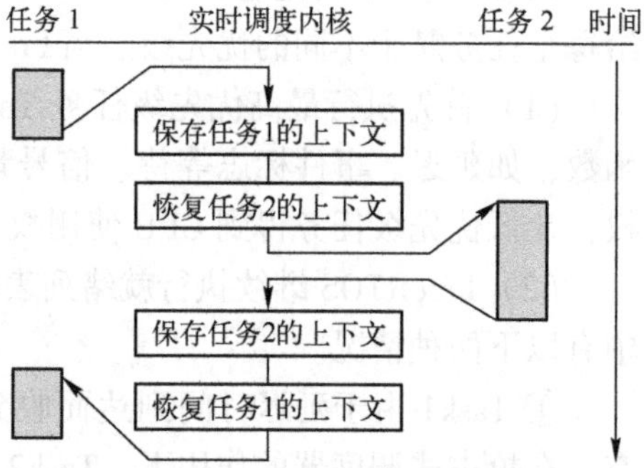

图 12-7　具体的任务切换过程

在 RTOS 中，当发生任务切换时，堆栈用于保存其所属任务的上下文环境，任务控制块始终记录任务当前状态参数，如优先级、所处状态、计时、堆栈指针、任务函数指针等。同样以上述搬运公司为例，在搬运公司的服务团队由军用船转移到商用船之前，搬运公司必须完成两项工作：一是必须保存军用船的当前状态（如装卸作业完成了多少、下一步装卸何种物资等信息）和服务团队各成员的当前状态（CM3 处理器的 15 个寄存器的当前值），即图 12-7 中保存任务 1 的上下文，否则，当军用船再次获得搬运公司的服务时无法继续余下的装卸作业，这些信息均会交由军用船自身，即任务堆栈来保存；二是搬运公司必须从商用船，即任务堆栈那里获得其当前保存的状态信息，从而得以继续商用船的装卸作业，即图 12-7 中恢复任务 2 的上下文。从这里不难看出，在 RTOS 中，任务必须拥有各自独立的堆栈来保存其上下文环境，在创建任务时，必须初始化堆栈中的信息。

由于 RTOS 总是运行就绪状态任务中优先级最高的任务，因此，确定哪个任务的优先级最高、哪个任务将要运行的工作是由调度器完成的。RTOS 任务调度所花费的时间是常数，与应用程序中建立的任务数无关。

任务切换很简单，一般由以下两步完成：首先将被挂起任务的 CPU 寄存器压入堆栈；然后将较高优先级任务的寄存器值从堆栈中恢复到寄存器中。在 RTOS 中，就绪任务的栈结构看起来总是跟刚刚发生过中断一样，所有 CPU 寄存器都保存在栈中。即 RTOS 运行就绪态的任务所要做的一切只是恢复所有的 CPU 寄存器并运行中断返回指令。

12.4.4　抢占式调度案例说明

图 12-8 所示为某个应用程序的执行流程，展现了抢占式调度的行为方式，可以看出优先级分配是如何从根本上影响应用程序行为的。

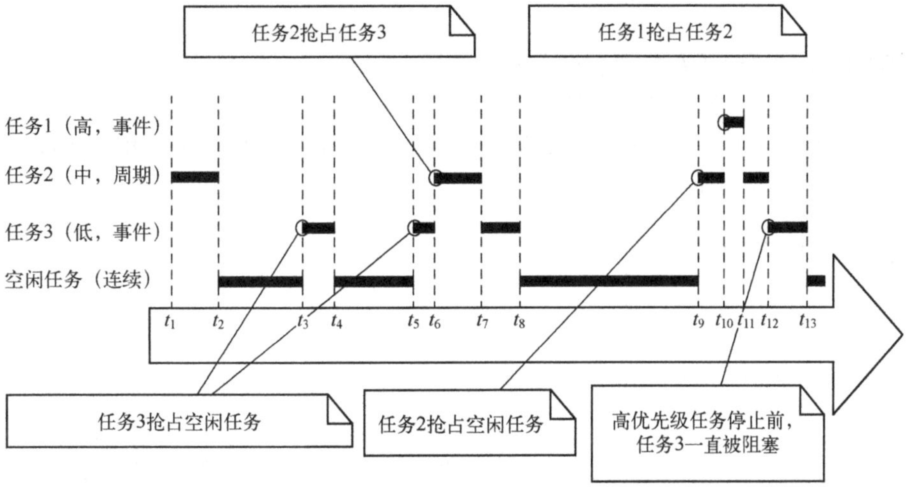

图 12-8　某个应用程序的执行流程（抢占式调度）

（1）空闲任务。

空闲任务具有最低优先级，因此，每当有更高优先级的任务处于就绪状态时，空闲任务的 CPU 使用权就会被抢占，如图 12-8 中的 t_3、t_5和 t_9时刻。

（2）任务 3。

任务 3 是一个事件驱动任务。它的优先级相对较低，但高于空闲任务。它的大部分时间都处于阻塞状态。每当事件发生时，它就从阻塞状态转移到就绪状态。在 FreeRTOS 中，所有任务间的通信机制（队列、信号量等）都可以通过这种方式来发送事件，以及让任务解除阻塞。任务 3 的事件在 t_3、t_5及 t_9～t_{12}之间的某个时刻发生。发生在 t_3、t_5时刻的事件可以被立即处理，因为在这些时刻，任务 3 在所有可运行任务中的优先级最高。而发生在 t_9～t_{12}某个时刻的事件不会被立即处理，需要一直等到 t_{12}时刻。这是因为，具有更高优先级的任务 1 和任务 2 此时尚在运行中，只有等到 t_{12}时刻，这两个任务进入阻塞状态，才会使得任务 3 成为具有最高优先级的处于就绪状态的任务。

（3）任务2。

任务2是一个周期性任务，其优先级高于任务3并低于任务1。根据周期间隔，任务2期望在t_1、t_6和t_9时刻执行。在t_6时刻，任务3处于运行状态，但是任务2相对具有更高的优先级，因此会抢占任务3，并立即得到执行。处理完任务2后，在t_7时刻，任务2返回阻塞状态。同时，任务3得以重新进入运行状态，继续执行。任务3在t_8时刻进入阻塞状态。

（4）任务1。

任务1也是一个事件驱动任务。任务1在所有任务中具有最高优先级，因此可以抢占系统中的任何其他任务。如图12-8所示，任务1的事件只发生在t_{10}时刻。此时，任务1抢占任务2。只有当任务1在t_{11}时刻再次进入阻塞状态之后，任务2才得以继续执行。

作为一种通用规则，完成硬实时功能的任务的优先级会高于完成软实时功能的任务的优先级。但对于其他因素，如执行时间和CPU利用率，都必须纳入考虑范围，以保证应用程序不会超过硬实时的需求限制。

12.5 时间管理

FreeRTOS中的延时函数主要有以下两点作用。

（1）为周期性执行的任务提供延迟。

（2）对于抢占式调度器，让高优先级任务可以通过延时函数释放CPU使用权，从而让低优先级任务得到CPU使用权。

12.5.1 相对延时

相对延时函数描述如下：

```
void vTaskDelay( portTickType xTicksToDelay );
```

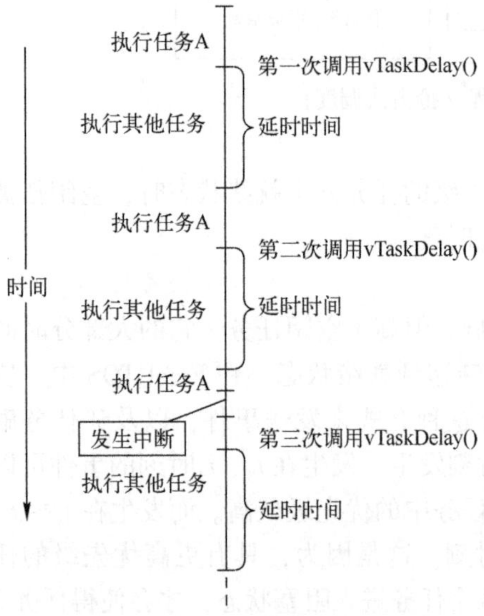

图12-9　相对延时函数执行示意图

调用vTaskDelay()函数后，任务会进入阻塞状态，持续时间由vTaskDelay()函数的参数xTicksToDelay指定，单位是系统节拍时钟周期。在文件FreeRTOSConfig.h中，宏INCLUDE_vTaskDelay必须设置为1，此函数才有效。

相对延时函数执行示意图如图12-9所示。当任务A获得CPU使用权后，先执行任务A的主体代码，然后调用系统vTaskDelay()函数，任务A进入阻塞状态。任务A进入阻塞状态后，其他任务得以执行。FreeRTOS内核会周期性地检查任务A的阻塞时间是否达到，如果阻塞时间达到，就将任务A设置为就绪状态。由于任务A的优先级最高，因此任务A会抢占CPU使用权，再次执行其主体代码，不断循环。

从图12-9中可以看出，任务A每次延时都是从

vTaskDelay()函数开始算起的，由于延时是相对于这一时刻开始的，因此将此函数叫作相对延时函数。

从图 12-9 中还可以看出，如果在执行任务 A 的过程中发生中断，那么任务 A 的执行周期就会变长，因此，使用相对延时函数 vTaskDelay()不能周期性地执行任务 A。

vTaskDelay()函数在文件 tasks.c 中有定义，代码如下：

```
void vTaskDelay(const TickType_t xTicksToDelay)
    {
    TickType_t xTimeToWake;
    BaseType_t xAlreadyYielded = pdFALSE;

        if(xTicksToDelay > (TickType_t) 0U)
        {
            configASSERT(uxSchedulerSuspended == 0);
            vTaskSuspendAll();
            {
                traceTASK_DELAY();

                xTimeToWake = xTickCount + xTicksToDelay;

    if(uxListRemove(&(pxCurrentTCB->xGenericListItem)) == (UBaseType_t) 0)
                {
    portRESET_READY_PRIORITY(pxCurrentTCB->uxPriority, uxTopReadyPriority);
                }
                else
                {
                    mtCOVERAGE_TEST_MARKER();
                }
                prvAddCurrentTaskToDelayedList(xTimeToWake);
            }
            xAlreadyYielded = xTaskResumeAll();
        }
        else
        {
            mtCOVERAGE_TEST_MARKER();
        }

        if(xAlreadyYielded == pdFALSE)
        {
            portYIELD_WITHIN_API();
        }
        else
        {
            mtCOVERAGE_TEST_MARKER();
```

```
39          }
40      }
```

代码说明如下。

第 6 行：延时时间由参数 xTicksToDelay 确定，该参数表示要延时的时钟节拍数，延时时间肯定大于 0，否则，相当于直接调用 portYIELD( )函数进行任务切换。

第 9 行：调用 vTaskSuspendAll( )函数挂起调度器。

第 23 行：调用 prvAddCurrentTaskToDelayedList( )函数将要延时的任务添加到延时列表 pxDelayedTaskList 或 pxOverflowDelayedTaskList 中。

第 25 行：调用 xTaskResumeAll( )函数恢复调度器。

第 32 行：如果 xTaskResumeAll( )函数没有进行任务调度，则需要进行任务调度。

第 34 行：调用 portYIELD_WITHIN_API( )函数进行一次任务调度。

从上述代码中可以看出，调用 vTaskDelay( )函数可以实现将任务延时一段特定时间的功能。在 FreeRTOS 中，若一个任务要延时 xTicksToDelay 个时钟节拍，则系统内核首先会把当前系统已运行的时钟节拍总数（定义为 xTickCount，32 位长度）加上 xTicksToDelay，得到任务下次唤醒的时钟节拍数 xTimeToWake；然后把此任务的任务控制块从就绪列表中删除，把 xTimeToWake 作为节点值赋予任务的 xItemValue；最后根据 xTimeToWake 的值，把任务控制块按照顺序插入不同的列表中。若 xTimeToWake>xTickCount，即计算中没有出现溢出，则系统内核把任务控制块插入 pxDelayedTaskList 列表；若 xTimeToWake<xTickCount，即在计算过程中出现溢出，则系统内核把任务控制块插入 pxOverflowDelayedTaskList 列表。

每发生一个时钟节拍，系统内核就会将当前 xTickCount 的值加 1。若 xTickCount 的结果为 0，即发生溢出，则系统内核会把 pxOverflowDelayedTaskList 作为当前列表；否则，系统内核会把 pxDelayedTaskList 作为当前列表。系统内核依次比较 xTickCount 和列表各个节点的 xTimeToWake。若 xTickCount≥xTimeToWake，则说明延时时间已到，应该把任务从等待列表中删除，并将其加入就绪列表。

由此可见，FreeRTOS 采用“加”的方式实现时间管理，优点是时钟节拍函数的执行时间与任务数量基本无关。因此，当任务较多时，FreeRTOS 采用的时间管理方式能有效加快时钟节拍中断程序的执行速度。

12.5.2 绝对延时

绝对延时函数描述如下：

```
void vTaskDelayUntil(TickType_t * pxPreviousWakeTime,const TickType_t xTimeIncrement);
```

函数形参说明如下。

(1) pxPreviousWakeTime：指针，指向一个变量，该变量保存任务最后一次解除阻塞的时间。在第一次使用前，必须初始化该变量为当前时间，之后这个变量会在 vTaskDelayUntil( )函数内自动更新。

(2) xTimeIncrement：周期循环时间。当该时间等于(* pxPreviousWakeTime + xTimeIncrement)时，任务解除阻塞。如果不改变参数 xTimeIncrement 的值，那么调用该函数的任务会按照固定频率执行。

该函数功能是使任务延时一段指定的时间，周期性任务可以使用此函数，以确保以一个恒定的频率执行。在文件 FreeRTOSConfig. h 中，宏 INCLUDE_vTaskDelayUntil 必须设置为 1，此函数才有效。

该函数不同于 vTaskDelay( ) 函数的一个重要之处在于，vTaskDelay( ) 函数指定的延时时间是从调用 vTaskDelay( ) 函数之后（执行完该函数）算起的，但是 vTaskDelayUntil( ) 函数指定的延时时间是一个绝对时间。如图 12-10 所示，当任务 B 获得 CPU 使用权后，先调用相对延时函数 vTaskDelayUntil( )，使任务进入阻塞状态。任务 B 进入阻塞状态后，其他任务得以执行。FreeRTOS 内核会周期性地检查任务 B 的阻塞时间是否达到，如果阻塞时间达到，则将任务 B 设置为就绪状态。由于任务 B 的优先级最高，因此任务 B 会抢占 CPU 使用权，并执行其主体代码。任务 B 的主体代码执行完后，会继续调用相对延时函数 vTaskDelayUntil( )，使任务进入阻塞状态，周而复始。

从图 12-10 中可以看出，从调用 vTaskDelayUntil( ) 函数开始，每隔固定周期，任务 B 的主体代码就会被执行一次，即使任务 B 在执行过程中发生中断，也不会影响其周期性，只是会缩短其他任务的执行时间。因此，这个函数被称为绝对延时函数，它可以用于周期性地执行任务 B 的主体代码。

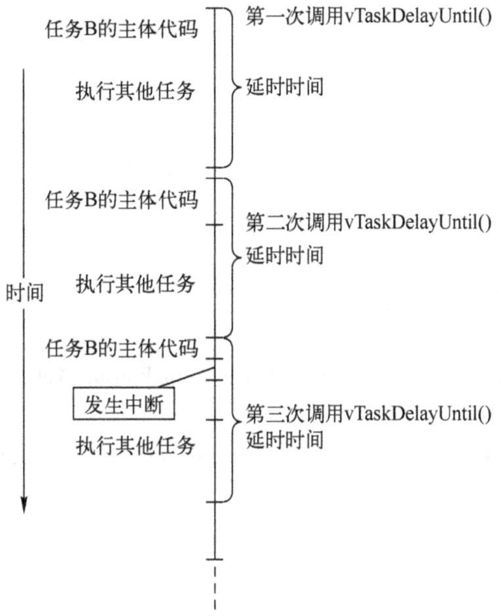

图 12-10　绝对延时函数执行示意图

在上面的例子中，调用 vTaskDelayUntil( ) 函数的任务都具有最高优先级，如果任务不具有最高优先级，那么，虽然仍能周期性地将任务解除阻塞，但是解除阻塞的任务不一定能获得 CPU 使用权，任务主体代码也不会总是精确地周期性执行。因此，精确延时必须设置任务具有最高优先级。

vTaskDelayUntil( ) 函数会阻塞任务，阻塞时间是一个绝对时间，那些需要按照一定的频率运行的任务可以使用 vTaskDelayUntil( ) 函数。此函数在文件 tasks. c 中的代码如下：

```
void vTaskDelayUntil( TickType_t * const pxPreviousWakeTime, const TickType_t xTimeIncrement)
    {
    TickType_t xTimeToWake;
    BaseType_t xAlreadyYielded, xShouldDelay = pdFALSE;

        configASSERT( pxPreviousWakeTime ) ;
        configASSERT( ( xTimeIncrement > 0U ) ) ;
        configASSERT( uxSchedulerSuspended == 0) ;

        vTaskSuspendAll( ) ;
        {
            const TickType_t xConstTickCount = xTickCount;
```

```

            xTimeToWake = * pxPreviousWakeTime + xTimeIncrement;

            if( xConstTickCount < * pxPreviousWakeTime)
            {
    if( ( xTimeToWake < * pxPreviousWakeTime) && ( xTimeToWake > xConstTickCount) )
                {
                    xShouldDelay = pdTRUE;
                }
                else
                {
                    mtCOVERAGE_TEST_MARKER( );
                }
            }
            else
            {
        if( ( xTimeToWake < * pxPreviousWakeTime) || ( xTimeToWake > xConstTickCount) )
                {
                    xShouldDelay = pdTRUE;
                }
                else
                {
                    mtCOVERAGE_TEST_MARKER( );
                }
            }

            * pxPreviousWakeTime = xTimeToWake;

            if( xShouldDelay != pdFALSE)
            {
                traceTASK_DELAY_UNTIL( );

        if( uxListRemove( &( pxCurrentTCB->xGenericListItem) ) = = ( UBaseType_t) 0)
                { portRESET_READY_PRIORITY( pxCurrentTCB->uxPriority, uxTopReadyPriority);
                }
                else
                {
                    mtCOVERAGE_TEST_MARKER( );
                }

                prvAddCurrentTaskToDelayedList( xTimeToWake);
            }
            else
            {
```

```
57                  mtCOVERAGE_TEST_MARKER();
58              }
59          }
60          xAlreadyYielded = xTaskResumeAll();
61
62      if(xAlreadyYielded == pdFALSE)
63          {
64              portYIELD_WITHIN_API();
65          }
66          else
67          {
68              mtCOVERAGE_TEST_MARKER();
69          }
70      }
```

代码说明如下。

第 10 行：挂起调度器。

第 12 行：记录进入 vTaskDelayUntil()函数的时间点，并保存在 xConstTickCount 中。

第 14 行：根据延时时间 xTimeIncrement 计算任务下一次要唤醒的时间点，并保存在 xTimeToWake 中。可以看出，这个延时时间是相对于 pxPreviousWakeTime 的时间，即上一次任务被唤醒的时间点。pxPreviousWakeTime（上一次唤醒的时间点）、xTimeToWake（下一次唤醒的时间点）、xTimeIncrement（任务周期）和 xConstTickCount（进入延时的时间点）的关系如图 12-11 所示。

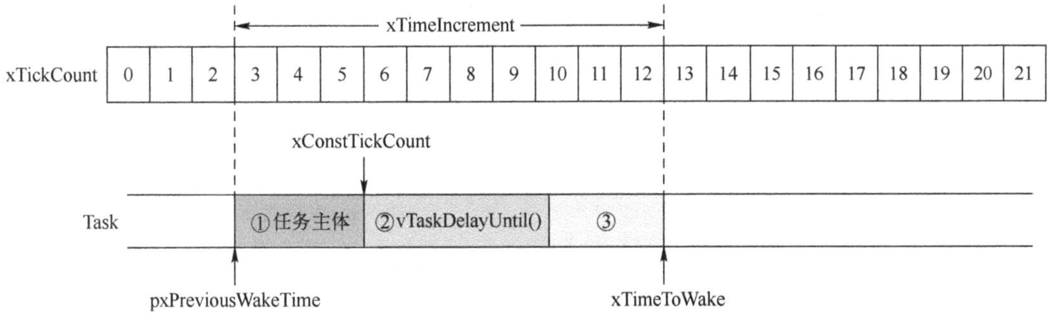

图 12-11　变量之间的关系

（1）pxPreviousWakeTime：上一次任务延时结束被唤醒的时间点，任务第一次调用函数 vTaskDelayUntil()时，需要将 pxPreviousWakeTime 初始化为进入任务的 while()循环体的时间点。在以后的运行中，vTaskDelayUntil()函数会自动更新 pxPreviousWakeTime 的值。

（2）xTimeIncrement：任务需要延时的时钟节拍数（相对于 pxPreviousWakeTime，本次延时的时钟节拍数）。

在图 12-11 中，①表示任务主体，即任务真正要做的工作；②表示任务函数中调用 vTaskDelayUntil()对任务进行延时的起始时刻；③表示其他任务在运行。任务的延时时间是 xTimeIncrement，这个延时时间是相对于 pxPreviousWakeTime 的时间，可以看出，任务总的执行时间一定要小于任务延时时间 xTimeIncrement。也就是说，如果调用 vTaskDelayUntil( ) 函数，就相当于任务的执行周期永远都是 xTimeIncrement，而任务一定要在这个时间内执行完成。这样就保证了任务永远按照一定的频率运行，这个延时时间就是绝对延时时间，因此 vTaskDelayUntil( ) 函数也叫作绝对延时函数。

第 18 行：既然 xConstTickCount 都溢出了，那么计算得到的任务唤醒时间点肯定也是要溢出的，并且 xTimeToWake 肯定大于 xConstTickCount，如图 12-12 所示。

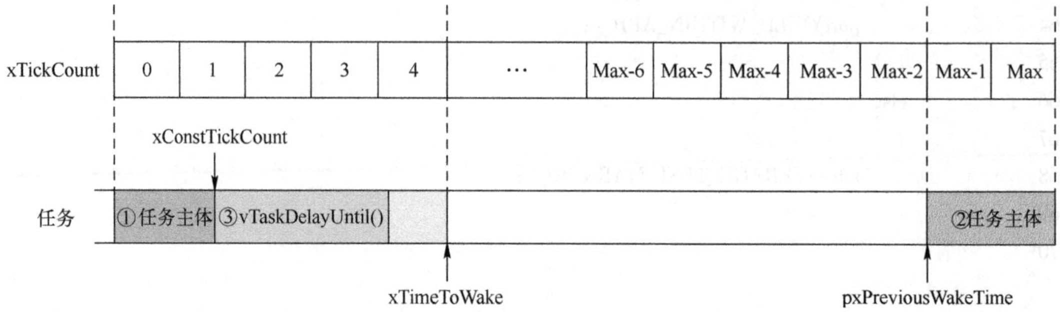

图 12-12　变量溢出

第 20 行：如果满足第 18 行的条件，就将 pdTRUE 赋给 xShouldDelay，标记允许延时。

第 29 行：还有其他两种情况，即只有 xTimeToWake 溢出和没有溢出。只有 xTimeToWake 溢出的情况如图 12-13 所示。没有溢出的情况如图 12-11 所示，这两种情况都允许延时。

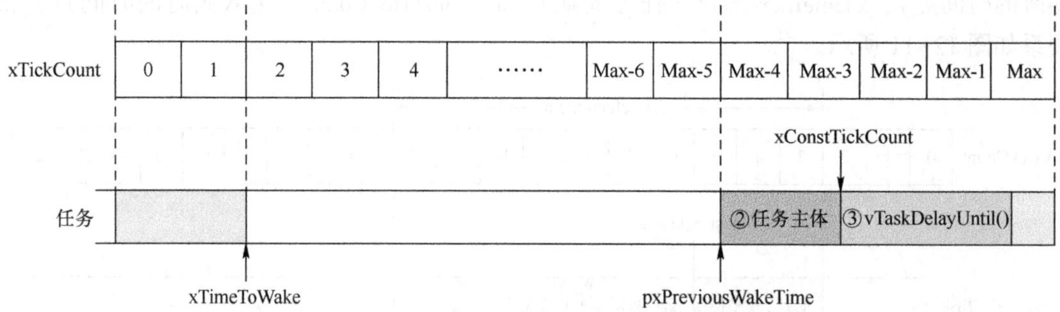

图 12-13　只有 xTimeToWake 溢出的情况

第 31 行：将 pdTRUE 赋给 xShouldDelay，标记允许延时。

第 39 行：更新 pxPreviousWakeTime 的值，更新为 xTimeToWake，为本函数的下一次执行做准备。

第 41 行：经过前面的判断，允许进行任务延时。

第 53 行：调用 prvAddCurrentTaskToDelayedList( ) 函数进行延时。函数的参数用于设置任务的阻塞时间，前面已经计算出了任务下一次唤醒时间点，那么任务还需要阻塞的时间就是下一次唤醒时间点 xTimeToWake 减去当前时间 xConstTickCount。而在函数 vTaskDelay( ) 中，只简单地将参数设置为 xTicksToDelay。

第 60 行：调用 xTaskResumeAll( ) 函数恢复调度器。

其实，使用 vTaskDelayUntil( ) 函数进行延时的任务也不一定就能周期性地运行，使用

vTaskDelayUntil()函数只能保证任务按照一定的周期解除阻塞，进入就绪状态。如果有更高优先级任务或中断，那么还是要等待更高优先级任务或中断服务函数运行完成。这个绝对延时只是相对 vTaskDelay()这个简单的延时函数而言的。

12.6　互斥信号量

在操作系统中，任务间的耦合程度是不一样的：任务间需要进行大量的通信，相应的系统开销较大，此时，任务间的耦合程度较高；任务间不存在通信需求，其同步关系很弱，甚至不需要同步或互斥，系统开销较小，此时，任务间的耦合程度较低。研究任务间耦合程度的高低对合理地设计应用系统、划分任务有很重要的作用。

应用程序中的各任务是为同一个大的任务服务的子任务，即必须通过彼此之间的有效合作，才能完成一项大规模的工作。但它们不可避免地要使用一些共享资源，并且在处理一些需要多个任务共同协作完成的工作时，还需要相互支持，某些情况下还会相互制约。因此，对于一个完善的多任务操作系统，必须具有完备的同步和通信机制。

为了实现各任务之间的合作和无冲突地运行，在各任务之间必须建立制约关系。其中一种制约关系叫作直接制约关系，另一种制约关系叫作间接制约关系。

直接制约关系源于任务之间的合作。例如，有 A 和 B 两个任务，它们需要通过访问同一个数据缓冲区来合作完成一项工作，任务 A 负责向缓冲区写入数据，任务 B 负责从缓冲区读取该数据。显然，当任务 A 还未向缓冲区写入数据时，任务 B 因不能从缓冲区得到有效数据而应该处于等待状态；只有等任务 A 向缓冲区写入数据之后，才应该通知任务 B 读取数据。相反，当缓冲区中的数据还未被任务 B 读取时（缓冲区满时），任务 A 不能向缓冲区写入新的数据而应该处于等待状态；只有等任务 B 自缓冲区读取数据后，才应该通知任务 A 写入数据。如果这两个任务不能如此协调地工作，那么势必会造成严重的后果。

间接制约关系源于对资源的共享。例如，任务 A 和任务 B 共享一台打印机，如果系统已经把打印机分配给了任务 A，那么任务 B 因不能获得打印机使用权而应该处于等待状态；只有当任务 A 把打印机使用权释放后，系统才能唤醒任务 B，使其获得打印机使用权。如果这两个任务不这样做，那么也会造成严重的后果。

由此可知，在多任务合作工作的过程中，操作系统应该解决两个问题：一是各任务间应该具有一种互斥关系，即对于某共享资源，如果一个任务正在使用，则其他任务只能等待，等到该任务释放该资源后，等待的任务之一才能使用该资源；二是相关的任务在执行上要有先后次序，一个任务要等其伙伴发来通知，或者建立了某个条件后才能继续执行，否则只能等待。任务之间的这种制约性合作运行机制叫作任务间的同步。

生活中有一个公共资源处理的典型实例，即在春运期间，一位乘客到火车站售票窗口买票，售票员通过查询发现还有一张车票，于是就让乘客付款，然而，在乘客付款瞬间，其他人通过 App 把车票买走了，该乘客由此不能购得此车票。这个例子说明车票这个公共资源在为两个任务（售票窗口和 App）服务的过程中出现了问题。

上述公共资源在操作系统中被称为临界资源，即操作系统把一次仅允许一个进程使用的资源称为临界资源。在一个进程中，访问临界资源的那段程序称为临界区。涉及临界区的程序编写需要考虑可重入性。可重入型函数可以被一个以上的任务调用而不必担心数据被破坏。可重入型函数在任何时候都可以被中断，一段时间以后又可以运行，而相应数据不会丢失。可重入型函数只使用局部变量，即变量保存在 CPU 寄存器中或堆栈中。如果使用全局变量，则要对全局变量予以保护。

【例 12-1】 程序如下：

```
void strcpy(char *dest, char *src)
{
    while( *dest++ = *src++)
    {
        ;
    }
    *dest = NUL;
}
```

分析：例 12-1 中的函数 strcpy( )的功能是进行字符串的复制。因为其参数保存在堆栈中，所以该函数可以被多个任务调用，而不必担心各任务调用函数期间会破坏对方的指针。

【例 12-2】 程序如下：

```
int Temp;
void swap(int *x, int *y)
{
    Temp = *x;
    *x = *y;
    *y = Temp;
}
```

分析：例 12-2 中的函数 swap( )应用了全局变量 Temp，当多个任务调用该函数时，Temp 有可能会被重复修改，因此，为了避免这种情况，需要利用互斥信号量对 Temp 进行保护。

信号量是用于实现任务之间、任务与中断服务程序之间的同步与互斥的方法。信号量一般分为以下 3 种。

☺ 互斥信号量：用于解决互斥问题。它比较特殊，可能会引起优先级反转问题。

☺ 二值信号量：用于解决同步问题。

☺ 计数信号量：用于解决资源计数问题。

因此，也可以把用互斥信号量保护的代码区称为临界区，临界区代码通常用于对共享资源进行访问。如图 12-14 所示，互斥信号量用来保护共享资源。为了访问共享资源，任务必须先获取互斥信号量，即 Task1 想获取共享资源，它首先需要获取互斥信号量，Task1 持有了互斥信号量后，就可以安全地访问共享资源了。而随后试图访问该共享资源的其他任务必须等待，即当 Task2 也想访问该共享资源时，它首先也需要获得互斥信号量，但是互斥信号量此时是无效的，因此 Task2 进入阻塞状态。当 Task1 执行完成后，释放互斥信号量，即当任务离开临界区时，任务将释放信号量并允许正在等待该信号量的任务进入临

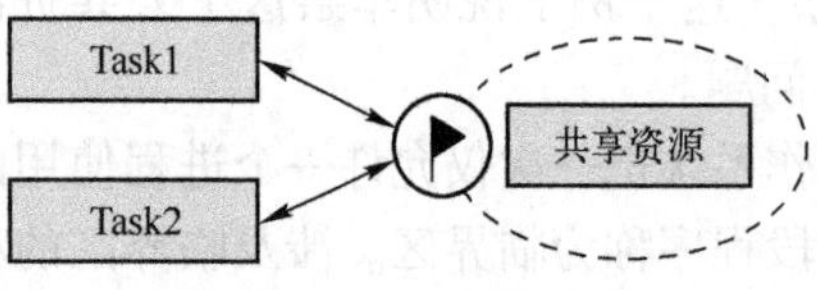

图 12-14 互斥信号量

界区。之后，Task2 解除阻塞，获取互斥信号量，此时，Task2 可以访问该共享资源。上述过程说明使用互斥信号量可以实现对共享资源的串行访问，保证只有成功地获取互斥信号量的任务才能够访问共享资源。

Mutex 本质上就是一把锁，提供对资源的独占访问功能，因此 Mutex 主要用于互斥。Mutex 对象的值只有 0 和 1。这两个值分别代表了 Mutex 的两种状态，0 表示锁定状态，当前对象被锁定，用户进程或线程如果试图加锁临界资源，则排队等待；1 表示空闲状态，当前对象空闲，用户任务可以加锁临界资源，之后 Mutex 的值减 1 变为 0。

Mutex 可以被抽象为 4 种操作：创建（Create）、加锁（Lock）、解锁（Unlock）、销毁（Destroy）。

FreeRTOS 中的互斥信号量函数如图 12-15 所示。

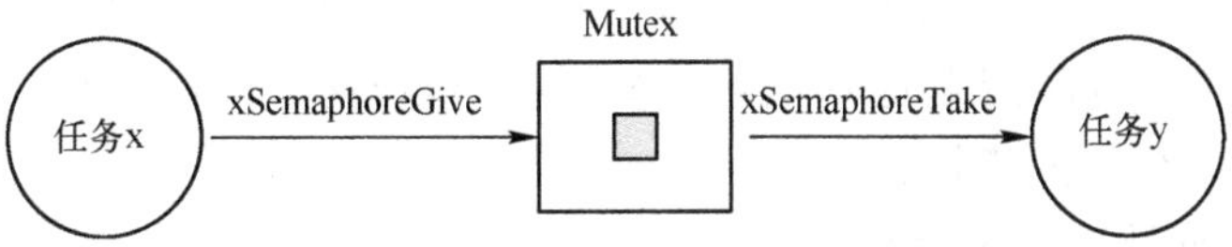

图 12-15　FreeRTOS 中的互斥信号量函数

（1）申明互斥型信号量：

```
SemaphoreHandle_txSemaphore = NULL;
```

（2）创建互斥型信号量：

```
xSemaphore = xSemaphoreCreateMutex();
```

（3）获得资源的使用权，此处的等待时间为 portMAX_DELAY（挂起最大时间），如果任务无法获得资源的使用权，那么任务会处于挂起状态：

```
xSemaphoreTake(xSemaphore, portMAX_DELAY);
```

（4）释放资源的使用权：

```
xSemaphoreGive(xSemaphore);
```

12.7　利用队列的任务间通信

FreeRTOS 的应用程序由一系列独立或交互的任务构成，每个任务都拥有自己相对独立的资源。任务之间通过操作系统提供的某种通信机制实现信息的共享或交互。FreeRTOS 中的通信和同步可以基于队列实现。通过 FreeRTOS 提供的服务，任务或中断服务程序可以将一则消息放入队列，实现任务之间及任务与中断之间的消息传送。队列以 FIFO（先进先出）规则保存有限个具有确定长度的数据单元，即数据可以由队尾写入，从队首读出。队列是具有独立权限的内核对象，并不属于任何任务。所有任务都可以向同一个队列发送消息或读取信息。FreeRTOS 的队列具有以下特性。

（1）数据变量（整型、简单结构体等）中的简单信息可以直接传送给队列。这样就不需要为信息分配缓存了。信息也可以直接从队列读取到数据变量中。待写入的数据变量用直接复制的方法入队，可以允许任务立即覆写已经进入队列的变量或缓存。因为变量中的数据内容是以复制的方式入队的，所以变量自身是允许重复使用的。发送信息的任务和接收信息的任务并不需要就哪个任务拥有信息、哪个任务释放信息（当信息不再使用时）达成一致。

（2）队列是通过复制来传递数据的，但这并不妨碍队列通过引用来传递数据。当信息的大小到达一个临界点后，逐字节复制整条信息是不实际的，此时可以定义一个指针队列，用只复制指向消息的指针来代替复制整条信息。

（3）队列内存区域分配由内核完成。

（4）长消息可以通过定义保存一个结构体变量的队列来实现，结构体中的一个成员指向要入队的缓存，另一个成员保存缓存数据的大小。

（5）单个队列可以接收不同类型的信息，并且信息可以来自不同的位置。这也通过定义保存一个结构体变量的队列来实现，结构体的一个成员保存信息类型，另一个成员保存信息数据（或指向信息数据的指针）。

队列 API 函数如图 12-16 所示。

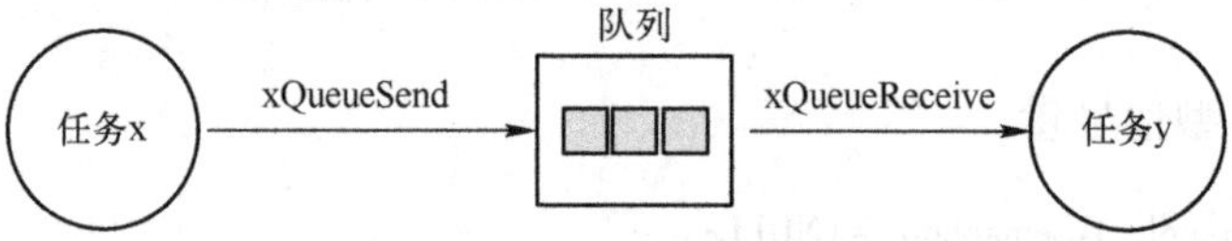

图 12-16 队列 API 函数

（1）队列创建函数 xQueueCreate( )：主要功能是创建一个队列。它的原型如下：

```
xQueueHandle xQueueCreate(unsigned portBASE_TYPE uxQueueLength,unsigned
portBASE_TYPE uxItemSize);
```

其中，参数 uxItemSize 和 uxQueueLength 分别表示队列存储的最大单元数目和单元长度。返回值不为空表示创建成功，否则表示创建失败。

（2）队列发送函数 xQueueSendToBack( )：功能是把数据发送到队尾。它的原型如下：

```
portBASE_TYPE xQueueSendToBack(xQueueHandle xQueue,
const void * pvItemToQueue,portTickType xTicksToWait)。
```

其中，参数 xQueue 表示目标队列的句柄，pvItemToQueue 表示发送数据的指针，xTicksToWait 表示阻塞超时时间。它的返回值可能为 pdPASS 或 errQUEUE_FULL，前者表示发送成功，后者表示发送失败。

（3）队列接收函数 xQueueReceive( )：功能是从队列中接收（读取）数据单元，接收的数据单元也会从队列中删除。它的原型如下：

```
portBASE_TYPE xQueueReceive(xQueueHandlex Queue,
const void * pvBuffer,portTickType xTicksToWait)。
```

该函数的参数与队列发送函数类似，分别为队列句柄、接收缓存指针、阻塞超时时间，返回值同队列发送函数。

每当任务试图从一个空队列读取数据时，任务会进入阻塞状态（这样，任务不会消耗任何 CPU 时间且另一个任务可以运行），直到队列中出现有效数据或阻塞时间到。

每当任务试图向一个满队列写入数据时，任务会进入阻塞状态，直到队列中出现有效空间或阻塞时间到。

如果多个任务阻塞在一个队列上，那么最高优先级任务会第一个解除阻塞。

综上，队列的基本用法如下。

（1）定义一个队列句柄变量，用于保存创建的队列：

```
xQueueHandlexQueue1;
```

（2）使用 API 函数 xQueueCreate( )创建一个队列。

（3）如果希望先进先出队列，就使用 API 函数 xQueueSend( )或 xQueueSendToBack( )向队列插入队列项；如果希望后进先出队列，就使用 API 函数 xQueueSendToFront( )向队列插入队列项。

（4）使用 API 函数 xQueueReceive( )从队列读取队列项。

12.8　任务调度实例

一般开发 FreeRTOS 项目的流程是首先对单片机进行初始化；然后对需要执行的线程进行配置，包括对每个线程需要的堆栈空间大小、优先级进行配置，同时要顾及线程间的通信问题，还有对资源进行保护，以避免互锁等；最后启动任务调度机制。FreeRTOS 是非常强大的实时操作系统，可以游刃有余地解决这些问题。使用 RTOS 对项目进行维护时，只要对相关的线程程序进行修改就行了。此外，对于 RTOS 初学者，看不懂本节某些具体语句是正常的，只要对 FreeRTOS 有一个大致的思路即达到了学习目的。

12.8.1　程序功能

创建两个具有相同优先级的线程（任务），执行周期为 15s。其中，前 5s 运行线程 1（每隔 1.5s，LED2 闪烁 3 次）；随后 5s，线程 1 挂起自身，运行线程 2（每隔 1s，LED2 闪烁 2 次）；最后 5s，线程 2 唤醒线程 1，同时线程 2 挂起自身，线程 1 切换 LED2 状态的频率为 LED2 点亮 1s 后熄灭 0.5s。在每个线程程序中，通过串口输出提示信息来表示程序的运行状态。

完成该功能需要将 Nucleo－F103RB 开发板的 USART1［9 插针（GND）、21 插针（TXD）、33 插针（RXD）］通过 USB 转串口模块与计算机相连。

12.8.2　Cube 主要设置

（1）选择中间件、配置 MCU 引脚。这一步比前面的例程多出的是要选择中间件，在图 12-2 中，设置“Middleware”选项中的“FREERTOS”为“Enabled”。另外，与其他例程一样，还要配置 MCU 引脚。例程的两个线程都用到的外设是 LED2，连接它的是 PA5 引脚，因此可以设置 PA5 引脚的工作模式为 GPIO_Output。同时，由于使用串口输出打印信息，因此此处选择 UART1，设置 UART1 的工作模式“Mode”为“Asynchronous”（异步模式），硬件控制流“Hardware Flow Control”为“Disable”。

（2）保存 STM32CubeMX 工程，可以将工程命名为 ThreadCreation.ioc。

（3）配置 MCU 时钟树。

（4）配置 MCU 外设。如图 12-2 所示，在 STM32CubeMX 主窗口的“Pinout&Configuration”选项卡下，有 4 个外设需要设置：FREERTOS、GPIO、USART1 和 NVIC。对于配置 FreeRTOS，可以在“FREERTOS Mode and Configuration”窗口的“Tasksand Queues”选项卡下修改默认任务 defaultTask 的名字为 LED_Task1，修改 Entry Function 为 StartTask1。另外，还要仿照 LED_Task1 添加一个任务 LED_Task2。FreeRTOS 还有很多选项卡，如“Config Parameters”“Include Parmeters”“FreeRTOS Heap Usage”“Timers and Semaphores”等，读者可以参考例程中的 FreeRTOSConfig. h 来学习了解。

（5）生成 C 代码工程。

12.8.3 程序源代码分析

在任务函数中，要用到 LED 的开关控制函数 BSP_LED_On( )、BSP_LED_Off( )，可以直接引用 HAL_GPIO_WritePin( )函数，也可以参考例程定义 BSP_LED_On( )、BSP_LED_Off( )函数。注意：补充的两个函数要写在 main. c 文件的/ * 用户代码 4 开始 * /和/ * 用户代码 4 结束 * /之间：

```
/*用户代码 4 开始 */
void BSP_LED_On(void)
{
    HAL_GPIO_WritePin(LED2_GPIO_Port,LED2_Pin,GPIO_PIN_SET);
}
void BSP_LED_Off(void)
{
    HAL_GPIO_WritePin(LED2_GPIO_Port,LED2_Pin,GPIO_PIN_RESET);
}
void PrintInfo(uint8_t * pSend)
{
    while( * pSend!='\0')
    {
        if(HAL_UART_Transmit(&huart1,(uint8_t *)(pSend ++),1,5000)!=HAL_OK)
        {
            Error_Handler();
        }
    }
}
/*用户代码 4 结束 */
```

在上述代码中，PrintInfo(uint8_t * pSend)为串口输出函数。

以下分析从 main( )函数入手。本例的 main( )函数的代码如下：

```
int main(void)
{

    /*用户代码 1 开始 */
```

```
    /* 用户代码 1 结束 */

    /* MCU 配置--------------------------------------------------------*/

    /* 复位所有外设，初始化 Flash 接口和 SysTick */
    HAL_Init();

    /* 配置系统时钟 */
    SystemClock_Config();

    /* 初始化时所用外设配置 */
    MX_GPIO_Init();
    MX_USART1_UART_Init();

    /* 用户代码 2 开始 */

    /* 用户代码 2 结束 */

    /* freertos(freertos.c)初始化 */
    MX_FREERTOS_Init();

    /* 开始调度 */
    osKernelStart();

    /* We should never get here as control is now taken by the scheduler */

    /* 主循环 */
    /* 用户代码 WHILE 开始 */
    while(1)
    {
    /* 用户代码 WHILE 结束 */

    /* 用户代码 3 开始 */

    }
  /* 用户代码 3 结束 */

}
```

main()函数的结构与前后台结构程序类似，前面是系统初始化或外设初始化部分，最后留一个 while 循环，不过在 while 循环语句之前有一句注释值得注意：

```
/* We should never get here as control is now taken by the scheduler */
```

这一句表明程序不应该允许运行到 while(1)循环语句，这还是与外部中断的例程有区别的。另外，该注释语句也提示系统的控制权由调度器获得了。以下为有关任务控制的另外 3 个函数：osThreadDef( )、osThreadCreate( )、osKernelStart( )。

1. 线程定义函数 osThreadDef( )

main( )函数初始化系统和系统时钟后，首先调用 osThreadDef( )函数（位于 freertos. c 文件中）定义两个线程：

```
/*创建线程 */
/*定义并创建 LED_Task1 任务 */
osThreadDef(LED_Task1, StartTask1, osPriorityNormal, 0, 128);
LED_Task1Handle = osThreadCreate(osThread(LED_Task1), NULL);

/*定义并创建 LED_Task2 任务 */
osThreadDef(LED_Task2, StartTask2, osPriorityNormal, 0, 128);
LED_Task2Handle = osThreadCreate(osThread(LED_Task2), NULL);
```

在上述代码中，osThreadDef( )仅仅是一个宏定义，其功能是将参数赋给一个结构体 osThreadDef_t 的成员变量，进而可以查看结构体 osThreadDef_ t 的定义（位于 cmsis_os. h 中）：

```
///线程结构体定义包括线程起始信息
typedef struct os_thread_def {
    char          *name;       ///<线程名称
    os_pthread    pthread;     ///<线程函数地址
    osPriority    tpriority;   ///<线程优先级
    uint32_t      instances;   ///<线程函数实例的最大个数
    uint32_t      stacksize;   ///< 堆栈大小，默认为 0
} osThreadDef_t;
```

从结构体定义中的注释就可以简单了解其成员参数的意义：线程名称、线程函数地址（指针）、线程优先级、线程函数实例的最大个数、堆栈大小。

2. 线程创建函数 osThreadCreate( )

在 main( )函数中，定义两个线程之后，调用 osThreadCreate( )函数创建两个线程：

```
/*定义并创建 LED_Task1 任务 */
    LED_Task1Handle = osThreadCreate(osThread(LED_Task1), NULL);

  /*定义并创建 LED_Task2 任务 */
  LED_Task2Handle = osThreadCreate(osThread(LED_Task2), NULL);
```

这里首先要看的是 osThread( )函数，它其实是一个宏定义：

```
#define osThread(name)   &os_thread_def_##name
```

以 osThread(LED_Task1)为例，宏定义语句的结果就是 &os_thread_def_0，在 main. c 中，LED_Task1 的定义是枚举类型 Thread_TypeDef，值为 0；而 C 语言宏定义中的连续两个“#”（##）表示连接符，因而 osThread(LED_Task1)就是 osThread(0)，即 & os_thread_def_0。连

接符（##）在宏定义 osThreadDef 中也有使用。

线程创建函数 osThreadCreate( )的代码如下：

```
osThreadId osThreadCreate (const osThreadDef_t * thread_def, void * argument)
{
  TaskHandle_t handle;

  if (xTaskCreate((TaskFunction_t)thread_def->pthread,(const portCHAR * )thread_def->name,thread_
def->stacksize, argument,makeFreeRtosPriority(thread_def->tpriority),&handle) != pdPASS){
    return NULL;
  }

  return handle;
}
```

其实，内部调用是 xTaskCreate( )函数（详见 12.3.1 节）实现的，而函数 xTaskCreate( )所用的实参就是前面定义线程语句 osThreadDef( )赋值的结构体成员和 osThreadCreate( )函数的参数 argument。

参数 thread_def->pthread 是一个指向线程（任务）的函数指针，其效果类似函数名。

参数 thread_def->name 是描述线程函数的名称，但在 FreeRTOS 内部并不使用，只用于辅助调试，方便程序员阅读代码。

参数 thread_def->stacksize 是内核需要给该线程分配的堆栈空间。这里根据前面线程的定义，传入的参数是 configMINIMAL_STACK_SIZE，该值是在 FreeRTOSConfig.h 文件中定义的。通常这个值是线程运行所需堆栈空间的最小建议值，因此，在定义线程时，也可以传入比该值大的数，但设定的值太大会造成内存资源（RAM 空间）的浪费。

参数 argument 也是函数 osThreadCreate( ) 的参数，是线程函数的指针。以 "osThreadCreate (osThread(LED_Task1),NULL);" 为例，参数 argument 就是空指针 NULL，线程函数对应的就是 os_thread_def_0->name，即 LED_Task1，在 main.c 文件的 main( )函数上方有该函数的声明：

```
void StartTask1(void const * argument);
```

这就是第一个线程函数 LED_Task( )的声明函数。这里，在创建该线程时，传入的参数为 NULL。

参数 makeFreeRtosPriority(thread_def->tpriority)用来设定线程运行的优先级。根据前面线程的定义，传入的参数是 osPriorityNormal，其在 cmsis_os.h 中的定义是 0。在理解线程的优先级时，可以与微控制器内部中断调用的优先级做类比，就是在系统内部调用线程执行时，先执行优先级高的线程。不过，与 CM3 中断的优先级（详见 6.4.2 节）不同的是，线程的优先级定义数值小的优先级低，数值大的优先级高。

参数 handle 是创建线程的句柄，这个句柄是后面所有线程控制函数都要使用的参数。当然，如果 xTaskCreate( )函数创建线程失败，则 handle 的值为 NULL。

xTaskCreate( )函数的返回值有两种，一种是创建线程成功，返回 pdTRUE（代码中的 pdPASS）；另一种就是 errCOULD_NOT_ALLOCATE_REQUIRED_MEMORY，表示内存空间不足，没有足够的空间用来保存线程结构数据和线程栈，因而无法创建线程。

需要说明的是，调用该函数创建线程时生成的线程并没有运行，而是被设定为就绪状态（State READY）。

3. 执行线程

完成线程的定义、创建之后，线程被指定为就绪状态，main()函数接下来通过调用 osKernelStart()函数来执行线程：

```
osStatus osKernelStart (void)
{
  vTaskStartScheduler();

  return osOK;
}
```

查看 osKernelStart()函数的定义可以发现，其实它是通过调用 vTaskStartScheduler()函数实现的。这是 FreeRTOS 的任务启动调度函数，它将在所有就绪状态线程中找到优先级最高（优先级的数值最大）的线程首先运行。而创建的两个线程 LED_Task1 和 LED_Task2 的优先级是相同的，都是 osPriorityNormal，因此调度函数会根据哪个先创建，哪个在就绪队列前面，就先执行哪个，即先执行线程 LED_Task1。

后面所有的工作都是由 FreeRTOS 的任务（线程）管理函数完成的，即系统会执行创建的任务 LED_Task1、LED_Task2，而不会运行到 main()函数中的 while 循环语句。

4. 线程任务

接下来，关注的重点是线程函数和普通函数的编写方式的区别。

1）任务 1 函数 StartTask1()

在任务 1 函数 StartTask1()中调用 PrintInfo()函数打印提示信息，以方便观察程序运行的状态：

```
/* StartTask1()函数 */
void StartTask1(void const * argument)
{

  /*用户代码 StartTask1 开始 */
    uint32_t count = 0;
    (void) argument;

    for (;;)
    {

        count = osKernelSysTick() + 5000;

        while (count >= osKernelSysTick())
        {
        BSP_LED_On();
        osDelay(80);
        BSP_LED_Off();
```

```
            osDelay(80);
            BSP_LED_On();
            osDelay(80);
            BSP_LED_Off();
            osDelay(80);
            BSP_LED_On();
            osDelay(80);
            BSP_LED_Off();
            HAL_Delay(1500);
        }

            PrintInfo("Task 1 run first 5000 millisecond! \r\n");
        /*熄灭 LED2 */
        BSP_LED_Off();

        /*挂起任务 2 */
        osThreadSuspend(NULL);

        count = osKernelSysTick() + 5000;

        while (count >= osKernelSysTick())
        {
            BSP_LED_On();
            osDelay(1000);
            BSP_LED_Off();
            HAL_Delay(500);
        }

            PrintInfo("Task 1 run second 5000 millisecond! \r\n");

        /*解挂任务 2*/
        osThreadResume(LED_Task2Handle);
    }

    /*主循环 */

    /*用户代码 StartTask1 结束*/
}
```

2）任务 2 函数 StartTask2()

需要注意的是，完善代码在/*用户代码 StartTask2 开始 */和/*用户代码 StartTask2 结束*/之间：

```
/* StartTask2()函数 */
void StartTask2(void const * argument)
{
    /*用户代码 StartTask2 开始 */
```

```
    uint32_t count;
    (void) argument;

    for(;;)
    {
        count = osKernelSysTick() + 10000;

        while(count >= osKernelSysTick())
        {
            BSP_LED_On();
            osDelay(100);
            BSP_LED_Off();
            osDelay(100);
            BSP_LED_On();
            osDelay(100);
            BSP_LED_Off();
            HAL_Delay(1000);
        }

        /* 熄灭 LED2 */
        BSP_LED_Off();

            PrintInfo("Task 2 run 10000 millisecond! \r\n");
        /* 解挂任务 1 */
        osThreadResume(LED_Task1Handle);

        /* 挂起任务 2 */
        osThreadSuspend(NULL);
    }
    /* 主循环 */

    /* 用户代码 StartTask2 结束 */
}
```

以下重点讲解两个任务调度函数：osThreadSuspend()和 osThreadResume()。

（1）osThreadSuspend()函数：功能是挂起任务。查看定义函数 osThreadSuspend()可以发现，函数内部是通过调用 vTaskSuspend()函数实现的。它的参数是创建任务（线程）时 osThreadCreate()函数返回的任务句柄，当参数为 NULL 时，表示将任务自身挂起。这里，在任务 1 实现函数内部实现 LED2 闪烁 5s 后熄灭。调用 osThreadSuspend()函数，且传入参数 NULL，即表示将任务 1 本身挂起，任务 1 进入挂起（Suspended）状态。

注意：在 osThreadSuspend()函数的调用函数 vTaskSuspend()内部，将任务 1 自身挂起后，LED_Task1()函数就停止运行了，系统的任务调度函数会从就绪队列中选择优先级最高的任务执行。根据前面的分析，就绪队列中余下的任务就是任务 2。该任务经过 osThread-Create()函数创建后，就进入就绪状态等待了。经过这样的任务调度，就实现了任务 1 运行

5s 后切换到任务 2，而任务 2 运行 5s 后经过任务调度函数切换到任务 1。

（2）osThreadResume( ) 函数：功能是将任务从挂起状态变为就绪状态，刚好与 osThreadSuspend( ) 函数相对应。该函数是通过调用 vTaskResume( ) 函数实现的。从图 12-5 中也可以看到，任务进入挂起状态是通过调用 vTaskSuspend( ) 函数实现的，而任务从挂起状态回到就绪状态要通过 vTaskResume( ) 函数来实现。

理解了 osThreadSuspend( ) 函数和 osThreadResume( ) 函数，通过比较的方式来阅读两个任务的实现代码就容易理解程序的运行流程了。

首先，main( ) 函数通过调用 osThreadCreate( ) 函数创建两个任务线程，调用 osKernelStart( ) 函数运行任务，任务 LED_Task1（任务 1）先运行 5s，每 80ms 闪烁一次；然后，任务 LED_Task1 调用 osThreadSuspend( ) 函数将自身挂起；系统将任务 LED_Task2（任务 2）从就绪状态转换到运行状态，该任务使 LED2 每 100ms 闪烁一次，运行 5s 后，LED_Task2 调用 osThreadResume( ) 函数，将任务 LED_Task1 从挂起状态转换到就绪状态；接着，任务 LED_Task1 调用 osThreadSuspend( ) 函数将自身挂起，系统又切换到处于就绪状态的任务 LED_Task1；任务 LED_Task1 使 LED2 每次点亮 1s 并熄灭 0.5s，这样运行 5s 后，任务 LED_Task1 调用 osThreadResume( ) 函数将任务 LED_Task2 从挂起状态转换到就绪状态，不过，当下还是任务 LED_Task1 在运行，它回到 for 循环的开始，又使 LED2 每 80ms 闪烁一次，如此周而复始。

第 13 章　LED 和按键综合设计实例

13.1　嵌入式系统产品开发简介

13.1.1　产品设计流程

产品设计大致分为两类：一类是详细设计，另一类是概念设计。概念设计主要包括功能设计和结构设计两大部分，其作用主要体现在产品设计的初期阶段，首先把根据产品功能的需求而萌发的原始构思形成产品的主体框架及其主要模块和组件，以完成整体布局和外形初步设计；然后进行评估和优化，确定整体设计方案；最后将设计思想落实到具体设计中，实现详细设计。

面向成熟期产品，突破性创新设计过程模型如图 13-1 所示。

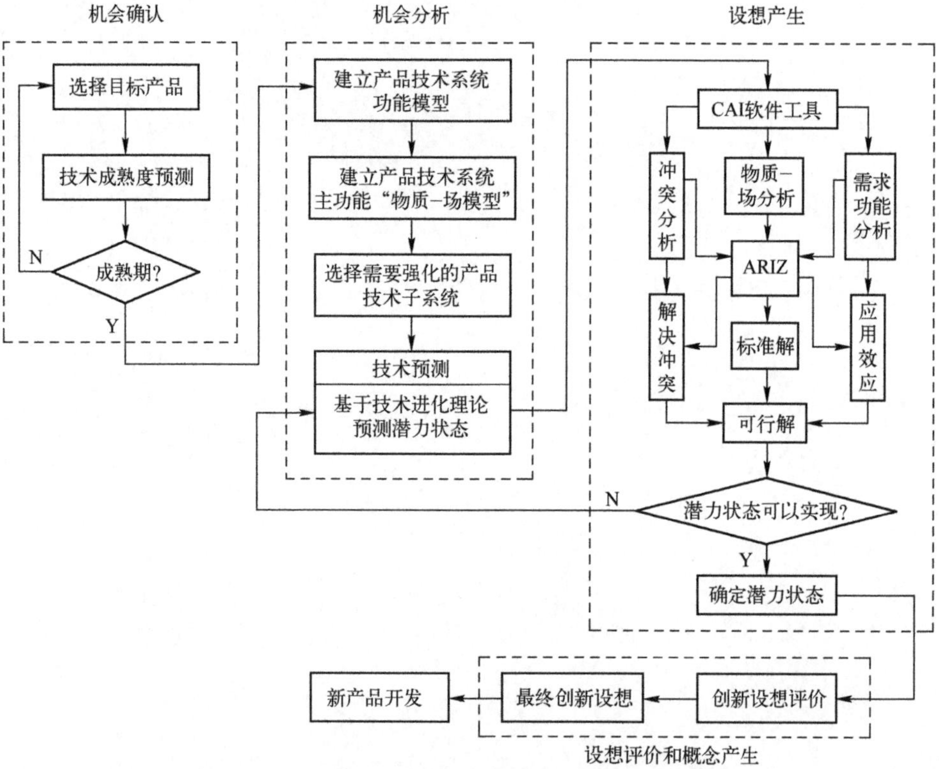

图 13-1　突破性创新设计过程模型（面向成熟期产品）

整个设计过程模型包含以下 4 个主要模块。

1. 机会确认：选择目标产品和进行技术成熟度预测

根据企业实际情况和市场环境状况选择一种目标产品，对目标产品进行技术成熟度预测，可采用专利分析或市场特征分析方法进行预测，如果目标产品不在成熟期，就说明产品市场不成熟，不存在突破性创新的时机，需要重新选择目标产品。

2. 机会分析：建立产品技术系统主功能“物质-场模型”并进行产品技术子系统突破性创新技术预测

首先建立产品技术系统功能模型，根据元器件间的相互作用关系确定产品技术系统主功能，建立产品技术系统主功能“物质-场模型”，确定主功能的工作原理，并选择一个需要强化的产品技术子系统，针对此子系统的技术结构进行技术进化预测，通过专利分析，依据子系统当前的技术状态对比 TRIZ（萃智）技术进化路线，选择一条相关的技术进化路线预测其潜力状态。具有技术潜力的状态应该有一种或多种，这些技术潜力状态预示着含有突破性创新的机会。

该部分用到的主要工具为 TRIZ 理论。TRIZ 理论成功地揭示了发明创造的内在规律和原理，可以快速确认和解决系统中存在的矛盾，而且它基于技术的发展进化规律研究整个产品的发展过程。因此，运用 TRIZ 理论可大大加快发明创造的进程，提升产品创新水平。具体来说，它的作用如下。

（1）对问题情境进行系统分析，快速发现问题本质，准确定义创新性问题和矛盾。

（2）对创新性问题和矛盾提供合理的解决方案与好的创意。

（3）打破思维定式，激发创新思维，从更广的视角看待问题。

（4）基于技术系统进化规律准确确定探索方向，预测未来发展趋势，开发新产品。

（5）打破知识领域界限，实现技术突破。

TRIZ 理论体系目前主要包括以下几方面的内容。

（1）创新思维方法与问题分析方法。

TRIZ 理论提供了如何系统地分析问题的科学方法，如多屏幕法。而对于复杂问题的分析，它包含了科学的问题分析建模方法：物-场分析法（可查阅 TRIZ 相关教材），可以快速确认核心问题，发现根本矛盾。

（2）技术系统进化法则。

针对技术系统进化演变规律，在大量专利分析的基础上，TRIZ 理论总结提炼出 8 条基本进化法则。利用这些进化法则，可以分析并确认当前产品的技术状态，并预测其未来发展趋势，开发富有竞争力的新产品。

（3）工程矛盾解决原理。

不同的发明创造往往遵循共同的规律。TRIZ 理论将这些共同规律归纳成 40 个发明原理与 11 个分离原理。针对具体的矛盾，可以基于这些创新原理寻求具体的解决方案。

（4）发明问题标准解法。

针对具体问题的“物质-场模型”的不同特征，分别对应现有标准的模型处理方法，包括模型的修整、转换、物质与场的添加等。

（5）发明问题解决算法（Algorithm for Inventive-Problem Solving，ARIZ）。

ARIZ 主要针对问题情境复杂，矛盾及其相关部件不明确的技术系统。它是一个对初始问题进行一系列变形及再定义等非计算性的逻辑过程，实现对问题的逐步深入分析，进行问题转化，直到问题得到解决。

ARIZ 是一个分步解决问题的过程，每个步骤都有相应的工具。ARIZ 由 5 个步骤构成，分别是定义问题、揭示系统矛盾、分析系统矛盾并形成“最小问题”、猎取资源、发展概念性解决方案。TRIZ 算法认为，一个创新问题得到解决的困难程度取决于对该问题的描述和问题的标准化程度，描述越清楚，问题的标准化程度越高，问题就越容易解决。在 ARIZ 中，创新问题求解的过程是对问题进行不断的描述、标准化的过程。在这个过程中，初始问题最根本的矛盾被清晰地显现出来。如果方案库里已有的数据能够用于该问题，则该问题有标准解；如果方案库里已有的数据不能解决该问题，则该问题无标准解，需要等待科学技术的进一步发展。该过程是通过 ARIZ 实现的。从流程上看，ARIZ 的工作内容主要表现在了解问题和寻找资源方面，只是到了最后一步才转到问题的解决方案上。但在实践中，使用者随时都可以发现解决问题的想法，尤其在了解问题阶段，这些想法可以用来解决问题。ARIZ 适用于解决比较复杂的问题，能够帮助人们一步一步地找到解决方案。这种方法涵盖问题的面很广，步骤多，比较有效，但是过程较长，不是一种快速解决问题的方法。ARIZ 的作用主要体现在了解问题的性质，找到最好的资源，并解决遇到的问题方面。ARIZ 是 TRIZ 解决问题的主导程序，是一种非常强大和精准的方法，能指引人们有序地工作，找到解决问题的最佳方法。

3. 设想产生：确定技术潜力状态并产生创新设想

潜力状态实现的过程中会产生后续问题，需要应用 CAI（计算机辅助设计）软件工具解决冲突，应用效应或标准解。如果选择的技术潜力状态不可以实现，则需要返回机会分析阶段，重新选择技术进化路线，预测潜力状态可以确定的技术潜力状态，即突破性创新的可能设想。

4. 设想评价和概念产生

根据企业实际情况对可以实现的设想进行评价，产生最终创新设想。最终创新设想即突破性创新的产品概念，之后就可以进入新产品开发阶段。

13.1.2 优秀的产品设计及工程师的要求

迪特·拉姆斯设计师提出了关于好的设计的 10 个原则，被许多优秀的产品经理参考借鉴。

☺ 好的产品是有创意的。

☺ 好的产品必须对人有用。

☺ 好的产品是优美的。

☺ 好的产品是容易使用的。

☺ 好的产品是含蓄的、不招摇的。

☺ 好的产品是诚实的。

☺ 好的产品会经久不衰。

☺ 好的产品不会放过任何一个细节。

☺ 好的产品是环保的，不会浪费太多的资源。

☺ 好的产品尽可能少地体现设计（少即是多）。

具体来说，嵌入式产品设计的考虑要素如下。

☺ 功能可靠实用、便于升级。

☺ 实时并发处理，及时响应。

☺ 体积符合要求，结构紧凑。

☺ 接口符合规范，易于操作。

☺ 配置精简稳定，维护便利。

☺ 功耗管理严格，成本低廉。

除此之外，企业中的嵌入式产品设计还有如下特点。

（1）科研设计通常追求单项指标的极致。在尖端科技中，成千上万个芯片经过各种苛刻的试验后，只留下来几个可以使用。而企业中的产品设计在科研设计之后，还包括大规模量产，即如何稳定地复制那些精品零件。具体来说，企业中的规模化生产追求一致性的极致。在达到指标的情况下，追求目标是降低例外率（生产及售后的不良品率）。在一致性的极致目标达到后，质量成本会大幅度下降。不一致质量的产品投放后，会给企业带来巨大的成本代价。例如，一个密封圈不良（性能例外），造成了挑战者号航天飞机灾难。追求一致的过程就是企业成本下降的历程。

对一致性追求的探索也是科学。研究提升产品性能的每种原因比理解产品正常工作的原理复杂几十倍。只有先找到原因，再找出解决方法，才能改善一致性并提高良品率。每次新一代技术刚出现时，都会经历这样的过程，刚开始，成百上千次的尝试只做成一两例；接下来，努力将良品率提高到 30%～50%，考虑规模化生产投放市场的可能性；之后，逐步将产品良品率提高到 95%以上，开始规模生产。

（2）成本是规模化生产企业的命脉。对于规模化生产企业，追求成本效益是优先级排在第一的考虑因素。因此，作为产品设计工程师，必须在设计之初就把成本作为首要因素考虑进去，能够做出好设计，造得出好产品。造得出好产品的思路：第一步是所选择的元器件是存在的，第二步是设计的制造成本与材料成本是企业能够承受的；第三步是符合企业的制造能力。

（3）站在前人的肩膀上开发产品，即尽量不要从零开始。产品开发要多参考样品，一定要对参考设计进行认真的理解、消化，积极借鉴，少走弯路。而且，基于上一代产品的派生品进行产品开发，开发周期会大幅度缩短，并且性能更可靠。从认证的角度来看，对于派生产品的认证，官方也会给予企业很多程序上的简化。成熟技术的跨行业应用往往会产生意想不到的效果。

（4）知道如何利用产品的生命周期。完全创新的开发不可能是短期的，产品有生命周期，有成长、上升、成熟的过程，因而最早一代可能会有一些缺陷。对于这一点，工程师要有认知，即开始做的是最小可用系统，之后会不断地“打补丁”。只有在必要时，才会进行一次架构革新或新一代的完整设计。

（5）了解产品开发的基本流程和要素。

（6）达到性能指标要求的样机是工程师的第一个重要输出，对于规模化生产出具的指导性文件是工程师的第二个重要输出。对于定型的产品，工程师必须完成其规格书和企业标准。

13.1.3 嵌入式系统设计流程

嵌入式系统设计流程如图 13-2 所示。

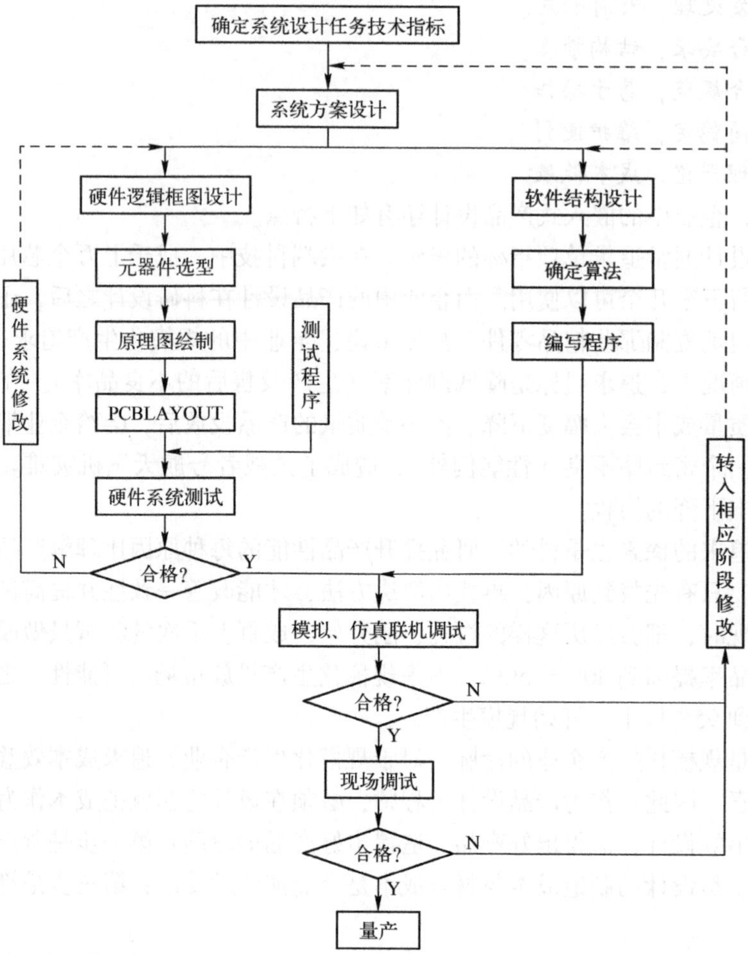

图 13-2 嵌入式系统设计流程

在进行具体的嵌入式系统设计时，一般需要考虑以下几方面。

1. 确定系统设计任务

在设计前，确定系统设计任务，以及系统要实现的功能和实现这些功能的技术指标等。另外，还要了解系统的使用环境、操作人员的水平，以及对成本控制的要求。这种思想贯穿整个产品设计过程，因为它直接关系到系统设计的好坏。

系统技术指标可以主要参考行业标准。嵌入式系统中一些重要的组件源于特定的方法，这些方法通常被称为标准。标准规定了组件应该如何被设计，以及在系统中需要哪些附加的组件以允许它们成功地集成和发挥其功能。标准可以定义嵌入式系统的特定功能，并且可以分为特定领域标准和通用标准，或者适用于以上两种类别的标准。通用标准如软件编程规范，特定领域标准如手机 5G 无线通信协议。某些标准既是通用标准，又是特定领域标准，如 TCP/IP。

2. 元器件选型

一般来说，进行元器件选型可以考虑下面几个因素。

1）综合考虑软、硬件的分工与配合

嵌入式系统设计的软件和硬件是相辅相成的，在一定程度上，有些功能既可以用软件实现，又可以用硬件实现，可参考 1.1 节的相关论述。例如，按键消抖既可以在硬件上实现，又可以在软件上通过程序实现。通过硬件实现可以缩短开发周期，提高 CPU 的效率，而且可以提高系统的可靠性，但是提升了成本；采用软件实现会增加开发难度和开发周期，但可以简化硬件结构，降低成本。因此，在实际设计过程中，要多方面结合软、硬件，互相配合协调，互相兼顾，只有这样才可以设计出适用的系统。

2）微控制器的选型

微控制器的选型是总体方案设计中最重要的一环。没有最好与最坏的微控制器之说，只有最适合的微控制器。例如，对功耗有要求的系统就要考虑选用低功耗芯片；对速率有要求、运行实时任务多的系统就要考虑选用高性能芯片；要驱动 LCD 彩色显示器，最好选用带有 LCD 控制器的芯片。此外，还要考虑芯片的资源，如 I/O、A/D 转换通道、串行通信等是不是够用，并达到指标要求；还要对芯片的开发难度，以及现有人员对该款芯片的熟悉程度和以后芯片的供货情况进行考虑。

3）外围电路芯片和元器件的选择

选择好微控制器的芯片以后，这个嵌入式系统已经具有了“大脑”，要构成一个完整的嵌入式系统，还必须有“四肢”，即外围元器件。外围元器件涉及模拟、数字、强电、弱电等，以及它们之间的相互转换、配合等。因此，对于外围元器件的选择，要考虑芯片和元器件的选择、电路原理的设计、系统结构安装问题、接插件的选择。另外，还要考虑实际的生产工艺、元器件封装的选取等。其中任何一个环节出现差错都可能使所设计的系统失败，除经济上的浪费以外，还会带来开发周期上的压力。

3. 硬件系统设计

设计人员在了解了所要开发系统的任务后，根据要实现的功能和要求，制定出系统设计方案，接下来就是具体的设计过程。根据选择的微控制器的芯片和相应的外围元器件设计整个系统的原理图。在设计完原理图以后，根据原理图和实际需要，绘制印制电路板（PCB），在这个过程中，常常根据系统的复杂程度和个人对软件的熟悉程度选用不同的软件。

嵌入式硬件系统的设计体现了设计人员的综合能力，是一个系统稳定和可靠的前提。由于现在丰富的单片机资源和外围元器件，电路设计非常灵活。例如，要实现一种相同的功能，往往有很多种方法。以驱动数码管为例，有很多种方法，如设计 6 位的 8 字数码管。如果采用静态驱动，那么需要的 I/O 引脚为 6×8＝48 个；而采用动态扫描则只需 6+8＝14 个；如果使用串行方式发送数据，则只要时钟、数据线和锁存线就可以了，这样就可以大大节省系统的 I/O，功能上却不受影响，还缩短了开发周期，并且系统的可靠性有保证。硬件系统扩展和配置设计遵循的原则如下。

- ☺ 尽可能选择典型通用的电路，并符合单片机的常规用法。
- ☺ 系统的扩展与外围元器件配置应充分满足应用系统当前的功能要求，并留有适当的余地，便于以后进行功能的扩充。

☺ 硬件结构应结合应用软件方案一并考虑。

☺ 整个系统中相关的元器件要尽可能做到性能匹配。

☺ 可靠性及抗干扰设计是硬件设计中不可忽视的一部分。

☺ 单片机外接电路较多时，必须考虑其驱动能力。

读懂电路原理图是工程师的基本能力，在这方面，工程师分为以下 3 个层次。

☺ 知道产品的作用，能看懂电路图，会进行计算，能进一步确认每个元器件最优化的关键参数。最优化有两个侧重点：裕量最大化和经济性最佳化（成本控制）。

☺ 逆向设计。先从他方产品反绘出电路原理图，再根据反绘出的电路原理图分析出电路单元的功能。这样的能力需要大量的电子线路模块知识积累，并对同一个电路模型而参数不同的应用有深刻的了解。

☺ 条件创造。利用手里已有的部分内容，从可能的地方借来一些东西，搭建设施，尝试完成一项具有和专业设备的测试结果性能近似的试验。

4. 系统软件设计

相比于编写计算机软件，嵌入式系统的软件编写要复杂得多，嵌入式软件建立在硬件基础上，对软件开发人员的硬件知识要求比较高，因为嵌入式系统是直接面对硬件和控制对象的。在设计过程中，现在的嵌入式系统软件越来越大，通常都由几个人或一个团队合作完成，这就对程序的易读性提出了要求，因此添加注释是必要的。软件的编制几乎不可能一次性成功，要考虑后续的升级和维护，以及功能模块的增/删等，这就需要程序具有灵活性，考虑到以后可能出现的情况，加入模块和函数及宏定义有助于解决这个问题。一个良好的开发平台也可以达到事半功倍的效果，选择一个合适的开发平台，适当地用一些辅助工具，只有这样才能设计出可靠的系统。一款优秀的软件应具有以下特点。

☺ 结构清晰、简洁、流程合理。

☺ 各功能程序实现模块化、系统化。相同代码不写两次，最好能抽象化，使之复用；相似逻辑的代码放在一起，让代码块层次分明。这样，既便于调试、连接，又便于移植、修改和维护。

☺ 程序存储区、数据存储区规划合理，既能节约存储容量，又能给程序设计与操作带来方便。

☺ 运行状态实现标志化管理。各个功能程序的运行状态、运行结果及运行需求都设置状态标志以便查询，程序的转移、运行、控制都可通过状态标志来控制。尽量使用 10、20、30 而不用 1、2、3 来标识，因为需求很可能会变动，这样，在插入中间状态时，状态码看起来仍然有序。

☺ 应对经过调试修改的程序进行规范化，除去修改“痕迹”。规范化的程序便于交流、借鉴，也为今后的软件模块化、标准化打下基础。

☺ 实现全面软件抗干扰设计。软件抗干扰是计算机应用系统提高可靠性的有力措施。

☺ 为了提高运行的可靠性，在应用软件中设置自诊断程序，在系统运行前，先运行自诊断程序，用于检查系统各特征参数是否正常。

注意：嵌入式系统的开发需要遵循以软件适应硬件的原则，即当问题出现时，尽可能以修改软件为代价，除非硬件设计无法满足要求。

13.2　LED 驱动综合实例

13.2.1　利用 C 语言实现面向对象程序设计

有一个知名的程序设计公式：程序=数据结构+算法。

在 C 语言中，一般使用面向过程编程，即首先分析出解决问题所需的步骤，然后用函数按步骤顺次执行，在函数中对数据结构进行处理（执行算法）。也就是说，数据结构和算法是分开的。

C++语言把数据结构和算法封装在一起，形成一个整体，无论是对它的属性进行操作，还是对它的行为进行调用，都是通过一个对象来执行的，这就是面向对象编程思想。

对象的含义是指具体的某个事物，即在现实生活中能够看得见、摸得着的事物。在面向对象程序设计中，对象指的是计算机系统中的某个成分，包含两层含义，一个是数据，另一个是方法。对象是数据和方法的结合体。对象不仅能够进行操作，还能够及时记录操作结果。方法是指对象能够进行的操作，方法同时还有另外一个名称，叫作函数。方法是类中的定义函数，其具体作用就是对对象进行描述。

面向过程就是首先分析出解决问题所需的步骤，然后用函数把这些步骤一步一步地实现，使用时依次调用就可以了；面向对象是把问题任务分解成各个对象，建立对象不是为了完成一个步骤，而是为了描述某事物在整个解决问题步骤中的行为。

可以拿生活中的实例来理解面向过程与面向对象。例如，对于五子棋，面向过程的设计思路就是首先分析出解决问题所需的步骤：①开始游戏；②黑子先走；③绘制画面；④判断输赢；⑤轮到白子；⑥绘制画面；⑦判断输赢；⑧返回步骤②；⑨输出最后结果。把上面每个步骤用不同的方法实现。

如果用面向对象的设计思想来解决问题，那么整个五子棋可以分为：①玩家，双方行为是一样的；②棋盘系统，负责绘制画面；③规则系统，负责判定诸如犯规、输赢等。第一类对象（玩家）负责接收用户输入，并告知第二类对象（棋盘）棋子布局的变化，棋盘得知棋子布局的变化后，就要负责在屏幕上显示出这种变化，同时利用第三类对象（规则系统）对棋局进行判定。

可以明显地看出，面向对象是以功能来划分问题的，而不是步骤。同样是绘制画面，这样的行为在面向过程的设计中分散在多个步骤中，很可能出现不同的绘制版本，因为通常设计人员会考虑实际情况，进行各种各样的简化。而在面向对象的设计中，绘图只可能在棋盘中出现，从而保证了绘图的统一性。

如果用 C 语言来模拟这样的编程方式，则需要解决 3 个问题：数据的封装、数据的继承、数据的多态。

（1）封装：隐藏对象的属性和实现细节，仅对外提供公共访问方式，将变化隔离，便于使用，提高复用性和安全性。封装描述的是数据的组织形式，就是把属于一个对象的所有属性（数据）组织在一起，C 语言中的结构体类型天生就支持这一点。

（2）继承：描述的是对象之间的关系，子类通过继承父类，自动拥有父类的属性和行为（方法）。C 语言的内存模型需要在子类结构体的第一个成员变量位置放置一个父类结构体变量，此时，子类对象就继承了父类的属性。继承是多态的前提。

（3）多态：按字面意思来理解，多态就是“多种状态”，描述的是一种动态的行为。多态性是指相同的操作或函数、过程可作用于多种类型的对象并获得不同的结果。不同的对象收到相同的消息可以产生不同的结果，这种现象称为多态性。如果一门语言只支持类，而不支持多态，那么只能说它是基于对象的，而不是面向对象的。

在面向对象编程语言 C++和 Java 中，用类（class）来形容一个对象，虽然面向过程编程语言 C 中没有类，但是有结构体（struct）。结构体中可以包含类中的数据和方法。方法主要利用函数指针来实现。

1. 函数指针

函数指针是一个普通指针，但是其写法略不同于一般的指针。例如：

```
//原函数
int add(int a, int b)
{
    return a + b;
}
```

定义函数指针。例如：

```
//指向原函数的函数指针
int( * p)(int x, int y);
```

可以看到：①返回值类型必须相同；②指针变量名要用括号括起来；③除形参名外，参数列表必须相同。

赋值，将指针指向函数：

```
//直接将函数名赋给指针
//函数名就是一个地址
p = add;
//可以加取地址符 &
p = &add;
```

下面 3 种函数指针的使用方法是等价的：

```
//直接用：指针名(实参列表)
int a = p(2, 3);
//用定义时的写法
int b =( * p)(2, 3);
//不用指针
int c = add(2, 3);
```

以下为函数指针的完整示例代码：

```
#include <stdio.h>

//原函数
```

```
int add(int a, int b)
{
    return a + b;
}

int main() {
    //定义函数指针
    int (*p)(int x, int y);

    //两种赋值方法
    // p = add;
    p = &add;

    // 3 种调用函数的方法
    printf("%d\n", p(2, 3));
    printf("%d\n", (*p)(2, 3));
    printf("%d\n", add(2, 3));
    return 0;
}
```

2. 结构体

结构体实现了用户自定义数据类型，解决了基本数据类型不够用的问题。它的成员可以是普通的数据类型（整型、浮点型、指针、数组等），也支持结构体的嵌套。在定义结构体时，不能赋值，因为结构体在没有使用时是不占内存空间的，因此没有空间用来赋值；但是在定义后有初值，为 0、null 或 false 等。

例如：

```
typedef struct Demo {
    int x;
    int y;
};//不要忘记分号
```

函数指针也可以作为结构体成员。例如：

```
typedef struct Demo {
    int x;
    int(*p)(int x, int y);
};//不要忘记分号
```

在使用时，同其他成员一样进行赋值，代码如下：

```
//在某函数中
// 1. 结构体的静态赋值：定义时赋值
struct Demo demo = {1, add};
```

```
// 2. 结构体的动态赋值
struct Demo demo;//此时有默认值，为 0 和 null
demo.a = 1;
demo.p = add;
//如果定义为结构体指针，那么访问成员时用“->”符号
```

13.2.2 LED 多状态实例功能

LED 的多状态涉及频率变化，如快闪、慢闪、1s 闪 1 次，1s 闪 3 次等。假设实例功能为 1.5s 闪烁 1～5 次。当然，可以举一反三而实现更复杂的指示功能。

13.2.3 功能分析

为了实现 1.5s 内闪烁 5 次，并且让代码尽可能简单，这里将 1.5s 划分成 10 等份，每份为 150ms，如图 13-3 所示。

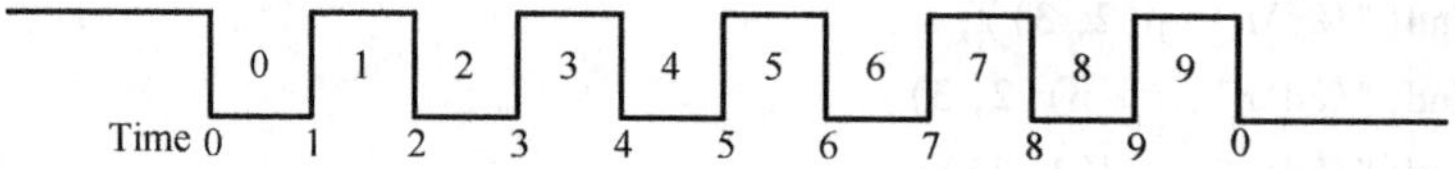

图 13-3 实例频率图

假设高电平为熄灭状态、低电平为点亮状态。如果要实现 1.5s 闪烁 1 次的效果，则只需在 0 时刻设置为低电平、1 时刻设置为高电平，其他时刻不需要操作电平。此时，电平效果如图 13-4 所示。通过在指定时刻设置电平即可达到想要的闪烁效果。

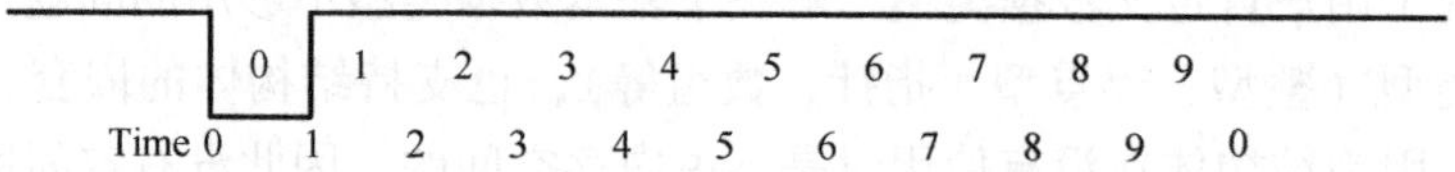

图 13-4 实例闪烁 1 次频率图

实例中需要实现两个周期，一个是 1.5s，一个是 150ms，因此需要两个变量来保存时间标志，同时，为了实现单次延时，再增加一个变量，即关于时间的变量共有 3 个。

13.2.4 案例代码

main.h 文件：

```
/*外设端口定义 ----------------------------------------------------*/
#define KEY_Pin GPIO_PIN_13
#define KEY_GPIO_Port GPIOC
#define LED_Pin GPIO_PIN_5
#define LED_GPIO_Port GPIOA
```

led.h 文件子函数：

```
#ifndef__LED_H
#define __LED_H

#include "sys_config.h"
```

```
#define LED_TIME_CYCLE      1500  // ms
#define LED_TIME_OUTPUT     150   // ms

typedef enum {
    LED_ON,
    LED_OFF,
}led_level_def;

typedef struct {
    uint16_t last_time_show_cycle;          // 状态查询时间
    uint16_t set_time_cycle;                // 循环时间
    uint16_t set_last_time;                 // 上一次电平输出时间
    uint8_t  curr_number;                   // 当前
    uint8_t  next_number;                   // 下一个指示次数
    void     ( * led_set)(led_level_def);   // 对象方法
}led_para_def;                              // 基类

void led_set_level(led_level_def level);
void led_set_handle(led_para_def * p_led_para, uint32_t time);
void led_show(led_para_def * p_led_para, uint8_t number);

#endif
```

led.c 文件子函数：

```
// LED 设置
void led_set_level(led_level_def level)
{
    if(level == LED_ON)
        {
            HAL_GPIO_WritePin(LED_GPIO_Port,LED_Pin, GPIO_PIN_SET);
    }
    else
        {
      HAL_GPIO_WritePin(LED_GPIO_Port,LED_Pin, GPIO_PIN_RESET);
    }
}

//调用频率小于 10ms
void led_set_handle(led_para_def * p_led_para, uint32_t time)
{
        // 设置 LED
    if(((uint16_t)(time - p_led_para->set_last_time)) >= p_led_para->set_time_cycle)
        {
        p_led_para->set_last_time = time;
```

```
            if(p_led_para->curr_number)
                {
            p_led_para->led_set(((p_led_para->curr_number & 1) == 1) ? LED_OFF : LED_ON);
                p_led_para->curr_number--;
                if(p_led_para->curr_number == 0)
                    {
                    p_led_para->set_time_cycle = (uint16_t)-1;  //下一个周期不再进入
                }
            }
        }
            // 更新当前参数(1.5s 更新一次)
            if(((uint16_t)(time - p_led_para->last_time_show_cycle)) >= LED_TIME_CYCLE)
            {
            p_led_para->last_time_show_cycle = time;

            if(!p_led_para->curr_number)
                {
                    uint8_t number = p_led_para->next_number;// 获取当前指示次数
                    // 限制闪烁次数
                    if(number < LED_TIME_CYCLE/ LED_TIME_OUTPUT/ 2)
                    {
                        p_led_para->curr_number     = number * 2-1;
                        p_led_para->set_last_time   = time;
                        p_led_para->set_time_cycle = LED_TIME_OUTPUT;
                        p_led_para->led_set(LED_ON);
                    }
            }
        }
    }

    // number: 闪烁次数
    void led_show(led_para_def * p_led_para, uint8_t number)
    {
        p_led_para->next_number = number;
    }
```

stm32f1xx_ hal. c 文件：

```
    __weak HAL_StatusTypeDef HAL_InitTick(uint32_t TickPriority)
    {
        /* 配置 SysTick 产生 1ms 定时中断 */
        if(HAL_SYSTICK_Config(SystemCoreClock/ (1000U/ uwTickFreq)) > 0U)
        {
            return HAL_ERROR;
        }
```

```
    /* 配置 SysTick 中断优先级 */
    if (TickPriority < (1UL << __NVIC_PRIO_BITS))
    {
        HAL_NVIC_SetPriority(SysTick_IRQn, TickPriority, 0U);
        uwTickPrio = TickPriority;
    }
    else
    {
        return HAL_ERROR;
    }

    /* 返回函数状态 */
    return HAL_OK;
}
```

stm32f1xx_it. c 文件：

```
/**
  * 系统时基函数
  */
uint32_t SysTick_Timer = 0;

void SysTick_Handler(void)
{
    /* 用户代码 SysTick_IRQn 0 开始 */

    /* 用户代码 SysTick_IRQn 0 结束 */
    HAL_IncTick();

        SysTick_Timer++;

    /* 用户代码 SysTick_IRQn 1 开始 */

    /* 用户代码 SysTick_IRQn 1 结束 */
}
```

进入 1ms 中断后，SysTick_Timer 会持续累加。注意：此处的 SysTick_Timer 没有清零操作。那么，如何避免计数累加到 2^{32} 溢出错误呢？这种情况发生的原因在于 SysTick_Timer 是 uint32_t 类型的数据，$2^{32}=4294967296$，一天是 $24\times60\times60\times1000=86400000$（单位为 ms），因此，$4294967296/86400000\approx49.71$ 天，这个时间远超单次设备运行时间。

```
main. c:
led_para_def led_para =
{
    . set_time_cycle   = (uint16_t)-1,
    . curr_number      = 0,
```

```
    .led_set            = led_set_level,
};
int main(void)
{
    HAL_Init();
    SystemClock_Config();
    MX_GPIO_Init();

        led_show(&led_para, 2);          //闪烁次数
    while(1)
    {
        led_set_handle(&led_para, SysTick_Timer);
    }
}
```

13.2.5 代码分析

（1）为了移植方便，使用一个函数指针设置 LED 电平。

（2）时间戳单位为 1ms，同时，led_set_handle()函数为了保证时间精度，调用周期为 10ms，该函数需要周期性地调用，并且只可以在一个地方调用（一个 LED 的情况下）。

（3）led_show()函数用于更新闪烁次数，可在闪烁次数变化时调用，同时可多线程使用。

（4）led 作为共享资源，使用变量 curr_number 控制资源访问，保证指示不会出现混乱。

（5）指示更新周期为 1.5s，即使更新了 next_number，最迟也需要 1.5s 才会更新，最早更新时间为立刻。

13.3 键盘驱动综合实例

与单片机引脚相连的按键被按下后（并弹起），理想的电平变化（按键波形）如图 13-5 所示，但实际情况类似图 13-6，二者的区别在于信号抖动。

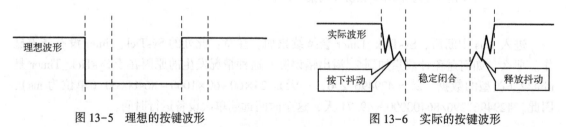

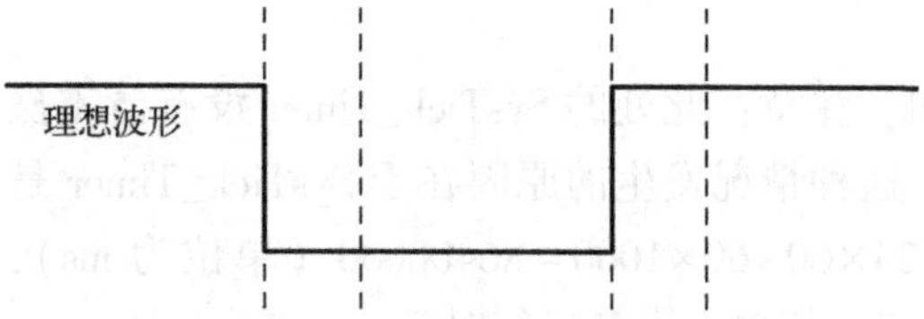

图 13-5　理想的按键波形

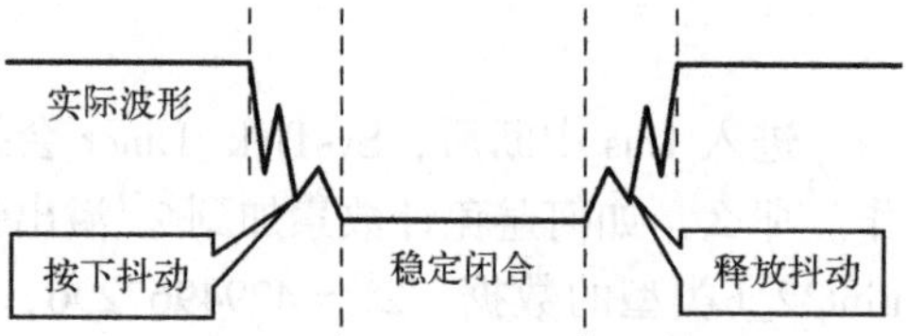

图 13-6　实际的按键波形

假如不进行滤波，则一次按下过程可能被认为多次按下，因为按下后有抖动过程，这个过程电平并不稳定，所以导致单片机在很短的时间内多次检测到低电平状态。这样，本来按键只被按下了一次，程序却认为按键被按下了多次，这会对按键功能产生影响。如果将按键引脚设置为外部中断触发，那么在极短的时间内，CPU 将多次进入中断，影响中断的性能

（对于非数字接口，即没有稳定的高低电平接口，如果不需要非常高的实时性，那么不建议将其设置为外部中断触发方式）。也就是说，按下过程有抖动期，需要跳过抖动时间后检测电平变化：

```
typedef enum
{
    KEY_LEVEL_DOWN,                //假设低电平为按下
    KEY_LEVEL_UP,
} KeyLevelTypedef;

KeyLevelTypedef get_key_level()
{
    return(KeyLevelTypedef)HAL_GPIO_ReadPin(GPIOB, GPIO_PIN_0);
}

void key_scan()
{
    if(get_key_level() == KEY_LEVEL_DOWN)
    {
        HAL_Delay(20);             //假设抖动时间为 20ms
        if(get_key_level() == KEY_LEVEL_DOWN)
        {
            key_flag = 1;          //按键按下标志位
  }
    }
}
```

上述代码的运行效率很低，并且要求函数调用的时间大于抖动时间。例如，在空闲状态下（key_last_level 为高电平）突然按下按键，假设在抖动中期，程序检测到高电平，那么 20ms 后检测到的是低电平，显然，这是不相等的（key_last_level 更新为低电平），此时，程序就会继续执行，下一次即 40ms 后检测肯定是低电平（如果不是，就说明电平不稳定），此时电平相等，即可认为电平稳定。而如果在抖动中期，程序检测到低电平，那么 20ms 后检测到的应该还是低电平，程序认为此时电平已经稳定了，也没有问题，因为它已经跳过了抖动期。

13.3.1　按键多状态实例功能

首先通过结构体实现按键的按下、抬起、长按等多种状态；然后实现 LED 的状态随着按键的按下、抬起发生变化，如按键被按下时 LED 灭、按键抬起时 LED 亮。

13.3.2　实例代码

main.h 文件：

```
/*外设端口定义 ----------------------------------------------------*/
#define KEY_Pin GPIO_PIN_13
```

```
#define KEY_GPIO_Port GPIOC
#define LED_Pin GPIO_PIN_5
#define LED_GPIO_Port GPIOA
```

main. c 中有：

```
#define KEY_MODE 0x01
#define KEY_PLUS 0xff
unsigned char Trg;
unsigned char Cont;

void KeyRead(void)
{
    unsigned char ReadData = HAL_GPIO_ReadPin(KEY_GPIO_Port, KEY_Pin)^0xff;
    Trg = ReadData & (ReadData ^ Cont);
    Cont = ReadData;

        if(Trg & KEY_MODE)
        {
            HAL_GPIO_TogglePin(LED_GPIO_Port,LED_Pin);
        }
        if(Cont == KEY_PLUS)
        {
            HAL_GPIO_TogglePin(LED_GPIO_Port,LED_Pin);
        }
}

int main(void)
{
    HAL_Init();
    SystemClock_Config();
    MX_GPIO_Init();

    while(1)
    {
        KeyRead();
    }
}
```

13. 3. 3 代码分析

按键处理核心算法如下：

```
unsigned char Trg;
unsigned char Cont;
uint16_t cnt_plus = 0;
```

```
uint8_t mode=0;
void KeyRead(void)
{
    unsigned char ReadData = HAL_GPIO_ReadPin(KEY_GPIO_Port, KEY_Pin)^0xff;   //①
    Trg = ReadData & (ReadData ^ Cont);                                       //②
    Cont= ReadData;                                                           //③
```

Trg 代表的是触发，Cont 代表的是连续按下。以下分析各行代码。

① 读 HAL_GPIO_ReadPin(KEY_GPIO_Port, KEY_Pin)的端口数据，取反，并将其送到 ReadData 临时变量中保存起来。

② 计算触发变量。一个位与操作，一个异或操作，Trg 为全局变量，其他程序可以直接引用。

③ 计算连续变量。

如图 C-1 所示，按键用外部上拉电阻，在按键没有被按下时，端口数据为 1，如果按键被按下，那么端口数据为 0。以下分情况进行讨论。

a. 无按键被按下。

运行结果：ReadData = 0，Trg = 0，Cont = 0。

结果分析：端口数据为 0xff，ReadData 读端口数据并取反，为 0x00，因此 ReadData = 0；在初始状态下，Cont 也为 0，因为 ReadData 为 0，它于任何数“相与”，结果都为 0，所以 Trg = 0；保存 Cont 其实就等于保存 ReadData，因此 Cont = 0。

b. 第一次按下 GPIOC13 按键。

运行结果：ReadData = 0x01，Trg = 0x01，Cont = 0x01。

结果分析：端口数据为 0xfe，ReadData 读端口数据并取反，为 0x01；因为这是第一次按下 GPIOC13 按键，所以 Cont 的值是上次的值，即 0，因此 Trg = 0x01 & (0x01^0x00) = 0x01，Trg 只会在此时对应位的值为 1，其他时候都为 0；Cont = ReadData = 0x01。

c. 按着 GPIOC13 按键不松（长按键）。

运行结果：ReadData = 0x01，Trg = 0x00，Cont = 0x01。

结果分析：端口数据为 0xfe，ReadData 读端口数据并取反，为 0x01；因为这是连续按下，所以 Cont 的值是上次的值，即 0x01，因此 Trg = 0x01 & (0x01^0x01) = 0x00；Cont = ReadData = 0x01。

因为按键是长按的情况，所以 CPU 会每隔一定的时间就执行这个函数，并且，下次执行的结果是不变的，分析如下。

因为按键没有松开，所以 ReadData = 0x01；Trg = ReadData & (ReadData ^ Cont) = 0x01 & (0x01 ^ 0x01) = 0，即只要按键没有松开，就有 Trg = 0x00。

d. 按键松开。

运行结果：ReadData = 0x00，Trg = 0x00，Cont = 0x00。

端口数据为 0xff，ReadData 读端口数据并取反，为 0x00，因此 ReadData = 0x00；按照代码，Trg = ReadData & (ReadData^Cont) = 0x00 & (0x00^0x01) = 0x00，因此 Cont = ReadData = 0x00。

显然，此时回到了初始状态，即没有按键被按下时的状态。

总结如下。

（1）Trg 表示的就是触发的意思，即跳变，只要有按键被按下（电平从 1 到 0 的跳变），Trg 在对应按键的位上就会置 1，按下 GPIOC13 按键，Trg 的值为 0x01，并且，Trg 的值在每次按键被按下时只会出现一次并立刻被清除，完全不需要人工干预。因此，按键功能处理程序不会重复执行，省略了条件判断。

（2）Cont 代表的是长按键，如果按着 GPIOC13 按键不放，那么 Cont 的值就为 0x01。

（3）Trg 和 Cont 都为 0 时可判断按键被释放。

上述代码应用如下。

应用 1：一次触发的按键处理。

假设按一下按键，蜂鸣器 beep 就响一声：

```
#define KEY_BEEP 0x01
void KeyProc(void)
{
if(Trg & KEY_BEEP)   //如果按下的是 KEY_BEEP 按键
    {
    Beep();            //就执行蜂鸣器处理函数
    }
}
```

由于 Trg 为真只会出现一次，因此按下按键，Trg & KEY_BEEP 为"真"的情况只会出现一次，处理起来非常方便，蜂鸣器也不会乱响。

应用 2：长按键的处理。

项目中经常会遇到这样一些要求：对于一个按键，如果短按一下，就执行功能 A；如果长按 2s，就执行功能 B 等。这是个简单的需求，类似电子表按键，按键 1 是模式按键，短按进行切换模式；按键 2 执行累加功能，如果长按，就连加：

```
#define KEY_MODE 0x01                    // 模式按键
#define KEY_PLUS 0x02                    // 累加操作
void KeyProc(void)
{
if (Trg & KEY_MODE)
{
Mode++;                                  //模式寄存器加 1

}
    if (Cont & KEY_PLUS)                 //长按"加"按键
    {
        cnt_plus++;                      //计时
        if (cnt_plus > 100)              // 20ms×100 = 2s，如果时间到
        {
            Func();                      //需要执行的程序
        }
    }
```

```
}
```

13.3.4　代码改进

以下程序利用面向对象方法重新实现 13.3.2 节代码的功能。

key.h 文件中的代码如下：

```
#ifndef__KEY_H
#define __KEY_H

#include "sys_config.h"

#define _K_DIN_0            0                   /*键值位 */
#define _K_DIN_1            1                   /*键值位 */
#define _K_DIN_2            2                   /*键值位 */
#define _K_DIN_3            3                   /*键值位 */
#define _K_DIN_4            4                   /*键值位 */
#define _K_DIN_5            5                   /*键值位 */
#define _K_DIN_6            6                   /*键值位 */
#define _K_DIN_7            7                   /*键值位 */
#define _K_DIN_8            8                   /*键值位 */
#define _K_DIN_9            9                   /*键值位 */
#define _K_DIN_10           10                  /*键值位 */
#define _K_DIN_11           11                  /*键值位 */
#define _K_DIN_12           12                  /*键值位 */
#define _K_DIN_13           13                  /*键值位 */
#define _K_DIN_14           14                  /*键值位 */
#define _K_DIN_15           15                  /*键值位 */

#ifndef nBIT
    #define nBIT(x)  (1<<(x))
#endif

typedef  struct
{
    u16 Click;              //单击键值
    u16 DoubleClick;        //双击键值
    u16 upClick;            //弹起键值
    u16 Press;              //持续按下
}KeySta;                    //按键数据结构


//---------按键键值定义---------
#define KEY_TOUCH      BIT(_PIN_KEY0&0x0F)     /* Touch    键值 */
#define KEY_SWITCH     BIT(_PIN_KEY1&0x0F)     /* Switch   键值 */
```

```
/*函数声明区*/

KeySta  GetKeyCode(void);        // 获得键值
u32     GetPressCnt(void);       //获得长按时间
u16     ScanKeyboard(void);      //扫描按键

#endif
```

key.c 文件中的代码如下：

```
#include "key.h"
#include "gpio.h"


/*-------全局变量定义区域-------*/
KeySta  _gKeySta;
u32     _gPresscnt;     //长按扫描计数


//=============功能函数区============
/**
  *函数功能：得到扫描的键值
  *输入参数：无
  *输出参数：键盘相关值
  *功能说明：更好地封装数据
  */
KeySta GetKeyCode(void)  { return _gKeySta;}

u32     GetPressCnt(void) { return _gPresscnt;}

///**
//    *函数功能：扫描按键
//    *输入参数：无
//    *输出参数：按键变化状态
//    * 功能说明：扫描键盘，并把键盘状态保存到_gKeySta 变量中
//    */


u16 ScanKeyboard(void)
{
    u16 tmp = 0;
    tmp |= !HAL_GPIO_ReadPin(KEY_GPIO_Port, KEY_Pin) << _K_DIN_0;
//      tmp |= !GPIO_PinIn(_DIN_1) << _K_DIN_1;
//      tmp |= !GPIO_PinIn(_DIN_2) << _K_DIN_2;
```

```
    _gKeySta.Click = tmp & (tmp ^ _gKeySta.Press);
    u8 sta = 0;
    if(_gKeySta.Press != tmp) {                         //如果按键有变化
        sta = 1;                                        //则状态置 1
        if(_gKeySta.Click == 0)                         //检测弹起
            _gKeySta.upClick = tmp ^ _gKeySta.Press;
    } else
        _gKeySta.upClick = 0;
    _gKeySta.Press = tmp;

    _gPresscnt = _gKeySta.Press ? _gPresscnt+1 : 0;     //长按键计数

    return sta;                                         //返回按键改变状态
}
```

main()代码如下：

```
int main(void)
{
        u16 tstmp = ScanKeyboard();
        KeySta tsk = GetKeyCode();

    HAL_Init();
    SystemClock_Config();
    MX_GPIO_Init();

    while(1)
    {
        if(tstmp != 0) {
            if((tsk.Click & nBIT(_K_DIN_13)) != 0) {    //按键按下
    HAL_GPIO_TogglePin(LED_GPIO_Port,LED_Pin);
            }
            if(tsk.upClick == nBIT(_K_DIN_13)) {        //按键抬起
                HAL_GPIO_TogglePin(LED_GPIO_Port,LED_Pin);
            }
        }

    }
}
```

附录A 嵌入式系统常用缩写和关于端口读/写的缩写表示

嵌入式系统常用缩写如表 A-1 所示。

表 A-1 嵌入式系统常用缩写

缩 写	全 称	翻 译
	A	
AAPCS	ARM Architecture Process call standard	ARM 体系结构过程调用标准
ADC	Analog-to-Digital Converter	模拟-数字转换器
ADP	Angel Debug Protocol	Angel 调试协议
ADK	—	AMBA 设计套件
ADS	ARM Developer Suite	—
AFSR	Auxiliary Fault Status Register	—
AFIO	Alternate Function IO	复用 I/O 接口
AHB	Advanced High Performance Bus	先进高性能总线
AHB-AP	—	AHB 访问端口
AIRCR	Application Interrupt/Reset Control Register	—
ALU	Arithmetic Logic Unit	算术逻辑单元
AMBA	Advanced Microcontroller Bus Architecture	先进微控制器总线架构
ANSI	American National Standards Institute	美国国家标准学会
APB	Advanced Performance Bus	先进外设总线
AP	Access Permissions	访问权限
API	Application Programming Interface	应用程序接口
ARM	Advanced RISC Machines	先进 RISC CPU
ASCII	American Standards Code for Information Interchange	美国信息交换标准代码
ASIC	Application Specific Integrated Circuit	专用集成电路
ATB	—	先进跟踪总线
	B	
BCD	Binary Coded Decimal	—
BE8	—	字节不变式大端模式
BFAR	Bus Fault Address Register	—
BKP	Backup Registers	备份寄存器
BSRR	—	置位/复位寄存器
BSS	Block Started by Symbol	以符号开始的块（未初始化数据段）
BRR	—	复位寄存器
BSP	Board Support Package	板卡级支持包

续表

缩　写	全　　称	翻　　译
	C	
CAN	Controller Area Network	控制器局域网模块
CCR	Configuration Control Register	—
CEC	Consumer Electronics Control	—
CFSR	Configurable Fault Status Registers	—
CISC	Complex Instruction Set Computer	复杂指令集计算机
CMOS	Complementary Metal Oxide Semiconductor	互补型金属氧化物半导体
CMSIS	Cortex Microcontroller Software Interface Standard	Cortex 微控制器软件接口标准
CPI	—	每条指令的周期数
CPLD	Complex programmable logic device	复杂可编程逻辑元器件
CPSR	Current Program Status Register	当前程序状态寄存器
CPU	Central Processing Unit	中央处理单元
CPUID	CPUID Base Register	—
CRC	Cyclic Redundancy Check	—
CSR	Clock Control/Status Register	时钟控制状态寄存器
	D	
DA	Digital to Analogue Converter	—
DAP	Debug Access Port	调试访问端口
DBAR	Data Break Address Register	—
DCE	Data Communication Equipment	数据通信设备
DFSR	Debug Fault Status Register	—
DIP	Dual Inline Package	双列直插封装
DMA	Direct Memory Access	直接内存存取控制器
DNS	Domain Name Server；Domain Name System；Domain Name Service	域名服务器；域名系统；域名服务
DP	Debug Port	调试端口
DRAM	Dynamic Random-Access Memory	动态随机访问存储器
DSP	Digital Signal Processor	数字信号处理器
DTE	Data Terminal Equipment	数据终端设备
DTS	Digital Tuning System	—
D2B	Domestic Digital Bus	—
DWT	—	数据观察点及跟踪
	E	
ECB	Event Control Block	事件控制块
EDA	Electronic Design Automation	电子设计自动化
EEPROM	Electrically Erasable PROM	—
EPROM	Erasable PROM	—
EMI	Electromagnetic Interference	电磁干扰

续表

缩　写	全　称	翻　译
	E	
EP	Exception Priorities	异常优先级
ESD	Electrostatic Discharge	—
ETM	Embedded Trace Macrocell	嵌入式跟踪宏单元
EXTI	External Interrupt/Event Controller	外部中断/事件控制器
	F	
FAT	File Allocation Table	文件分配表
FCSE	Fast Context Switch Extension	快速上下文切换扩展
FIP	Fluorescent Indicator Panel	—
FIQ	Fast Interrupt Request	快速中断请求
Flash	—	闪存存储器
FLITF	the Flash Memory Interface	闪存存储器接口
FPB	Flash Patch and Breakpoint	Flash 转换及断电单元
FPGA	Field Programmable Gate Array	现场可编程门阵列
FPLA	Field Programmable Logic Array	现场可编程逻辑阵列
FPU	Floating Point Unit	浮点运算单元
FSM	Frequency State Machine	有限状态自动机
FSMC	Flexier Static Memory Controller	可变静态存储控制器
FSR		Fault 状态寄存器
	G	
GAL	Generic Array Logic	通用阵列逻辑
GCC	GNU C Compiler	GNU C 编译器
GPIO	General-Purpose Input/Output	通用输入/输出
GPS	Global Positioning System	全球定位系统
GUI	Graphic User Interface	图形用户界面
	H	
HAL	Hardware Abstraction Layer	硬件抽象层
HDL	Hardware Description Language	硬件描述语言
HFSR	Hard Fault Status Register	—
HSE	High Speed External	—
HSI	High Speed Internal	—
HTTP	Hypertext Transport Protocol	超文本传输协议
	I	
I2C	Inter-Integrated Circuit	内部集成电路
I2S	Inter-Integrated Sound	—
IABR	Interrupt Active Bit Register	—

续表

缩　写	全　　称	翻　　译
	I	
IBCR	Instruction Break Control Register	—
ICE	In-Circuit Emulator	在线仿真器
ICER	Interrupt Clear-Enable Register	—
ICPR	Interrupt Clear-Pending Register	—
ICSR	Interrupt Control State Register	—
IDC	Instruction and Data Cache	指令和数据 Cache
IDE	Integrated Development Environment	集成开发环境
IEEE	Institute of Electrical and Electronic Engineers	电气与电子工程师协会
IP	Internet Protocol	网际协议
	Intellectual Property	—
IPC	Interprocess Communication	进程间通信
IPR	Interrupt Priority Register	—
IR	Infrared	红外
IRQ	Interrupt Request	中断请求（通常是指外部中断的请求）
ISA	Instruction Set Architecture	指令系统架构
ISA Bus	Industry Standard Architecture Bus	工业标准体系结构总线
ISER	Interrupt Set-Enable Register	—
ISP	In System Programmability	在系统可编程
ISPR	Interrupt Set-Pending Register	—
ISR	Interrupt Service Routine	中断服务例程
ITM	Instrumentation Trace Macrocell	指令跟踪宏单元
IWDG	Independent Watchdog	独立看门狗
	J	
JTAG	Joint Test Action Group	联合测试工作组（一个关于测试和调试接口的标准）
JTAG-DP	JTAG Debug Port	JTAG 调试端口
JVM	Java Virtual Machine	Java 虚拟机
	L	
LAN	Local Area Network	局域网
LCD	Liquid Crystal Display	液晶显示器
LCKR	—	锁定寄存器
LED	Light Emitting Diode	发光二极管
LIN	Local Interconnection Network	局部互联网
LPR	Low Power	—
LR	Link Register	链接寄存器
LSB	Least Significant Bit	最低有效位

续表

缩　写	全　　称	翻　　译
	L	
LSE	Low Speed External	—
LSI	Large Scale Integration	大规模集成电路
LSU	Load Store Unit	加载/存储单元
	M	
MCU	Micro-Controller Unit	微控制器单元（俗称单片机）
MDK	MES Development Kit	MES 开发工具集
MAR	Memory Address Register	内存地址寄存器
MMU	Memory Management Unit	内存管理单元
MOSFET	Metal-Oxide-Semiconductor Field-Effect-Transistor	金属-氧化物-半导体型场效应管
MPU	Memory Protection Unit	内存保护单元
MIPS	Microprocessor without Interlocked Piped Stages/Millions of Instructions Per Second	无内部互锁流水级的 CPU；百万条指令每秒
MPU	Microprocessor/ Memory Protection Unit	CPU/内存保护单元
MP	Main Power	—
MSB	Most Significant Bit	最高有效位
MSB	Most Significant Byte	最高有效字节
MSP	Main Stack Pointer	主堆栈指针
MUTEX	Mutual Exclusion	互斥
	N	
NMI	Nonmaskable Interrupt	不可屏蔽中断
NRST	External Reset	—
NVIC	Nested Vectored Interrupt Controller	嵌套向量中断控制器
	O	
OCD	On-Chip Debugging	在线调试
OCB	On-Chip Bus	片上总线
OEM	Original Equipment Manufacturer	原始设备制造商
OLE	Object Linking and Embedding	对象链接和嵌入
OS	Operating System	操作系统
OSI	Open System Interconnection	开放式互联系统
	P	
PAL	Programmable Array Logic	可编程阵列逻辑
PC	Personal Computer/Program Counter	个人计算机/程序计数器
PCB	Printed Circuit Board	印制电路板
PCI	Peripheral Component Interconnect	外围设备互连
PDA	Personal Data Assistant	个人数字助理
PDR	Power-Down Reset	—

续表

缩 写	全 称	翻 译
P		
PDU	Protocol Data Unit	协议数据单元
PFU	Prefetch Unit	预取单元
PGA	Pin Grid Array	—
PLC	Programmable Logic Controller; Program Location Counter	可编程逻辑控制器；程序定位计数器
PLCC	Plastic Leadless Chip Carrier	—
PLD	Programmable Logic Device	可编程逻辑元器件
PLL	Phase Locked Loop	锁相环
POR	Power-On Reset	—
PPB	Private Peripheral Bus	专用外设总线
PPP	Point-to-Point Protocol	点对点协议
PSP	Process Stack Pointer	进程堆栈指针
PSR	Program Status Registers	程序状态寄存器
PVD	Programmable Voltage Detector	—
PWM	Pulse Width Modulation	脉宽调制
R		
RCC	Reset and Clock Controller	复位与时钟控制器
RF	Radio Frequency	射频
RISC	Reduced Instruction Set Computer	精简指令集计算机
RVDS	RealView Developer Suite	—
RTC	Real-Time Clock	实时时钟
RTOS	Real-Time Operating System	实时操作系统
R/W	Read/Write	读/写
S		
SCB	System Control Block	系统控制块
SCR	System Control Register	—
SHCSR	System Handler Control and State Register	—
SHPR	System Handlers Priority Register	—
SIMD	Single Instruction Multiple Data	单指令流多数据流
SPSR	Saved Program Status Register	备份的程序状态寄存器
SP	Stack Pointer	堆栈指针
SPI	Serial Peripheral Interface	串行外设接口
SoC	System on Chip	片上系统
SRAM	Static Random Access Memory	静态随机存取存储器
SDRAM	Synchronous Dynamic RAM	同步动态存储器
STM32	STMicrocontroller 32-bit	—

续表

缩　写	全　　称	翻　　译
	S	
SVC	System SerVice Call	系统服务呼叫指令
SWD	Single Wire Debug	—
SW-DP	Serial Wire Debug Port	串行调试接口
SWI	SoftWare Interrupt Instruction	软件中断指令
SWJ-DP	Serial Wire JTAG Debug Port	串行-JTAG 调试接口
SysTick	System Tick Timer	系统滴答定时器
	T	
TAP	Test Access Port	测试访问端口
TCB	Task Control Block	任务控制块
TCP	Transmission Control Protocol	传输控制协议
TDMA	Time Division Multiple Access	时分多址
TIM	Timer	定时器
TLB	Translation Lookaside Buffer	转换旁置缓冲区
TP	Trace Port	跟踪端口
TPIU	Trace Port Interface Unit	跟踪端口接口单元
TTL	Transistor-Transistor Logic	—
	U	
UART	Universal Asynchronous Receiver/Transmitter	通用异步收发器，简称串口
UDP	User Datagram Protocol	用户数据报协议
USART	Universal Synchronous/Asynchronous Receiver/Transmitter	通用同步/异步收发器
USB	Universal Serial Bus	通用串行总线
	V	
VCR	Video Cassette Recorder	—
VFD	Vacuum Fluorescent Display	—
VFP	Vector Floating Point	矢量浮点运算
VFT	Vacuum Fluorescent Tube	—
VTOR	Vector Table Offset Register	—
VPN	Virtual Private Network	虚拟专用网
	W	
WWDG	Window Watch Dog	窗口看门狗

关于端口读/写的缩写表示如表 A-2 所示。

表 A-2　关于端口读/写的缩写表示

缩　写	全　称	翻　译
rw	read/write	软件可以读/写此位
r	read-only	软件只能读此位
w	write-only	软件只能写此位，读此位将返回复位值
rc_w1	read/clear	软件可以读此位，也可以通过写“1”清除此位，写“0”对此位无影响

续表

缩　写	全　称	翻　译
rc_w0	read/clear	软件可以读此位，也可以通过写“0”清除此位，写“1”对此位无影响
rc_r	read/clear by read	软件可以读此位；读此位将自动地清除它为“0”，写“0”对此位无影响
rs	read/set	软件可以读也可以设置此位，写“0”对此位无影响
rt_w	read-only write trigger	软件可以读此位；写“0”或“1”触发一个事件，但对此位无影响
t	toggle	软件只能通过写“1”来翻转此位，写“0”对此位无影响
Res.	Reserved	保留位，必须保持默认值不变

（1）常用词汇/词组如下。

Big Endian：大端存储模式。

Little Endian：小端存储模式。

Context Switch：任务切换（上下文切换）（CPU 寄存器内容的切换）。

Task Switch：任务切换。

Literal Pool：数据缓冲池。

（2）常用词汇/单词如下。

Arbitration：仲裁。

Access：访问。

Assembler：汇编器。

Disassembly：反汇编。

Binutils：二进制工具。

Bit-Banding：位绑定。

Bit-Band Alias：位绑定别名区。

Bit-Band Region：位绑定区域。

Banked：分组。

Buffer：缓存。

Ceramic：陶瓷。

Fetch：取指。

Decode：译码。

Execute：执行。

Harvard：哈佛（架构）。

Handler：处理者。

Heap：堆。

Stack：栈。

Latency：延时。

Load（LDR）：加载（存储器内容加载到寄存器 Rn 中）。

Store（STR）：存储（寄存器 Rn 的内容存储到存储器中）。

Loader：装载器。

Optimization：优化。

Process：进程/过程。

Thread：线程。
Prescaler：预分频器。
Prefetch：预读/预取指。
Perform：执行。
Pre-emption：抢占。
Tail-chaining：尾链。
Late-arriving：迟到。
Resonator：共振器。
（3）指令相关词汇如下。
Instructions：指令。
Pseudo-Instruction：伪指令。
Directive：伪操作。
Comments：注释。
FA（Full Ascending）：满栈递增（方式）。
EA（Empty Ascending）：空栈递增（方式）。
FD（Full Desending）：满栈递减（方式）。
ED（Empty Desending）：空栈递减（方式）。

附录 B　CM3 指令清单

本部分内容实际上是从 CM3 技术参考手册译版中摘抄并改编而来的，并且使用类 C 语言的风格来讲解指令的功能。需要说明的是，表 B-1 中的“U8”表示 unsigned char，无符号 8 位整数；“U16”表示 unsigned short，无符号 16 位整数；“S8”表示 signed char，带符号 8 位整数；“S16”表示 signed short，带符号 16 位整数。在默认情况下，如果使用普通的 char 和 short，都指带符号整数。当借用 C 语言的数组表示法(如 Rn[Rm])时，首先按整数运算方式求得 Rn+Rm 的值，然后把该值当作一个 32 位地址，取出该地址的值。也就是说，Rn [Rm] 等效于*((U32*)(Rn+Rm))，其中，Rn 和 Rm 均为 32 位整数类型。还有两条重要的通用规则：凡是在指令中有可选的预移位操作的，预移位后的值是中间结果，不写回被移位的寄存器；凡是在 {S} 指令中使用“S”后缀的，均按照运算结果更新 APSR 中的标志位。

表 B-1　16 位 CM3 指令汇总

指令功能	汇编指令
Rd+=Rm+C	ADC<Rd>,<Rm>
Rd=Rn+Imm3	ADD<Rd>,<Rn>,#<immed_ 3>
Rd+=Imm8	ADD<Rd>,#<immed_8>
Rd=Rn+Rm	ADD<Rd>,<Rn>,<Rm>
Rd+=Rm	ADD<Rd>,<Rm>
Rd=PC+Imm8*4	ADD<Rd>,PC,#<immed_8>*4
Rd=SP+Imm8*4	ADD<Rd>,SP,#<immed_8>*4
Rd=SP+Imm7*4 或 SP+=Imm7*4	ADD<Rd>,SP,#<immed_7>*4 或 ADD SP,SP,#<immed_7>*4
Rd &=Rm	AND<Rd>,<Rm>
Rd=Rm 算术右移 Imm5	ASR<Rd>,<Rm>,#<immed_5>
Rd=Rs 算术右移	ASR<Rd>,<Rs>
按<contd>条件决定是否分支	B<cond><target address>
无条件分支	B<tartet address>
Rd &=~Rs	BIC<Rd>,<Rs>
软件断点	BKPT<immed_8>
带链接分支	BL<Rm>
比较结果不为零时分支	CBNZ<Rn>,<label>
比较结果为零时分支	CBZ<Rn>,<Rm>
将 Rm 取二进制补码（注意：不是取反）后与 Rn 进行比较	CMN<Rn>,<Rm>
Rn 与 8 位立即数进行比较，并根据结果更新标志位的值	CMP<Rn>,#<immed_8>
Rn 与 Rm 进行比较，并根据结果更新标志位的值	CMP<Rn>,<Rm>

续表

指 令 功 能	汇 编 指 令
比较两个寄存器，并根据结果更新标志位的值	CMP<Rn>,<Rm>
改变处理器的状态	CPS<effect>,<iflags>
将高或低寄存器的值复制到另一个高或低寄存器中	CPY<Rd>,<Rm>
Rd^=Rm	EOR<Rd>,<Rm>
以下1条指令为条件；以下2条指令为条件；以下3条指令为条件；以下4条指令为条件	IT<cond>IT<x><cond>IT<x><y><cond>IT<x><y><z><cond>
多个连续的存储器字加载	LDMIA<Rn>!,<register>
将基址寄存器与5位立即数偏移的和指向地址处的数据加载到寄存器中 Rd=Rn[Imm5 * 4]	LDR<Rd>,[<Rn>,#<immed_5 * 4>]
Rd=Rn[Rm]	LDR<Rd>,[<Rn>,<Rm>]
Rd=PC[Imm8 * 4+4]	LDR<Rd>,[PC,#<immed_8> * 4]
Rd=SP[Imm8 * 4]	LDR<Rd>,[SP,#<immed_8> * 4]
Rd=(U8)Rn[Imm5]	LDRB<Rd>,[<Rn>,#<immed_5>]
Rd=(U8)Rn[Rm]	LDRB<Rd>,[<Rn>,<Rm>]
Rd=(U16)Rn[Imm5 * 2]	LDRH<Rd>,[<Rn>,#<immed_5> * 2]
Rd=(U16)Rn[Rm]	LDRH<Rd>,[<Rn>,<Rm>]
加载Rn+Rm地址处的字节，并带符号扩展到Rd中	LDRSB<Rd>,[<Rn>,<Rm>]
加载Rn+Rm地址处的半字，并带符号扩展到Rd中	LDRSH<Rd>,[<Rn>,<Rm>]
Rd=Rm<<Imm5	LSL<Rd>,<Rm>,#<immed_5>
Rd<<=Rs	LSL<Rd>,<Rs>
Rd=Rm>>Imm5	LSR<Rd>,<Rm>,#<immed_5>
Rd>>=Rs	LSR<Rd>,<Rs>
Rd=(U32)Imm8	MOV<Rd>,#<immed_8>
Rd=Rn	MOV<Rd>,<Rn>
Rd=Rm。在实际使用时，可把这两条MOV指令当作一条指令来使用	MOV<Rd>,<Rm>
Rd * =Rm	MUL<Rd>,<Rm>
Rd=~Rm(注意：是取反，不是取补码)	MVN<Rd>,<Rm>
Rd=~Rm+1	NEG<Rd>,<Rm>
无操作	NOP<C>
Rd|=Rm	ORR<Rd>,<Rm>
寄存器出栈	POP<寄存器>
若干寄存器和PC出栈	POP<寄存器,PC>
若干寄存器压栈	PUSH<registers>
若干寄存器和LR压栈	PUSH<registers,LR>
Rd=Rn字内的字节反转	REV<Rd>,<Rn>
Rd=Rn两个半字内的字节反转	REV16<Rd>,<Rn>
先将Rn低半字内的字节反转，再将反转后的值带符号位扩展为32位并复制到Rd中	REVSH<Rd>,<Rn>

续表

指令功能	汇编指令
Rd=Rs 循环右移	ROR<Rd>,<Rs>
Rd-=Rm+C	SBC<Rd>,<Rm>
发送事件	SEV<c>
将多个寄存器字保存到连续的存储单元中，首地址由 Rn 给出。每保存完一个，Rn+4	STMIA<Rn>!,<registers>
Rn[Imm5 * 4]=Rd	STR<Rd>,[<Rn>,#<immed_5> * 4]
Rn[Rm]=Rd	STR<Rd>,[<Rn>,<Rm>]
SP[Imm8 * 4]=Rd	STR<Rd>,[SP,#<immed_8> * 4]
*((U8 *)(Rn+Imm5))=(U8)Rd	STRB<Rd>,[<Rn>,#<immed_5>]
*((U8 *)(Rn+Rm))=(U8)Rd	STRB<Rd>,[<Rn>,<Rm>]
*((U16 *)(Rn+Imm5 * 2))=(U16)Rd	STRH<Rd>,[<Rn>,#<immed_5> * 2]
*((U16 *)(Rn+Rm))=(U16)Rd	STRH<Rd>,[<Rn>,<Rm>]
Rd-=Imm8	SUB<Rd>,#<immed_8>
Rd=Rn-Rm	SUB<Rd>,<Rn>,<Rm>
SP-=Imm7 * 4	SUB SP,#<immed_7> * 4
操作系统服务调用，带 8 位立即数调用代码	SVC<immed_8>
从寄存器中提取字节[7:0]，传送到寄存器中，并用符号位扩展到 32 位	SXTB<Rd>,<Rm>
从寄存器中提取半字[15:0]，传送到寄存器中，并用符号位扩展到 32 位	SXTH<Rd>,<Rm>
执行 Rn & Rm，并根据结果更新标志位	TST<Rn>,<Rm>
从寄存器中提取字节[7:0]，传送到寄存器中，并用零位扩展到 32 位 Rd=(U8)Rm	UXTB<Rd>,<Rm>
从寄存器中提取半字[15:0]，传送到寄存器中，并用零位扩展到 32 位 Rd=(U16)Rm	UXTH<Rd>,<Rm>
等待事件	WFE<c>
等待中断	WFI<c>

32 位 CM3 指令汇总如表 B-2 所示。

表 B-2　32 位 CM3 指令汇总

指令功能	汇编指令
Rd=Rn+Imm12+C。有 S 就按结果更新标志位(S 的作用下同)	ADC{S}. W<Rd>,<Rn>,#<modify_constant(immed_12>
Rd=Rn 与移位后的 Rm 及 C 位相加	ADC{S}. W<Rd>,<Rn>,<Rm>{,<shift>}
Rd=Rn+Imm12	ADD{S}. W<Rd>,<Rn>,#<modify_constant(immed_12)>
Rd=Rd 与移位后的 Rm 相加	ADD{S}. W<Rd>,<Rm>{,<shift>}
Rd=Rn+Imm12	ADDW. W<Rd>,<Rn>,#<immed_12>
Rd=Rn & Imm12	AND{S}. W<Rd>,<Rn>,#<modify_constant(immed_12>
Rd=Rn 与移位后的 Rm 按位与	AND{S}. W<Rd>,<Rn>,Rm>{,<shift>}
Rd=Rn>>Rm。有 S 就按结果更新标志位	ASR{S}. W<Rd>,<Rn>,<Rm>
条件分支	B{cond}. W<label>

续表

指令功能	汇编指令
位清零	BFC. W<Rd>,#<lsb>,#<width>
将一个寄存器的位插入另一个寄存器中	BFI. W<Rd>,<Rn>,#<lsb>,#<width>
Rd=Rn & ~Imm12	BIC{S}. W<Rd>,<Rn>,#<modify_constant(immed_12)>
Rd&=移位后的Rn取反	BIC{S}. W<Rd>,<Rn>,{,<shift>}
带链接的分支	BL<label>
带链接的分支（立即数）	BL<c><label>
无条件分支	B. W<label>
Rd=Rn中前导零的数目	CLZ. W<Rd>,<Rn>
Rn与12位立即数取补后的值进行比较	CMN. W<Rn>,#<modify_constant(immed_12)>
Rn与移位后的Rm取补后的值进行比较	CMN. W<Rn>,<Rm>{,<shift>}
Rn与12位立即数进行比较	CMP. W<Rn>,#<modify_constant(immed_12)>
Rn与按需移位后的Rm进行比较，Rm的值不变	CMP. W<Rn>,<Rm>{,<shift>}
数据存储器隔离	DMB<c>
数据同步隔离	DSB<c>
Rd=Rn ^ Imm12	EOR{S}. W<Rd>,<Rn>,#<modify_constant(immed_12)>
Rd=Rn与按需移位后的Rm做异或运算，Rm的值不变	EOR{S}. W<Rd>,<Rn>,<Rm>{,<shift>}
指令同步排序	ISB<c>
多存储器寄存器加载，加载后加4或加载前减4	LDM{IA | DB}. W<Rn>{!},<registers>
Rxf=Rn[ofs12]	LDR. W<Rxf>,[<Rn>,#<offset_12>]
PC=Rn[ofs12]	LDR. W PC,[<Rn>,#<offset_12>]
Rxf=*Rn；Rn+=ofs8；	LDR. W<Rxf>,[<Rn>],#+/-<offset_8>
Rn+=ofs8；Rxf=*Rn	LDR. W<Rxf>,[<Rn>,#<+/-<offset_8>]!
PC=Rn[ofs8]；Rn+=ofs8	LDR. W PC,[<Rn>,#+/-<offset_8>]!
Rxf=Rn[按需左移后的Rm]；左移只能是0、1、2、3	LDR. W<Rxf>,[<Rn>,<Rm>{,LSL #<shift>}]
PC=Rn[按需左移后的Rm]；左移只能是0、1、2、3	LDR. W PC,[<Rn>,<Rm>{,LSL #<shift>}]
Rxf=PC[ofs12]	LDR. W<Rxf>,[PC,#+/-<offset_12>]
PC=PC[ofs12]	LDR. W PC,[PC,#+/-<offset_12>]
Rxf=(U8)Rn[ofs12]	LDRB. W<Rxf>,[<Rn>,#<offset_12>]
Rxf=(U8)*Rn；Rn+=ofs8	LDRB. W<Rxf>. [<Rn>],#+/-<offset_8>
Rxf=(U8)Rn[左移后的Rm]；左移只能是0、1、2、3	LDRB. W<Rxf>,[<Rn>,<Rm>{,LSL #<shift>}]
Rxf=Rn[ofs8]；Rn+=ofs8	LDRB. W<Rxf>,[<Rn>,#<+/-<offset_8>]!
Rxf=PC[ofs12]	LDRB. W<Rxf>,[PC,#+/-<offset_12>]
读取Rn地址并加或减8位偏移量乘以4，将双字结果存储到Rxf(低32位)，Rxf2(高32位)，前索引，并且可选在加载后更新Rn	LDRD. W<Rxf>,<Rxf2>,[<Rn>,#+/-<offset_8>*4]{!}
读取Rn处的双字到Rxf（低32位）和Rxf2（高32位），并且加载后Rn+=ofs8*4	LDRD. W<Rxf>,<Rxf2>,[<Rn>],#+/-<offset_8>*4

续表

指令功能	汇编指令
Rxf=(U16)Rn[ofs12]	LDRH.W<Rxf>,[<Rn>,#<offset_12>]
Rxf=(U16)Rn[ofs8]；Rn+=ofs8；	LDRH.W<Rxf>,[<Rn>,#<+/-<offset_8>]!
Rxf=(U16)*Rn;Rn+=ofs8;	LDRH.W<Rxf>.[<Rn>],#+/-<offset_8>
Rxf=(U16)Rn[左移后的 Rm]；左移只能是 0、1、2、3	LDRH.W<Rxf>,[<Rn>,<Rm>{,LSL #<shift>}]
Rxf=(U16)PC[ofs12]	LDRH.W<Rxf>,[PC,#+/-<offset_12>]
加载 Rn+ofs12 地址处的字节，并带符号扩展到 Rxf 中	LDRSB.W<Rxf>,[<Rn>,#<offset_12>]
先加载 Rn 地址处的字节，并带符号扩展到 Rxf 中，然后 Rn+=ofs8	LDRSB.W<Rxf>.[<Rn>],#+/-<offset_8>
先做 Rn+=ofs8，再加载新 Rn 地址处的字节，并带符号扩展到 Rxf 中	LDRSB.W<Rxf>,[<Rn>,#<+/-<offset_8>]!
先把 Rm 按要求左移 0、1、2、3 位，再加载(Rn+新 Rm)地址处的字节，并带符号扩展到 Rxf 中	LDRSB.W<Rxf>,[<Rn>,<Rm>{,LSL #<shift>}]
加载 PC+ofs12 地址处的字节，并带符号扩展到 Rxf 中	LDRSB.W<Rxf>,[PC,#+/-<offset_12>]
加载 Rn+ofs12 地址处的半字，并带符号扩展到 Rxf 中	LDRSH.W<Rxf>,[<Rn>,#<offset_12>]
先加载 Rn 地址处的半字，并带符号扩展到 Rxf 中，然后做 Rn+=ofs8	LDRSH.W<Rxf>.[<Rn>],#+/-<offset_8>
先做 Rn+=ofs8，再加载新 Rn 地址处的半字，并带符号扩展到 Rxf 中	LDRSH.W<Rxf>,[<Rn>,#<+/-<offset_8>]!
先把 Rm 按要求左移 0、1、2、3 位，再加载(Rn+新 Rm)地址处的半字，并带符号扩展到 Rxf 中	LDRSH.W<Rxf>,[<Rn>,<Rm>{,LSL #<shift>}]
加载 PC+ofs12 地址处的半字，并带符号扩展到 Rxf 中	LDRSH.W<Rxf>,[PC,#+/-<offset_12>]
Rd=Rn<<Rm	LSL{S}.W<Rd>,<Rn>,<Rm>
Rd=Rn>>Rm	LSR{S}.W<Rd>,<Rn>,<Rm>
Rd=Racc+Rn*Rm	MLA.W<Rd>,<Rn>,<Rm>,<Racc>
Rd=Racc-Rn*Rm	MLS.W<Rd>,<Rn>,<Rm>,<Racc>
Rd=Imm12	MOV{S}.W<Rd>,#<modify_constant(immed_12)>
先按需移位 Rm，然后 Rd=新 Rm	MOV{S}.W<Rd>,<Rm>{,<shift>}
将 16 位立即数传送到 Rd 的高半字中，Rd 的低半字不受影响	MOVT.W<Rd>,#<immed_16>
将 16 位立即数传送到 Rd 的低半字中，并把高半字清零	MOVW.W<Rd>,#<immed_16>
把特殊功能寄存器的值传送到 Rd 中	MRS<c><Rd>,<psr>
把 Rn 的值传送到特殊功能寄存器中	MSR<c><psr>_<fields>,<Rn>
Rd=Rn*Rm	MUL.W<Rd>,<Rn>,<Rm>
无操作	NOP.W
Rd=Rn | ~Imm12	ORN{S}.W<Rd>,<Rn>,#<modify_constant(immed_12)>
先按需移位 Rm，然后 Rd=Rn | ~新 Rm	ORN[S}.W<Rd>,<Rn>,<Rm>{,<shift>}
Rd=Rn | Imm12	ORR{S}.W<Rd>,<Rn>,#<modify_constant(immed_12)
先按需移位 Rm，然后 Rd=Rn | 新 Rm	ORR{S}.W<Rd>,<Rn>,<Rm>{,<shift>}
Rd=把 Rm 的位反转后的值	RBIT.W<Rd>,<Rm>

续表

指令功能	汇编指令
Rd=Rm 字内的字节逆向	REV. W<Rd>,<Rm>
Rd=Rn 每半字内的字节逆向	REV16. W<Rd>,<Rn>
Rd=Rn 低半字内的字节逆向后进行符号扩展	REVSH. W<Rd>,<Rn>
Rd=Rn 循环右移 Rm	ROR{S}. W<Rd>,<Rn>,<Rm>
Rd=Imm12-Rd	RSB{S}. W<Rd>,<Rn>,#<modify_constant(immed_12)>
先按需移位 Rm，然后 Rd=新 Rm-Rn	RSB{S}. W<Rd>,<Rn>,<Rm>{,<shift>}
Rd=Imm12-Rn-C	SBC{S}. W<Rd>,<Rn>,#<modify_constant(immed_12)>
先按需移位 Rm，然后 Rd=Rn-新 Rm-C	SBC{S}. W<Rd>,<Rn>,<Rm>{,<shift>}
抽取 Rn 中以 lsb 号位为最低有效位，宽度为 width 的位段，并带符号扩展到 Rd 中	SBFX. W<Rd>,<Rn>,#<lsb>,#<width>
带符号除法，Rd=Rn/Rm	SDIV<c><Rd>,<Rn>,<Rm>
发送事件	SEV<c>
带符号 64 位乘加，RdHi：RdLo+=Rn * Rm	SMLAL. W<RdLo>,<RdHi>,<Rn>,<Rm>
带符号 64 位乘法，RdHi：RdLo=Rn * Rm	SMULL. W<RdLo>,<RdHi>,<Rn>,<Rm>
先按需移位 Rn，再把 Rn 向低 Imm 位执行带符号饱和操作（见表后说明），并把结果带符号扩展后到 Rd 中	SSAT<c><Rd>,#<imm>,<Rn>{,<shift>}
多个寄存器字连续保存到由 Rn 给出的首地址中，并且，在 Rn 上，每存储一个寄存器字后自增（IA）/每存储一个寄存器字前自减（DB）	STM{IA | DB}. W<Rn>{!},<registers>
Rn[ofs12]=Rxf	STR. W<Rxf>,[<Rn>,#<offset_12>]
* Rn=Rxf；Rn+=ofs8	STR. W<Rxf>,[<Rn>],#+/-<offset_8>
先按需左移 Rm，然后 Rn[新 Rm] =Rxf，左移位数只能是 0、1、2、3	STR. W<Rxf>,[<Rn>,<Rm>{,LSL #<shift>}]
Rn[ofs8]=Rxf。若有“!”，则还执行 Rn+=ofs8（8 位偏移量）	STR{T}. W<Rxf>,[<Rn>,#+/-<offset_8>]{!}
*((U8 *)(Rn+ofs8))=(U8)Rxf。若有“!”，则还执行 Rn+=ofs8	STRB{T}. W<Rxf>,[<Rn>,#+/-<offset_8>]{!}
*((U8 *)(Rn+ofs12))=(U8)Rxf	STRB. W<Rxf>,[<Rn>,#<offset_12>]
*((U8 *)Rn)=(U8)Rxf Rn+=ofs8	STRB. W<Rxf>,[<Rn>],#+/-<offset_8>
先按需左移 Rm，左移位数只能是 0、1、2、3，再做 *((U8 *)(Rn+新 Rm))=(U8)Rxf	STRB. W<Rxf>,[<Rn>,<Rm>{,LSL #<shift>}]
*(Rn+ofs8 * 4)=Rxf；*(Rn+ofs8 * 4+4)=Rxf2 若有“!”，则 Rn+=ofs8	STRD. W<Rxf>,<Rxf2>,[<Rn>,#+/-<offset_8> * 4]{!}
* Rn=Rxf；*(Rn 4)=Rxf2；Rn+=ofs8 * 4	STRD. W<Rxf>,<Rxf2>,[<Rn>],#+/-<offset_8> * 4
*((U16 *)(Rn+ofs12))=(U16)Rxf	STRH. W<Rxf>,[<Rn>,#<offset_12>]
先按需左移 Rm，左移格数只能是 0、1、2、3，再做 *((U16 *)(Rn+新 Rm))=(U16)Rxf	STRH. W<Rxf>,[<Rn>,<Rm>{,LSL #<shift>}]
*((U16 *)(Rn+ofs8))=(U16)Rxf。若有“!”，则还要执行 Rn+=ofs8	STRH{T}. W<Rxf>,[<Rn>,#+/-<offset_8>]{!}
*((U16 *)Rn)=(U16)Rxf Rn+=ofs8	STRH. W<Rxf>,[<Rn>],#+/-<offset_8>
Rd=Rn-Imm12	SUB{S}. W<Rd>,<Rn>,#<modify_constant(immed_12)>
先按需移位 Rm，然后做 Rd=Rn-新 Rm	SUB{S}. W<Rd>,<Rn>,<Rm>{,<shift>}
Rd=Rn-Imm12	SUBW. W<Rd>,<Rn>,#<immed_12>

续表

指令功能	汇编指令
先按需循环移位 Rm，然后取出 Rm 的低 8 位，带符号扩展到 32 位并存储到 Rd 中	SXTB. W<Rd>,<Rm>{,<rotation>}
先按需循环移位 Rm，然后取出 Rm 的低 16 位，带符号扩展到 32 位并存储到 Rd 中	SXTH. W<Rd>,<Rm>{,<rotation>}
PC+=((U8)*(Rn+Rm))*2	TBB [<Rn>,<Rm>]
PC+=((U16)*(Rn+Rm*2))*2	TBH [<Rn>,<Rm>,LSL #1]
Rn 与 Immed_12 按位异或，并根据结果更新标志位	TEQ. W<Rn>,#<modify_constant(immed_12)>
先按需移位 Rm，然后 Rn 与 Rm 按位异或，并根据结果更新标志位	TEQ. W<Rn>,<Rm>{,<shift>}
Rn 与 Immed_12 按位与，并根据结果更新标志位	TST. W<Rn>,#<modify_constant(immed_12)>
先按需移位 Rm，然后 Rn 与 Rm 按位与，并根据结果更新标志位	TST. W<Rn>,<Rm>{,<shift>}
抽取 Rn 中以 lsb 号位为最低有效位，宽度为 width 的位段，并无符号扩展到 Rd 中	UBFX. W<Rd>,<Rn>,#<lsb>,#<width>
无符号除法：Rd=Rn/Rm	UDIV<c><Rd>,<Rn>,<Rm>
无符号 64 位乘加：RdHi:RdLo+=Rn*Rm	UMLAL. W<RdLo>,<RdHi>,<Rn>,<Rm>
无符号 64 位乘法：RdHi:RdLo=Rn*Rm	UMULL. W<RdLo>,<RdHi>,<Rn>,<Rm>
先按需移位 Rn，再把 Rn 向低 Imm 位执行带符号饱和操作，并把结果无符号扩展到 Rd 中	USAT<c><Rd>,#<imm>,<Rn>{,<shift>}
先按需循环移位 Rm，然后取出 Rm 的低 8 位，无符号扩展到 32 位并存储到 Rd 中	UXTB. W<Rd>,<Rm>{,<rotation>}
先按需循环移位 Rm，然后取出 Rm 的低 16 位，无符号扩展到 32 位并存储到 Rd 中	UXTH. W<Rd>,<Rm>{,<rotation>}
等待事件	WFE. W
等待中断	WFI. W

〖**说明**〗当必须将某个较长的数据类型转换成较短的数据类型，并且愿意接受可能的精度损失时，就可以使用饱和操作，即对数值进行限幅操作。当用饱和操作对数值进行转换时，如果较长的数据类型没有超出较短的数据类型的表示范围，那么只需简单地将较长的数据类型表示的数复制到较短的数据类型表示的数中即可。如果较长的数据类型超出了较短的数据类型的表示范围，就将它设置为较短的数据类型范围内最大（或最小）的数值，对该数值进行修剪。例如，当将一个 16 位有符号整数转换为 8 位整数时，如果该 16 位数在-128～+127 内，则只需简单地将该 16 位数的低位字节复制到 8 位数中即可；如果该 16 位数的值大于+127，就要将该值修剪为+127，并将+127 存入 8 位数中。同样，如果它的值小于-128，就要将最终的 8 位数修剪为-128。在将 32 位数修剪为较短的数时，饱和操作的方法相同，即如果较长的数据类型超出较短的数据类型的表示范围，就将较短的数据类型简单地设置为其所能表示的最接近边界的数值。

附录 C　Nucleo -F103RB 开发板原理图

Nucleo -F103RB 开发板原理图如图 C-1 所示。

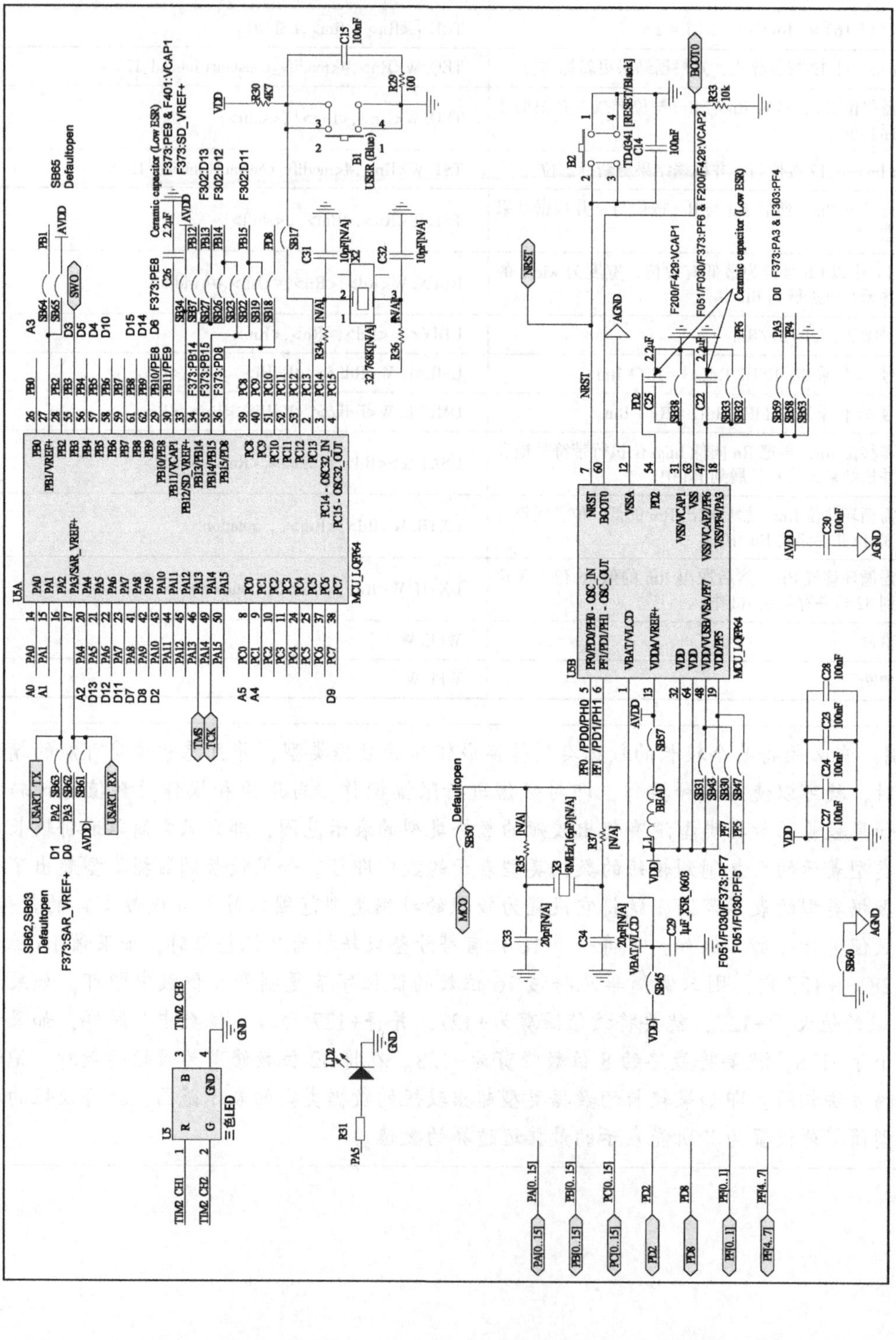

图 C-1 Nucleo -F103RB 开发板原理图

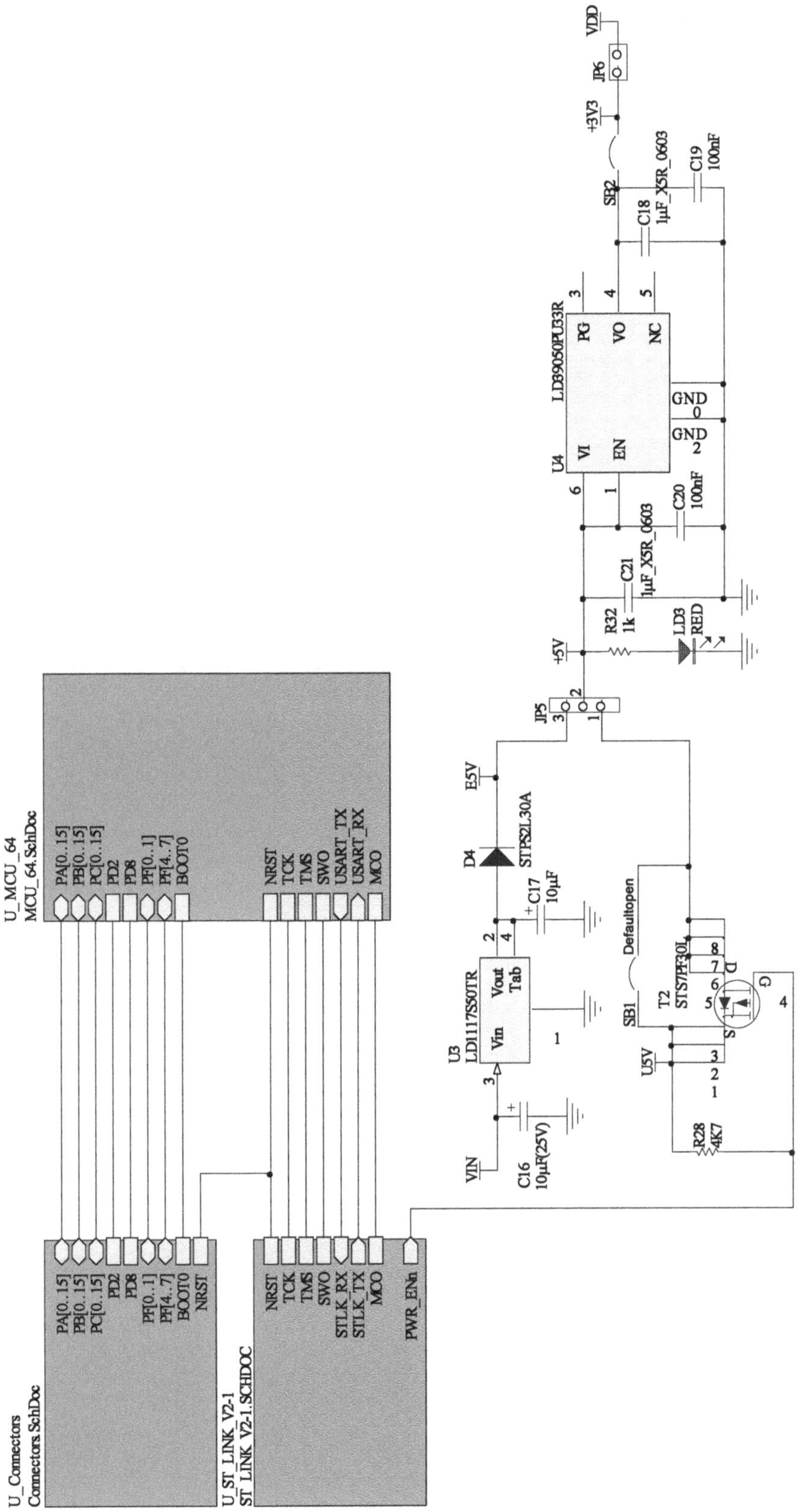

图 C-1　Nucleo -F103RB 开发板原理图（续）

参考文献

[1] 陈志旺，陈志茹，阎巍山，等．51 系列单片机系统设计与实践[M]．北京：电子工业出版社，2010

[2] 陈志旺，李亮．51 单片机快速上手[M]．北京：机械工业出版社，2009

[3] [日] 斋藤康毅．深度学习入门．[M]．陆宇杰，译．北京：人民邮电出版社，2018.

[4] 焦海波，刘健康．嵌入式网络系统设计：基于 Atmel ARM7 系列[M]．北京：北京航空航天大学出版社，2008

[5] 唐飞，王陈宁，查长礼．位带技术在 STM32 程序设计中的应用[J]．安庆师范学院学报(自然科学版)，2014 (01)：57-60,79.

[6] 林恒杰．对基于 ARM Cortex-M3 嵌入式系统的仿真[D]．上海：上海交通大学，2013.

[7] 杨百军．轻松玩转 STM32Cube[M]．北京：电子工业出版社．2017

[8] 王史春．基于 STM32 的 HAL 库和固件库嵌入式产品开发研究[J]．电子测试，2020 (10)：71-72.

[9] 李宁．基于 MDK 的 STM32CPU 开发应用[M]．北京：北京航空航天大学出版社，2008.

[10] 彭刚，秦志强．基于 ARM Cortex-M3 的 STM32 系列嵌入式微控制器应用实践[M]．北京：电子工业出版社，2011.

[11] 范书瑞，李琦，赵燕飞．Cortex-M3 嵌入式 CPU 原理与应用[M]．北京：电子工业出版社，2011.

[12] 戴上举．删繁就简：单片机入门到精通[M]．北京：北京航空航天大学出版社，2011.

[13] 赵星寒，刘涛．从 51 到 ARM-32 位嵌入式系统入门[M]．北京：电子工业出版社，2005.

[14] 蒙博宇．STM32 自学笔记[M]．北京：北京航空航天大学出版社，2012.

[15] 南亦民．基于 STM32 标准外设库 STM32F103xxx 外围器件编程[J]．长沙航空职业技术学院学报，2010，10 (4)：41-45.